U0251406

中文版 Dreamweaver CC+ Flash CC+Photoshop CC

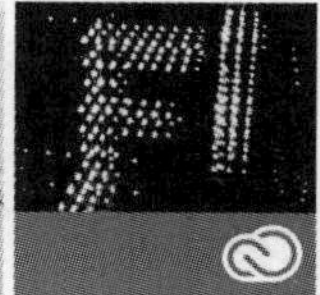

页设计标准教程

视频教学版

王昱衡 编著

中国铁道出版社
CHINA RAILWAY PUBLISHING HOUSE

内 容 简 介

本书结合大量实例，全面、翔实地介绍了使用 Dreamweaver CC 创建和编辑网页、使用 Flash CC 制作矢量动画，以及使用 Photoshop CC 处理图像的方法和技巧。全书共分 17 章，包括网页设计快速入门，初识 Dreamweaver CC，页面布局与 CSS 样式，使用模板与库项目，使用表单，行为，动态网页及站点维护，初识 Flash CC，制作动画角色，元件、实例和素材文件的使用，制作网页动画，认识 Photoshop CC，选区的创建及通道的使用，使用文字、路径和切片，使用 Photoshop 设置网站封面页，项目练习——制作 Flash 贺卡动画，以及制作婚庆公司网站主页。

附赠光盘中提供书中实例的源文件和素材文件，以及实例制作的语音视频教学文件。

本书适用于网页设计初学者学习，适合作为网页设计、平面设计、广告设计等相关行业的从业人员的参考书，也可作为大中专院校网页设计、平面设计、广告设计等相关专业及网页设计培训班的教材。

图书在版编目（CIP）数据

中文版 Dreamweaver CC+Flash CC+Photoshop CC 网页设计标准教程：视频教学版/任昱衡编著.—北京：中国铁道出版社，2014.5
ISBN 978-7-113-17904-5

I. ①中… II. ①任… III. ①网页制作工具—教材
IV. ①TP393.092

中国版本图书馆 CIP 数据核字（2013）第 312164 号

书　　名：中文版 Dreamweaver CC+Flash CC+Photoshop CC 网页设计标准教程（视频教学版）
作　　者：任昱衡　编著

策　　划：于先军　　**读者热线电话：**010-63560056
责任编辑：张　丹　　**特邀编辑：**王惠风
责任印制：赵星辰　　**封面设计：**多宝格

出版发行：中国铁道出版社（北京市西城区右安门西街 8 号　　**邮政编码：**100054）
印　　刷：北京铭成印刷有限公司
版　　次：2014 年 5 月第 1 版　　2014 年 5 月第 1 次印刷
开　　本：787mm×1092mm　1/16　**印张：**25.25　**字数：**597 千
书　　号：ISBN 978-7-113-17904-5
定　　价：49.80 元（附赠 1DVD）

版权所有　侵权必究

凡购买铁道版图书，如有印制质量问题，请与本社读者服务部联系调换。电话：（010）51873174

打击盗版举报电话：（010）51873659

前言

Dreamweaver、Flash、Photoshop 是当前进行网页设计时经常使用的软件，这三个软件的共同点就是简单易懂、容易上手，而且可以保证使用户的设计展现出不同的特色。

Dreamweaver、Flash、Photoshop 是目前网页制作的首选工具。本书结合大量实例，全面、翔实地介绍了使用 Dreamweaver CC 创建和编辑网页、使用 Flash CC 制作矢量动画，以及使用 Photoshop CC 处理图像的方法和技巧。

本书内容

全书共分 17 章，前面章节包括网页设计快速入门，初识 Dreamweaver CC，页面布局与 CSS 样式，使用模板与库项目，使用表单，行为，动态网页及站点维护，初识 Flash CC，制作动画角色，元件、实例和素材文件的使用，制作网页动画，认识 Photoshop CC，选区的创建及通道的使用，使用文字、路径和切片；第 15~17 章介绍三个大型项目练习案例，包括使用 Photoshop 设置网站封面页，制作 Flash 贺卡动画，制作婚庆公司网站主页。

本书特色

本书面向网页设计制作的初、中级用户，采用由浅入深、循序渐进的讲解方法，内容丰富，结构安排合理，实例来自工程的实际应用。此外，本书包含了大量的习题，其类型有填空题、选择题和操作题，使读者在学习完一章内容后能够及时检查学习知识的情况。

配书光盘

1. 书中实例的素材和源文件。
2. 书中实例和三个软件基础操作的语音视频教学文件。

读者对象

1. 网页设计和制作的初学者。
2. 大、中专院校网页设计、平面设计及其相关专业的师生。
3. 平面设计的从业人员。

本书由中国电子商务协会电子商务研究院的任昱衡编写。书中的错误和疏漏之处，敬请读者批评指正。

编　者

2014 年 3 月

目录

第 1 章　网页设计快速入门

本章重点

- 初识网站与网页
- 网页制作基础
- 网页构成分析
- 网站创建流程
- 网页制作常用技术和工具

在当前信息时代，网络已经成为人们生活中必不可少的重要组成部分。通过浏览丰富多彩的网页，可以及时发布及获得各种新闻信息，也可以进行各种娱乐活动来丰富人们的生活。

本书将主要介绍如何通过 Dreamweaver、Photoshop、Flash（见图 1-1）软件来设计、制作简单的网页。在开始讲解之前，先对网页、网站的概念进行讲解，使读者对网站有初步的认识，从而为后面的学习打下基础。

图 1-1

1.1　初识网站与网页

网站是一个或者众多网页的集合，通常使用浏览器登录某个网站，首先打开网站的主页，即网站中所有网页的索引页，对网站进行浏览。具体地说，网页是一个 HTML 文件，浏览器用来解读这份文件。也可以这样说：网页是由许多个 HTML 文件集合而成的。

1.1.1　网站的基本概念

网站是发布在网络服务器上由一系列网页文件构成的，为访问者提供信息和服务的网页文件的集合。网页是网站的基本组成要素，一个大型网站可能含有数以百万计的网页，而一个小的企业网站或个人网站可能只有几个网页。上网用户可以通过网页浏览器或者其他浏览工具访问网页以获取网站的信息和服务。

网站与网页的区别在于，网站是一个总体，而网页是个体。访问某个网站，实际上是访问该网站的某些网页，包括网站首页也是一个网页。相应地，在一个统计周期内（通常 24 小时），所有用户访问某个网站的网页数量就是该网站在该统计日的访问量。

中国互联网络信息中心（CNNIC）在对中国互联网络发展状况统计时对网站进行了定义：网站是指有独立域名的 Web 站点，其中包括 CN 和通用顶级域名下的 Web 站点。独立域名指的是每个域名最多只对应一个网站“WWW+域名”。例如，对域名 cnnic.cn 来说，它只有一个网站 www.cnnic.cn，而并非有 whois.cnnic.cn、mail.cnnic.cn 等多个网站，只将它们视为网站 www.cnnic.cn 的不同频道。

1.1.2 网页的基本概念

网页是网站中的一个基本构成元素，通常情况下，网页中包含文字、图片、多媒体等信息。网页一般由 lOGO、导航栏、信息区、广告区和版权区组成。打开一个网站，首先看到的是一个网站的首页，一般首页都是欢迎为主的开场页面，单击进入主页的链接后就会跳转到网站的主页。网站的主页一般是网站的导航页，大部分的网站链接都在主页中。现在大多数网站都省略了首页，而把首页和主页合为一体，如图 1-2 所示。

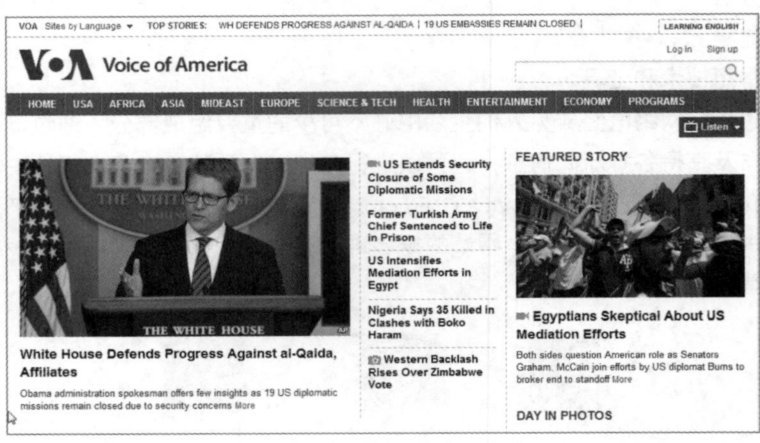

图 1-2

1.1.3 网页中的文字和图像

网页中的文字和图像是必不可少的。制作网页过程中，应合理地安排文字和图像位置，使网页简单明了、美观大方，如图 1-3 所示为包含文字与图像的网页。

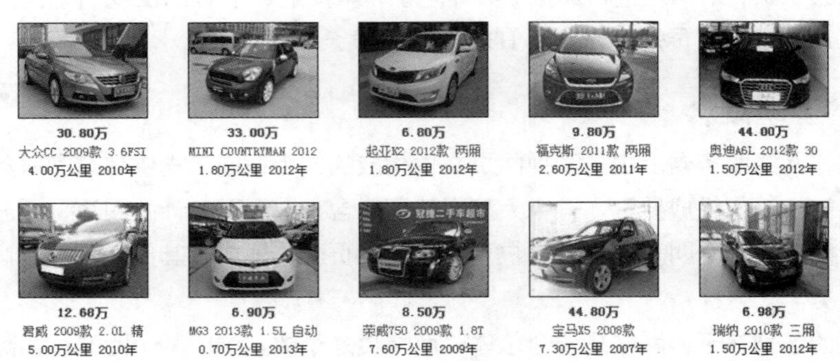

图 1-3

1.1.4　网页中使用的动画与视频影像

在网页中加入动画或视频影像，可以使网页更生动，并提高网页表达能力。但是过度使用动画会给人一种眼花缭乱的感觉，还会增加网页的读取时间。利用 Flash 技术可以在网页中做出交互性很强的动画，显示和播放丰富的多媒体内容。甚至可以做网页游戏。让你在网页中享受更为广泛的多媒体体验。但浏览者要看到 Flash 制作的动画，就需要加装 Adobe Flash Player 浏览器插件程序，图 1-4 所示的网页便使用了 Flash 动画。

图 1-4

1.1.5　网页中使用的声音

在网页中加入背景音乐，可以增加网页的吸引力。网上流行的声音格式有 MIDI、WAV、MP3 及 Real Audio。在个人主页、博客中会经常添加背景音乐，使浏览者在观看网页的同时能够听到优美的音乐，使网页内容更加丰富多彩。

1.2　网页制作基础

想要创建属于自己的网站，首先要了解什么是网页，以及制作网页时所涉及的常用术语的意义，这是制作网页的基础。

1.2.1　万维网

万维网（World Wide Web）简称 WWW 或者 3W，如图 1-5 所示。它是无数个网站和网页的集合，也是一个资料空间。在这个空间中：一样有用的事物，称为一样“资源”，并且由一个全域“统一资源标识符”（URL）标识。这些资源通过超文本传输协议（Hypertext Transfer Protocol）传送给使用者，而后者通过点击链接来获得资源。从另一个观点来看，

图 1-5

万维网是一个通过网络存取的互联超文本文件（interlinked hypertext document）系统。

1.2.2 超文本标记语言（HTML）

超文本标记语言（HTML）是 Hypertext Marked Language 的缩写，它是一种用来制作超文本文档的简单标记语言。超文本传输协议规定了浏览器在运行 HTML 文档时所遵循的规则和进行的操作。HTTP 协议的制定使浏览器在运行超文本时有了统一的规则和标准。用 HTML 编写的超文本文档称为 HTML 文档，它能独立于各种操作系统平台，自 1990 年以来 HTML 就一直用做万维网的信息表示语言，使用 HTML 语言描述的文件，需要通过 Web 浏览器显示出效果。

所谓的超文本，是可以加入图片、声音、动画、影视等内容的文本，事实上每一个 HTML 文档都是一种静态的网页文件，这个文件中包含了 HTML 指令代码。这些指令代码并不是一种程序语言，它只是一种排版网页中资料显示位置的标记结构语言，易学易懂，非常简单。HTML 的普遍应用就是带来了超文本的技术——通过单击从一个主题跳转到另一个主题，从一个页面跳转到另一个页面与世界各地主机的文件链接。直接获取相关的主题。如下所示。

- 通过 HTML 可以表现出丰富多彩的设计风格。

图片调用：<IONT SIMG SRC="文件名">

文字格式：<FZE="+5"COLOR="#00FFFF">文字</FONT>

- 通过 HTML 可以实现页面之间的跳转。

页面跳转：<A HREF="文件路径/文件名"></A>

- 通过 HTML 可以展现多媒体的效果。

声频：<EMBED SRC="音乐地址"AUTOSTART=true>

视频：<EMBED SRC="视频地址" AUTOSTART=true>

从上述可以看到创建 HTML 超文本文件时需要用到的一些标签。在 HTML 中每个用来做标签的符号都是一条命令，它告诉浏览器如何显示文本。这些标签均由“<”和“>”符号及一个字符串组成。而浏览器的功能是对这些标记进行解释，显示出文字、图像、动画、播放声音。这些标签符号用“<标签名字 属性>”来表示，如图 1-6 所示。

图 1-6

HTML 只是一个纯文本文件。创建一个 HTML 文档，只需要两个工具，HTML 编辑器和 Web 浏览器。HTML 编辑器是用于生成和保存 THML 文档的应用程序。Web 浏览器是用来打开 Web 网页的文件，提供给用户查看 Web 资源的客户端程序。

1.2.3 网站、网页与主页

网站是一个组织（公司、学校、部门等）或者是个人建立在 Internet 上的站点。网站通常都是为了特定的目的而创建的，专门为用户提供某方面的服务。例如，有的网站专门提供新闻信息，有的网站专门提供流行音乐，还有的网站专门提供软件下载等。

一个网站通常由许多网页组成。网页内容可以包含多种字体和样式的文本、各种图片、电影片断和声音等。

主页是进入网站后的第一个网页，也称为首页。该页面是进入网站中其他网页的“入口”。通过主页的介绍或说明，用户可以在短时间内了解网站所提供的信息和服务项目。

1.2.4　超链接

万维网之所以成为 Internet 中最引人瞩目、最受欢迎的应用，不仅是因为它提供了多媒体的浏览方式，更在于它使人们只需通过简单的鼠标操作就能够获得更多的信息。在这种交互过程中，超链接起着十分重要的作用，它是用户在万维网中畅游的航标。在网页中，超链接表现为一些标有颜色或下画线的文字或图标，将鼠标指针移到超链接上时，鼠标指针就会变成小手形（还有一些特定的鼠标指针形状，见图 1-7），单击该文字或图标，就可以轻而易举地跳转到当前网站的其他网页或者相关的网站。

图 1-7

1.2.5　URL

当用户需要在网络上浏览网站时，必须事先给出要浏览的网站地址。这里所说的“地址”，即 URL（Uniform / Universal Resource Locator），它的中文名是“统一资源定位符”，是 Internet 标准的资源的地址（Address）。它最初是由蒂姆·伯纳斯·李发明用来作为万维网的地址的，现在已经被万维网联盟编制为因特网标准 RFC1738 了。Internet 有许多资源（如万维网、新闻组、FTP 等），每种资源都有自己的地址，这样才能从因特网中找到它们。简单来说，通常在地址栏输入的网址就是 URL 的一种。

> ▶**提示：**如用户可以通过查看网页中某个文件的属性，来获取它的 URL。例如，在网页中的某个图片上右击，在弹出的菜单中选择“属性”命令，打开“属性”对话框，其中就有该图片的地址（URL），如图 1-8 所示。

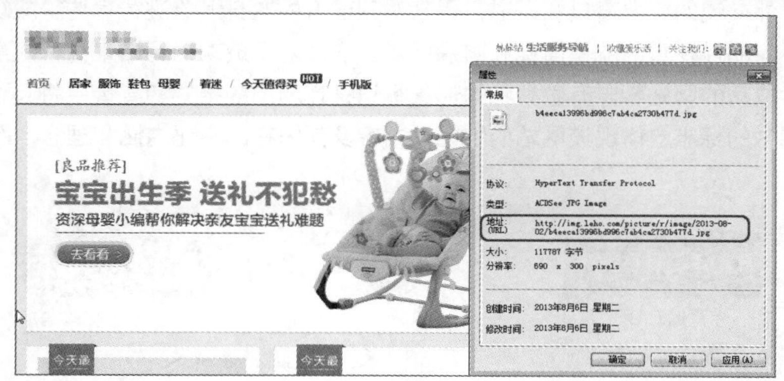

图 1-8

URL 的格式如下。

协议：//IP 地址或域名/路径/文件名。

例如，http://www.khp.com.cn/ml/index-ml.html

URL 的第 1 部分（如 http://或 ftp://）说明要访问的是哪一类资源，使用什么协议。http 代表超文本传输协议，即要访问的是万维网站点；ftp 代表文件传输协议，即要访问的是 FTP 服务器，可以从中下载许多实用的软件。

URL 的第 2 部分（如 www.khp.com.cn 或 dir.sohu.com）是指存放资源的主机的 IP 地址或域名。

URL 的第 3 部分（如/ml/index-ml.html）是可选项，用来指明所要访问的资源在计算机中的路径和文件名。通常情况下，站点的服务器都会指定一个默认的文件名（如 index.html 或 default.htm 等）。因此，如果省略了文件名，则访问该路径下的默认文件。

1.2.6 网页编辑器

随着 HTML 技术的不断发展和完善，出现了许多网页编辑器。按网页编辑器的基本性质可以分为“所见即所得”网页编辑器和“非所见即所得”网页编辑器（即源代码编辑器）。

“所见即所得”网页编辑器的优点是直观，使用方便并且容易上手。在“所见即所得”网页编辑器中进行网页制作与在 Word 中的排版很相似，但它也有一些缺点：难以精确达到与浏览器完全一致的显示效果，源代码难以控制。

相比之下，“非所见即所得”的网页编辑器就不存在这个问题，但是需要手工编写 HTML 代码，要求网页制作者必须具备专业的知识和丰富的经验，而且用这种方式工作效率低下。

目前常见的网页编辑器有 Dreamweaver 和 FrontPage，本书将针对 Dreamweaver 进行介绍。

1.3 网页构成分析

一般来说，网页给人的直观感觉就是由文字、图像、动画和音频等元素构成的。本节将介绍网页构成的各个元素。

1.3.1 网站标志

网站作为对外交流的重要窗口和渠道，用来对创建者的自身形象进行宣传。成功的网站就像成功的商品一样，商品最注重的就是商标和商品质量。那么对于成功的网站来说，注重的应该是网站的标志和内容。成功的网站标志有着独特的形象标识，在网站的推广和宣传中将起到事半功倍的效果。设计制作网站的标志应体现该网站的特色、内容及其内在的文化内涵和理念，图 1-9 所示为一些网站的标志。

BASIC HOUSE
lifetime wear

图 1-9

1. **什么是 LOGO**

在计算机领域中，LOGO 是标志、徽标的意思，是互联网各个网站用来与其他网站链接的图形标志。

2. **LOGO 的作用**

（1）LOGO 是与其他网站链接及让其他网站链接的标志和门户。

Internet 之所以叫作“互联网”，在于各个网站之间可以链接。要让其他人走入自己的网站，首先必须提供一个让其进入的门户。而 LOGO 图形化的形式，特别是动态的 LOGO，比文字形式的链接更能吸引人的注意。在如今“争夺眼球”的时代，这一点尤为重要。

（2）LOGO 是网站形象的重要体现。

就一个网站而言，LOGO 即网站的名片，而对于一个追求精美的网站而言，LOGO 更是它的灵魂所在，即所谓的“点睛”之处。

（3）LOGO 能使浏览者便于选择。

一个好的 LOGO 往往会反映网站及制作者的某些信息，尤其对一个商业网站来说，网站的浏览者可以从中了解这个网站的类型或者内容。在一个布满各种 LOGO 的链接页面中，这一点会突出地表现出来。试想，当浏览者要在大堆的网站中寻找自己想要的特定内容的网站时，一个能让人轻易看出它所代表的网站的类型和内容的 LOGO 有多重要。

3. **LOGO 的国际标准规范**

为了便于 Internet 信息的传播，一个统一的国际标准是必需的。其中关于网站的 LOGO，目前有以下 3 种规格。

（1）88×31：这是互联网中最普遍的 LOGO 规格。

（2）120×60：这种规格用于一般大小的 LOGO。

（3）120×90：这种规格用于大型 LOGO。

4. **LOGO 的制作工具和方法**

目前并没有专门制作 LOGO 的软件，并且用户也不需要这样的软件。平时所使用的图像处理软件或动画制作软件都可以很好地胜任这份工作，如 Photoshop、Fireworks 等。LOGO 的制作方法也和制作普通的图片及动画没什么两样，不同的只是规定了它的大小而已。

5. **一个好的 LOGO 应具备的条件**

一个好的 LOGO 应具备以下的几个条件，或者只具备其中的几个条件。

（1）符合国际标准。

（2）精美、独特。

（3）与网站的整体风格相融。

（4）能够体现网站的类型、内容和风格。

1.3.2　导航栏

导航栏既是网页设计中的重要部分，又是整个网站设计中的一个较独立的部分。一般来说，网站中的导航栏在各个页面中出现的位置比较固定，而且风格也较为一致。导航栏的位置对网站的结构与各个页面的整体布局起到举足轻重的作用。

导航栏一般有 4 种常见的显示位置：在页面的左侧、右侧、顶部和底部。有的在同一个页面中运用了多种导航栏，如有的在顶部设置了主菜单，而在页面的左侧又设置了折叠式的折叠菜单，同时又在页面的底部设置了多种链接，这样便增强了网站的可访问性。当然，并不是导航栏在页面中出现的次数越多越好，而是要合理地运用，使页面达到总体的协调一致。网页的顶部导航栏如图 1-10 所示。

图 1-10

1.3.3 广告条

广告条与整个网页要协调，不能让广告条抢去了整个网页的风光，否则就是喧宾夺主。因为浏览者浏览网页首要的目的是看网页上的主要内容。若要在不影响网页格局的同时达到广告的效果，就必须使广告条的设计与整个页面相协调，同时又要突出、醒目。要使整个页面协调，只要做到以下几个方面即可：用色要同页面的主色相搭配，比如主体色是浅黄，广告条的用色就可以用一些浅的其他颜色；切忌用对比色，例如，主体色是红色的页面上就不要使用绿色，以免太刺眼，同时也显得比较俗气。用色应该区别开来，这个区别是建立在某一个程度上的，不能过火，超过了这个度就会适得其反。

再单独分析广告条本身的内容。广告条作为一个网页的局部，它本身就是一个整体。一般来说，这个整体是由文本、图片和动画这几个组件来组成的。文本在某种程度上说必不可少，因为要在这么狭小的一个空间里告知用户信息，如果只用图片来表现，则很难做到这一点，用文字可以简洁明了地告知信息。为了避免单调，一般采用图片作为背景，加上文字来进行说明，通过搭配，可以使页面丰富，同时又能清楚地表达要说明的信息。

既然如此，就要突出文字的地位，设计时可在广告条的区域里设法通过颜色和大小来突出。所以可将文字做得醒目一些。可以采用动画的形式，也可以用闪动的方式，或者是一些渐变或消影的方式，这样既使页面显得丰富多彩，同时也让人浏览时不得不注意到广告条的内容。有时候能造成这样的效果：在用户主要关注页面的内容时不经意间看到一些吸引他的东西，因此就去点击广告条。达到这样的程度，设计者的目的就达到了。网页的广告条如图 1-11 所示。

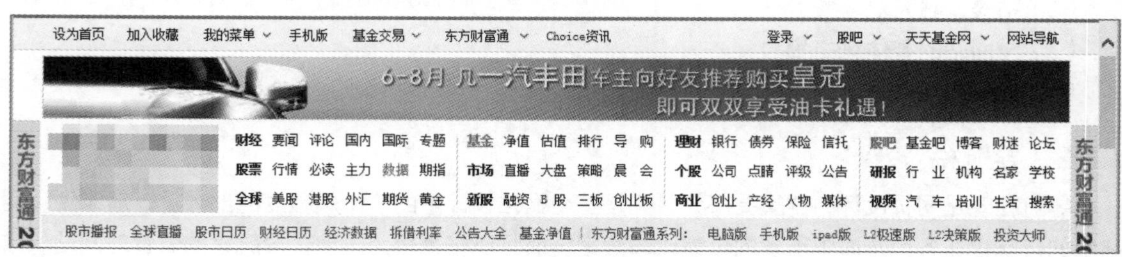

图 1-11

1.3.4　标题栏

网站中的每一个页面都有标题，用来提示该页面的主要内容。标题出现在浏览器的标题栏中，而不是出现在页面布局中。它还有一个比较重要的作用，那就是引导访问者清楚地知道所要浏览网站的内容，而不至于迷失方向。

页面标题的实现很容易，一般的网页编辑软件都提供这项设置，其方法是在 HTML 文档中的<title>和</title>之间输入网页的标题。有些网页编辑软件有一个默认的页面标题，如在 Dreamweaver 中将默认为 Untitled-1，而在 FrontPage 中则默认为 new_page_1.htm。

例如，在<title>和</title>之间输入“爱生活”，即<title>爱生活</title>，那么在浏览该页面时，浏览器标题栏显示如图 1-12 所示。

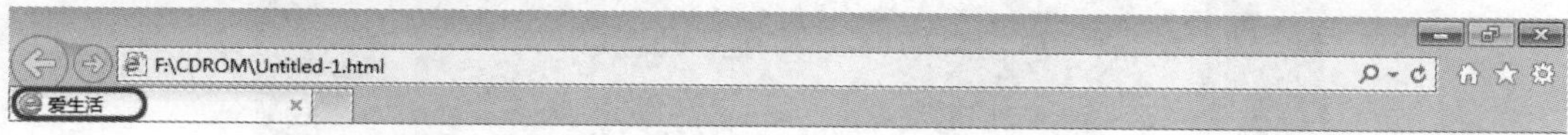

图 1-12

1.3.5　多媒体

除文本、图像和 Flash 动画外，还有声音、视频等其他媒体。

声音是多媒体网页中的一个重要组成部分，用户可以将某些声音添加到网页中。在添加声音前，需要考虑的因素包括其用途、格式、文件大小、声音品质及浏览器差别等。不同浏览器对声音文件的处理方法有所不同，彼此之间可能不兼容。

用于网络的声音文件格式非常多，常见的有 MIDI、WAV、MP3 和 AIF 等，在使用不同格式的文件时需要加以区别。很多浏览器不用插件也可以支持 MIDI、WAV 和 AIF 格式的文件，而 MP3 和 RM 格式的声音文件则需要用专门的浏览器插件播放。

视频文件的采用使网页变得精彩而富有动感。视频文件的格式也非常多，常见的有 RM、MPEG、AVI 和 DivX 等。

1.4　网站创建流程

在开始网页制作之前，首先要根据设计的要求确定网站的整体结构和所有网页的整体风格；然后根据网站的整体结构和网页的整体风格确定每个网页的页面布局和配色方法，并通过 Dreamweaver 来实现页面的布局和配色。确定了上述内容后，就可以进行网页基本元素的准备和设计了，首先使用 Fireworks 完成相关图像资源的处理和制作；然后使用 Flash 进行网页动画的设计；最后使用 Dreamweaver 将已经制作好的图像和动画集成到网页中，并添加文字和超链接，完成网页的制作。制作好的网页如果没有发布到网上，就不能被其他人看到，因此还要利用 Dreamweaver 的站点管理工具将制作好的网页及其图像和动画资源发布到网上；如果需要利用服务器端动态网页技术，那么还需要在网页中添加服务器端动态脚本，用来生成动态内容。

1.4.1　确立网站结构和风格

在开始网页制作之前，首先要根据网站制作的需求确定网站的整体结构和风格。对于不同的设计需求，网站的整体结构和风格都应该是不同的。例如，注重实用效果的网站，往往会使浏览者能够通过网站快捷地获取尽量多的信息；注重视觉效果的网站，则会使浏览者在登录该网站时感受到网站强烈的视觉冲击效果和整体感。确定网站的整体结构和风格需要符合网站的开发要求和吸引浏览者群体，利用现有的知识，具有针对性地将网站的功能进行分类，完成对网站结构和风格的设计。网页的独特风格如图 1-13 所示。

图 1-13

1.4.2　网页布局和配色

制作网页时，首先要对页面进行布局，以便合理安排网页内容的放置。通过设置文本颜色、背景颜色、链接颜色和图像颜色等，可以制作很多网页布局效果。一般来说，如果选择了一种颜色作为网站的主色调，那么最后在页面中就要保持这种风格。

1.4.3　确定网页尺寸与版面布局

由于页面尺寸与显示器大小及分辨率有关，网页的局限性在于无法突破显示器的范围，而且浏览器也占去不少空间，因此留给页面的范围变得越来越小。一般分辨率在 640×480 像素的情况下，页面的显示尺寸为 620×311 像素；分辨率在 800×600 的像素情况下，页面的显示尺寸为 780×428 像素；分辨率在 1024×768 的像素情况下，页面的显示尺寸为 1007×600 像素。从以上数据可以看出，分辨率越高，页面尺寸越大。

浏览器的工具栏也是影响页面尺寸的原因。一般浏览器的工具栏都可以取消或者增加，当显示全部工具栏和关闭全部工具栏时，页面的尺寸是不一样的。在网页设计过程中，向下拖动页面是给网页增加更多内容的方法。除非能肯定站点的内容能吸引访问者继续向下拖动，否则不要让访问者拖动页面超过三屏。如果需要在同一页面显示超过三屏的内容，那么最好能在网页顶部加上页面内部链接，以方便访问者浏览。

1.4.4　设计并制作网站页面

网页设计是一个复杂而细致的过程，一定要按照先大后小、先简单后复杂的次序来进行制作。所谓先大后小，即在制作网页时，先将大的结构设计好，然后再逐步完善小的结构设计。所谓先简单后复杂，即先设计简单的内容，再设计复杂的内容，以便出现问题时好修改。

根据站点目标和用户对象去设计网页的版式及网页内容的安排。一般来说，至少应该对一些主要的页面设计好布局，确定网页的风格。

在网页中保持排版和设计的一致性是很重要的。一般来说，访问者在网页间跳转时，不会因不同的外观或导航栏在每页的不同位置而感到困惑。

在制作网页时，要多灵活运用模板和库，这样可大大提高制作效率。如果很多网页都使用相同的版面设计，就应为这个版面计划并设计一个模板，然后以此模板为基础创建网页。以后如果想要改变所有网页的版面设计，只需简单地改变模板即可。

如果知道某个图片或内容会在站点的许多网页上出现，那么不妨先设计此内容，再把它做成库项目。这样，如果今后改变这个库项目，所有使用它的页面都会相应地进行修改。

1.4.5　网页素材的收集与整理

明确了网站的主题以后，就要围绕主题开始收集素材了。要想让自己的网站有声有色、能够吸引访问者，就要尽量多地收集素材，包括图片、音频、文字、视频、动画等。这些素材的准备很重要，收集的素材越充分，以后制作网站就越容易。素材既可以从图书、报刊、光盘、多媒体中得来，也可以自己制作，还可以从网上收集。素材收集后，把收集的素材去粗取精、去伪存真，作为自己制作网页的内容，优秀网页示例如图 1-14 所示。

图 1-14

1.4.6　域名和空间的申请

下面介绍域名和空间的申请。

1. 域名申请

要想拥有属于自己的网站，首先要拥有域名。域名在互联网中代表名字。网站只有靠这个名字才可以在互联网上进行沟通。域名是互联网上的服务器或网络系统的名字，全世界没有重复的域名。域名的形式是以若干个英文字母和数字组成的，由“.”分隔成几部分，如 qianyan.com 就是域名。

1）如何申请域名

域名是具有商标性质的无形资产的象征，它对于商业企业来说显得格外重要。域名分为国内域名和国际域名两种。

国内域名是由中国互联网中心管理和注册的，网址是 http://www.cnnic.net.cn，根据《中国互联网络域名管理办法》的规定，CNNIC 在 2002 年 12 月 16 日全面变革域名管理服务模式：CNNIC 作为 CN 域名注册管理机构，不再直接面对最终用户提供 CN 域名注册相关服务，域名注册服务将转由 CNNIC 认证的域名注册服务机构提供。CNNIC 注册商管理体系结构如图 1-15 所示。

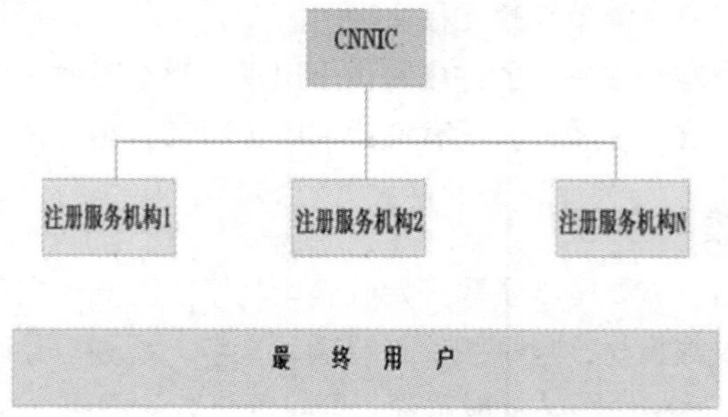

图 1-15

国际域名与国内域名的管理办法不一样，可以买卖域名。国际域名的主要申请网址是 http://www.networksolutions.com，国际域名量很大，分布在全球，所以给每位域名拥有者发证书是不可能的，通过电子邮箱，即域名管理联系人的邮箱来控制。

因为申请国际域名的网站是英文网站，交费时需要在线用信用卡支付美元，所以很多国际域名就由国内的代理代办，用户只需到代理机构缴纳相应的人民币即可。

2）如何选择域名

按照习惯，一般使用单位的名称或商标作为域名。域名的字母组成要便于记忆，能够给人留下较深的印象。如果有多个很有价值的商标，最好都进行注册保护。也可以选择产品或行业类型作为域名，如果是网络公司，net.com 将是很好的选择，但这类域名基本上已经被瓜分，因此很难注册到。

注册域名之后，下一步就是为网站申请空间，其实就是经常说的“主机”。这个主机必须是一台功能相当于服务器级的计算机，并且要用专线或其他形式 24 小时与互联网相连。

这台网络服务器除存放公司的网页，为浏览者提供浏览服务外，同时还充当“电子邮局”的角色，负责收发公司的电子邮件。用户还可以在服务器上添加各种各样的网络服务功能，前提是有足够的技术支持。

2. 空间的申请

有以下两种常见的主机类型。

（1）主机托管：将购置的网络服务器托管于网络服务机构，每年支付一定数额的费用。要架设一台最基本的服务器，在购置成本上，可能已需要数万元，而在配套软件的购置上更要花费一笔相当高的费用。另外，还需要聘请技术人员负责网站建设及维护。如果是中小企业网站，则不必采用这种方式。

（2）虚拟主机：使用虚拟主机不仅节省了购买相关软硬件设施的费用，公司也无须招聘或培训更多的专业人员，因而其成本也较主机托管低得多。不过，虚拟主机只适合于小型、结构较简单的网站，对于大型网站来说，还应该采用主机托管的形式，否则在网站管理上会十分麻烦。

目前网站存放所采用的操作系统只有两大类，一类是 UNIX，另一类是微软的 Windows NT 和 Windows 2008。

通常提供的虚拟主机的规格为 100 ~ 600MB，对于普通客户来说，100 ~ 150MB 的空间已经足够了。如果每个网页为 20 ~ 50KB，则 1MB 空间可以存放 20 ~ 50 页。如果使用的图像比较多，则使用的空间将更多，因为通常一个图像的大小都在 10KB 以上。如果网站要使用数据库，则随着数据库内容的丰富，网站所占的空间也就随之增加。由于目前空间的租用费用并不高，所以使用 100MB 或 150MB 的空间，有备无患。

在租用虚拟主机之前，通常需要考虑 3 个方面的问题。

- 采用什么系统，UNIX 还是 Windows NT/2008?

UNIX 系统的可靠性和稳定性是其他系统所无法比拟的，是世界公认的最好的 Internet 服务器操作系统。采用 Windows NT 或 Windows 2008 的最大好处是其中的数据库可以和本地的局域网（Windows NT）中的数据库相兼容，可以很容易地保持本地数据库和远端数据库的一致性。

- 需要多大的空间?

一般一个中等网站使用 150MB 已经够了，而且可以随时为客户增加空间，所以在网站建设初期应采用 150MB 或 200MB 的空间配置，一旦发现空间紧张，可以申请增加空间。

- 需要哪些权限?

通常最重要的权限有两个：一个是 CGI 权限，是网站可以运行 CGI 程序的保证，许多现成的程序如 BBS、留言簿等均是用 Perl 编写的 CGI 程序，只有具备这个权限才能运行这些程序；另一个是支持数据库，也许网站当前并不使用数据库，但随着网站的发展，使用数据库是必然的，因此虽然现在不使用数据库，但最好租用的空间能够支持数据库，以免今后要使用数据库时产生不必要的麻烦。通常要求 UNIX 系统的主机支持 MySQL 数据库，Windows NT 和 Windows 2008 系统支持 SQL Server 数据库。

1.5　网页色彩的基本知识

网站给用户留下的第一印象既不是网站丰富的内容，也不是网站合理的版面布局，而是网站的色彩。色彩对人的视觉效果影响非常明显，色彩的冲击力最强，它很容易给用户留下深刻印象。一个网站设计成功与否，在某种程度上取决于设计者对色彩的运用和搭配。因此，在设计网页时，必须要高度重视色彩的搭配。下面介绍网页色彩的基本知识。

1.5.1　色彩的分类与特性

自然界中有许多种色彩，如香蕉是黄色的，天是蓝色的，橘子是橙色的，草是绿色的……五颜六色，千变万化。平时人们所看到的白色光，经过分析在色带上可以看到，它包括红、橙、黄、绿、青、蓝、紫 7 种颜色，各颜色间自然过渡。其中，红、绿、蓝是三原色，三原色通过不同比例的混合可以得到各种颜色。色彩有冷色、暖色之分，冷色给人的感觉是安静、冰冷；而暖色给人的感觉是热烈、火热。冷色、暖色的巧妙运用可以使网站产生意想不到的效果。

我国古代把黑、白、玄（偏红的黑）称为“色”，把青、黄、赤称为“彩”，合称“色彩”。现代色彩学也把色彩分为两大类，即无彩色系和有彩色系。无彩色系是指黑和白，只有明度属性；有彩色系具有 3 个基本特征，分别为色相、明度和纯度，在色彩学上也称为色彩的“三要素”或“二属性”。

1．**色相**

色相指色彩的名称，这是色彩最基本的特征之一，是一种色彩区别于另一种色彩的最主要的因素，如紫色、绿色和黄色等代表不同的色相。观察色相要善于比较，色相近似的颜色也要区别，比较它们之间的微妙差别。这种相近色中求对比的方法在写生时经常使用，如果掌握得当，能形成一种色调的雅致、和谐、柔和耐看的视觉效果。将色彩按红→黄→绿→蓝→红依次过渡渐变，即可得到一个色环，如图 1-16 所示为色相环。

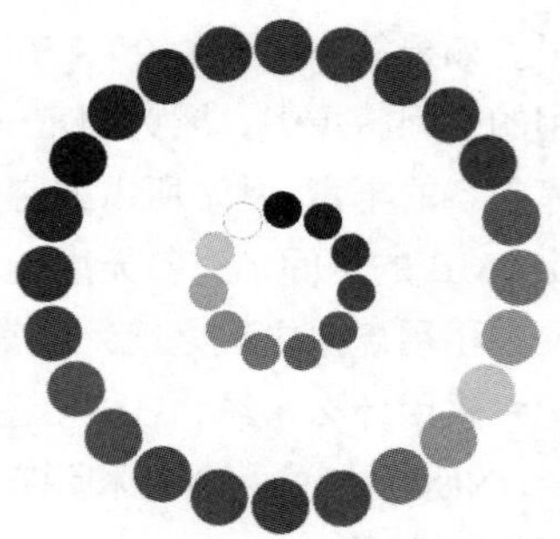

图 1-16

2．**明度**

明度指色彩的明暗程度。明度越高，色彩越亮；明度越低，颜色越暗。色彩的明度变化会产生浓淡差别，这是绘画中用色彩塑造形体、表现空间和体积的重要因素。初学者往往容易将色彩的明度与纯度混淆，一说要使画面明亮些，就赶快调粉加白，结果明度提高了，色彩纯度却降低了，这就是色彩认识的片面性所致。明度差的色彩更容易调和，如紫色与黄色、暗红与草绿、暗蓝与橙色等。

3．**纯度**

纯度指色彩的鲜艳程度，纯度高则色彩鲜亮；纯度低则色彩黯淡，含灰色。颜色中以三原色红、绿、蓝为最高纯度色，而接近黑、白、灰的颜色为低纯度色。凡是靠视觉能够辨认出来的，具有一定色相倾向的颜色都有一定的饱和度，而其纯度的高低取决于它含中性色黑、白、灰总量的多少。

色彩的特性如下。

- 相近色：色环中相邻的 3 种颜色，如图 1-17 所示。相近色的搭配给人的视觉效果舒适而自然，所以相近色在网站设计中极为常用。
- 互补色：色环中相对的两种色彩，就是互补色，如图 1-18 所示为互补的颜色。
- 暖色：黄色、橙色、红色和紫色等都属于暖色系列。暖色与黑色调和可以达到很好的效果。暖色一般应用于购物类网站、儿童类网站等。暖色划分如图 1-19 上半部分所示。
- 冷色：绿色、蓝色和蓝紫色等都属于冷色系列。冷色与白色调和可以达到一种很好的效果。冷色一般应用于高科技和游戏类网站，主要有严肃、稳重等效果。冷色划分如图 1-19 下半部分所示。

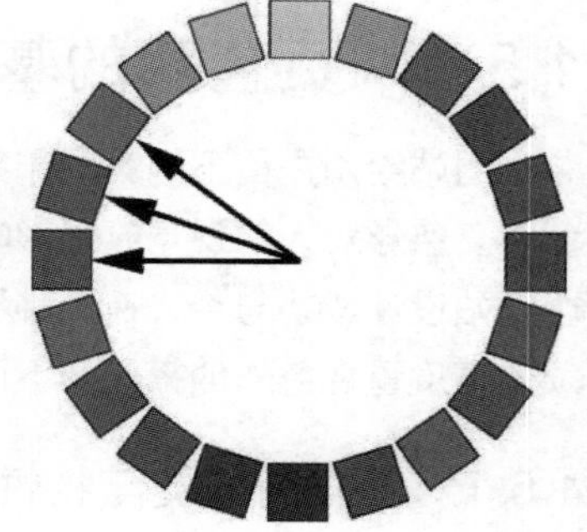

图 1-17

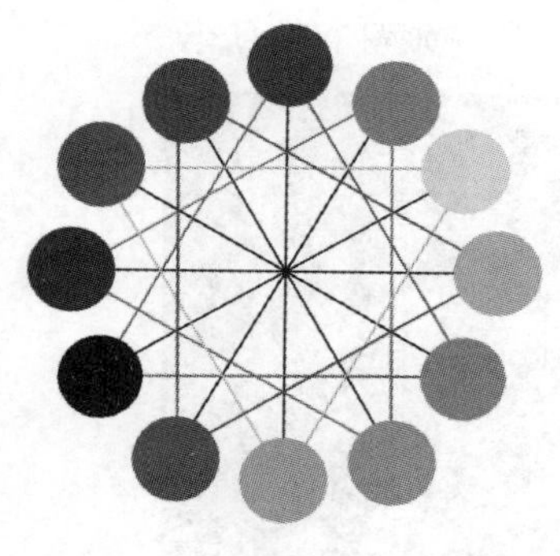

图 1-18

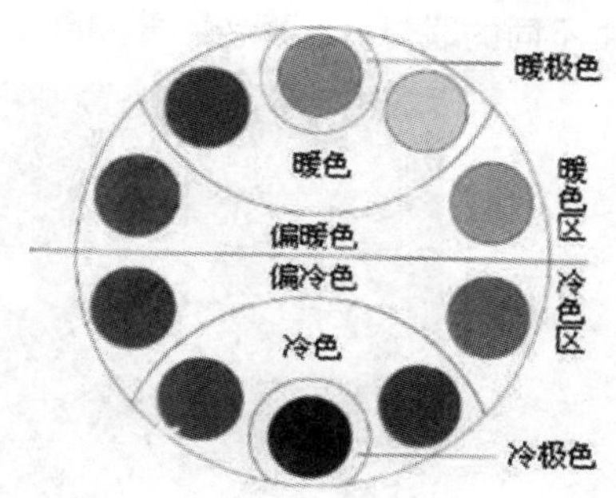

图 1-19

1.5.2　网页色彩搭配原理

色彩搭配既是一项技术性工作，同时也是一项艺术性很强的工作，因此在设计网页时除考虑网站本身的特点外，还要遵循一定的艺术规律，从而设计出色彩鲜明、性格独特的网站。

一个页面使用的色彩尽量不要超过 4 种，用太多的色彩让人感觉没有方向，没有侧重点。当主题色彩确定以后，在考虑其他配色时，一定要考虑其他配色与主题色的关系，要体现什么样的效果。另外还要考虑哪种因素占主要地位，是色相、亮度还是纯度。

网页色彩搭配的技巧有以下几点。

- 色彩的鲜明性

网页的色彩要鲜明，这样容易引人注目。一个网站的用色必须要有自己独特的风格，这样才能个性鲜明，给浏览者留下深刻的印象，色彩鲜明的网页如图 1-20 所示。

图 1-20

- 色彩的艺术性

网站设计也是一种艺术活动，因此必须遵循艺术规律，在考虑网站本身特点的同时，按照内容决定形式的原则，大胆进行艺术创新，设计出既符合网站要求，又有一定艺术特色的网站。不同色彩会让人产生不同的联想，选择色彩要和网页的内涵相关联，如图 1-21 所示。

图 1-21

- 对比色彩搭配

一般来说色彩的三原色最能体现色彩间的差异，色彩的对比越强，看起来就越具有诱惑力，能够起到集中视线的作用，对比色可以突出重点，产生强烈的视觉效果，合理使用对比色能够使网站特色鲜明、突出重点。

网页设计虽然属于平面设计的范畴，但又与其他平面设计不同，它在遵循艺术规律的同时，还考虑人的生理特点，色彩搭配一定要合理，给人一种和谐、愉快的感觉，避免采用纯度很高的单一色彩，这样容易造成视觉疲劳。

- 色彩的合适性

网页的色彩要和表达的内容气氛相适应，例如，用粉色可体现女性站点的柔性等。

- 色彩的联想性

不同色彩会让人产生不同的联想，例如，看到蓝色让人想到天空，看到黑色让人想到黑夜，看到红色让人想到喜事等，选择色彩要和网页的内涵相关联。

1.5.3 常见的网页配色分析

下面介绍几种常见的网页配色。

- 红色

红色的色感温暖，性格刚烈而外向，是一种对人的视觉刺激性很强的颜色。红色容易引人注意，也容易使人兴奋、激动、紧张、冲动，它还是一种容易造成人视觉疲劳的颜色，红色系网页如图 1-22 所示。

- 橙色

橙与红同属暖色，具有红与黄之间的色性，使人联想起火焰、灯光、霞光、水果等物象，是最温暖、响亮的色彩。使人感觉活泼、华丽、辉煌、跃动、炽热、温情、甜蜜、愉快，但也有疑惑、嫉妒、伪诈等消极倾向性感情。

- 黄色

黄色给人的感觉是冷漠、高傲、敏感，具有扩张和不安宁的视觉印象。黄色是各种色彩中最为娇气的一种颜色。只要在纯黄色中混入少量的其他色，其色相感就会发生较大程度的变化，黄色系网页如图 1-23 所示。

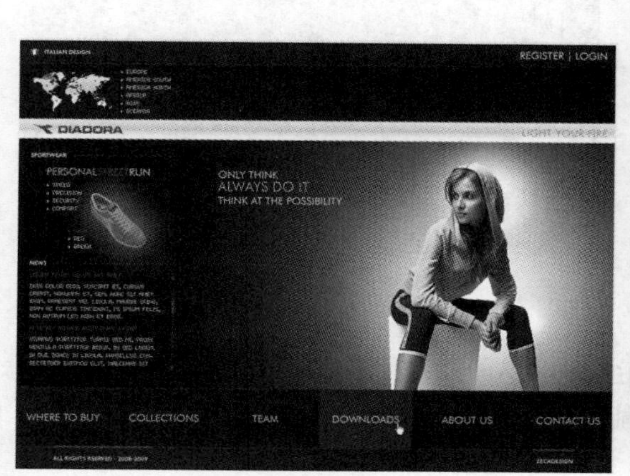

图 1-22

图 1-23

- 蓝色

蓝色与红、橙色相反，是典型的寒色，表示沉静、冷淡、理智、高深、透明等含义，随着人类对太空事业的不断开发，它又有了象征高科技的强烈现代感。

浅蓝色系明朗而富有青春朝气，为年轻人所钟爱，但也有不够成熟的感觉。深蓝色系沉着、稳定，是中年人普遍喜爱的色彩。其中略带暖味的群青色充满着动人的深邃魅力，藏青色则给人以大度、庄重印象。靛蓝色、普蓝色因在民间广泛应用，似乎成为民族特色的象征。在蓝色中分别加入少量的红、黄、黑、橙、白等色，均不会对蓝色的表达效果构成较明显的影响，蓝色系网页如图 1-24 所示。

- 白色

白色的色感光明，给人以朴实、纯洁、快乐的感觉。白色具有圣洁的不容侵犯性。在白色中加入其他任何颜色，都会影响其纯洁性，使其变得含蓄。白色代表纯洁、纯真、朴素、神圣、明快。

- 紫色

紫色具有神秘、高贵、优美、庄重、奢华的气质，有时也有孤寂、消极之感。但含浅灰的红紫或蓝紫色，却有着类似太空、宇宙色彩的神秘之时代感，为现代生活广泛采用。

- 绿色

绿色是具有黄色和蓝色两种成分的颜色。在绿色中，将黄色的扩张感和蓝色的收缩感相中和，将黄色的温暖感与蓝色的寒冷感相抵消，这样使得绿色的感觉最为平和、安稳。绿色是一种表达柔顺、恬静、满足、优美的颜色，绿色系网页如图 1-25 所示。

图 1-24

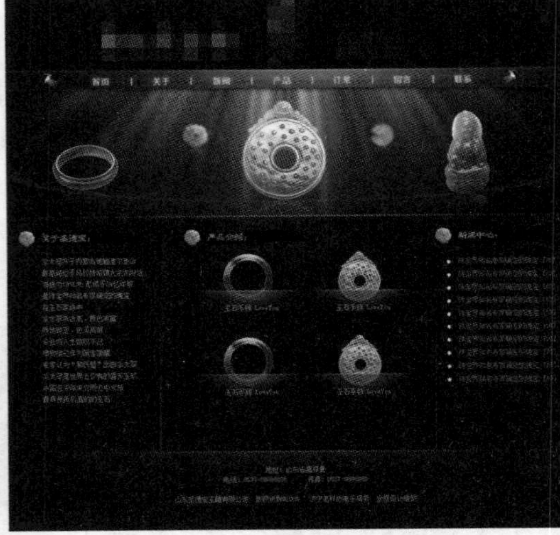

图 1-25

- 黑色

黑色是最具收敛性的、沉郁的、难以捉摸的色彩，给人一种神秘感。同时黑色还表达凄凉、悲伤、忧愁、恐怖，甚至死亡，但若运用得当，还能产生黑铁金属质感，可表达时尚前卫、科技等。

- 灰色

灰色在商业设计中具有柔和、高雅的意象，属中性色彩，男女皆能接受，所以灰色也是永远流行的主要颜色。在许多的高科技产品中，尤其是和金属材料有关的产品几乎都采用灰色来传达高级、科技的形象。使用灰色时，大多利用不同的层次变化组合或搭配其他色彩，才不会产生过于平淡、沉闷、呆板、僵硬的感觉。

1.6 网页制作常用工具和技术

由于网页元素具有多样化，因此要想制作出精致美观、丰富生动的网页，单靠一种软件是很难实现的，需要结合使用多种软件才能实现。这些软件包括网页布局软件 Dreamweaver、网页图像处理软件 Photoshop 和 Fireworks、网页动画制作软件 Flash，以及网页标记语言 HTML、网页脚本语言 JavaScript 和 VBScript、动态网页编程语言 ASP 等。

1.6.1 网页编辑排版软件

Dreamweaver 是专业网页编辑排版软件中非常大众化的软件，它的应用相当广、排版能力较强，功能全面，操作灵活，专业性强，因而受到广大网站专业设计人员的青睐。Dreamweaver 用于网页的整体布局和设计，以及对网站的创建和管理，如图 1-26 所示为 Dreamweaver CC 界面。

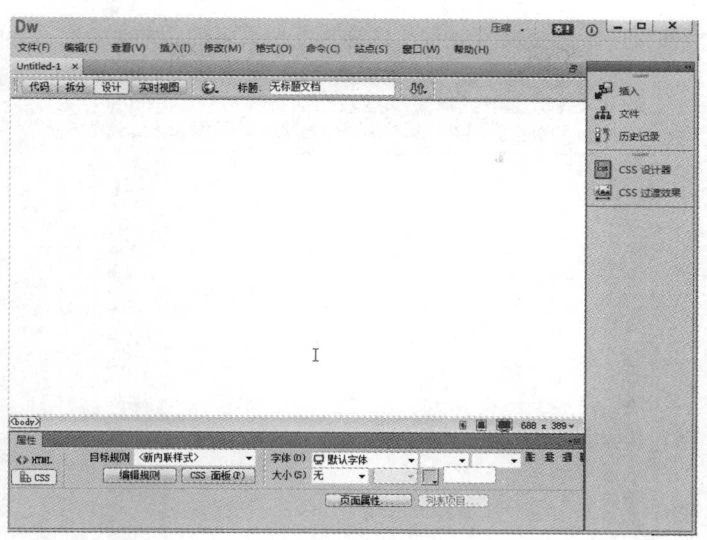

图 1-26

1.6.2　网页动画制作软件

Flash 是一款非常优秀的交互式矢量动画制作工具，它具有小巧、灵活且功能卓越等特点。用 Flash 制作的动画文件很小，有利于网上发布，而且它还能制作出有交互功能的矢量动画。用 Flash 编制的网页文件比普通网页文件要小得多，这样会大大加快浏览器的速度，Flash 强大的交互功能使其能方便地与其他网页建立链接关系。Flash 界面如图 1-27 所示。

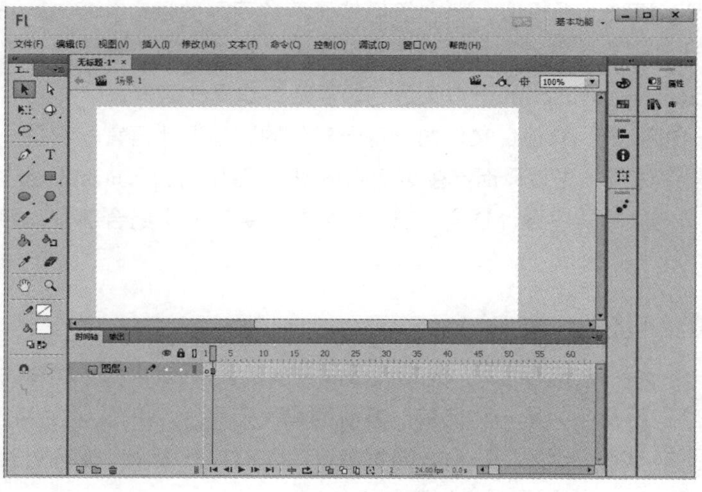

图 1-27

1.6.3　网页图像设计软件

图像处理的软件很多，Photoshop 是其中较常用的一种，图 1-28 所示为 Photoshop CC 的界面。在网页中，图像是通过网络来进行浏览的，所以文件大小一般要求尽量小，以提高网络的传输速度，而文件格式则要求能被大多数浏览器所兼容，这样才能使更多的用户浏览网页。

图 1-28

1.6.4　网页脚本语言 JavaScript

使用 HTML 只能制作出静态的网页，无法独立地完成与客户端动态交互的任务。虽然也有其他的语言如 CGI、ASP、Java 等能制作出交互的网页，但是因为其编程方法较为复杂，因此 Netscape 公司开发出了 JavaScript 语言，它引进了 Java 语言的概念，是内嵌于 HTML 中的脚本语言。Java 和 JavaScript 语言虽然在语法上很相似，但它们仍然是两种不同的语言。JavaScript 仅仅是一种嵌入 HTML 文件中的描述性语言，它并不编译产生机器代码，只是由浏览器的解释器将其动态地处理成可执行的代码。而 Java 与 JavaScript 语言则是比较复杂的编译性语言。

JavaScript 是一种内嵌于 HTML 文件的、基于对象的脚本设计语言。它是一种解释性的语言，不需要 JavaScript 程序进行预先编译而产生可运行的机器代码。由于 JavaScript 由 Java 集成而来，因此它也是一种面向对象的程序设计语言。它所包含的对象有两个组合部分，即变量和函数，也称为属性和方法。

1.6.5　动态网页编程语言 ASP

ASP 是 Active Server Page 的缩写，是微软公司开发的代替 CGI 脚本程序的一种语言。它可以与数据库和其他程序进行交互，是一种简单、方便的编程工具。ASP 文件的格式是.asp，可以用来创建和运行动态网页或 Web 应用程序。ASP 网页可以包含 HTML 标记、普通文本、脚本命令及 COM 组件等。与 HTML 相比，ASP 网页具有以下特点。

- 利用 ASP 实现动态网页技术。
- ASP 文件包含在 HTML 代码所组成的文件中，易于修改和测试。
- ASP 语言无须进行编译或链接就可以直接执行，使用一些相对简单的脚本语言，如 JavaScript、VBScript 的一些基础知识，结合 HTML 即可完成网站的制作。

- ASP 提供了一些内置对象，使用这些对象可以使服务器端脚本功能更强。
- ASP 可以使用服务器端 ActiveX 组件来执行各种各样的任务。
- 由于服务器将 ASP 程序执行的结果以 HTML 格式传回客户端浏览器，因此使用者不会看到 ASP 所编写的原始程序代码，可确保源程序的安全性。

1.7　习题

1．选择题

（1）________，是区分动态网页与静态网页的重要标志。

A. 是否使用插件　　B. 程序是否在服务器端运行　　C. 是否包含动画

（2）动态网页是与静态网页相对应的，也就是说，网页 URL 的扩展名不是.htm、.html、shtml、xml 等静态网页的常见形式。而是以.asp、.jsp、.php、.perl、.cgi 等形式为扩展名，并且在动态网页网址中有一个标志性的符号。

A. /　　B. ?　　C. ,

（3）________系统的可靠性和稳定性是其他系统所无法比拟的。

A. UNIX　　B. Windows NT　　C. Windows 2000　　D. Windows 2013

2．填空题

（1）网站是一个或者众多________的集合，通常用户使用浏览器登录某个网站，首先打开网站的________，即网站中所有网页的索引页，对网站进行浏览。

（2）通常提供的虚拟主机的规格为________。

第 2 章　初识 Dreamweaver CC

本章重点

- 了解 Dreamweaver 的作用
- 了解 Dreamweaver 的工作界面
- 了解新增功能
- 学会 Dreamweaver 的基本操作

Dreamweaver CC 是针对网页设计者特别开发的可视化网页设计工具，作为一个“所见即所得”的网页编辑器，Dreamweaver CC 为用户提供了方便快捷的插入栏、菜单栏、属性面板和站点管理窗口等工具，不仅使得制作过程更加直观，同时也大大简化了网页制作的步骤。

2.1　Dreamweaver CC 简介

Dreamweaver 是一款集网页制作和管理网站于一身的可视化的网页制作工具，非常容易上手。可视化的意思即在 Dreamweaver 中制作什么效果，在浏览器中就能看到什么效果。使用 Dreamweaver CC 可以轻而易举地制作出跨越平台限制和浏览器限制的充满动感的网页。

2.2　Dreamweaver CC 的工作界面

在 Dreamweaver 工作区可以查看文档和对象属性。工作区中许多常用操作按钮放置于工具栏中，可以快速更改文档。

Dreamweaver 提供了一个将全部元素置于一个窗口的集成布局。在集成的工作区中，全部窗口和面板都集成到一个更大的应用程序窗口中，如图 2-1 所示。

- 菜单栏

菜单栏显示的菜单包括文件、编辑、查看、插入、修改、格式、命令、站点、窗口、帮助共 10 个菜单项，如图 2-2 所示。

- 插入面板

插入面板包括常用、结构、表单等 8 种分类，包含用于创建和插入对象的按钮。当鼠标移到一个按钮上时，会出现一个工具提示，其中含有该按钮的名称。可以在插入栏的上方切换类别选择需要使用的按钮。当前文档包含服务器代码时，还会显示其他类别。当启动 Dreamweaver 时，系统会打开上次使用的类别，其中【常用】插入栏如图 2-3 所示。

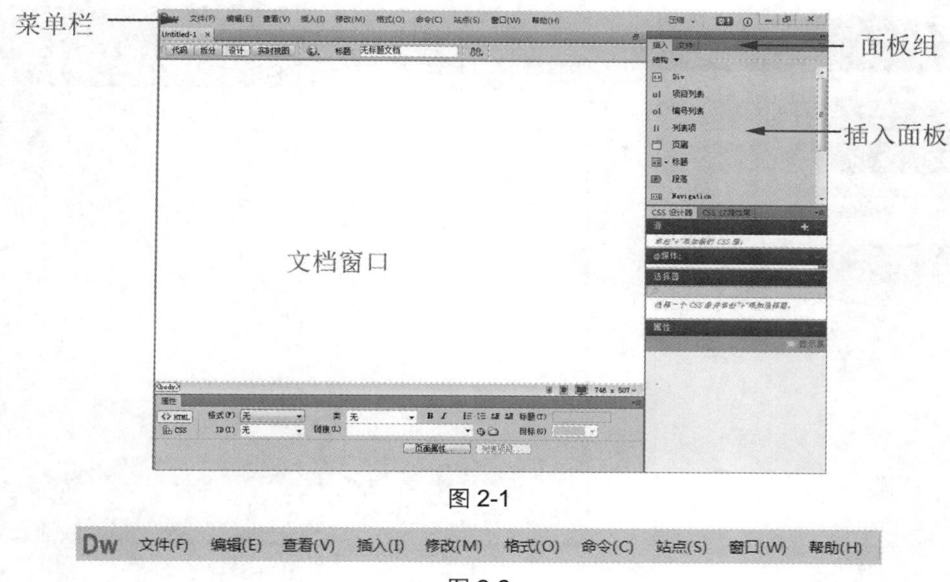

图 2-1

图 2-2

● 属性面板

属性面板用于查看和编辑所选对象的各种属性。属性面板可以检查和编辑当前选定页面元素的最常用属性。属性面板中的内容根据选定元素的不同会有所不同，属性面板如图 2-4 所示。

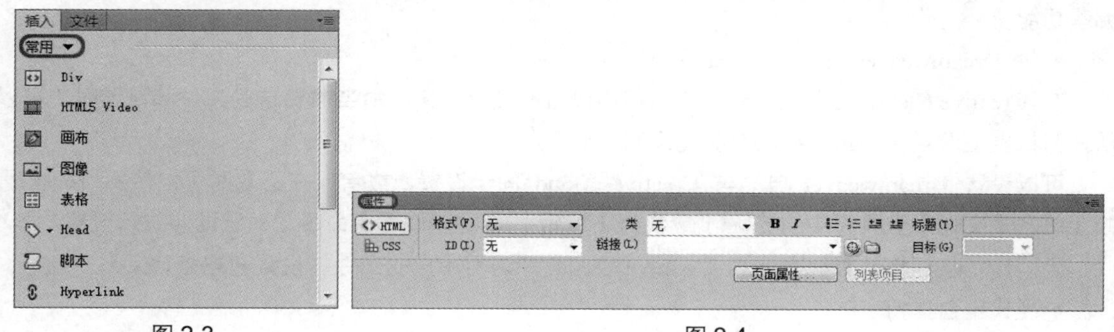

图 2-3　　图 2-4

● 浮动面板

属性面板以外的其他面板可以统称为浮动面板，各浮动面板主要由面板的特征命名，这些面板都浮动于编辑窗口之外。初次使用 Dreamweaver 时，这些面板根据功能分成若干组，如图 2-5 所示。

● 文档窗口

文档窗口显示当前创建和编辑的网页文档。用户可以在设计视图、代码视图、拆分视图中查看文档，如图 2-6 所示。

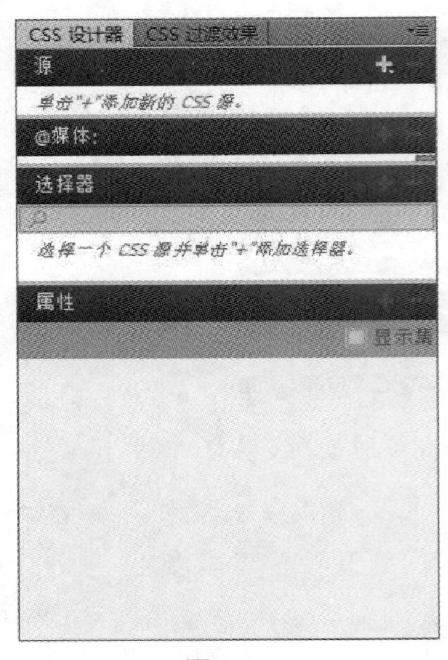

图 2-5

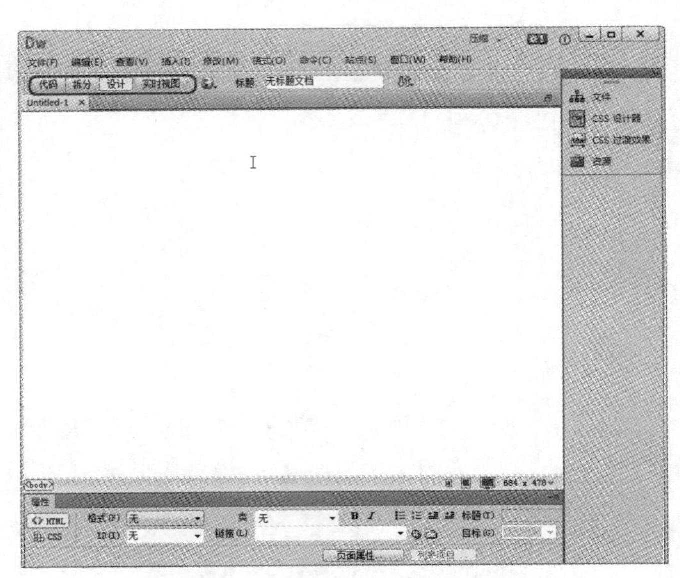

图 2-6

2.3 Dreamweaver CC 的新增功能

Dreamweaver CC 的界面和功能都做了很大的改变，下面就来分析 Dreamweaver CC 究竟新增了哪些功能。

- 将 Dreamweaver 设置与 Creative Cloud 同步

在 Creative Cloud 上存储文件、应用程序设置和站点定义。每当需要这些文件和设置时，可以从任何机器上登录 Creative Cloud 并访问它们。

可以设置 Dreamweaver 自动与 Creative Cloud 同步设置。或者，在必要时可以使用 Toast 通知（单击【文档】工具栏中的 ）或执行【编辑】|【同步设置】命令，对云同步进行设置。

云同步：从任何计算机登录到 Creative Cloud 并访问用户的文件、设置和站点定义。

- 现代平台支持

使用 HTML5/CSS3、jQuery 和 jQuery 移动框架创作项目。在 PHP 中开发动态页面。

- jQuery Widget

拖放文档中的手风琴、按钮、选项卡及其他的 jQuery Widget。通过 jQuery 效果（“窗口”→“行为”→“效果”）来增加网站的趣味性和吸引力。

- 用户界面简化

Dreamweaver CC 用户界面经过改进，减少了对话框的数量。改进后的界面可帮助用户使用直观的上下文菜单更高效地开发网站。

- CSS 设计器

高度直观的可视化编辑工具，可帮助用户生成整洁的 Web 标准的代码。使用此工具，可以快速查看和编辑与特定上下文（或页面元素）有关的样式。仅单击几下就可以应用如渐变和框阴影等属性。

2.4　创建本地站点

用户可以使用【站点设置对象】快速创建本地站点。具体操作步骤如下：

01　在菜单栏中选择【站点】|【管理站点】命令，弹出【管理站点】对话框，如图 2-7 所示。

02　单击【新建站点】按钮，如图 2-8 所示。

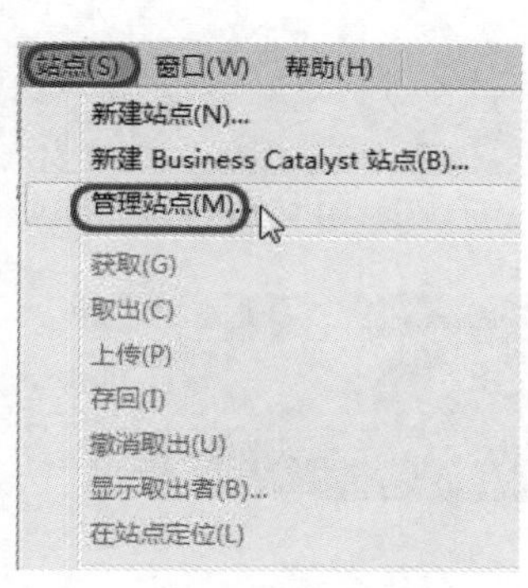

图 2-7

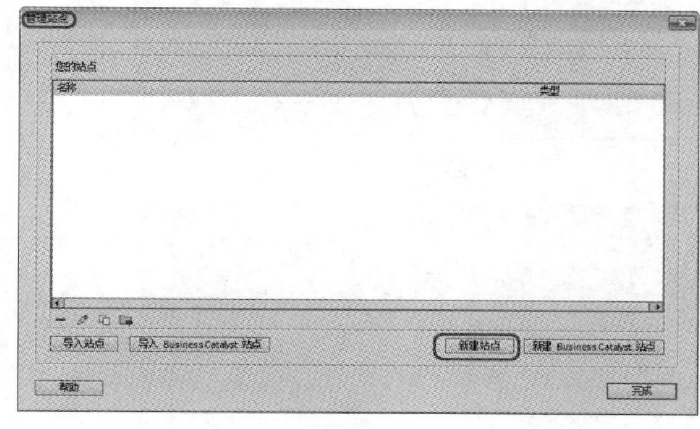

图 2-8

03　弹出【站点设置对象】对话框，如图 2-9 所示。在文本框中输入新建站点的名称【CDROM】，该名称可以任意取，和网站本身内容无关。在【本地站点文件夹】文本框中输入要保存到的位置，也可以单击文本框右侧的【浏览文件夹】按钮，打开如图 2-10 所示的【选择根文件夹】对话框，在对话框中选择要保存到的位置，选择完后单击【选择文件夹】按钮即可。

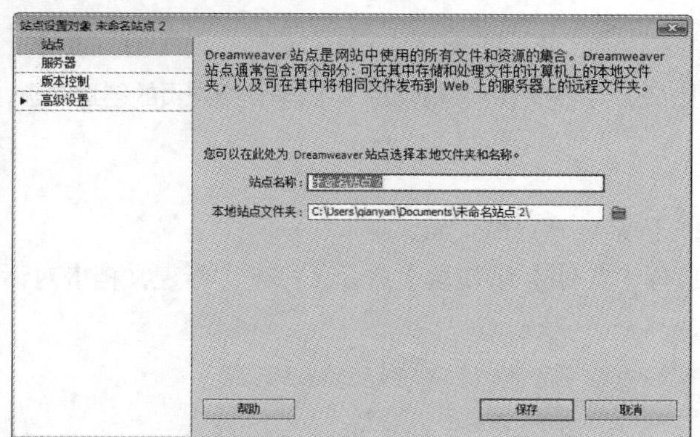

图 2-9

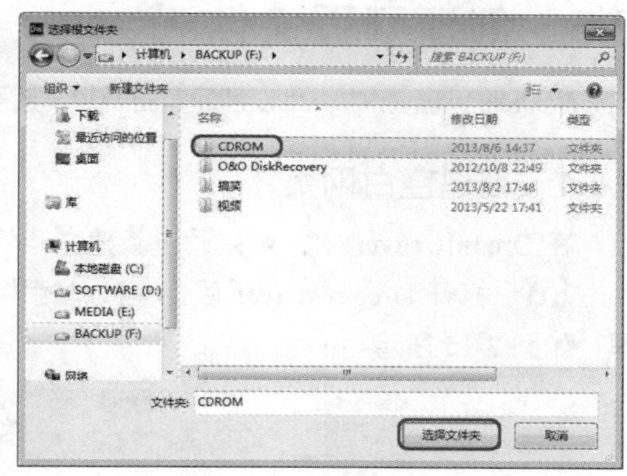

图 2-10

04　选择【服务器】选项卡，在这里不做任何设置，如图 2-11 所示。

05　选择【版本控制】选项卡，将【访问】设置为【无】，如图 2-12 所示。

06　单击【保存】按钮，完成站点的设置。

07　返回【管理站点】对话框，其中显示了新建的站点，如图 2-13 所示。

08　在【管理站点】对话框中单击【完成】按钮，在【文件】面板中可以查看创建完成的站点，如图 2-14 所示。

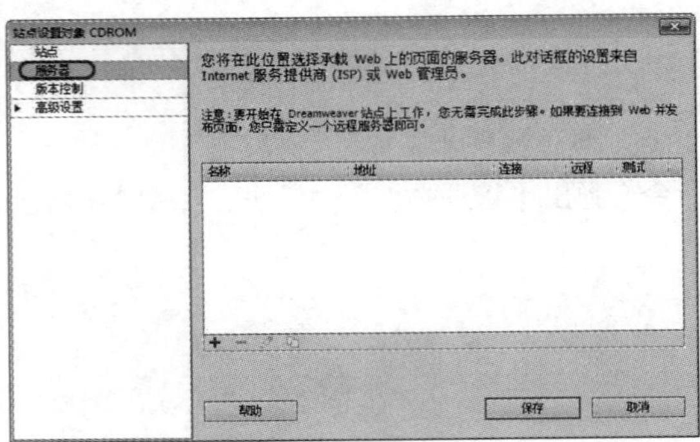

图 2-11

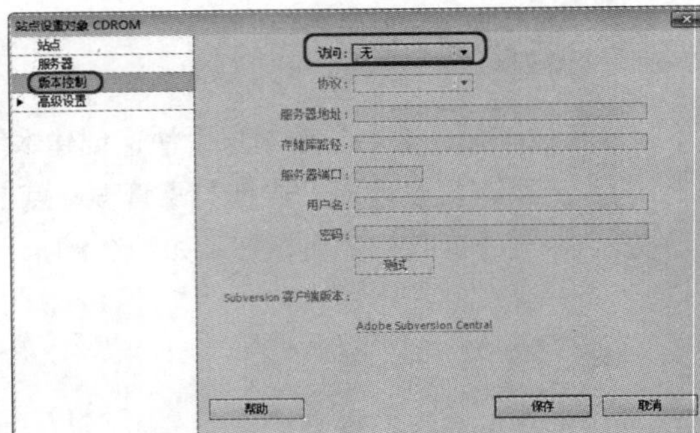

图 2-12

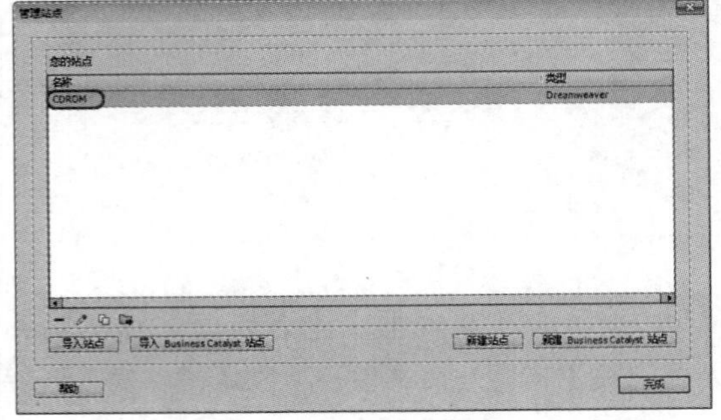

图 2-13

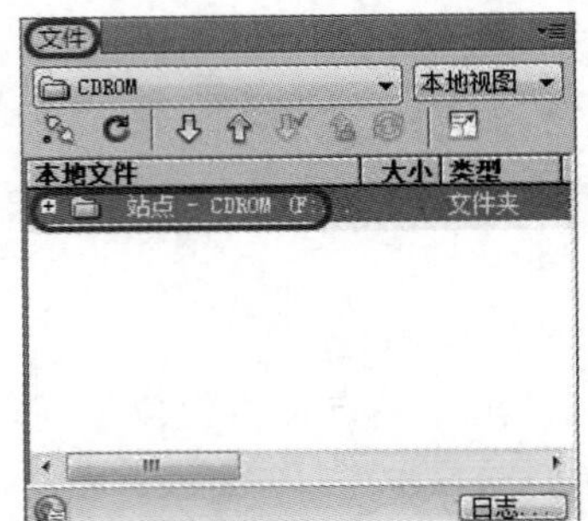

图 2-14

2.5 创建网页文件

在 Dreamweaver 中，可以创建空白网页，还可以基于示例文件创建网页。下面来介绍网页的创建方法。

2.5.1 创建空白网页

在 Dreamweaver 中，可以通过新建文档的方法来创建空白页面。

01 打开 Dreamweaver 后，在菜单栏中选择【文件】|【新建】命令，打开【新建文档】对话框，如图 2-15 所示。

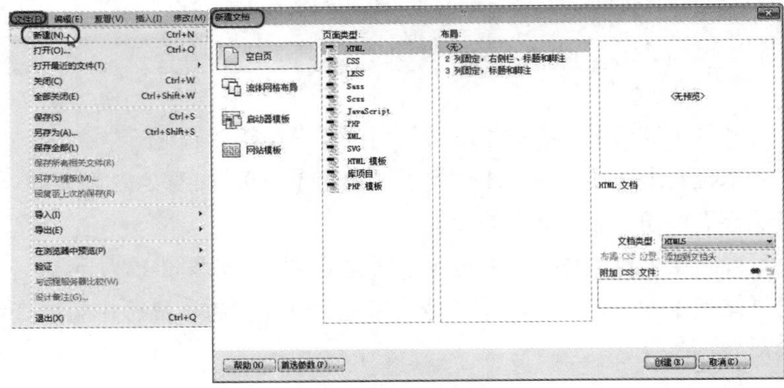

图 2-15

02 要创建一个空白网页，在【新建文档】对话框中选择【空白页】，然后在【页面类型】列表框中选择【HTML】，在【布局】列表框中选择【无】。

03 最后单击【创建】按钮，即可创建一个新的空白网页文件。

提示： 在 Dreamweaver CC 欢迎界面中，单击【新建】栏下的【HTML】选项可以直接创建空白网页，如图 2-16 所示。

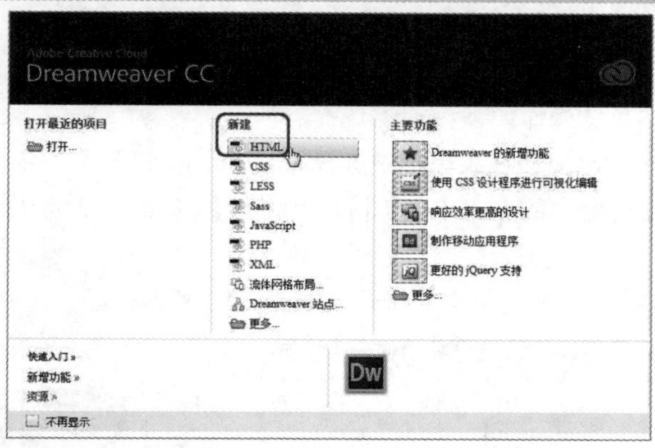

图 2-16

2.5.2　基于示例文件创建网页

为了帮助用户创建具有专业化外观、设计完善的网页，Dreamweaver 提供了示例文件供用户使用。用户可以直接根据示例文件创建网页，减少从头设计的时间，从而提高工作效率。具体操作步骤如下：

01 在菜单栏中选择【文件】|【新建】命令，打开【新建文档】对话框。

02 在【新建文档】对话框中选择【启动器模板】，然后在【示例文件夹】列表框中选择【Mobile 起始页】，根据需要选择不同的示例类型，在【示例页】列表框中选择一种示例文档，并可以在【新建文档】对话框右侧预览该示例图。这里选择【jQuery Mobile(CDN)】的起始页，如图 2-17 所示。

03 单击【创建】按钮，即可在文档窗口中创建一个示例文档，如图 2-18 所示。在该网页中已经插入了框架，用户只需在相应位置加入文字和图像，即可快速创建所需要的网页。

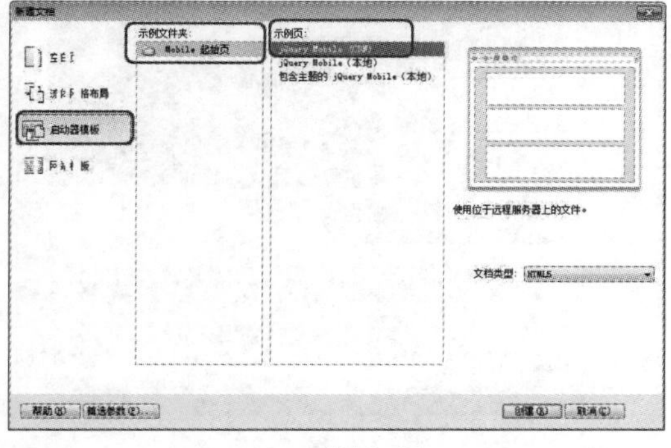

图 2-17

图 2-18

2.6 设置网页文本

编辑网页文本是网页制作的一个最基本的操作，灵活应用各种文本属性可以排版出更加美观、条理清晰的网页。

Dreamweaver 提供了多种向网页中添加文本和设置文本格式的方法。用户可以插入文本，设置字体类型、大小、颜色和对齐属性，以及使用层叠样式表（CSS）样式创建和应用自定义样式。

2.6.1 输入文本

在网页中插入文本的具体操作如下：

01 启动 Dreamweaver CC，在菜单栏中选择【文件】|【打开】命令，打开【打开】对话框。在对话框中选择随书附带光盘中的【CDROM】|【素材】|【Cha02】|【意大利面食.html】，如图 2-19 所示。

02 单击【打开】按钮，将网页文件打开，如图 2-20 所示。

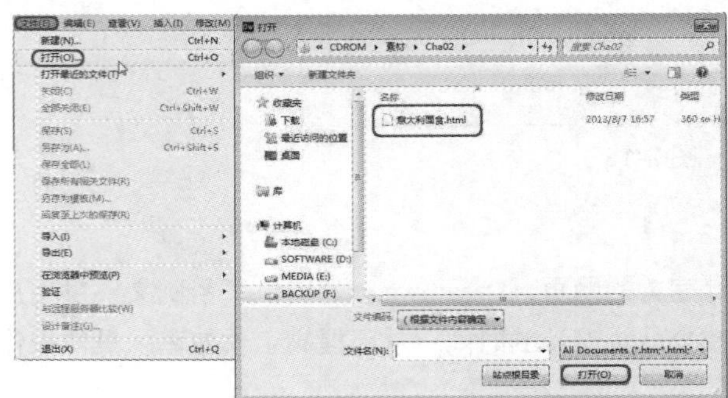

图 2-19

图 2-20

03 在页面中需要输入文本的位置单击，插入光标，然后输入文本，如图 2-21 所示。

04 输入完成后，在菜单栏中选择【文件】|【保存】命令，将文档保存。按【F12】键可以在浏览器中预览，如图 2-22 所示。

图 2-21

图 2-22

2.6.2　文本属性

网页文本的外观会直接影响网页的整体效果，因此不能忽视网页文本的格式设置。在菜单栏中选择【窗口】|【属性】命令，打开【属性】面板。在【属性】面板中可以对文本的属性进行设置，具体操作步骤如下：

01 在菜单栏中选择【文件】|【打开】命令，打开【打开】对话框。在对话框中选择随书附带光盘中的【CDROM】|【素材】|【Cha02】|【文本属性.html】，单击【打开】按钮将其打开。

02 在菜单栏中选择【窗口】|【属性】命令，打开【属性】面板，如图 2-23 所示。

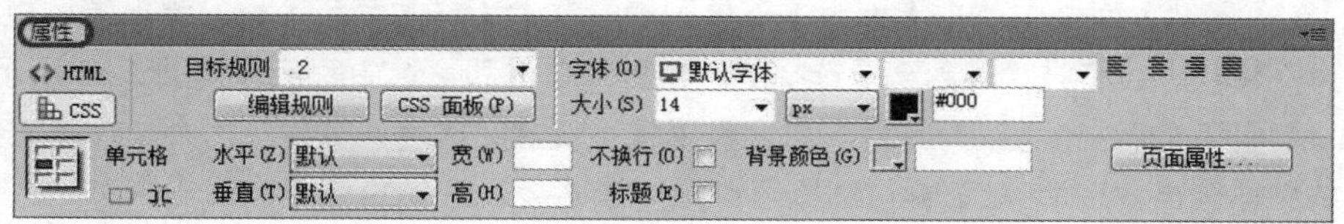

图 2-23

03 在【属性】面板中选择【CSS】选项。在文档窗口中选择需要修改属性的文字，单击【字体】文本框右侧的下三角按钮，在弹出的菜单中选择【管理字体】，如图 2-24 所示。

04 打开【管理字体】对话框，选择【自定义字体堆栈】选项卡，在【可用字体】列表框中选择【经典粗黑简】字体，然后单击 << 按钮，将其添加至【选择的字体】列表框中，设置完成后单击【完成】按钮，如图 2-25 所示。

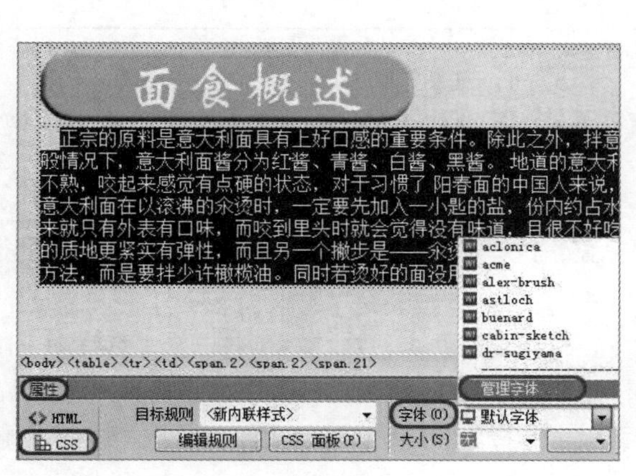

图 2-24

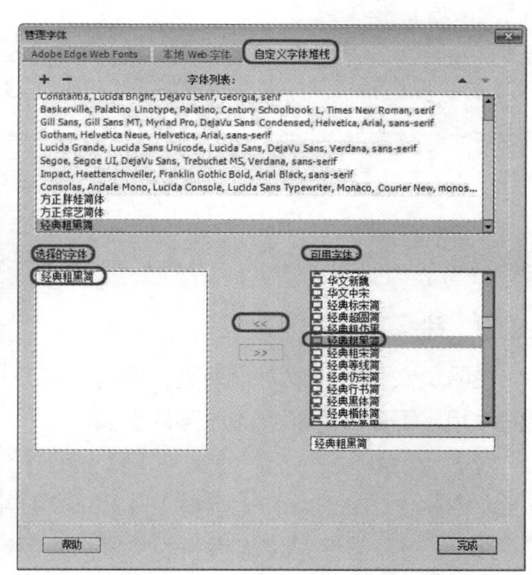

图 2-25

05 在【属性】面板中单击【字体】文本框右侧的下三角按钮，在弹出的下拉列表中选择【经典粗黑简】，如图 2-26 所示。

06 在【属性】面板中单击【大小】文本框右侧的下三角按钮，在弹出的下拉列表中选择【18】，将文字大小设置为 18 像素，如图 2-27 所示。

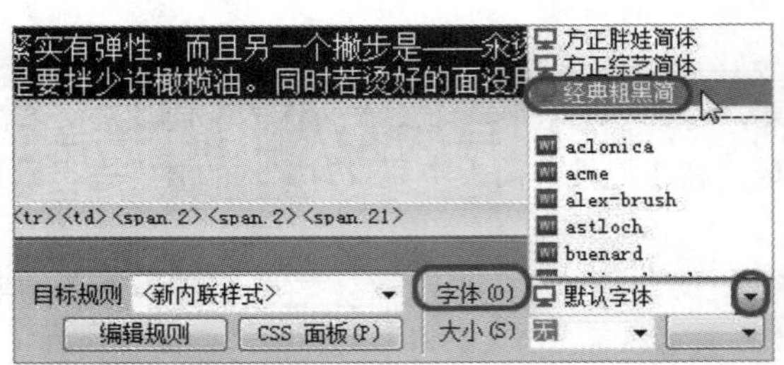

图 2-26

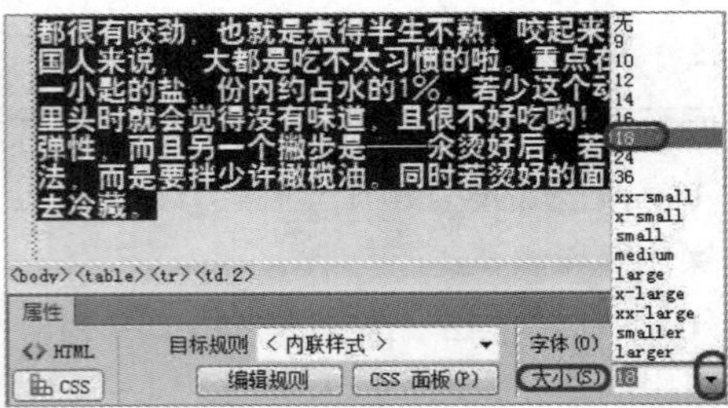

图 2-27

07 在【属性】面板中单击【大小】下拉列表右侧的【文本颜色】框，弹出调色板，此时鼠标光标变为吸管状态，将吸管移动至要选择的颜色上，单击即可选中颜色，如图 2-28 所示。

08 使用同样方法也可以为其他文本设置属性。设置完成后，在菜单栏中选择【文件】|【保存】命令将文档保存，按【F12】键在浏览器中预览效果，如图 2-29 所示。

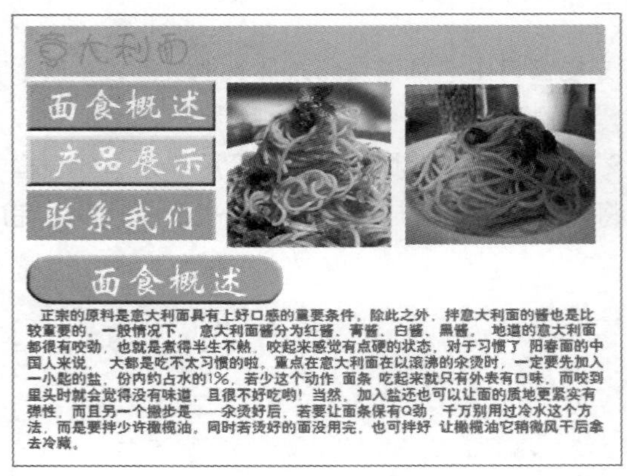

图 2-28

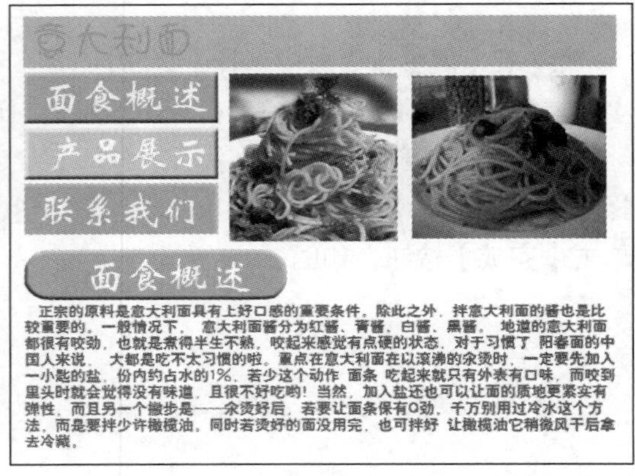

图 2-29

提示： Dreamweaver CC 直接使用 CSS 样式对文字属性进行设置，更方便文本的管理及更新。

2.6.3 段落格式

在网页文档中可以对段落进行缩进、对齐等设置，这些文本段落的设置对网页文档布局起到很大的作用。下面来介绍文本段落的设置。

01 在菜单栏中选择【文件】|【打开】命令，打开【打开】对话框。在对话框中选择随书附带光盘中的【CDROM】|【素材】|【Cha02】|【段落格式.html】，单击【打开】按钮将其打开。

02 选择要设置段落格式的文本，在属性面板中选择【<HTML>】选项，单击【格式】右侧的下三角按钮，在弹出的下拉列表中选择【段落】，如图 2-30 所示。

03 在【属性】面板中单击【内缩区块】按钮，将文本缩进，如图 2-31 所示。使用相同的方法对其他段落进行缩进。

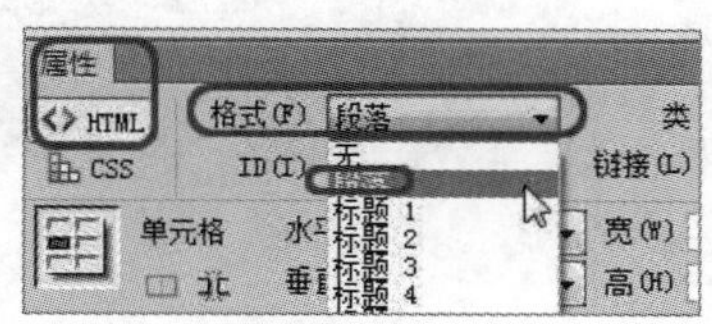

图 2-30

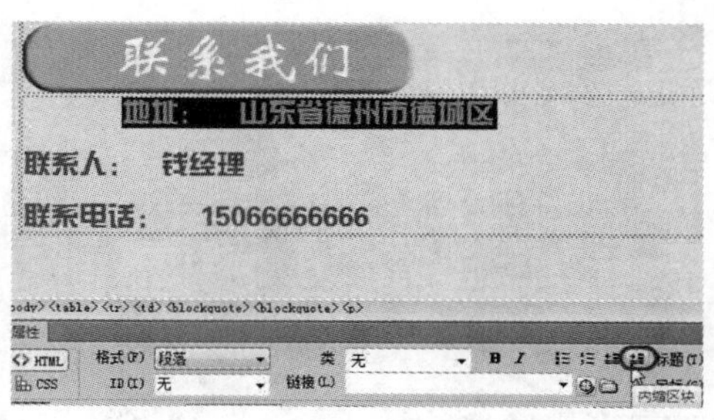

图 2-31

04 在菜单栏中选择【文件】|【保存】命令将文档保存，按【F12】键在浏览器中预览效果，如图 2-32 所示。

图 2-32

2.6.4 列表

在网页中，从总体上分有两种类型的列表，一种是无序列表，即项目列表；另一种是有序列表，即编号列表。列表可以将具有相似特性或带有某种顺序的文本进行有规则的排列，列表常用在条款或列举等类型的文本中，使用列表方式进行罗列可以使文本内容更加直观。

01 在菜单栏中选择【文件】|【打开】命令，打开【打开】对话框。在对话框中选择随书附带光盘中的【CDROM】|【素材】|【Cha02】|【列表.html】，单击【打开】按钮将其打开。将光标放置在需要创建项目列表的位置，如图 2-33 所示。

02 选择【格式】|【列表】|【项目列表】命令，创建项目列表，如图 2-34 所示。

图 2-33

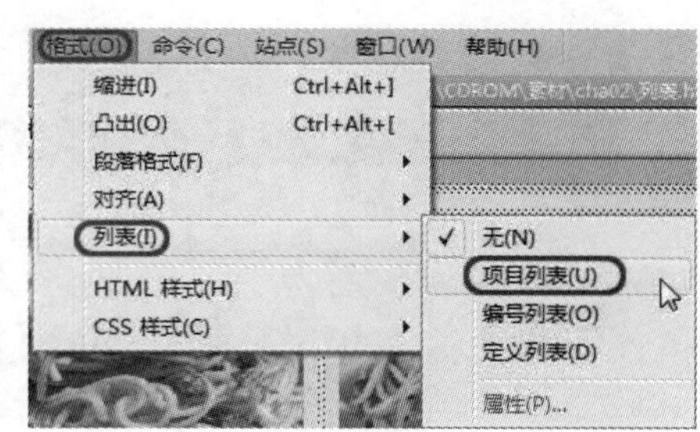

图 2-34

03 使用同样方法为其他文本添加项目列表，如图 2-35 所示。

04 在菜单栏中选择【文件】|【保存】命令将文档保存，按【F12】键在浏览器中预览效果，如图 2-36 所示。

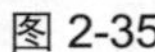

图 2-35

图 2-36

2.6.5 特殊字符

在 Dreamweaver 中可以插入的特殊字符包括版权、注册商标、商标等。插入特殊字符的具体操作步骤如下：

01 在菜单栏中选择【文件】|【打开】命令，打开【打开】对话框。在对话框中选择随书附带光盘中的【CDROM】|【素材】|【Cha02】|【特殊符号.html】，单击【打开】按钮将其打开。将光标放置在需要插入特殊字符的位置，如图 2-37 所示。

02 选择【插入】|【常用】|【字符】命令，在弹出的下拉列表中选择版权符号，如图 2-38 所示。

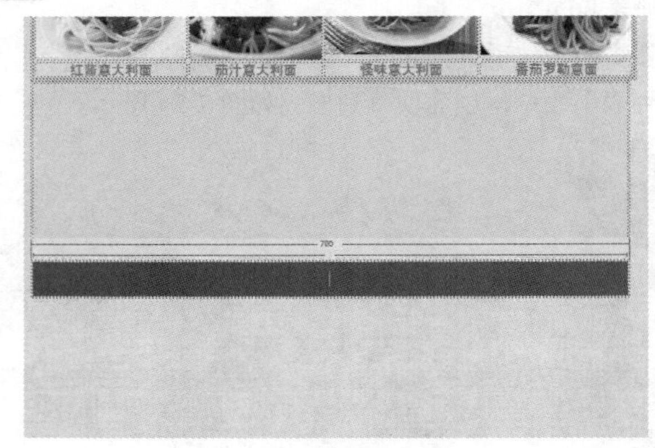

图 2-37

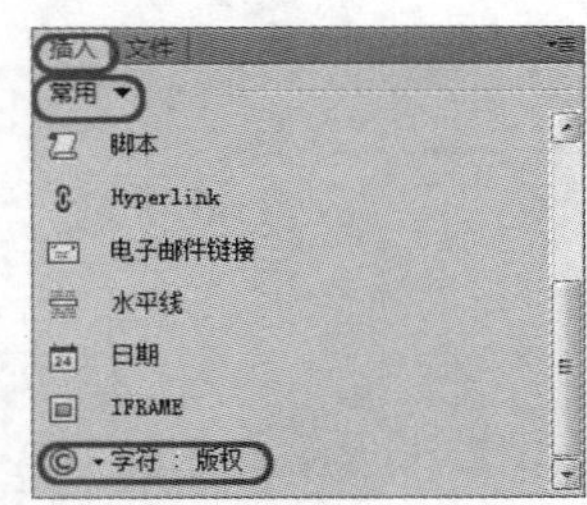

图 2-38

03 插入“版权”符号后，可以在符号前输入“版权所有”或其他相关信息，如图 2-39 所示。

04 在菜单栏中选择【文件】|【保存】命令将文档保存，按【F12】键在浏览器中预览效果，如图 2-40 所示。

图 2-39

图 2-40

2.7　为网页添加图像

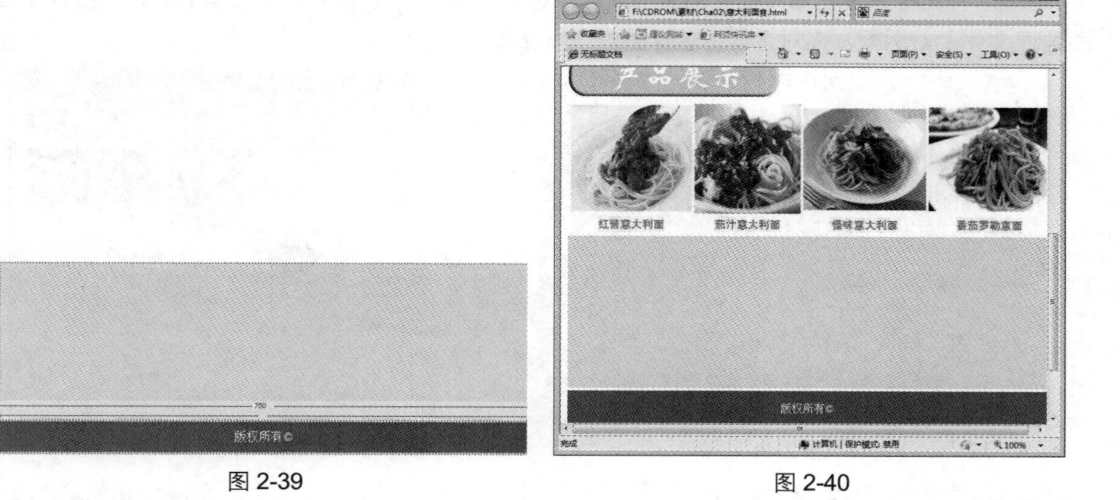

一个漂亮的网页通常都是图文并茂的，精美的图像和精巧的按钮不但能使网页更加美观、形象和生动，而且能使网页中的内容更加丰富多彩。

网页中图像的格式通常有 3 种，即 GIF、JPEG 和 PNG。目前大多数浏览器都支持 GIF 和 JPEG 格式。

（1）GIF 是英文单词 Graphic Interchange Format 的缩写，即图像交换格式，文件最多使用 256 种颜色，最适合显示色调不连续或具有大面积单一颜色的图像，例如导航条、按钮、图标、徽标或其他具有统一色彩和色调的图像。

（2）JPEG 格式是一种压缩的非常紧凑的格式，专门用于不含大色块的图像。JPEG 的图像有一定的失真度，但在正常情况下肉眼分辨不出 JPEG 和 GIF 图像的区别，而 JPEG 文件的大小只有 GIF 文件的 1/4。JPEG 对图标之类的含大色块的图像不很有效，不支持透明度、动态度，但能够保留全真的色调板格式。如果图像需要全彩模式才能表现效果，则 JPEG 是最佳的选择。

（3）PNG 格式是英文单词 Portable Network Graphic 的缩写，即便携网络图像，文件格式是一种非破坏性的网页图像文件格式，它提供了将图像文件以最小的方式压缩却又不造成图像失真的技术。它不仅具备了 GIF 图像格式的大部分优点，而且还支持 48bit 的色彩、更快的交错显示、跨平台的图像亮度控制、更多层的透明度设置。

2.7.1　插入图像

图像是网页构成中最重要的元素之一，插入图像的具体操作步骤如下：

01　在菜单栏中选择【文件】|【打开】命令，打开【打开】对话框。在对话框中选择随书附带光盘中的【CDROM】|【素材】|【Cha02】|【插入图片.html】，单击【打开】按钮将其打开，如图 2-41 所示。

02 将光标放置在需要插入图像的位置，选择【插入】|【图像】|【图像】命令，打开【选择图像源文件】对话框，在对话框中选择图像【0.jpg】，如图 2-42 所示。

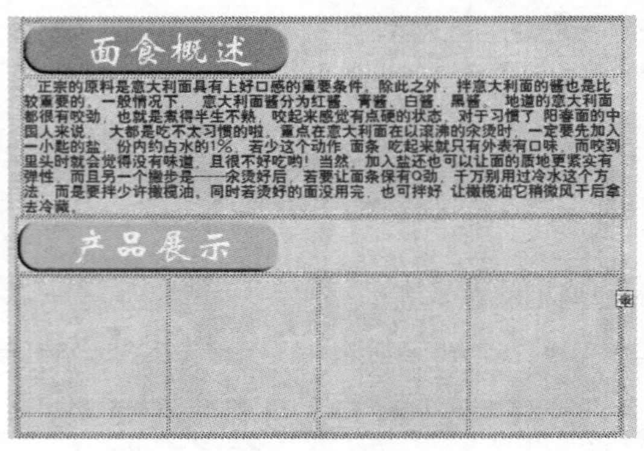

图 2-41

图 2-42

▶**提示**：也可以在【插入】面板中选择【常用】选项，选择【图像：图像】命令，如图 2-43 所示，打开【选择图像源文件】对话框。

03 插入图像后，使用同样的方法在其他表格中插入图片，并输入相应的文本，在菜单栏中选择【文件】|【保存】命令将文档保存，按【F12】键在浏览器中预览效果，如图 2-44 所示。

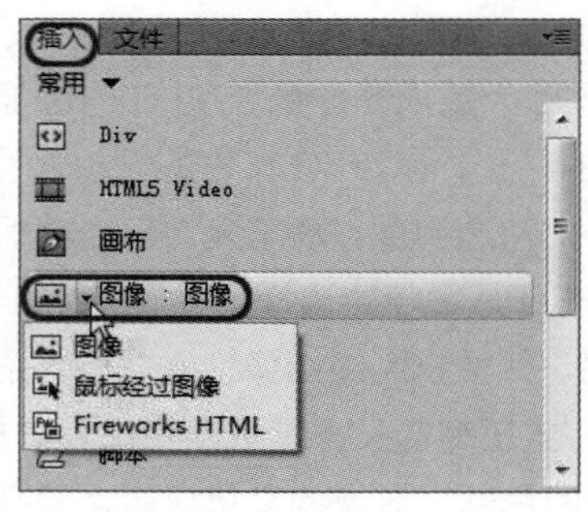

图 2-43

图 2-44

2.7.2 鼠标经过图像

鼠标经过图像就是当鼠标经过图像时，原图像会变成另外一张图像。鼠标经过图像效果其实是由两张图像组成的，即原始图像和鼠标经过图像。组成鼠标经过图像的两张图像必须大小一致，如果不一致，Dreamweaver 将自动调整鼠标经过图像的大小与原始图像相同。插入鼠标经过图像的具体操作步骤如下：

01 在菜单栏中选择【文件】|【打开】命令，打开【打开】对话框。在对话框中选择随书附

带光盘中的【CDROM】|【素材】|【Cha02】|【鼠标经过的图像.html】，单击【打开】按钮将其打开，如图 2-45 所示。

02　将光标放置在需要插入图像的位置，选择【插入】|【图像】|【鼠标经过图像】命令，如图 2-46 所示。

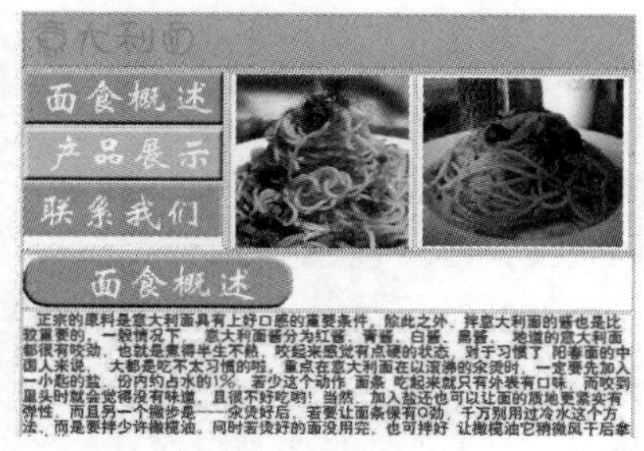

图 2-45

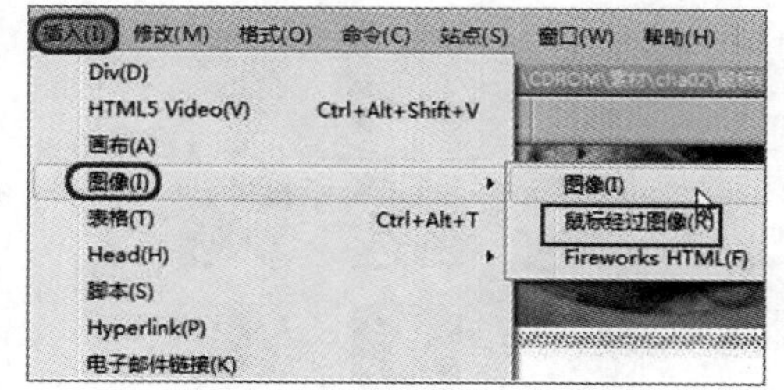

图 2-46

提示：也可以单击【插入】面板中【图像】按钮右侧的小三角，在下拉列表中选择【鼠标经过图像】按钮，如图 2-47 所示。

03　在打开的对话框中单击【原始图像】文本框右侧的【浏览】按钮，如图 2-48 所示。

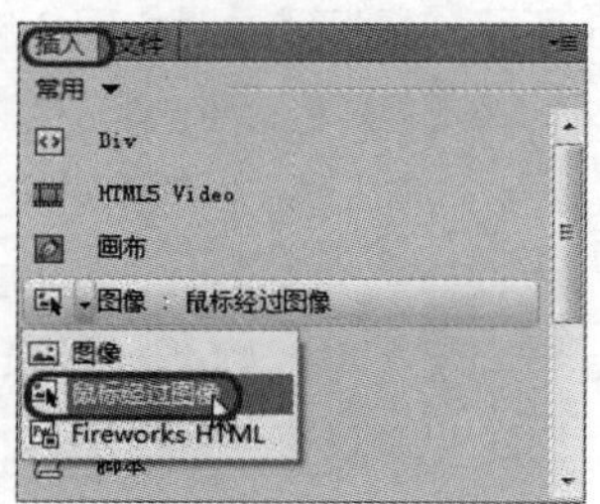

图 2-47

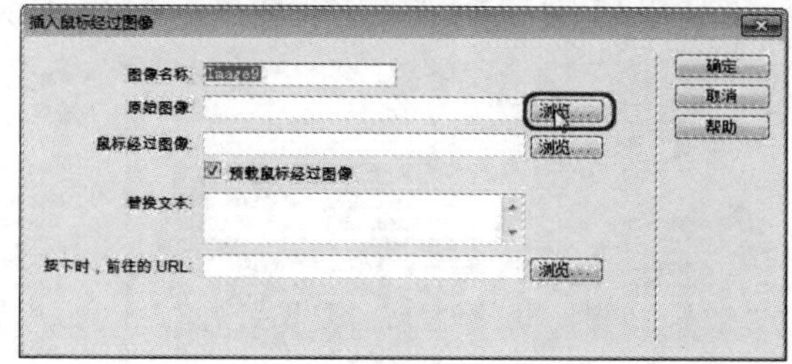

图 2-48

04　在打开的对话框中选择原始图像，单击【确定】按钮，如图 2-49 所示。

05　返回【插入鼠标经过图像】对话框，单击【鼠标经过图像】文本框右侧的【浏览】按钮，如图 2-50 所示。

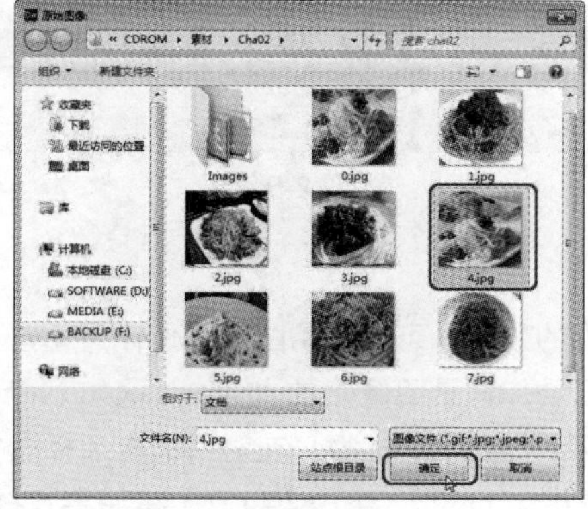

图 2-49

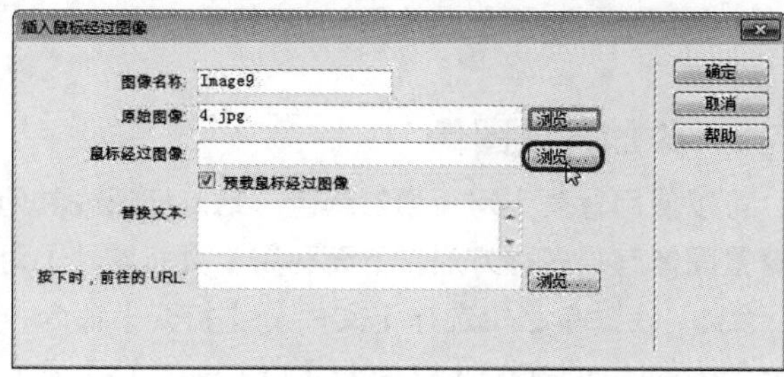

图 2-50

06 在打开的对话框中选择鼠标经过图像，单击【确定】按钮，如图 2-51 所示。

07 返回【插入鼠标经过图像】对话框，勾选【预载鼠标经过图像】复选框，单击【确定】按钮，如图 2-52 所示。

图 2-51

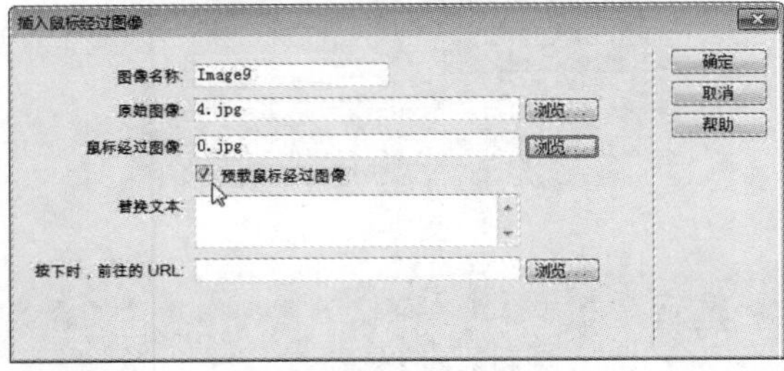

图 2-52

08 按照相同的方法设置其他图像效果。插入图像后，在菜单栏中选择【文件】|【保存】命令将文档保存，按【F12】键在浏览器中预览效果，鼠标经过前如图 2-53 所示，鼠标经过时如图 2-54 所示。

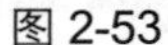

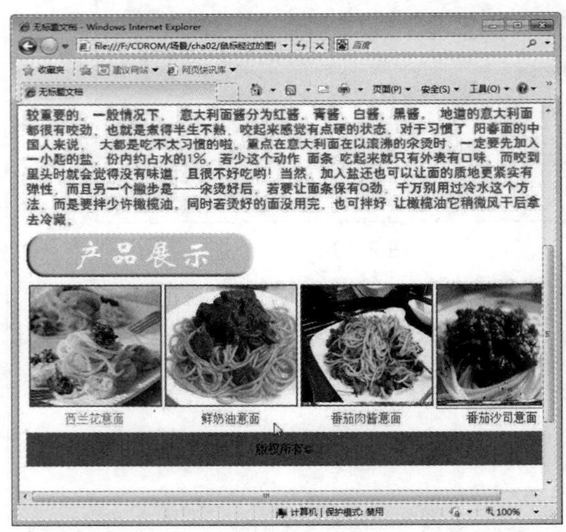

图 2-53

图 2-54

2.7.3 添加背景图像

可以使用背景为网页添加颜色、站点标识或其他可视的效果，可以使用图像文件作为背景。添加背景图像有很多种方法，下面利用【页面属性】对话框添加背景图像，具体操作步骤如下：

01 在菜单栏中选择【文件】|【打开】命令，打开【打开】对话框。在对话框中选择随书附带光盘中的【CDROM】|【素材】|【Cha02】|【添加背景图像.html】，单击【打开】按钮将其打开，

如图 2-55 所示。

02 在菜单栏中选择【修改】|【页面属性】命令，打【页面属性】对话框，如图 2-56 所示。

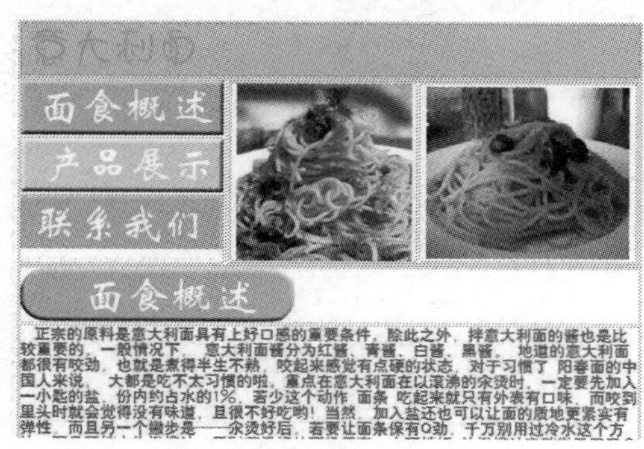

图 2-55

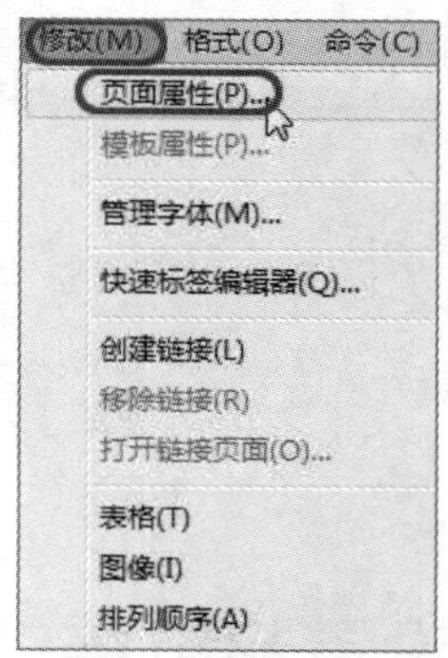

图 2-56

> **提示**：也可以在【属性】面板中单击【页面属性】按钮，打开【页面属性】对话框，如图 2-57 所示。

图 2-57

03 在【页面属性】对话框中，单击【背景图像】文本框右侧【浏览】按钮，如图 2-58 所示。

04 打开【选择图像源文件】对话框，选择图像文件，单击【确定】按钮，如图 2-59 所示。

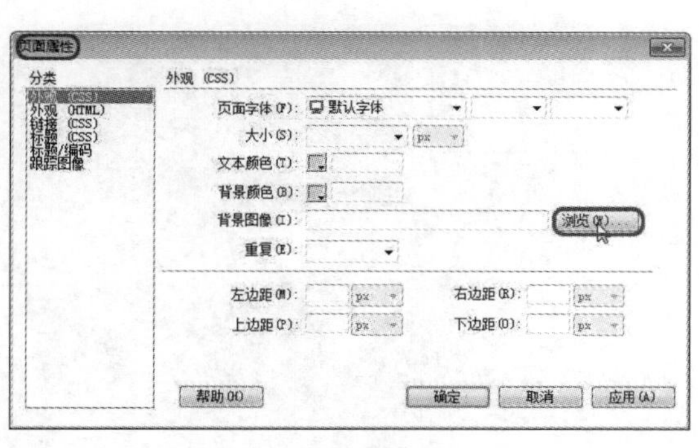

图 2-58

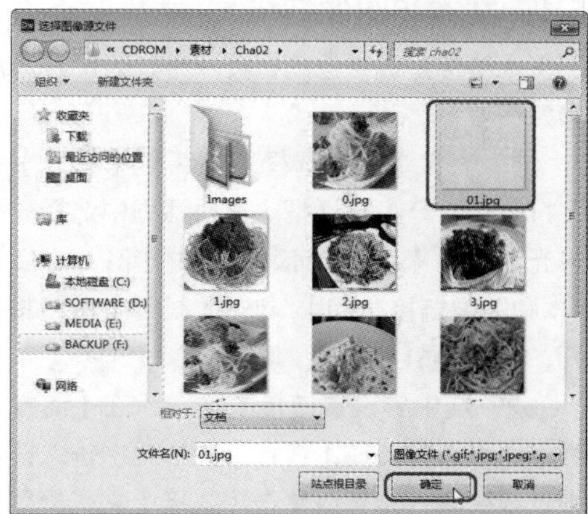

图 2-59

05 返回【页面属性】对话框，单击【确定】按钮。在菜单栏中选择【文件】|【保存】命令将文档保存，按【F12】键在浏览器中预览效果，如图 2-60 所示。

图 2-60

2.8 设置超链接

超链接是网页中最重要、最基本的元素之一。每个网站实际上都由很多网页组成，这些网页都是通过超链接的形式关联在一起的。超链接的作用是在因特网上建立从一个位置到另一个位置的链接。超链接由源地址文件和目标地址文件构成，当访问者单击超链接时，浏览器会从相应的目标地址检索网页并显示在浏览器中。如果目标地址不是网页而是其他类型的文件，浏览器会自动调用本机上的相关程序打开所要访问的文件。

在网页中的链接按照链接路径的不同可以分为 3 种形式：绝对路径、相对路径、根目录路径。

这些路径都是网页中的统一资源定位，只不过后两种路径将 URL 的通信协议和主机名省略了。后两种路径必须有参照物，一种是以文档为参照物，另一种是以站点的根目录为参照物，而第一种路径就不需要有参照物，它是最完整的路径，也是标准的 URL。

2.8.1 文本和图像链接

文本链接是最常见的链接一个，为图片添加链接的操作步骤与为文字添加链接相似，具体操作步骤如下：

01 在菜单栏中选择【文件】|【打开】命令，打开【打开】对话框。在对话框中选择随书附带光盘中的【CDROM】|【素材】|【Cha02】|【文本和图像链接.html】，单击【打开】按钮将其打开，如图 2-61 所示。

图 2-61

02 选中要设置链接的文本，在【属性】面板中，可以直接在【链接】文本框中输入链接的地址或名称，也可以单击【链接】文本框后面的【浏览文件】按钮，打开【选择文件】对话框，并选择链接的对象，如图 2-62 所示。

03 单击【确定】按钮，添加到【链接】文本框中，并将【属性】面板中的【目标】设置为“_blank”，如图 2-63 所示。

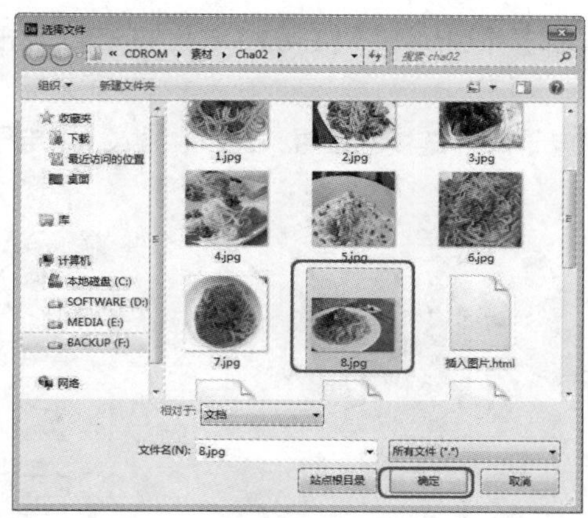

图 2-62

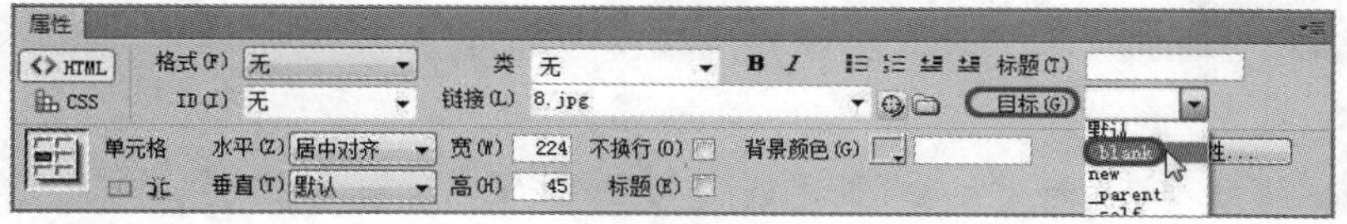

图 2-63

04 选择要设置链接的图像，使用同样方法为图像创建链接。

05 链接创建完成后，在菜单栏中选择【文件】|【保存】命令将文档保存，按【F12】键在浏览器中预览效果，如图 2-64 所示。

图 2-64

2.8.2 E-mail 链接

在网页上创建 E-mail 链接，可以使浏览者快速反馈自己的意见。当浏览者单击 E-mail 链接时，可以立即打开浏览器默认的 E-mail 处理程序，收件人邮件地址被 E-mail 超链接中指定的地址自动更新，无须浏览者输入。创建电子邮件链接的具体操作步骤如下：

01 在菜单栏中选择【文件】|【打开】命令，打开【打开】对话框。在对话框中选择随书附

带光盘中的【CDROM】|【素材】|【Cha02】|【E-mail 链接.html】，单击【打开】按钮将其打开，如图 2-65 所示。

02 将光标放置在创建电子邮件链接的位置，选择【插入】|【电子邮件链接】命令，如图 2-66 所示。

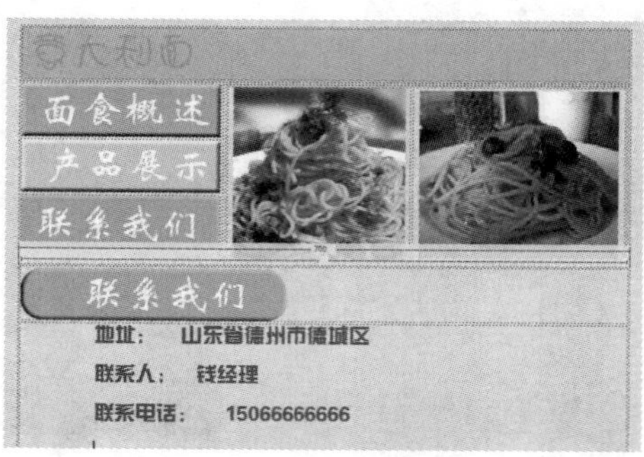

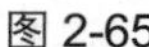

图 2-65

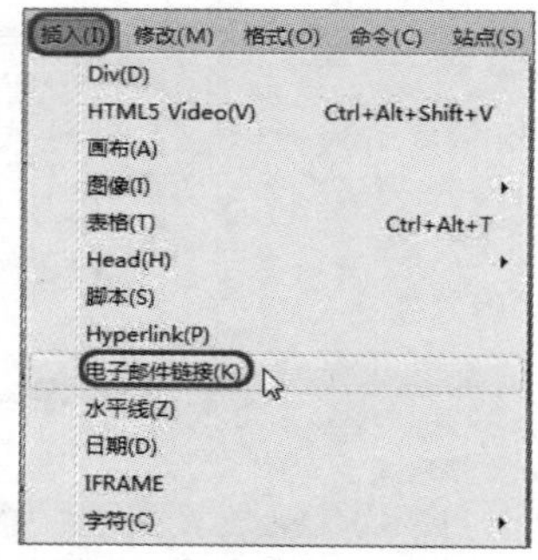

图 2-66

▶提示：选择【插入】面板中的【常用】选项卡，单击【电子邮件链接】按钮同样可以打开【电子邮件链接】对话框，如图 2-67 所示。

03 打开【电子邮件链接】对话框，在【文本】后面的文本框中输入“qianyan@qianyan.com”，在【电子邮件】后面的文本框中输入“mailto：qianyan@qianyan.com”，如图 2-68 所示。

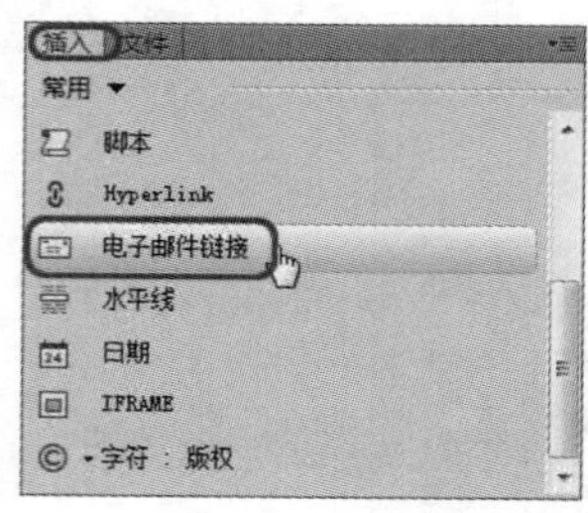

图 2-67

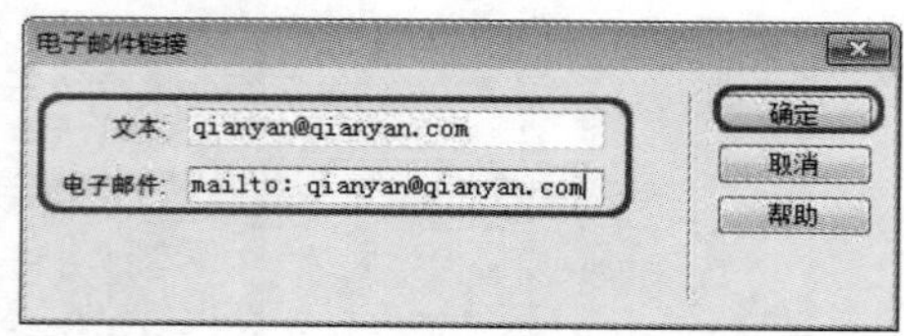

图 2-68

04 单击【确定】按钮，即可在页面中插入电子邮件链接，如图 2-69 所示。

05 在菜单栏中选择【文件】|【保存】命令将文档保存，按【F12】键在浏览器中预览效果。单击创建的电子邮件链接，即可打开新邮件窗口，如图 2-70 所示。

图 2-69

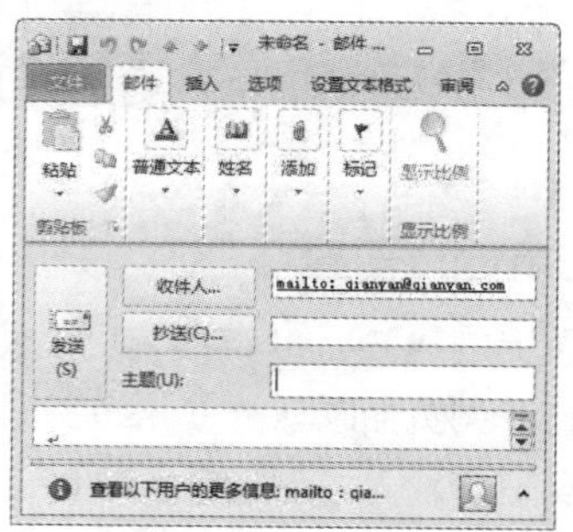

图 2-70

2.8.3 空链接

空链接是未指派的链接，用于向页面上的对象或文本附加行为。下面来介绍空链接的创建方法。

01 在菜单栏中选择【文件】|【打开】命令，打开【打开】对话框。在对话框中选择随书附带光盘中的【CDROM】|【素材】|【Cha02】|【空链接.html】，单击【打开】按钮将其打开，如图 2-71 所示。

图 2-71

02 选中要设置链接的文本，在【属性】面板的【链接】文本框中输入“#”，设置空链接，如图 2-72 所示。

03 在菜单栏中选择【文件】|【保存】命令将文档保存，按【F12】键在浏览器中预览效果，如图 2-73 所示。

图 2-72

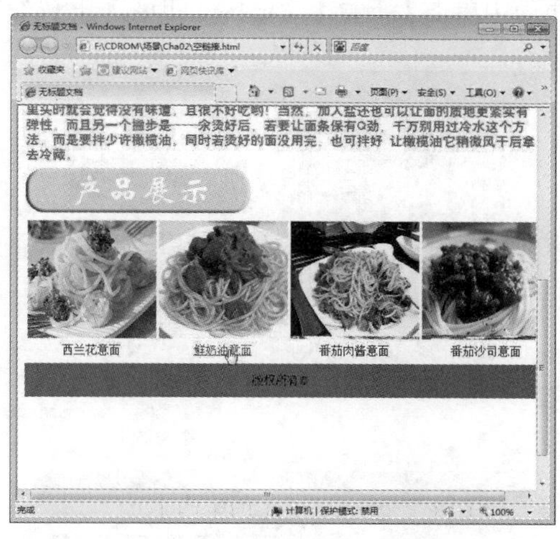

图 2-73

2.8.4 下载链接

如果要在网站中提供下载资料，就需要为文件提供下载链接，如果超链接指向的不是一个网页文件，而是其他格式文件，如 RAR、MP3、EXE 格式文件等，单击链接时就会下载文件，具体操作步骤如下：

01 在菜单栏中选择【文件】|【打开】命令，打开【打开】对话框。在对话框中选择随书附带光盘中的【CDROM】|【素材】|【Cha02】|【下载链接.html】，单击【打开】按钮将其打开，如图 2-74 所示。

02 在场景中选择文字【下载】，在【属性】面板【链接】文本框右侧单击【浏览文件】按钮，在【选择文件】对话框中选择随书附带光盘中的【CDROM】|【素材】|【Cha02】|【意大利面的做法.doc】，如图 2-75 所示。

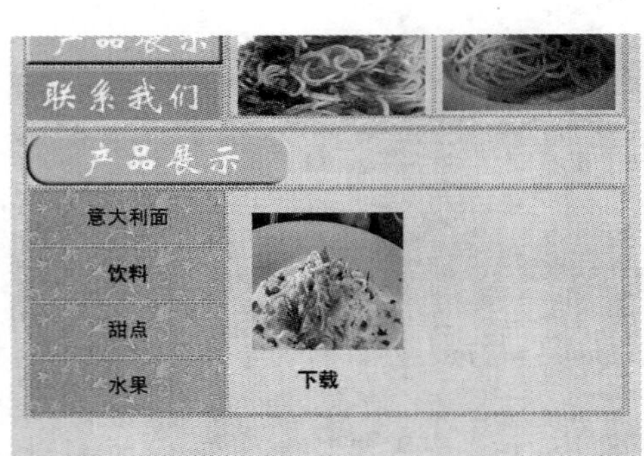

图 2-74

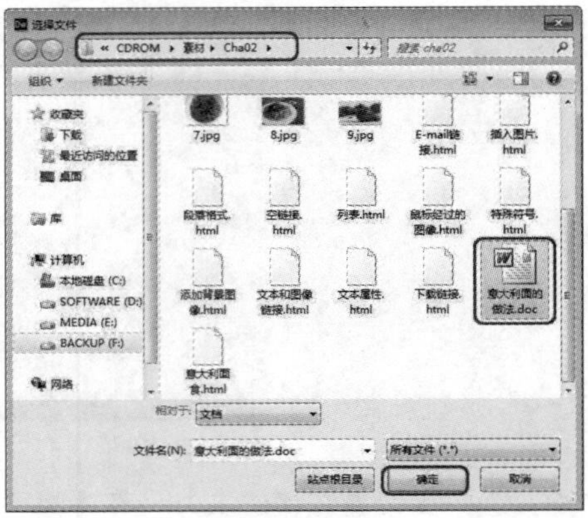

图 2-75

03 单击【确定】按钮，即可创建链接，如图 2-76 所示。

04 在菜单栏中选择【文件】|【保存】命令将文档保存，按【F12】键在浏览器中预览效果，在页面中单击【下载】超链接，即可打开【文件下载】对话框，如图 2-77 所示。

图 2-76

图 2-77

2.9 添加多媒体文件

在网页中插入多媒体文件，可以丰富网页内容，使网页变得更精彩。网页中常插入的多媒体文件有 Flash、MP3 等。

2.9.1　插入 Flash 对象

在网页中插入 Flash 影片、Flash 按钮和 Flash 文本等，可以增加网页的动感，使网页更具吸引力，因此多媒体在网页中应用越来越广泛。

Flash 动画是在专门的 Flash 软件中完成的，在 Dreamweaver 中能将现有的 Flash 动画插入文档中，插入 Flash 的具体操作步骤如下：

01　在菜单栏中选择【文件】|【打开】命令，打开【打开】对话框。在对话框中选择随书附带光盘中的【CDROM】|【素材】|【Cha02】|【插入 Flash 对象.html】，单击【打开】按钮将其打开，如图 2-78 所示。

02　将光标放置在插入 Flash 的位置，选择【插入】|【媒体】|【Flash SWF】命令，打开【选择 SWF】对话框，在对话框中选择随书附带光盘中的【CDROM】|【素材】|【Cha02|欢迎动画.swf】，如图 2-79 所示。

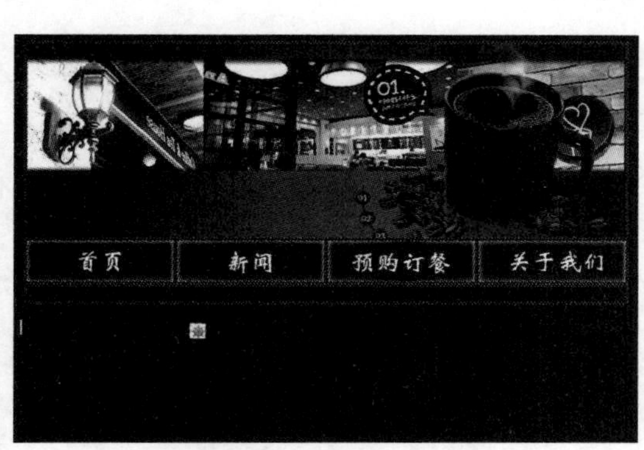

图 2-78

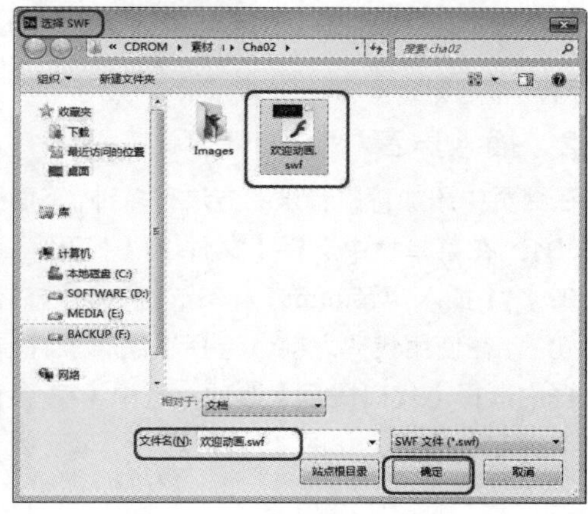

图 2-79

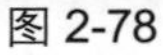

▶**提示**：选择【插入】面板中的【媒体】选项卡，在该面板中选择【Flash SWF】，如图 2-80 所示。

03　单击【确定】按钮，然后在弹出的对话框中单击【确定】按钮，插入 Flash，如图 2-81 所示。

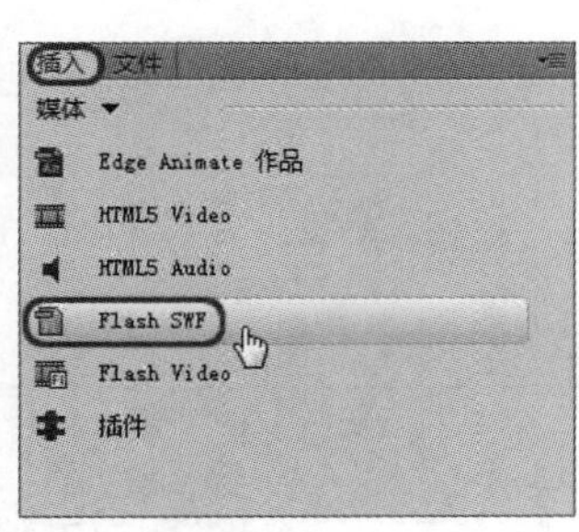

图 2-80

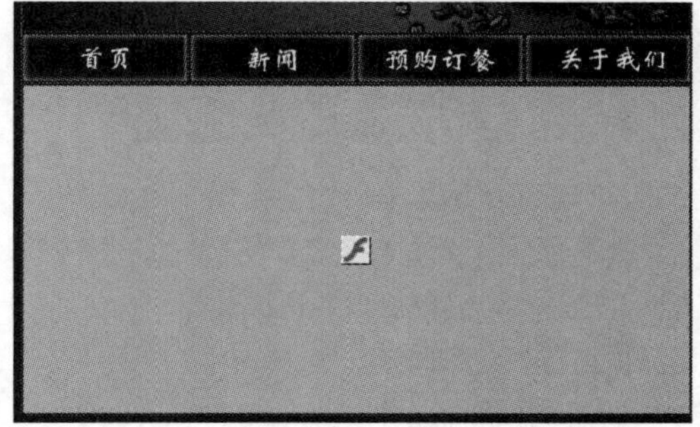

图 2-81

04 在菜单栏中选择【文件】|【保存】命令将文档保存，按【F12】键在浏览器中预览效果，如图 2-82 所示。

图 2-82

2.9.2 插入声音

在网页中添加背景音乐的方法有多种，下面介绍利用代码提示添加背景音乐，具体操作步骤如下：

01 在菜单栏中选择【文件】|【打开】命令，打开随书附带光盘中的【CDROM】|【素材】|【Cha02】|【插入声音.html】，单击【打开】按钮将其打开，如图 2-83 所示。

02 在使用代码之前，选择【编辑】|【首选项】命令，打开【首选项】对话框，在【分类】列表框中选择【代码提示】选项。选中【菜单】列表框中的所有复选框，将【延迟】设置为 0 秒，单击【确定】按钮，如图 2-84 所示。

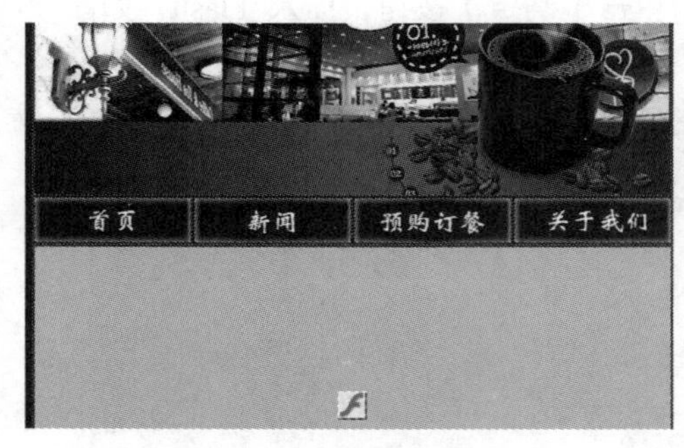

图 2-83

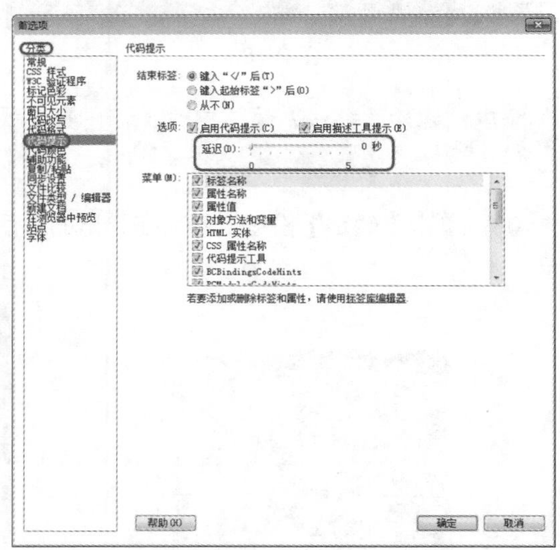

图 2-84

03 切换到代码视图，在<body>和</body>（<body> 后面为控制 body 的属性定义，这还是一个<body>标签）标签内输入“<”以显示标签列表，如图 2-85 所示。

04 输入“<”后弹出一个列表框，向下滚动该列表并双击标签 bgsound 以插入该标签，如图 2-86 所示。

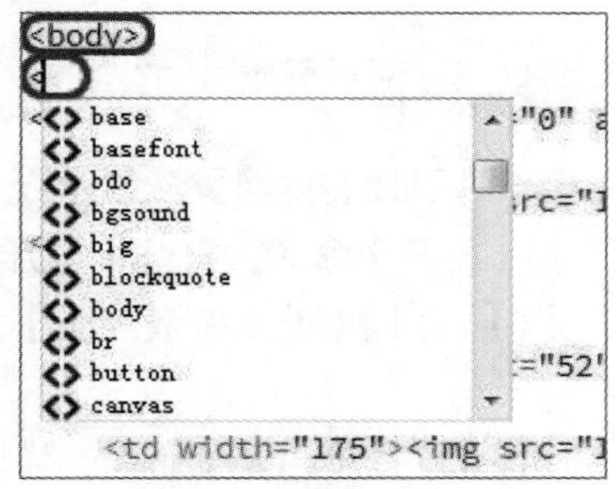

图 2-85

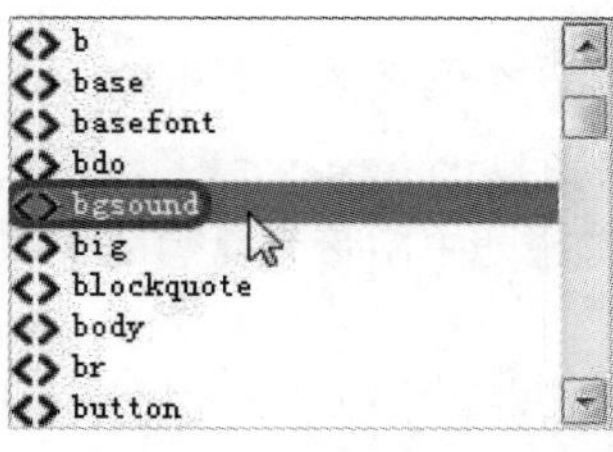

图 2-86

05 如果该标签支持属性，则按空格键以显示该标签允许的属性列表，从中选择属性 src，并双击，如图 2-87 所示。该属性用来设置背景音乐文件的路径。

06 选择属性后，出现【浏览】字样，单击【浏览】即可打开【选择文件】对话框，选择随书附带光盘中的【CDROM】|【素材】|【Cha02】|【音乐.wav】，并单击【确定】按钮，如图 2-88 所示。

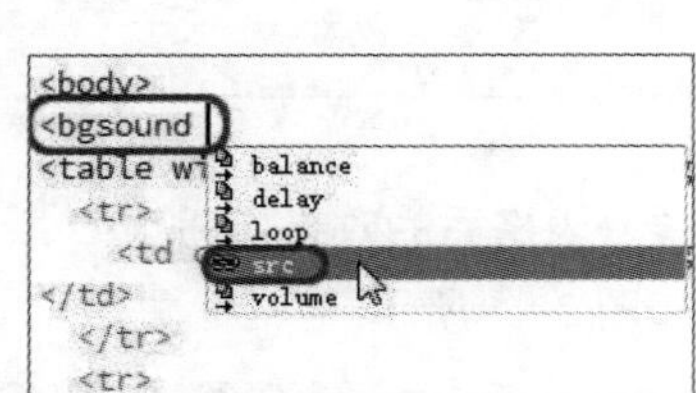

图 2-87

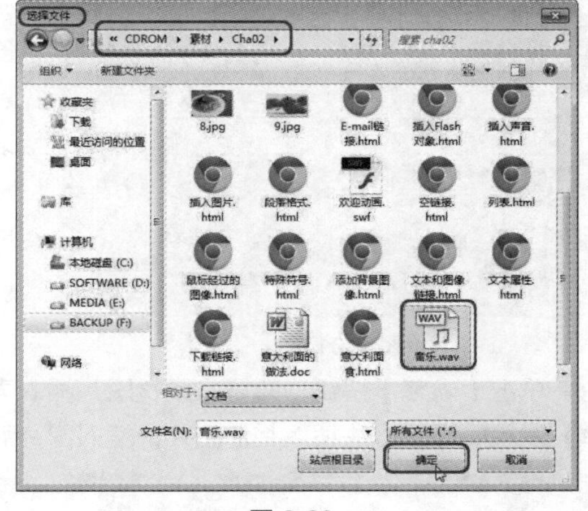

图 2-88

07 在新插入的代码后面按空格键，在属性列表中选择属性 loop，如图 2-89 所示。

08 双击 loop 并插入，出现【-1】后双击【-1】插入标签，最后在属性值后面为该标签输入“>”，如图 2-90 所示。

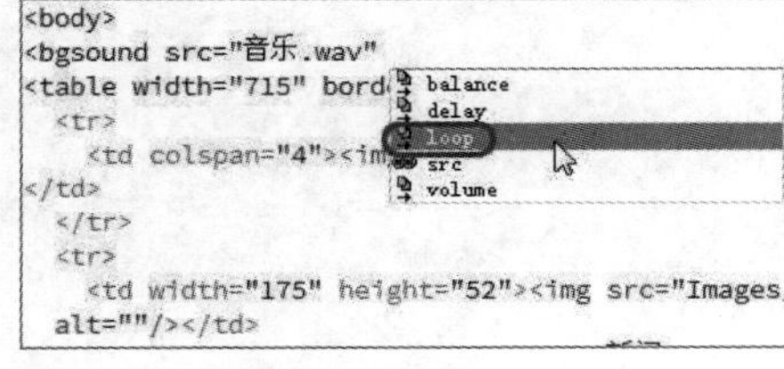

图 2-89

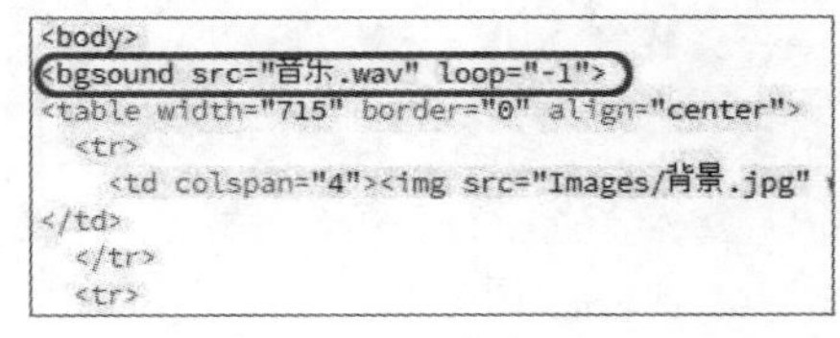

图 2-90

09 在菜单栏中选择【文件】|【保存】命令将文档保存，按 F12 键在浏览器中预览效果，即可听到背景音乐的声音。

2.10 上机练习——制作图文并茂的装潢网页

下面将在一个网页的简单框架的基础上，来创建丰富多彩的图文混排网页。创建方法如下：

01 启动 Dreamweaver CC，在菜单栏中选择【文件】|【打开】命令，打开【打开】对话框。在对话框中选择随书附带光盘中的【CDROM】|【素材】|【Cha02】|【前沿装潢.html】，如图 2-91 所示。

02 将光标置于要插入图片的表格中，选择【插入】|【图像】|【图像】命令，弹出【选择图像源文件】对话框，在该对话框中选择随书附带光盘中的【CDROM】|【素材】|【cha02】|【装潢 01.jpg】素材图片，如图 2-92 所示。

图 2-91

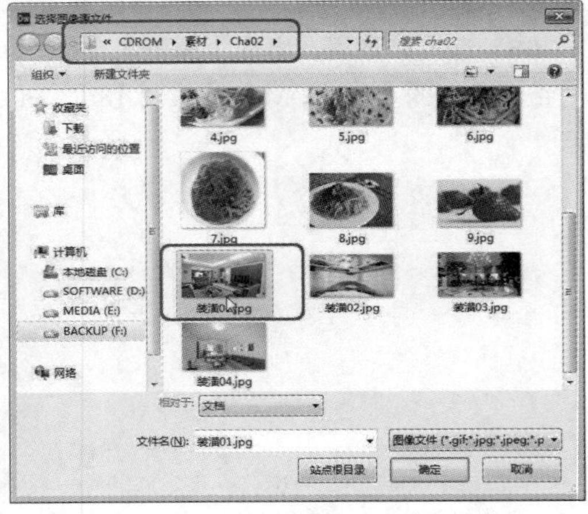

图 2-92

03 单击【确定】按钮，即可将素材图片插入表格中，插入表格后的效果如图 2-93 所示。

04 使用同样的方法插入其他图片，插入图片后的效果如图 2-94 所示。

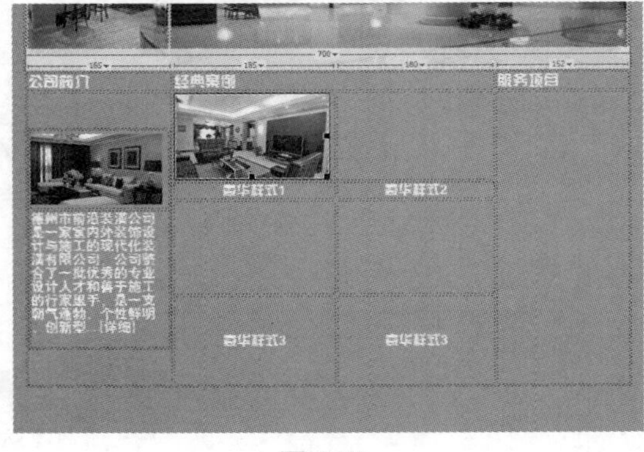

图 2-93

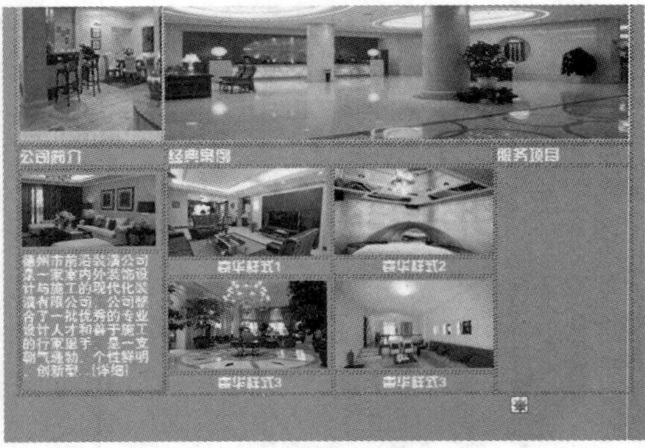

图 2-94

05 将光标置于【服务项目】下的表格中，选择【插入】|【表格】命令，如图 2-95 所示。

06 弹出【表格】对话框，将【行数】设置为 7,【列】设置为 1，将【表格宽度】设置为 150 像素，将【边框粗细】设置为 0 像素，设置完成后单击【确定】按钮即可插入表格，如图 2-96 所示，然后在表格的【属性】面板中将 Align 设置为【居中对齐】。

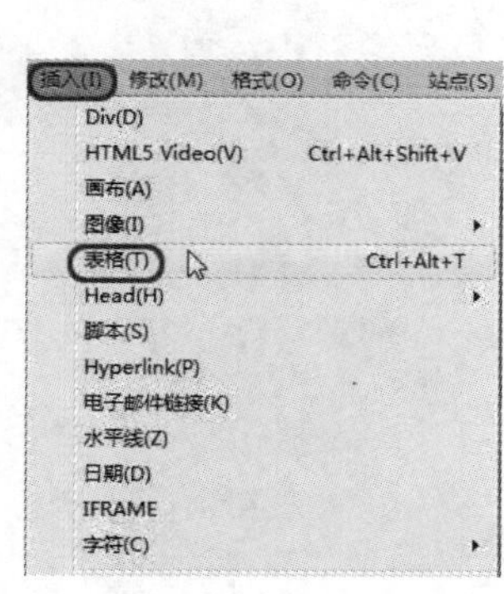

图 2-95

图 2-96

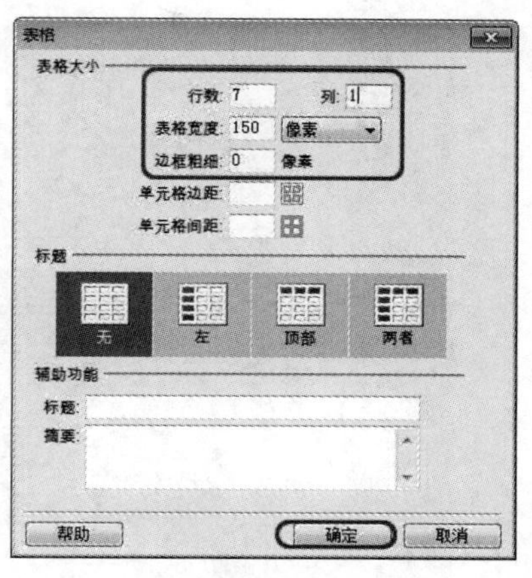

07 按住【Ctrl】键选择新插入表格中的所有单元格，在【属性】面板中将【水平】设置为【居中对齐】，将【垂直】设置为【底部】，将【高】设置为【35】，如图 2-97 所示。

图 2-97

08 继续选择新插入表格中的所有单元格，在【属性】面板中将【字体】设置为【方正综艺简体】，将【大小】设置为【18px】，将字体颜色设置为【#FFF】，如图 2-98 所示。

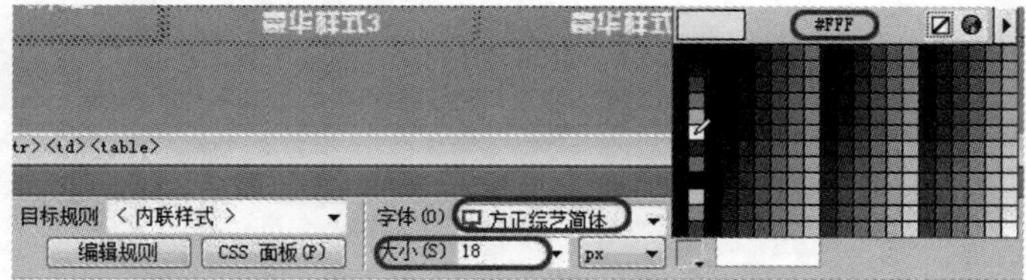

图 2-98

09 设置完成后在单元格中输入文本，完成后的效果如图 2-99 所示。

10 选择【文件】|【保存】命令，弹出【另存为】对话框，设置存储路径及存储名称，设置完成后单击【保存】按钮即可将场景进行保存。

图 2-99

2.11 习题

1. **选择题**

（1）网页制作的最基本的操作是________，灵活应用各种文本属性可以排版出更加美观、条理清晰的网页。

A.编辑网页文本　　　　B.创建空白网页　　　　C.文本属性

（2）在网页上创建________，可以使浏览者快速反馈自己的意见。

A.文本和图像链接　　　B.空链接　　　　　　　C.E-mail 链接

2. **填空题**

（1）菜单栏显示的菜单包括________、________、________、________、________、________、________、________、________、________ 10 个菜单项。

（2）插入面板包括________、________、________等 8 种分类。

（3）在菜单栏中选择________→________命令，弹出【管理站点】对话框。在对话框中可以对站点进行创建和编辑。

3. **上机操作**

利用本章学习的内容制作网页，完成后的效果如图 2-100 所示。

德州前沿生态水产有限公司
首页
公司简介
产品展示
招商加盟
在线留言
联系我们
养殖环境
公司简介
德州市前沿生态水产有限公司是有着二十多年的高级养殖经验，有着专业的养殖人员。在公司的倡导下，由公司牵头，在德州市成立了养殖水产专业合作社，现有社员1000多名，养殖面积13300多亩，可年生产螃蟹200多万公斤，甲鱼1.5万公斤，产品销往全国。养殖湖水清澈，无任何污染，纯绿色产品被授予山东省无公害......
联系我们
德州市前沿生态水产
联系人：李经理
手机：13088888888
公司电话：2666666
公司地址：德城区美湖6号
产品展示
产品展示
产品展示
产品展示
产品展示
©版权所有 德州前沿生态水产有限公司 技术支持 德州大青

图 2-100

第 3 章　页面布局与 CSS 样式

本章重点

- 利用表格布局页面
- 掌握表格的基本操作
- CSS 简介
- 设置 CSS 属性

本章主要讲解页面的布局，Dreamweaver 提供了表格网页定位技术，这些都是网页制作技术的精髓。表格是在 HTML 页面中排列数据与图像的强有力的工具。使用表格可以对列表数据进行布局。CSS 样式可以一次对若干个文档所有的样式进行控制。CSS 样式的主要优点是提供方便的更新功能，在更新 CSS 样式时，使用该样式的所有文档格式都将自动更新为新样式。

3.1　利用表格布局页面

在网页中，表格更多地用于网页内容排版，如要将文字放在页面的某个位置，就可以插入表格，然后设置表格属性，文字放在表格的某个单元格里即可。无论是在日常生活和工作中，还是在网页设计中，使用表格都可以清晰地显示列表数据。Dreamweaver 可以将各种数据排成行和列，从而使用户更容易阅读信息。

3.1.1　插入表格

在网页设计中，表格不但可以用于罗列数据，它也是目前进行页面元素定位的主要手段之一。表格除了对网页可以精确定位外，还具有规范、灵活的特点。插入表格的具体操作步骤如下。

01　打开 Dreamweaver 后新建 HTML 文件，然后选择【插入】|【表格】命令，如图 3-1 所示。

▶**提示：**选择【插入】面板中的【常用】选项卡，单击【表格】按钮，同样可以打开【表格】对话框，如图 3-2 所示。

02　在打开的【表格】对话框中，将【行数】设置为 5，【列】设置为 2，【表格宽度】设置为 100 百分比，【边框粗细】设置为 0 像素，【单元格边距】设置为 0，【单元格间距】设置为 0，如图 3-3 所示。

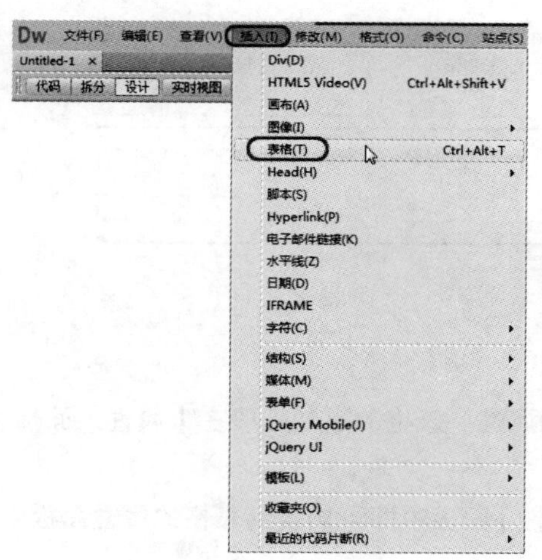

图 3-1

图 3-2

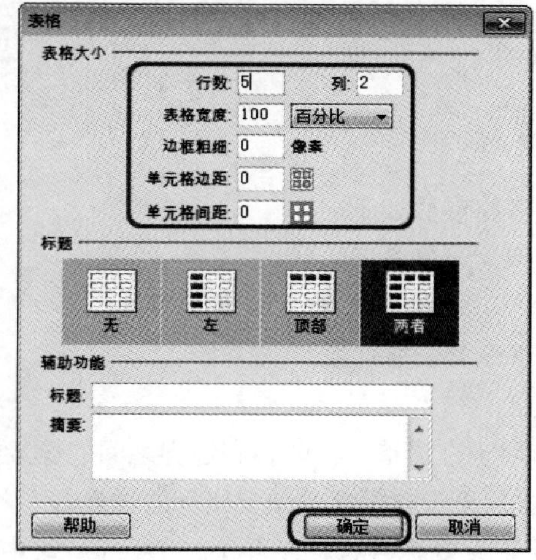

图 3-3

【表格】对话框中的各项参数如下。

- 【行数】：该参数用于设定表格的行数。
- 【列】：该参数用于设定表格的列数。
- 【表格宽度】：用于设置表格的宽度，在右侧的列表中可选择单位“像素”或“百分比”。
- 【边框粗细】：用于设置表格边框的宽度，如果设置为 0，在浏览时看不到表格的边框。
- 【单元格边距】：设置单元格内容和单元格边界之间的像素数。
- 【单元格间距】：设置单元格之间的像素数。
- 【标题】：可以定义表头样式，4 种样式可以任选一种。
- 【摘要】：用来对表格进行注释。

03　单击【确定】按钮，插入表格，如图 3-4 所示。

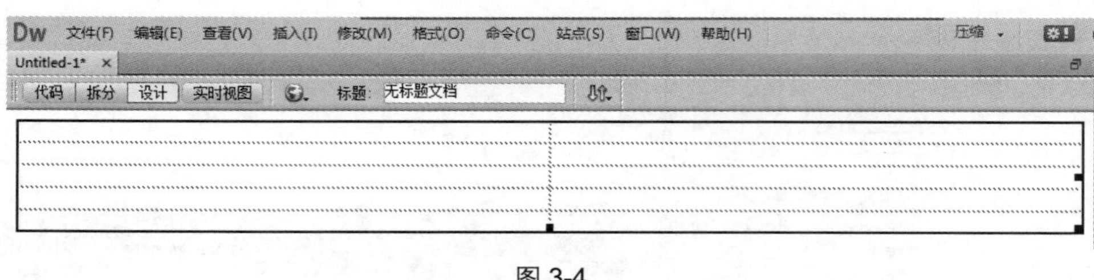

图 3-4

3.1.2 设置表格属性

如果创建的表格不能满足需要，可以重新设置表格的属性。表格的属性一般在【属性】面板中进行修改，具体操作如下。

首先选中要修改属性的表格，在窗口界面下方的【属性】面板中即可切换到表格的属性面板中，如图 3-5 所示。

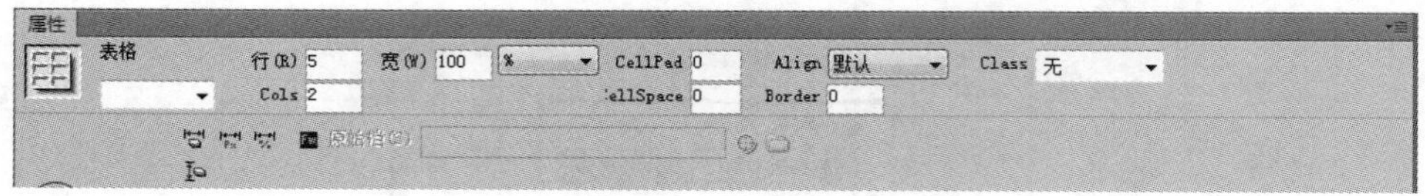

图 3-5

在【属性】面板中的各项表格参数如下。

- 【表格】：文本框中可以为表格命名。
- 【行】：设置表格行数。
- 【Cols（列数）】：用于设置表格列数。
- 【宽】：设置表格宽度。
- 【Cellpad（填充）】：用于设置单元格内容和边界之间的像素数。
- 【;ellSpace（间距）】：用于设置相邻的单元格间的像素数。
- 【Align（对齐）】：用于设置表格的对齐方式，在下拉列表中包含【默认】、【左对齐】、【居中对齐】和【右对齐】4 个选项。
- 【Border（边框）】：用于设置表格边框的宽度。
- 【清除列宽】：用于清除列宽。
- 【清除行高】：用于清除行高。
- 【将表格宽度转换成像素】：将表格宽度转换为像素。
- 【将表格宽度转换成百分比】：将表格宽度转换为百分比。

提示：将光标插入单元格中，在属性面板可以对单元格属性进行设置，如图 3-6 所示。

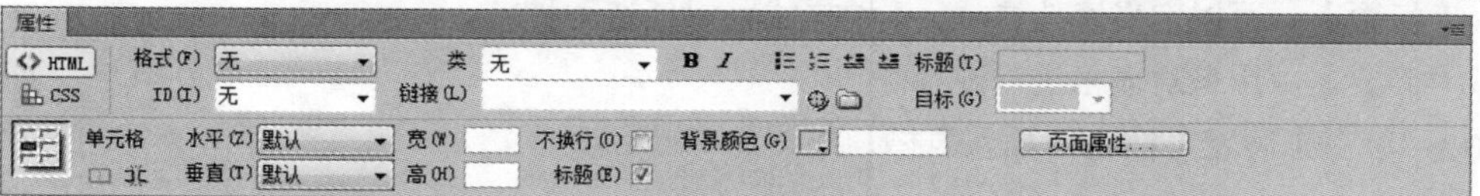

图 3-6

3.1.3　插入嵌套表格

嵌套表格是指在表格的某个单元格中再插入一个表格，其宽度受所在单元格的宽度限制。当单个表格不能满足布局的需求时，可以创建嵌套表格。具体操作如下：

将光标放置在需要插入嵌套表格的位置，在菜单栏中选择【插入】|【表格】命令，打开【表格】对话框，将【行数】设置为 2，【列】设置为 2，【表格宽度】设置为 100 百分比，【边框粗细】设置为 0 像素，【单元格边距】设置为 0，【单元格间距】设置为 0，如图 3-7 所示。单击【确定】按钮，即可插入嵌套表格，如图 3-8 所示。

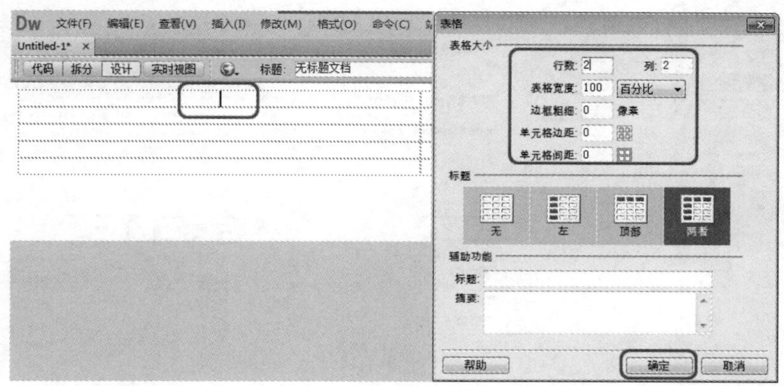

图 3-7

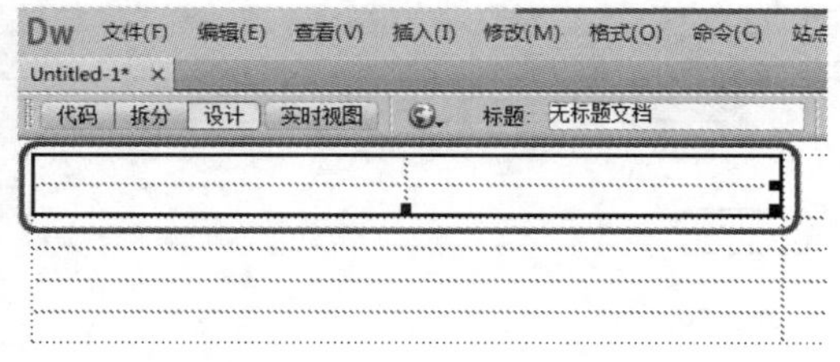

图 3-8

插入嵌套表格后还可以在属性面板中对嵌套表格属性进行设置。

3.2　表格基本操作

在网页中，表格用于网页内容的排版。在使用表格具体布局网页前，先来学习表格的基本操作。

3.2.1　选择表格对象

在选取表格对象时，可以选择整个表格、表格的行或列，也可以选择一个或多个单独的单元格。

1. 选择整个表格

将表格选中，是编辑表格的前提，要选择整个表格的方法有如下几种：

- 单击表格上的任意一个边框线，如图 3-9 所示。

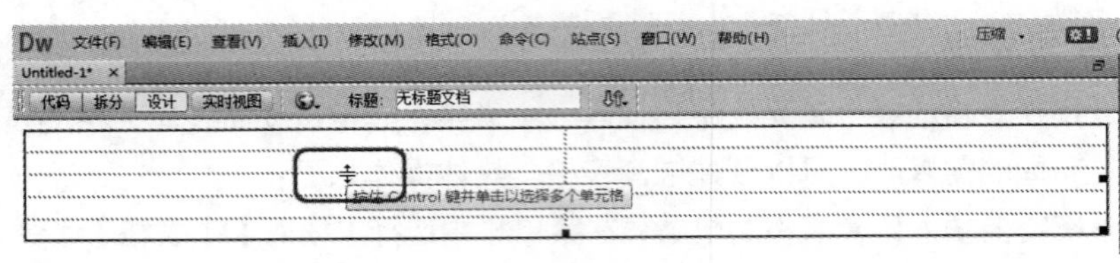

图 3-9

- 将光标放置于表格内的任意位置，在菜单栏中选择【修改】|【表格】|【选择表格】命令，如图 3-10 所示。

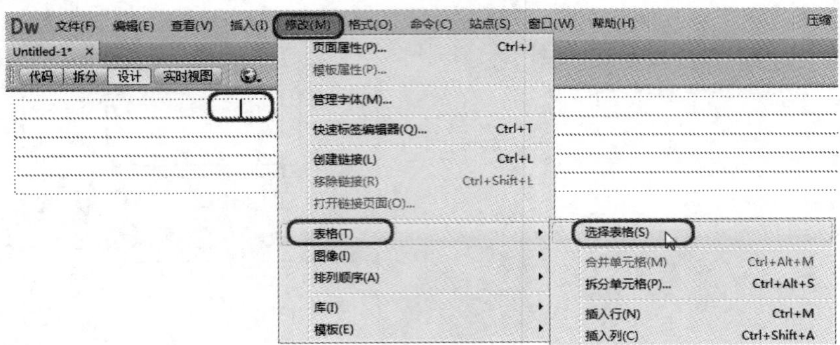

图 3-10

- 将光标放置在表格内的任意位置，单击文档窗口界面左下角的<table>标签，如图 3-11 所示。

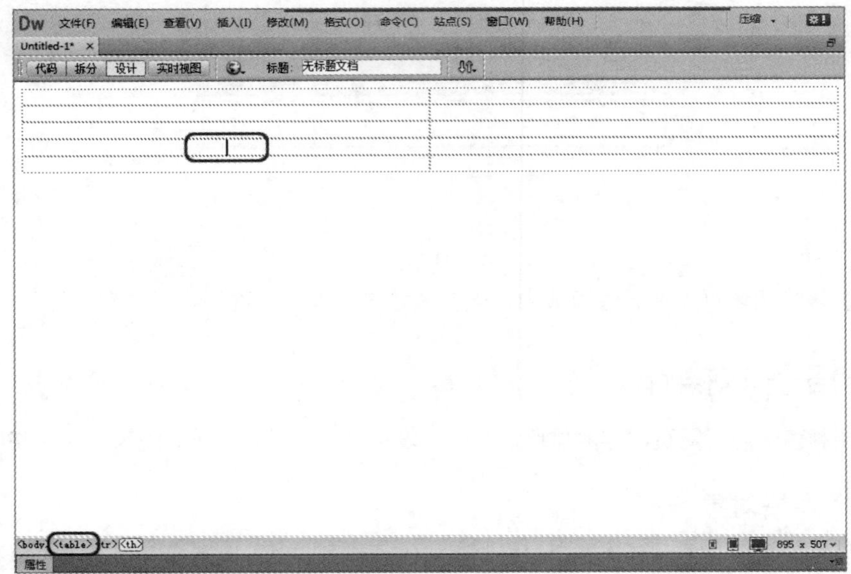

图 3-11

2. **选择表格的行或列**

当用户想要选择表格中的某一行或列时，可以使用以下几种方法：

- 当鼠标位于行首或列顶时，鼠标指针变成箭头➜⬇形状时，单击即可选中行或列，如图 3-12 所示。

图 3-12

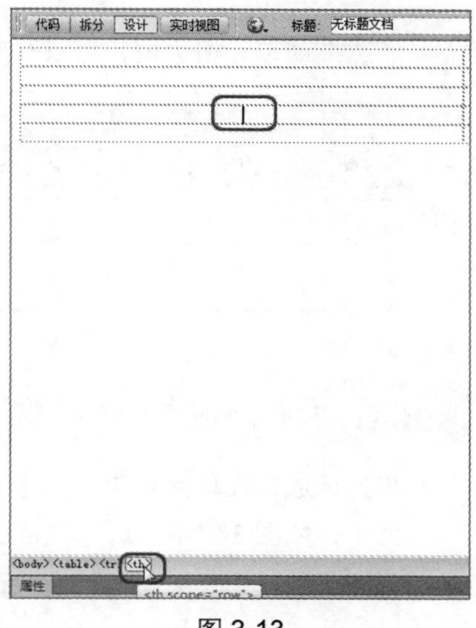

图 3-13

- 按住鼠标左键不放，从左至右或者从上至下拖动，即可选中行或列。
- 选择某一行或列的第一个单元格，按住【Shift】键然后单击该行或列的最后一个单元格，即可选择该行或列。

3. **选择单元格**

- 按住鼠标左键并拖动，可选择单元格。
- 将光标放置在单元格中，连续单击三次即可选择该单元格。
- 将光标插入要选择的单元格中，按住【Shift】键在该单元格以外的附近单击，即可选中该单元格。
- 在要选择的单元格中插入光标，然后单击文档窗口界面下方的<th>标签，即可选择该单元格，如图 3-13 所示。

提示：按住【Ctrl】键可以选择不相邻的单元格、行或列。如果想取消已选中单元格的选择，按住【Ctrl】键再次单击该单元格，即可取消其选择。

3.2.2　调整表格和单元格的大小

当调整整个表格的大小时，表格中的所有单元格都会按比例改变大小。如果表格的单元格指定了明确的宽度或高度，则调整表格大小将更改文档窗口中的单元格的可视大小，但不改变这些单元格的指定宽度和高度。

- 选择表格，然后将光标放置在表格选择框关键点上，当光标变为↘状态时，单击并拖动鼠标，即可改变表格大小，如图 3-14 所示。
- 选择表格，在【属性】面板的【宽】文本框中输入数值，在文本框右侧下拉列表中选择单位，可以调整表格宽度，如图 3-15 所示。

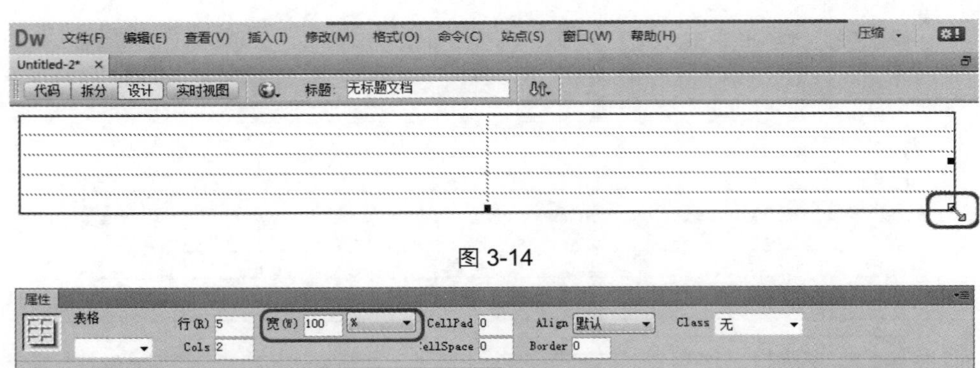

图 3-14

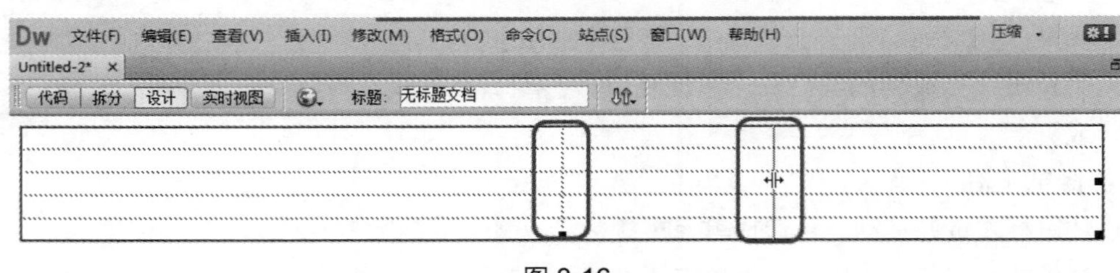

图 3-15

● 通过拖动单元格边框，可以改变单元格大小，如图 3-16 所示。

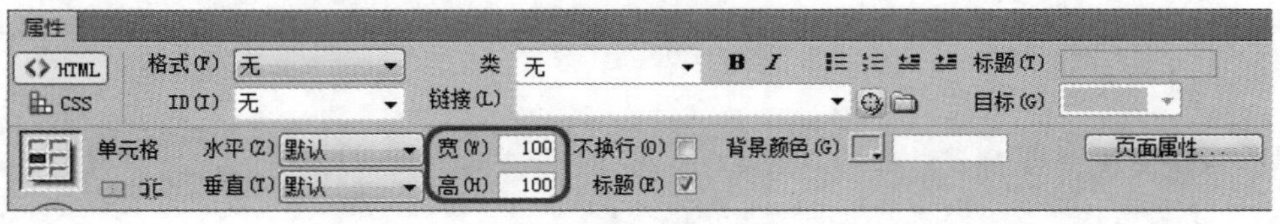

图 3-16

提示： 只可对当前单元格左、右、下边框进行拖动调整单元格大小。

● 将光标放置在单元格中，在【属性】面板的【宽】、【高】文本框中输入数值，调整单元格大小，如图 3-17 所示。

属性								
<> HTML	格式(F)	无	类	无	B I		标题(T)	
CSS	ID(I)	无	链接(L)				目标(G)	
单元格	水平(Z)	默认	宽(W)	100	不换行(O)		背景颜色(G)	页面属性...
	垂直(T)	默认	高(H)	100	标题(E)	☑		

图 3-17

3.2.3 添加或删除行或列

下面来介绍如何添加或删除表格行或列。

1. **添加行或列**

01 在 Dreamweaver 中新建 HTML 文件后插入表格，如图 3-18 所示。

02 将光标插入表格的单元格中，在菜单栏中选择【修改】|【表格】|【插入行】命令，即可在单元格上方插入一行单元格，如图 3-19 所示。

03 在菜单栏中选择【修改】|【表格】|【插入列】命令，即可在单元格左侧插入一列单元格，如图 3-20 所示。

04 在菜单栏中选择【修改】|【表格】|【插入行或列】命令，打开【插入行或列】对话框。

在该对话框中可设置要插入的行数或列数及插入行或列的位置，单击【确定】按钮，即可插入行或列，如图 3-21 所示。

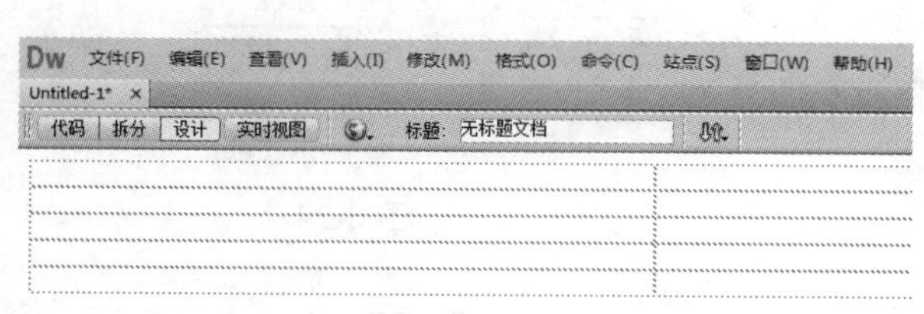

图 3-18

图 3-19

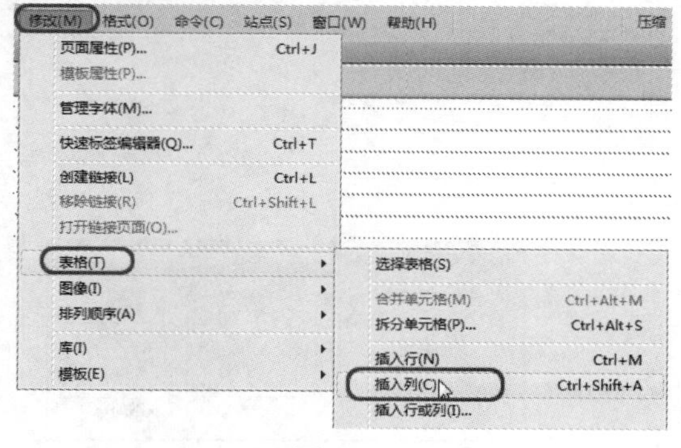

图 3-20

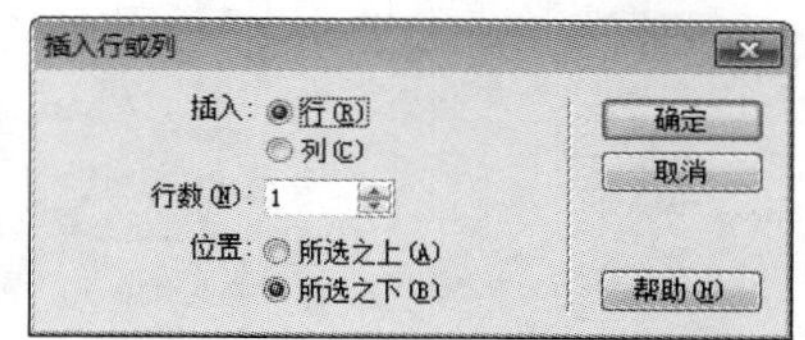

图 3-21

2. 删除行或列

01 在 Dreamweaver 新建 HTML 文件后并插入表格，将光标放置在要删除行的任意一个单元格，在菜单栏中选择【修改】|【表格】|【删除行】命令就可以删除当前行，如图 3-22 所示。

02 将光标放置在要删除列的任意一个单元格，在菜单栏中选择【修改】|【表格】|【删除列】命令就可以删除当前列，如图 3-23 所示。

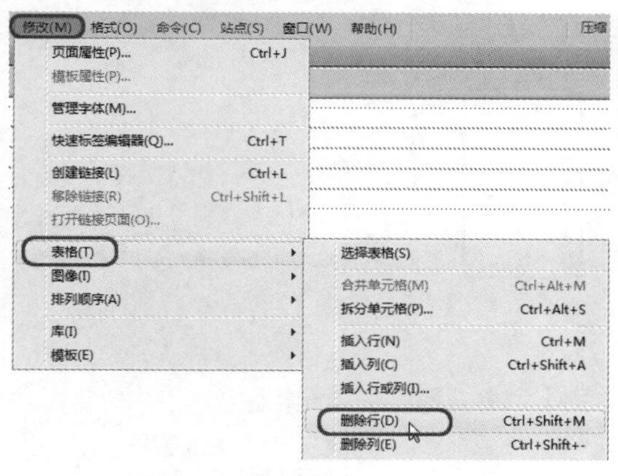

图 3-22

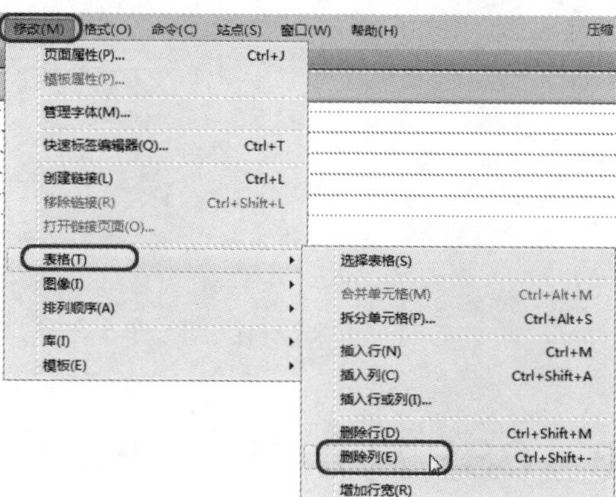

图 3-23

3.2.4 合并、拆分单元格

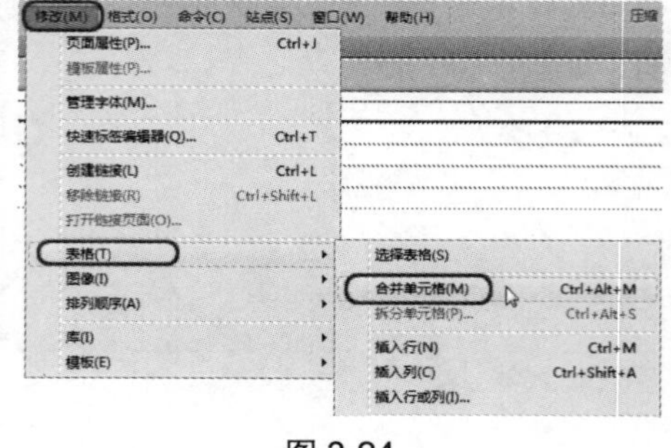

图 3-24

在表格的使用过程中，有时需要通过合并、拆分单元格达到所需要的效果，下面来介绍如何添加或删除表格行或列。

1. **合并单元格**

01 在 Dreamweaver 新建 HTML 文件后并插入表格，选中要合并的单元格，在菜单栏中选择【修改】|【表格】|【合并单元格】命令，如图 3-24 所示。

02 选择命令后即可将单元格合并。

2. **拆分单元格**

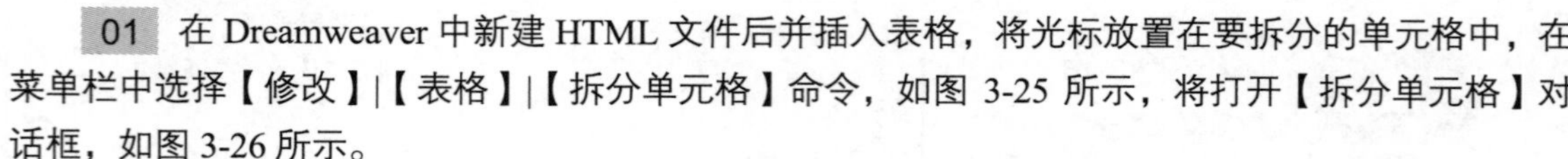

01 在 Dreamweaver 中新建 HTML 文件后并插入表格，将光标放置在要拆分的单元格中，在菜单栏中选择【修改】|【表格】|【拆分单元格】命令，如图 3-25 所示，将打开【拆分单元格】对话框，如图 3-26 所示。

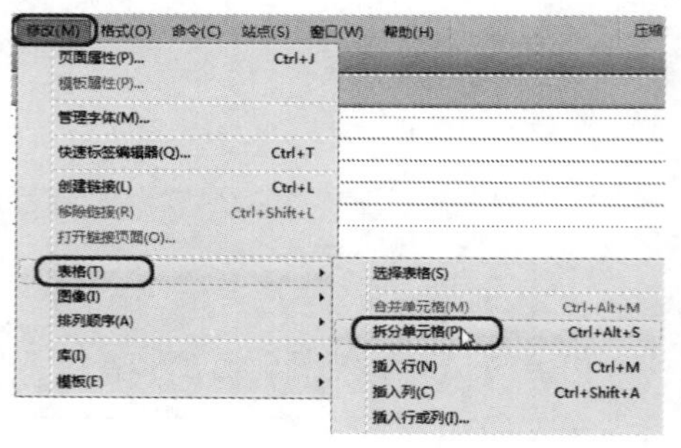

图 3-25

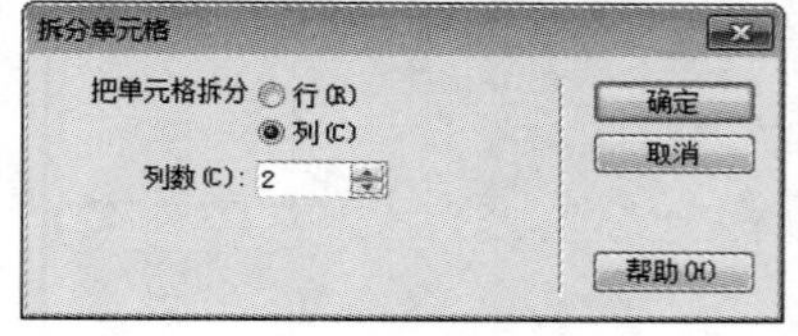

图 3-26

02 在对话框中选择将单元格拆分为行或列，并设置拆分数，设置完成后单击【确定】按钮，即可拆分单元格。

▶**提示：**在单元格中右击，在弹出的快捷菜单中通过【表格】下的命令可以完成行或列的添加或删除及单元格的合并及拆分，如图 3-27 所示。

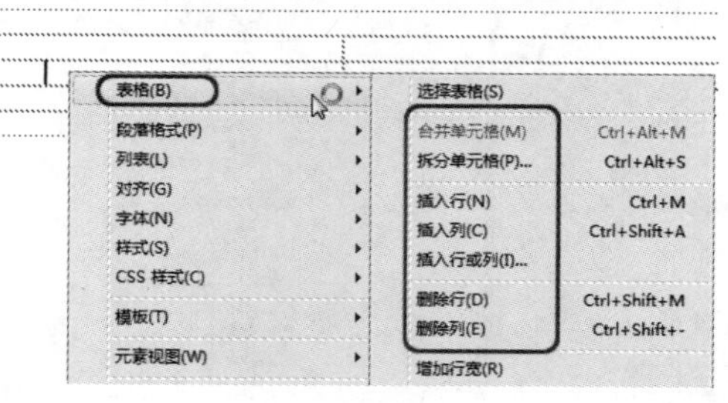

图 3-27

3.3 CSS 简介

CSS 提供了功能强大而全面的格式控制，是如今网页制作中必不可少的格式工具。

3.3.1　CSS 的概念

CSS（Cascading Style Sheet）可译为【层叠样式表或级联样式表】，它定义如何显示 HTML 元素，用于控制 Web 页面的外观。对于设计者来说，CSS 是一个非常灵活的工具，用户不必再把繁杂的样式定义编写在文档结构中，而可以将所有有关文档的样式指定内容全部脱离出来，在行内定义、在标题中定义，甚至作为外部样式文件供 HTML 调用。

3.3.2　CSS 的特点

CSS 具有以下的特点：

- 将格式和结构分离

将设计部分剥离出来放在一个独立样式文件中，HTML 文件中只存放文本信息。这样的页面对搜索引擎更加友好。

- 有效控制页面布局

HTML 语言对页面总体上的控制很有限，如精确定位、行间距或字间距等，这些都可以通过 CSS 来完成。

- 提高页面浏览速度

对于同一个页面视觉效果，采用 CSS 布局的页面容量要比 TABLE 编码的页面文件容量小得多，前者大小一般只有后者的 1/2。浏览器就不用去编译大量冗长的标签。

- 可同时更新许多网页

没有样式表时，如果要更新整个站点中所有主体文本的字体，必须一页一页地修改每个网页。样式表的主旨就是将格式和结构分离。利用样式表，可以将站点上所有的网页都指向单一的一个 CSS 文件，只要修改 CSS 文件中某一行，那么整个站点都会随之发生变动。

- 浏览界面更加友好

样式表的代码有很好的兼容性，也就是说，如果用户丢失了某个插件时不会发生中断，或者使用旧版本的浏览器时不会出现乱码。只要是可以识别串接样式表的浏览器就可以应用它。

3.4　【CSS 设计器】面板

在 Dreamweaver 中，使用【CSS 设计器】面板可以查看文档所有的 CSS 规则和属性，也可以查看所选择的页面元素的 CSS 规则和属性。在 CSS 面板中可以创建、编辑和删除 CSS 设计器，还可以添加外部样式到文档中。

在菜单栏中选择【窗口】|【CSS 设计器】命令，打开【CSS 设计器】面板。在【CSS 设计器】面板中会显示已有 CSS 设计器，如图 3-28 所示。

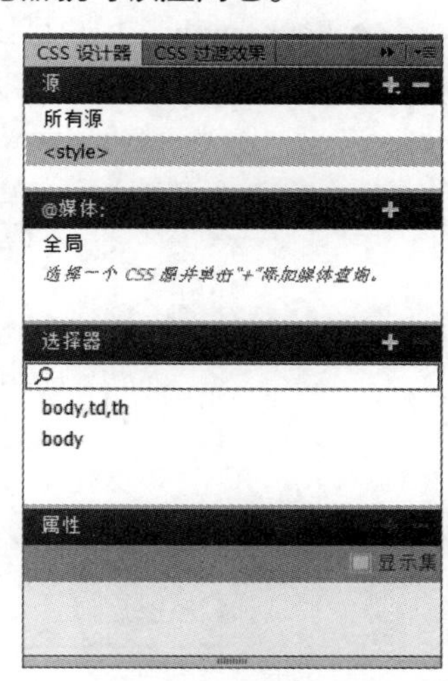

图 3-28

3.5 设置 CSS 属性

CSS 设计器用来定义字体、颜色、边距和字间距等属性，可以使用 Dreamweaver CC 来对所有的 CSS 属性进行设置。CSS 属性可分为九大类，分别是类型、背景、区块、方框、边框、列表、定位、扩展和过度，下面分别进行介绍。

3.5.1 设置 CSS 类型属性

打开一个文件场景时，选择定义好的要编辑的样式，在文件窗口界面下方的【属性】面板中单击 CSS 按钮，即可切换到 CS 属性面板中，然后单击【编辑规则】按钮，即可打开当前标签的【……的 CSS 规则定义】对话框。在【分类】列表框中选择【类型】选项，用于设置文本的属性，如图 3-29 所示。

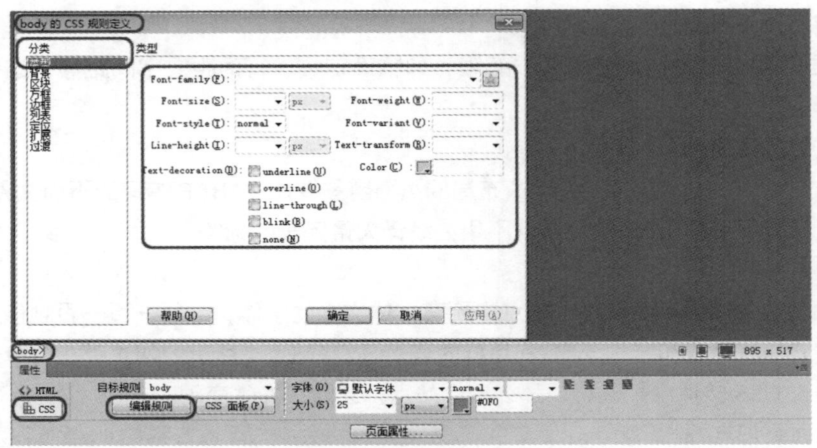

图 3-29

在【类型】选项中具体参数如下。

- Font-family：用户可以在下拉菜单中选择需要的字体。如果系统安装了某种字体，但在下拉菜单中没有显示，可以在下拉列表中选择【管理字体】命令，如图 3-30 所示。

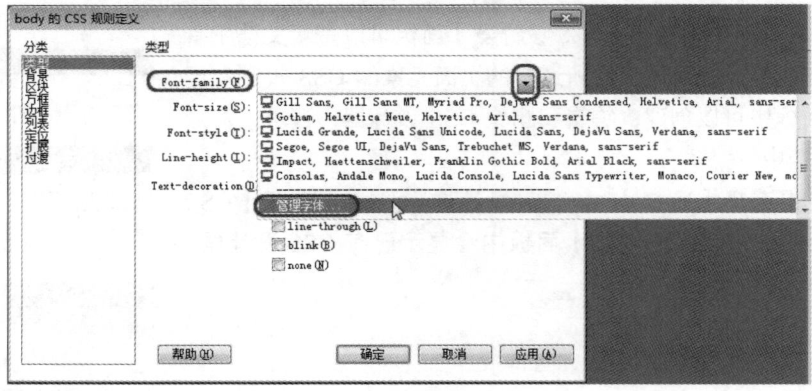

图 3-30

在打开的【管理字体】对话框中选择【自定义字体堆栈】选项，在【可用字体】列表框中选择需要添加的字体，单击 << 按钮即可添加到【选择的字体】列表框中，然后单击左上角的+按钮可继续添加下一个字体。单击【完成】确定添加并关闭【管理字体】对话框，如图 3-31 所示。

- Font-size：用于调整文本的大小。用户可以在列表中选择字号，也可以直接输入数字，然后在后面的列表中选择单位，如图 3-32 所示。

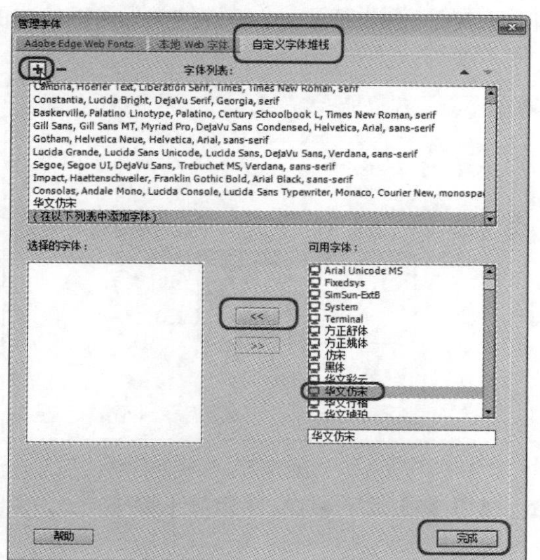

图 3-31

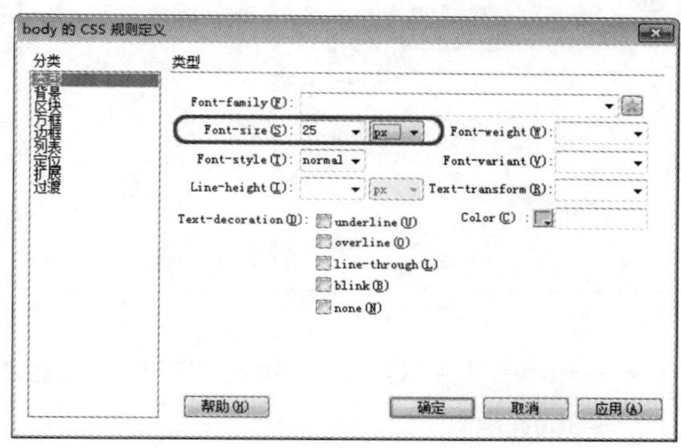

图 3-32

▶提示： 建议使用【点数（pt）】作为单位。“点数”是计算机字体的标准单位，这一单位的好处是设定的字号会随着显示器分辨率的变化而调整大小，可以防止在不同分辨率的显示器中字体大小不一致。

- Font-style：提供了【normal（正常）】、【italic（斜体）】、【oblique（偏斜体）】和【inherit（继承）】三种字体样式，默认为 normal，如图 3-33 所示。

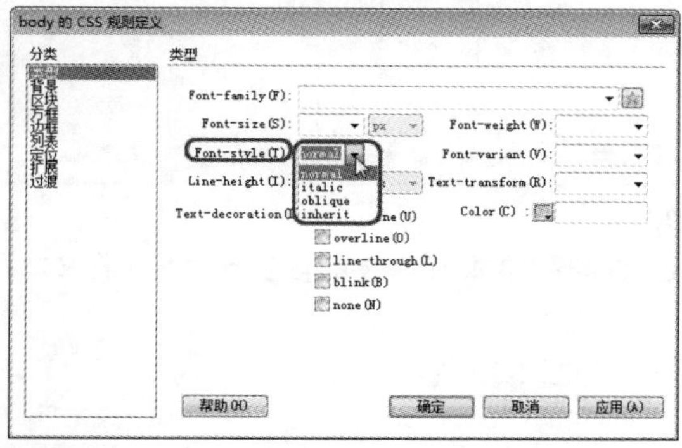

图 3-33

- Line-height：设置文本所在行的高度。该设置传统上称为“前导”。选择【normal（正常）】选项将自动计算字体大小的行高，也可以输入一个确切的值并选择一种度量单位，如图 3-34 所示。
- Text-decoration：向文本中添加 underline（下画线）、overline（上画线）、line-through（删除线），或 blink（使文本闪烁）。正常文本的默认设置是【none（无）】。链接的默认设置是【下画线】。将链接设置为【none（无）】时，可以通过定义一个特殊的类删除链接中的下画线，如图 3-35 所示。

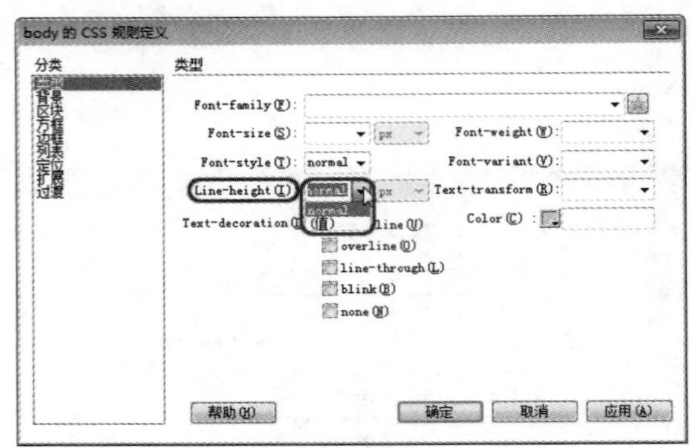

图 3-34

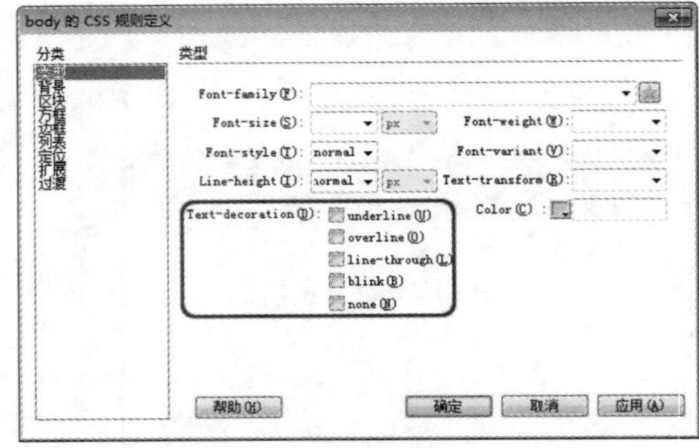

图 3-35

- Font-weight：对字体应用特定或相对的粗细量。【正常】等于 400；【粗体】等于 700，如图 3-36 所示。
- Font-variant：设置文本的小型大写字母变体。Dreamweaver 不在文档窗口中显示该属性，如图 3-37 所示。

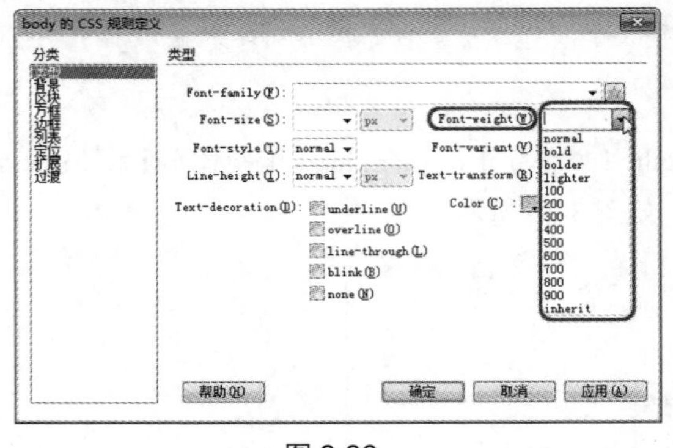

图 3-36

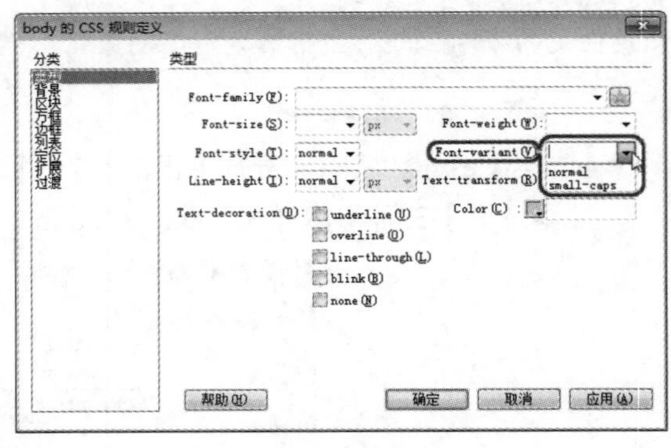

图 3-37

- Text-transform：将选定内容中的每个单词的首字母大写或将文本设置为全部大写或小写，如图 3-38 所示。
- Color：设置文本颜色，如图 3-39 所示。

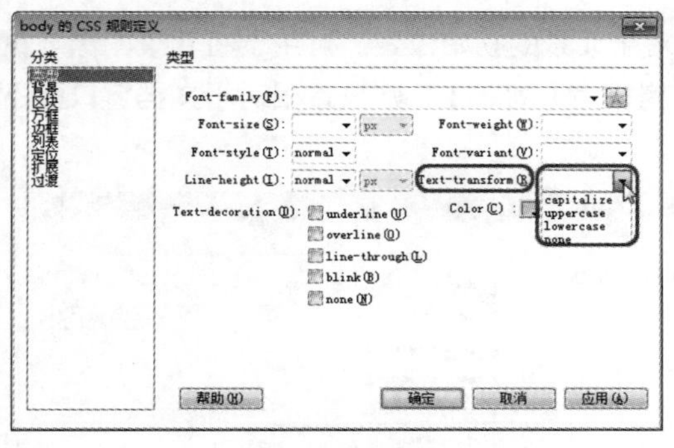

图 3-38

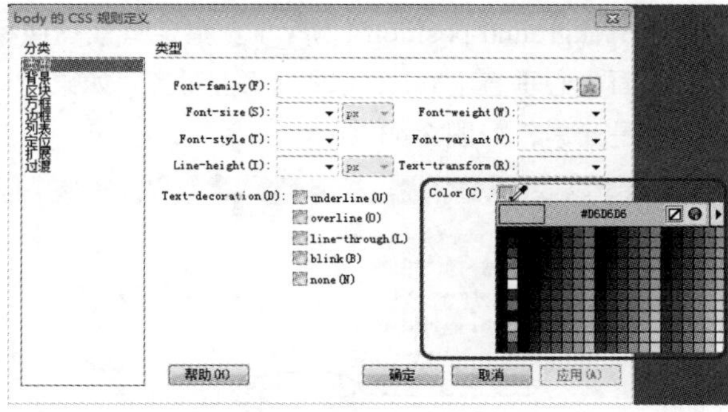

图 3-39

3.5.2　设置 CSS 背景属性

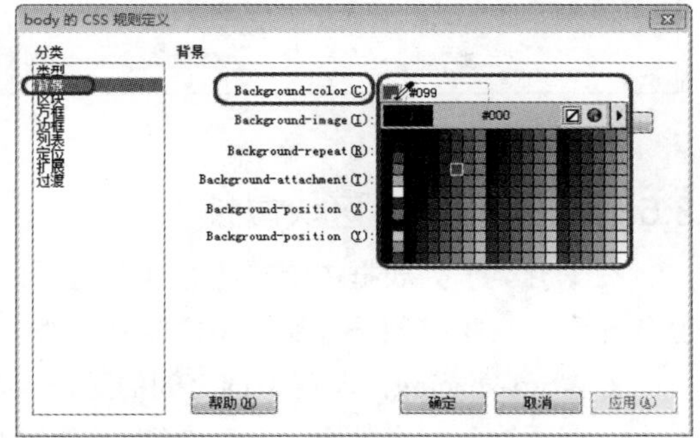

图 3-40

在【分类】列表框中选择【背景】选项，背景属性的功能主要是在网页元素后面加入固定的背景色或图像。

- Background-color：设置元素的背景颜色，如图 3-40 所示。
- Background-image：设置元素的背景图像。
- Background-repeat：确定是否及如何重复背景图像，包括如下 4 个选项，如图 3-41 所示。
  - 【no-repeat（不重复）】：用于在元素开始处显示一次图像。
  - 【repeat（重复）】：用于在元素的后面水平和垂直平铺图像。
  - 【repeat-x（水平重复）】：用于在元素前将图像在水平方向重复排列。
  - 【repeat-y（垂直重复）】：用于在元素前将图像在垂直方向重复排列。选用水平重复或垂直重复后，图像都会被剪裁以适合元素的边界。
- Background-attachment：确定背景图像是固定在它的原始位置还是随内容一起滚动，如图 3-42 所示。

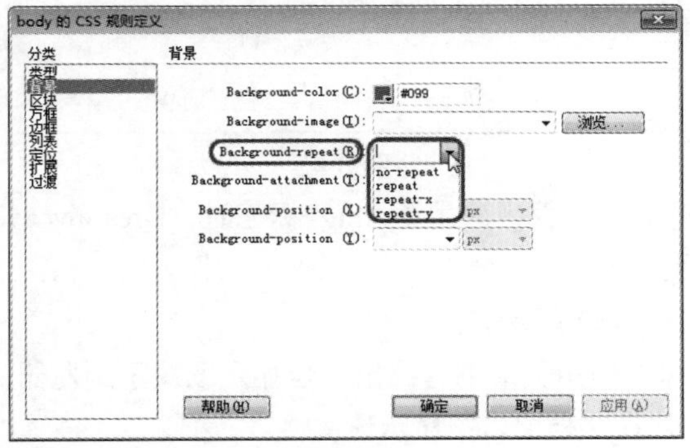

图 3-41

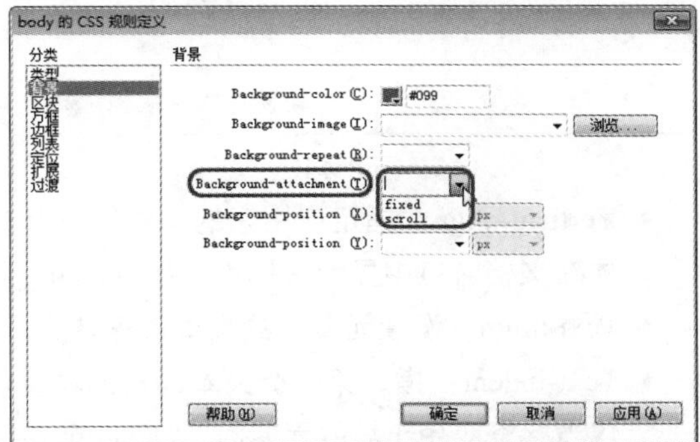

图 3-42

- Background-position（X/Y）：指定背景图像相对于元素的初始位置。可用于将背景图像与页面中心垂直（Y）和水平（X）对齐。如果附件属性为【固定】，则位置相对于文档窗口而不是元素，如图 3-43 所示。

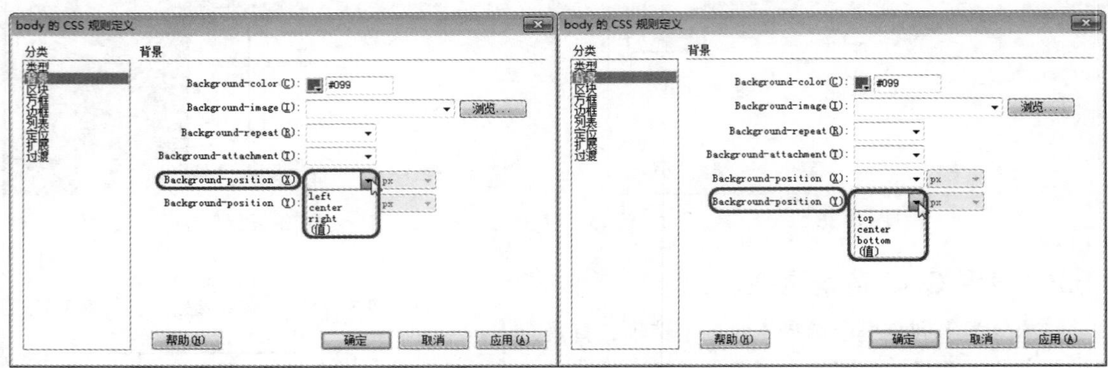

图 3-43

3.5.3 设置 CSS 区块属性

在【分类】列表框中选择【区块】选项，CSS 中的区块属性指的是网页中的文本、图像、层等替代元素，它主要用于控制块中内容的间距、对齐方式和文字缩进等。

- Word-spacing：调整单词之间的距离。若要设置特定的值，在其下拉列表中选择【值】选项，然后输入一个数值，并在右侧的下拉列表中选择度量单位，如图 3-44 所示。
- Letter-spacing：增加或减小字母或字符的间距。若要减少字符间距，可指定一个负值。字母间距用于设置覆盖对齐的文本设置，如图 3-45 所示。

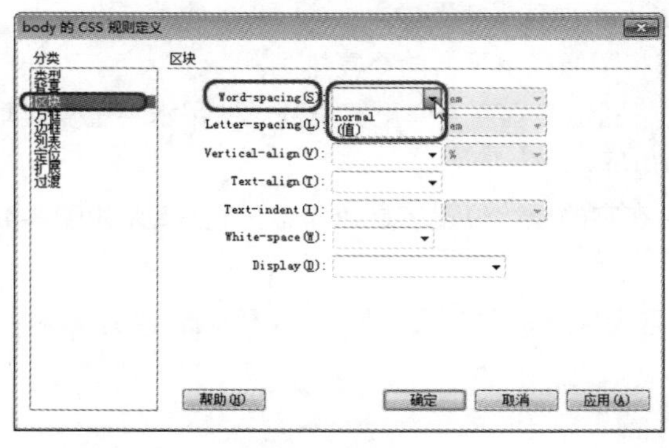

图 3-44

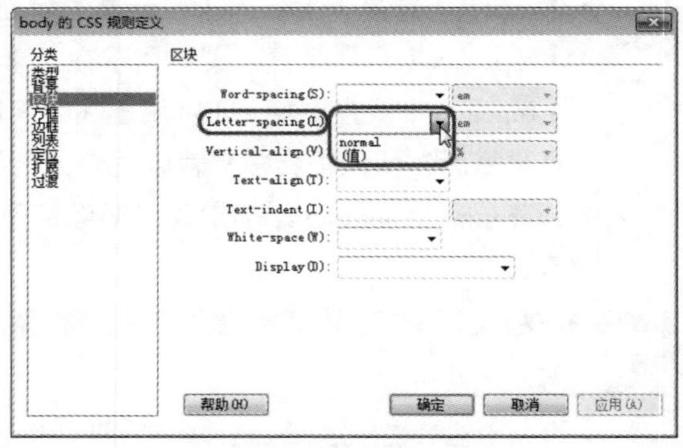

图 3-45

- Vertical-align：指定应用它的元素的垂直对齐方式。仅当应用于<img>标签时，Dreamweaver 才在文档窗口中显示该属性，如图 3-46 所示。
- Text-align：设置元素中的文本对齐方式，如图 3-47 所示。
- Text-indent：指定第一行文本缩进的程度。可以使用负值创建凸出，但显示取决于浏览器。仅当标签应用于块级元素时，Dreamweaver 才在文档窗口中显示该属性。

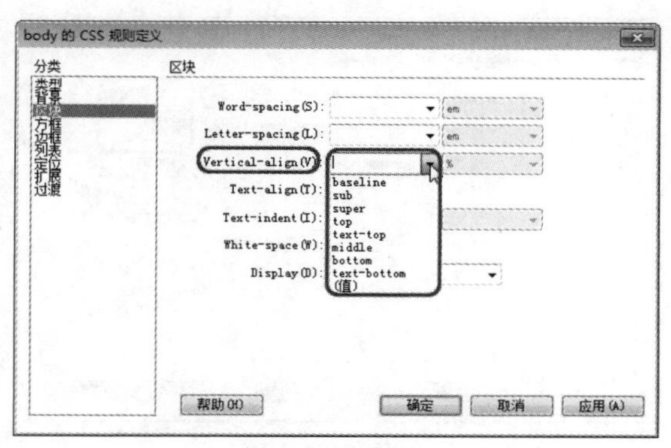

图 3-46

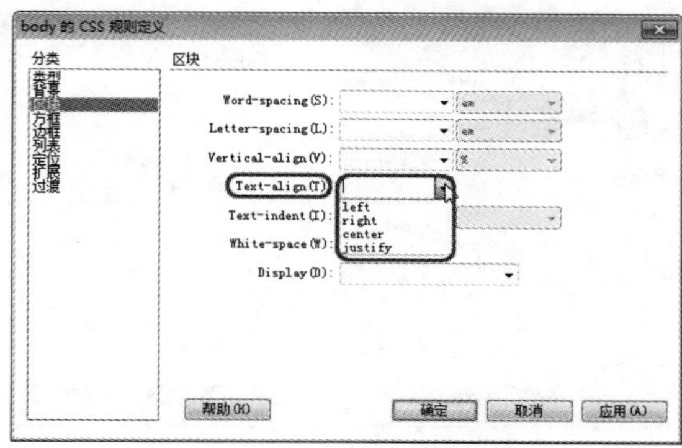

图 3-47

- White-space：确定如何处理元素中的空白，包括 3 个选项，normal（正常）收缩空白；“保留”的处理方式将文本括在 pre 标签中一样（即保留所有空白，包括空格、制表符和回车）；nowrap（不换行）指定仅当遇到 br 标签时文本才换行。Dreamweaver 不在文档窗口中显示该属性，如图 3-48 所示。
- Display：指定是否显示及如何显示元素，选择【none（无）】将会取消显示该样式所指定的元素的样式，如图 3-49 所示。

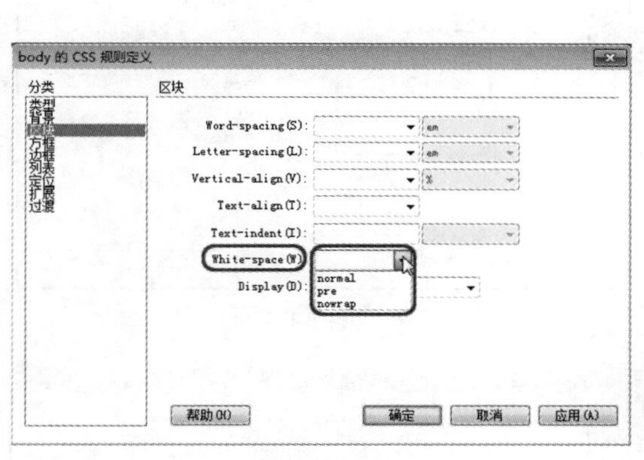

图 3-48

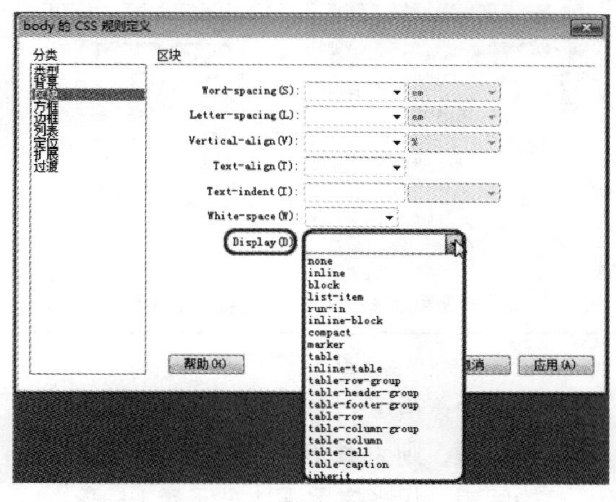

图 3-49

3.5.4　设置 CSS 方框属性

在【分类】列表框中选择【方框】选项，可以设置控制元素在页面中的放置方式的标签和属性。在【方框】选项中具体参数如下。

- Width 与 Height：用于设置元素的宽度和高度，如图 3-50 所示。
- Float：用于设置文字等对象的环绕效果。选择【right（右对齐）】，对象居右，文字等内容从另一侧环绕对象；选择【left（左对齐）】，对象居左，文字等内容从另一侧环绕；选择【none（无）】则取消环绕效果，如图 3-51 所示。

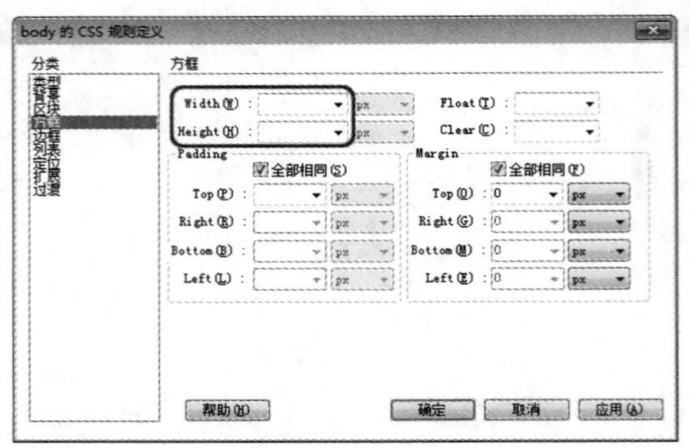

图 3-50

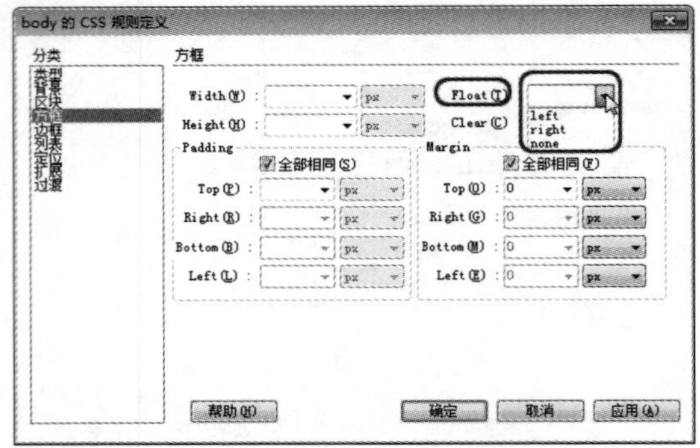

图 3-51

- Clear：定义不允许 Div 的边。如果清除边上出现 Div，则带清除设置的元素移到该 Div 的下方，如图 3-52 所示。
- Padding：指定元素内容与元素边框（如果没有边框，则为边距）之间的间距。取消选中“全部相同”复选框可设置元素各个边的填充；选中“全部相同”复选框可将相同的填充属性设置为应用于元素的“上”、“右”、“下”和“左”侧，如图 3-53 所示。

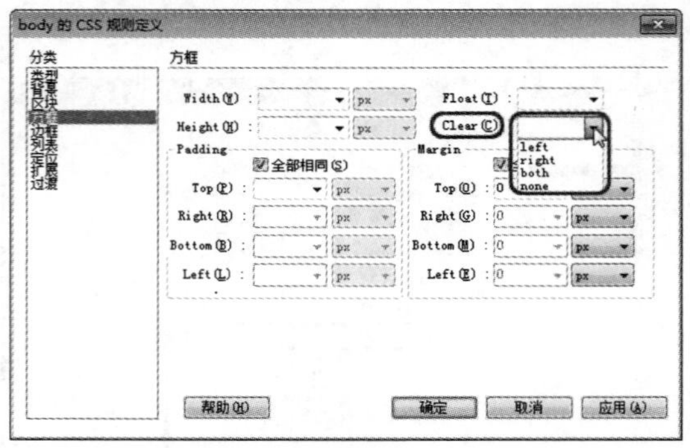

图 3-52

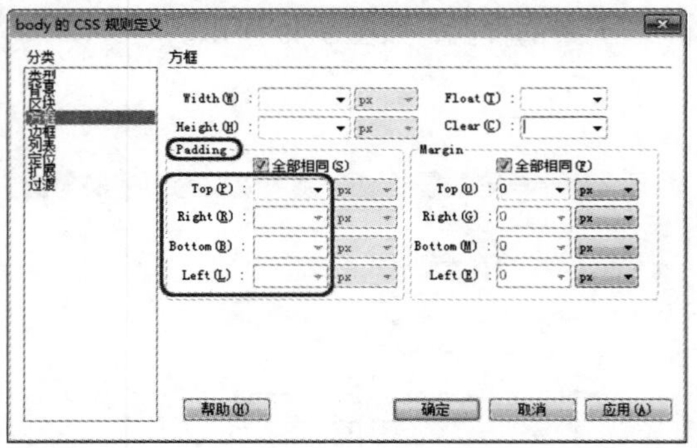

图 3-53

- Margin：指定一个元素的边框（如果没有边框，则为填充）与另一个元素之间的间距。仅当应用于块级元素（段落、标题、列表等）时，Dreamweaver 才在文档窗口中显示该属性。取消选中“全部相同”复选框可设置元素各个边的边距；选中“全部相同”复选框可将相同的边距属性设置为应用于元素的“上”、“右”、“下”和“左”侧，如图 3-54 所示。

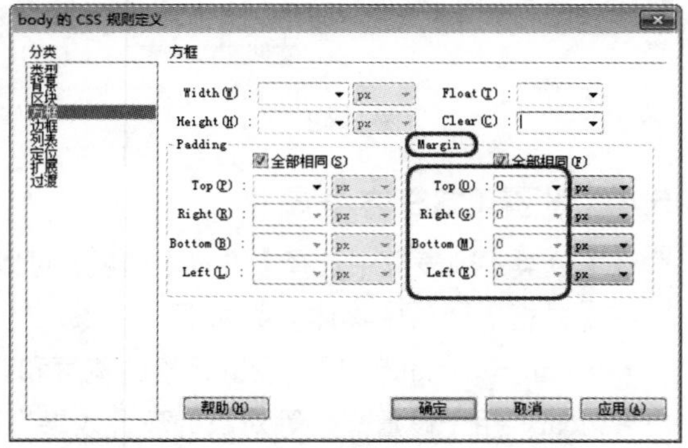

图 3-54

3.5.5 设置 CSS 边框属性

在【分类】列表框中选择【边框】选项，可以定义元素周围边框的设置。

在【边框】选项中具体参数如下。

- Style：用于设置边框的样式外观，样式的显示方式取决于浏览器。Dreamweaver 在文档窗口中将所有样式呈现为实线。其中的“全部相同”复选框表示将相同的边框样式属性设置为应用于元素的“上”、“右”、“下”和“左”侧，如图 3-55 所示。
- Width：用于设置元素边框的粗细。其中的“全部相同”复选框表示将相同的边框宽度设置为应用于元素的“上”、“右”、“下”和“左”侧，如图 3-56 所示。

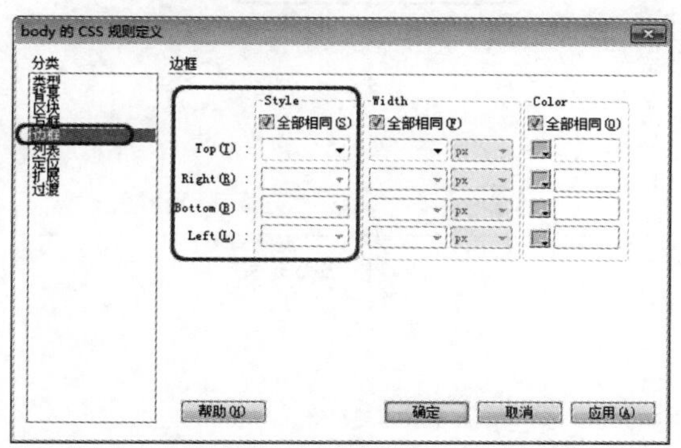

图 3-55

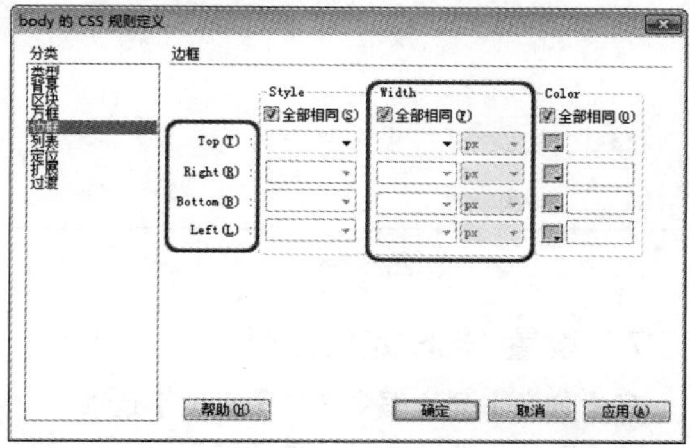

图 3-56

- Color：用于设置边框对应位置的颜色。可以分别设置每条边框的颜色，但其显示效果取决于浏览器。其中的“全部相同”复选框表示将相同的边框颜色设置为应用于元素的“上”、“右”、“下”和“左”侧，图 3-57 所示。

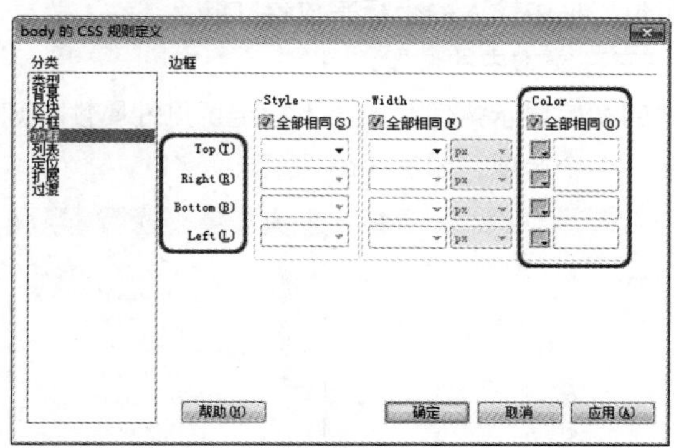

图 3-57

3.5.6　设置 CSS 列表属性

在【分类】列表框中选择【列表】选项，可以为列表标签定义列表设置。

在【列表】选项中具体参数如下。

- List-style-type：设置项目符号或编号的外观，如图 3-58 所示。
- List-style-image：可以为项目符号指定自定义图像。单击【浏览】按钮，在弹出的对话框中选择图像或输入图像的路径。

- List-style-Position：设置列表项文本是否换行和缩进（外部）及文本是否换行到左边距（内部），如图 3-59 所示。

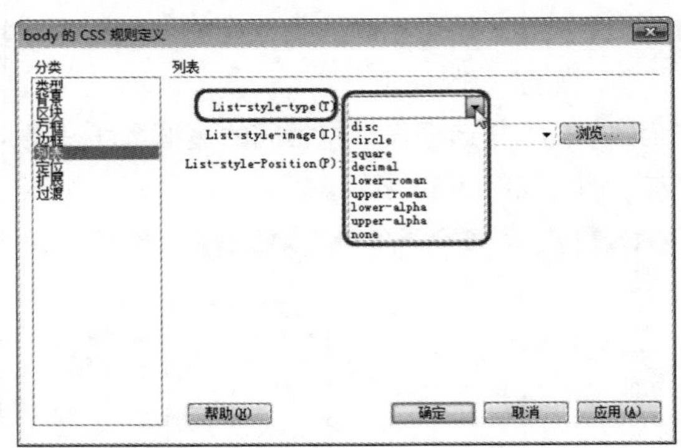

图 3-58

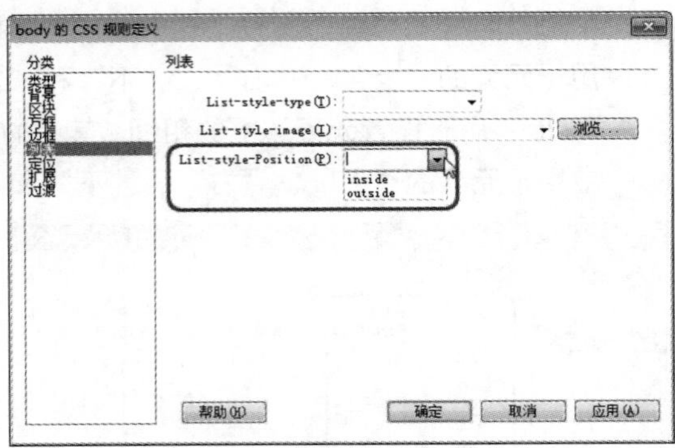

图 3-59

3.5.7 设置 CSS 定位属性

在【分类】列表框中选择【定位】选项。

在【定位】选项中具体参数如下。

- Position：确定浏览器应如何来定位 Div，包括 4 个选项。如图 3-60 所示。
  - ➢ absolute：使用“定位”框中输入的坐标（相对于页面左上角）来放置 Div。
  - ➢ fixed：将 Div 放置在固定的位置。
  - ➢ relative：使用“定位”框中输入的坐标来放置 Div。
  - ➢ static：将 Div 放在它在文本中的位置。
- Visibility：确定 Div 的初始显示条件。如果不指定可见性属性，则默认情况下大多数浏览器都继承父级的值，包括 3 个选项，如图 3-61 所示。

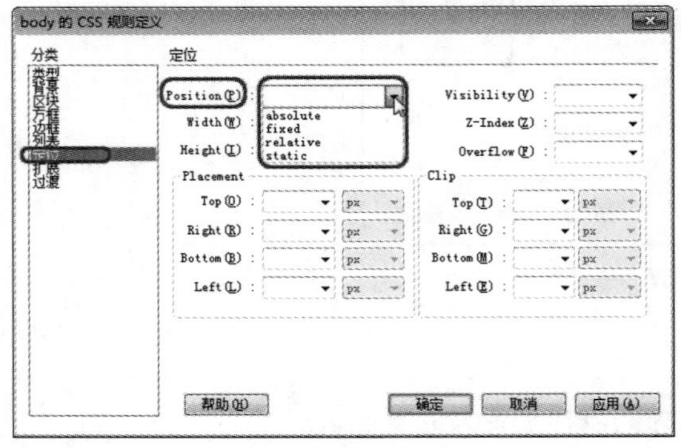

图 3-60

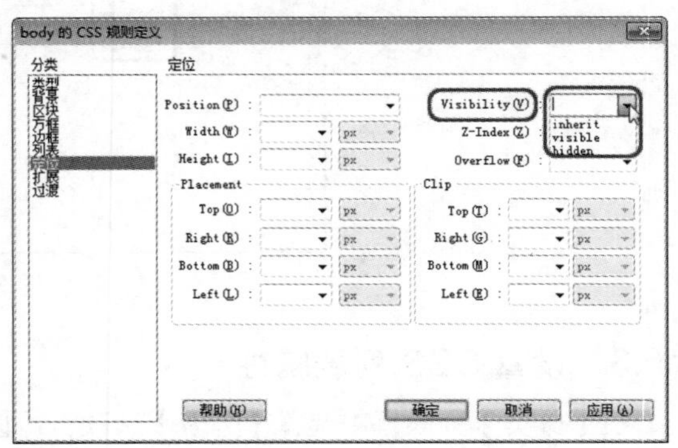

图 3-61

  - ➢ inherit：继承 Div 父级的可见性属性。如果 Div 没有父级，则它将是可见的。
  - ➢ visible：显示该 Div 的内容，而不管父级的值为多少。
  - ➢ hidden：隐藏这些 Div 的内容，而不管父级的值为多少。

- Z-Index：确定 Div 的堆叠顺序。编号较高的 Div 显示在编号较低的 Div 的上面，如图 3-62 所示。
- Overflow（仅限于 CSS Div）：确定在 Div 的内容超出它的大小时将发生的情况。这些属性控制如何处理此扩展，包括 4 个选项，如图 3-63 所示。

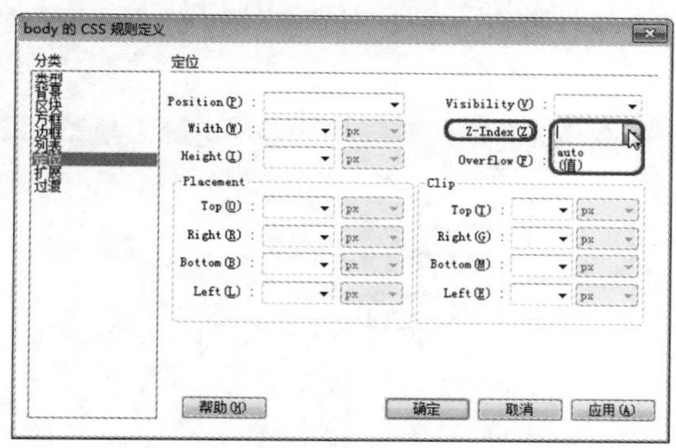

图 3-62

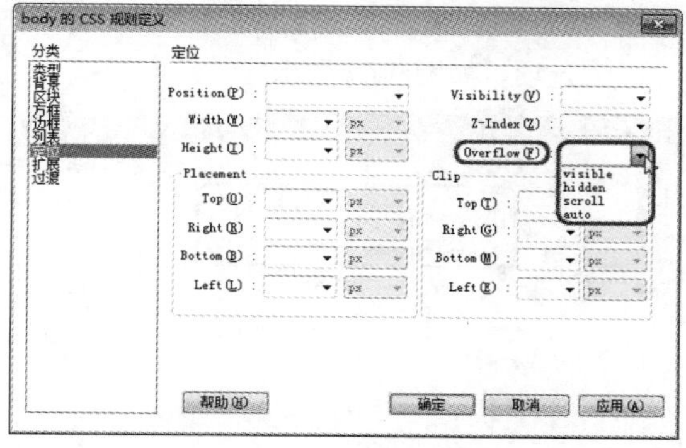

图 3-63

  - ➢ visible：增加 Div 的大小，使它的所有内容均可见。Div 向右下方扩展。
  - ➢ hidden：保持 Div 的大小并剪辑任何超出的内容。不提供任何滚动条。
  - ➢ scroll：在 Div 中添加滚动条，不论内容是否超出 Div 的大小。专门提供滚动条可避免滚动条在动态环境中出现和消失所引起的混乱。
  - ➢ auto：使滚动条仅在 Div 的内容超出它的边界时才出现。
- Placement：指定 Div 的位置和大小。如果 Div 的内容超出指定的大小，则大小值被覆盖，如图 3-64 所示。
- Clip：定义 Div 的可见部分。如果指定了剪辑区域，则可以通过脚本语言访问它，并操作属性以创建像擦除这样的特殊效果。通过使用"改变属性"行为可以设置这些擦除效果，如图 3-65 所示。

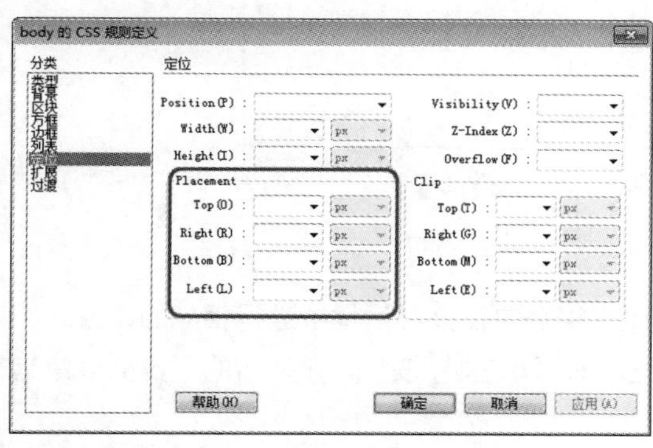

图 3-64

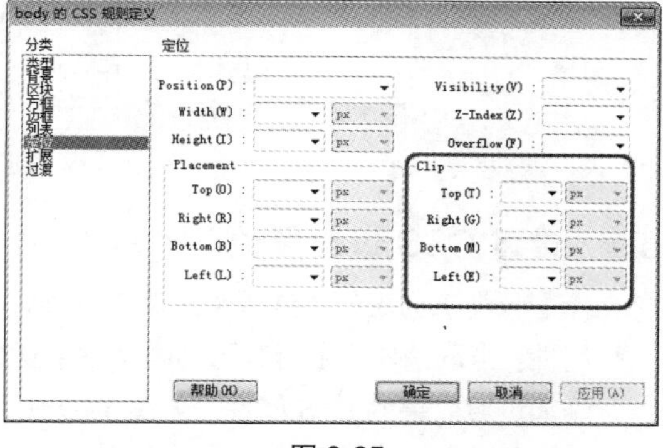

图 3-65

3.5.8 设置 CSS 扩展属性

在【分类】列表框中选择【扩展】选项。

- 分页：为打印的页面设置分页符，如图 3-66 所示。
  - Page-break-before 与 Page-break-after：在打印期间在样式所控制的对象之前或者之后强行分页。在下拉列表框中选择要设置的选项。
- 视觉效果：设置样式的视觉效果。
  - Cursor：指针位于样式所控制的对象上时改变指针图像，在其下拉列表框中选择要设置的选项，如图 3-67 所示。

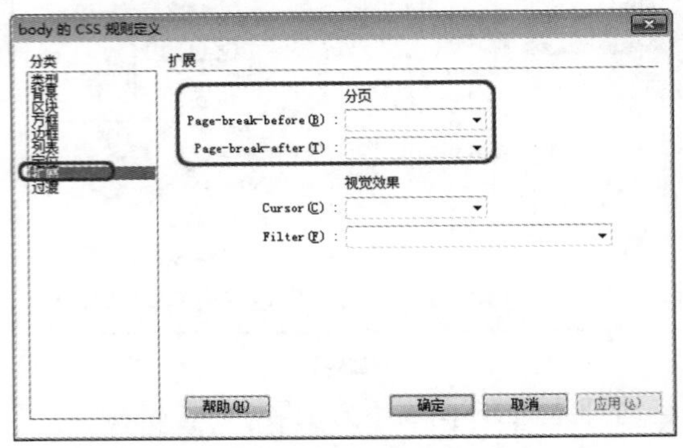

图 3-66

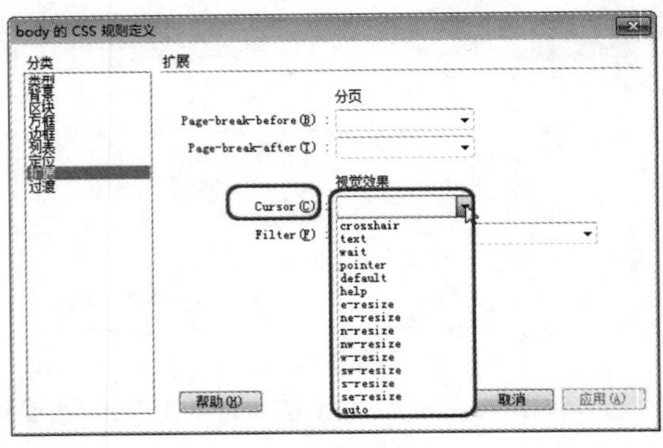

图 3-67

  - Filter：对样式所控制的对象应用特殊效果（如模糊或者反转），在其下拉列表框中选择一种效果，如图 3-68 所示。

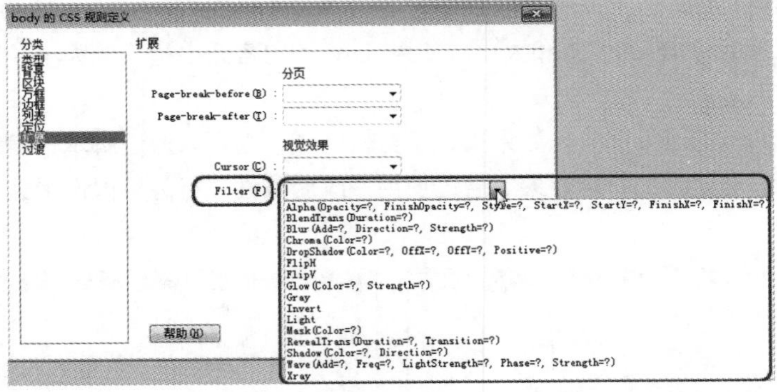

图 3-68

3.5.9 设置 CSS 过渡属性

选择【分类】列表框中选择【过渡】选项，可以根据需要在该对话框中进行相应的设置。

- 属性：当取消勾选【所有可动画属性】复选框后即可单击+按钮，在弹出的下拉列表中选择添加过渡效果的 CSS 属性，如图 3-69 所示。
- 延迟：设置过渡效果时以秒或毫秒为单位进行延迟。
- 计时功能：可以在该下拉列表中选择过渡效果样式。

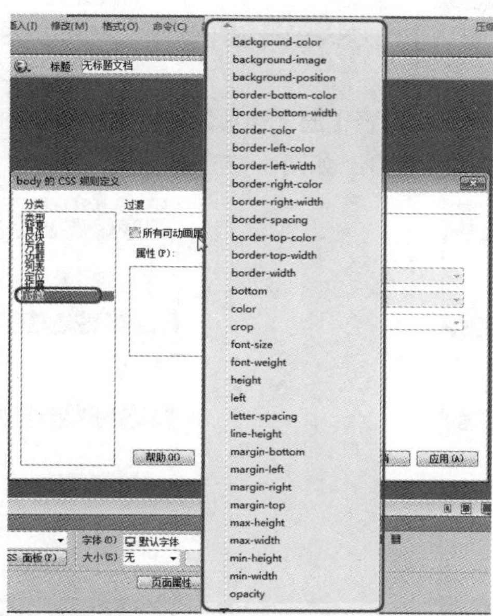

图 3-69

3.6　链接到或导出外部 CSS 设计器表

外部样式表是一个独立的样式表文件，保存在本地站点中。外部样式表不仅可以应用在当前文档中，还可以根据需要应用在其他网页文档甚至整个站点中。

3.6.1　创建外部样式表

外部样式表不仅可以应用在当前文档中，还可以根据需要应用在其他网页文档甚至整个站点中。创建外部样式表的具体操作步骤如下：

01　在菜单栏中选择【文件】|【打开】命令，打开【打开】对话框，选择随书附带光盘中的【CDROM】|【素材】|【Cha03】|【红楼梦阅读.html】文件，如图 3-70 所示。

02　单击【打开】按钮，打开原始文件，如图 3-71 所示。

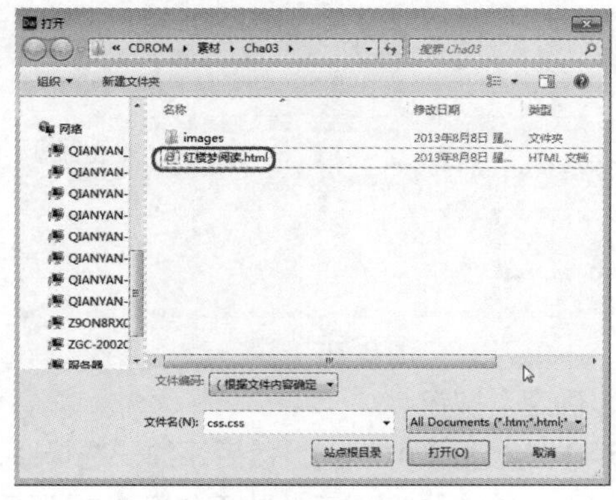

图 3-70

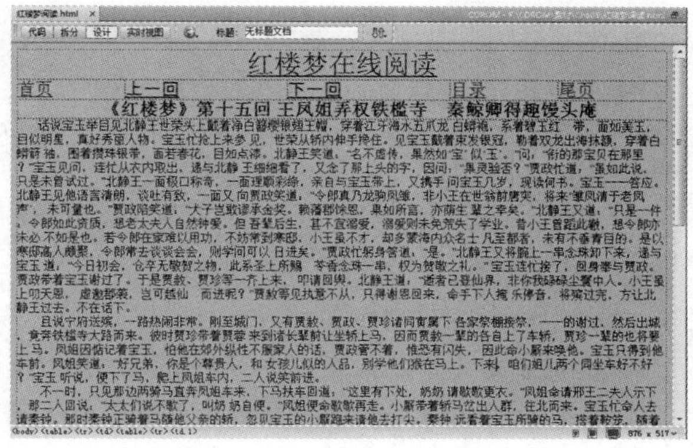

图 3-71

03 在菜单栏中选择【窗口】|【CSS 设计器】命令，打开【CSS 设计器】面板，如图 3-72 所示。

04 在【CSS 设计器】面板中选择【源】选项，单击【添加 CSS 源】按钮，在弹出的下拉列表中选择【创建新的 CSS 文件】命令，如图 3-73 所示。

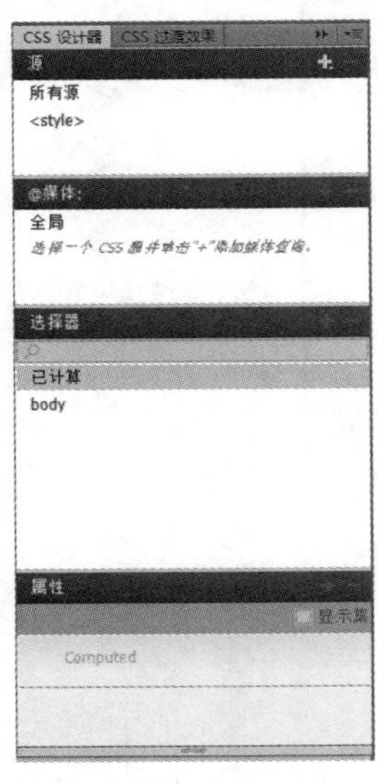

图 3-72

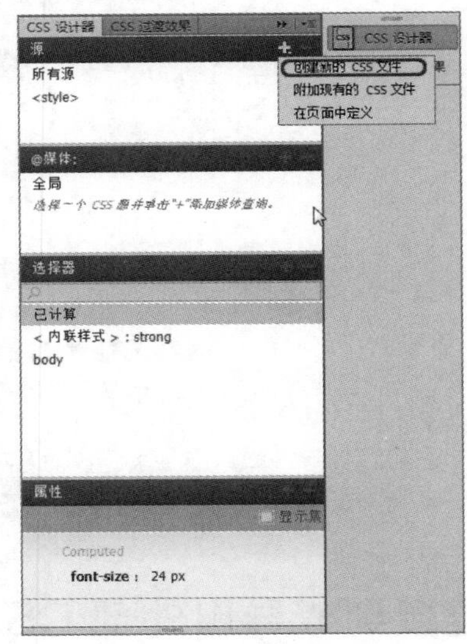

图 3-73

05 弹出【创建新的 CSS 文件】对话框，将【添加为】设置为【链接】，然后单击【浏览】按钮，如图 3-74 所示。

06 弹出【将样式表文件另存为】对话框，设置保存路径并将文件名设置为【01】，单击【保存】按钮，如图 3-75 所示。

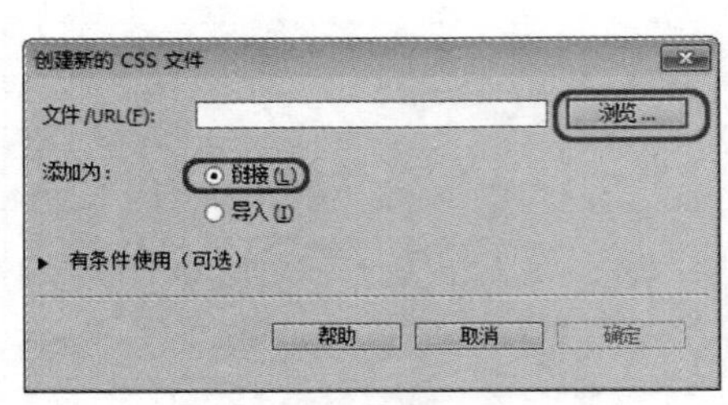

图 3-74

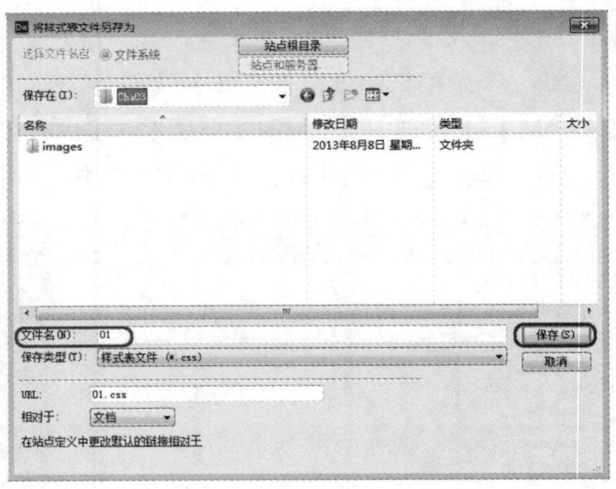

图 3-75

07 返回到【创建新的 CSS 文件】对话框，单击【确定】按钮。

08 打开【CSS 设计器】面板，在该面板中将【源】设置为【01.css】，然后添加一选择器，并在【属性】栏中对其进行设置。将【字体颜色】设置为【#003366】，完成后的效果如图 3-76 所示。

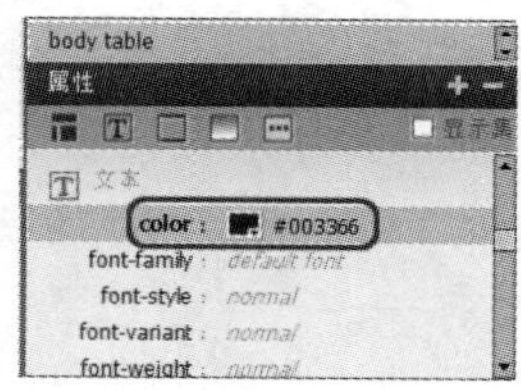

图 3-76

3.6.2　链接外部样式表

外部样式表是包含了样式格式信息的一个单独的文件，编辑外部 CSS 设计器表时，链接到该 CSS 设计器表的所有文档会全部更新以反映所做的更改。创建链接外部样式表的具体操作步骤如下：

01 在菜单栏中选择【文件】|【打开】命令，打开【打开】对话框，选择随书附带光盘中的【CDROM】|【素材】|【Cha03】|【红楼梦阅读.html】文件，单击【打开】按钮，将其打开，如图 3-77 所示。

02 可以看到表格第三行呈现的是黑色加粗字体，为其链接外部样式，如图 3-78 所示。

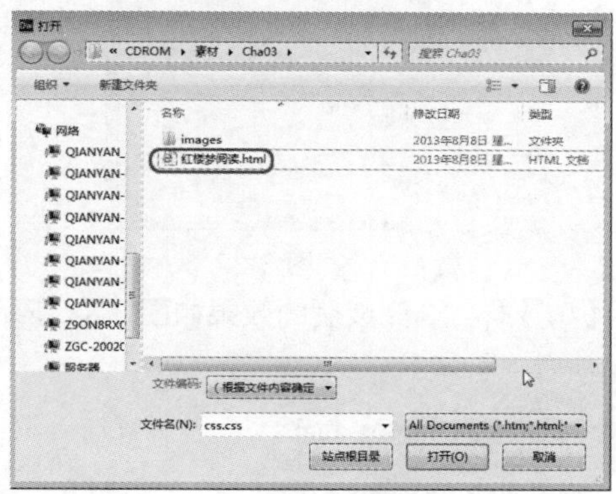

图 3-77

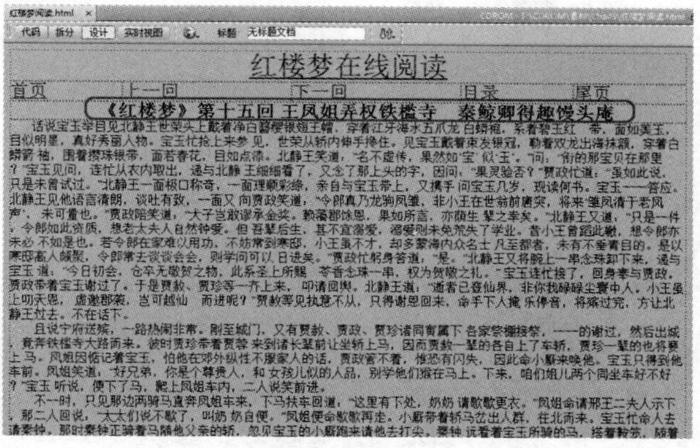

图 3-78

03 打开【CSS】设计器面板，选择【源】选项组，单击【添加 CSS 源】按钮，在弹出的下拉列表中选择【附加现有的 CSS 文件】命令，如图 3-79 所示。

04 弹出【使用现有的 CSS 文件】对话框，在该对话框中将【添加为】设置为【链接】，然后单击【浏览】按钮，如图 3-80 所示。

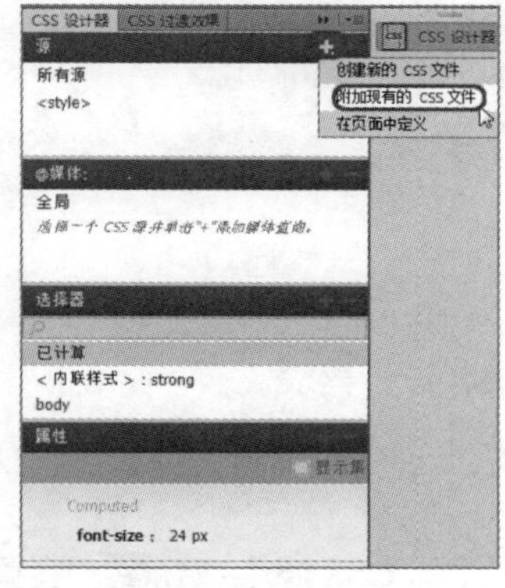

图 3-79

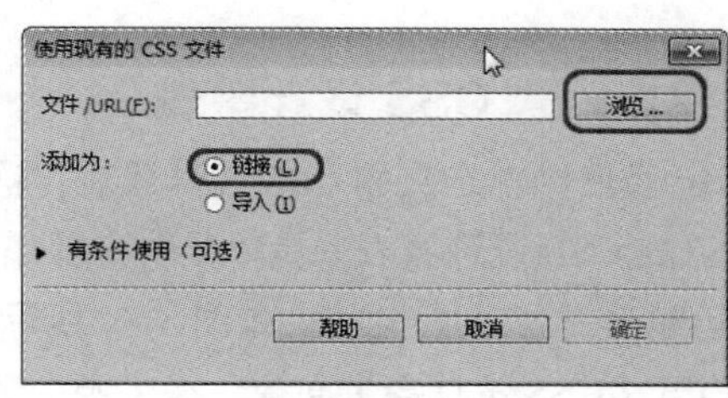

图 3-80

05 弹出【选择样式表文件】对话框，选择 CDROM|素材|Cha03|01.css 文件，然后单击【确定】按钮，如图 3-81 所示。

06 返回到【使用现有的 CSS 文件】对话框，单击【确定】按钮。打开【CSS 设计器】面板可以查看添加的 CSS 样式表，如图 3-82 所示。

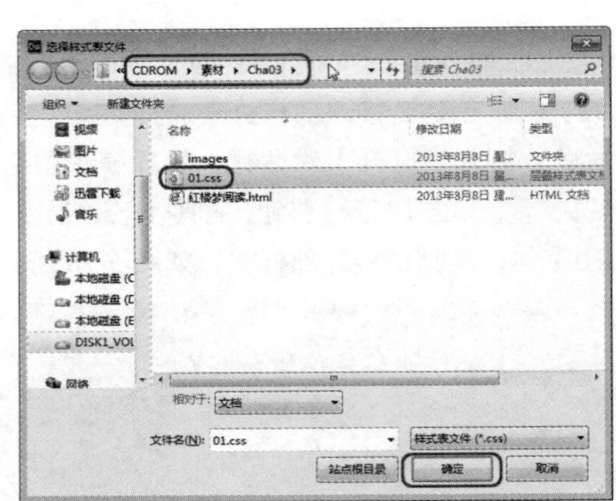

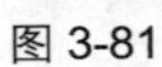

图 3-81

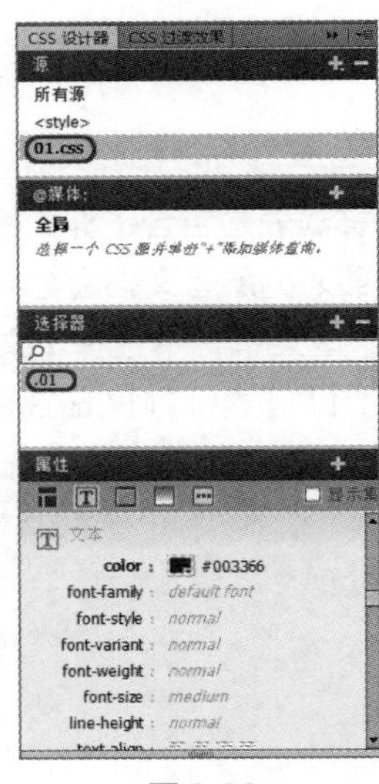

图 3-82

07 在网页文档选择需要应用样式的文字，并应用【01】样式，完成后的效果如图 3-83 所示。

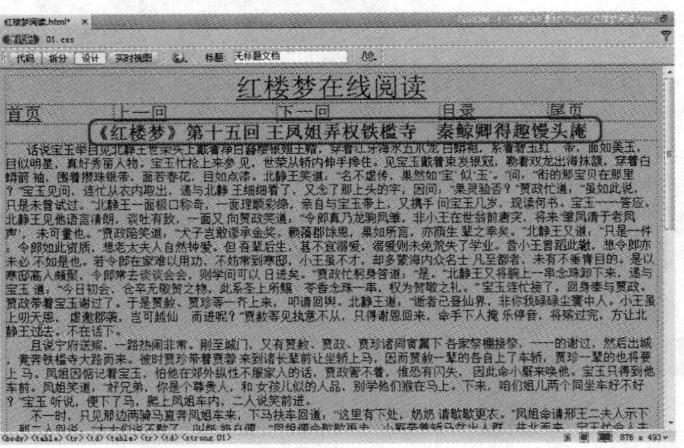

图 3-83

3.6.3 创建嵌入式 CSS 设计器表

在 HTML 页面内部定义的 CSS 设计器表，称为嵌入式 CSS 设计器表。

创建嵌入式 CSS 设计器表的具体操作步骤如下：

01 新建空白 HTML 文档，如图 3-84 所示。

02 打开【CSS 设计器】面板，在【源】选项中单击【添加 CSS 源】按钮+，在弹出的下拉列表中选择【在页面中定义】命令，如图 3-85 所示。

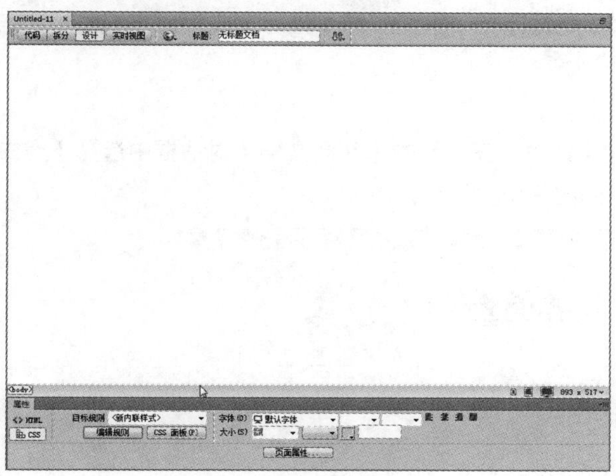

图 3-84

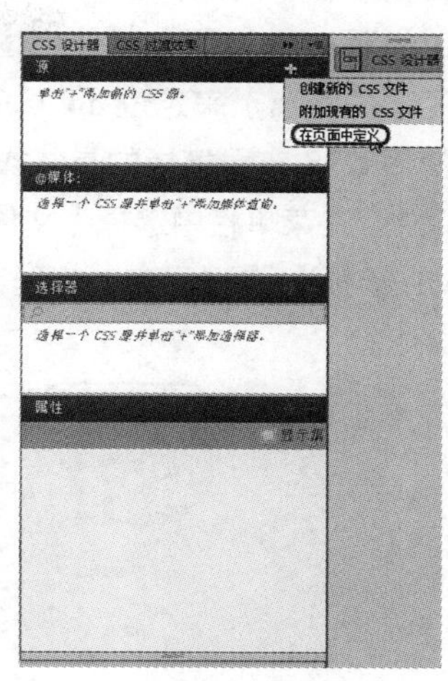

图 3-85

03 随即添加一个名称为<style>的源，切换到【选择器】选项并添加一个名称为【.01】的选择器，在【属性】选项栏中选择【文本】，并将 color 设置为【#996600】，将 font-family 设置为【华文琥珀】，如图 3-86 所示。

04 将光标置于文档中，在【属性】面板选择【CSS】，将【目标规则】设置为【.01】，然后在文档中输入文本内容，如图 3-87 所示。

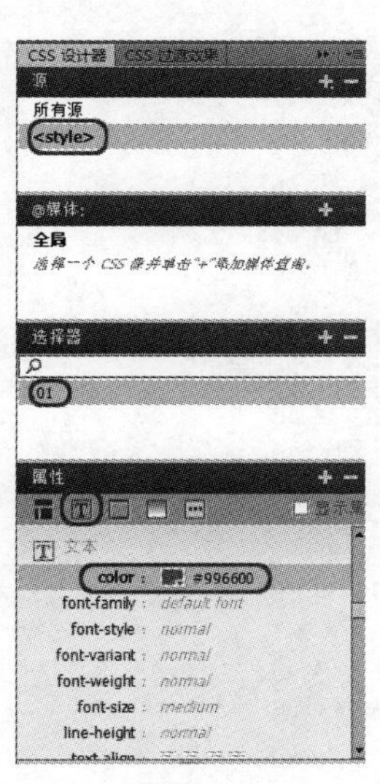

图 3-86

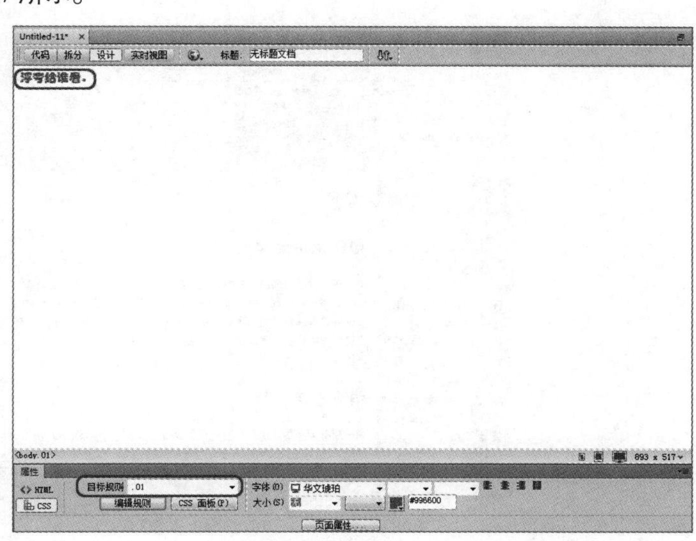

图 3-87

3.7 使用 CSS 布局模板

CSS 布局的基本构造块是 div 标签，它是一个 HTML 标签，在大多数情况下作为文本、图像或其他页面元素的容器。当创建 CSS 布局时，会将 div 标签放在页面中，向这些标签中添加内容，然后将它们放在不同的位置。与表格单元格（被限制在表格行和列中的某个现有位置）不同，div 标签可以出现在 Web 页中的任何位置。可以用绝对方式（指定 x 和 y 坐标）或相对方式（指定与其他页面元素的距离）来定位 div 标签。

使用 CSS 布局模板的具体操作步骤如下：

01 在菜单栏中选择【文件】|【新建】命令，在打开的【新建文档】对话框中选择【空白页】|【HTML 模板】|【列固定，标题和脚注】，如图 3-88 所示。

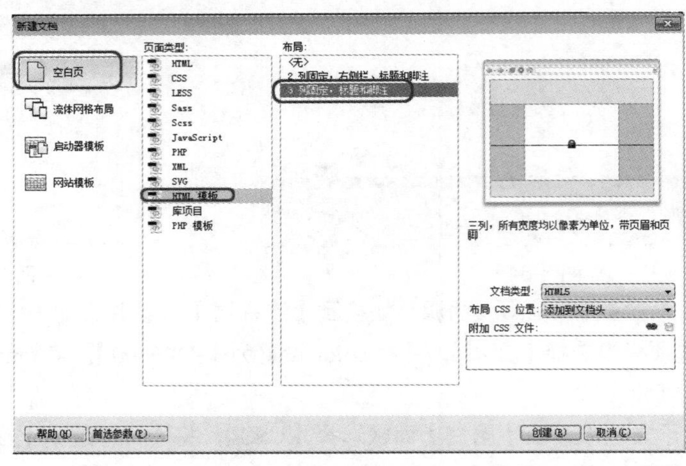

图 3-88

02 单击【创建】按钮，创建 CSS 布局模板，如图 3-89 所示。

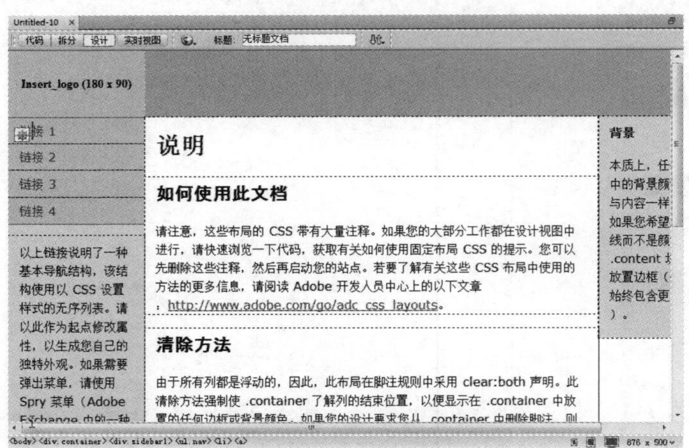

图 3-89

03 创建完成后，根据需求进行更改。

3.8 上机练习——使用 CSS 美化文字

本节主要通过使用 CSS 设计器定义字体大小，并使用 CSS 滤镜制作阴影文字，最终达到美化页面的效果。

01 启动 Dreamweaver CC，在菜单栏中选择【文件】|【打开】命令，打开【打开】对话框，选择随书附带光盘中的【CDROM】|【素材】|【Cha03】|【四大菜系.html】文件，单击【打开】按钮，如图 3-90 所示。

02 打开素材之后，选择【四大菜系】文本，打开【属性】面板，选择【CSS】，将【字体】设置为【方正大黑简体】,【大小】设置为【36px】,【字体颜色】设置为【#333】，将【水平】设置为【居中对齐】,【垂直】设置为【居中】,【背景颜色】设置为【#CC3300】，如图 3-91 所示。

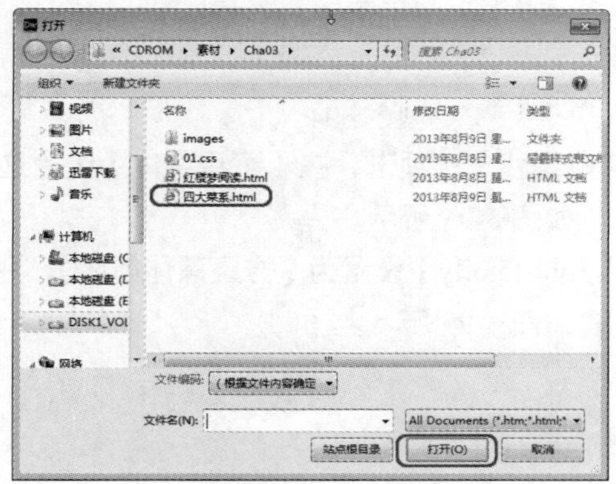

图 3-90

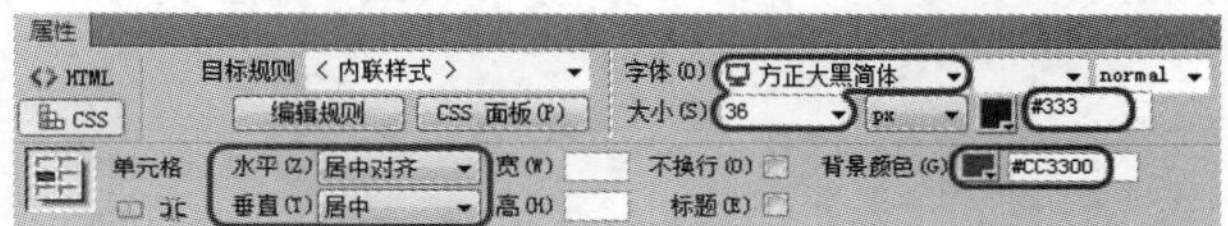

图 3-91

03 选择第 2 行单元格中的文本内容，在【属性】面板中选择【CSS】，单击【编辑规则】按钮，如图 3-92 所示。

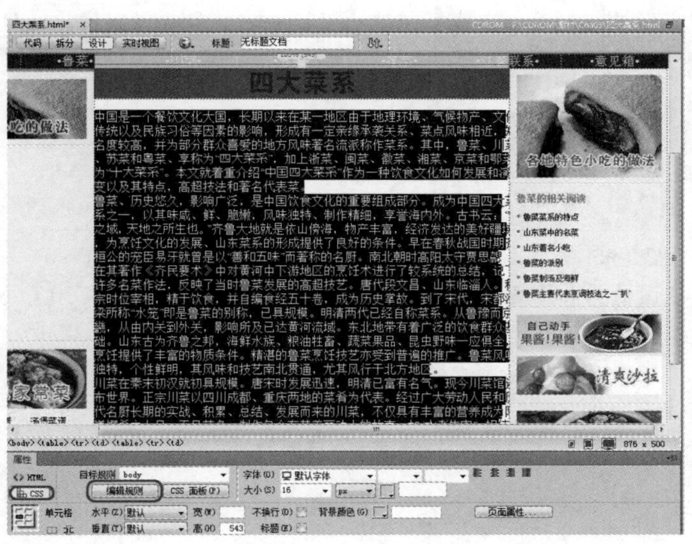

图 3-92

04 弹出【body 的 CSS 规则定义】对话框，如图 3-93 所示。

05 在【body 的 CSS 规则定义】对话框中，将【分类】设置为【类型】，单击【Font-family】右侧的下三角按钮，在其下拉列表中选择【管理字体】命令，如图 3-94 所示。

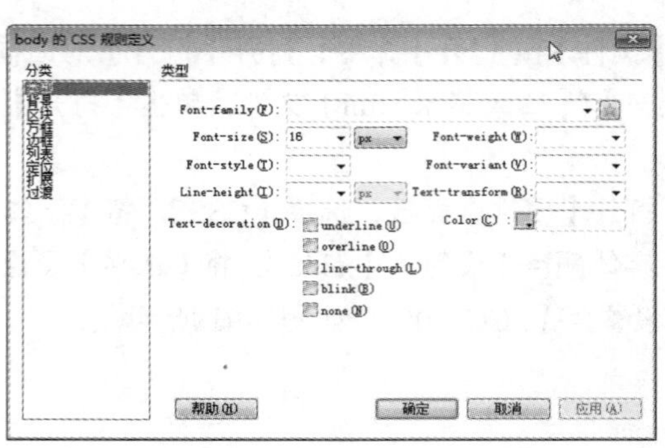
图 3-93

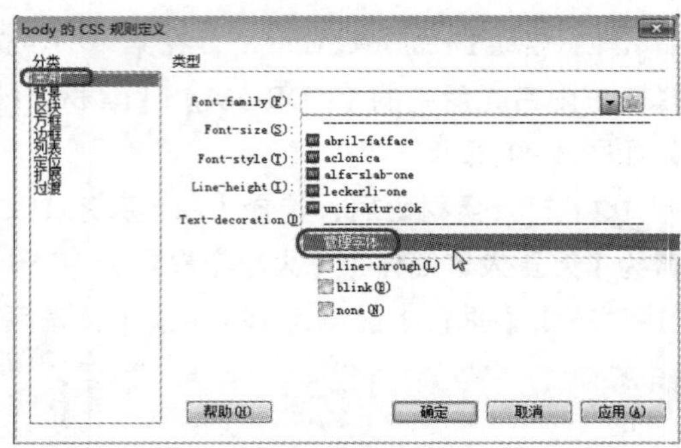
图 3-94

06 弹出【管理字体】对话框，切换到【自定义字体堆栈】选项卡，在【可用字体】组中选择【方正黑体简体】，单击按钮，然后单击【完成】按钮，如图 3-95 所示。

07 返回到【body 的 CSS 规则定义】对话框，将【Font-family】设置为【方正黑体简体】，将【Font-size】设置为【16px】，将【Color】设置为【#333】，如图 3-96 所示。

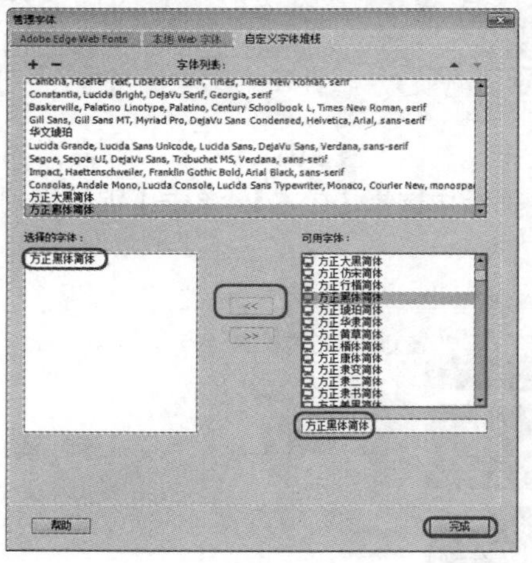
图 3-95

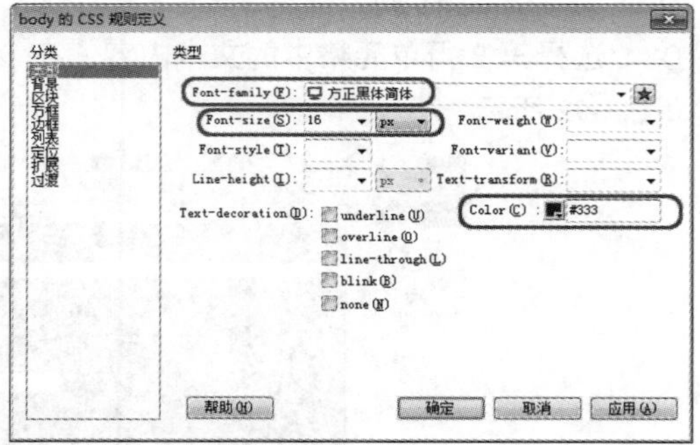
图 3-96

08 将【分类】设置为【背景】，将【Background-color】设置为【#C30】，设置完成后单击【确定】按钮，如图 3-97 所示。

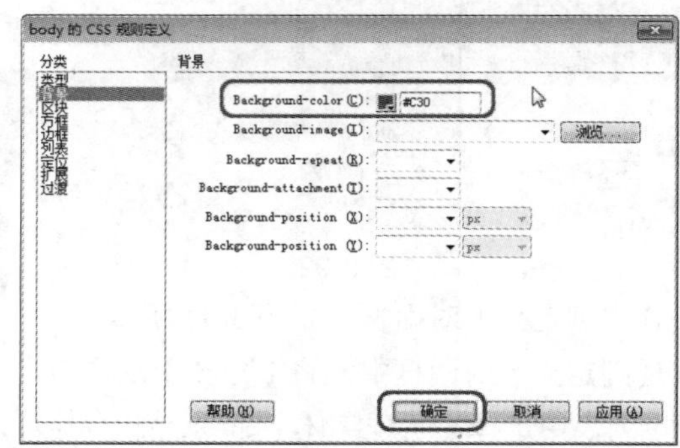
图 3-97

09 设置完成后，使用前面学过的方法对每段文字经行空格处理，如图 3-98 所示。

图 3-98

10 使用前面的方法在文档下面插 3 行 1 列的单元格，如图 3-99 所示。

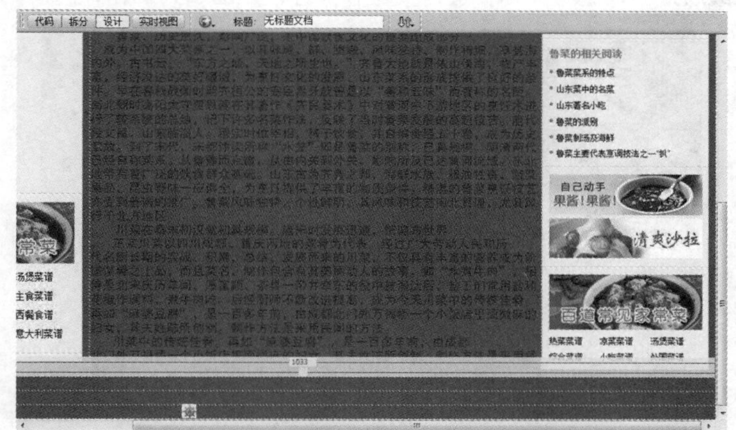

图 3-99

11 选择插入的三行单元格，在【属性】面板中将【水平】设置为【居中对齐】，如图 3-100 所示。

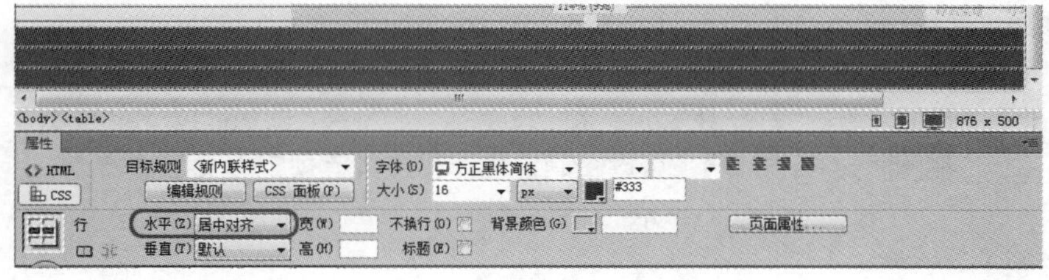

图 3-100

12 使用前面所学的方法，在单元格中输入文本内容，并将【字体】设置为【方正黑体简体】，【大小】设置为【16px】，【字体颜色】设置为【#333】，如图 3-101 所示。

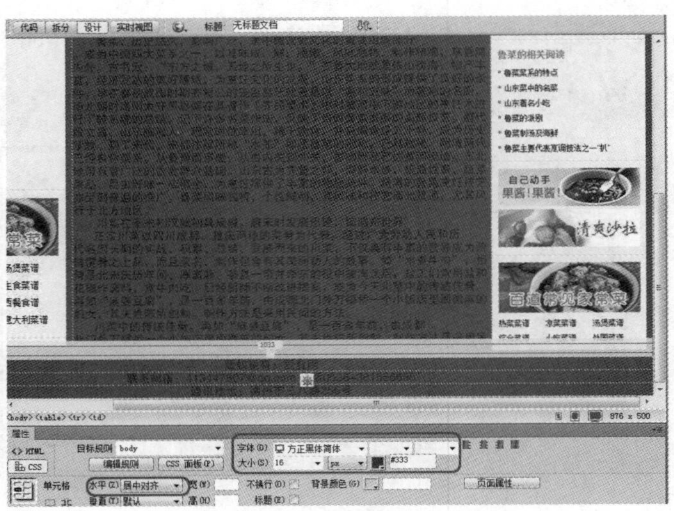

图 3-101

13 设置完成后适当调整单元格，进行预览和保存，如图 3-102 所示。

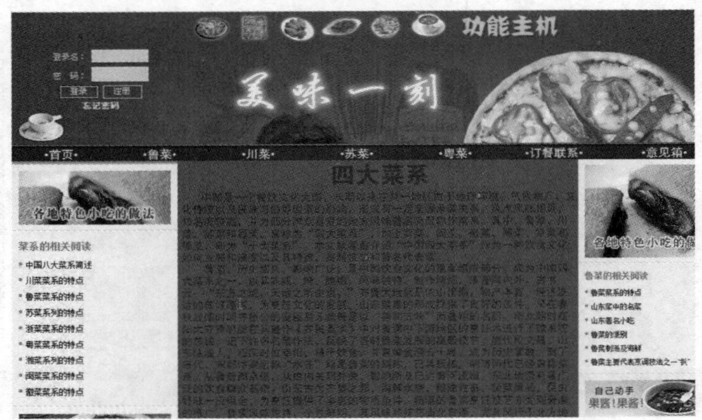

图 3-102

3.9 习题

1．选择题

（1）为了使样式表能在整个页面中产生作用，应把该组标记及其内容放到________中。

A. <head>和</head>　　B. <title>和</title>　　C. <body>和</body>

（2）________在网页定位上，除了可以精确定位外，还具有规范、灵活的特点。

A. 标尺　　B. 表格　　C. 网格

2．填空题

（1）通过使用 CSS，用户可以将所有有关文档的样式指定内容全部脱离出来，在________、________，甚至作为________供 HTML 调用。

（2）【……的 CSS 规则定义】对话框在【分类】列表框中选择________选项，用于控制块中内容的间距、对齐方式和文字缩进等。

3．上机操作

利用前面学习的方法制作纯文本网页，如图 3-103 所示。

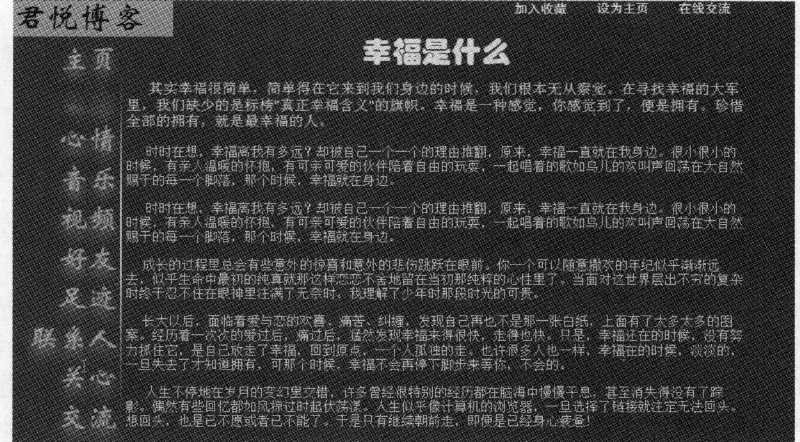

图 3-103

第 4 章　使用模板与库项目

本章重点

- 使用模板
- 使用库项目

在 Dreamweaver CC 中利用模板和库项目能够创建具有统一风格的网页，同时也能更方便网站的维护。本章介绍模板与库项目的基础知识和应用：如何创建模板、在网页设计中应用模板，如何创建和设置库项目、向网页添加库项目。

4.1　使用模板

Dreamweaver 模板是一种特殊类型的文档，用于设计“固定的”页面布局。用户可以基于模板创建文档，从而使创建的文档继承模板的页面布局。设计模板时，可以指定在基于模板的文档中用户可以编辑文档的哪些区域。

4.1.1　创建文档模板

Dreamweaver 模板和库能帮助创建具有一致样式的网页。用户使用模板和库可以更容易地维护网站，可以在短时间内重新设计自己的网站，并对数以百计的网页做出修改。

创建文档模板的具体操作步骤如下：

01　在 Dreamweaver 中新建 HTML 文件，在菜单栏中选择【插入】|【表格】命令，如图 4-1 所示。

02　在弹出的【表格】对话框中，在【表格大小】下将【行数】设置为【5】，【列】设置为【2】，将【表格宽度】设置为【100 百分比】，将【边框粗细】与【单元格间距】设置为【0】，将【单元格边距】设置为【40】，在【标题】下单击【两者】，然后单击【确定】按钮，如图 4-2 所示。

03　执行上述操作后即可在文件中插入如图 4-3 所示的表格。

04　然后将单元格调整为如图 4-4 所示的样式。

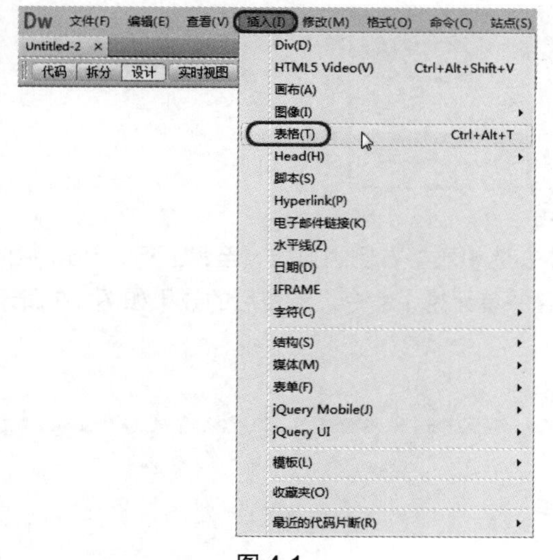

图 4-1

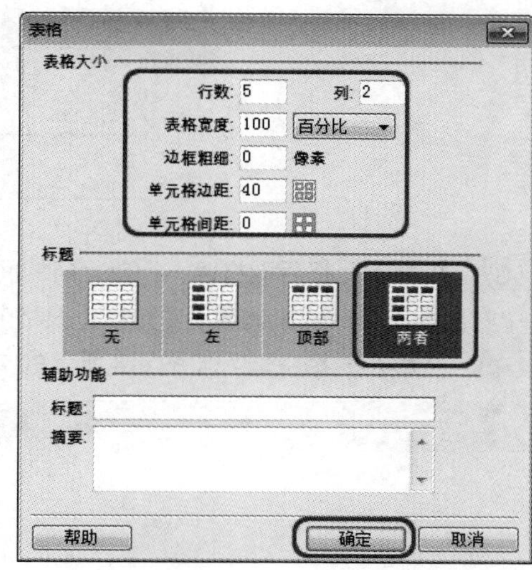

图 4-2

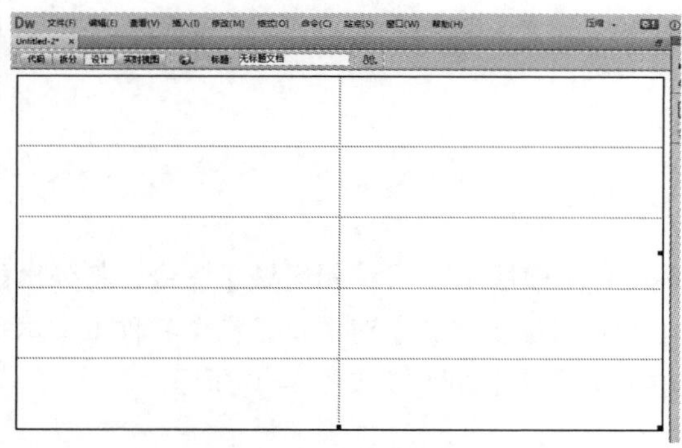

图 4-3

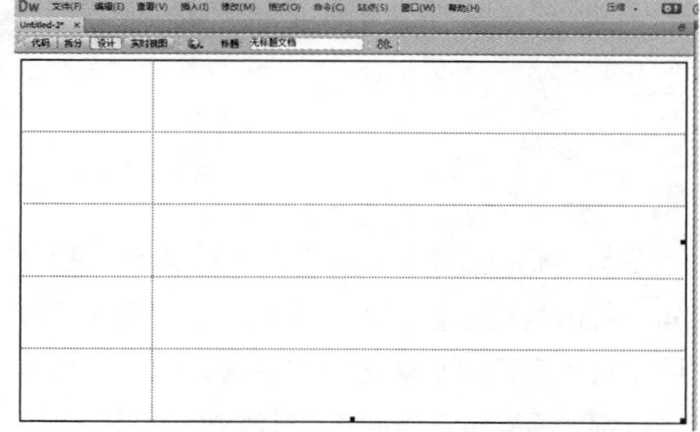

图 4-4

05 然后将光标插入表格顶部右侧的单元格中并右击，在弹出的快捷菜单中选择【表格】|【拆分单元格】，如图 4-5 所示。

06 在弹出的【拆分单元格】对话框中，选中【列】单选按钮，将【列数】设置为【4】，然后单击【确定】按钮，如图 4-6 所示。

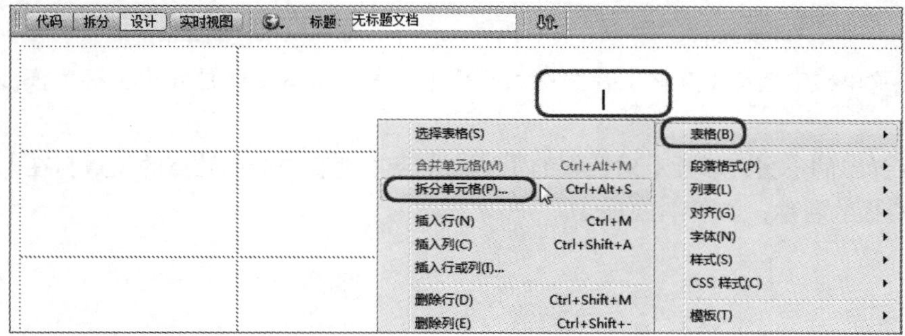

图 4-5

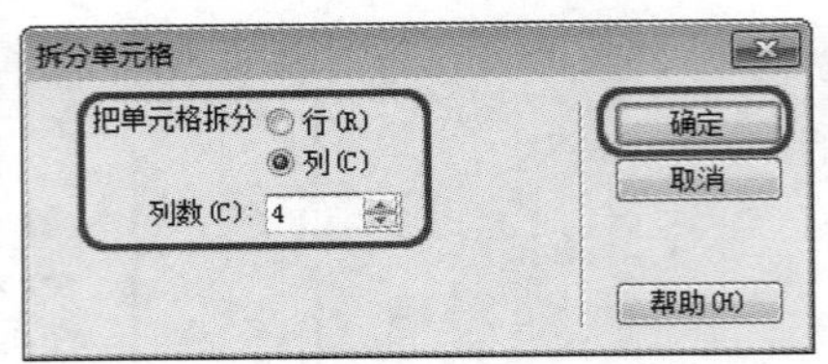

图 4-6

07 拆分单元格后调整第一行单元格的间距，并选中表格右侧的第二行至第五行，在选中的单元格中右击，在弹出的快捷菜单中选择【表格】|【合并单元格】命令，调整后的效果如图 4-7 所示。

08 然后在表格中输入如图 4-8 所示的文字。

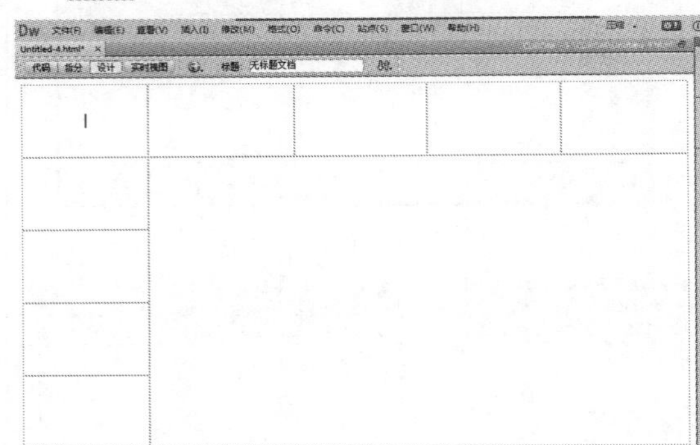

图 4-7

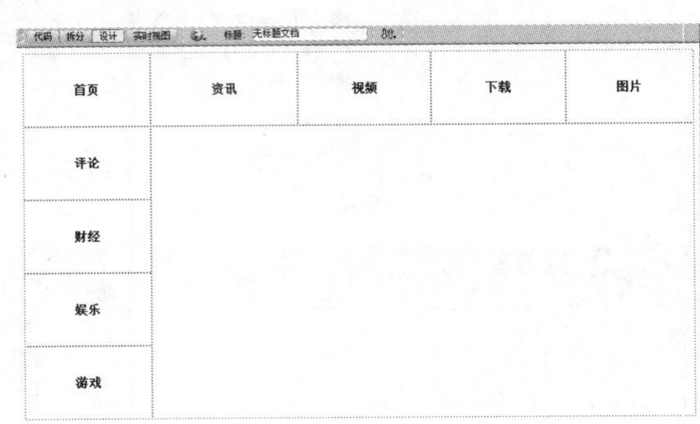

图 4-8

09 将光标插入合并后的单元格中，选择【插入】|【模板】|【可编辑区域】命令，将弹出如图 4-9 所示的对话框，单击【确定】按钮即可弹出【新建可编辑区域】对话框，在【名称】文本框中可以输入新建可编辑区域的名称，输入完名称后单击【确定】即可，如图 4-10 所示。

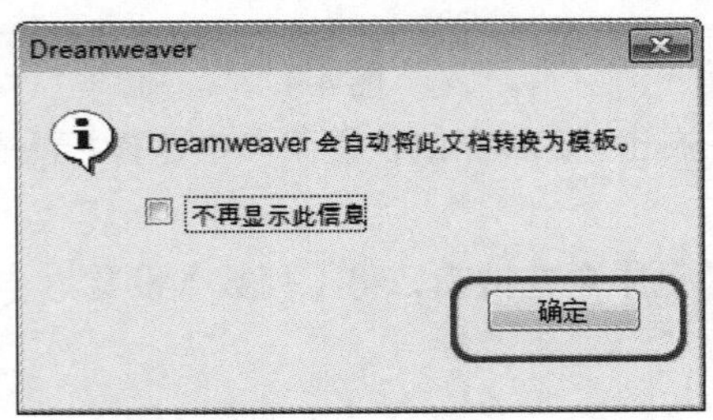

图 4-9

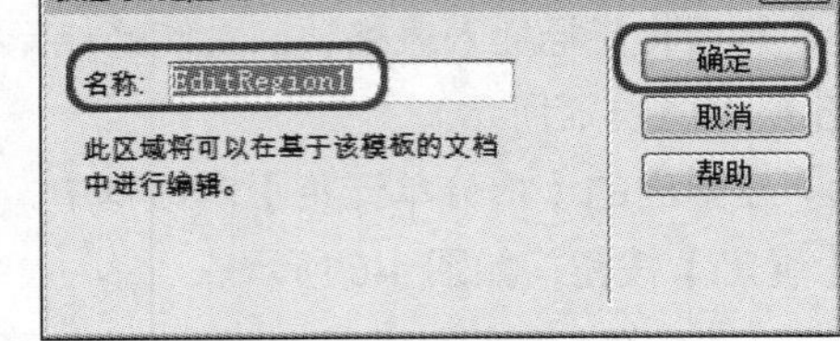

图 4-10

10 在菜单栏中选择【文件】|【另存为模板】命令，如图 4-11 所示（另存为模板需要建立站点）。

11 在弹出的【另存模板】对话框的【站点】下拉列表中选择站点的位置，在【另存为】文本框中输入模板的名称，如图 4-12 所示。

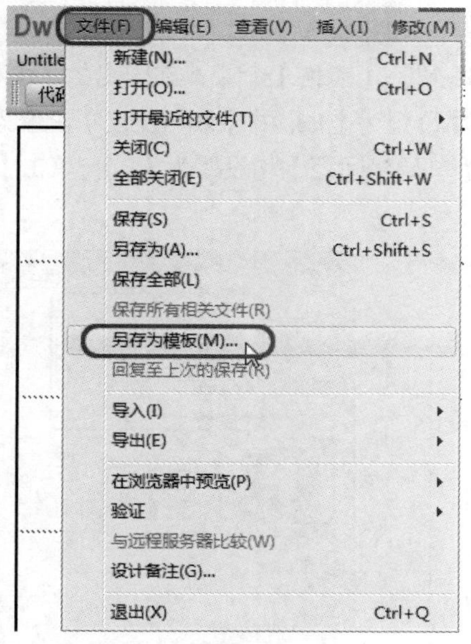

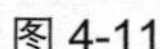

图 4-11

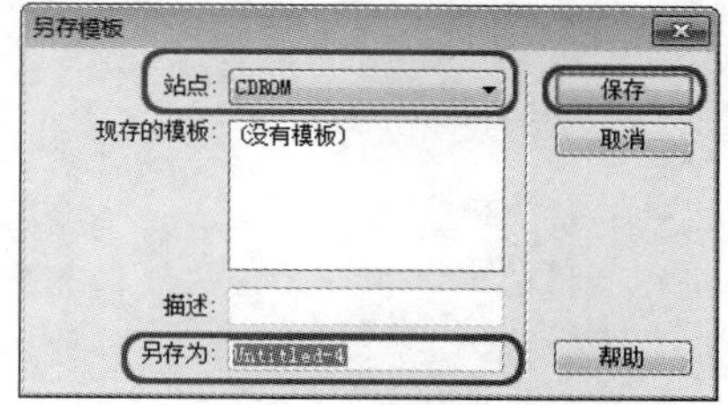

图 4-12

4.1.2 基于模板创建文档

有了模板以后，用户就可以应用模板快速、高效地设计出风格一致的网页。需要时，也可以通过修改模板来快速、自动更新使用模板设计的网页，使网页的维护变得轻松快捷。利用模板创建网页的具体操作步骤如下：

01 在菜单栏中选择【文件】|【新建】命令，打开【新建文档】对话框，如图 4-13 所示。

02 选择【网站模板】，从中选择存储的模板对象，如图 4-14 所示。

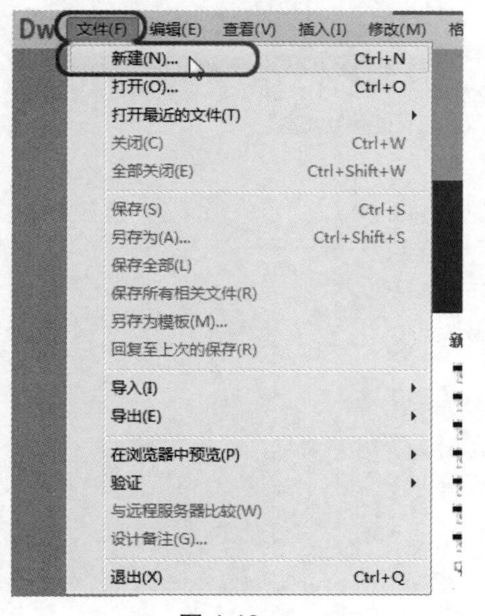

图 4-13

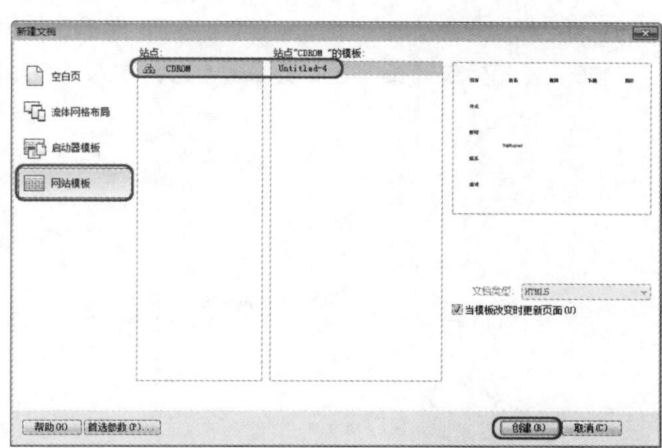

图 4-14

03 单击【创建】按钮，即可从模板创建网页文档，如图 4-15 所示。

04 将光标放置在可编辑区域的表格中，选择【插入】|【表格】命令，在弹出的【表格】对话框中，将【表格大小】下的【行数】设置为【2】,【列】设置为【1】，将【表格宽度】设置为【100百分比】,【单元格边距】设置为【5】,【边框粗细】与【单元格间距】均设置为【0】，单击【标题】下的【无】，然后单击【确定】按钮，如图 4-16 所示。

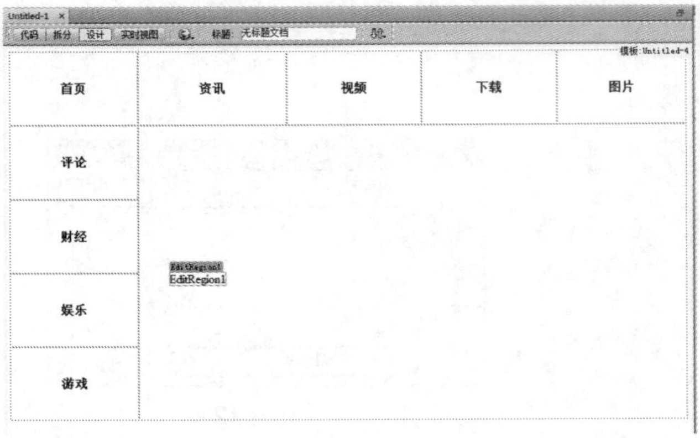

图 4-15

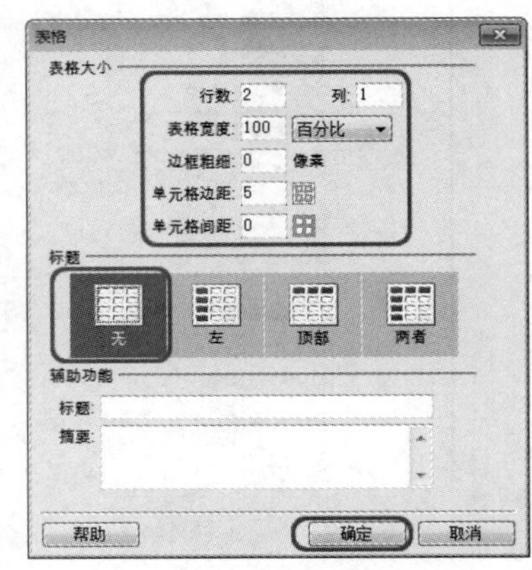

图 4-16

05 插入表格后选中表格，在【属性】面板中设置【Align】为【左对齐】，如图 4-17 所示。

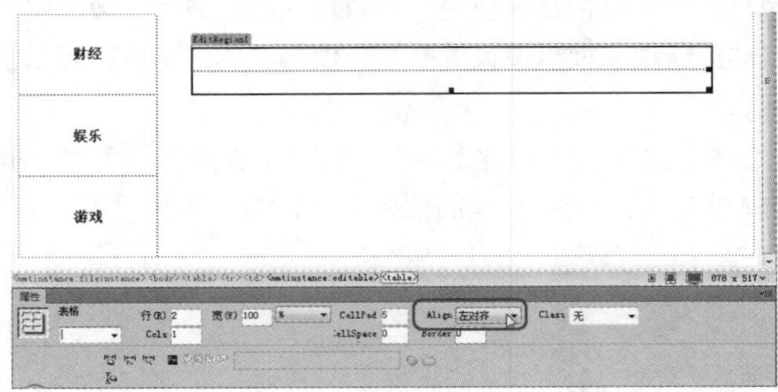

图 4-17

06 将光标放置在嵌套后表格第一行，输入文字如图 4-18 所示。

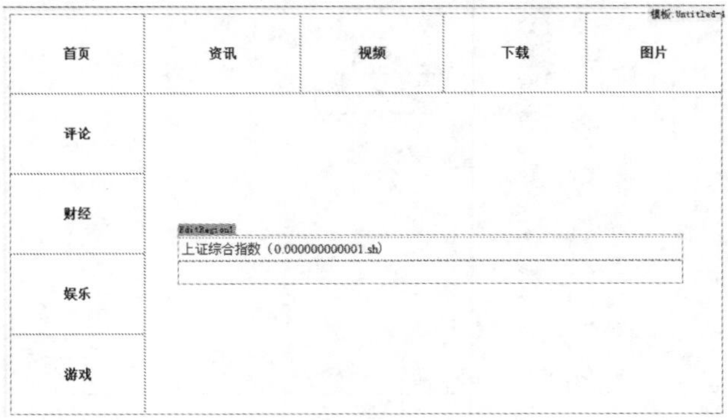

图 4-18

07 将光标放置在嵌套后表格第二个行，选择【插入】|【图像】|【图像】命令，在弹出的【选择图像源文件】对话框中选择随书附带光盘中的【CDROM】|【素材】|【Cha04】|【01.jpg】，如图 4-19 所示。

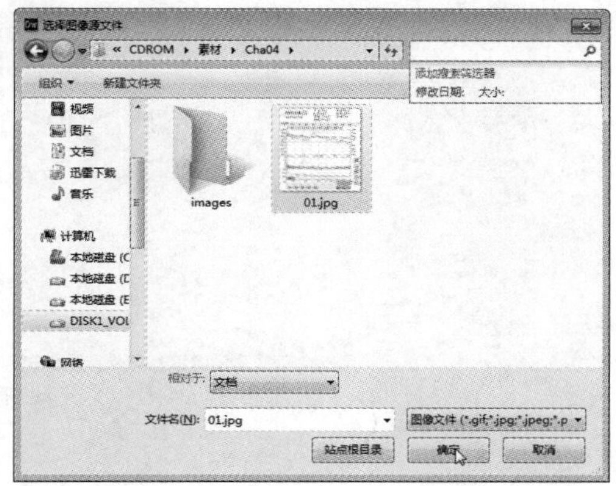

图 4-19

08 在菜单栏中选择【文件】|【保存】命令将文档保存，按【F12】键在浏览器中预览效果，如图 4-20 所示。

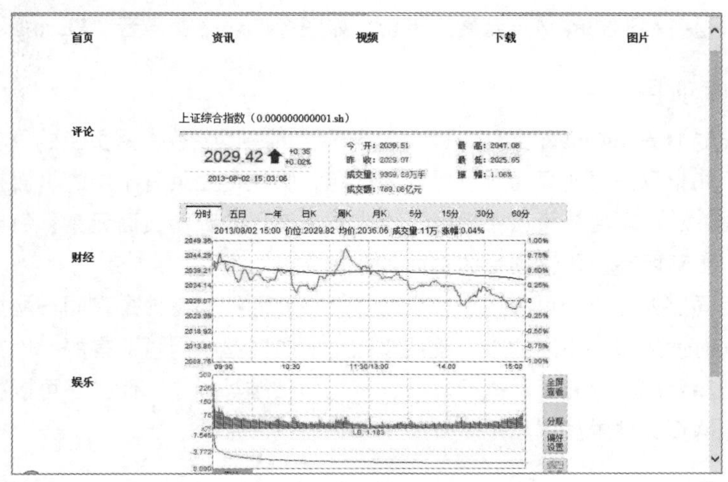

图 4-20

4.1.3　从模板脱离

若要更改基于模板的文档中的锁定区域，必须将该文档从模板中分离出来。将文档分离出来之后，整个文档都将变为可编辑的。将文档从模板中脱离的具体操作步骤如下：

01 继续上面的操作，在菜单栏中选择【修改】|【模板】|【从模板中分离】命令，如图 4-21 所示。

02 选择命令后，该文档将从模板中分离出来，如图 4-22 所示。

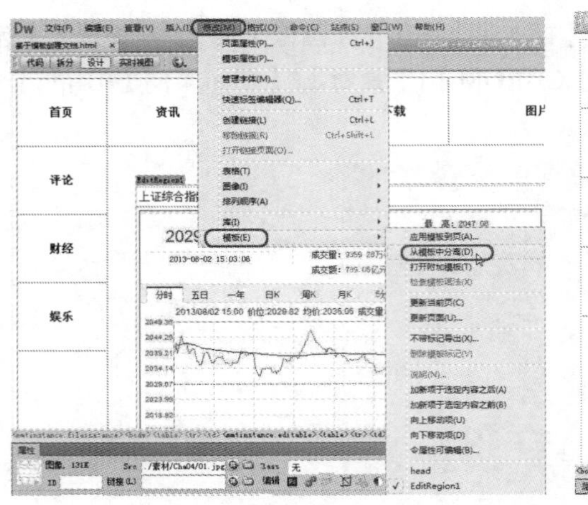
图 4-21

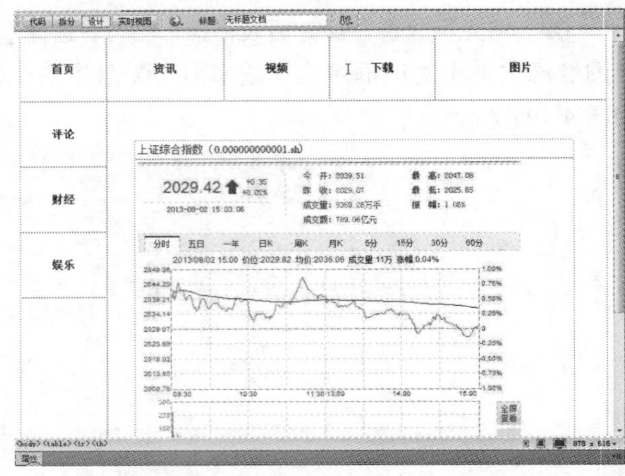
图 4-22

4.2 使用库项目

在 Dreamweaver 中，另一种维护文档风格的方法就是使用库项目。如果说模板从整体上控制了文档的风格，库项目则从局部维护了文档的风格。所谓的库项目就是在网页文档中可重复使用的元素的集合，它可以是各种形式的网页元素的组合，如图像、表格、声音、Flash 影片等。

4.2.1 什么是库项目

库是一种特殊的 Dreamweaver 文件，其中包含已经创建以便放在网页上的、单独的“资源”或资源副本的集合。如果只是想让页面具有相同的标题和脚注，但具有不同的页面布局，可以使用库项目存储标题和脚注。库项目是可以在多个页面中重复使用的存储页面元素；每当更改某个库项目的内容时，都可以更新所有使用该项目的页面。

库与模板的相同之处在于均可应用于多个网页之中，而不同之处是在同一网页中可以反复应用同一个库文件和同时使用多个不同的库。使用模板一般是对整个网页而言的，库文件只是网页中的局部内容。可以把库看成一个元素而执行复制、剪切和粘贴等操作，而且还可以将其保存为一个单独的文件后在其他网页文件中加以引用。

4.2.2 创建库项目

利用库项目同样可以实现对文件风格的维护。很多网页带有相同的内容，用户可以将这些文档中的共有内容定义为库元素，然后放置到文档中。一旦在站点中对库项目进行了修改，通过站点管理特性，就可以实现对站点中所有放入该库元素的文档进行更新。创建库项目的具体操作步骤如下：

01 在菜单栏中选择【文件】|【新建】命令，弹出【新建文档】对话框，选择【空白页】|【库项目】选项，如图 4-23 所示。

02 单击【创建】按钮，新建一个库文档，如图 4-24 所示。

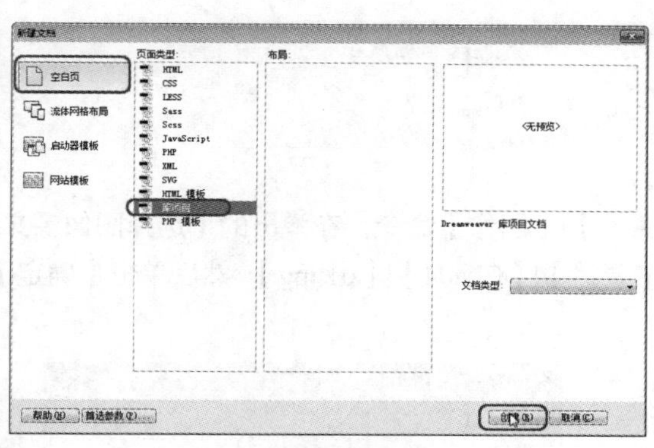
图 4-23

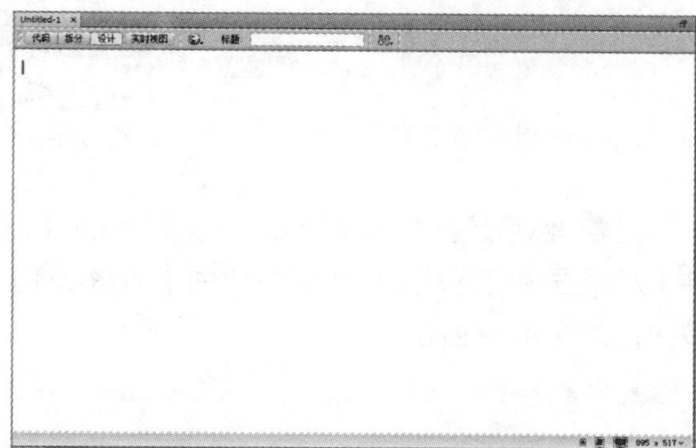
图 4-24

03 将光标放置在页面中，选择【插入】|【表格】命令，在弹出的对话框中将【行数】设置为【5】,【列】设置为【5】,【宽度】为【100 百分比】，将【单元格边距】设置为【40】，然后单击【确定】按钮，如图 4-25 所示。

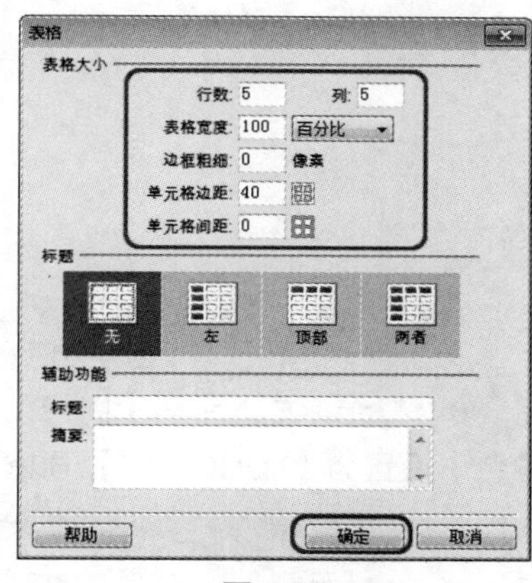

图 4-25

04 在表格的左侧开始选择，第二行的第二列单元格至第五行的第五个单元格，在选中的单元格中右击，在弹出的快捷菜单中选择【表格】|【合并单元格】命令，合并后的效果如图 4-26 所示。

05 选中所有单元格，在窗口界面下方的【属性】面板中将【大小】设置为【20】，然后单击居中对齐按钮，如图 4-27 所示。

▶**提示：** 当新建库项目后再插入表格时需插入两次才能显示表格，并且会插入多余的表格，可以在显示表格后按【Ctrl+Z】组合键撤销一次操作即可。

06 向表格中输入如图 4-28 所示的文字。

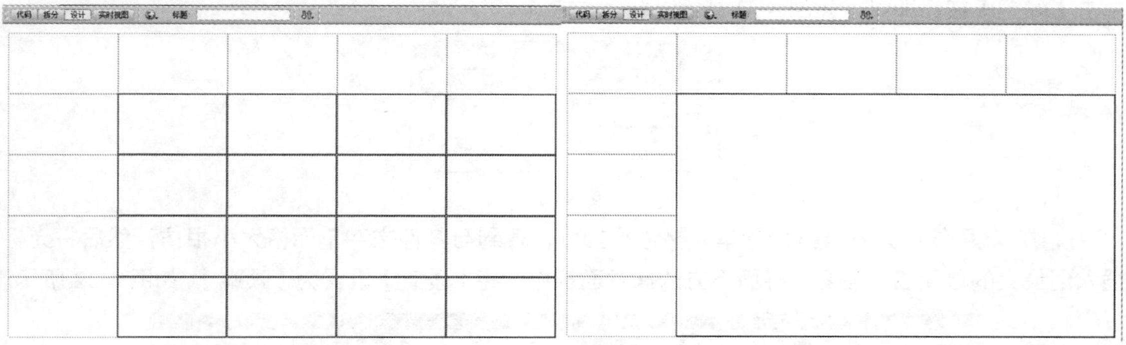

图 4-26

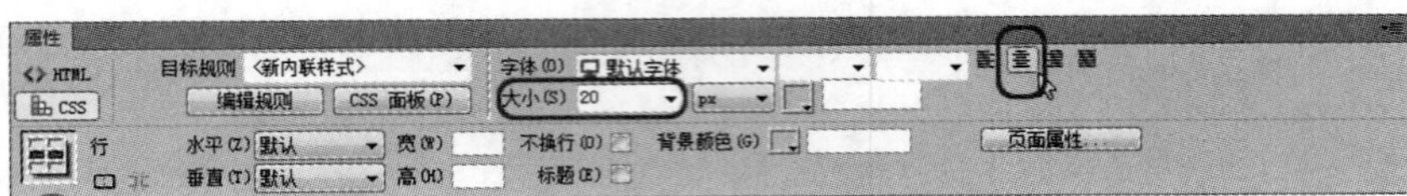

图 4-27

07 然后选择最大单元格，选择【插入】|【图像】|【图像】命令，在弹出的【选择图像源文件】对话框中打开随书附带光盘中的【CDROM】|【素材】|【Cha04】|【01.jpg】，然后单击【确定】按钮，如图 4-29 所示。

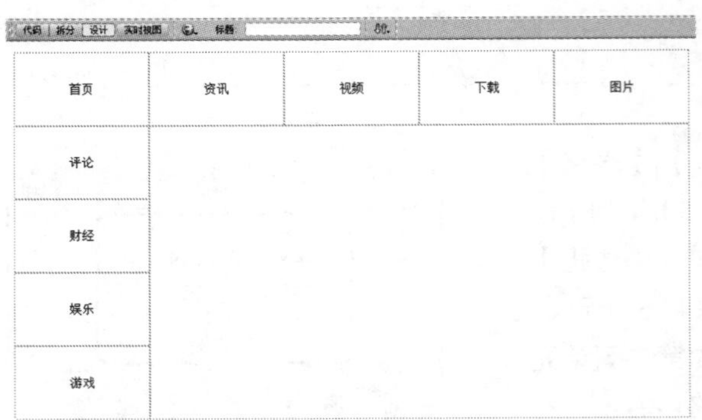

图 4-28

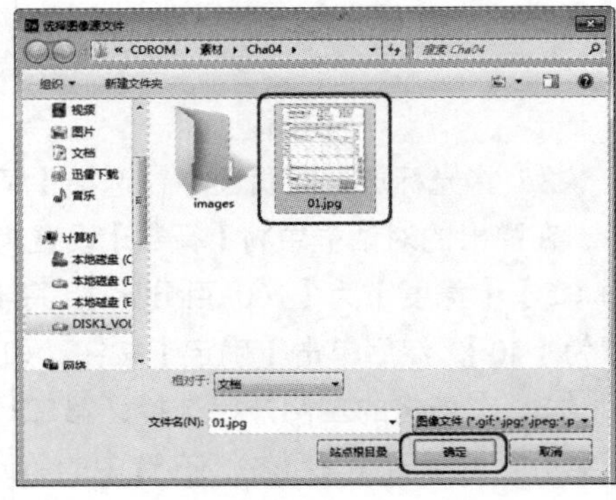

图 4-29

08 将光标插入带有【财经】文本的单元格中，在窗口界面下方的【属性】面板中，将【背景颜色】设置为【#CCCCCC】，如图 4-30 所示。

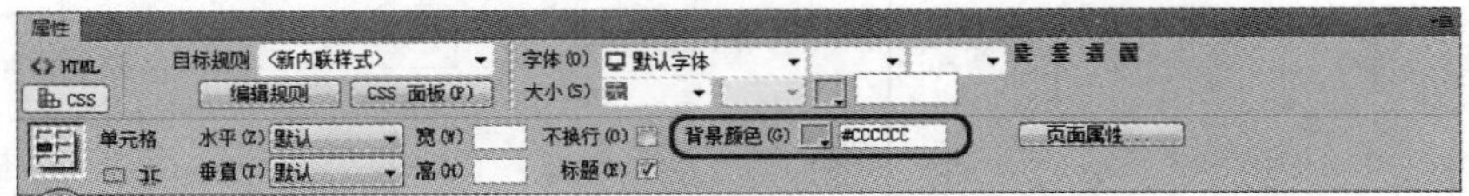

图 4-30

09 然后将光标插入带有【游戏】的单元格中右击，在弹出的快捷菜单中选择【表格】|【拆分单元格】命令，在弹出的【拆分单元格】对话框中，选中【行】单选按钮，将【行数】设置为【2】，单击【确定】按钮即可，如图 4-31 所示。

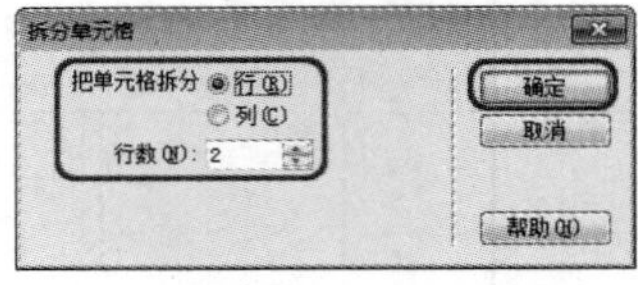

图 4-31

10 然后依次为刚被拆分的单元格进行拆分，直到与其他文字单元格大小相仿，然后将光标插入到最大的单元格，在窗口界面下方的属性面板中，将【垂直】设置为【顶端】，如图 4-32 所示。

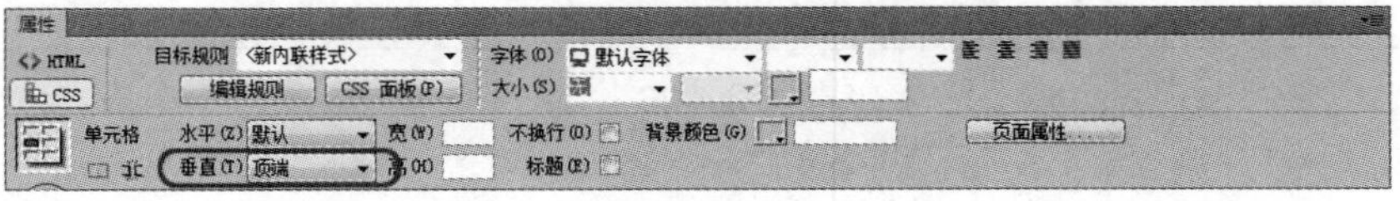

图 4-32

11 最后完成的效果如图 4-33 所示。

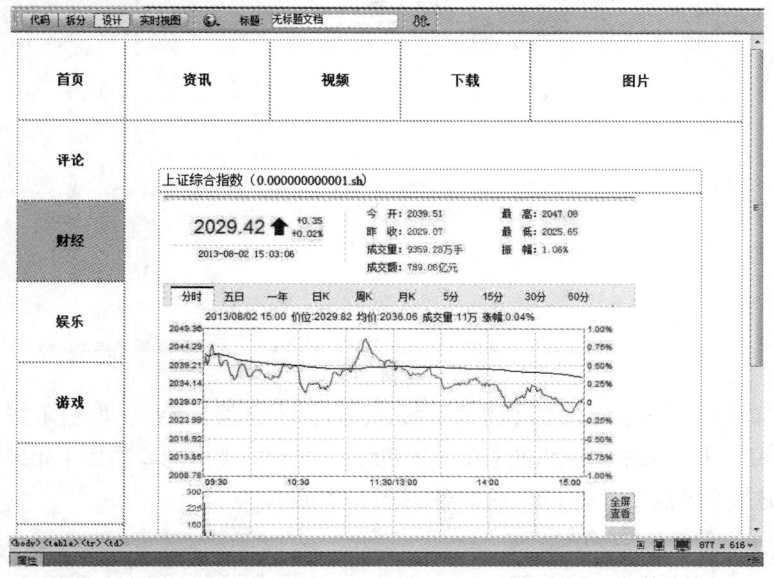

图 4-33

12 在菜单栏中选择【文件】|【另保存】命令，打开【另存为】对话框，如图 4-34 所示。

13 在【名称】文本框中输入文件名输入名称，单击【保存类型】右侧的下拉按钮，在弹出的下拉列表中选择【Library Files（*.lbi）】，单击【保存】按钮保存文档，如图 4-35 所示。

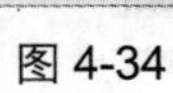

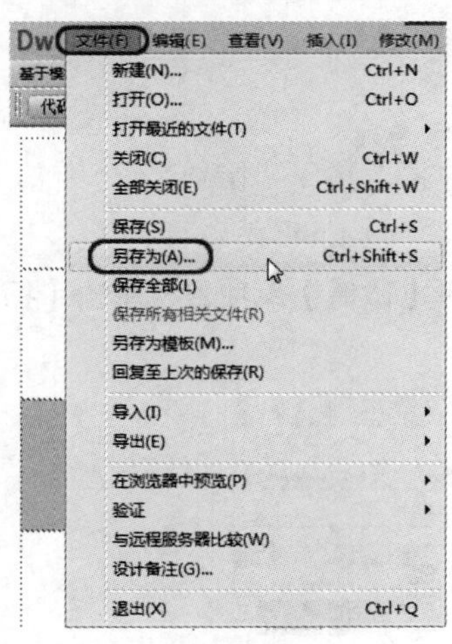

图 4-34

图 4-35

4.2.3 插入库项目

创建完库项目后，就可以将库文件插入网页文档中，具体操作步骤如下：

01 选择【文件】|【打开】命令，打开【打开】对话框。在对话框中选择随书附带光盘中的【CDROM】|【素材】|【Cha04】|【小新微博.html】，单击【打开】按钮将其打开，如图 4-36 所示。

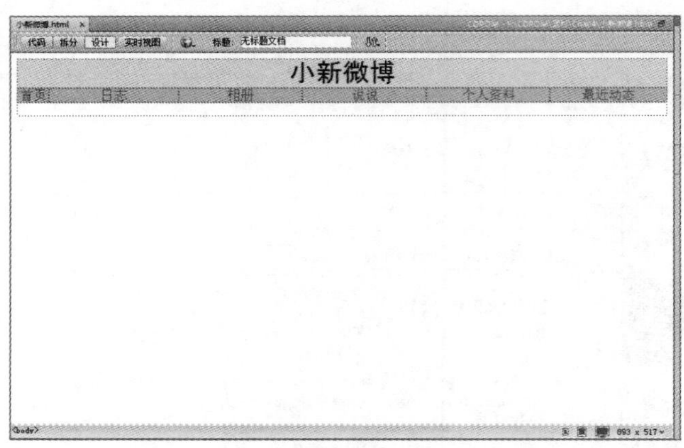

图 4-36

02 在菜单栏中选择【窗口】|【资源】命令，打开【资源】面板，如图 4-37 所示。

03 在【资源】面板左侧中单击【库】按钮，显示站点中的库项目（如果要在库中显示库项目，lbi 文件必须在站点目录的 Library 文件夹下），如图 4-38 所示。

图 4-37

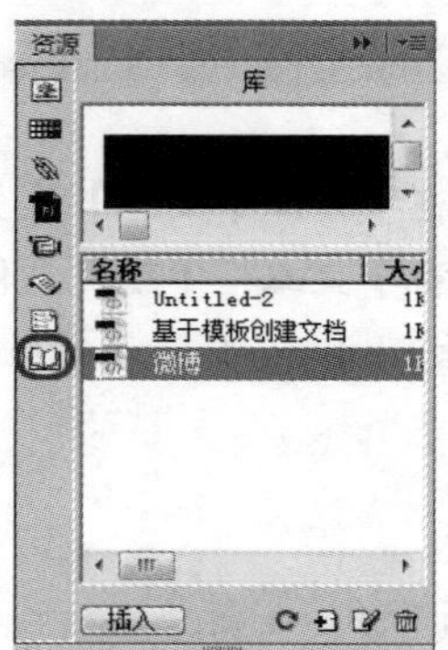

图 4-38

04 将光标置于第三行单元格内，在【资源】面板中选择【微博】库项目，单击【插入】按钮，如图 4-39 所示。

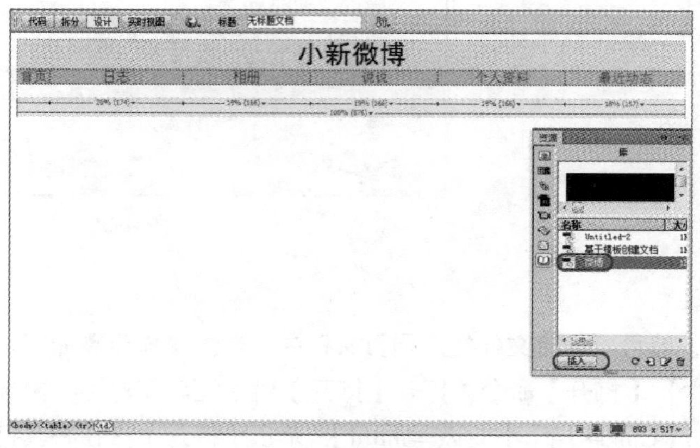

图 4-39

05　插入库项目后，库文件插入网页文档中的效果如图 4-40 所示。

图 4-40

06　选择【文件】|【保存】命令将文档保存，按【F12】键在浏览器中预览效果，如图 4-41 所示。

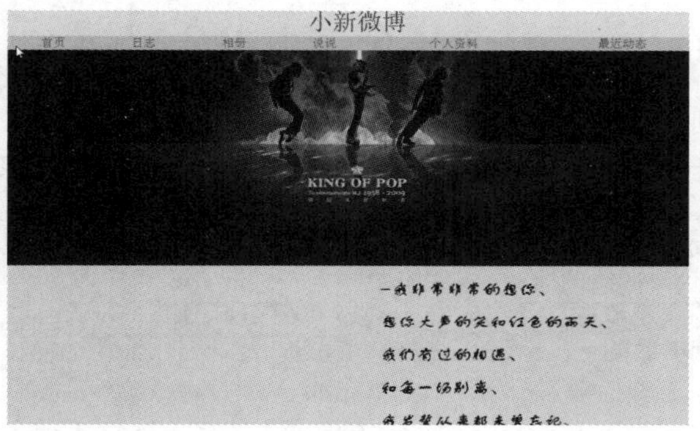

图 4-41

4.2.4　编辑库项目

当编辑库项目时，可以更新使用该项目的所有文档。如果选择不更新，那么文档将保持与库项目的关联，可以在以后更新它们，具体操作步骤如下：

01　选择【文件】|【打开】命令，打开【打开】对话框。在对话框中选择随书附带光盘中的【CDROM】|【Library】|【微博.lbi】，单击【打开】按钮将其打开，如图 4-42 所示。

图 4-42

02 将光标置于表格的右侧，然后按【Ctrl+Alt+T】组合键，弹出【表格】对话框，在该对话框中进行设置，如图 4-43 所示。

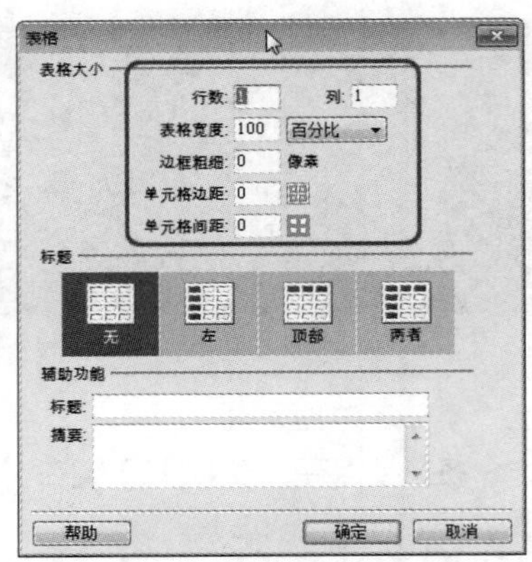

图 4-43

03 将光标插入到新建的单元格中，在【属性】面板中选择【CSS】，将【水平】设置为【居中对齐】，将【高】设置为【50】，将【背景颜色】设置为【#000000】，如图 4-44 所示。

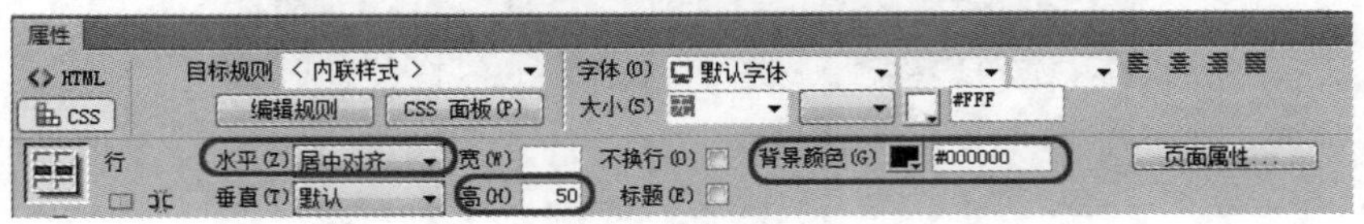

图 4-44

04 设置完成后，在表格中输入文本，在【属性】面板中选择【CSS】选项，并将【字体】设置为【华文琥珀】，将【大小】设置为【36】，将【字体颜色】设置为【#FFF】，如图 4-45 所示。

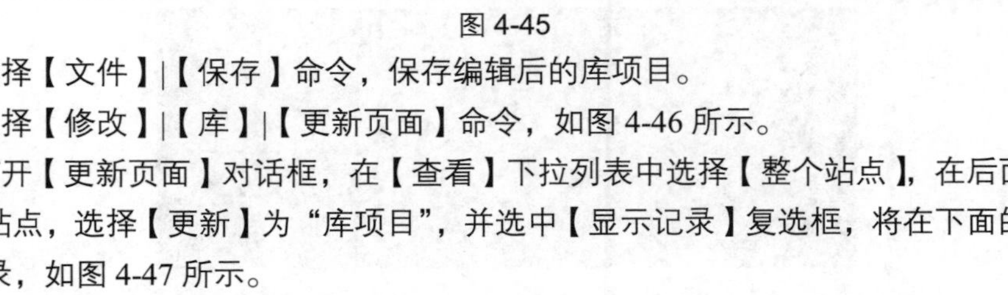

图 4-45

05 选择【文件】|【保存】命令，保存编辑后的库项目。

06 选择【修改】|【库】|【更新页面】命令，如图 4-46 所示。

07 打开【更新页面】对话框，在【查看】下拉列表中选择【整个站点】，在后面的对话框中选择相应的站点，选择【更新】为“库项目”，并选中【显示记录】复选框，将在下面的文本框中显示更新的记录，如图 4-47 所示。

08 单击【开始】按钮，Dreamweaver 将自动更新，更新完毕后，单击【关闭】按钮，如图 4-48 所示。

09 打开插入库文件的网页文档，可以看到文件已经被更新，如图 4-49 所示。

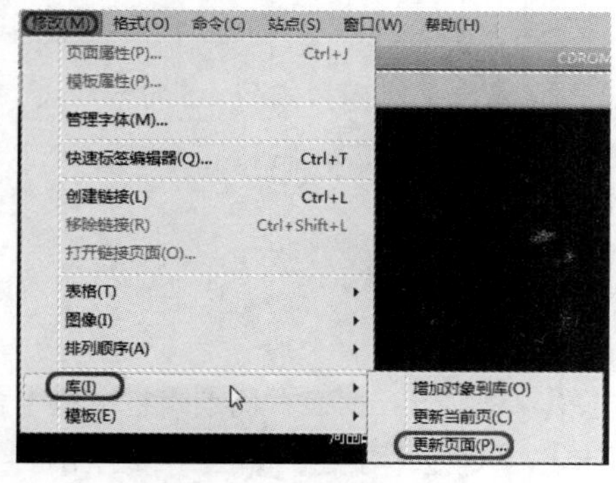

图 4-46

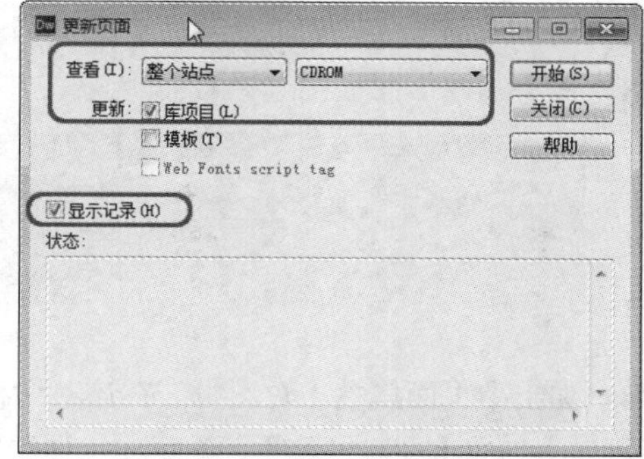

图 4-47

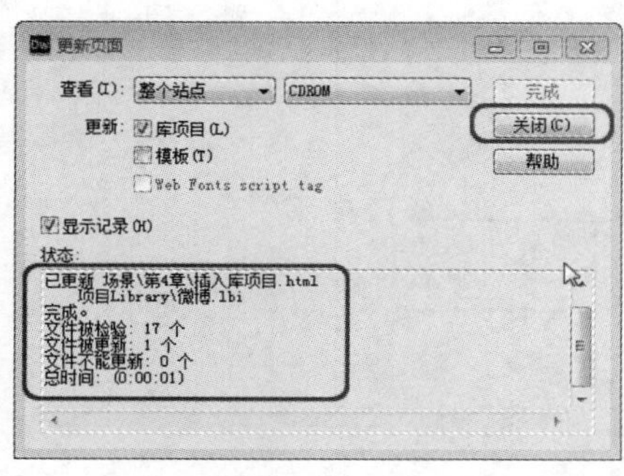

图 4-48

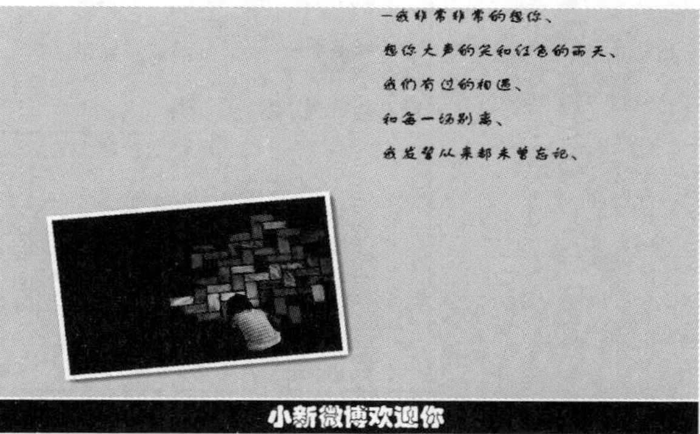

图 4-49

4.3　上机练习——使用库与模板制作网页

下面介绍如何使用库与模板制作网页。

01　启动 Dreamweaver CC，在菜单栏中选择【文件】|【新建】命令，弹出【新建文档】对话框，在对话框中选择【空白页】|【库项目】选项，如图 4-50 所示。

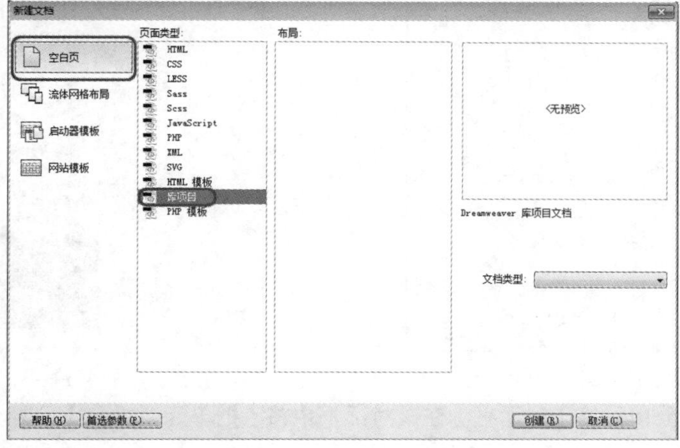

图 4-50

02 单击【创建】按钮，新建一个库文档。

03 在【属性】面板中选择 CSS 选项，并单击【页面属性】按钮，如图 4-51 所示。

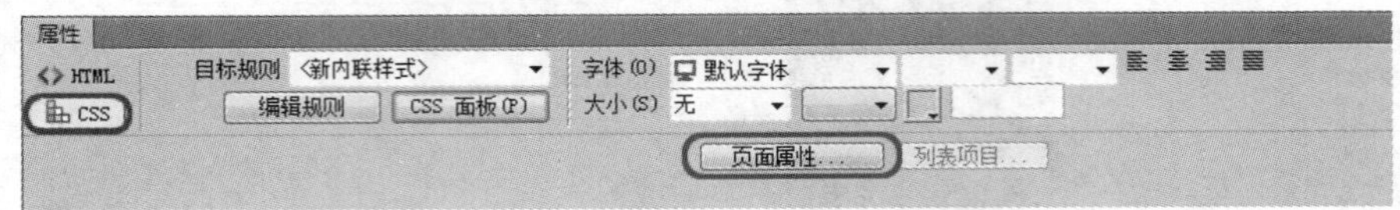

图 4-51

04 弹出【页面属性】对话框，在该对话框中选择【外观 CSS】，在右侧编辑栏中将【背景颜色】设置为【#333】，将边距都设置为 50，设置完成后单击【确定】按钮，如图 4-52 所示。

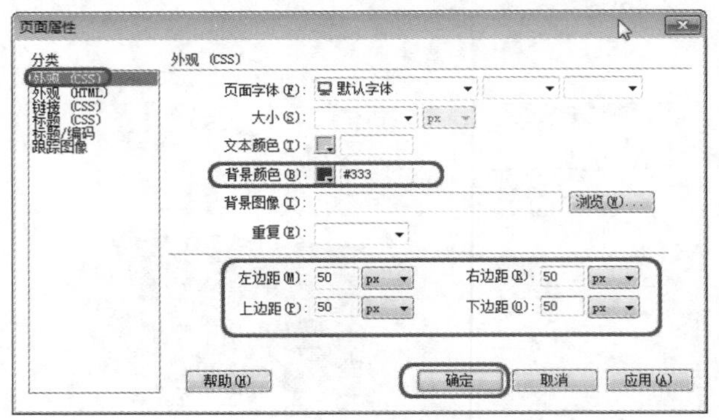

图 4-52

05 将光标放置在页面中，选择【插入】|【表格】命令，在弹出的对话框中将【行数】、【列】分别设置为 3、1，将【表格宽度】设置为【100 百分比】，然后单击【确定】按钮，如图 4-53 所示。

06 选择第一行单元格，右击，在弹出的快捷菜单中选择【表格】|【拆分单元格】命令，如图 4-54 所示。

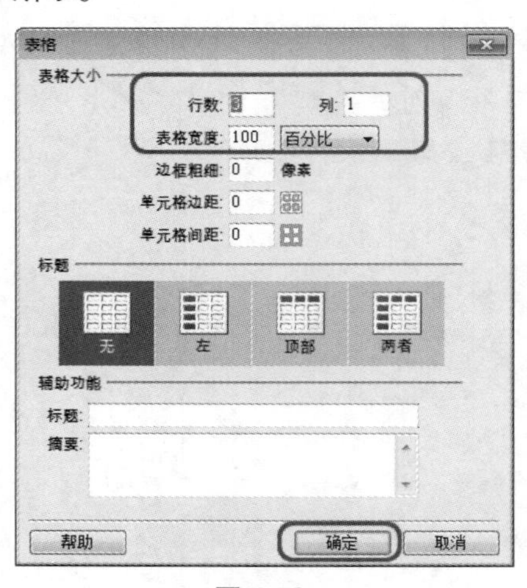

图 4-53

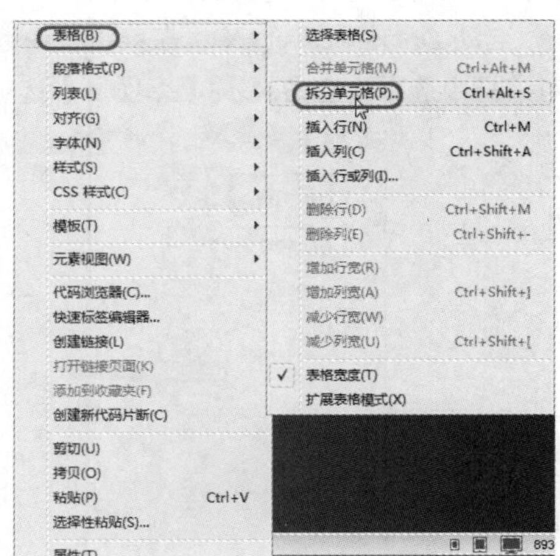

图 4-54

07 弹出【拆分单元格】对话框，在该对话框中将【把单元格拆分】设置为【列】，将【列数】设置为【8】，设置完成后单击【确定】按钮，如图 4-55 所示。

08 选择第 1 列单元格，在【属性】面板中将【垂直】设置为【顶端】，然后按【Ctrl+Alt+I】组合键，弹出【选择图像源文件】对话框，选择【CDROM】|【素材】|【Cha04】|【images】|【02.jpg】，然后单击【确定】按钮，如图 4-56 所示。

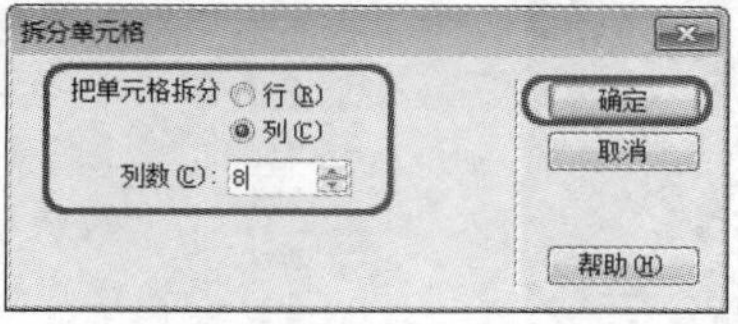

图 4-55

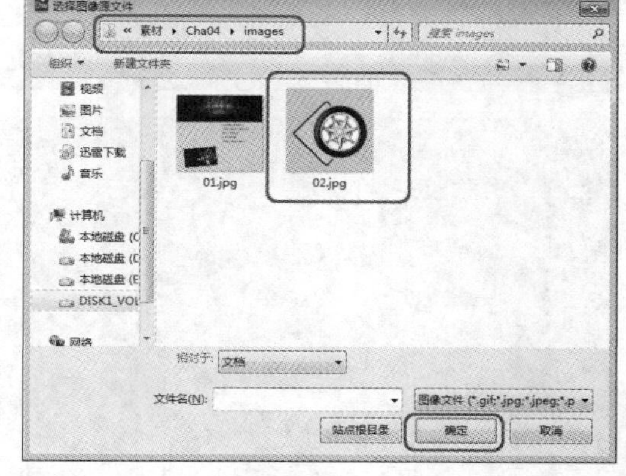

图 4-56

09 确定导入的图片处于选择状态，在【属性】面板中将【高】和【宽】都设置为 60，并对表格进行调整，如图 4-57 所示。

图 4-57

10 将光标置于第 2 列单元格中，然后输入文本，如图 4-58 所示。

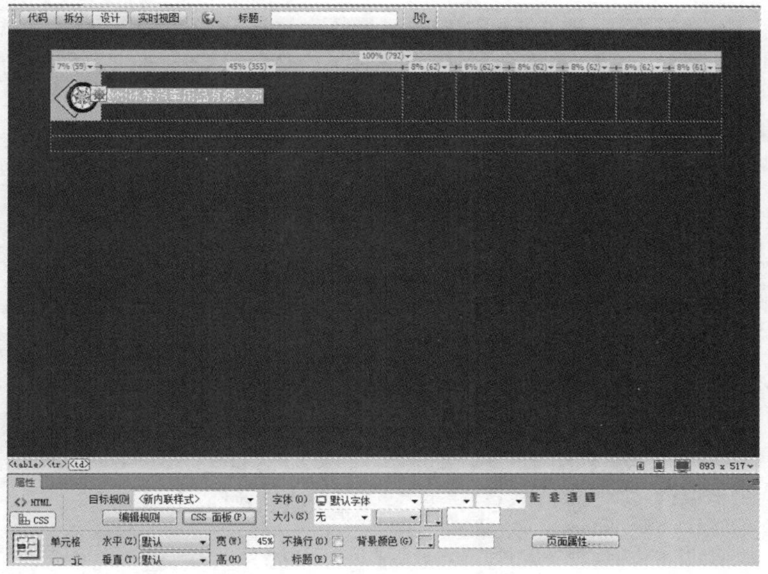

图 4-58

11 选择输入的文本，在【属性】面板中将【字体】设置为【方正大黑简体】和 italic，将【大小】设置为 24，将【字体颜色】设置为【#999】，如图 4-59 所示。

12 将光标置于文本的末端，打开【插入】面板，选择【常用】|【字符：换行符】，如图 4-60 所示。

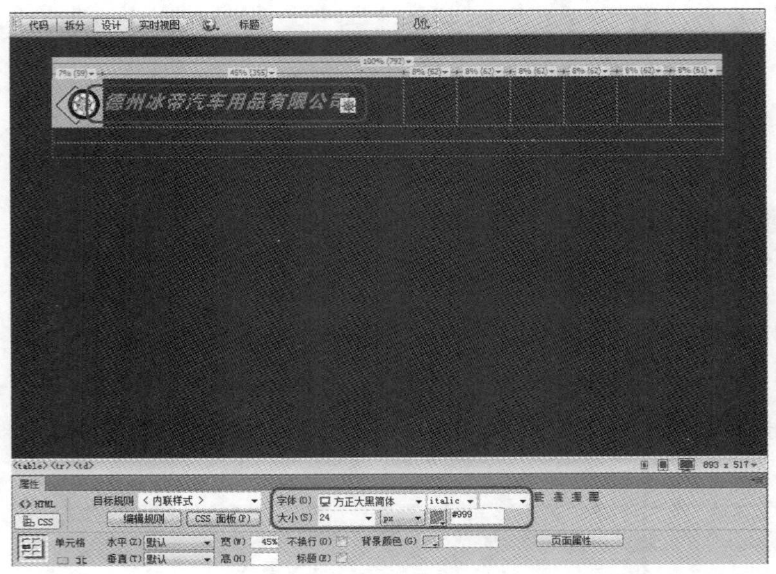
图 4-59

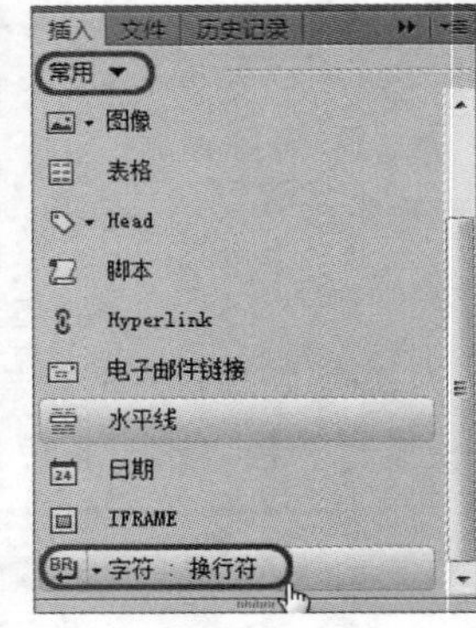

图 4-60

13 在【属性】面板中将【目标规则】设置为【新内联样式】，输入文本，在【属性】面板中将【字体】设置为【方正大黑简体】和 italic，将【大小】设置为【13】，将【字体颜色】设置为【#FF0】，如图 4-61 所示。

图 4-61

14 选择其他列单元格，并在【属性】面板中将【垂直】设置为【居中】。

15 将光标置于第 3 列单元格，打开【插入】面板，选择【常用】选项，单击【字符】左侧的下三角按钮，在弹出的下拉列表中选择【其他字符】命令，弹出【插入其他字符】对话框，进行选择，然后单击【确定】按钮，如图 4-62 所示。

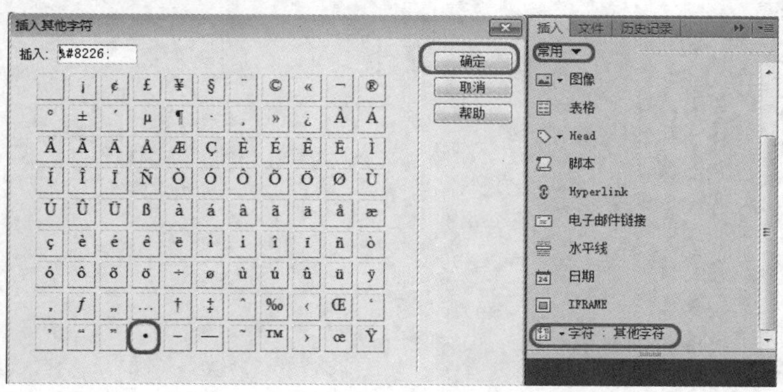

图 4-62

16 选择插入的字符，在【属性】面板中将【大小】设置为 24，将【字体颜色】设置为【#FF0】，如图 4-63 所示。

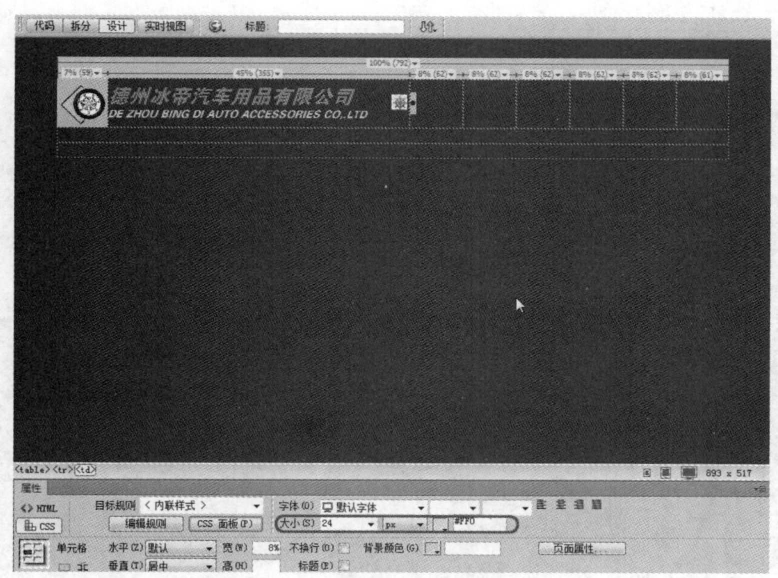

图 4-63

17 将光标置于第 4 列单元格中，将【目标规则】设置为【新内联样式】，输入文本，在【属性】面板中将【字体】设置为【方正大黑简体】，将【大小】设置为【16】，将【字体颜色】设置为【#999】，如图 4-64 所示。

18 使用同样的方法完成其他表格的设置，并适当调整单元格，如图 4-65 所示。

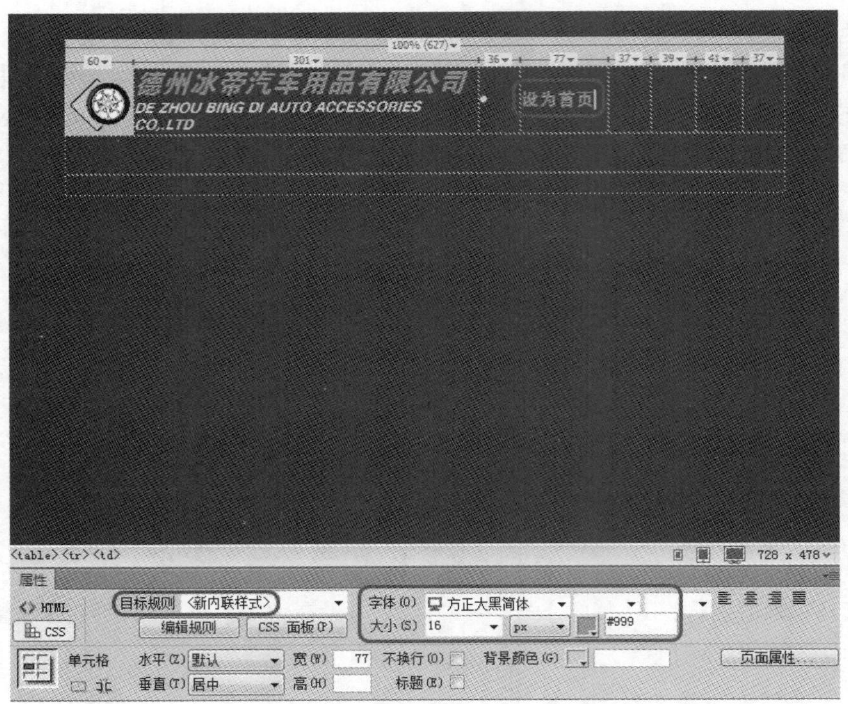

图 4-64

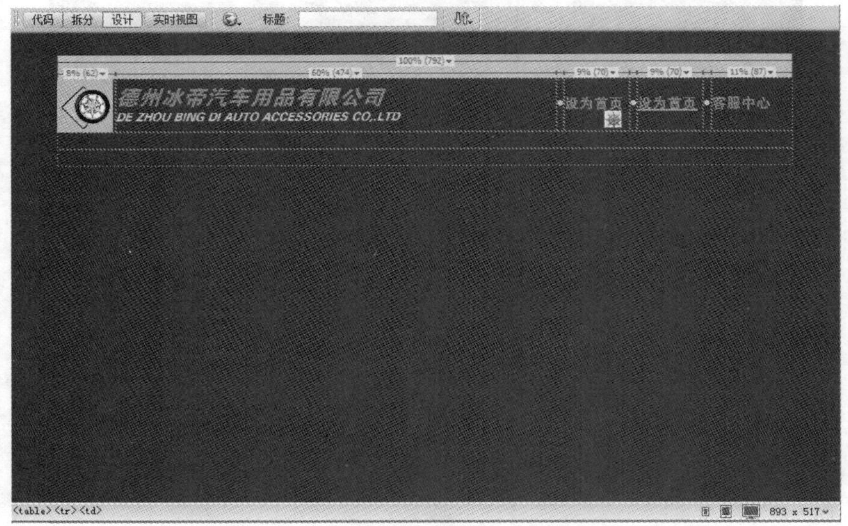

图 4-65

19 将光标置于第 2 行单元格中，按【Ctrl+Alt+T】组合键，弹出【表格】对话框，在该对话框中进行设置，如图 4-66 所示。

20 确认插入的表格处于被选择状态，在【属性】面板中将【垂直】设置为【居中】，将【水平】设置为【居中对齐】，将【高】设置为【35】，将【背景颜色】设置为【#094851】，如图 4-67 所示。

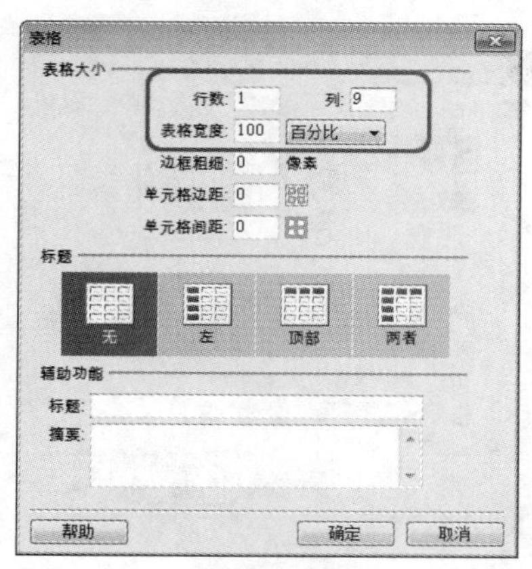

图 4-66

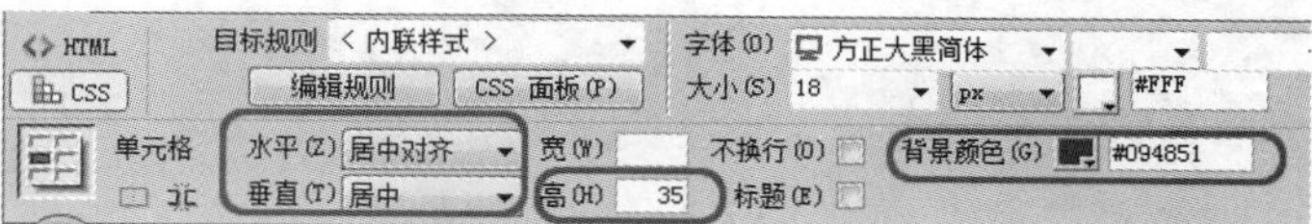

图 4-67

21 将光标置于第 1 列单元格中，在【属性】面板中选择【CSS】，将【目标规则】设置为【新内联样式】，将【字体】设置为【方正大黑简体】，【大小】设置为【18】，【字体颜色】设置为【#FFF】，设置完成后输入文本，如图 4-68 所示。

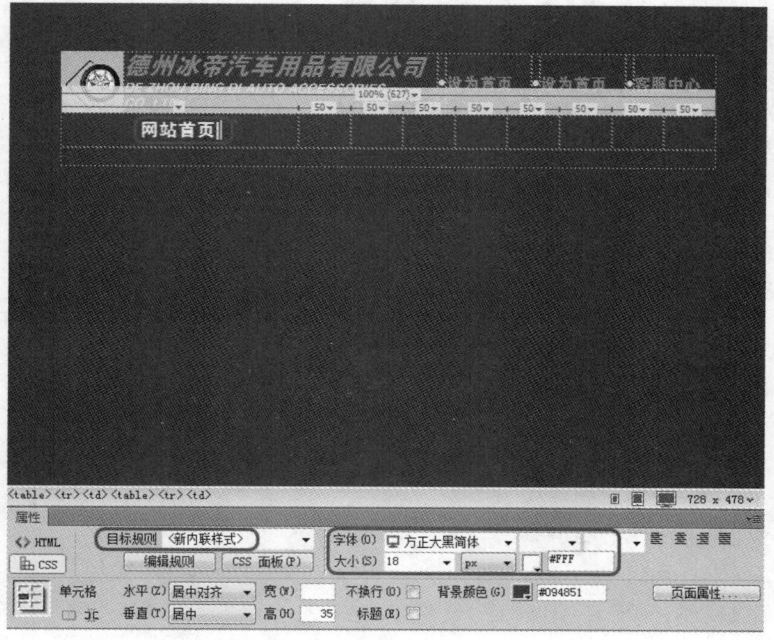

图 4-68

22 使用同样的方法，完成其他文本的输入，如图 4-69 所示。

23 将光标置于第 3 行单元格中，按【Ctrl+Alt+I】组合键，弹出【选择图像源文件】对话框，选择【CDROM】|【素材】|【cha04】|【image】|【03.jpg】，单击【确定】按钮，如图 4-70 所示。

24 插入图片后的效果，如图 4-71 所示。

25 在菜单栏中选择【文件】|【保存】命令，弹出【另存为】对话框，在对话框中选择存储路径并为文件命名，单击【保存】按钮保存库项目，如图 4-72 所示。

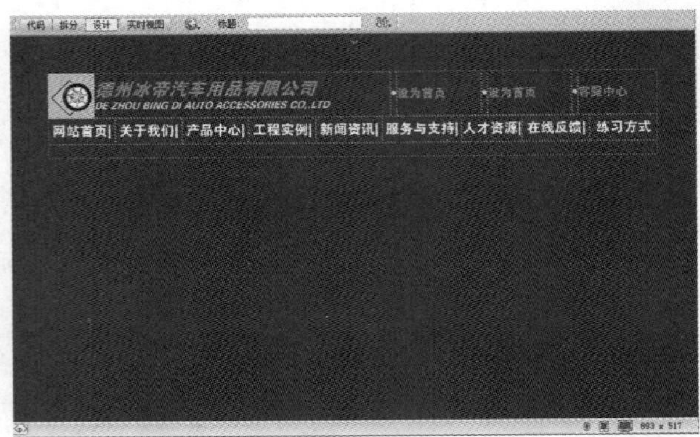

图 4-69

图 4-70

图 4-71

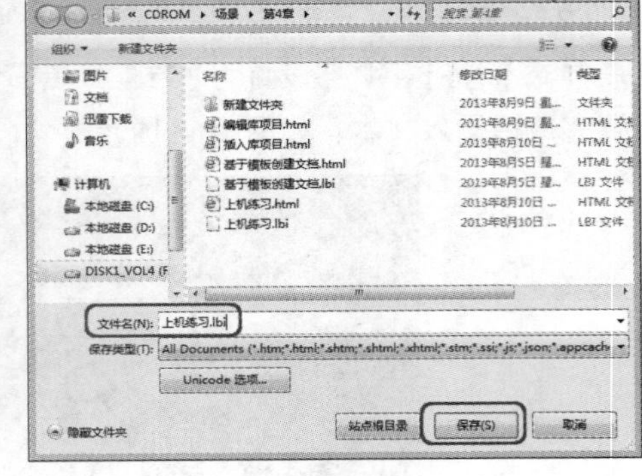

图 4-72

26 将保存后的库项目关闭，在菜单栏中选择【文件】|【新建】命令，在弹出的【新建文档】对话框中选择【空白页】|【HTML 模板】|【无】选项，如图 4-73 所示。

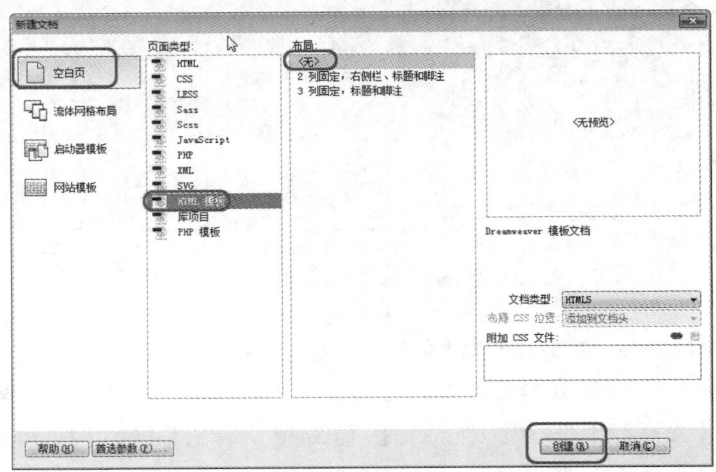

图 4-73

27 单击【创建】按钮，创建空白模板网页，如图 4-74 所示。

图 4-74

28 在【属性】面板中选择【CSS】选项，并单击【页面属性】按钮，如图 4-75 所示。

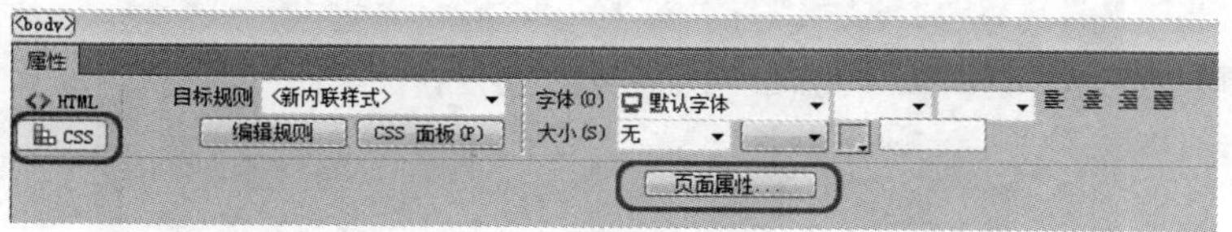

图 4-75

29 弹出【页面属性】对话框，在该对话框中选择【外观 CSS】，在右侧编辑栏中将【背景颜色】设置为【#333】，将边距都设置为 50，设置完成后单击【确定】按钮，如图 4-76 所示。

30 按【Ctrl+Alt+T】组合键，弹出【表格】对话框，在该对话框中进行设置，如图 4-77 所示。

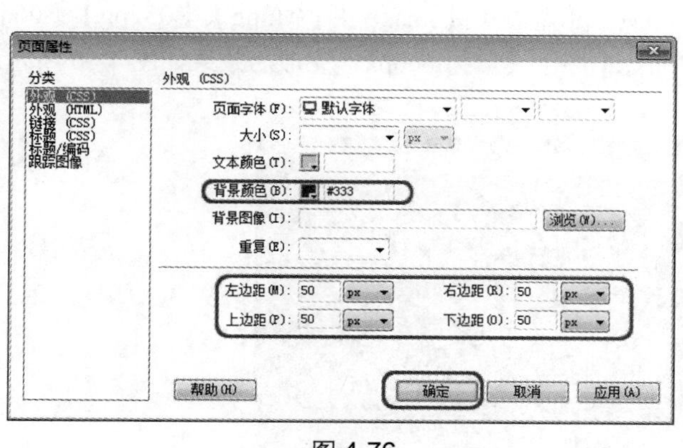

图 4-76

图 4-77

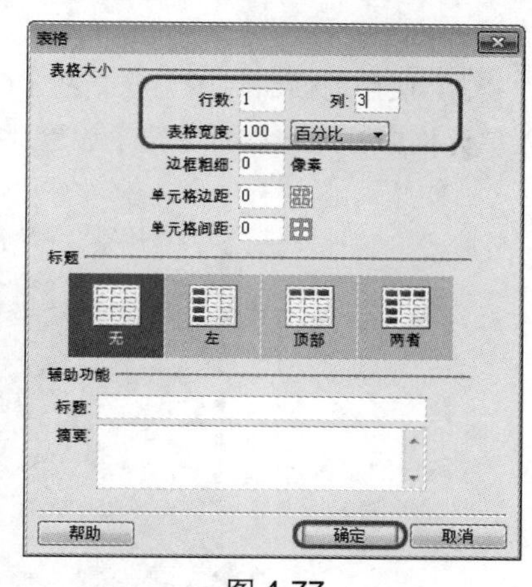

31 使用同样的方法，在第 1 列单元格中插入 3 行 1 列的单元格，如图 4-78 所示。

32 选择新插入的 3 列表格，在【属性】面板中将【垂直】设置为【顶端】，如图 4-79 所示。

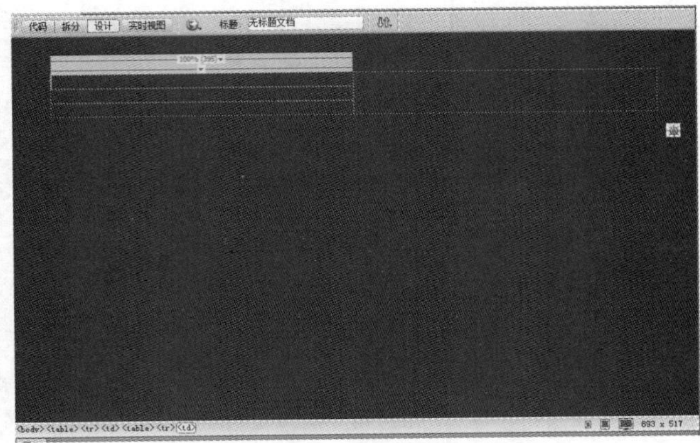

图 4-78

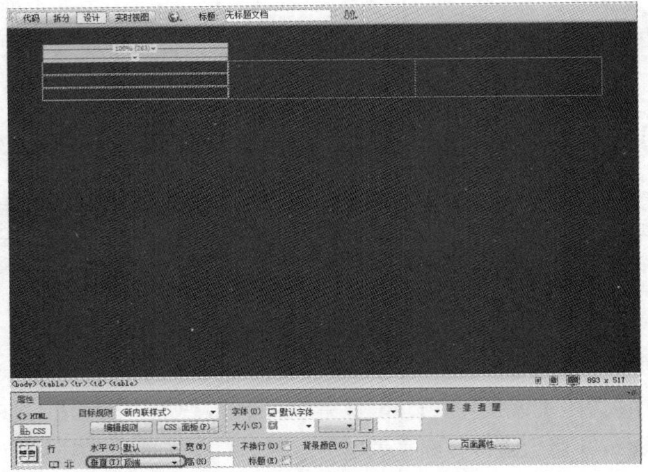

图 4-79

33 使用前面讲过的方法，将【CDROM】|【素材】|【image】|【04.jpg】、【05.jpg】、【06.jpg】插入单元格中，并将图片【宽】设置为 170px、【高】设置为 160px，完成后效果如图 4-80 所示。

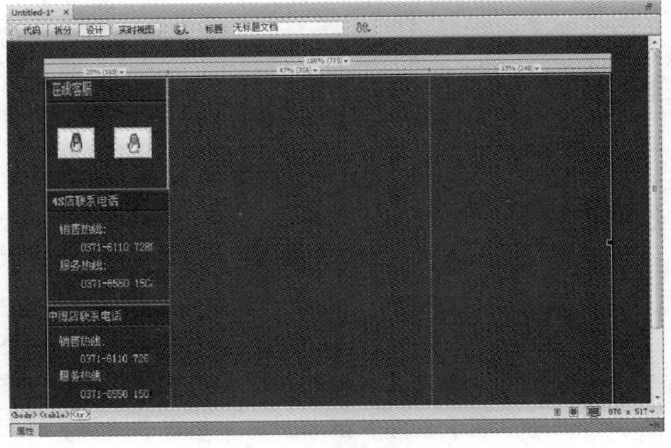

图 4-80

34 将光标置于第 2 列单元格中，在菜单栏选择【插入】|【模板】|【可编辑区域】命令，如图 4-81 所示。

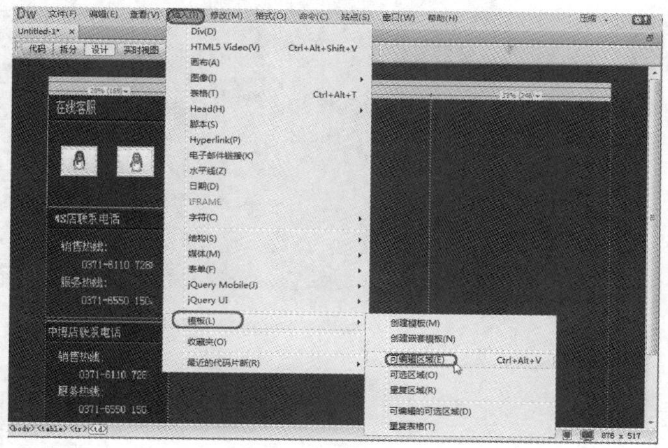

图 4-81

35 打开【新建可编辑区域】对话框，在对话框中输入【名称】为 a，单击【确定】按钮，插入可编辑区域，如图 4-82 所示。

36 使用同样的方法在第 2 列单元格中插入可编辑区域，如图 4-83 所示。

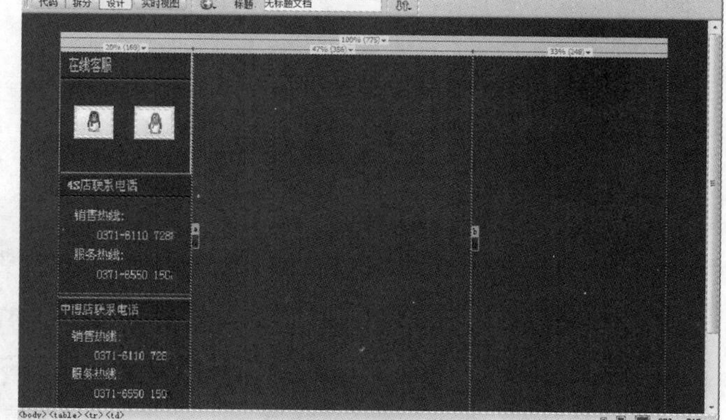

图 4-82　　图 4-83

37 将光标放置在要插入库的位置，打开【资源】面板，选择上面创建的库项目，单击【插入】按钮，插入库项目（库文件必须保存在站点目录 Library 文件夹下才能在【资源】面板中被看到），如图 4-84 所示。库文件插入网页文档中的效果如图 4-85 所示。

38 模板创建完成后，在菜单栏中选择【文件】|【保存】命令，弹出【另存模板】对话框，在对话框的【站点】下拉列表中选择保存模板的站点，在【另存为】文本框中输入 muban，如图 4-86 所示。单击【保存】按钮，保存模板。

39 选择【文件】|【新建】命令，弹出【新建文档】对话框，在对话框中选择【网站模板】|【CDROM】|【muban】选项，如图 4-87 所示。

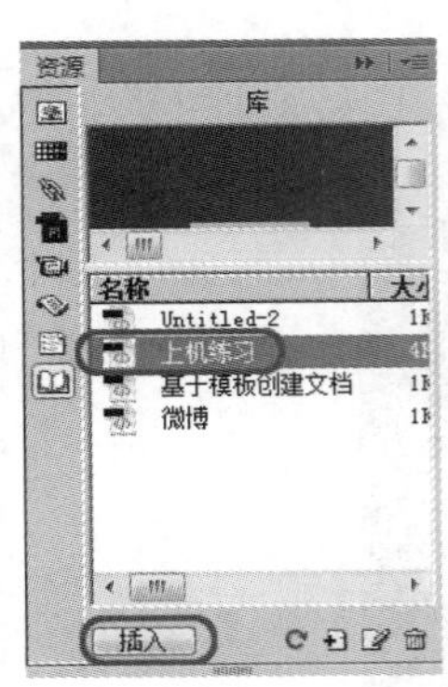
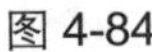

图 4-84

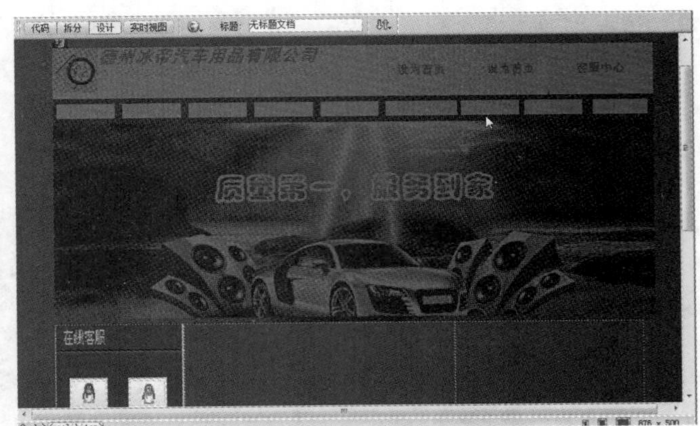

图 4-85

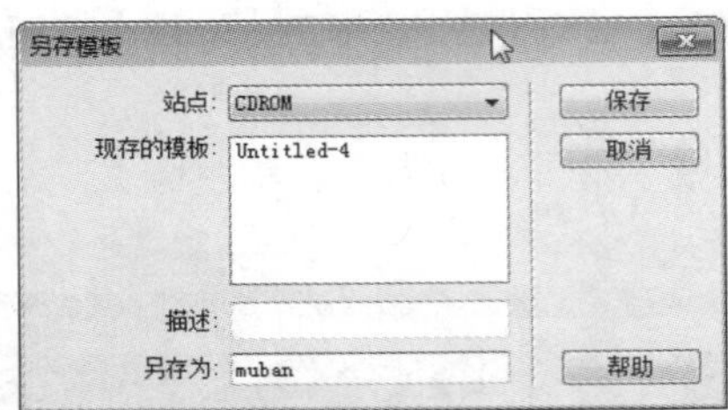

图 4-86

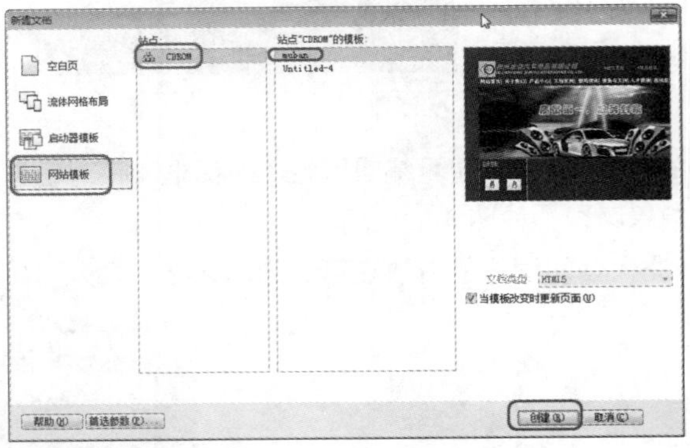

图 4-87

40 将光标置于编辑区域 a 中，利用前面学过的方法，插入 16 行 1 列单元格，如图 4-88 所示。

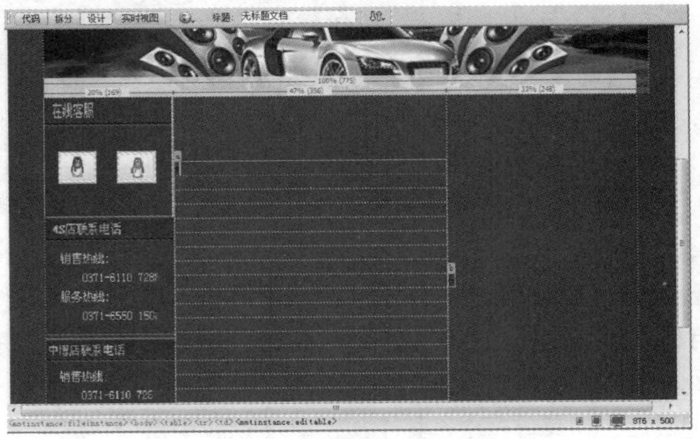

图 4-88

41 选择所有单元格，在【属性】面板中将【高】设置为【30】，效果如图 4-89 所示。

42 在第一行单元格中输入文本，并在【属性】面板中将【字体】设置为【华文琥珀】，将【大小】设置为【36】，【字体颜色】设置为【#FF0】，如图 4-90 所示。

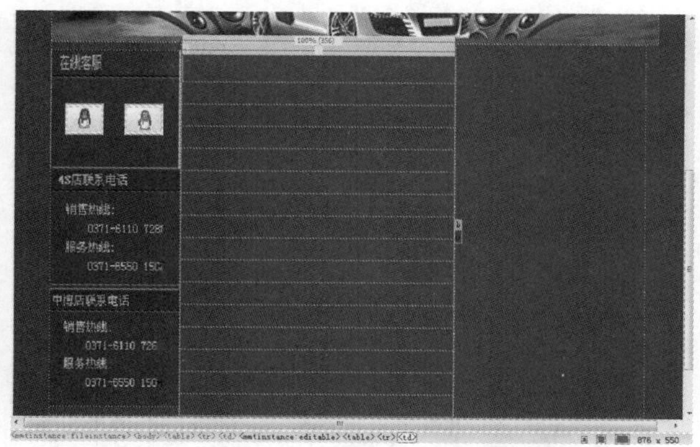

图 4-89

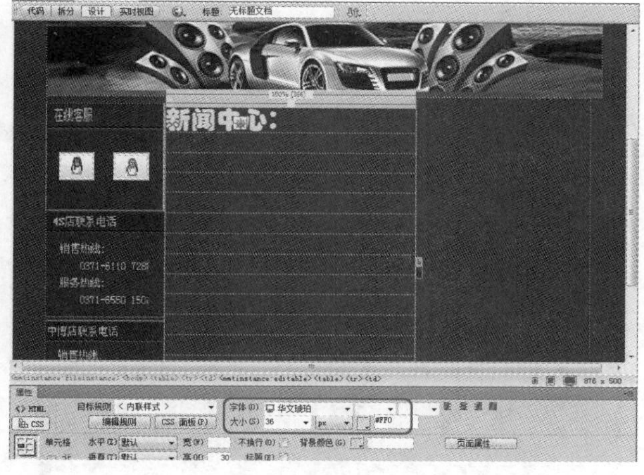

图 4-90

43　使用前面介绍的方法，在第 2 行单元格中输入文本并将【水平】设置为【居中对齐】，将【字体】设置为【默认字体】，【大小】设置为【16】，【字体颜色】设置为【#00F】，如图 4-91 所示。

图 4-91

44 设置完成后选择输入的文本并为其设置空连接，如图 4-92 所示。

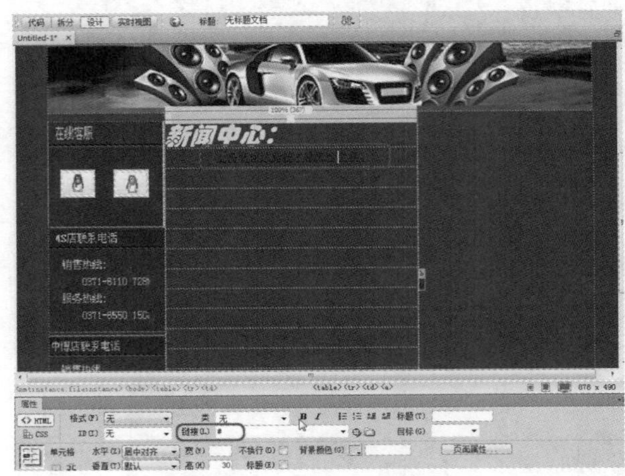

图 4-92

45 使用同样的方法完成其他表格的输入，如图 4-93 所示。

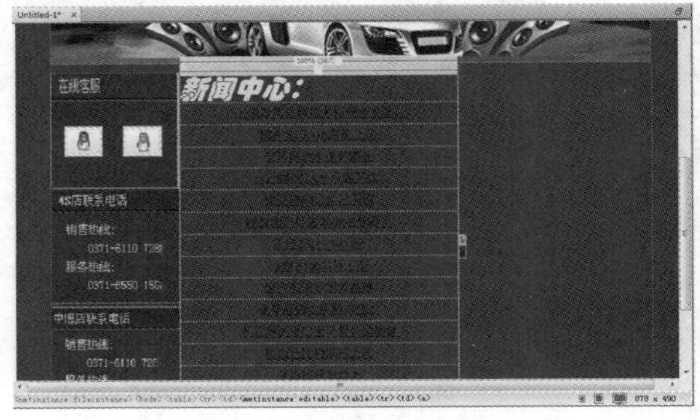

图 4-93

46 然后继续向编辑区域 b 添加内容，选择【CDROM】|【Library】|【muban.lbi】库文件，打开【资源】面板，选择 muban，单击【插入】按钮，如图 4-94 所示。

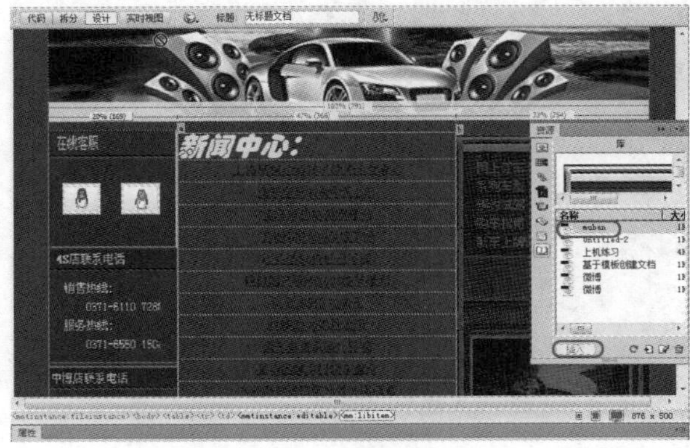

图 4-94

47 单击【实时视图】按钮查看效果，然后将文件保存，如图 4-95 所示。

图 4-95

4.4　习题

1．**选择题**

（1）若要更改基于模板的文档的________，必须将该文档从模板中分离出来。将文档分离之后，整个文档都将变为可编辑的。

A. 锁定区域　　B. 可编辑区域　　C. 重复区域

（2）库项目的保存格式为________。

A. .dwt　　B. .doc　　C. lbi

2．**填空题**

（1）_________是一种特殊类型的文档，用于设计"固定的"页面布局。用户可以基于模板创建文档，从而使创建的文档继承模板的页面布局。

（2）________是一种特殊的 Dreamweaver 文件，其中包含已创建以便放在网页上单独的"资源"或资源复本的集合。

（3）使用________一般是对整个网页而言的，________只是网页中的局部内容。

3．**上机操作**

使用前面的方法创建个人主页模板，如图 4-96 所示。

图 4-96

第 5 章　使用表单

本章重点

- 表单域
- 表单对象
- 表单对象的创建

网站管理员通常会使用表单和用户之间进行沟通。目前大多数网站，尤其是大中型网站，都需要与用户进行动态的交流。要实现与用户的交互，表单是必不可少的，如注册网站会员、在线购物、在线调查问卷等。这些过程都需要填写一系列表单，用户填写这些表单后，将其发送到网站的后台服务器，交由服务器端的脚本或应用程序来处理。

5.1　表单域

使用表单必须具备的条件有两个：一个是建立含有表单元素的原始文件，另一个是具备服务器端的表单处理应用程序或客户端的脚本程序，它能处理用户输入表单中的信息。创建一个基本表单的具体操作步骤如下：

01 在菜单栏中选择【文件】|【打开】命令，打开【打开】对话框。在对话框中选择随书附带光盘中的【CDROM】|【素材】|【Cha05】|【001】文件，单击【打开】按钮将其打开，如图 5-1 所示。

02 将光标放置在文档中的适当位置，在菜单栏中选择【插入】|【表单】|【表单】命令，如图 5-2 所示。

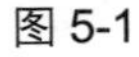

图 5-1

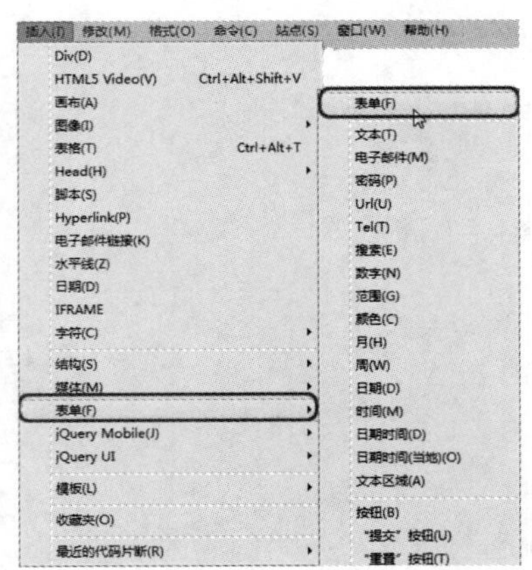

图 5-2

03 选择命令后，文档窗口中出现红色虚线，即可插入表单，如图 5-3 所示，在【属性】面板中可观察其属性。

图 5-3

表单【属性】面板中的各项参数如下。

- 【表单名称】：输入标识该表单的唯一名称。
- 【动作】：指定处理该表单的动态页或脚本的路径。可以直接在文本框中输入完整路径，也可以单击按钮定位应用程序。
- 【方法】：选择将表单数据传输到服务器的传送方式，包括 3 个选项。
- 【默认】：用浏览器默认的方式，一般默认为 GET。
- 【GET】：将表单内的数据附加到 URL 后面传送给服务器，服务器用读取环境变量的方式读取表单内的数据。
- 【POST】：用标准输入方式将表单内的数据传送给服务器，服务器用读取标准输入的方式读取表单内的数据。
- 【目标】：指定一个窗口，这个窗口中显示应用程序或者脚本程序，将表单处理完成后所显示的结果。

5.2　表单对象

创建表单后，需要在其中添加表单对象才能实现表单的作用。可以插入表单中的对象有文本域、单选按钮、复选框、列表/菜单、按钮和图像域等，它们位于 Dreamweaver 中的【表单】插入栏中，如图 5-4 所示。

图 5-4

【表单】插入栏中的各个按钮功能如下。

- 【表单】：单击该按钮可以在文档窗口中插入一个表单，一个表单中的其他所有的表单对象都必须放在表单标签之间。
- 【文本字段】：单击该按钮可以在表单中插入文本域，文本域可以接受各种数字和字母，也可以输入“*”用于密码保护，它可以接受单行或多行文字。
- 【隐藏域】：单击该按钮可以在表单中插入一个可以存储相关信息的区域。隐藏域的内容不显示在表单上，但是要传送给服务器。
- 【文本区域】：单击该按钮可以在表单中插入一个文本区域，它可以接受多行文字。
- 【复选框】：允许在一组选项内选择一个或多个选项。

- 【单选按钮】：单选按钮具有唯一性，在一组单选按钮中选中一个单选按钮，就意味着不能再选其他单选按钮。
- 【单选按钮组】：可以一次性插入多个单选按钮。
- 【图像按钮】：可以使用图像充当按钮。
- 【标签】：提供了一种在结构上将域的文本标签和该域关联起来的方法。

5.3 表单对象的创建

为了更合理地安排表单中的表单对象，可以在表单中插入表格和单元格。在菜单栏中选择【插入】|【表格】命令，在打开的【表格】对话框中设置表格为 8 行 2 列，表格宽度为 90%，边框粗细为 0 像素，单元格边距为 4，单元格间距为 2，如图 5-5 所示。单击【确定】按钮，插入表格，在【属性】面板中将【对齐】设置为【居中对齐】，如图 5-6 所示。

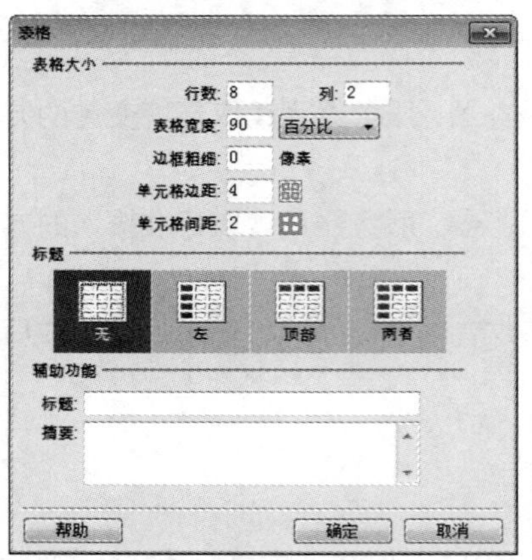

图 5-5

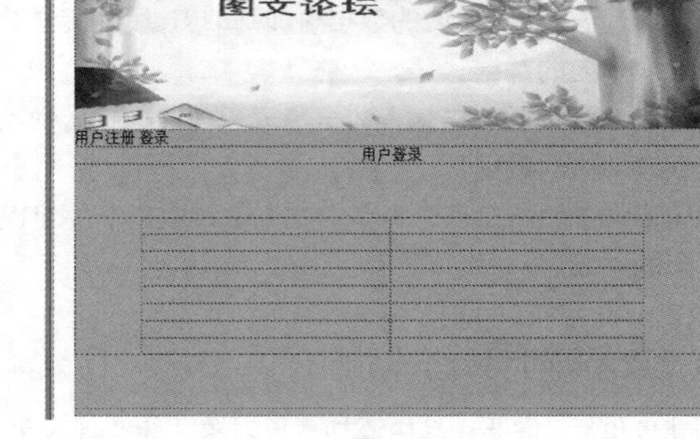

图 5-6

5.3.1 文本域

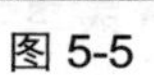

文本域是最常见的表单对象之一，用户可以在文本域中输入字母、数字和文本等类型的内容，具体操作步骤如下：

01 在菜单栏中选择【文件】|【打开】命令，打开【打开】对话框。在对话框中选择随书附带光盘中的【CDROM】|【素材】|【Cha05】|【002】文件，单击【打开】按钮将其打开，如图 5-7 所示。

02 将光标放置在第 1 行第 1 列单元格中，然后在其中输入文字“用户名:”，并调整表格，如图 5-8 所示。

03 将光标放置在第 1 行第 2 列单元格中，在插入工具栏中选择【表单】|【文本】命令，如图 5-9 所示。

04 选择【文本】命令后，即可输入文字，如图 5-10 所示。

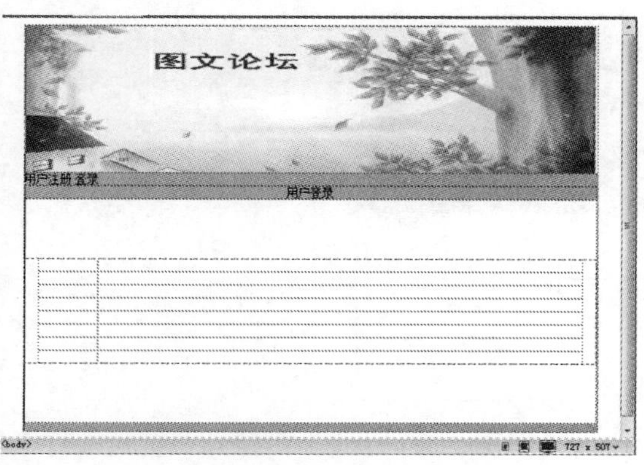

图 5-7

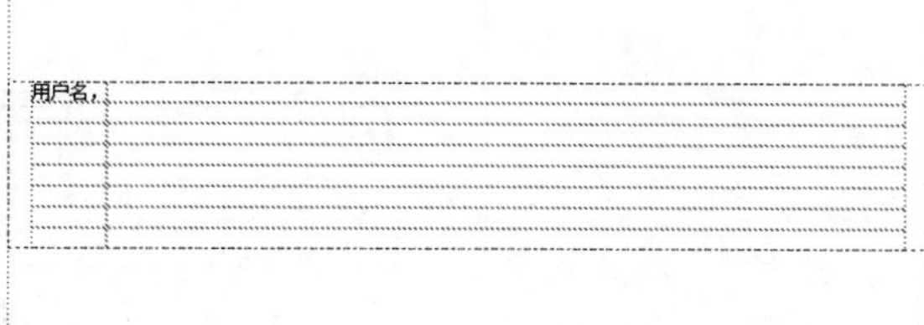

图 5-8

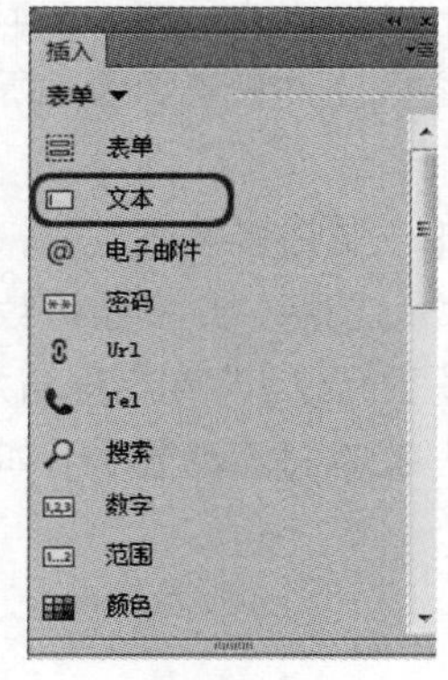

图 5-9

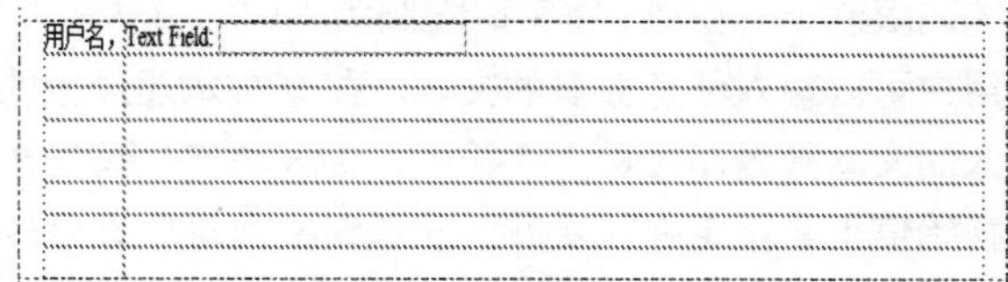

图 5-10

05　选中插入的文本字段，在【属性】面板中将【字符宽度】设置为 20，如图 5-11 所示。

06　使用同样的方法，在其他的单元格中输入文字并插入文本字段，如图 5-12 所示。

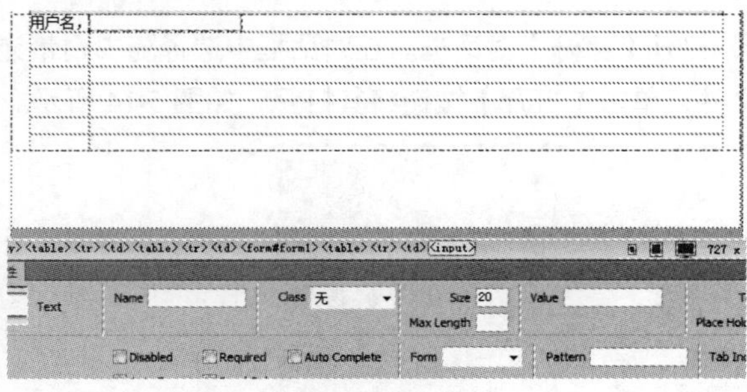

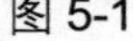

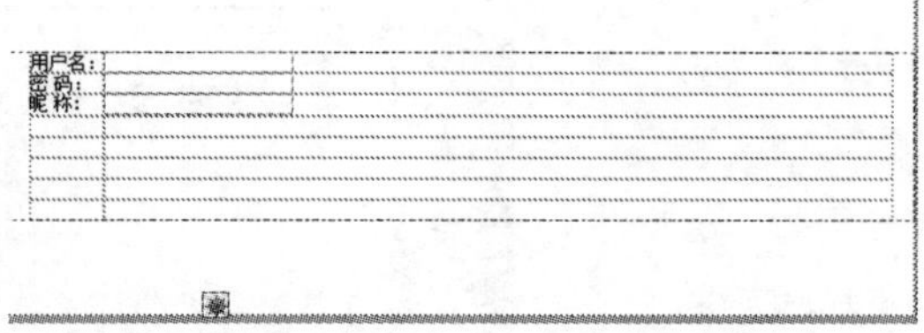

图 5-11

图 5-12

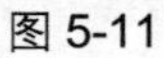

提示：如果选择【表单】|【密码】命令，则在该文本字段中输入的内容会被替换为圆点，如图 5-13 所示。

图 5-13

文本域的【属性】面板中的各项参数说明如下。

- 【文本域】：为该文本域指定一个名称。每个文本域都必须有一个唯一的名称。文本域名称不能包含空格或特殊字符，可以使用字母、数字、字符和下画线（_）的任意组合。所选名称最好与用户输入的信息有所联系。
- 【字符宽度】：设置文本域一次最多可显示的字符数，它可以小于“最多字符数”。
- 【最多字符数】：设置单行文本域中最多可输入的字符数。例如，使用“最多字符数”将邮政编码限制为 6 位数，将密码限制为 10 个字符等。如果将【最多字符数】文本框保留为空白，则用户可以输入任意数量的文本。如果文本超过域的字符宽度，文本将滚动显示。如果用户输入的文本数量超过最大字符数，则表单产生警告声。
- 【初始值】：指定在首次载入表单时文本域中显示的值。

5.3.2 插入多行文本域

插入多行文本域同文本字段类似，只不过多行文本域允许输入更多的文本。插入多行文本域的具体操作步骤如下：

01 在菜单栏中选择【文件】|【打开】命令，打开【打开】对话框。在对话框中选择随书附带光盘中的【CDROM】|【素材】|【Cha05】|【003】文件，单击【打开】按钮将其打开，如图 5-14 所示。

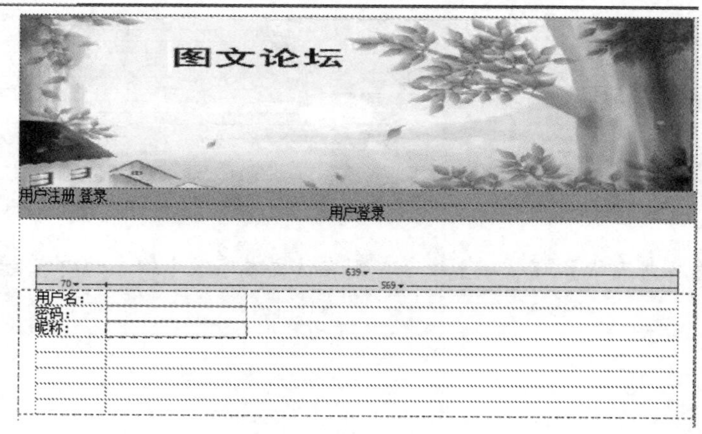

图 5-14

02 将光标放置在第 6 行第 1 列单元格中，在单元格中输入文字“个人简介：”，如图 5-15 所示。

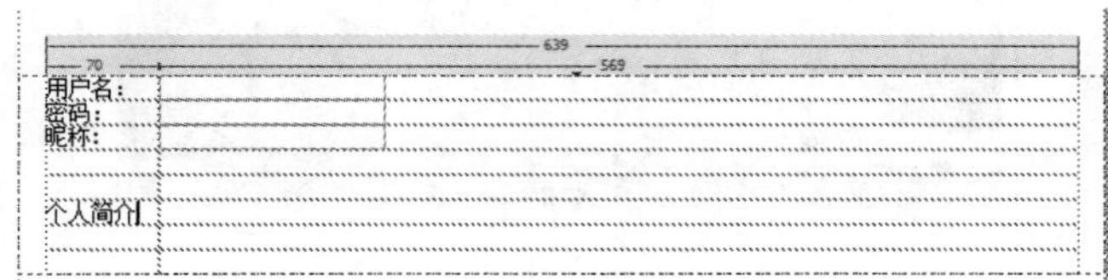

图 5-15

03 将光标放置在第 6 行第 2 列单元格中，在【插入】工具栏中选择|【表单】|【文本区域】命令，即可插入如图 5-16 所示的文本区域。

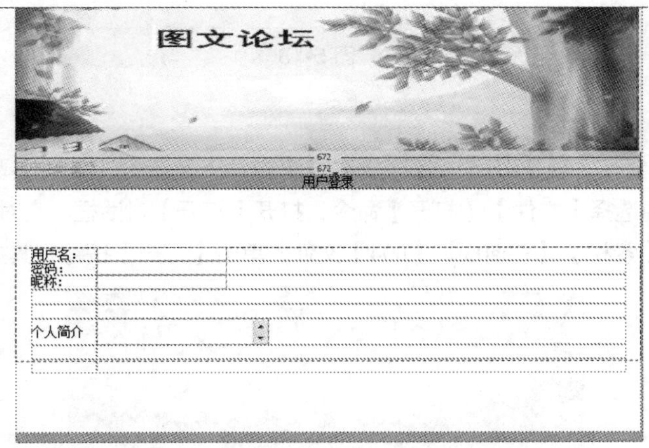

图 5-16

04 选中文本区域，在【属性】面板中将【字符宽度】设置为 25，【行数】设置为 5，如图 5-17 所示。

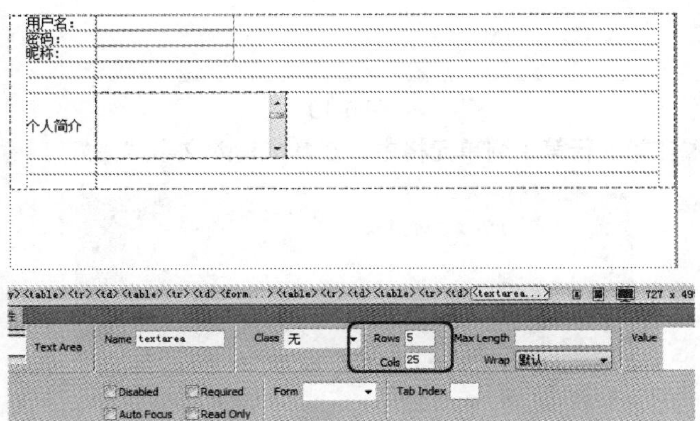

图 5-17

05 保存文档，按【F12】键在浏览器中预览效果，如图 5-18 所示。

图 5-18

5.3.3 复选框

使用表单时经常会有多项选择，这就需要在表单中插入复选框，操作步骤如下：

01 在菜单栏中选择【文件】|【打开】命令，打开【打开】对话框。在对话框中选择随书附带光盘中的【CDROM】|【素材】|【Cha05】|【004】文件，单击【打开】按钮将其打开，如图 5-19 所示。

图 5-19

02 将光标放置在第 5 行第 1 列单元格中，在其中输入文字“爱好:”，如图 5-20 所示。

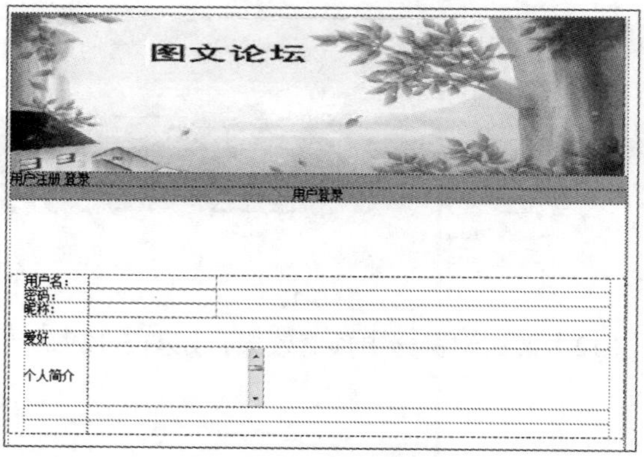

图 5-20

03 将光标放置在第 5 行第 2 列单元格中，在【插入】工具栏中选择【表单】|【复选框】命令，即可插入复选框。将光标放置在复选框的右侧，在【属性】面板中将【水平】设置为【左对齐】，如图 5-21 所示。

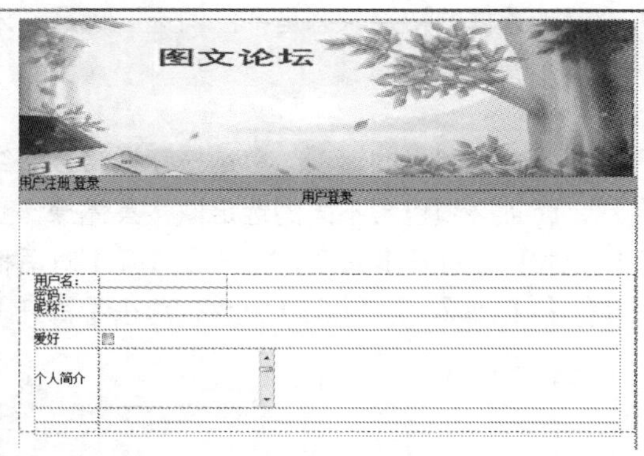

图 5-21

04 在复选框的右侧输入文字“旅游”，如图 5-22 所示。

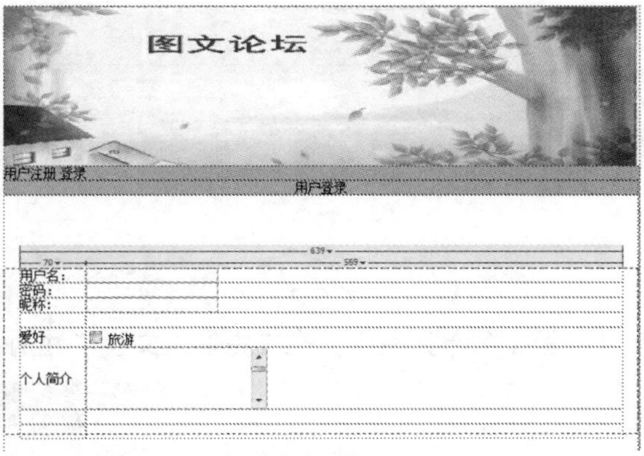

图 5-22

05 使用上述方法，再次插入复选框并输入文字，如图 5-23 所示。

图 5-23

选中复选框，可以在【属性】面板中设置其属性，其各项参数如下。

- 【复选框名称】：设置复选框的名称。
- 【选定值】：输入在提交表单时复选框传送给服务端表单处理程序的值。
- 【初始状态】：用来设置复选框的初始状态是“已勾选”还是“未选中”。

5.3.4 单选按钮

单选按钮的作用在于只能选中一个列出的选项，单选按钮通常被成组地使用。一个组中的所有单选按钮必须具有相同的名称，而且必须包含不同的选定值，具体操作步骤如下：

01 在菜单栏中选择【文件】|【打开】命令，打开【打开】对话框。在对话框中选择随书附带光盘中的【CDROM】|【素材】|【Cha05】|【005】文件，单击【打开】按钮将其打开，如图 5-24 所示。

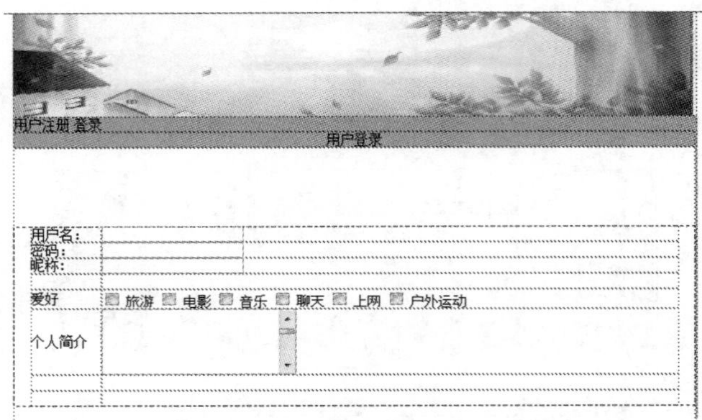

图 5-24

02 将光标放置在第 4 行第 1 列单元格中，在其中输入文字“性别:”，如图 5-25 所示。

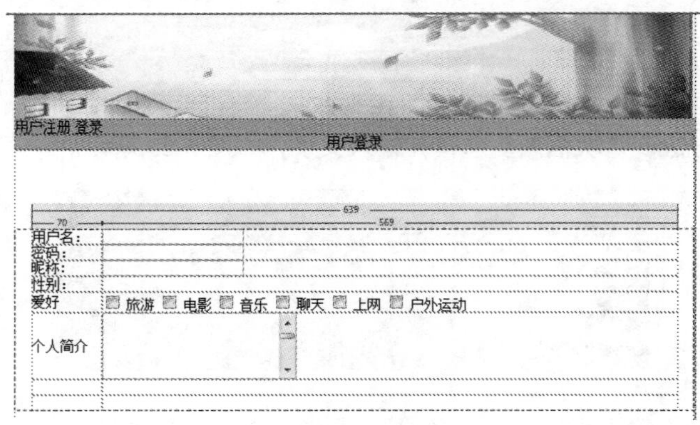

图 5-25

03 将光标放置在第 4 行第 2 列单元格中，在【插入】工具栏中选择【表单】|【单选按钮】命令，即可插入单选按钮。将光标放置在单选按钮的右侧，在【属性】面板中将【水平】设置为【左对齐】，如图 5-26 所示。

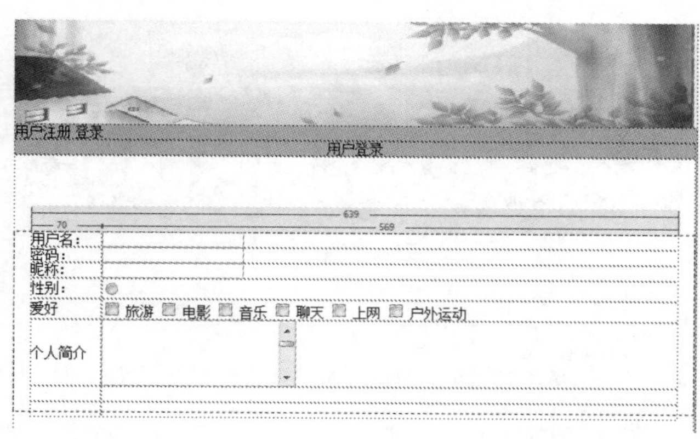

图 5-26

04 选中单选按钮，在【属性】面板中将【名称】文本框中输入 r，【初识状态】设置为“已勾选”，然后在单选按钮的右侧输入“男”字，如图 5-27 所示。

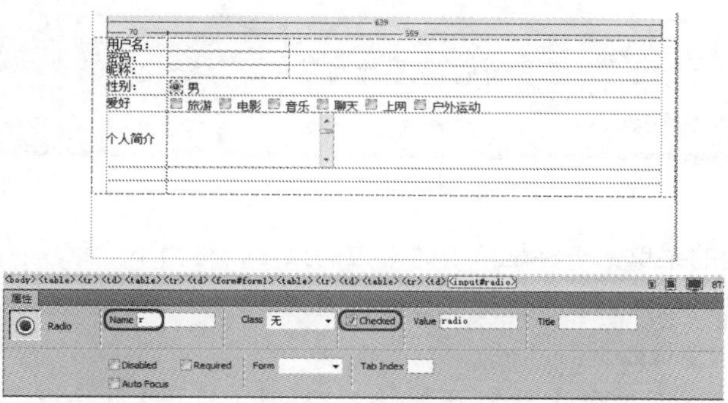

图 5-27

05 使用同样的方法，再次插入单选按钮并输入“女”字，如图 5-28 所示。

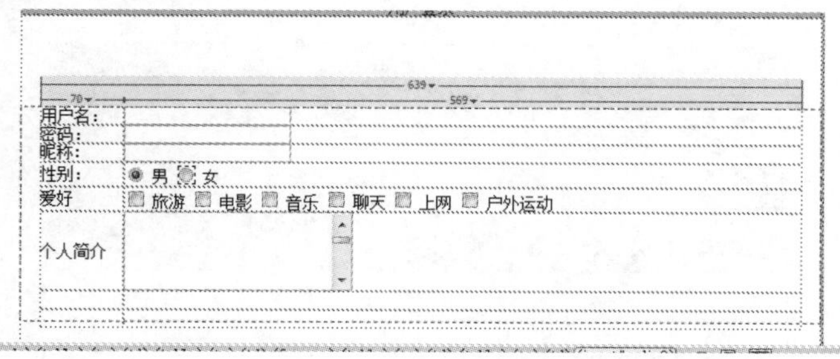

图 5-28

06 保存文档，按【F12】键在浏览器中预览效果，如图 5-29 所示。

单选按钮的【属性】面板中的各项参数如下。

- 单选按钮名称：设置单选按钮的名称，所有同一组的单选按钮必须有相同的名字。
- 选定值：输入在提交表单时单选按钮传送给服务端表单处理程序的值。
- 初始状态：用来设置初始状态的初始状态是已勾选还是未选中。

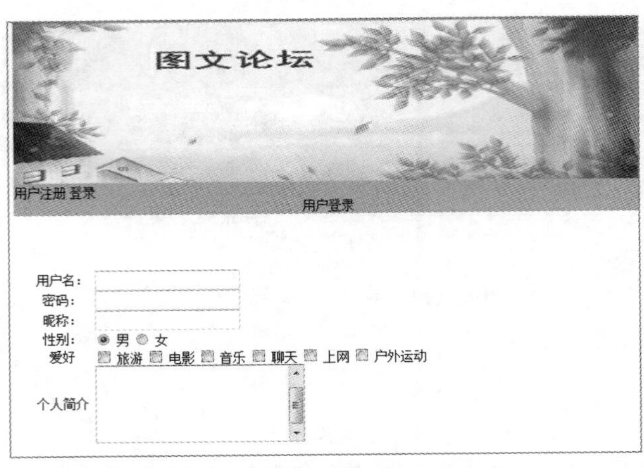

图 5-29

注 意

在插入第二个单选按钮时，一定要使它的名称与第一个单选按钮的名称相同，这样两个单选按钮才能够作为同一组单选按钮。

5.3.5 列表和菜单

表单中有两种类型的菜单：一种是单击时下拉的菜单，称为下拉菜单；另一种则显示为一个列有项目的可滚动列表，可从该列表中选择项目，称为列表。一个列表可以包括一个或多个项目。插入列表/菜单的具体操作步骤如下：

01 在菜单栏中选择【文件】|【打开】命令，打开【打开】对话框。在对话框中选择随书附带光盘中的【CDROM】|【素材】|【Cha05】|【006】文件，单击【打开】按钮将其打开，如图 5-30 所示。

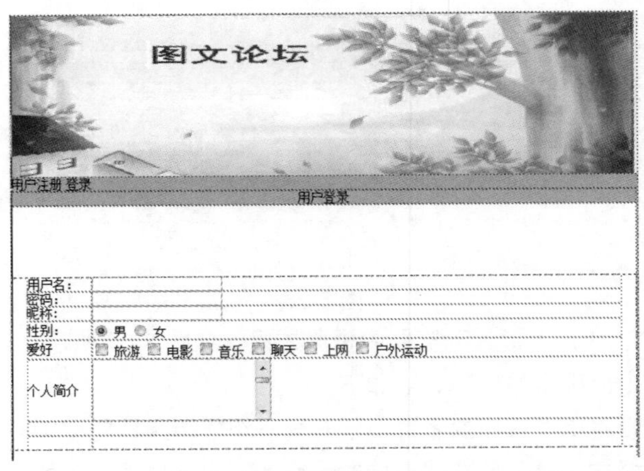

图 5-30

02 将光标放置在第 7 行第 1 列单元格中，在其中输入文字“地区：”，如图 5-31 所示。

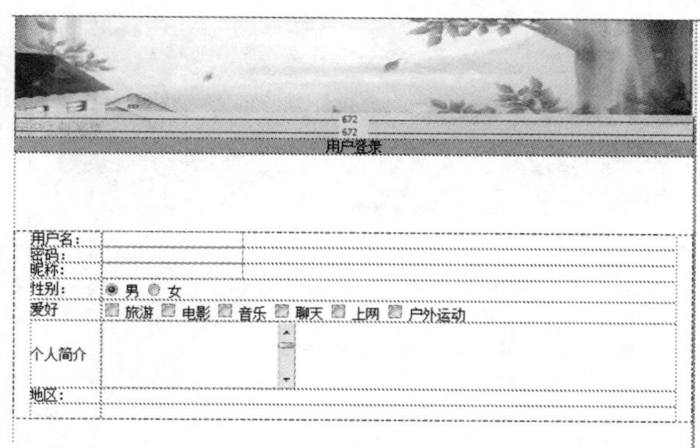

图 5-31

03 将光标放置在第 7 行第 2 列单元格中，在【插入】工具栏中选择【表单】|【选择】按钮，即可打开列表菜单，如图 5-32 所示。

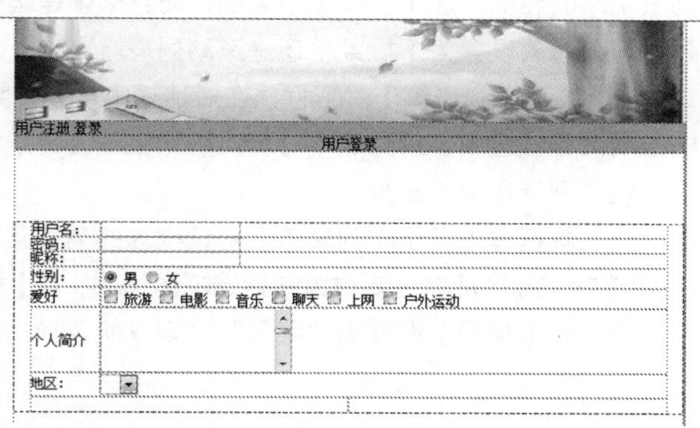

图 5-32

04 选中插入的列表/菜单，在【属性】面板中单击【列表值】按钮，打开【列表值】对话框，单击+按钮，添加项目标签，如图 5-33 所示。

05 单击【确定】按钮，查看列表/菜单，如图 5-34 所示。

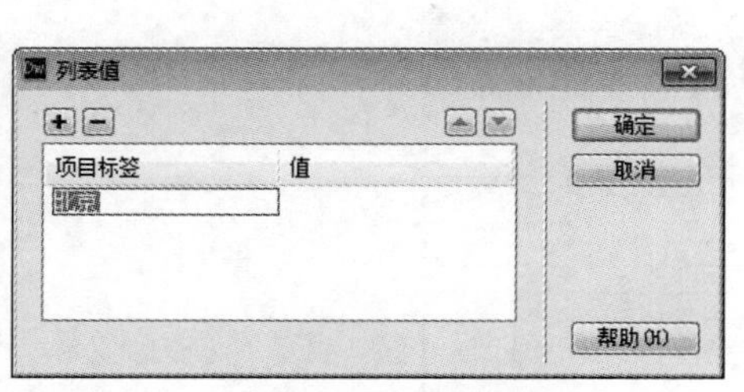

图 5-33

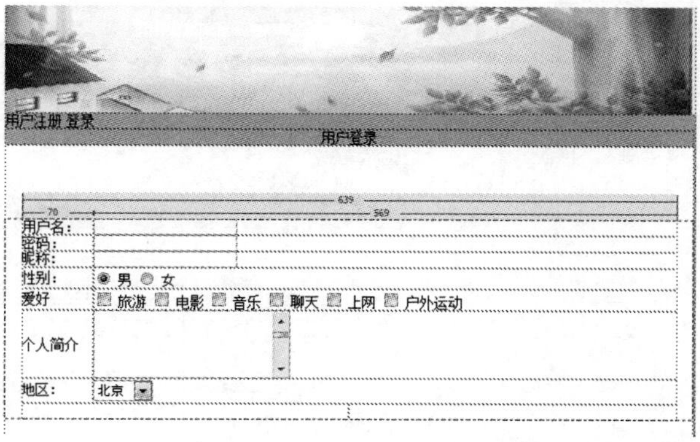

图 5-34

06 保存文档，按【F12】键在浏览器中预览效果，如图 5-35 所示。

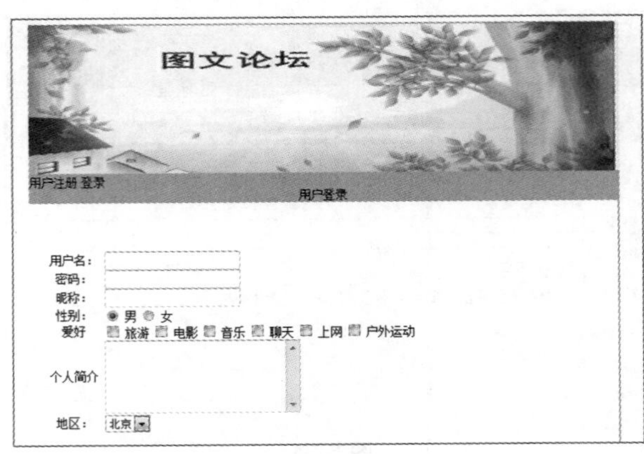

图 5-35

列表/菜单的【属性】面板中的各项参数说明如下。

- 【选择】：设置列表菜单的名称，这个名称是必需的，而且必须是唯一的。
- 【类型】：指的是将当前对象设置为下拉菜单还是滚动列表。
- 单击 列表值... 按钮，弹出【列表值】对话框，在对话框中可以增减和修改列表/菜单。当列表或者菜单中的某项内容被选中，提交表单时其对应的值就会传送到服务器端的表单处理程序；若没有对应的值，则传送标签本身。
- 【初始化时选定】：此文本框首先显示【列表值】对话框内的列表菜单内容，然后可在其中设置列表/菜单的初始选择，方法是单击要作为初始选择的选项，若【类型】设置为“列表”，则可初始选择多个选项，若【类型】设置为“菜单”，则只能选择一个选项。

5.3.6 表单按钮

按钮是网页中最常见的表单对象，使用按钮可以将表单数据提交至服务器。插入表单按钮的具体操作步骤如下：

01 在菜单栏中选择【文件】|【打开】命令，打开【打开】对话框。在对话框中选择随书附带光盘中的【CDROM】|【素材】|【Cha05】|【007】文件，单击【打开】按钮将其打开，如图 5-36 所示。

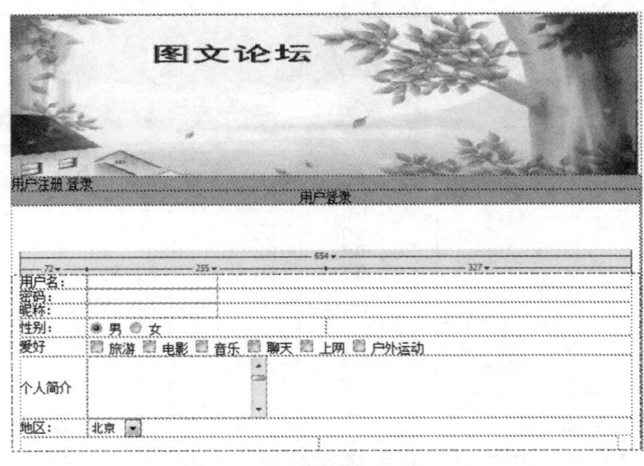

图 5-36

02 将光标放置在第 8 行第 2 列单元格中，在【插入】工具栏中选择【表单】|【按钮】命令，在打开的【输入标签辅助功能属性】对话框中单击【确定】按钮，即可插入按钮，如图 5-37 所示。

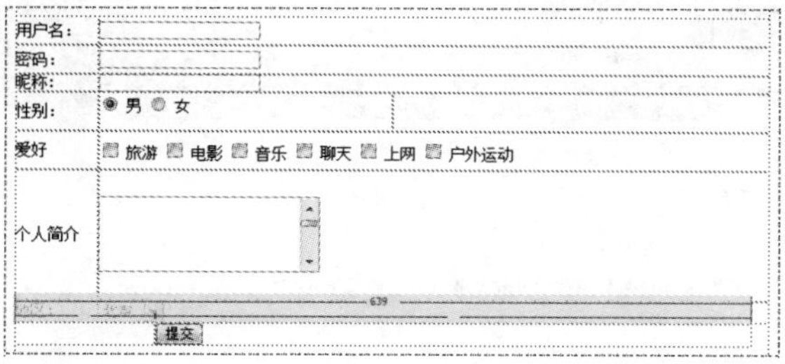

图 5-37

03 将光标放置在按钮的右侧，在【属性】面板中将【水平】设置为【左对齐】，如图 5-38 所示。

图 5-38

04 在【提交】按钮的右侧再插入一个按钮，在【属性】面板中将【动作】设置为“重设表单”，如图 5-39 所示。

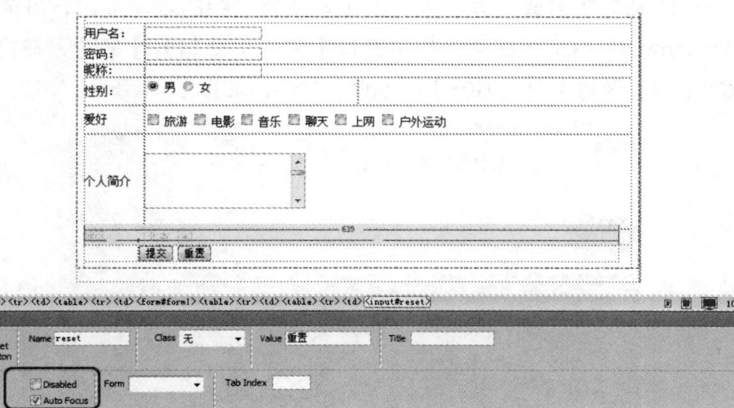

图 5-39

05 保存文档，按【F12】键在浏览器中预览效果，如图 5-40 所示。

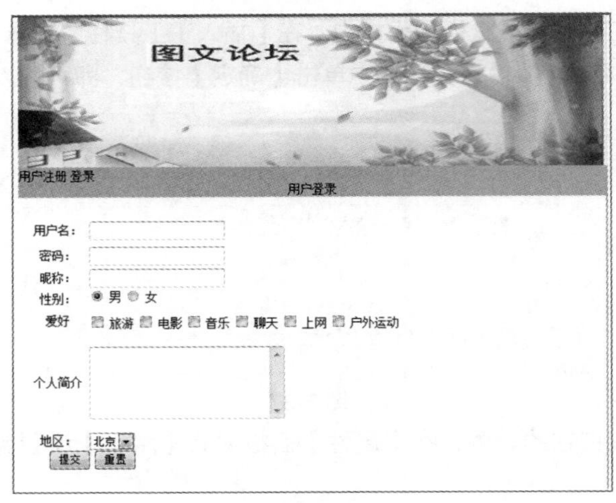

图 5-40

按钮的【属性】面板中的各项参数说明如下。

- 按钮名称：设置按钮的名称。
- 值：在文本框中输入按钮上显示的文本。
- 动作：单击按钮时发生的动作，包括 3 个选项。
- 提交表单：单击按钮时将提交表单数据进行处理，该数据将被提交到表单操作属性中指定的页面或脚本。
- 重设表单：单击按钮时将清除该表单的内容。
- 无：指定单击按钮时要执行的操作，当按钮被选中时，表单的数据既不提交也不重置。

5.4 上机练习——留言板

本例将制作一个网站的留言板，其中应用到了本章所介绍的表单知识，具体制作步骤如下：

01 启动 Dreamweaver CC，在菜单栏中选择【文件】|【打开】命令，在打开的【打开】对话框中选择【CDROM】|【素材】|【Cha05】|【009】文件，如图 5-41 所示。

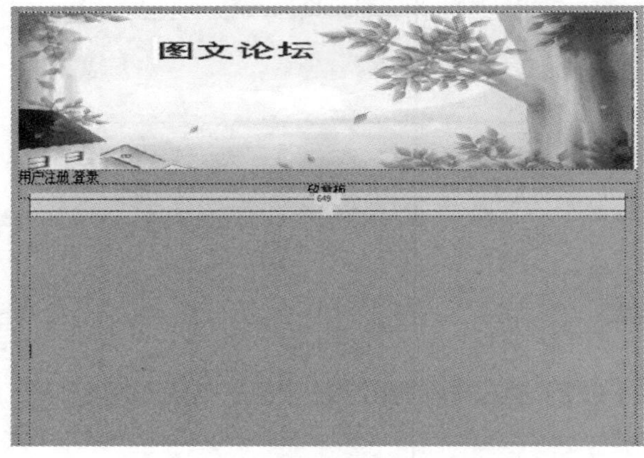

图 5-41

02 将光标置于空白单元格中，在【表单】插入面板中单击【表单】按钮，即可在空白的单元格中插入表单，如图 5-42 所示。

03 将光标置于表单中，在菜单栏中选择【插入】|【表格】命令，在弹出的对话框中设置【行数】为 9、【列】为 2，设置【表格宽度】为 90 百分比，设置【边框粗细】为 0 像素、【单元格边距】为 0、【单元格间距】为 0，单击【确定】按钮，如图 5-43 所示。

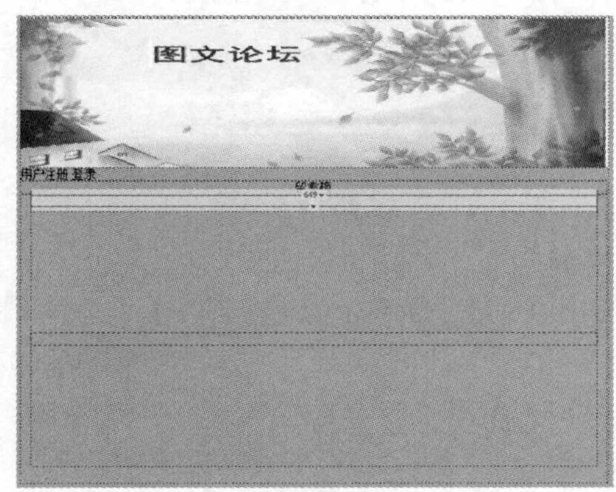

图 5-42

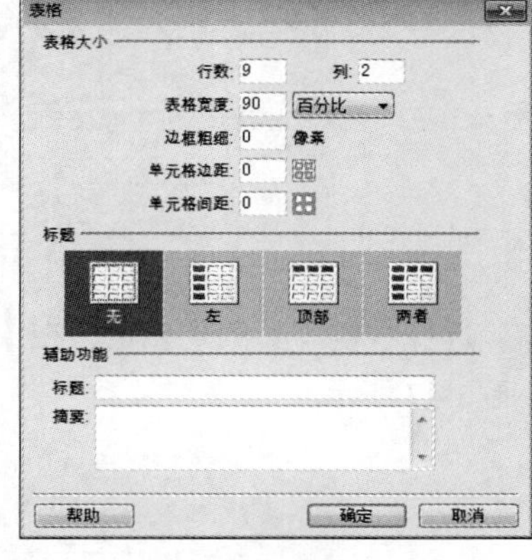

图 5-43

04 插入表格后，单击第 1 行第 1 列的单元格，在【属性】面板中设置【宽】为 50。选中整张表格，在【属性】面板中设置【水平】为【居中对齐】,【垂直】为【居中】如图 5-44 所示。

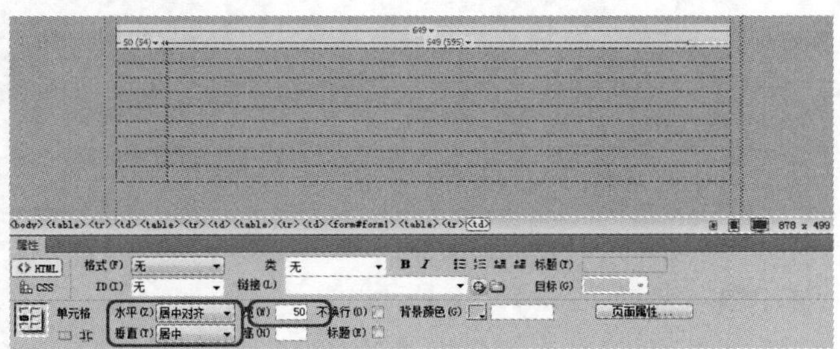

图 5-44

05 全选单元格，在【属性】面板中设置 CSS 样式，【大小】为 18px，设置单元格的【高】为 35，如图 5-45 所示。

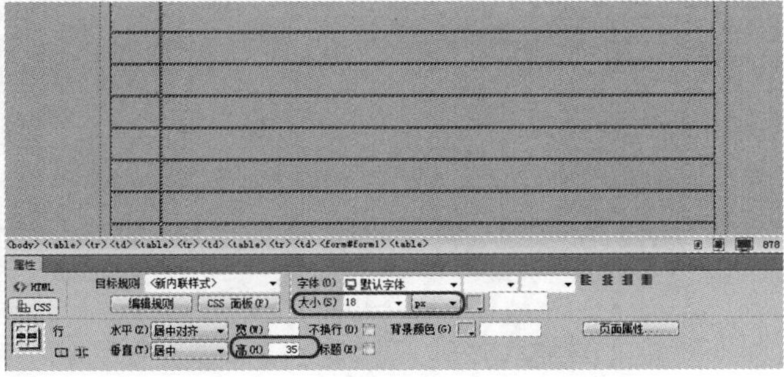

图 5-45

06 选择左侧一列的单元格，在【属性】面板中设置【水平】为【右对齐】、【垂直】为【居中】，如图 5-46 所示。

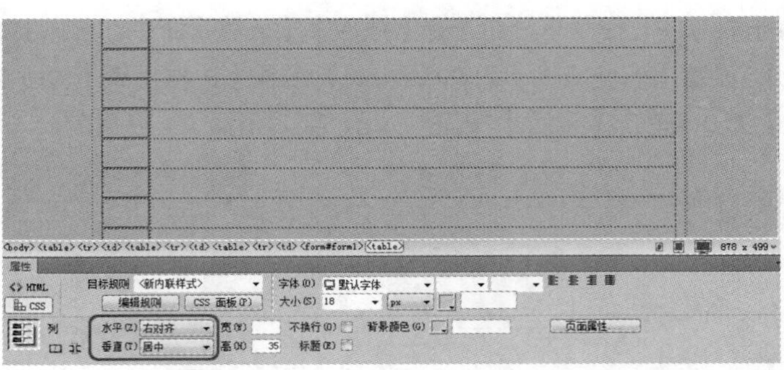

图 5-46

07 选择右侧一列的单元格，在【属性】面板中设置【水平】为【左对齐】、【垂直】为【居中】，如图 5-47 所示。

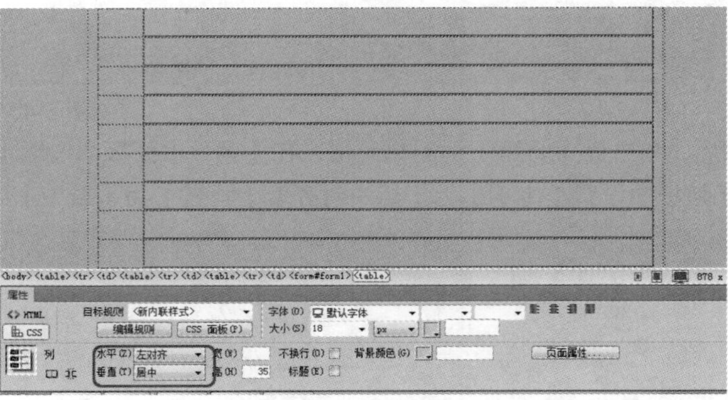

图 5-47

08 在左侧单元格中输入文本，如图 5-48 所示。

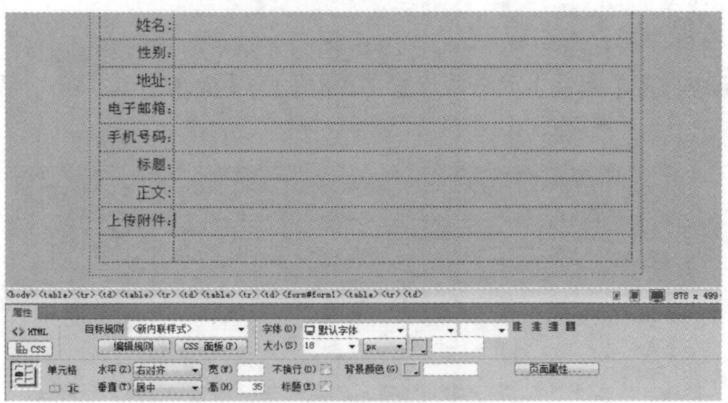

图 5-48

09 将光标置于第 1 行第 2 列单元格中，在【插入】面板中单击【文本】按钮，插入文本字段，如图 5-49 所示。

10 将光标置于第 2 行第 2 列单元格中，在【插入】面板中单击【单选按钮组】按钮，插入单选按钮组，并修改单选按钮后面的文字，如图 5-50 所示。

图 5-49

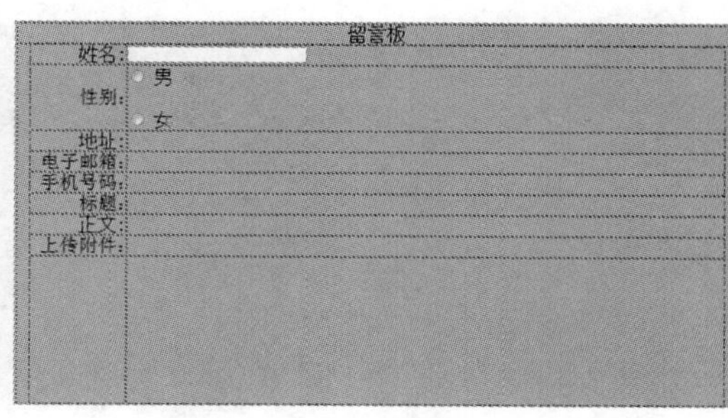

图 5-50

11 将光标置于第 3 行第 2 列单元格中，在【插入】面板中单击【选择】按钮，如图 5-51 所示。

12 在文档中选中【选择】，在【属性】面板中单击【列表值】按钮，在弹出的对话框中输入项目，如图 5-52 所示。

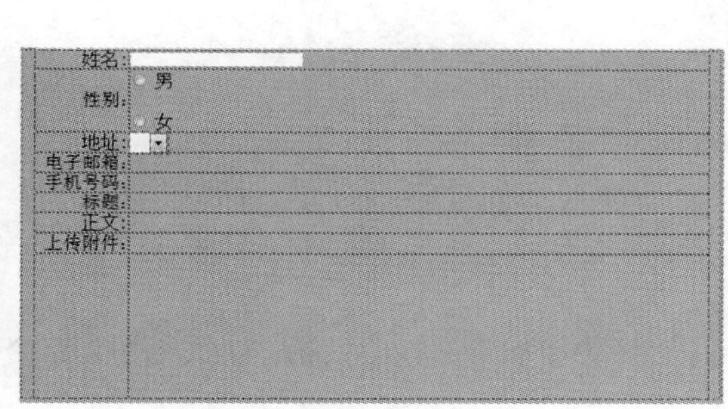

图 5-51

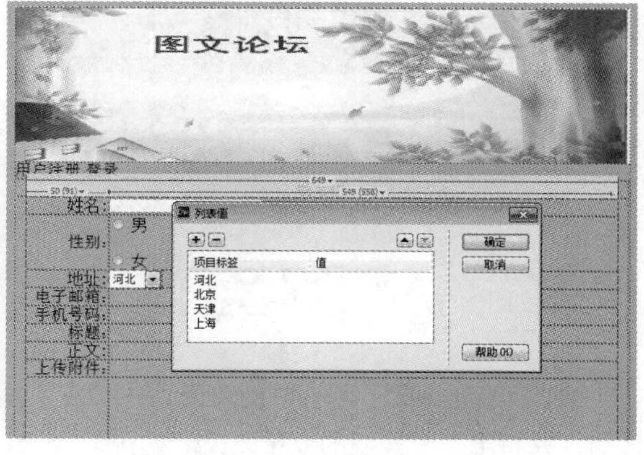

图 5-52

13 为"电子邮箱:"、"手机号码"、"标题"右侧的单元格插入【文本】，如图 5-53 所示。

14 将光标置于第 7 行第 2 列单元格中，在【插入】面板中单击【文本区域】按钮，插入文本区域，如图 5-54 所示。

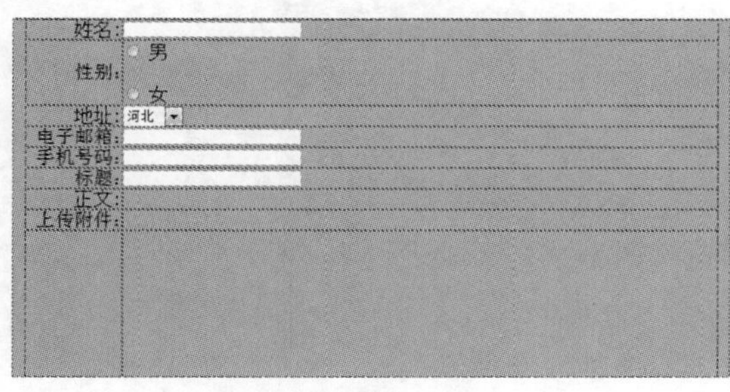

图 5-53

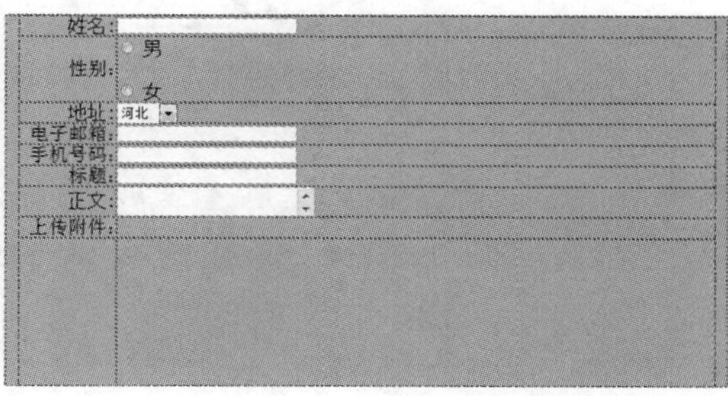

图 5-54

15 将光标置于第 8 行第 2 列单元格中，在【插入】面板中单击【文件域】按钮，插入文件域，如图 5-55 所示。

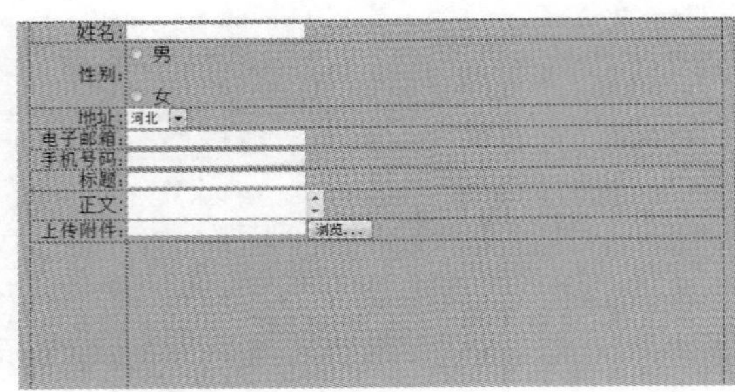

图 5-55

16 选择最后一行两个单元格，在【属性】面板中单击【合并所选单元格，使用跨度】按钮，设置【水平】为【居中对齐】、【垂直】为【居中】，如图 5-56 所示。

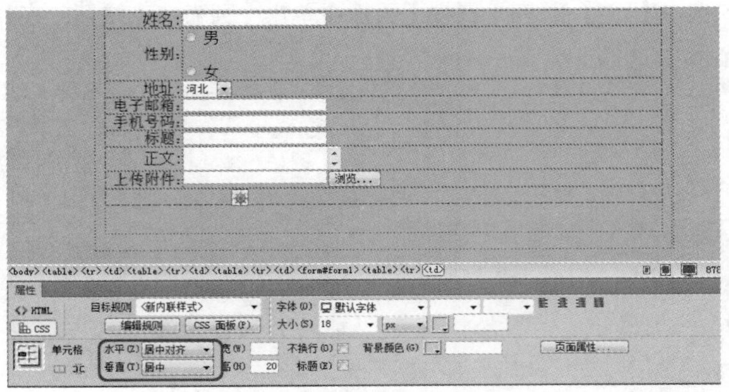

图 5-56

17 将光标置于刚合并的单元格中，在【插入】面板中单击【按钮】按钮，为文档插入两个按钮，并将第 2 个按钮的值更改为“重置”，如图 5-57 所示。

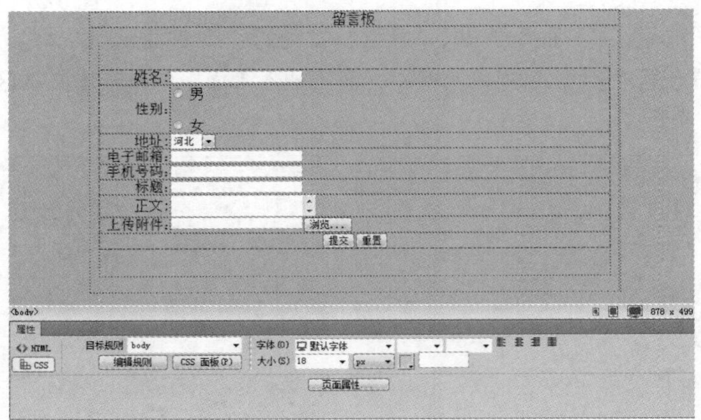

图 5-57

18 保存文档，按【F12】键在浏览器中预览效果，如图 5-58 所示。

图 5-58

5.5　习题

1．**选择题**

（1）网站管理员要实现与浏览者动态交流，________是必不可少的。

A. 表单　　B. 邮箱　　C. 文本域

（2）下面不属于表单对象的一项是________。

A. 文本域　　B. 按钮　　C. 图像集

2．**填空题**

（1）使用表单必须具备的条件有两个：一个是________，另一个是________，它能处理用户输入表单中的信息。

（2）创建表单后，需要在其中添加________才能实现表单的作用。

3．**上机操作**

使用表单制作网页如图 5-59 所示。

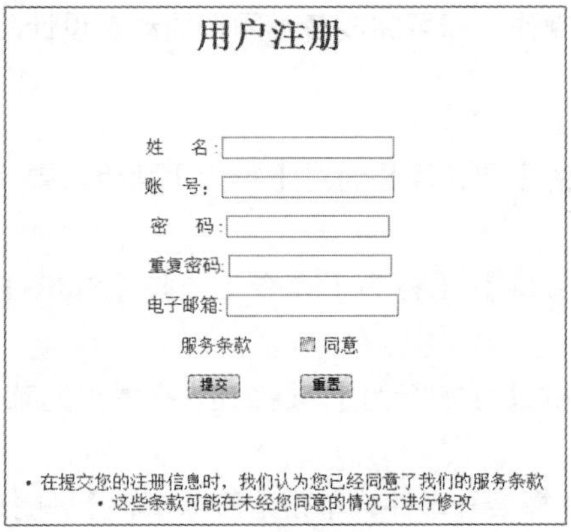

图 5-59

CC

第 6 章　行为

本章重点

- 掌握行为的基本操作
- 【交换图像】的操作
- 改变属性
- 检查插件

行为可以说是 Dreamweaver 中最有特色的功能，使用行为可以使网页具有动感效果，这些动感效果是在客户端实现的，还可以使得网页制作人员不用编程即可实现一些程序动作。

行为的关键在于 Dreamweaver 中提供了很多动作，即标准的 JavaScript 程序，每个动作可以完成特定的任务。同时还可以通过【行为】面板进行制作动画。本章主要介绍行为的基本概念，利用 Dreamweaver 中各种内置行为制作特效网页。

6.1　行为的基本操作

行为是预置的 JavaScript 程序库。使用行为可以使网页制作人员不用编程即可实现一些程序动作，如验证表单、打开浏览器窗口等。

行为是事件与动作的组合。动作是预先编写好的 Java 脚本，选择指定任务，例如打开浏览器、播放声音或停止动画播放等。

Dreamweaver 提供的行为可使用户迅速在页面中添加行为、为行为设置事件、修改事件、删除事件等操作，通过简单的管理操作，即可完成各类网页的动态设计。

6.1.1　认识行为面板

Dreamweaver 中使用行为的主要途径是通过【行为】面板。要使用【行为】面板，需执行下列操作步骤：

01 选择菜单栏中的【窗口】|【行为】命令（或按【Shift+F4】键），打开【行为】面板，如图 6-1 所示。

02 单击【行为】面板中的【添加行为】+按钮，在弹出的菜单中选择所需的行为，如图 6-2 所示。

03 在【行为】面板中选择某一事件，单击【删除事件】-按钮，可从事件列表中删除所选择的事件，如图 6-3 所示。

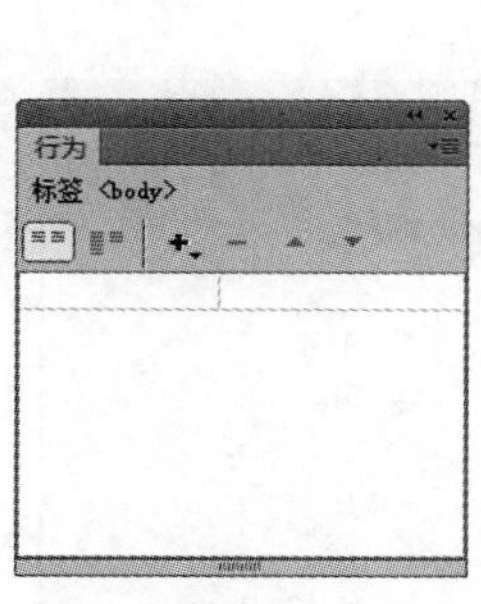

图 6-1

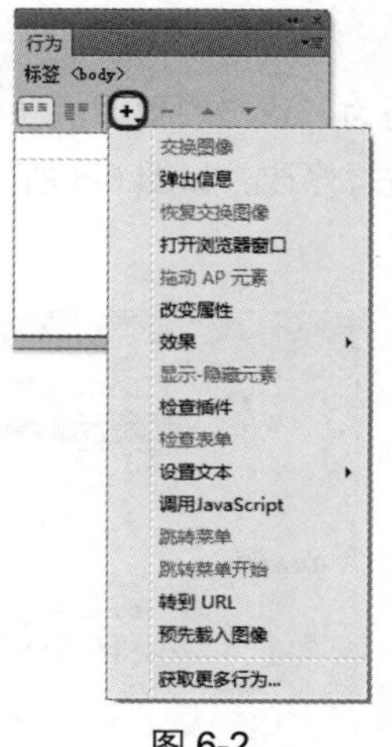

图 6-2

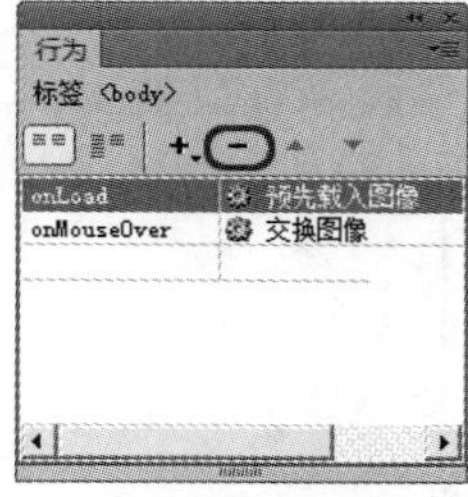

图 6-3

04 在动作列表上方，单击【增加事件值】或【降低事件值】按钮可向上或向下移动所选定的动作。

6.1.2 添加行为

可以通过【行为】面板进行添加行为，并且可以在任何网页元素内进行添加行为（如图像、链接、文档及表单元素等）。将每个事件在给对象添加行为时添加多个动作，下面介绍如何添加行为的具体操作步骤。

01 在网页中选择所要添加行为的图像，打开【行为】面板中的按钮，弹出动作菜单，如图 6-4 所示。

02 在动作菜单中选中所需的命令，将弹出相应的参数设置对话框，对其进行设置并单击【确定】按钮，即可在【行为】面板中显示添加的事件和对应的动作，如图 6-5 所示。

03 单击该事件的名称，即可在右侧显示下三角按钮，，单击该按钮，在弹出的下拉列表中可以看到全部时间，可以在其中选择一种事件，如图 6-6 所示。

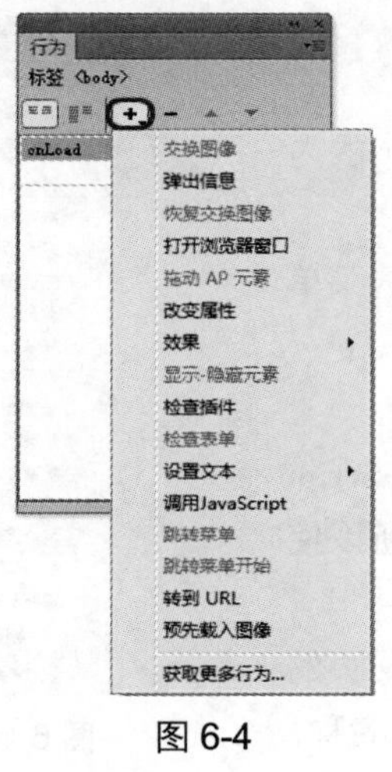

图 6-4

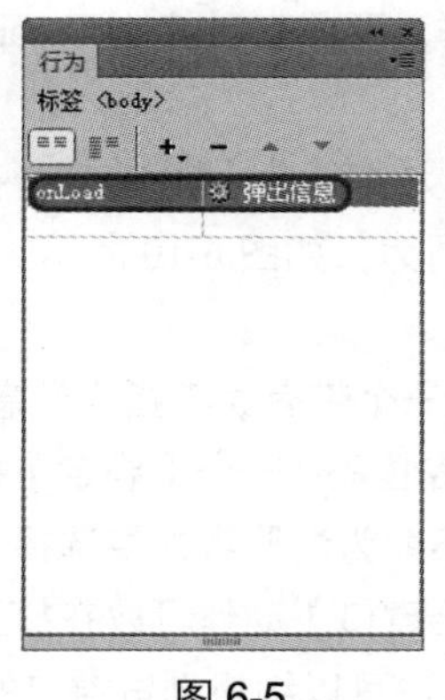

图 6-5

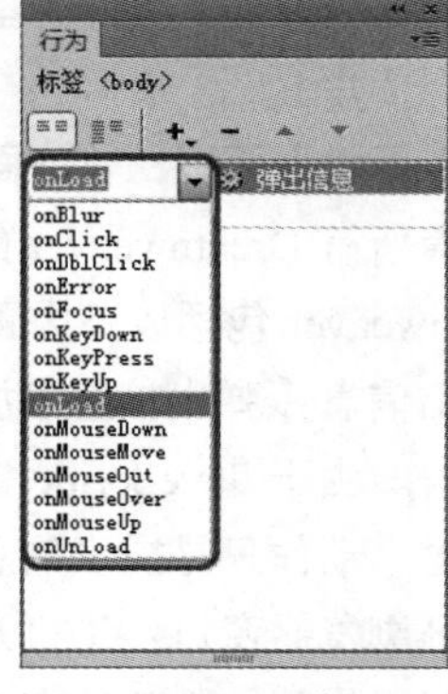

图 6-6

6.1.3 修改行为

可以通过【行为】面板进行修改行为，双击要更改的动作，如图 6-7 所示，打开带有预先设置的对话框，在对话框中对已有的设置进行修改，如图 6-8 所示，设置完毕，单击【确定】按钮即可。

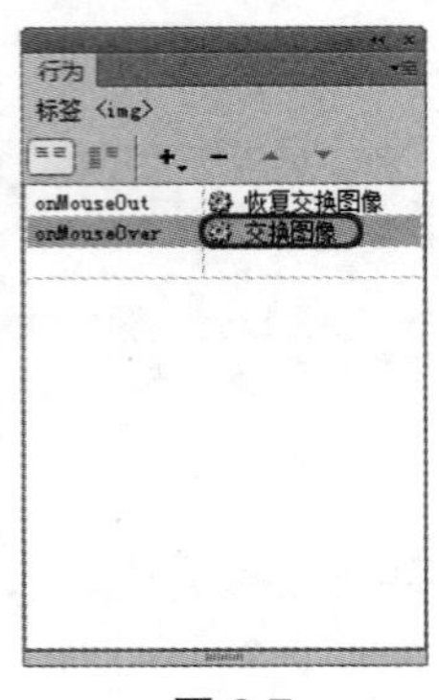

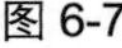
图 6-7

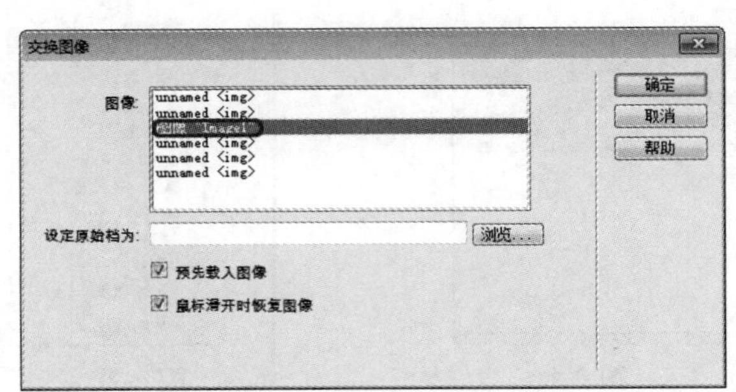

图 6-8

6.1.4 删除行为

要删除网页中正在使用的行为，在【行为】面板中的列表框中选中该行为，然后单击【行为】面板中的【删除事件】按钮，即可将行为删除，如图 6-9 所示。

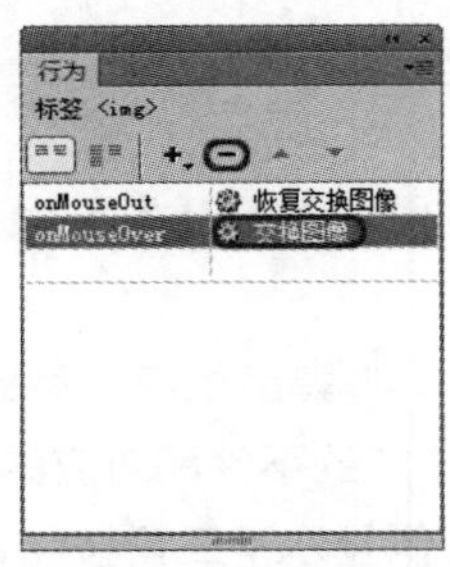

图 6-9

6.2 Dreamweaver 的内置行为

在 6.1 节中讲解了行为的基本操作，下面来对其他 Dreamweaver 的内置行为进行简单介绍。

打开【行为】面板，单击面板中【添加行为】按钮，在弹出的菜单中可以查看所有 Dreamweaver 的内置行为，如图 6-10 所示。

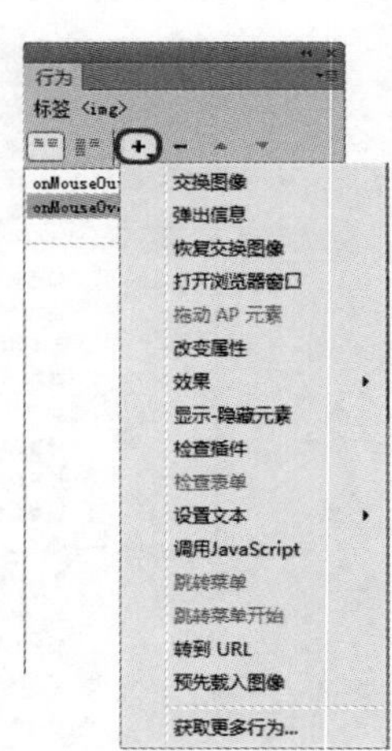

图 6-10

Dreamweaver 包括以下内置行为。

- 弹出信息:【弹出信息】动作显示一个带有读者指定消息的 JaveScript 警告。由于 JaveScript 警告对话框只有一个【确定】按钮，所以使用这个动作只是提供信息，而不能为浏览者提供选择。
- 打开浏览器窗口:【打开浏览器窗口】动作可以在打开当前网页的同时再打开一个新的窗口，同时还可以编辑浏览窗口的大小、名称、状态栏、菜单栏等属性。

- 拖动 AP 元素：使用此行为可以创建拼板游戏和其他可移动的页面元素。
- 改变属性：【改变属性】动作可以指定一个带 ID 的元素的任何属性通过事件改变。
- 显示-隐藏元素：可以通过事件显示或隐藏一个图片，DIV 或者是带 ID 的元素等。
- 设置文本：【设置文本】用于设置状态栏显示的信息，在适当的触发事件触发后在状态栏中显示信息。
- 转到 URL：自动跳转页面就是打开一个页面一段时间后自动跳转到另一个页面。
- 调用 JavaScript：【调用 JavaScript】动作允许使用行为面板指定一个自定义功能，或当发生某个事件时应该执行的一段 JavaScript 代码。用户可以自己编写或者使用各种免费获取的 JavaScript 代码。
- 效果：为网页中对象添加动画效果，包括 Blind、Bounce、Clip、Drop、Fade、Fold、Highlight、Puff、Pulsate、Scale、Shake、Slide。

6.2.1　交换图像

用户若要将一个图像和另一个图像进行交换，可以使用【交换图像】动作更改图像标签的 src 属性即可，【鼠标经过图像】和其他的图像效果（包括一次交换多个图像）可以使用【交换图像】动作进行创建。下面介绍【交换图像】的具体操作步骤。

01　启动 Dreamweaver CC 软件，打开随书附带光盘中的【CDROM】|【素材】|【Cha06】|【家具批发城.html】文件，如图 6-11 所示。

02　选中要添加行为的对象，在菜单栏中选择【窗口】|【行为】命令，打开【行为】面板，单击【添加行为】按钮 +，在弹出的下拉菜单中选择【交换图像】命令，如图 6-12 所示。

图 6-11

图 6-12

03　在弹出的【交换图像】对话框中单击【浏览】按钮，在弹出的【选择图像源文件】对话框中选中【001.jpg】文件，如图 6-13 所示。

04　单击【确定】按钮，返回【交换图像】对话框，如图 6-14 所示。

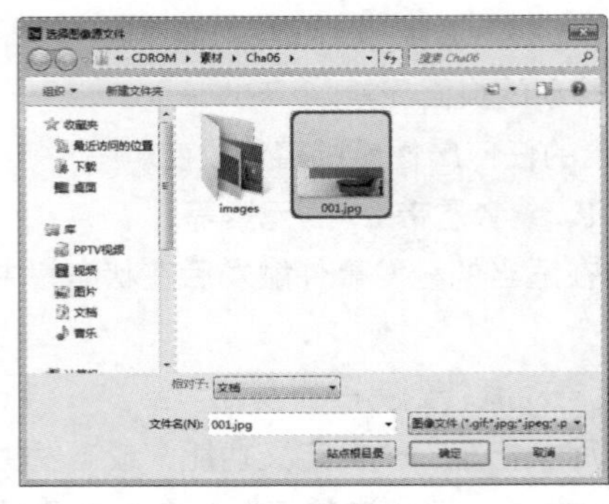

图 6-13

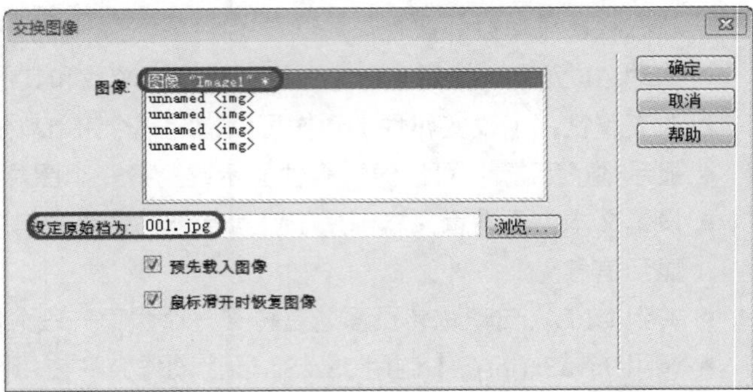

图 6-14

05 单击【确定】按钮，即可在【行为】面板中看到添加的行为，如图 6-15 所示。

06 保存文件，按【F12】键在浏览器中查看网页效果，如图 6-16 所示。

图 6-15

图 6-16

6.2.2 弹出信息

使用【弹出信息】动作可以在浏览者点击某个行为时显示一个带有 JavaScript 的警告。由于 JavaScript 警告只有一个【确定】按钮，所以该动作只能作为提示信息，而不能为浏览者提供选择。

在网页中添加【弹出信息】行为的具体操作步骤如下：

01 打开随书附带光盘中的【CDROM】|【素材】|【Cha06】|【家具批发城.html】文件，如图 6-17 所示。

02 在文档窗口中选中 body 标签，打开【行为】面板，在该面板中单击【添加行为】按钮 +，在弹出的下拉菜单中选择【弹出信息】命令，如图 6-18 所示。

03 在弹出的【弹出信息】对话框中设置要弹出的信息文本内容，如图 6-19 所示。

04 设置完成后，单击【确定】按钮，即可在【行为】面板中看到所添加的行为，如图 6-20 所示。

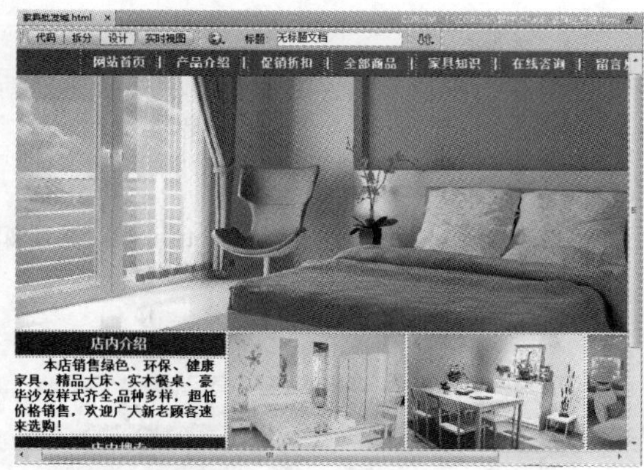

图 6-17

图 6-18

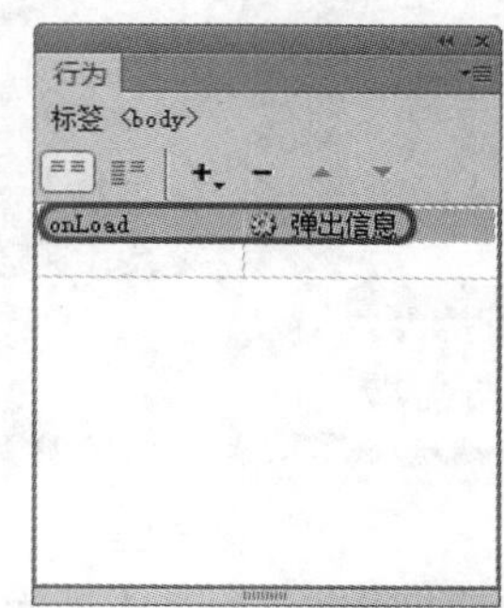

图 6-19

图 6-20

05 保存网页，按【F12】键测试网站，单击添加行为后的图像，即可弹出一个对话框，如图 6-21 所示。

图 6-21

6.2.3 恢复交换图像

恢复图像是将最后一组交换的图像恢复为它们以前的源文件，仅用于设置【交换图像】行为后使用。此动作会自动添加到链接的交换图像动作的对象中去。

如果在附加【交换图像】行为时选择了【鼠标滑开时恢复图像】复选框，则不再需要选择【恢复交换图像】行为。

6.2.4 打开浏览器窗口

在网页中添加【打开浏览器窗口】动作可以在一个新的窗口中打开指定的URL，并可以指定新窗口的属性（如窗口的大小）、特性（是否可以调整大小、是否具有菜单栏等）和名称等。

在网页中添加【打开浏览器窗口】行为的具体操作步骤如下。

01 打开随书附带光盘中的【CDROM】|【素材】|【Cha06】|【家具批发城.html】文件，如图6-22所示。

02 在打开的素材文件中选择【促销折扣】文本，如图6-23所示。

图 6-22

图 6-23

03 在打开的【行为】面板中单击【添加行为】按钮，在弹出的下拉列表中选择【打开浏览器窗口】命令，如图6-24所示。

04 打开【打开浏览器窗口】对话框，如图6-25所示。该对话框中各选项的说明如下。

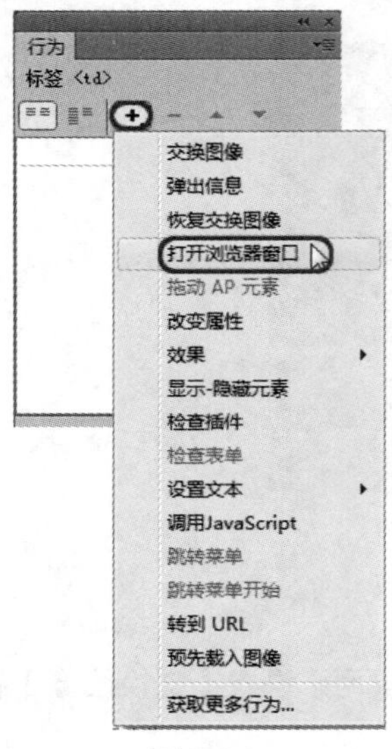

图 6-24

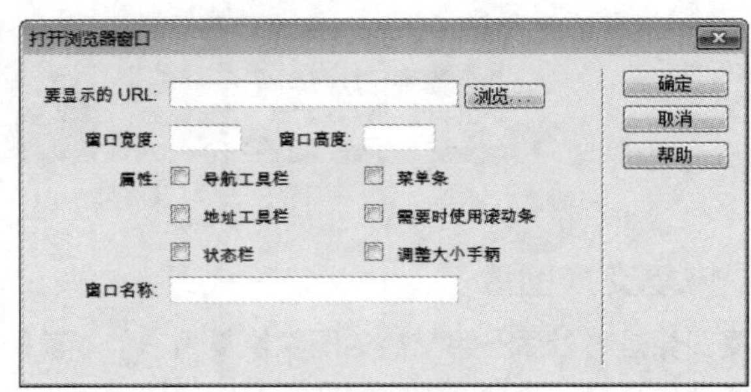

图 6-25

● 【要显示的 URL】：单击该文本框右侧的【浏览】按钮，在打开的对话框中选择要连接的文件，或者在文本框中输入要连接的文件的路径。

● 【窗口宽度】：设置打开浏览器的宽度。

● 【窗口高度】：设置打开浏览器的高度。

● 【属性】面板中各选项的说明如下。

➢【导航工具栏】：勾选此复选框，浏览器组成的部分会包括【地址】、【主页】、【前进】、【主页】和【刷新】等。

➢【菜单条】：勾选此复选框，在打开的浏览器窗口中显示菜单，如【文件】、【编辑】和【查看】等。

➢【地址工具栏】：勾选此复选框，浏览器窗口的组成部分为【地址】。

➢【需要时使用滚动条】：勾选此复选框，在浏览器窗口中，不管内容是否超出可视区域，在窗口右侧都会出现滚动条。

➢【状态栏】：位于浏览器窗口的底部，在该区域显示消息。

➢【调整大小手柄】：勾选此复选框，浏览者可任意调整窗口的大小。

➢【窗口名称】：在此文本框中输入弹出浏览器窗口的名称。

05　在打开的【打开浏览器窗口】对话框中单击【要显示的 URL】右侧的【浏览】按钮，在打开的对话框中选择素材文件中的【促销折扣.html】文件，如图 6-26 所示。

06　单击【确定】按钮，将【窗口宽度】和【窗口高度】分别设置为 746 和 490，在【属性】选项组中选中【导航工具栏】复选框和【调整大小手柄】复选框，在【窗口名称】中输入【促销折扣】，如图 6-27 所示。

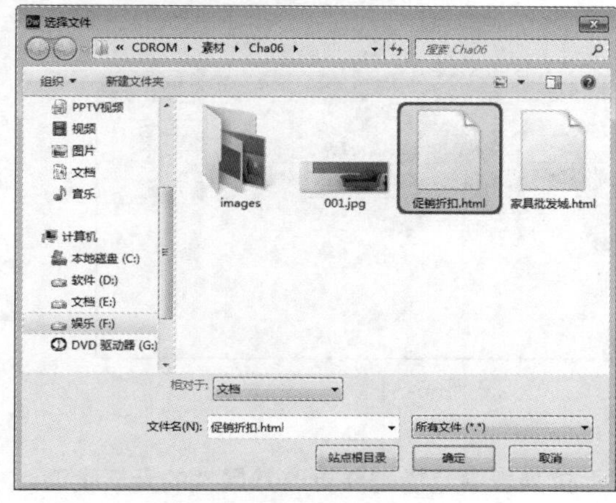

图 6-26

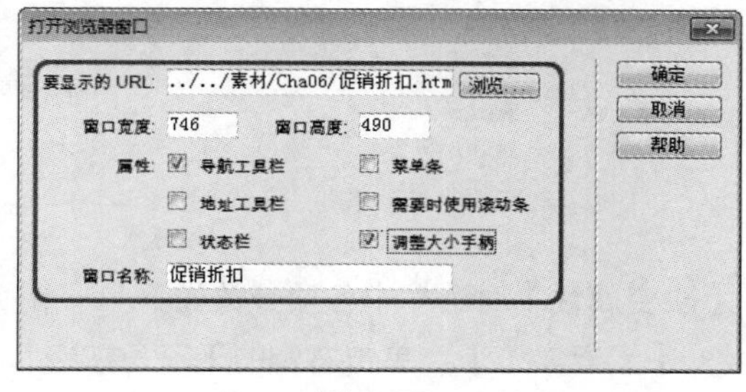

图 6-27

07　单击【确定】按钮，可在【行为】面板中显示添加的行为。

08　保存文件，按【F12】键在浏览器窗口中打开网站，单击添加行为后的文本，即可测试添加行为后的效果，其前后对比如图 6-28 和图 6-29 所示。

图 6-28

图 6-29

6.2.5 改变属性

使用【改变属性】行为可以改变对象的某个属性的值，还可以设置动态 AP Div 的背景颜色。

属性的更改决定于浏览器。只有在用户非常熟悉 HTML 和 JavaScript 的情况下才可使用【改变属性】行为。

在网页中添加【改变属性】行为的具体使用方法如下。

01 在打开素材文件中选择所要添加【改变属性】行为的对象，打开【行为】面板，单击【添加行为】+按钮，在弹出的下拉菜单中选择【改变属性】命令，如图 6-30 所示。

02 打开【改变属性】对话框，如图 6-31 所示。

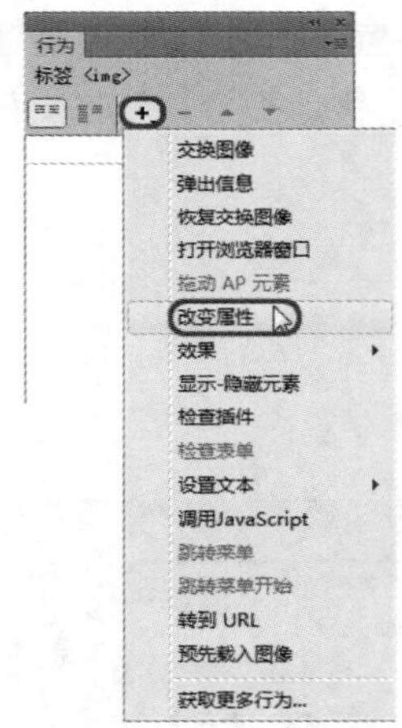

图 6-30

图 6-31

【改变属性】对话框中各项参数如下。

- 【元素类型】：单击右侧的下三角按钮，在下拉列表中选择需要更改其属性的元素类型。
- 【元素 ID】：单击右侧的下三角按钮，在下拉列表中包含了所有选择类型的命名元素。
- 【选择】：单击右侧的下三角按钮，可在下拉列表中选择一个属性，如果要查看每个浏览器中可以更改的属性，可以从浏览器弹出的菜单中选择不同的浏览器或浏览版本。
- 【输入】：在此文本框中输入该属性的名称。如果正在输入属性名称，一定要使用该属性的准确 JavaScript 名称。

- 【新的值】：在此文本框中输入新的属性值。设置完成后，单击【确定】按钮即可。

03 在【改变属性】对话框中设置相应的选项，单击【确定】按钮即可。

6.2.6 效果

在 Dreamweaver 中【效果】行为是经常使用的行为，它一般用于页面广告的打开、隐藏、文本的滑动和页面收缩等。

在【行为】面板中单击【添加行为】按钮，在弹出的下拉列表中选择【效果】命令，其子选项中包括 Blind、Bounce、Clip、Drop、Fade、Fold、Highlight、Puff、Pulsate、Scale、Shake、Slide12 种行为效果。

下面以【效果】行为中的 Shake 效果为例进行介绍。

01 打开随书附带光盘中的【CDROM】|【素材】|【Cha06】|【家具批发城.html】文件中所要添加行为的对象，如图 6-32 所示。

图 6-32

02 打开【行为】面板，单击面板中的【添加行为】按钮，在弹出的下拉列表中选择【效果】|Shake 命令，如图 6-33 所示。

03 打开【Shake】对话框，将【效果持续时间】设置为 1300ms，在【方向】下拉列表中选中 left，【距离】为 25 像素，【次】为 5，如图 6-34 所示。

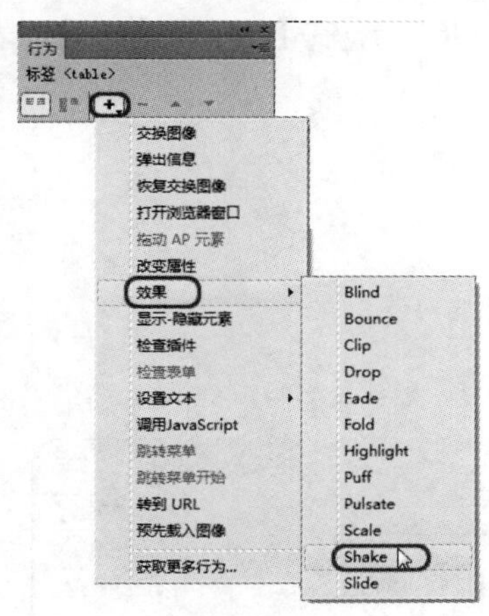

图 6-33

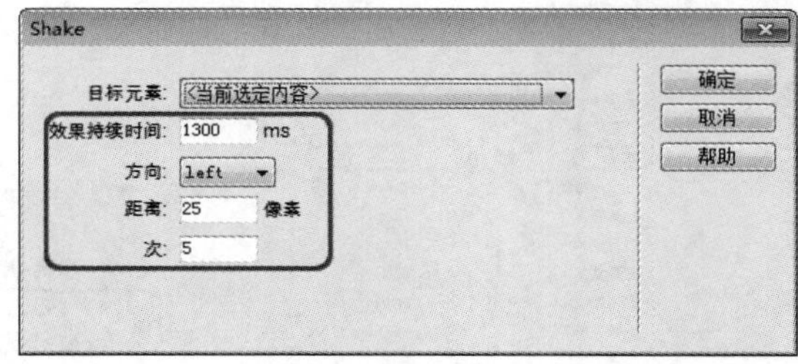

图 6-34

04 单击【确定】按钮，即可将 Shake 效果添加到【行为】面板中。

05 保存文件，按【F12】键在预览窗口单击所添加行为的图像进行预览添加 Shake 后的效果，如图 6-35 所示。

图 6-35

6.2.7 Blind

01 打开随书附带光盘中的【CDROM】|【素材】|【Cha06】|【家具批发城.html】文件，选择所要添加行为的对象，如图 6-36 所示。

图 6-36

02 打开【行为】面板，单击面板中的【添加行为】+按钮，在弹出的下拉列表中选择【效果】|Blind 命令，如图 6-37 所示。

03 打开【Blind】对话框，将【效果持续时间】设置为 1300ms，在【可见性】下拉列表中选中【hide】,【方向】为【down】，如图 6-38 所示。

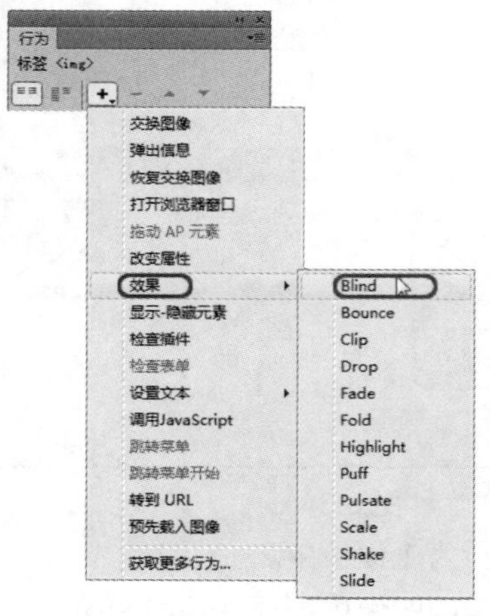

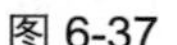

图 6-37

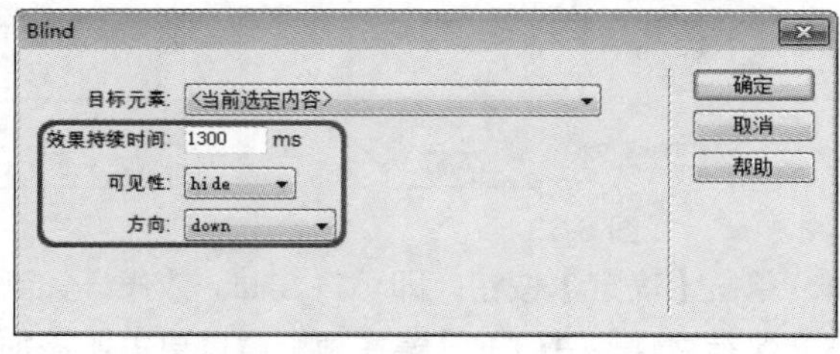

图 6-38

04　单击【确定】按钮，即可将 Blind 效果添加到【行为】面板中。

05　保存文件，按【F12】键在预览窗口单击所添加行为的图像进行预览添加 Blind 后的效果，如图 6-39 所示。

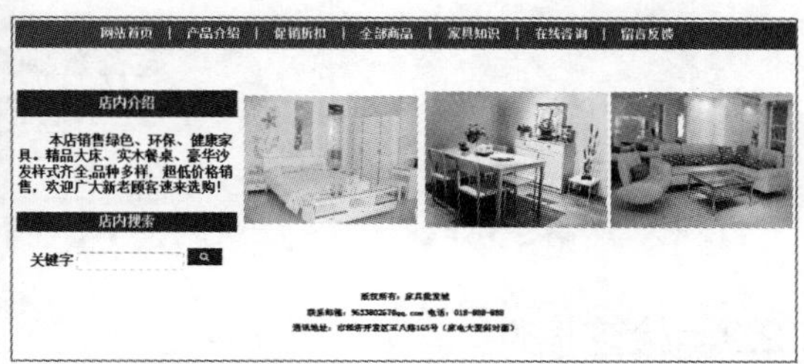

图 6-39

6.2.8　显示-隐藏元素

使用【显示-隐藏元素】动作可以显示、隐藏、恢复一个或多个元素的可见性。用户可以使用该行为，进行制作浏览者与页面进行交互时显示的信息。

在浏览器中单击添加【显示-隐藏元素】行为的图像时会隐藏或显示一个信息。

添加【显示-隐藏元素】行为的具体操作步骤如下：

01　打开随书附带光盘中的【CDROM】|【素材】|【Cha06】|【家具批发城.html】文件中所要添加行为的对象，打开【行为】面板，单击面板中的【添加行为】+按钮，在弹出的下拉列表中选择【显示-隐藏元素】命令，如图 6-40 所示。

02　打开【显示-隐藏元素】对话框，在该对话框中单击【隐藏】按钮，如图 6-41 所示。

图 6-40

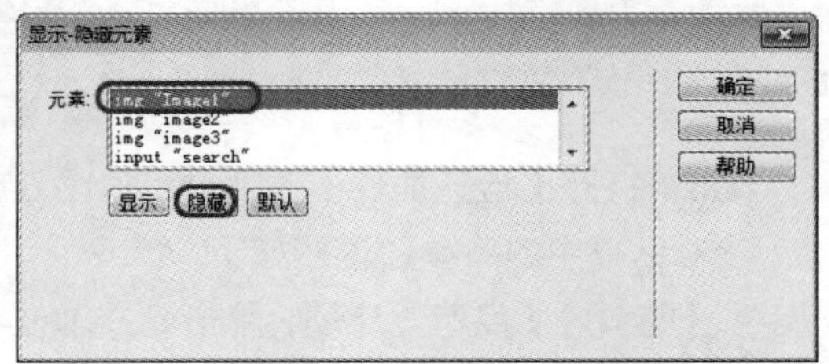

图 6-41

03　单击【确定】按钮，被添加的【显示-隐藏元素】显示在【行为】面板中，如图 6-42 所示。

04　保存文件，按【F12】键在浏览器窗口将鼠标光标置于图片中，预览效果，如图 6-43 所示。

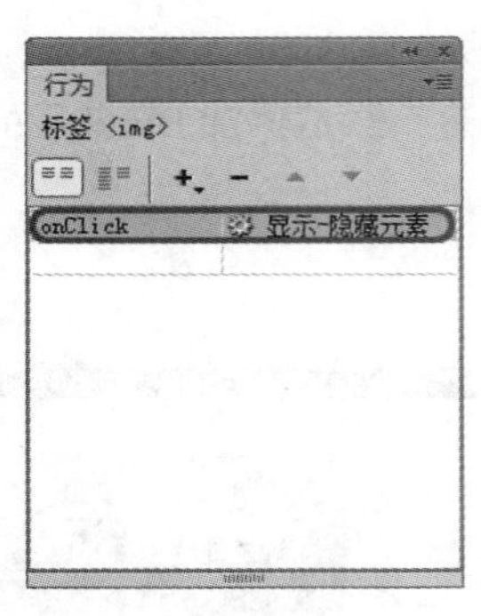

图 6-42

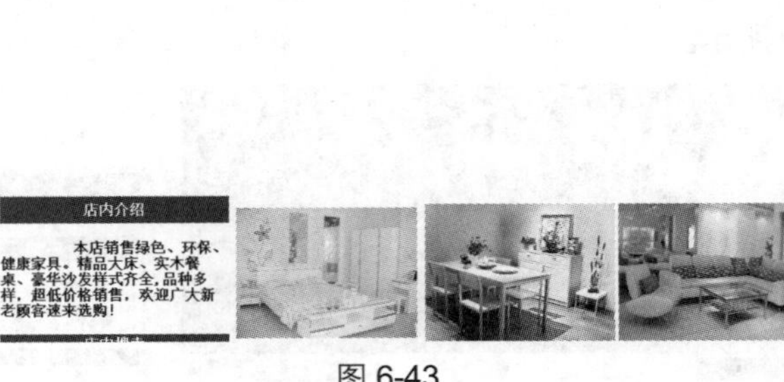

图 6-43

6.2.9 检查插件

使用【检查插件】行为可根据访问者是否安装了指定插件这一情况将他们转到不同的页面。例如，想让安装有 Shockwave 软件的访问者转到一页，让未安装该软件的访问者转到另一页。

在网页中添加【检查插件】行为的具体操作步骤及说明如下。

01 打开随书附带光盘中的【CDROM】|【素材】|【Cha09】|【家具批发城.html】文件，如图 6-44 所示。

02 选中【全部商品】文本，打开【行为】面板，单击【添加行为】按钮 +，在弹出的下拉列表中选择【检查插件】命令，如图 6-45 所示。

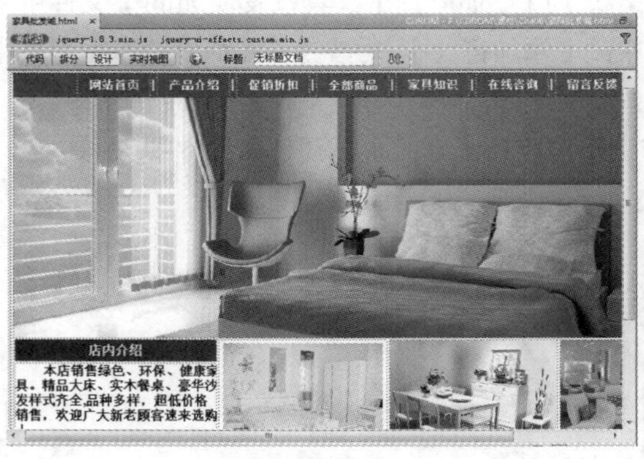

图 6-44

图 6-45

03 打开【检查插件】对话框，如图 6-46 所示。

该对话框中的各参数说明如下。

- 【选择】：点选此选项，单击此文本框右侧的下拉按钮，在弹出的下拉列表中选择一种插件。选择 Flash 后 Director 会将相应的 VBS ceipt 代码添加到页面中。
- 【输入】：点选此选项，在此文本框中输入插件的确切名称。
- 【如果有，转到 URL】：单击此文本框右侧的【浏览】按钮，在弹出的【选择文件】对话框中浏览并选择文件。单击【确定】按钮，即可将选择的文件显示在此文本框中，或者在此文本框中直接输入正确的文件路径。

- 【否则，转到 URL】：此文本框为不具有该插件的访问者指定一个替代 URL。如果要让不具有和具有该插件的访问者在同一页上，则应将此文本框空着。
- 【如果无法检测，则始终转到第一个 URL】复选框：如果插件内容对于网页是必不可少的一部分，则应勾选该复选框，浏览器通常会提示不具有该插件的访问者下载该插件。

04 在【检查插件】对话框中单击【选择】文本框右侧的下拉按钮，在下拉列表中选择【Live Audio】文件，单击【否则，转到 URL】文本框右侧的【浏览】按钮，如图 6-47 所示。

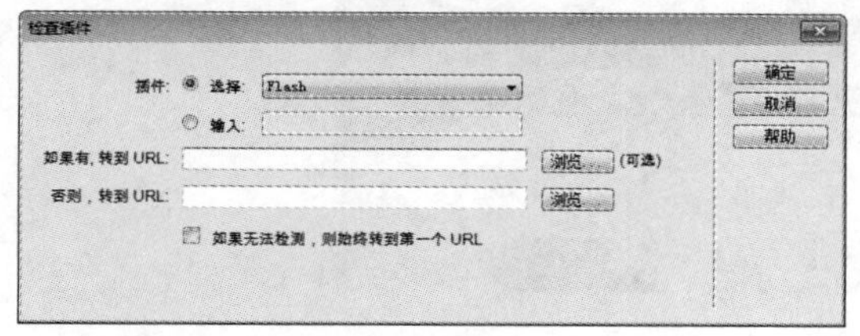

图 6-46

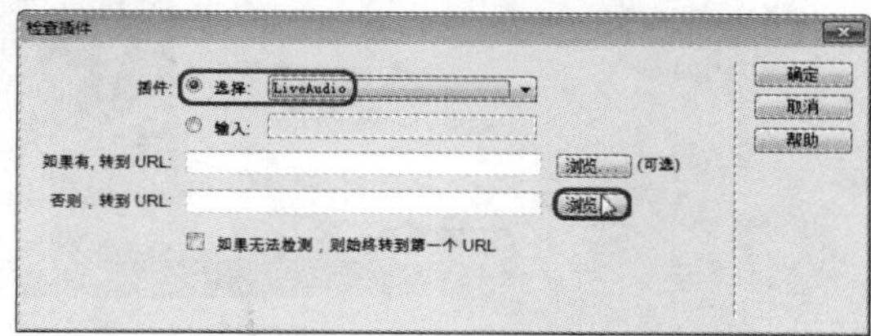

图 6-47

05 在弹出的【选择文件】对话框中选择随书附带光盘中的【CDROM】|【素材】|【Cha06】|【全部商品.html】文件，如图 6-48 所示。单击【确定】按钮返回【选择文件】对话框中。

06 单击【确定】按钮，【检查插件】行为即可添加到【行为】面板中。

07 保存文件，按【F12】键在浏览器窗口中打开，单击添加行为后的对象，效果如图 6-49 所示。

图 6-48

图 6-49

提示：在 Windows 中的 Internet Explorer 检测不到大多数的插件。默认情况下，当不能实现检测时，访问者会被发送到【否则，转到 URL】文本框中列出的 URL。若要改为将访问者发送到【如果有，转到 URL】文本框中，可选择【如果无法检测，则始终转到第一个 URL】复选框。选择该项则意味着假设访问者具有该插件，除非浏览器显示指出该插件不存在。通常，如果插件内容对于网页是必不可少的一部分，则应选择【如果无法检测，则始终转到第一个 URL】复选框，浏览器通常会提示不具有该插件的访问者下载该插件。如果插件内容对于用户的页不是必要的，则应取消该复选框的选择。

6.3 上机练习——制作旅游网站

行为和第三方插件都可以为网页添加丰富的效果，本例将在网页中同时添加行为与第三方插件，使网页得到较好的效果。

01 启动 Dreamweaver CC 软件，打开随书附带光盘中的【CDROM】|【素材】|【Cha06】|【旅游网站制作.html】文件，单击【打开】按钮，即可打开【旅游网站制作.html】文件，如图 6-50 所示。

图 6-50

02 在打开的【旅游网站制作.html】文件中选择要添加行为的图像，如图 6-51 所示。

图 6-51

03 在菜单栏中选择【窗口】|【行为】命令，打开【行为】面板。在【行为】面板中单击【添加行为】+.按钮，在弹出的菜单中选择【交换图像】命令，如图 6-52 所示。

04 在弹出的【交换图像】对话框中，为图片添加附带光盘中的【CDROM】|【素材】|【Cha06】|【14.jpg】文件，如图 6-53 所示。

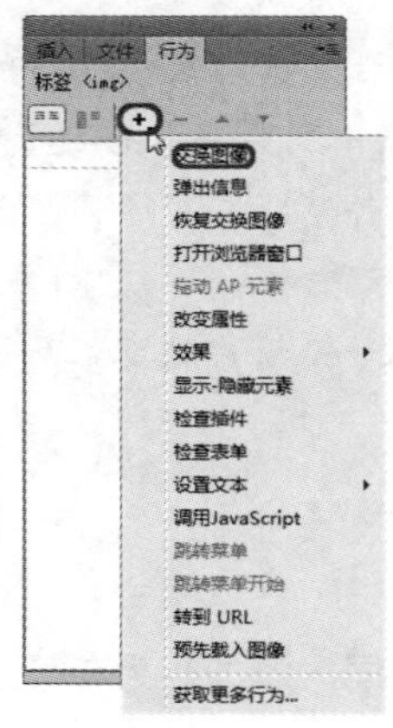

图 6-52

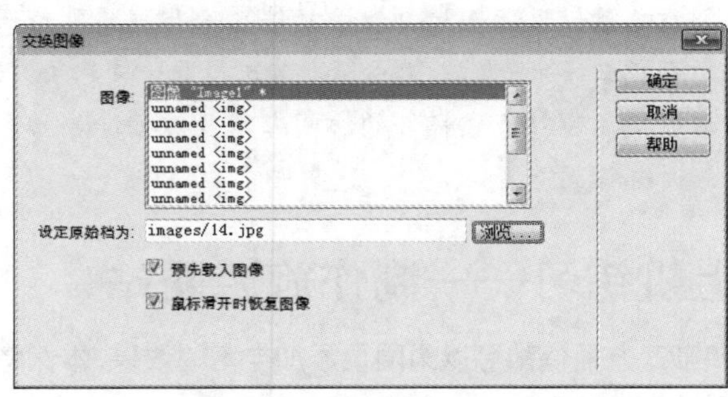

图 6-53

05 单击【确定】按钮。在【行为】面板中可以看到刚增加的事件，如图 6-54 所示，完成后，将文件保存，按【F12】键在浏览器窗口中预览效果，可以看到当鼠标经过图片时，对象发生变化，如图 6-55 所示。

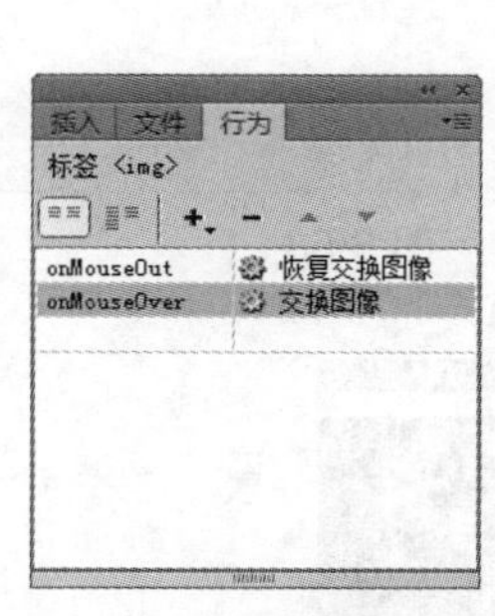

图 6-54

图 6-55

06 然后按同样的方法将旅游套餐推荐栏中的图像进行设置，如图 6-56 所示。

图 6-56

提示： 交换的图像为附带光盘中的【CDROM】|【素材】|【Cha06】|【15.jpg】、【16.jpg】、【17.jpg】、【18.jpg】图像。

07 将浏览器关闭，然后单击在界面左面的【搜索】按钮，如图 6-57 所示。

08 在菜单栏中选择【窗口】|【行为】命令，打开【行为】面板。在【行为】面板中单击【添加行为】+ 按钮，在弹出的菜单中选择【打开浏览器窗口】命令，在弹出的【打开浏览器窗口】对话框中，为图片添加附带光盘中【CDROM】|【素材】|【Cha06】|【旅游网站制作 1.html】文件，如图 6-58 所示。

09 单击【确定】按钮，【打开浏览器窗口】行为即可被添加到【行为】面板中，完成后，将文件保存，按【F12】键在浏览器窗口中预览效果，单击【搜索】按钮，就会切换到另一个窗口，如图 6-59 所示。

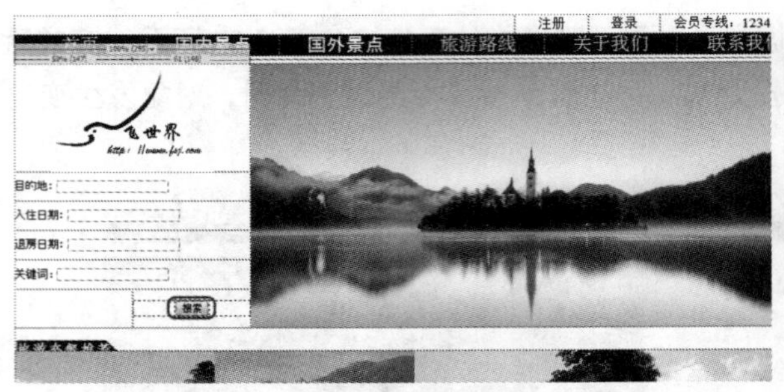

图 6-57

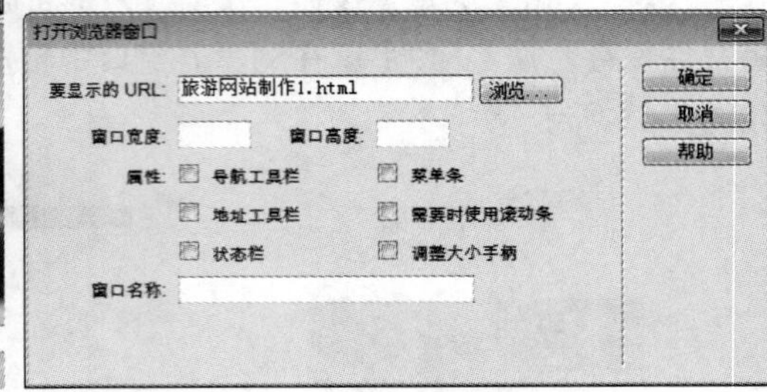

图 6-58

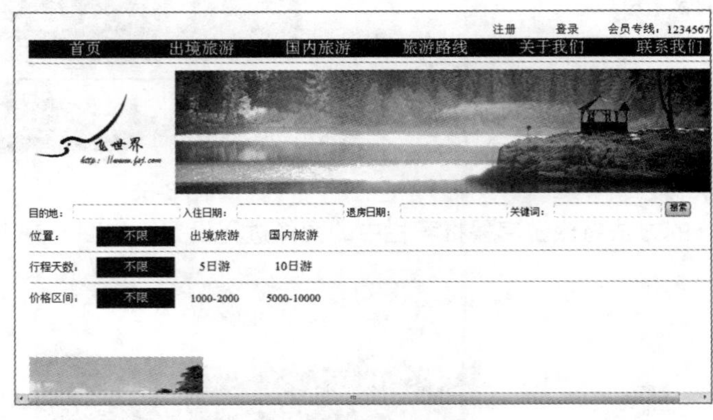

图 6-59

10 至此，动态网页制作完成，可根据设计理念添加其他行为。

6.4 习题

1．**选择题**

（1）________就是当鼠标指针经过图片时，原图像会变成另外一张图像。

A. 打开浏览器窗口　B. 恢复交换图像　C. 交换图像

（2）用________动作可以显示、隐藏、恢复一个或多个元素的可见性。

A.显示-隐藏元素　B.改变属性　C.交换图像

（3）在【行为】面板下的【效果】命令中包括________种效果命令。

A.10　B.12　C.13

2．**填空题**

（1）________动作允许使用行为面板指定一个自定义功能，或当发生某个事件时应该执行的一段 JavaScript 代码。

（2）在 Dreamweaver 中使用行为主要通过________面板来控制。

（3）使用________行为可根据访问者是否安装了指定插件这一情况将他们转到不同的页面。

3．**上机操作**

利用上面的知识，制作服装网站主页面，如图 6-60 所示。

图 6-60

第 7 章　动态网页及站点维护

本章重点

- 认识动态网页
- 动态网页与静态网页的区别
- 搭建动态网页平台
- 检查站点内的链接
- 宣传站点

网络已经深入到人们日常生活的方方面面，借助网络可以进行游戏、网上购物、网上交友等操作，这些都需要网络中服务器强大的后台数据库功能来实现。Dreamweaver 不但可以实现静态网页的制作，也能够开发数据库网站。

7.1　认识动态网页

动态网页文件中不但含有 HTML 标记，而且还有建立在 B/S（浏览器与服务器）架构上的服务器端的脚本程序。在浏览器端显示的网页是服务器端程序运行的结果。动态网页文件的扩展名根据不同的程序语言来定，如 ASP 文件的扩展名是.asp。

动态网页与网页中的无动画效果（如网页含有各种动画、动态图片、一些行为引发的稍态事件等）无关，动态页面最主要的特点就是结合后台数据库，自动更新页面。建立数据库的链接是页面通向数据的桥梁，任何形式的添加、删除、修改、检索都是建立在链接的基础上的。

动态网页发布技术的出现使得网站从展示平台变成了网络交互平台。Dreamweaver 在集成了动态网页的开发功能后，就由网页设计工具变成了网站开发工具。Dreamweaver 提供众多的可视化设计工具、应用开发环境及代码编辑支持，开发人员和设计师能够快捷地创建代码应用程序，集成程度非常高，开发环境精简而高效。

动态网页的特点可以归纳为以下几点。

- 交互性：动态网页会根据用户的需求和选择而发生改变和响应，将浏览器作为客户端界面。
- 自动更新：动态网页以数据库为基础，无须手动更新 HTML 文档，便会自动生成新的页面，可以大大降低维护网站的工作量。
- 因时因人而变：动态网页能够根据不同的时间、不同的访问者而显示不同的网页内容，根据用户的即时操作和即时请求，动态网页的内容会发生相应的变化，如常见的留言板、BBS、聊天室等就是用动态网页来实现的。

采用动态网站技术生成的网页都称为动态网页。动态网站建设就是网站中的网页使用 ASP、PHP、ASP.NET、JSP 等程序语言进行编写，并且网页中某一部分或所有内容通过数据库链接，然后将数据库中的数据显示在网页相应的位置上。

7.2　静态网页与动态网页的区别

静态网页、动态网页主要是根据网页制作的语言来区分的：静态网页使用 HTML（超文本标记语言），动态网页使用 HTML+ASP 或 HTML+PHP 或 HTML+JSP 等。

程序是否在服务器端运行，是区分动态网页与静态网页的重要标志。在服务器端运行的程序、网页、组件属于动态网页，它们会随不同客户、不同时间，返回不同的网页，如 ASP、PHP、JSP、ASP.net、CGI 等。运行于客户端的程序、网页、插件、组件属于静态网页，如 html 页、Flash、JavaScript、VBScript 等，它们是永远不变的。

静态网页是网站建设的基础，静态网页和动态网页之间并不矛盾，为了网站适应搜索引擎检索的需要，即使采用动态网站技术，也可以将网页内容转化为静态网页发布。动态网站也可以采用静动结合的原则，适合采用动态网页的地方用动态网页，如果必须使用静态网页，则可以考虑用静态网页的方法来实现，在同一个网站，动态网页内容和静态网页内容同时存在也是很常见的事情。

动态网页一般有如下几个特点：

（1）动态网页以数据库技术为基础，可以大大降低网站维护的工作量。

（2）采用动态网页技术的网站可以实现更多的功能，如用户注册、用户登录、在线调查、用户管理、订单管理等。

（3）动态网页实际上并不是独立存在于服务器的网页文件，只有当用户请求时服务器才返回一个完整的网页。

（4）动态网页中的“?”对搜索引擎检索存在一定的问题，搜索引擎一般不可能从一个网站的数据库中访问全部网页，或者出于技术方面的考虑，搜索引擎不去抓取网址中“?”后面的内容，因此采用动态网页的网站在进行搜索引擎推广时需要做一定的技术处理才能适应搜索引擎的要求。

静态网页一般有如下几个特点：

（1）静态网页每个网页都有一个固定的 URL，且网页 URL 以.htm、.html、.shtml 等常见形式为扩展名，而不含有“?”。

（2）网页内容一经发布到网站服务器上，无论是否有用户访问，每个静态网页的内容都是保存在网站服务器中的，也就是说，静态网页是实实在在保存在服务器中的文件，每个网页都是一个独立的文件。

（3）静态网页的内容相对稳定，因此容易被搜索引擎检索。

（4）静态网页没有数据库的支持，在网站制作和维护方面工作量较大，因此当网站信息量很大时完全依靠静态网页制作方式比较困难。

（5）静态网页的交互性交叉，在功能方面有较大的限制。

7.3 搭建动态网页平台

7.3.1 创建站点

01 选择【站点】|【新建站点】命令，打开【站点设置对象】对话框，如图 7-1 所示。在【站点设置对象】选项卡面板中进行如图 7-2 所示的设置。

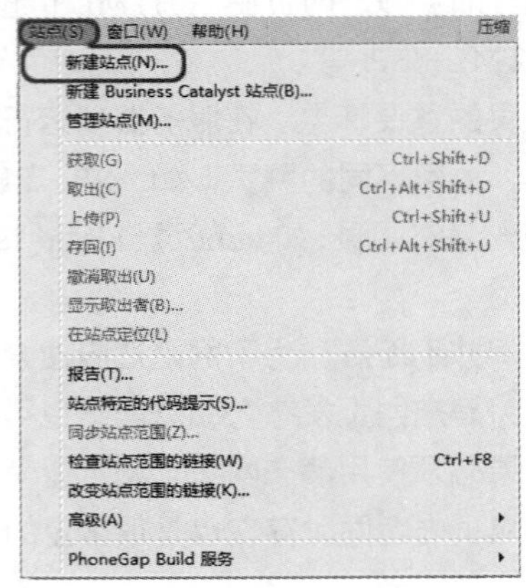

图 7-1

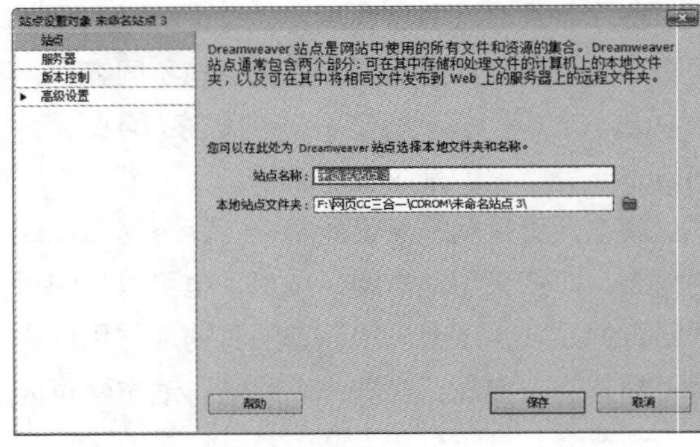

图 7-2

02 在【服务器】选项卡中单击【添加新服务器】按钮，添加服务器，如图 7-3 所示。

03 在弹出的设置面板中将【服务器名称】设为 website，【连接方法】为【本地/网络】，【服务器文件夹】为【d:\ website】，【Web URL】为 http://localhost/，如图 7-4 和图 7-5 所示。然后选择【高级】面板。

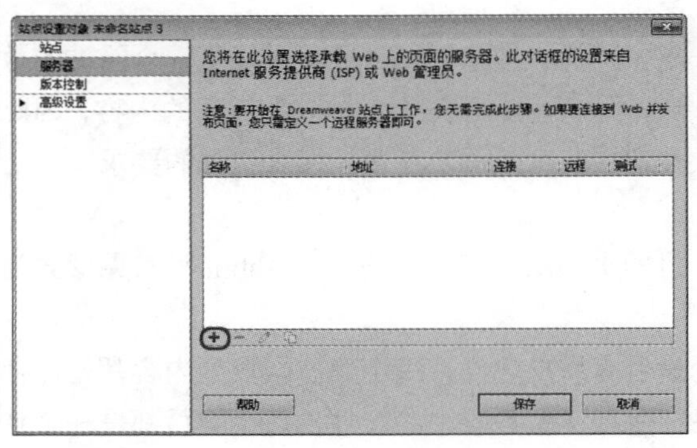

图 7-3

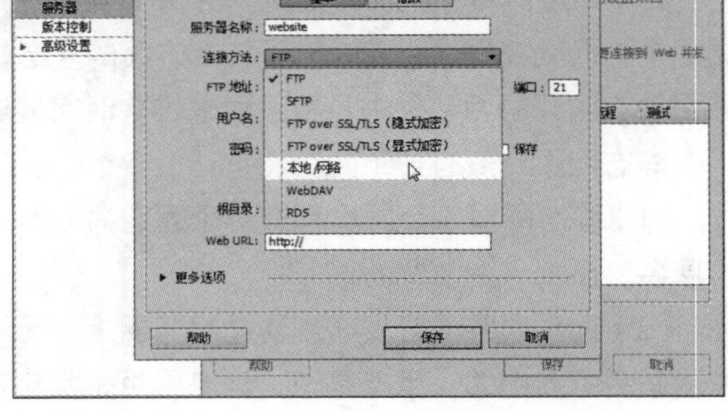

图 7-4

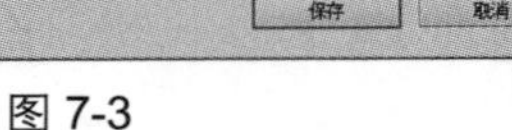

04 在【高级】面板中将【服务器模型】选择为 ASP VBScript，如图 7-6 所示。然后单击【保存】按钮。

05 返回到【站点设置对象】对话框，在该对话框中会看到刚设置完成的服务器项目，然后勾选【测试】选项后面的复选框，如图 7-7 所示。

06 然后选择【高级设置】|【本地信息】命令，单击【默认图像文件夹】后面的【浏览文件夹】按钮，设为【d：\webstie\images】，如图 7-8 所示。然后单击【保存】按钮。

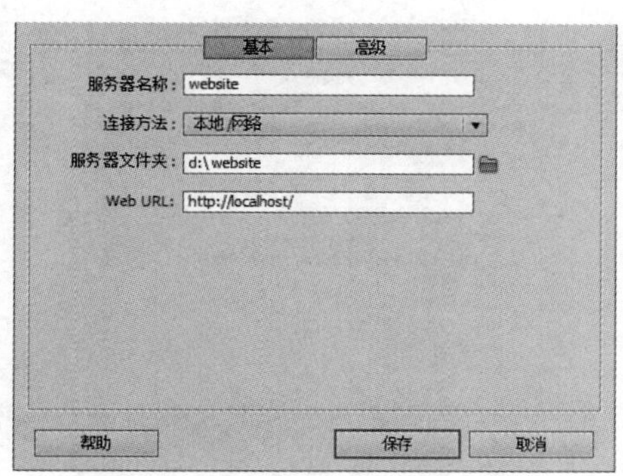

图 7-5

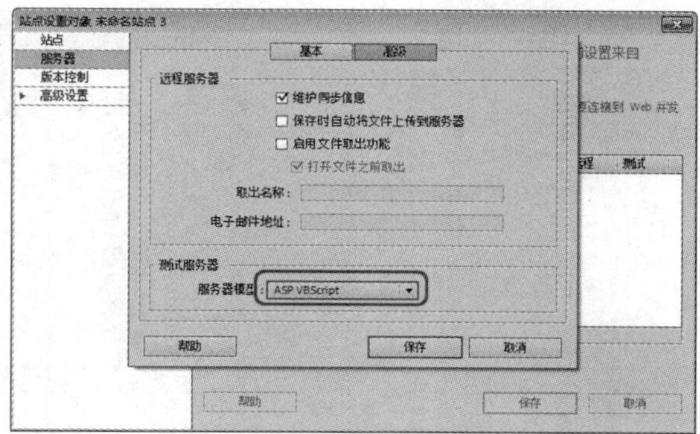

图 7-6

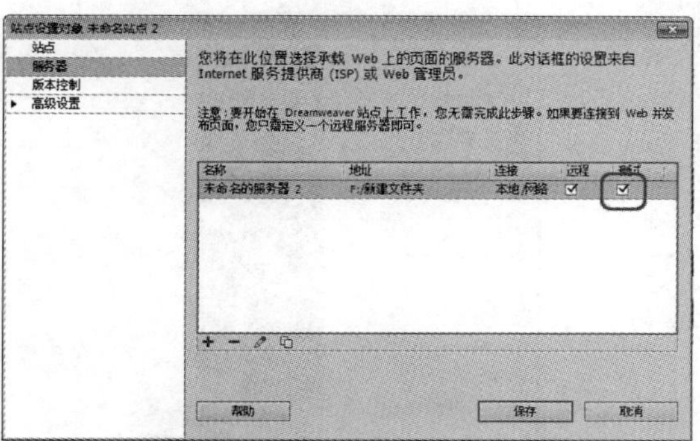

图 7-7

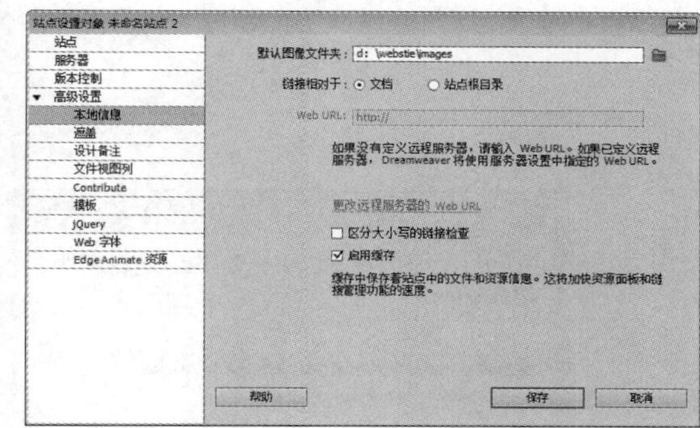

图 7-8

如上所述的是设置动态网站的操作，跟创建站点有所不同。若需要在已有的站点新建 ASP 网页，可以通过编辑站点来完成上述设置，即选择【站点】|【管理站点】命令，打开【管理站点】对话框，单击【编辑】按钮，打开【站点设置对象 my website】对话框来进行设置。

7.3.2　安装 IIS

在搭建动态网站平台时，需要在本地计算机中安装 IIS（互联网信息服务），在计算机中打开【控制面板】并选择【程序】，如图 7-9 所示。在此面板中可以安装 IIS，下面讲解安装 IIS 的具体步骤。

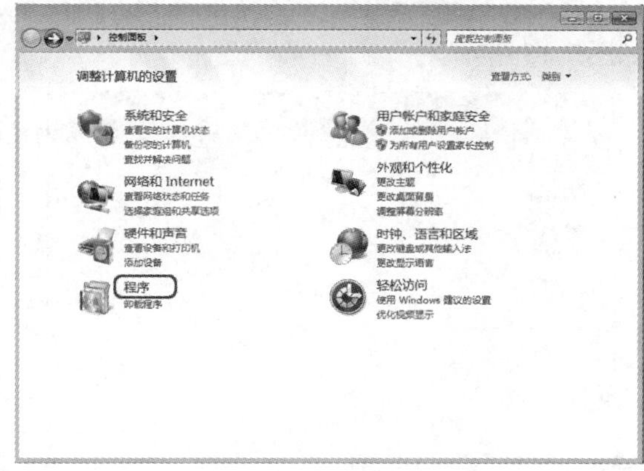

图 7-9

01　选择控制面板中【打开或关闭 Windows 功能】命令，如图 7-10 所示。

02　选择完成后即可打开【Windows】功能对话框，如图 7-11 所示。

03　在打开的对话框中单击【确定】按钮即可安装程序，如图 7-12 所示。

04　安装完成后，单击【开始】|【重新启动】即可，如图 7-13 所示。

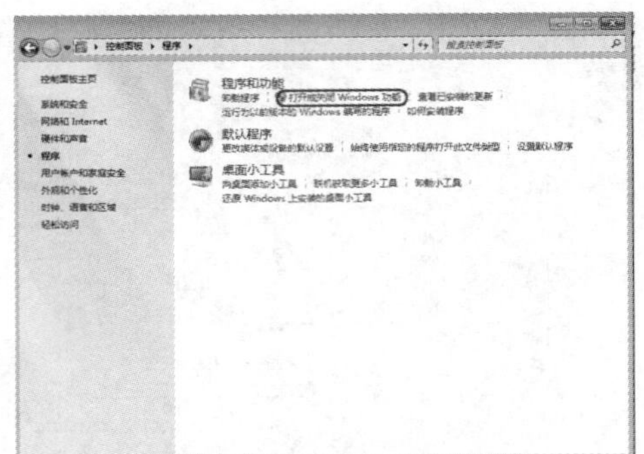
图 7-10

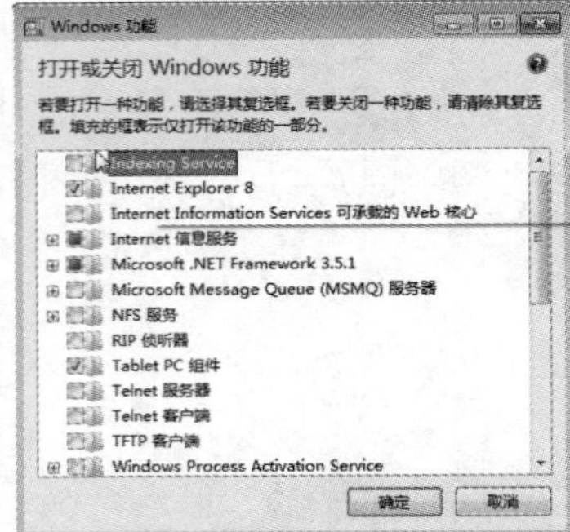

图 7-11

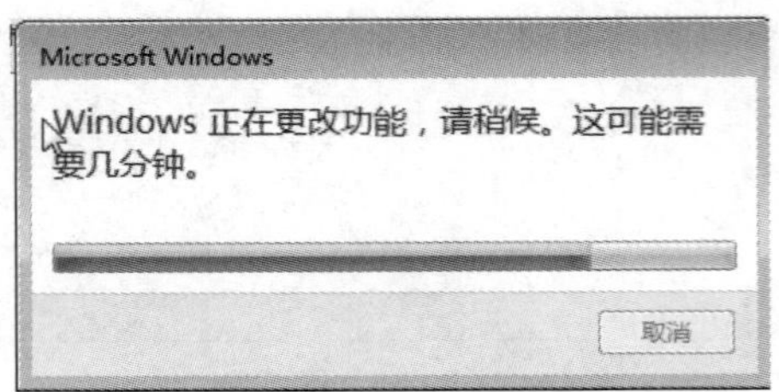

图 7-12

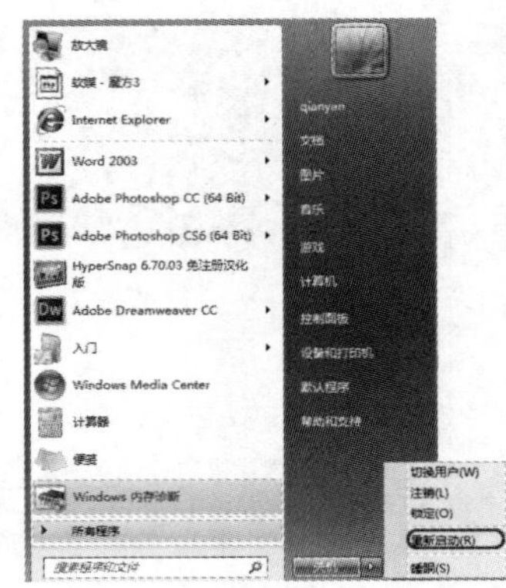
图 7-13

7.3.3 打开 IIS

IIS 安装成功后，在桌面中右击【计算机】图标，单击【管理】按钮，即可打开【计算机管理】对话框，如图 7-14 所示。

此时将打开管理器，选择【服务和应用程序】下拉列表中的【Internet 信息服务（IIS）管理器】，如图 7-15 所示。

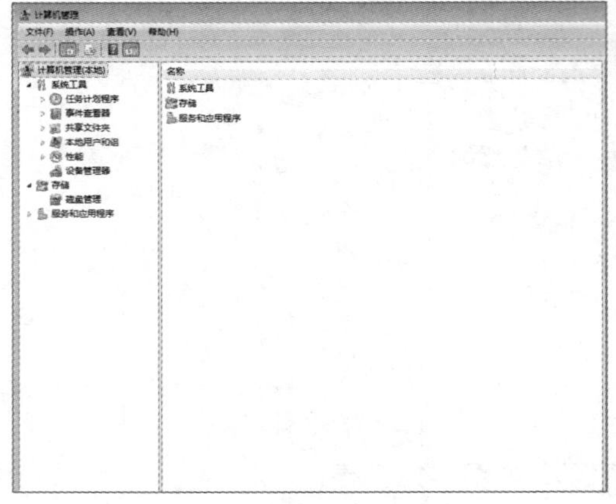
图 7-14

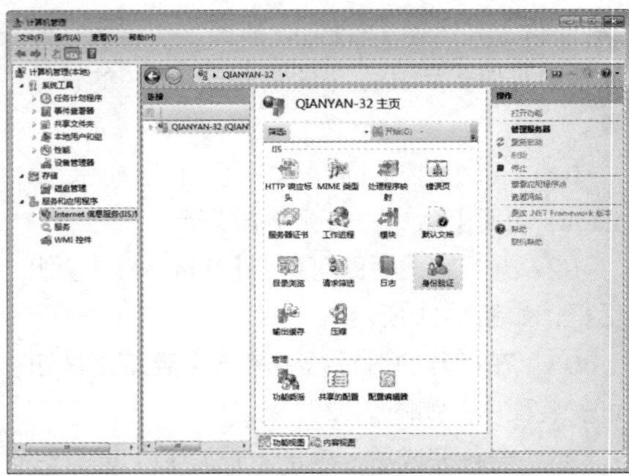
图 7-15

7.3.4　设置网站和主目录

01　在【Internet 信息服务(IIS)管理器】中展开【本地计算机】|【网站】，右击，在弹出的快捷菜单中选择【添加网站】命令，如图 7-16 所示。

02　此时将打开【添加网站】对话框，如图 7-17 所示。

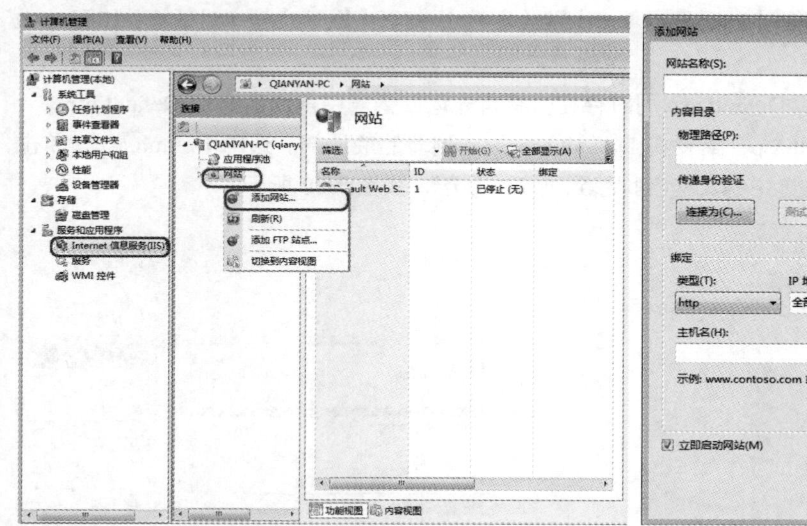

图 7-16

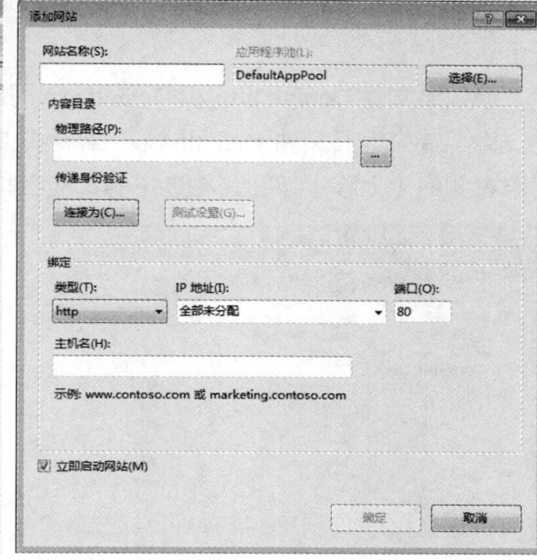

图 7-17

03　在【网站名称】文本框中输入该站点的名称 website。

04　设置【内容目录】中的【物理路径】，将【主机名】设置为 localhost，如图 7-18 所示。

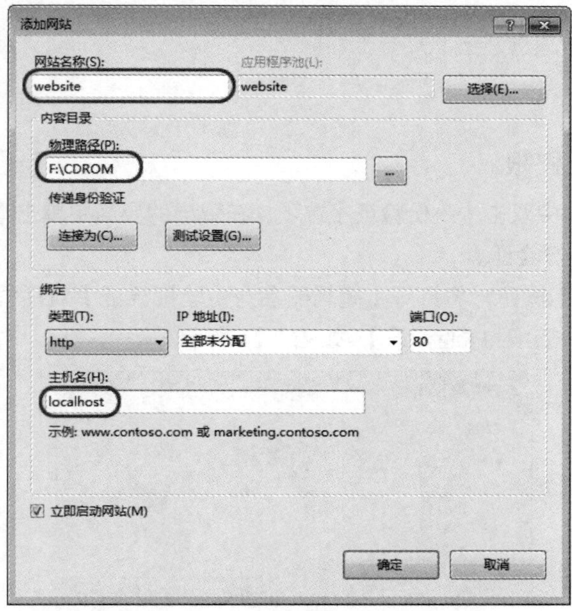

图 7-18

7.3.5 设置默认文档

当用户在浏览网站时，只要在地址栏中输入 www 网址并回车确认，就能打开网站的首页，并不需要输入网页的文件名。这是设置了默认文档的缘故，这样当浏览器请求没有指定文件名的文档时，会将默认文档返回给浏览器。

在【Internet 信息服务(IIS)器】对话框中单击【默认文档】，打开【默认文档】对话框，如图 7-19 所示。

但如果文件 Default.htm 和 Default.asp 同时存在，将首先返回列表中前面的文件 Default.htm。

为了首先返回文件 Default.asp，需要将 Default.asp 放到列表的最顶部。选中 Default.asp，单击列表右侧的【上移】按钮，将选中的文档名称移到列表的顶部，如图 7-20 所示。

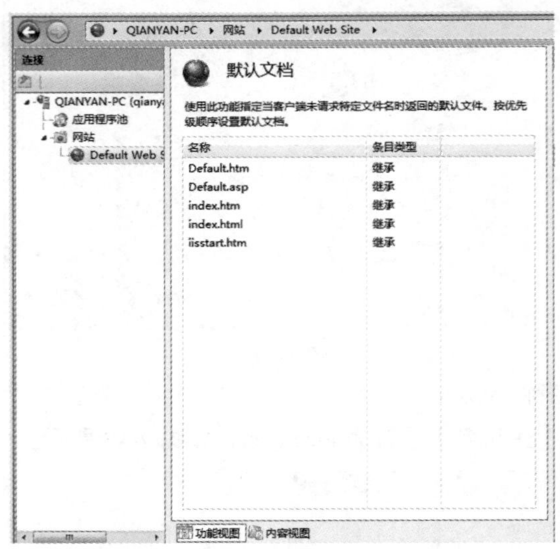

图 7-19

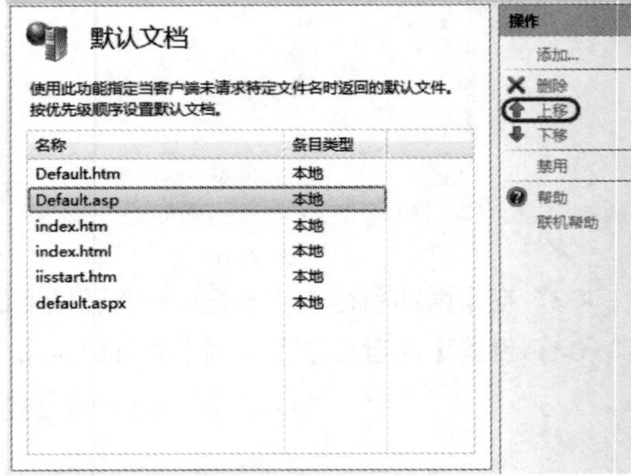

图 7-20

7.3.6 设置文档目录权限

01 在【IIS】选项组中双击【身份验证】选项，在弹出的界面中单击【操作】选项组中的【禁用】按钮，将取消匿名身份验证。

02 若单击【编辑】按钮，将打开【编辑匿名身份验证凭证】对话框，在此对话框中可以设置【特定用户】或选择【应用程序池标识】，如图 7-21 所示。

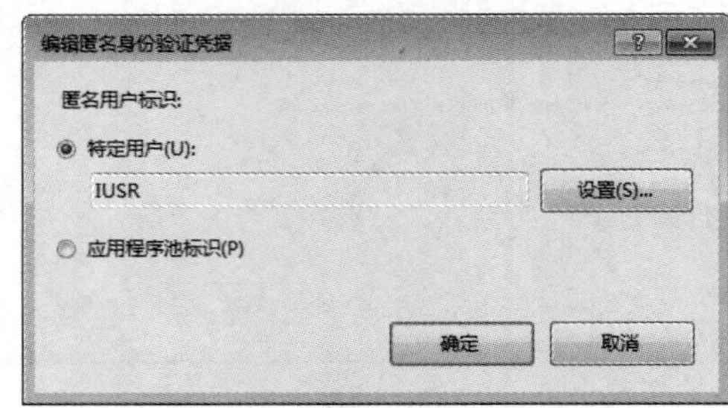

图 7-21

03 单击【设置】按钮，在弹出的对话框中可以设置验证凭据。这样可以设置匿名身份验证的凭证。

7.3.7　创建虚拟目录

每个 Internet 服务都可以从多个目录中发布。每个目录既可以位于本地驱动器，也可以分布在网络中，不过这些目录应使用“通用命名约定（UNC）”名称来指定，而且还要有用于验证权限的用户名和密码。虚拟服务器可以有一个主目录，此外还可以有任意数目的发布目录。这些另外的发布目录称为虚拟目录。为简化客户端 URL 地址，服务将整个发布目录集合以单个目录树的形式呈现给客户端。主目录是此虚拟目录树的根，每个虚拟目录在寻址时就好像是主目录的一个子目录。客户端也可以访问虚拟目录的实际子目录。只有万维网（WWW）服务才支持虚拟服务器；所以，FTP 服务和 gopher 服务只能有一个主目录。在 Internet 服务管理器中定义一个虚拟目录时，就会有一个别名与该虚拟目录关联。客户端在访问虚拟目录中的信息时会使用该别名。如果管理员未指定虚拟目录的别名，则 Internet 服务管理器会自动生成一个别名。 例如，管理员可以为 WWW 服务定义两个虚拟目录：C:\WWWRoot 和 D:\Webdata。如果是本地服务器，客户端将按如下方式访问这些虚拟目录：http://localhost/WWWRoot 和 http://localhost/data。

现在 Windows 7 系统中安装的是 IIS 7。在 IIS 7 中创建虚拟目录，具体操作步骤如下：

01 选择【开始】|【控制面板】命令，打开【控制面板】窗口。双击【管理工具】图标，进入【管理工具】页面，如图 7-22 所示。

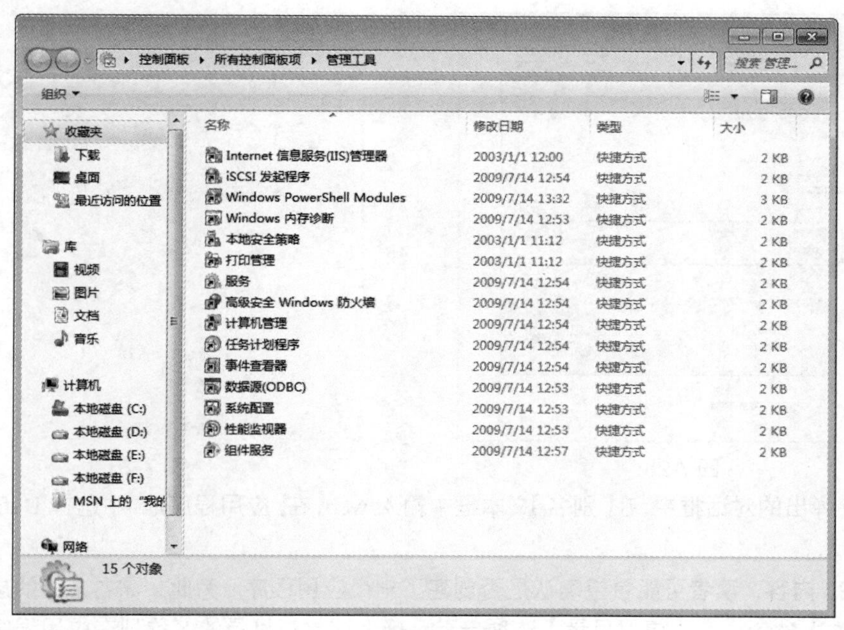

图 7-22

02 双击【Internet 信息服务】图标，打开【Internet 信息服务(IIS)管理器】窗口，展开服务器的名称，如图 7-23 所示。

03 选择网站下拉列表中的 Default Web Site 网站，右击，在弹出的菜单中选择【添加虚拟目录】，如图 7-24 所示。

04 在【添加虚拟目录】对话框中，为虚拟目录输入别名或名称（如 web），然后设置【物理路径】，如图 7-25 所示。

05 单击【确定】按钮，在管理面板的左侧出现一个【web】文件夹，选择【web】文件夹，右击，在弹出的快捷菜单中选择【转换为应用程序】命令，如图 7-26 所示。

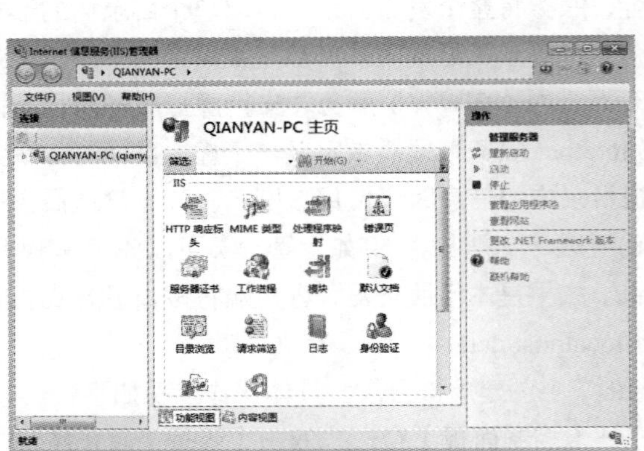

图 7-23

图 7-24

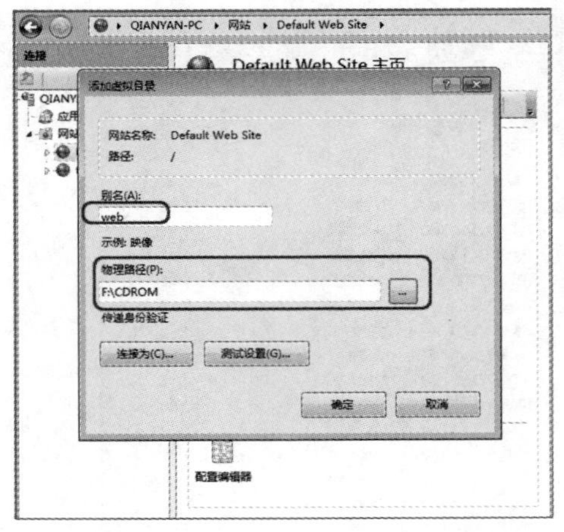

图 7-25

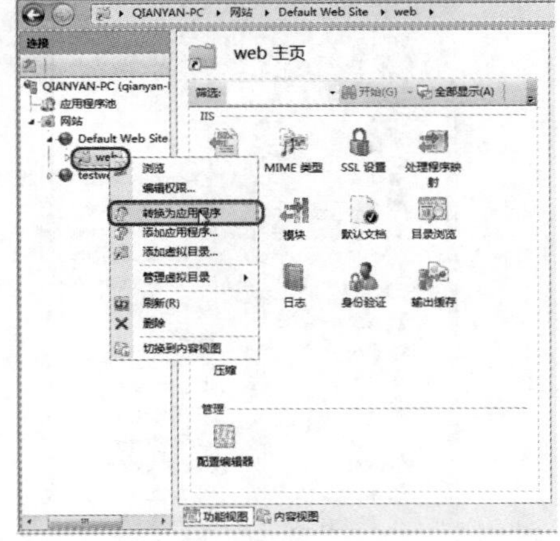

图 7-26

06 在弹出的对话框中，在【别名】文本框中输入 web，在【应用程序池】中选择 DefaultAppPool，如图 7-27 所示。

对于 ASP 内容，读者可能希望确认是否创建了一个应用程序。为此，需右击新的虚拟目录，然后选择【属性】命令。在【虚拟目录】选项卡上，确保该虚拟目录的名称列在应用程序设置下的应用程序名框中。如果没有，需单击创建。注意：应用程序名不一定与虚拟目录别名相匹配。

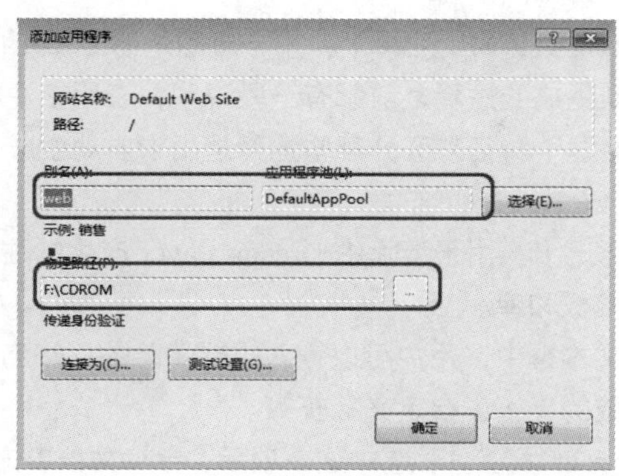

图 7-27

7.4　检查站点内的链接

在网页中，链接是必不可少的。一个大型站点中存在着数以百计甚至成千上万的链接，在链接的更改和维护过程中难免出现错误，而这种错误是最让人头疼的。因为修复大型站点中断开的链接（即所沿路径不再有效或指向不存在文件的链接）是既单调乏味又费时费力的工作。为了解决此问题，Dreamweaver 提供了一个检查链接的功能，可以对站点中的链接实施有效的管理。

7.4.1　检查网页链接

检查链接功能可用来在打开的文件、本地站点的某一部分或者整个本地站点中搜索断开的链接和未被引用的文件。Dreamweaver 仅验证那些指向站点内文档的链接，将出现在选定文档中的外部链接编成一个列表，但并不验证它们。

7.4.2　清理 HTML 代码

在编辑网页过程中，不可避免地产生冗长的 HTML 代码。不必要的代码会影响网页的下载速度和网页的兼容性，更糟糕的是，还会给编程人员的工作造成很大困难。所以，网页完成后需要想办法精简代码，使网页更加简洁。

01　选择菜单命令中的【命令】|【清理 HTML】命令，将打开【清理 HTML/XHTML】对话框，如图 7-28 所示。

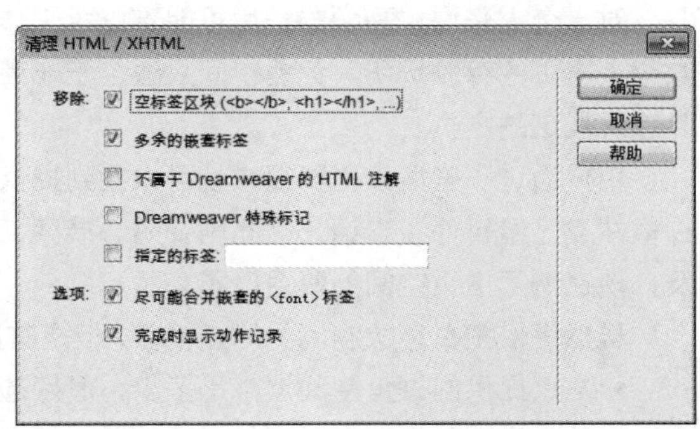

图 7-28

02　在【移除】选项组中有 5 个选项可以来清除不需要的代码，其中每项的具体作用如下。

- 【空标签区块】：用于清除没有包含任何内容的空标签。比如，选中后会删除<font size=2></font>这样的标签，但不会删除<font size=2>网站设计</font>这样的标签。
- 【多余的嵌套标签】：用于清除多余的 HTML 标签。

- 【不属于 Dreamweaver 的 HTML 注释】：用于删除所有非 Dreamweaver 自动生成的注释信息。Dreamweaver 自动生成的注释之前都有一段说明，表明该注释由 Dreamweaver 所添加，Dreamweaver 就是根据这个特征来区分哪些注释是由它自动生成、哪些注释不是由它生成的，并进行删除。
- 【Dreamweaver 特殊标记】：用于清除由 Dreamweaver 产生的注释；选中这一项会使应用过模板和库的网页脱离模板和库。
- 【指定的标签】：在文本框中，用户可以输入想要清除的标签名称。这一项主要用于删除由其他可视化编辑器生成的标签、自定义标签等。
- 【尽可能合并嵌套的<font>标签】：选中这一项后，会将文档中嵌套的<font>标记进行重新组合。比如，代码<font size="2"><font color="#ff0000">网站设计</font></font>，将合并成<font size="2" color="#ff0000 ">网站设计</font>。
- 【完成时显示动作记录】：选中这一项，会在精简代码操作完成后，显示提示信息。

如果网页是由 Word 文件另存成 HTML 文件的，那么可以选择菜单命令中的【命令】|【清理 Word 生成的 HTML】命令，这样可以专门清除由 Word 文件转换所产生的垃圾代码。

使用 Dreamweaver 可以有效地清除垃圾代码，但还是有很多代码必须手动去修改，因此防止垃圾的产生是最彻底的方法。

7.5 申请主页空间

站点中的网页制作完成后，就需要把它放到万维网（WWW）上，让全世界的网络浏览者都有机会参观该站点。目前，许多 ISP 提供了存放主页的服务，对于某个企业来说，拥有自己的域名、自己的主页是非常必要的。商标和公司名称应成为企业注册域名的首选。例如，科海的域名是 www.khp.com.cn，企业确定了域名以后就要申请域名注册，以免域名被别人抢注。

申请域名之后，需要选择提供虚拟主机服务的商家，有的商家收费低廉，但连接速度可能较慢；有的商家收费偏高，但连接速度较快。因此，企业在选择虚拟主机服务时，应该综合考虑所提供的各种服务和费用。

对于个人来说，高额的费用可能难以承受。网上有一些免费主页空间可以申请，这是网上大多数个人主页的存放场所。免费空间只适合于非商业性的个人主页，因为提供免费服务的站点有权删除违反规定的主页。

用户通过一些搜索引擎很快就可以找到提供主页空间的站点和公司。由于申请站点的网民很多，许多站点已经暂停了申请，因此需要耐心搜索，才能够找到相应站点。随着技术的发展和网络的普及，现在购买主页空间的费用也不高了。

虽然提供主页存放空间的站点很多，但是其服务质量各不相同，用户需要从以下方面综合考虑：

- 站点提供的磁盘空间大小是多少，最好选择主页空间较大的站点。
- 是否赠送免费的电子邮件、计数器、留言簿等。
- 允许使用何种方式上传站点。
- 服务质量和连接速度怎么样。

要拥有自己的个人主页，首先要到提供建立免费主页的站点注册，成为其会员。注册个人主页的方法不尽相同，一般站点在某个显著位置会有清楚的说明，引导用户完成其注册。注册成功后，服务器会根据用户注册时提供的电子邮件地址发一封确认邮件，告诉用户名、密码和地址等。

收到这份电子邮件后，用户就可以准备上传文件。使用 Dreamweaver 可以实现文件的上传。

7.6　宣传站点

辛辛苦苦制作出的网站，上传到网上后用户当然不希望会无人问津，如何让更多的人能迅速地访问到网站是一个十分重要的问题。企业网站建好以后，如果不进行推广，那么企业的产品与服务在网上就仍然不为人所知，起不到建立站点的作用，所以企业在建立网站后应着手利用各种手段推广自己的网站。网站的宣传有很多种方式，下面介绍几种网站的推广方法。

- 经权威机构调查，全世界 85%以上的互联网用户采用搜索引擎来查找信息，而通过其他推广形式访问网站的不足 15%，这就意味着当今互联网最为经济、实用和高效的网站推广形式就是搜索引擎登录。所以，将自己的网站注册到搜索引擎是一种推广的好方法。
- 在网站排行榜上登记。如果站点的日访问人数很高，有幸进入某个排行榜的前 100 位，那么知名度会大大提高，访问的人数也会更多。
- 广告交换是宣传网站的一种较为有效的方法。登录到广告交换网，填写一些主要的信息，如广告图像、网站网址等，之后它会要求将一段 HTML 代码加入网站中。这样广告条就可以在其他网站上出现。当然，网站上也要出现其他网站的广告条。
- 友情链接。虽然友情链接的有效链接率并不高，但是要记住，网络是人与人交流的新渠道。在网络上结识大量的网友，是一件令人兴奋和自豪的事。
- 到各种 BBS 论坛中宣传自己的网站，引起网友的兴趣和注意。

虽然站点的宣传固然重要，但用户还必须定期和及时更新自己的网页，始终让它有新的内容和新的面貌，这样才能吸引更多的网友前来观看。

要想让网友访问自己的网站，首先得让他们记住自己的网站，因此有一个好名字是很重要的。怎样算是一个好名字？总的来说，好的网站名字必须做到简单明了、内涵丰富，当然还必须有吸引力。

7.6.1　简单明了

网站名字需要简单明了，这一点是显而易见的，要让人记住就必须简单。众所周知的新浪网，它的前身是用 sinanet.com 这个域名，后来跟四通利方合并后，换成现在的 sina.com。网易也把以前的 nease.net 和 netease.com 弃置一旁，现在对外宣传全部都改用 163.com，原因是后者比前者简短，更容易记忆。虽然有许多这样的名字已经被注册，但仍有大量未被使用过的字母、数字组合。

7.6.2　内涵丰富

一个域名最终的价值是它带来商机的能力。例如，凤凰卫视的网站域名选用了 phoenix.com，为什么不用更简单的 ptv.com 呢？虽然 ptv.com 简单易记，但它缺乏一种深刻的含义，容易跟 atv.com、ktv.com 等混淆。phoenix.com 除了可以贴切地译为“凤凰”之外，还体现了凤凰卫视的企业文化。

另外，有的域名还带有一种人情味，如 5i5j.com 就表达了对家的热爱，因此能引起很多人的共鸣，mycar.com 能给人一种很亲切的感觉。

7.7 习题

1. 选择题

（1）在网页中，链接是必不可少的，而往往在链接的更改和维护过程中难免会出现错误，因此 Dreamweaver 提供了一个________的功能。

A. 检查链接　　B. 外部链接　　C. 孤立文件

（2）如果要查找并修复断开的链接，可以打开站点的文件窗口，然后从菜单栏中选择【站点】|【________】命令，检查的结果出现在【链接检查器】面板中。

A. 站点的建立　　B. 改变站点范围的链接　　C. 检查站点范围的链接

2. 填空题

（1）检查链接功能可用来在打开的文件、本地站点的某一部分或者整个本地站点中搜索______和________。

（2）动态网站建设就是网站中的网页使用________、________、________等程序语言进行编写，并且网页中某一部分或所有内容通过数据库链接，然后将数据库中的数据显示在网页相应的位置。

第 8 章　初识 Flash CC

本章重点

- Flash 工作界面
- 常用面板
- 场景
- 时间轴
- 优化与输出影片

通过本章的学习，读者能对 Flash CC 的概念及特色有一定的了解，并确立学习的重点。对这些特性的介绍，能激发起读者对 Flash 的兴趣。只要拥有对动画的热情，读者都将会成为出色的动画制作者。

8.1　Flash CC 工作界面

启动 Flash CC 后的工作界面如图 8-1 所示。

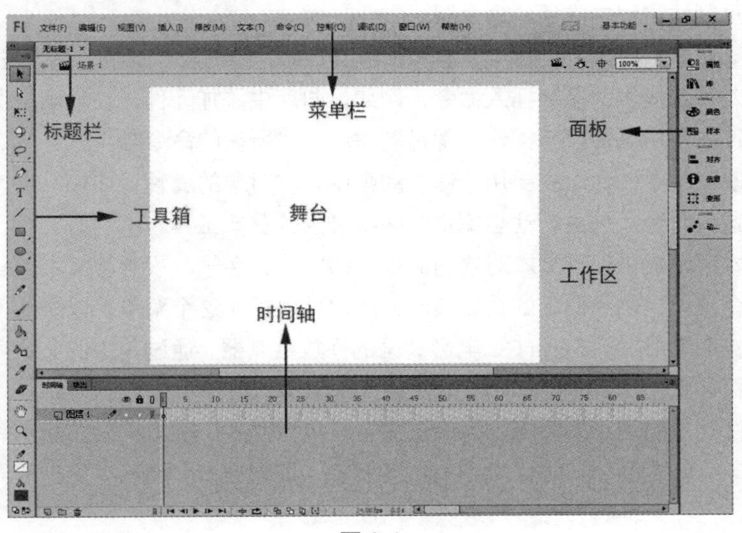

图 8-1

通常情况下，使用 Flash 创建或编辑电影时，将涉及如下几个关键的区域。

- 标题栏：显示应用程序名和当前的文件名。

- 菜单栏：包含 Flash 所有的功能命令，单击某个菜单项后，即可从弹出的下拉菜单中选择要使用的命令。
- 工具箱：包含用于创建、放置和修改文本与图形的工具。
- 时间轴：显示动画场景、图层、帧等重要信息，控制动画的长度，以及当前编辑中的动画或元件的图层和帧的位置。
- 舞台：创作影片中各个帧内容的区域，既可以在其中直接绘制插图，也可以在舞台中安排导入的插图。
- 工作区：舞台以外的灰色区域。
- 面板：与动画编辑相关的控制面板及窗口，如【属性】面板、【混色器】面板、【组件】面板等。要显示或隐藏某个面板，只需从【窗口】菜单中选择相应的命令即可。

8.1.1 菜单栏

菜单是使用软件的基础，Flash CC 提供了 11 组菜单，这些菜单包含了 Flash 的大部分操作命令，如图 8-2 所示，下面先概述介绍它们的基本功能，在后面的学习过程中，读者可通过使用逐步加深对各种菜单命令的理解。

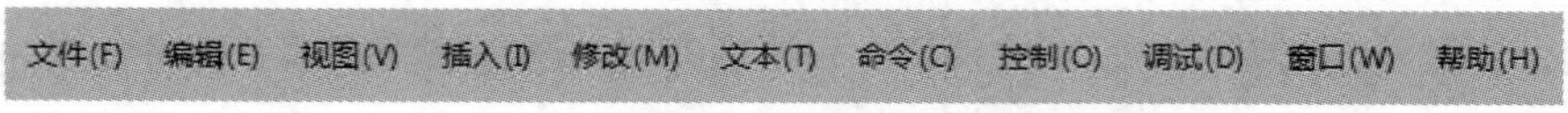

文件(F) 编辑(E) 视图(V) 插入(I) 修改(M) 文本(T) 命令(C) 控制(O) 调试(D) 窗口(W) 帮助(H)

图 8-2 菜单栏

- 文件：文件菜单主要用于一些基本的文件管理操作，如新建、保存、打印等，也是最常用和最基本的功能。
- 编辑：编辑菜单主要用于进行一些基本的编辑操作，如复制、粘贴、选择及相关设置等，它们都是动画制作过程中常用的命令组。
- 视图：视图菜单中的命令主要用于屏幕显示的控制，如缩放、网格、各区域的显示与隐藏等。
- 插入：插入菜单提供的多为插入命令，例如，向库中添加元件、在动画中添加场景、在场景中添加层、在层中添加帧等操作，都是制作动画时所需的命令组。
- 修改：修改菜单中的命令主要用于修改动画中各种对象的属性，如帧、层、场景，甚至动画本身等，这些命令都是进行动画编辑时必不可少的重要工具。
- 文本：文本菜单提供处理文本对象的命令，如字体、字号、段落等文本编辑命令。
- 命令：命令菜单提供了命令的功能集成，用户可以扩充这个菜单，以添加不同的命令。
- 控制：控制菜单相当于 Flash CC 电影动画的播放控制器，通过其中的命令可以直接控制动画的播放进程和状态。
- 调试：调试菜单提供了影片脚本的调试命令，包括跳入、跳出、设置断点等。
- 窗口：窗口菜单提供了 Flash CC 所有的工具栏、编辑窗口和面板，是当前界面形式和状态的总控制器。
- 帮助：帮助菜单包括了丰富的帮助信息、教程和动画示例，是 Flash CC 提供的帮助资源的集合。

8.1.2　工具箱

Flash 是一款非常优秀的交互式矢量动画制作软件，为用户提供了非常丰富的用于图形绘制的变价的各种工具，这些工具非常有特色，完全可以满足用户日常工作的需求，如图 8-3 所示。

绘图工具栏中包括如下内容。

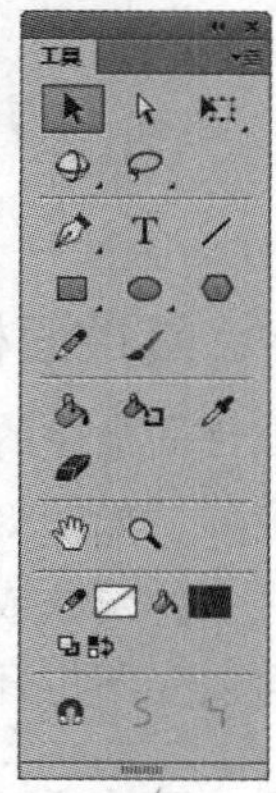
图 8-3

- 选择工具：选择图形、拖动、改变图形形状。
- 部分选取工具：选择图形、拖动和分段选取。
- 任意变形工具：变换图形形状。
- 3D 旋转工具：必须对影片剪辑实例才起作用，点击 3D 工具，出现一个 3D 旋转轴，这时候可以进行 3D 变化。
- 套索工具：选择部分图像。
- 钢笔工具：制作直线和曲线。
- 文本工具：制作和修改字体。
- 线条工具：制作直线条。
- 椭圆工具：制作椭圆形。
- 矩形工具：制作矩形和圆角矩形。
- 基本矩形工具：制作可编辑的矢量矩形。
- 基本椭圆工具：制作可编辑的椭圆形。
- 多角星形工具：制作多个角的星形。
- 铅笔工具：制作线条和曲线。
- 刷子工具：制作闭合区域图形或线条。
- Deco 工具：Deco 工具可以快速画出一些特定的图案。
- 骨骼工具:制作反向运动的动画。
- 颜料桶工具：填充和改变封闭图形的颜色。
- 墨水瓶工具：改变线条的颜色、大小和类型。
- 滴管工具：选取颜色。
- 橡皮擦工具：去除选定区域的图形。

8.1.3　时间轴面板

时间轴面板用于组织和控制影片内容在一定时间内播放的层数和帧数。与胶片一样，Flash 影片也将时长分为帧。图层就像层叠在一起的幻灯胶片一样，每个图层都包含一个显示在舞台中的不同图像。时间轴的主要组件是图层、帧和播放头，如图 8-4 所示。

图层列位于时间轴面板的左侧。当创建一个新的 Flash 文档后，会自动添加一个图层。用户还可以添加更多的图层，每个图层中包含的帧显示在该图层名右侧的一行中。如果有许多图层，无法在时间轴中全部显示出来时，则可以使用时间轴右侧的滚动条查看其他的图层。

播放头在时间轴上移动时，可以指示当前显示在舞台中的帧。时间轴标尺显示动画的帧编号。要在舞台上显示帧，可将播放头移动到时间轴中该帧的位置。

时间轴状态显示在时间轴的底部，它指示所选的帧编号、当前帧频及到当前帧为止的运行时间。

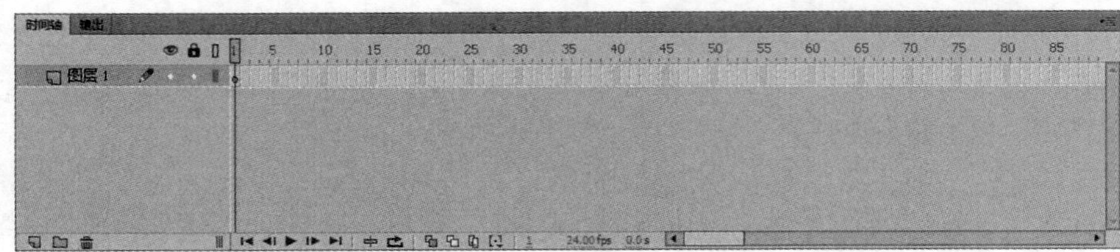

图 8-4

8.1.4 属性面板

属性面板中的内容不是固定的，它会随着选择对象的不同而显示不同的设置项，如图 8-5 所示。例如，选择绘图工具时的【属性】面板和选择工作区中的对象或选择某一帧时的属性面板都提供与其相应的选项。因此用户可以在不打开面板的状态下，方便地设置或修改各属性值。

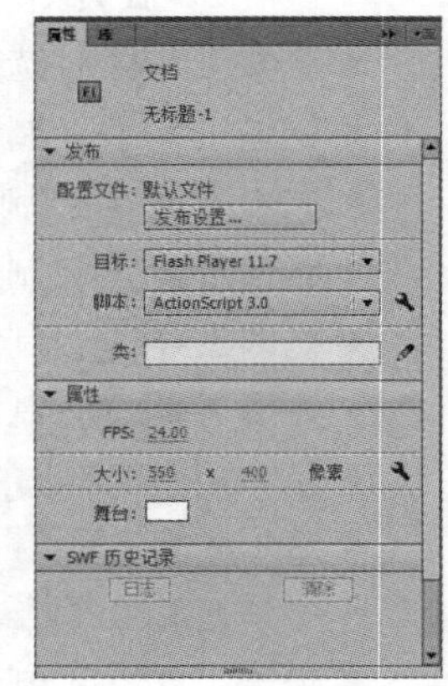

图 8-5

8.1.5 舞台和工作区

舞台是用户在创作时观看自己作品的场所，也是用户对动画中的对象进行编辑、修改的场所。对于没有特殊效果的动画，在舞台上也可以直接播放，而且最后生成的.SWF 播放文件中播放的内容也只限于在舞台上出现的对象，其他区域的对象不会在播放时出现。

工作区是舞台周围的所有灰色区域，通常用作动画的开始和结束点的设置，即动画过程中对象进入舞台和退出舞台时的位置设置。工作区中的对象除非在某时刻进入舞台，否则不会在影片的播放中看到。

舞台和工作区的分布如图 8-6 所示。

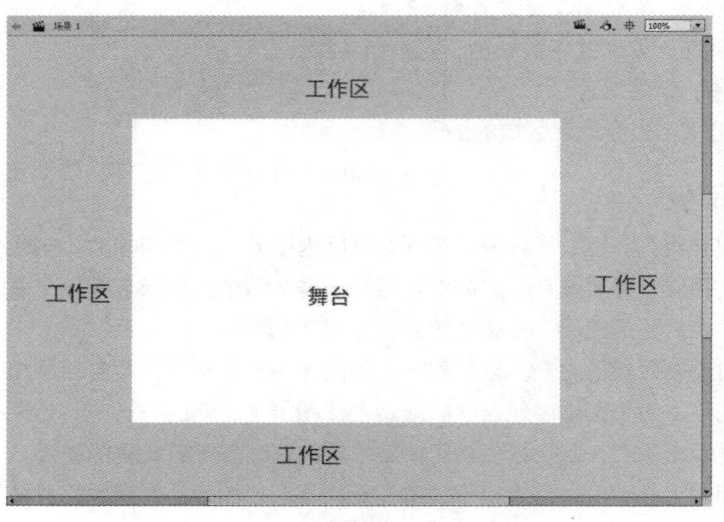

图 8-6

舞台是 Flash CC 中最主要的可编辑区域，在舞台中可以直接绘图，或者导入外部图形文件进行编辑，再把各个独立的帧合成在一起，以生成最终的电影作品。与电影胶片一样，Flash 影片也将时长分为帧。舞台就是创作影片中各个帧内容的区域，可以在其中直接勾画插图，也可以在舞台中安排导入的插图。

8.1.6　对象编辑的辅助工具

1. 标尺

标尺是丈量物体尺寸的工具，在 Flash 中调用标尺可以获知光标所在的坐标位置和动画角色放置的坐标位置，可以预测动画角色的大致尺寸，同时使动画设计人员更加清楚 Flash 创作环境的坐标系规定。

在文档中显示标尺，只需选择菜单栏中【视图】|【标尺】命令，这时在文档的左沿和上沿会显示标尺，如图 8-7 所示。

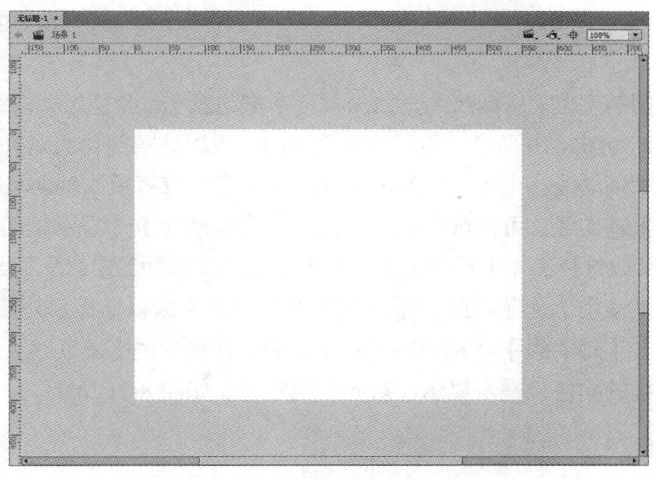

图 8-7　标尺

2. 网格

使用过坐标纸进行绘图的用户，一看网格就会明白其用处。在 Flash 创作环境中，网格同样具有控制对象定位的功能，同时也为用户绘制矢量图形提供了方便。利用网格功能，用户可以比较轻松地实现在 Flash 界面中的机械制图，当然用户必须先要熟练掌握工具箱中的矢量绘图工具。

网格是显示或隐藏在所有场景中的绘图栅格，如图 8-8 所示。

显示或隐藏网格的方法是选择菜单【视图】|【网格】|【显示网格】命令或者按快捷键【Ctrl+'】。如果选择菜单【视图】|【贴紧】|【贴紧至网格】命令，则舞台中的实例在排版时可以吸附到网格所交叉的点上；选择菜单【视图】|【网格】|【编辑网格】命令或按【Ctrl+Alt+G】组合键，在打开的【网格】对话框中编辑网格间的尺寸等信息，如图 8-9 所示。

- 颜色：设置网格线的颜色。
- 显示网格：设置是否显示网格。
- 在对象上方显示：网格显示在最顶层，不被覆盖。
- 贴紧至网格：设置是否吸附到网格。

- 左右、上下箭头：设置网格线的间距，单位为像素。
- 贴紧精确度：设置对齐网格线的精确度。

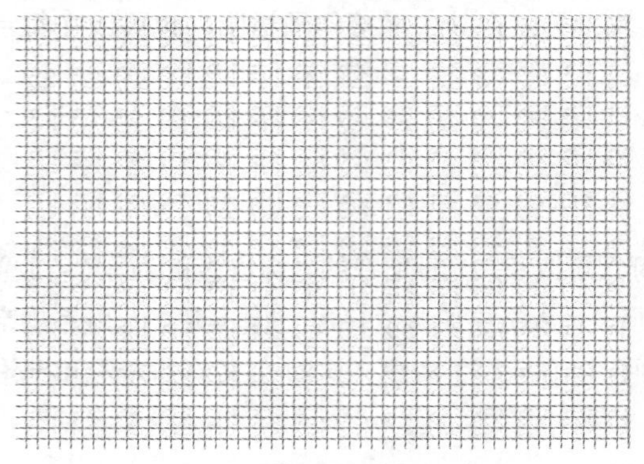

图 8-8

网格

颜色：
显示网格(G)
在对象上方显示(O)
贴紧至网格(T)
10 像素
10 像素
贴紧精确度(A): 一般
确定
取消
保存默认值(S)

图 8-9

3. **辅助线**

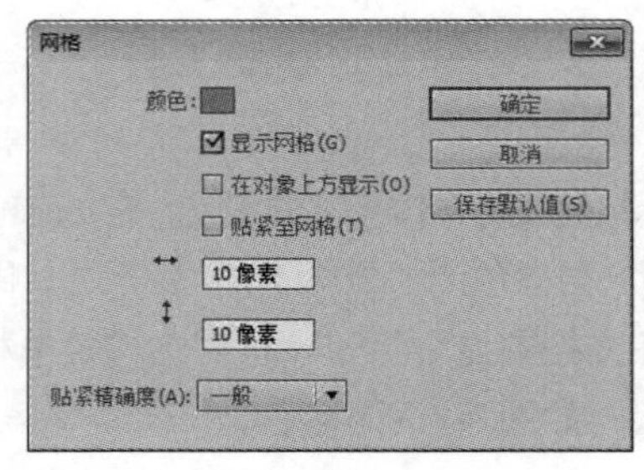

辅助线也用于实例的定位。从标尺处开始向舞台中拖动鼠标，会拖出一条绿色（默认）的直线，这条直线就是辅助线，如图 8-10 所示。不同的实例之间可以以这条线作为对齐的标准。用户可以移动、锁定、隐藏和删除辅助线，也可以将对象与辅助线对齐，或者更改辅助线颜色和对齐容差。

如果想显示或隐藏辅助线，可以选择菜单【视图】|【辅助线】|【显示辅助线】命令；如果想让实例与辅助线对齐，可以选择菜单【视图】|【贴紧】|【贴紧至辅助线】命令；当不再需要辅助线时，可以将其删除，方法是使用【选择工具】将辅助线拖到水平或垂直标尺外部即可。

选择菜单【视图】|【辅助线】|【编辑辅助线】命令，在弹出的【辅助线】对话框中进行辅助线参数的设置，如辅助线的颜色、是否显示、对齐、锁定等，如图 8-11 所示。

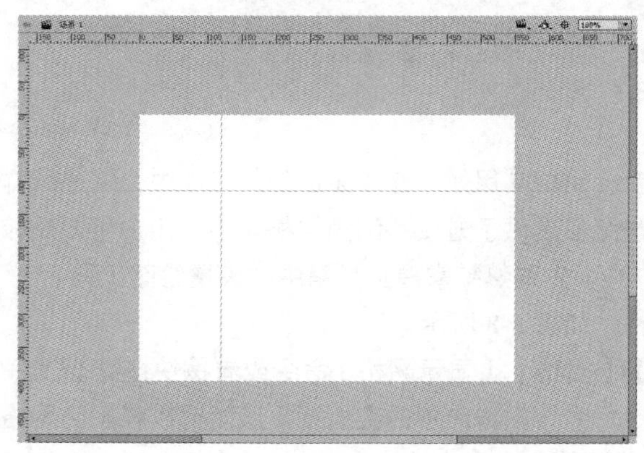

图 8-10

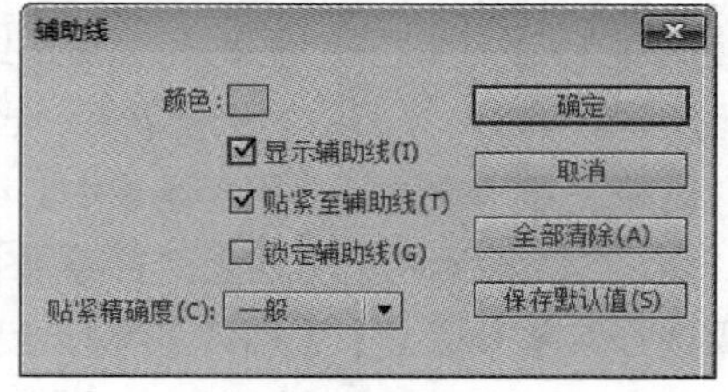

图 8-11

- 颜色：设置辅助线的颜色。
- 显示辅助线：设置是否显示辅助线。
- 贴紧至辅助线：设置是否吸附到辅助线。
- 锁定辅助线：设置是否将辅助线锁定。
- 贴紧精确度：设置对齐辅助线的精确度。

8.2　常用面板

Flash 中包含了各种可以移动和任意组合的功能面板，下面将介绍常用的几个面板。

8.2.1　颜色面板

选择菜单【窗口】|【颜色】命令，打开【颜色】面板，如图 8-12 所示。【颜色】面板主要用来对图形对象进行颜色设置。

如果已经在舞台中选定了对象，则在【颜色】面板中所做的颜色更改会应用到该对象上。用户可以在 RGB、HSB 模式下选择颜色，或者使用十六进制模式直接输入颜色代码，还可以指定 Alpha 值定义颜色的透明度。另外，用户还可以从现有调色板中选择颜色。对舞台实例应用渐变色，还有一个【亮度】调节控件可用来修改所有颜色模式下的颜色亮度。

将【颜色】面板的填充样式设置为【线性】或者【放射状】时，【颜色】面板会变为渐变色设置模式。这时需要先定义好当前颜色，然后再拖动渐变定义栏下面的调节指针来调整颜色的渐变效果。并且，通过单击渐变定义栏还可以添加更多的指针，从而创建更复杂的渐变效果，如图 8-13 所示。

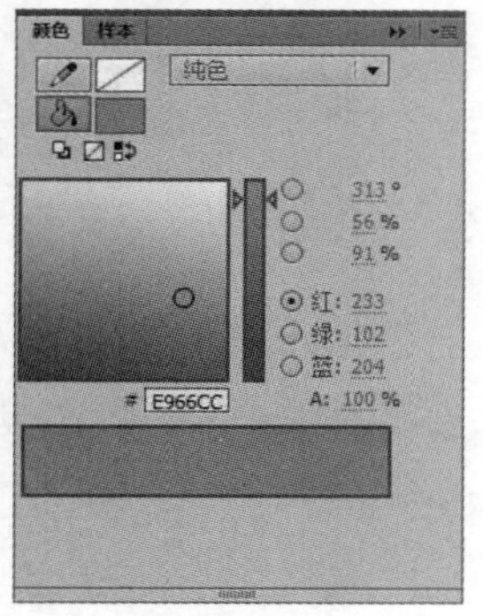

图 8-12

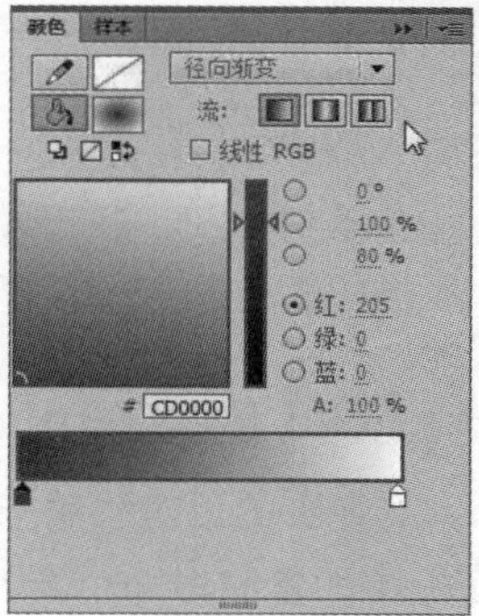

图 8-13

提示：如果要添加调节指针，可在鼠标光标变为 ⇘ 时单击即可添加调节指针，如果要删除调节指针可按住【Ctrl】键的同时单击需要删除的调节指针即可。

8.2.2　样本面板

为了便于管理图像中的颜色，每个 Flash 文件都包含一个颜色样本。选择菜单【窗口】|【样本】命令，就可以打开【样本】面板或按【Ctrl+F9】组合键也可以打开【样本】面板，如图 8-14 所示。

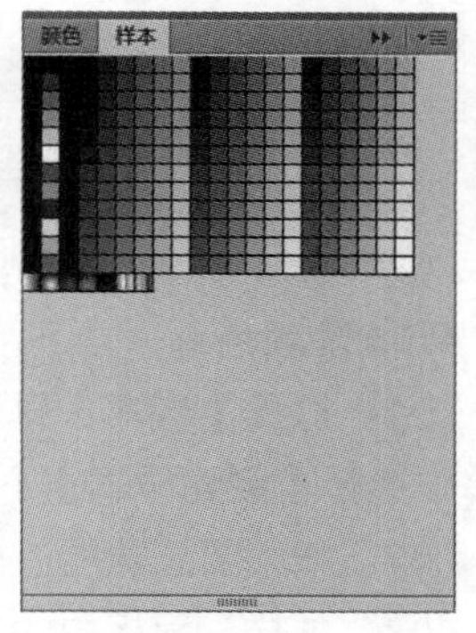

图 8-14

【样本】面板分为上下两个部分：上部是纯色样表，下部是渐变色样表。这里先讨论纯色样表。默认纯色样表中的颜色称为“Web 安全色”。

1. Web **安全色**

在 MAC 系统和 Windows 系统中查看同一张图片，会发现两张图片的颜色亮度有细微的差别，一般在 Windows 中会显得亮一些。

为了让图片在不同系统中的显示效果一致，国际上提出了“Web 安全色”概念。只要图片中使用的是 Web 安全色，就能保证图像的浏览效果是一致的。Web 安全色共有 216 种，即默认情况下【样本】面板中的那些颜色。

2. **添加颜色**

01 打开【颜色】面板，单击【填充颜色】按钮，并调制出一种颜色，如图 8-15 所示。

02 打开【样本】面板，将光标移到面板底部空白的区域，这时光标变成一个油漆桶，如图 8-16 所示。

03 单击，将【颜色】面板中调好的颜色添加到【样本】面板中，如图 8-17 所示。

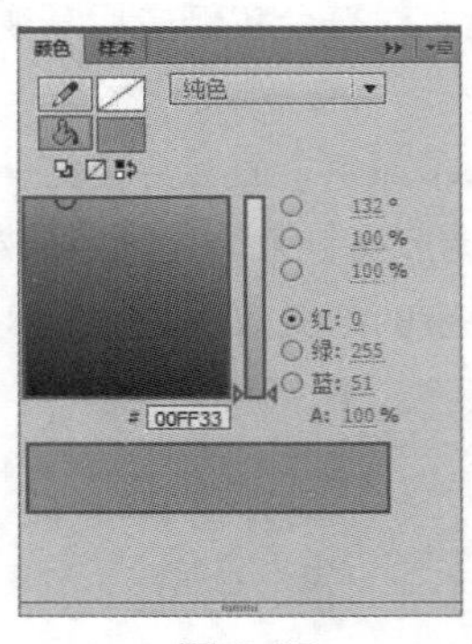

图 8-15

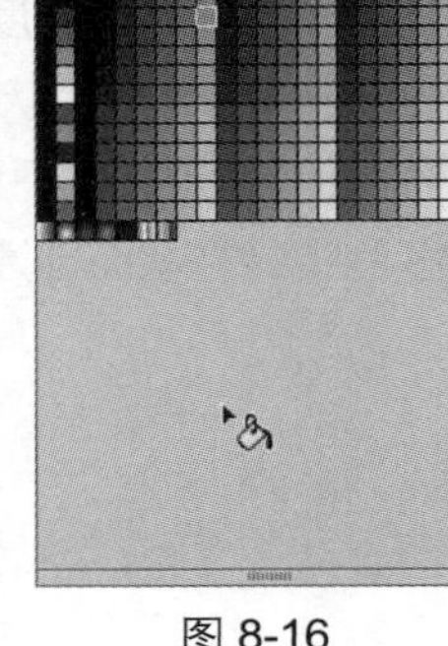

图 8-16

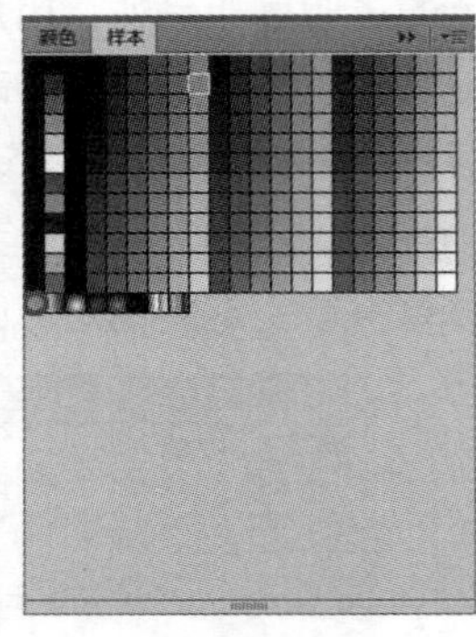

图 8-17

3. **复制颜色**

01 打开【样本】面板，单击用户要复制的颜色，然后单击面板右上角的按钮展开菜单，如图 8-18 所示。从弹出的下拉菜单中选择【直接复制样本】命令。

02 在面板中即复制出一个新的色块，如图 8-19 所示。

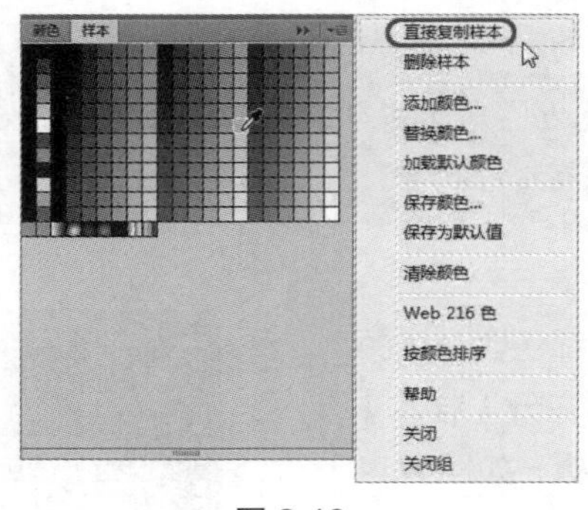

图 8-18

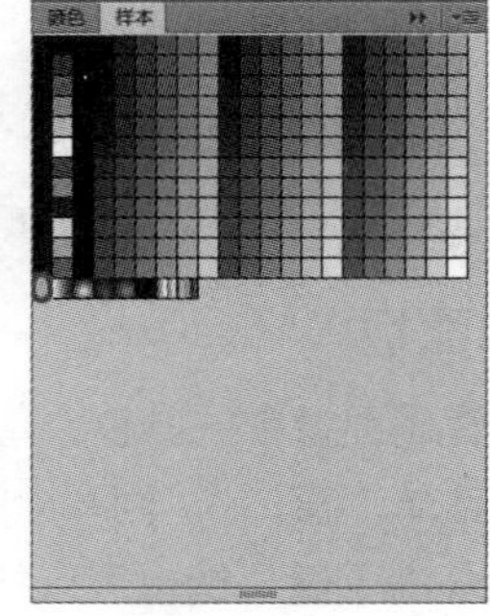

图 8-19

4. **删除颜色**

01 打开【样本】面板，选中要删除的色块，然后单击面板右上角的按钮，在弹出的下拉菜单中选择【删除样本】命令，删除选中的色块，如图 8-20 所示。

02 如果要删除所有的色块，可以选择【清除颜色】命令，如图 8-21 所示。

03 这样，面板中的色块都会被清除，如图 8-22 所示。

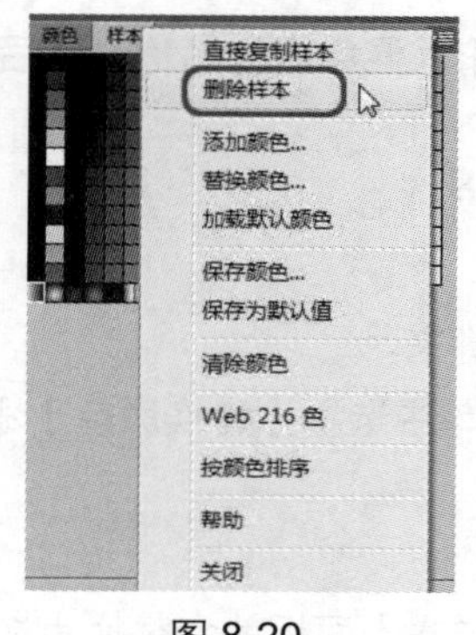

图 8-20

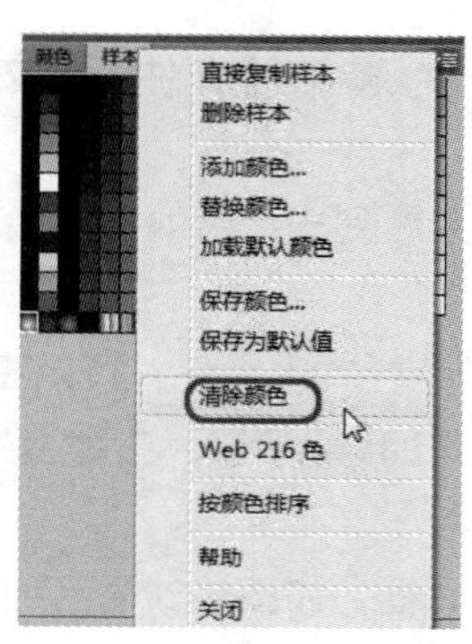

图 8-21

图 8-22

5. 保存为默认值

通过复制、删除等方式，最终可以创建出一个自己的颜色样表，如图 8-23 所示。

如果希望在新建文件时，将当前颜色样表作为颜色样表，就需要将当前的颜色样表保存为默认颜色样表。要达到这个目的，只需选择面板菜单中的【保存为默认值】命令即可，如图 8-24 所示。

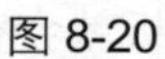

图 8-23

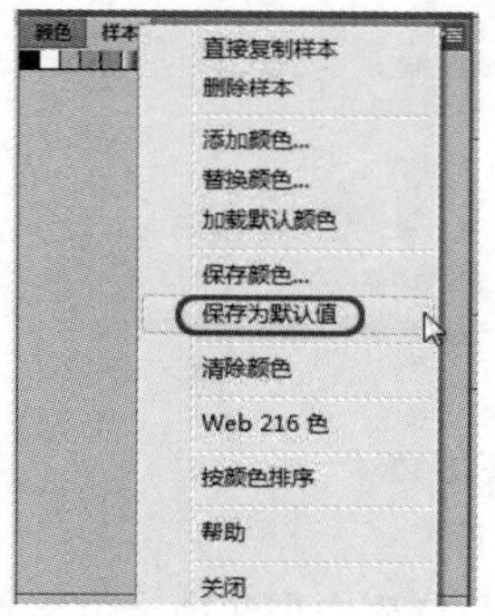

图 8-24

6. 导出颜色样本

有时用户并不想覆盖默认的颜色样表，只是需要保存样本，这时可以将它导出为一个文件。

01 在【样本】面板中单击右上角的按钮，在弹出的下拉菜单中选择【保存颜色】命令，这时将弹出【导出色样】对话框，如图 8-25 所示。

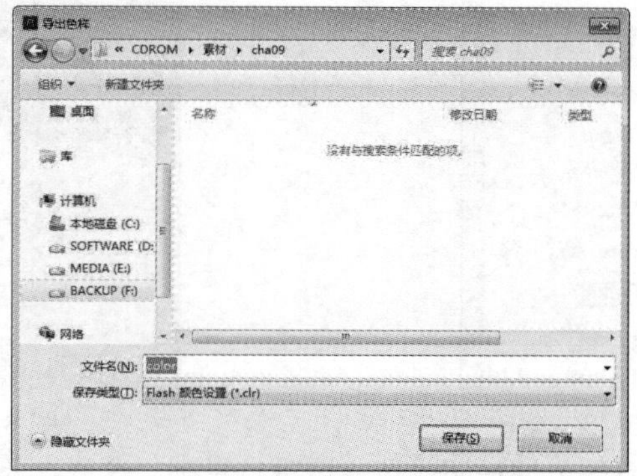

图 8-25

02 在该对话框中指定保存的路径，并在【文件名】文本框中输入混色器的名称，然后单击【保存】按钮将文件保存。

03 打开选择保存文件的位置，会看到一个新的扩展名为.clr 的文件。

7. 导入颜色样本

用户如果希望使用自己创建的【颜色样本】文件，可以将它导入进来。

01 在【样本】面板中单击右上角的▾≡按钮，在弹出的下拉菜单中选择【替换颜色】命令，如图 8-26 所示。

02 这时将弹出【导入色样】对话框，如图 8-27 所示。

03 从中找到文件，然后单击【打开】按钮将其导入。这时【样本】面板就会替换为文件中的颜色样表。

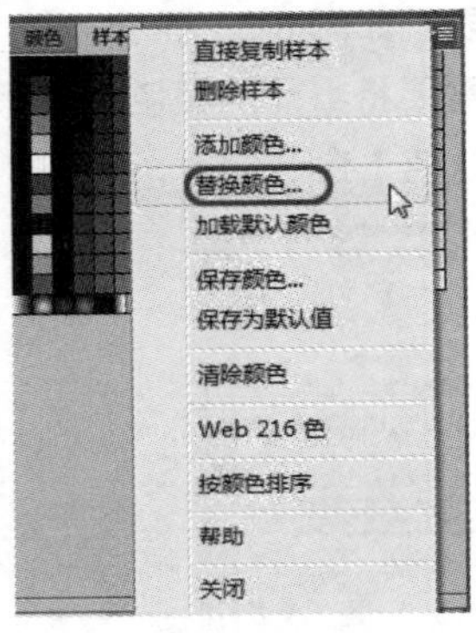

图 8-26

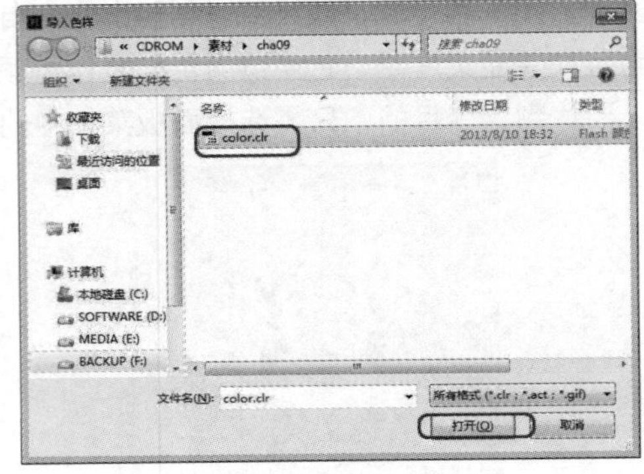

图 8-27

8. 颜色样表排序

要在默认的颜色样表中很快地定位某种颜色并不太容易。为了更快地定位颜色，用户可按照色相对样表中的颜色进行排序。

单击【样本】面板右上角的▾≡按钮，在弹出的下拉菜单中选择【按颜色排序】命令，如图 8-28 所示，排序后的样本面板如图 8-29 所示。

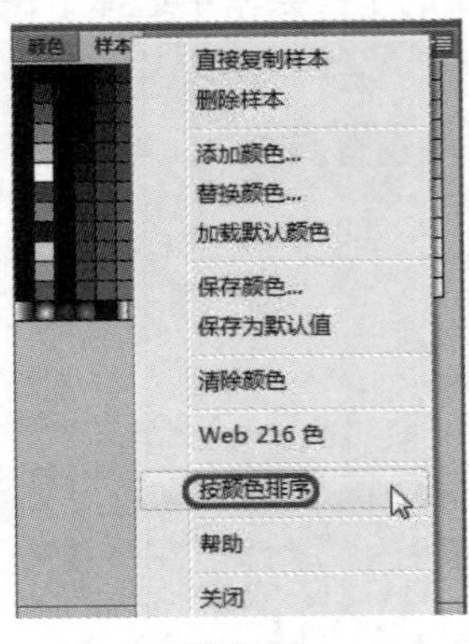

图 8-28

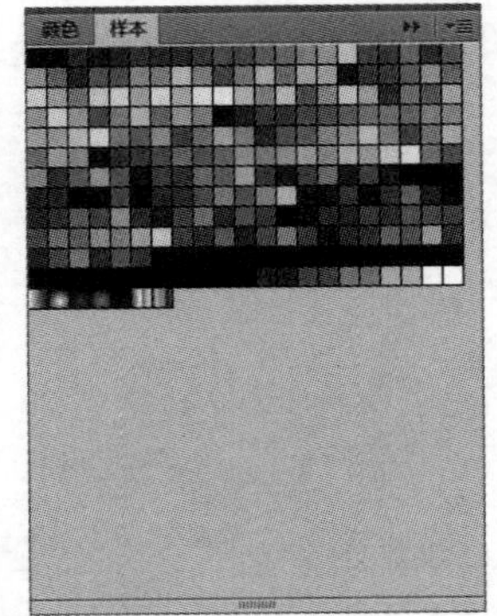

图 8-29

这时颜色样本中同一色系的色块按照颜色亮度进行排列，这样在找颜色时就比较方便。

9. 加载默认颜色样表

有时我们可能会用到其他颜色样表，系统中默认样表是 Web 安全色样表。要恢复 Web 安全色样表，可以从面板右上角的面板菜单中选择【Web 216 色】命令，如图 8-30 所示。

如果想重新恢复为默认的颜色样表，可以从面板右上角的面板菜单中选择【加载默认颜色】命令，用默认颜色样表替换当前颜色样表，如图 8-31 所示。

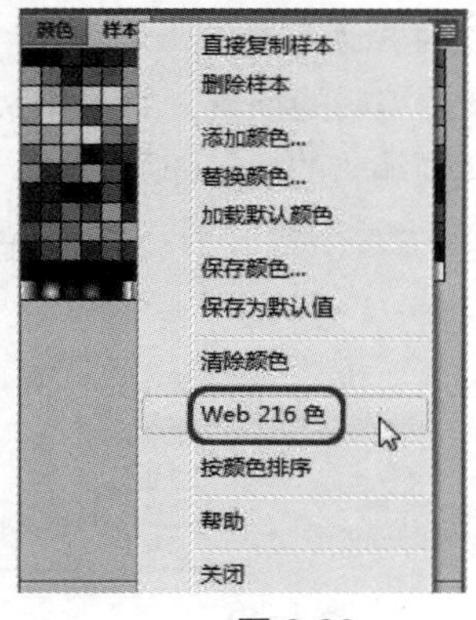

图 8-30

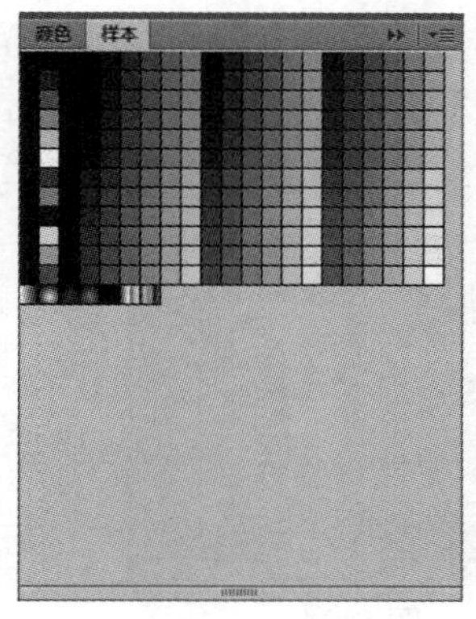

图 8-31

8.2.3 历史面板

历史面板显示自创建或打开某个文档以来在该活动文档中执行的步骤的列表，按【Ctrl+F10】组合键打开【历史记录面板】，如图 8-32 所示，列表中的数目最多为指定的最大步骤数（【历史记录】面板不显示在其他文档中执行的步骤）。【历史记录】面板中的滑块最初指向用户执行的上一个步骤，如图 8-33 所示。

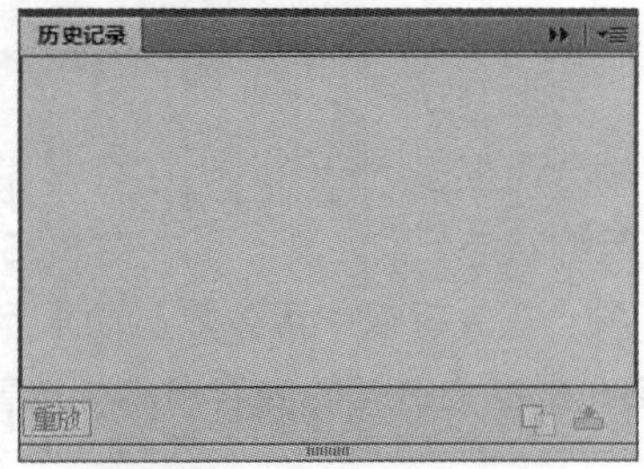

图 8-32

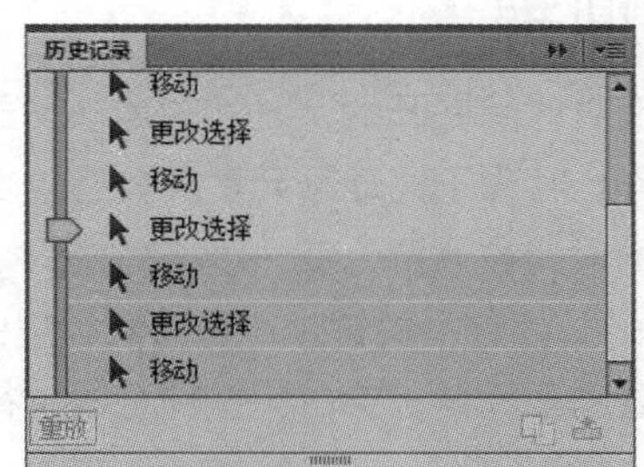

图 8-33

> **注 意**
>
> 如果撤销了一个步骤或一系列步骤，然后又在文档中执行了某些新步骤，则无法再重做【历史记录】面板中的那些步骤；它们已从面板中消失。

8.3 场景

场景是设计者直接绘制帧中的图像或从外部导入图形之后，进行编辑处理形成单独的帧，再将单独的帧合成为动画的场所。它需要有固定的长、宽、分辨率和帧的播放速度等。

8.3.1 编辑场景

一个影片可以由多个场景组成，每一个场景都可以有一个完整的动画序列。当发布包含多个场景的 Flash 文档时，文档中的场景将按照它们在【场景】面板中列出的顺序进行回放。文档中的帧都是按场景顺序连续编号的。例如，如果文档包含两个场景，每个场景有 10 帧，则场景 2 中的帧的编号为 11～20。

选择【窗口】|【场景】命令，打开场景面板，如图 8-34 所示。

选择【视图】|【转到】命令，在弹出的子菜单中选择要编辑的场景，如图 8-35 所示，或单击舞台右上方的【编辑场景】按钮，在弹出的菜单中选择要编辑的场景即可。

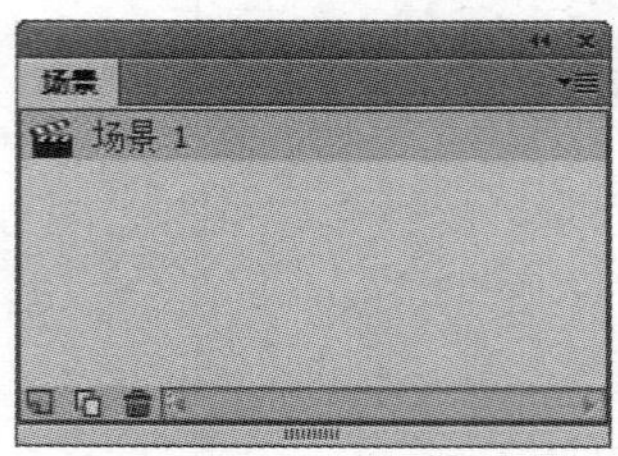

图 8-34

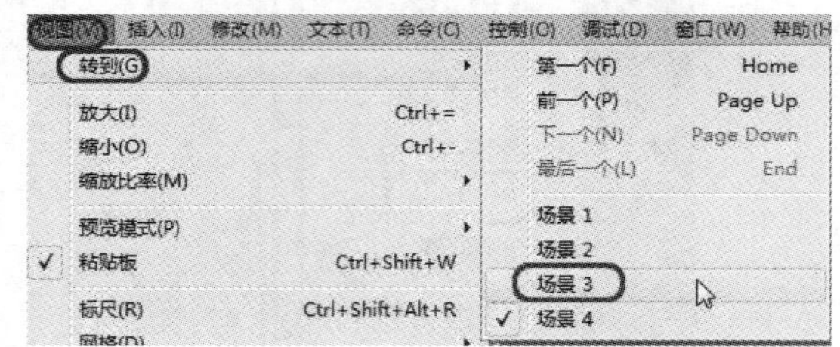

图 8-35

8.3.2 改变场景背景

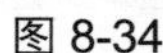

修改文档属性的背景颜色可以改变场景的背景，选择【修改】|【文档】命令，弹出【文档设置】对话框，如图 8-36 所示，在对话框中修改背景颜色，单击【确定】按钮即可。

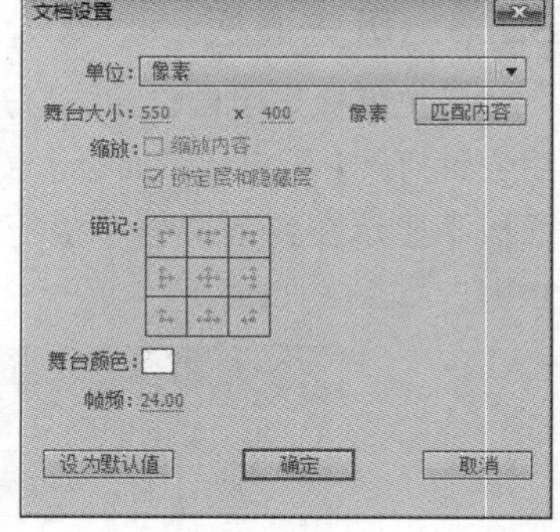

图 8-36

8.4 时间轴

动画是随着时间展开的，时间轴是动画形成的原因，它控制动画的所有动作，管理不同动画元素及其叠放次序。时间轴分为很多小格，连续的时间被分解，每一小格对应一个 Flash 执行的状态。小格称为“帧”，帧包括关键帧、普通帧和空白关键帧 3 种。在关键帧中可以放置动画元素；而普通帧则不能放置动画元素；空白关键帧可以执行命令。Flash 根据关键帧的内容自动生成普通帧。

8.4.1 帧和帧频

影片的制作原理是改变连续帧的内容过程，不同的帧代表不同的时间，包括不同的对象，影片中的画面随着时间的变化逐个出现。帧是一个广义概念，它包含了 3 种类型，分别是空白关键帧（也可叫过渡帧）、关键帧和普通帧。

- 空白关键帧：以空心圆表示。空白关键帧是特殊的关键帧，它没有任何对象存在，用户可以在其上绘制图形。如果在空白关键帧中添加对象，它会自动转化为关键帧。一般新建图层的第 1 帧都为空白关键帧，如图 8-37 所示，一旦在其中绘制图形后，则变为关键帧，如图 8-38 所示。同样的道理，如果将某关键帧中的全部对象删除，则此关键帧会转化为空白关键帧。

- 关键帧：只有图形的位置、形状或属性不断变化才能显示出动画效果，关键帧就是定义这些变化的帧，也包括含有动作脚本的帧。关键帧在时间轴上以实心的圆点表示，所有参与动画的对象都必须而且只能插入关键帧中，关键帧的内容可以编辑。在补间动画中，可以在动画的重要位置定义关键帧，Flash CC 会自动创建关键帧之间的内容，所以关键帧使创建影片更为容易。另外，Flash 通过在两个关键帧之间绘制一个浅蓝色或浅绿色（代表形状补间）的箭头显示补间动画的过渡帧。通过在时间轴中拖动关键帧还可以更改补间动画的长度。由于 Flash 文档会保存每一个关键帧中的形状和过渡帧中的变化参数，所以如果要减小文件大小，应该尽可能地减少关键帧的使用，仅在实例变化显著的地方创建关键帧即可。

图 8-37

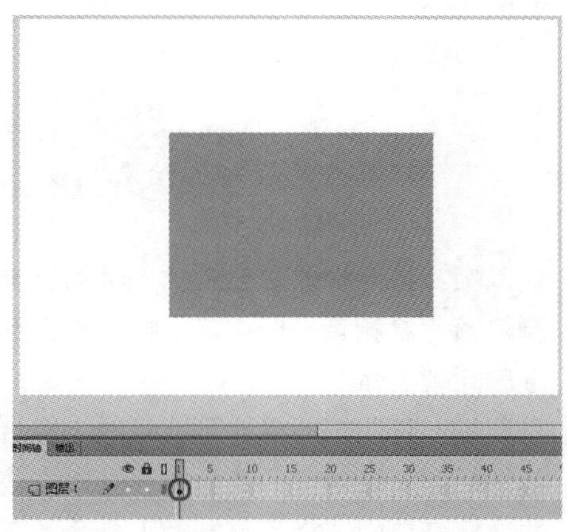

图 8-38

- 普通帧：只是简单地延续前一关键帧中的内容，并且前一关键帧和此帧之间所有的帧共享相同的对象，如果改变帧列上的任意帧中的对象，则帧列上其他所有帧中的对象都会随之改变，直到再插入下一个关键帧为止，如图 8-39 所示在第 25 帧插入帧。

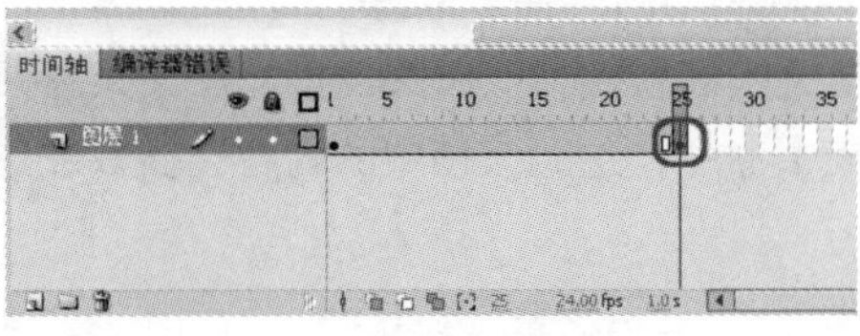

图 8-39

帧频在 Flash 动画中用来衡量动画播放的速度，通常以每秒播放的帧数为单位（fps，帧/秒）。由于网络传输速率不同，每个 Flash 的帧频设置也可能不同，但在因特网上，12 帧/秒的帧频通常会得到最佳的效果，QuickTime 和 AVI 影片通常的帧频就是 12 帧/秒，但是标准的运动图像速率是 24 帧/秒，如电视机。

由于动画的复杂程度和播放动画的计算机速度直接影响动画回放的流畅程度，所以一部动画需要在各种配置的计算机上进行测试，以确定最佳的帧频。

8.4.2 编辑帧

编辑帧是制作 Flash 动画时使用频率最高、最基本的操作，主要包括插入、删除、复制、移动、翻转帧，改变动画的长度及清除关键帧等，这些操作都可以通过帧的菜单实现。其基本方法是选中需要的帧，右击，在弹出的快捷菜单中选择相应的命令，如图 8-40 所示。

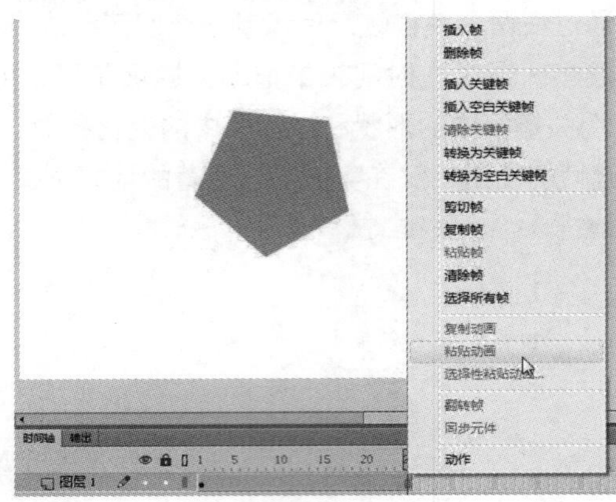

图 8-40

- 插入帧：将光标放置在要插入帧的位置，右击，在弹出的快捷菜单中选择【插入帧】命令。
- 删除帧：要删除一个或多个帧，首先选取要删除的帧，然后右击，在弹出的快捷菜单中选择【删除帧】命令。
- 复制帧：复制帧的操作可将帧对应舞台上的对象全部复制，再用粘贴命令把帧对应的对象全部粘贴到新帧对应的舞台中。基本方法是拖动鼠标选取要复制的帧或关键帧，右击，在弹出的快捷菜单中选择【复制帧】命令。在需要粘贴帧的地方选取一帧或多帧，右击，在弹出的快捷菜单中选择【粘贴帧】命令，将复制的帧粘贴上去或者覆盖选中的多个帧。
- 移动帧：在时间轴中选取一帧或多帧，按住鼠标左键直接将其拖到需要的位置。
- 翻转帧：拖动鼠标选取多个层上的多个帧，即选取一段动画，右击，在弹出的快捷菜单中选择【翻转帧】命令，可以颠倒动画的播放顺序。
- 转换为空白关键帧：要把关键帧转换为空白关键帧，在该关键帧上右击，在弹出的快捷菜单中选择【转换为空白关键帧】命令，这时该帧中的内容会被其左边关键帧中的内容代替。

8.4.3 绘图纸

绘图纸（也称为洋葱皮）是一个帮助定位和编辑动画的辅助工具，对制作逐帧动画特别有用。通常情况下，Flash 在舞台中一次只能显示动画序列的单个帧。为便于定位和编辑逐帧动画，可以在舞台上一次查看两个或更多帧。播放头下面的帧用全彩色显示，但其余帧是暗淡的，看起来就好像每个帧是画在一张半透明的绘图纸上，而且这些绘图纸相互层叠在一起，如图 8-41 所示为使用绘图纸功能的效果。

- 绘图纸外观：单击此按钮将显示播放指针所在帧内容的同时显示其前后数帧的内容。播放头周围会出现方括号形状的标记，其中所包含的帧都会显示出来，这将有利于观察不同帧之间的图形变化过程。
- 绘图纸外观轮廓：单击此按钮，场景中显示各帧内容的轮廓线，填充色消失，特别适合观察对象轮廓，另外可节省系统资源，加快显示过程。
- 编辑多个帧：单击此按钮，显示全部帧内容，并且可实现多帧同时编辑。
- 修改绘图纸标记：单击此按钮，在弹出的菜单中包括【始终显示标记】、【锚记绘图纸】、【绘图纸 2】等命令。

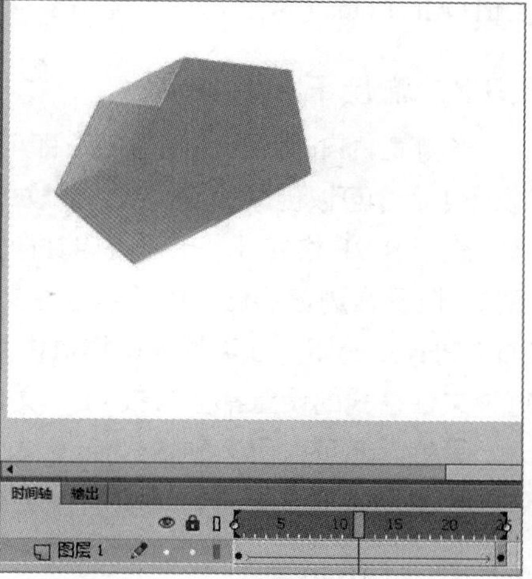

图 8-41

- 【始终显示标记】：选择该命令后，不管绘图纸外观是否打开，都会在时间轴标题中显示绘图纸外观标记，如图 9.61 所示。

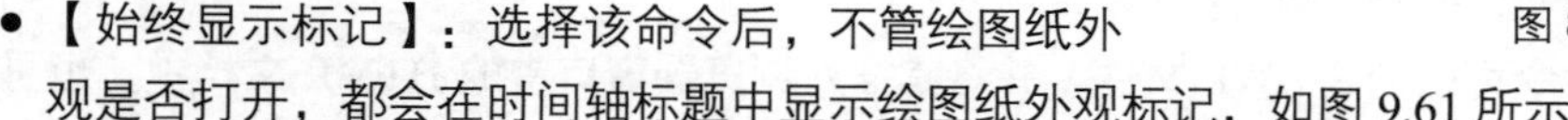

- 【锚记绘图纸】：将绘图纸外观标记锁定在其在时间轴标题中的当前位置。通常情况下，绘图纸外观范围是和当前帧指针及绘图纸外观标记相关的。通过锚定绘图纸外观标记，可以防止它们随当前帧指针移动。
- 【绘图纸 2】：显示当前帧两边各两帧的内容。
- 【绘图纸 5】：显示当前帧两边各 5 帧的内容。
- 【所有绘图纸】：显示当前帧两边所有的内容。

8.5　优化与输出

Flash 的优化关系到影片的下载速度，特别是添加声音文件后需要压缩声音文件。另外，在设计过程中，应该从各个细节上注意是否影响下载速度，在确定最终发布前一定要经过影片测试。

8.5.1　测试 Flash 影片

在正式发布和输出动画之前，需要对动画进行测试，通过测试可以发现动画效果是否与设计思想之间存在偏差，一些想法是否得到了体现等。

测试不仅可以发现影片播放中的错误，而且可以检测影片中片段和场景的转换是否流畅自然等。测试时应该按照影片剧本分别对影片中的元件、场景、完成影片等分步测试，这样有助于发现问题。

测试 Flash 动画时应从以下 3 个方面考虑。

（1）Flash 动画的体积是否处于最小状态、能否更小一些。

（2）Flash 动画是否按照设计思路达到预期的效果。

（3）在网络环境下，是否能正常地下载和观看动画。

用户可以按快捷键【Ctrl+Enter】或选择【控制】|【测试影片】命令，对 Flash 动画进行测试。Flash 不仅可以测试影片的全部内容，也可以测试影片的一部分场景。测试场景可以按快捷键

【Ctrl+Alt+Enter】或者选择【控制】|【测试场景】命令。

8.5.2 输出 Flash 影片

当测试 Flash 影片运行无误后，即可将其发布为最终的 SWF 播放文件。默认情况下，选择【文件】|【发布】命令可以创建 Flash SWF 播放文件，并将 Flash 影片插入浏览器窗口中的 HTML 文件中。

除了 SWF 格式外，也可以用其他文件格式发布 Flash 影片，如 GIF、JPEG、PNG 和 QuickTime 格式，以及在浏览器窗口中显示这些文件所需的 HTML 文件。这些其他文件格式可使尚未安装指定 Flash Player 的用户在浏览器中播放影片并交互。当用其他文件格式发布 Flash 文档（FLA 文件）时，每种文件格式的设置都会与该 FLA 文件一并存储。

另外，还可以用多种格式导出 FLA 文件，与用其他文件格式发布 FLA 文件类似，只是每种文件格式的设置不会与该 FLA 文件一并存储。

8.5.3 输出设置

使用【发布】命令可以创建 SWF 文件，并将其插入浏览器窗口中的 HTML 文档中，也可以以其他文件格式发布 FLA 文件。

在发布 Flash 动画前应进行发布设置，选择【文件】|【发布设置】命令，弹出【发布设置】对话框，系统默认的是【格式】选项卡，用于设置动画的发布格式，如图 8-42 所示。

1. **发布** Flash

在【发布设置】对话框中切换到 Flash 选项卡，如图 8-43 所示。

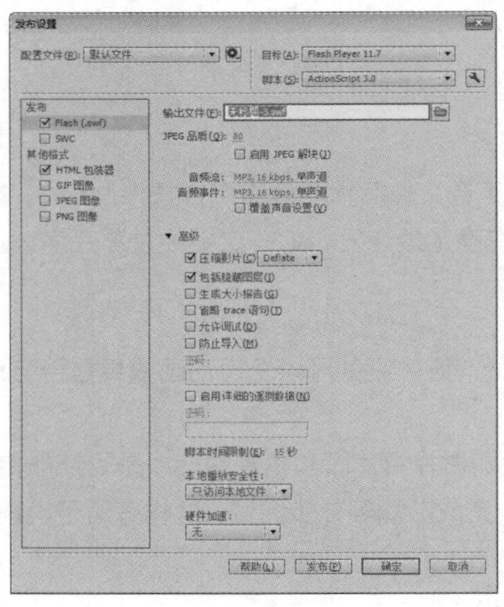

图 8-42

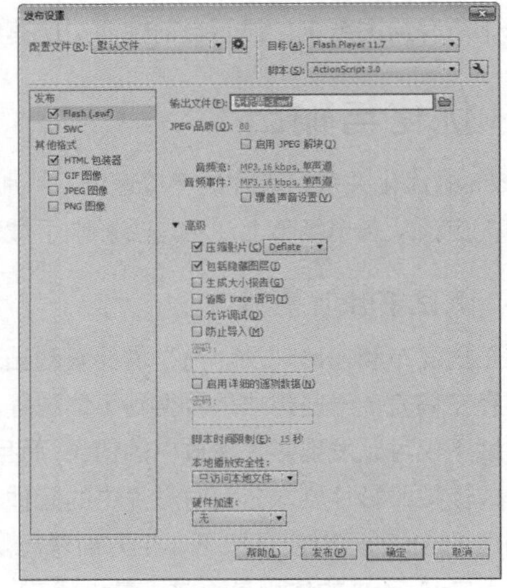

图 8-43

Flash 选项卡中的各个参数说明如下。

- 生成大小报告：在导出 Flash 作品的同时，将生成一个报告，按文件列出最终的 Flash 影片的数据量。
- 防止导入：可防止其他人导入 Flash 影片，并将它转换为 Flash 文档。

- 省略 trace 语句：使 Flash 忽略当前影片中的 trace 动作。选中此复选框后，来自 trace 动作的信息就不会显示在输出窗口中。
- 允许调试：激活调试器，并允许远程调试 Flash 影片。
- 压缩影片：可以压缩 Flash 影片，从而减小文件大小，缩短下载时间。
- JPEG 品质：要控制位图压缩，可调整数值。图像品种越低，生成的文件就越小；图像品质越高，生成的文件就越大。
- 音频流/音频事件：设定作品中音频素材的压缩格式和参数。

2. **发布** HTML

在 Flash 中如何缩放场景？将【发布设置】对话框切换到【HTML 包装器】选项卡，如图 8-44 所示。HTML 包装器选项卡中的各个参数说明如下。

- 模板：生成 HTML 文件时所用的模板，单击【信息】按钮可以查看关于模板的介绍。
- 大小：定义 HTML 文件中 Flash 动画的长和宽。
  - ➢ 匹配影片：设定的尺寸和影片的尺寸大小相同。
  - ➢ 像素：选取后，可以在下面的【宽】和【高】文本框中输入像素数。
  - ➢ 百分比：选取后，可以在下面的【宽】和【高】文本框中输入百分比。
- 播放：包括以下几个选项。
  - ➢ 开始时暂停：动画在第 1 帧就暂停。
  - ➢ 循环：设置是否循环播放动画。
  - ➢ 显示菜单：选中后，在生成的动画页面上右击，会弹出控制影片播放的菜单。
  - ➢ 设备字体：使用经过消除锯齿处理的系统字体替换那些系统中未安装的字体。
- 品质：选择动画的图像质量。
- 窗口模式：选择影片的窗口模式。
  - ➢ 窗口：使 Flash 影片在网页中的矩形窗口内播放。
  - ➢ 不透明无窗口：如果要想在 Flash 影片背后移动元素，同时又不想让这些元素显露出来，就可以使用该选项。
  - ➢ 透明无窗口：使网页的背景可以透过 Flash 影片的透明部分。
- HTML 对齐：用于确定影片在浏览器窗口中的位置。
  - ➢ 默认：使用系统中默认的对齐方式。
  - ➢ 左对齐：将影片位于浏览器窗口的左边排列。
  - ➢ 右对齐：将影片位于浏览器窗口的右边排列。
  - ➢ 顶部：将影片位于浏览器窗口的顶端排列。
  - ➢ 底部：将影片位于浏览器窗口的底部排列。
- 缩放：动画的缩放方式。
  - ➢ 默认：按比例大小显示 Flash 影片。
  - ➢ 无边框：使用原有比例显示影片，但是去除超出网页的部分。
  - ➢ 精确匹配：使影片大小按照网页的大小进行显示。

➢ 无缩放：不按比例缩放影片。

- Flash 水平对齐：设置动画在页面中的排列位置。
- 显示警告消息：选中该复选框后，如果影片出现错误，则会弹出警告消息。

3. **发布** GIF

将【发布设置】对话框切换到【GIF 图像】选项卡，如图 8-45 所示。

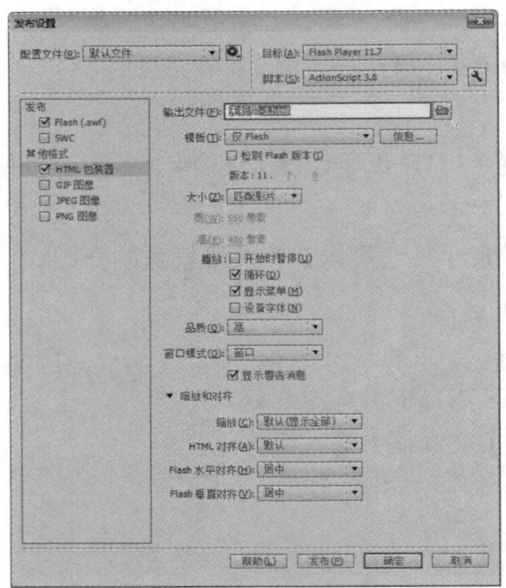

图 8-44

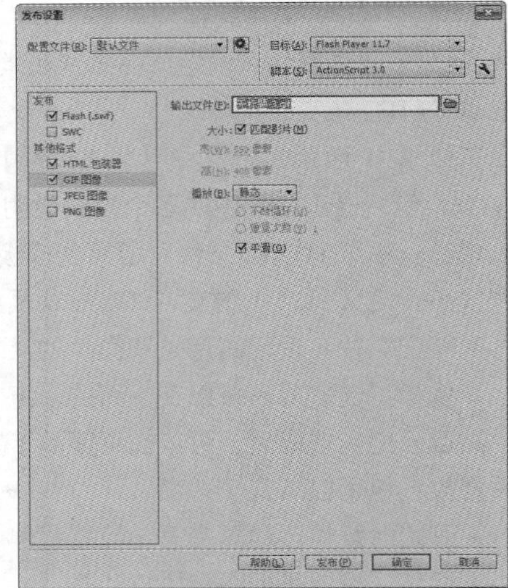

图 8-45

GIF 图像选项卡中的各个参数说明如下。

- 大小：以像素为单位输入导出图像的高度和宽度值。
- 播放：确定 Flash 创建的是静止图像还是 GIF 动画。如果选中【动画】单选按钮，可选中【不断循环】单选按钮或输入重复次数。
- 平滑：经过平滑处理可以产生高质量的位图图像。

4. **发布** JPEG

将【发布设置】对话框切换到【JPEG 图像】选项卡，如图 8-46 所示。

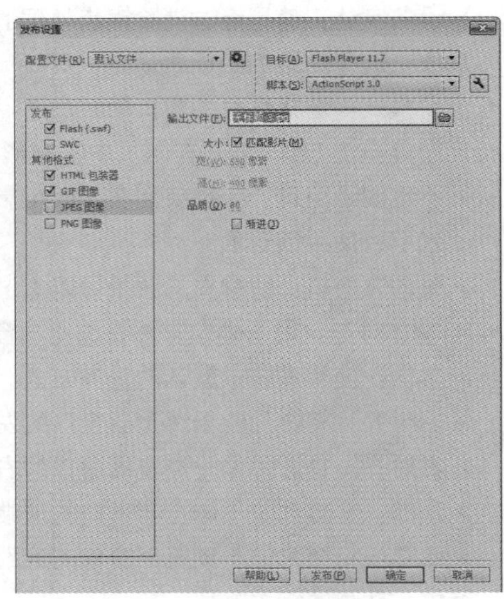

图 8-46

JPEG 选项卡中的各个参数说明如下。

- 大小：以像素为单位输入导出图像的高度和宽度值。
- 品质：图像品质越低，生成的文件越小，反之越大。
- 渐进：选中此复选框，可以逐渐显示 JPEG 图像，使用户觉得在低速的网络中下载速度很快。

8.5.4　发布预览

【发布预览】命令会导出文件，并在默认浏览器上打开预览。如果预览 QuickTime 视频，则【发布预览】会启动 QuickTime Video Player；如果预览放映文件，Flash 会启动该放映文件。

要用发布预览功能预览文件，选择【文件】|【发布预览】命令，在弹出的子菜单中选择发布预览的格式，Flash 就可以创建一个指定类型的文件，并将它放到 Flash 影片文档所在的文件夹中。在覆盖或删除之前，此文件会一直留在那里。

8.6　上机练习——制作网页动画

下面通过实例讲解如何制作简单的 Flash 动画，制作完成后的效果如图 8-47 所示。

图 8-47

01　启动 Flash CC，在欢迎界面中选择【ActionScript3.0】，新建文档，如图 8-48 所示。

02　新建文档后，选择【文件】选项卡，在弹出的下拉菜单中选择【导入】|【导入到库】命令，弹出【导入到库】对话框，在该对话框中选择随书附带光盘中的【CDROM】|【素材】|【Cha08】|【春.jpg】、【夏.jpg】、【秋.jpg】、【冬.jpg】文件，单击【打开】按钮，如图 8-49 所示。

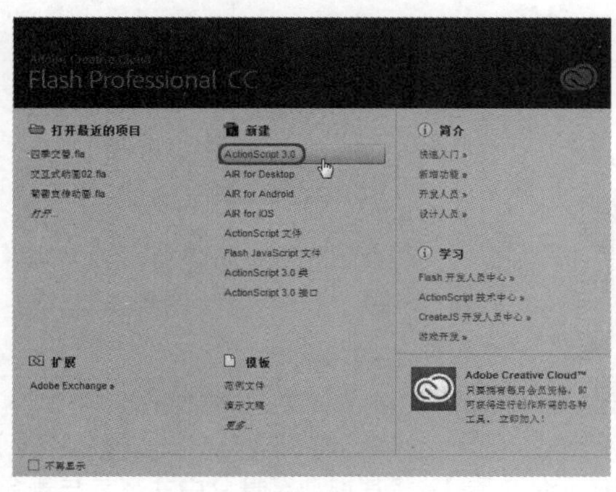

图 8-48

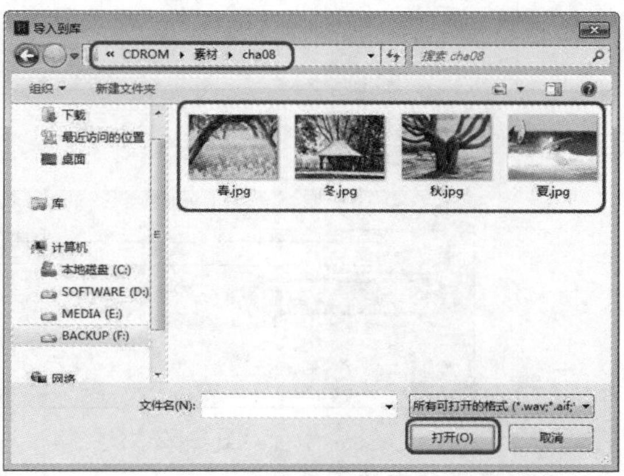

图 8-49

03　在【属性】面板中可以设置舞台的大小，将舞台的【大小】分别设置为 452、339，如图 8-50 所示。

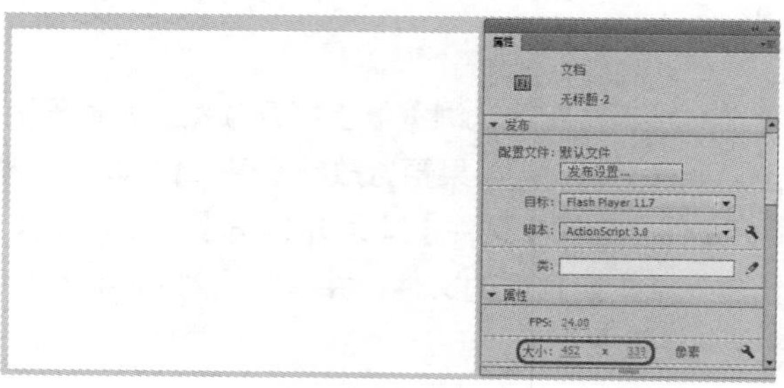

图 8-50

04 打开【库】面板，将【春.jpg】素材图片拖动至舞台中，选择素材图片，打开【属性】面板，将【大小】设置为 452、339，设置完成后打开【对齐】面板，勾选【与舞台对齐】复选框，，在【对齐】选项组中单击【水平中齐】和【垂直中齐】按钮，如图 8-51 所示。

图 8-51

05 选中图片，按【F8】键打开【转换为元件】对话框，将【名称】设置为【春】，将【类型】设置为【图形】，设置完成后单击【确定】按钮，如图 8-52 所示。

06 使用同样的方法调整【夏.jpg】、【秋.jpg】、【冬.jpg】素材图片的大小及位置，并将其分别转换为元件【夏】、【秋】、【冬】，如图 8-53 所示。

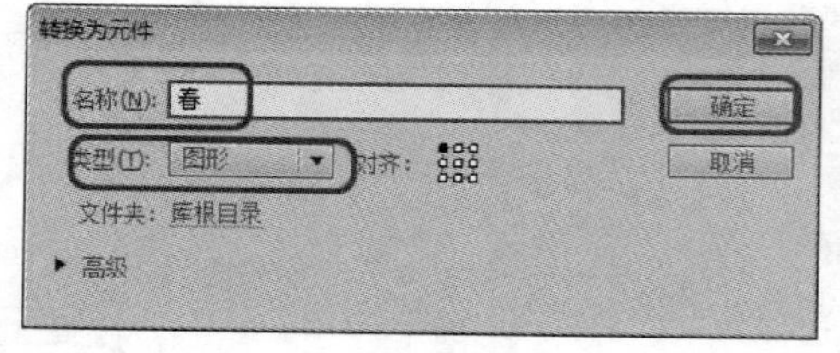

图 8-52

图 8-53

07 将舞台中的元件删除，在【库】面板中选择元件【春】，将其拖动至舞台中并将其与舞台对齐，在【时间轴】面板中选择第 15 帧，右击，在弹出的快捷菜单中选择【插入关键帧】命令，如图 8-54 所示。

08 选择第 1 帧，在舞台中选中元件，打开【属性】面板，在【色彩效果】选项组中单击【样式】右侧的下三角按钮，在弹出的下拉列表中选择 Alpha，将 Alpha 的值设置为 0，如图 8-55 所示。

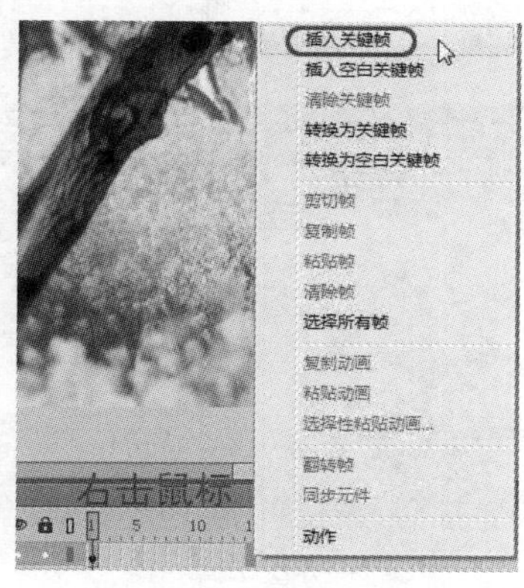

图 8-54

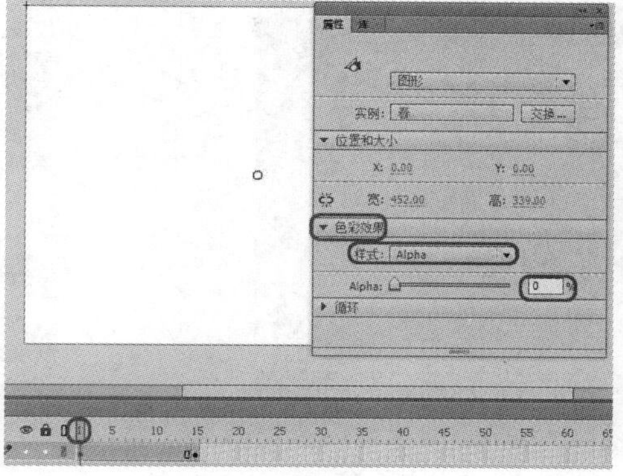

图 8-55

09 选择第 15 帧，选中元件，将 Alpha 的值设置为 100，设置完成后，在第 1 帧与第 15 帧任意帧处右击，在弹出的快捷菜单中选择【创建传统补间】命令，如图 8-56 所示。

10 在【时间轴】面板中选择第 45 帧，按【F6】键插入关键帧；选择第 55 帧，按【F6】键插入关键帧，在舞台中选择元件，打开【属性】面板，将 Alpha 的值设置为 0，如图 8-57 所示。

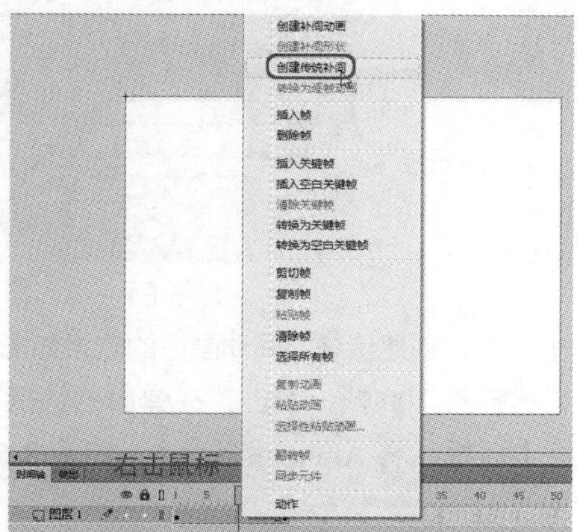

图 8-56

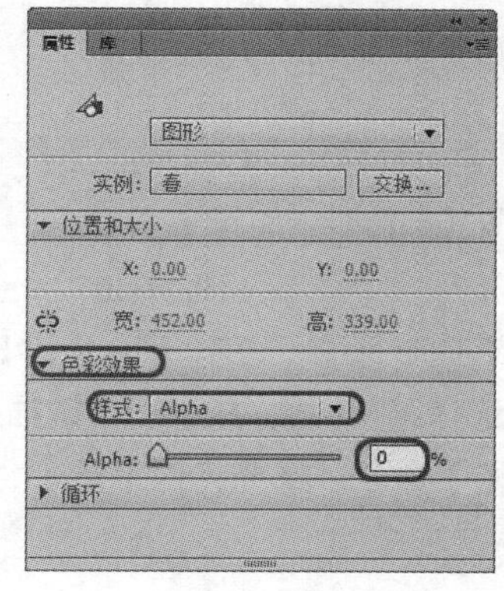

图 8-57

11 在 45 帧与 55 帧任意一帧处右击，在弹出的快捷菜单中选择【创建传统补间】命令，如图 8-58 所示。

12 在【时间轴】面板中单击【新建图层】按钮，新建【图层 2】，选择【图层 2】的第 45 帧，按【F6】键插入关键帧。打开【库】面板，将元件【夏】拖动至舞台中，打开【对齐】面板，单击【水平中齐】和【垂直中齐】按钮，将其与舞台对齐，如图 8-59 所示。

13 选择元件【夏】，打开【属性】面板，将【样式】设置为 Alpha，将 Alpha 设置为 0，如图 8-60 所示。

14 选择第 60 帧，右击，在弹出的快捷菜单中选择【插入关键帧】命令，选择元件【夏】，打开【属性】面板，将 Alpha 设置为【100】，如图 8-61 所示。

图 8-58

图 8-59

图 8-60

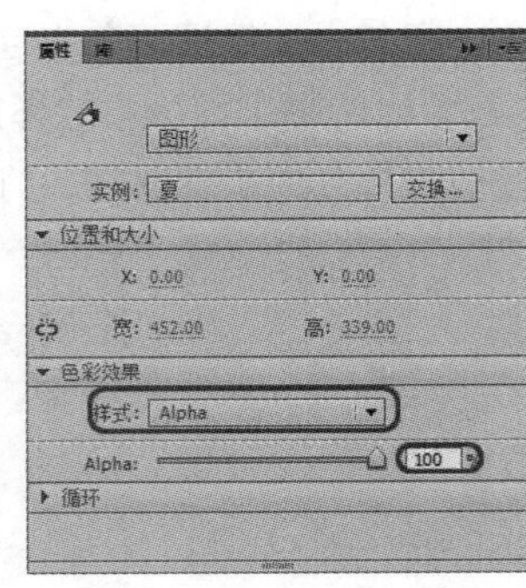

图 8-61

15 选择第 50 帧，选择【插入】|【传统补间】命令，创建传统补间动画后的效果如图 8-62 所示。

16 选择第 90 帧，按【F6】键插入关键帧，选择第 100 帧，右击，在弹出的快捷菜单中选择【插入关键帧】命令。选择元件【夏】，打开【属性】面板，将 Alpha 设置为 0，如图 8-63 所示。

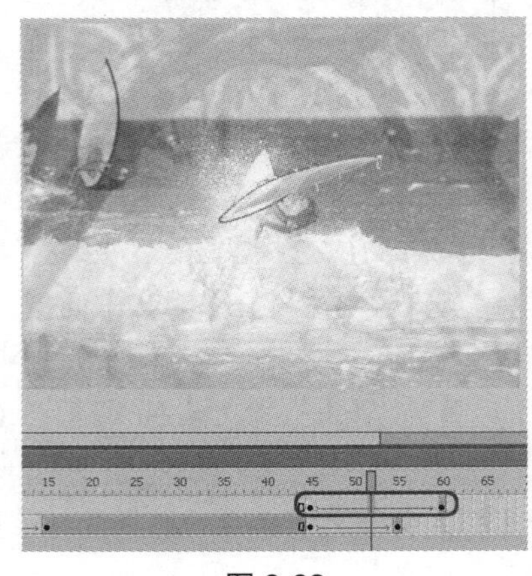

图 8-62

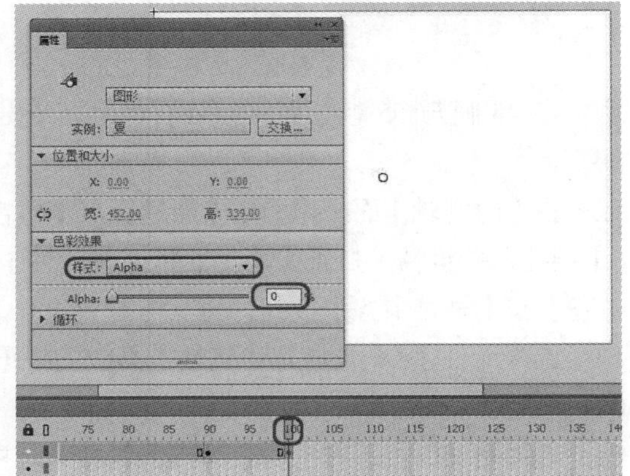

图 8-63

17 设置完成后在 90 帧与 100 帧任意一帧处右击，在弹出的快捷菜单中选择【创建传统补间】

命令，如图 8-64 所示。

18 在【时间轴】面板中单击【新建图层】按钮，新建【图层 3】，选择【图层 3】的第 90 帧，按【F6】键插入关键帧，打开【库】面板，选择元件【秋】，将其拖动至【舞台】中，打开【对齐】面板，单击【水平中齐】和【垂直中齐】按钮，如图 8-65 所示。

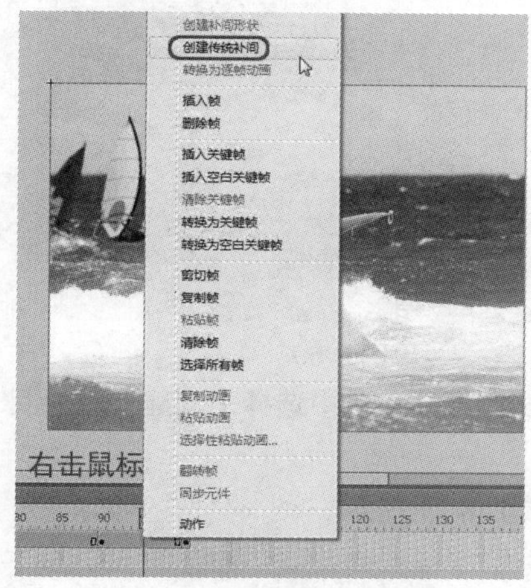

图 8-64

图 8-65

19 选择【秋】元件，打开【属性】面板，在【色彩效果】选项组中将【样式】设置为 Alpha，将 Alpha 设置 0，如图 8-66 所示。

20 选择第 105 帧，按【F6】键插入关键帧，选择【秋】元件，打开【属性】面板，将 Alpha 设置为 100，如图 8-67 所示。

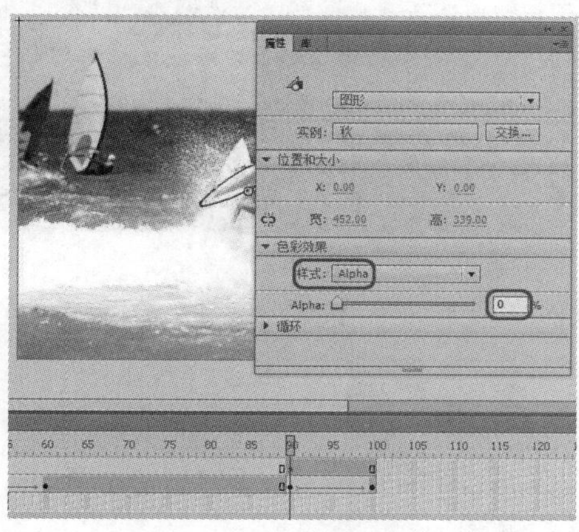

图 8-66

图 8-67

21 在第 90 帧与第 105 帧任意帧处右击，在弹出的快捷菜单中选择【创建传统补间】命令，如图 8-68 所示。

22 选择第 135 帧，按【F6】键插入关键帧，选择第 145 帧，插入关键帧，选择【秋】元件，打开【属性】面板，将 Alpha 设置为 0，如图 8-69 所示。

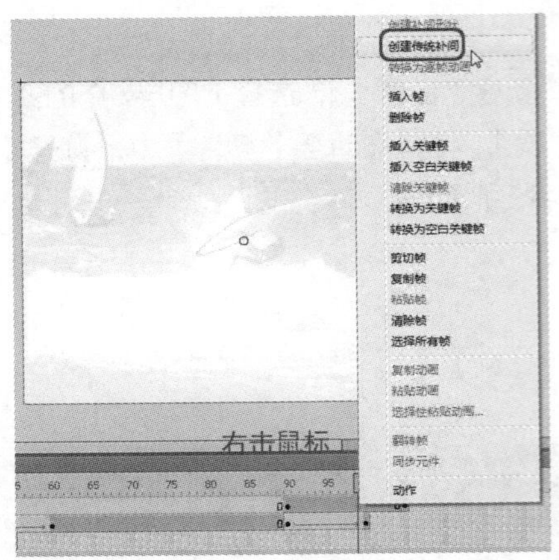

图 8-68

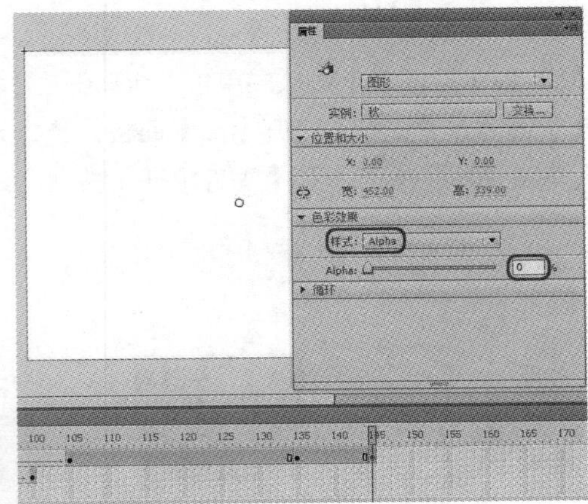

图 8-69

23 在第 135 帧至第 145 帧任意一帧处右击，在弹出的快捷菜单中选择【创建传统补间】命令，设置完成后的效果如图 8-70 所示。

24 使用同样的方法制作其他动画，完成后的效果如图 8-71 所示。

图 8-70

图 8-71

25 按快捷键【Ctrl+Enter】，测试影片，如图 8-72 所示。

图 8-72

26 测试完成后将场景保存并导出影片，至此动画就制作完成了。

8.7　习题

1．**选择题**

（1）只有图形的位置、形状或属性不断变化才能显示出动画效果，________就是定义这些变化的帧，也包括含有动作脚本的帧。

A. 关键帧　　B. 帧　　C. 空白关键帧

（2）测试影片的快捷键是________。

A. Ctrl+R　　B. Ctrl+Enter　　C. Ctrl+Shift+Enter

2．**填空题**

（1）________是动画形成的原因，它控制动画的所有动作，管理不同动画元素及其叠放次序。

（2）使用________可以很容易地访问舞台或时间轴上当前选定项的最常用属性，从而简化文档的创建过程。

3.**上机操作**

利用本章知识制作房地产宣传动画，如图 8-73 所示。

图 8-73

第 9 章　制作动画角色

本章重点

- 绘图工具的使用
- 选择对象工具的使用
- 编辑工具的应用
- 修饰图形的多种方法

作为一款优秀的交互性矢量动画制作软件，丰富的矢量绘图和编辑功能是必不可少的。在 Flash CC 中，创建和编辑矢量图形主要是通过绘图工具箱提供的绘图工具实现的，利用它们可以很方便地绘制出栩栩如生的矢量图形。本章将逐一介绍 Flash CC 中绘图工具的使用方法。

9.1　绘图工具

可以使用绘图工具箱来创建基本的矢量图形。熟练掌握 Flash CC 的基本绘图方式和工具是制作 Flash 动画的基础。

9.1.1　线条工具

线条工具的使用很简单，利用它可以绘制不同形式的直线，在工具箱中选择【线条工具】按钮 ，在舞台中单击确定直线的起点，然后拖动并释放鼠标左键，即可在起点与终点之间绘制一条线条，如图 9-1 所示。用户如果对绘制的线条不满意，可以在【属性】面板中设置样式、线宽及颜色，如图 9-2 所示。

图 9-1

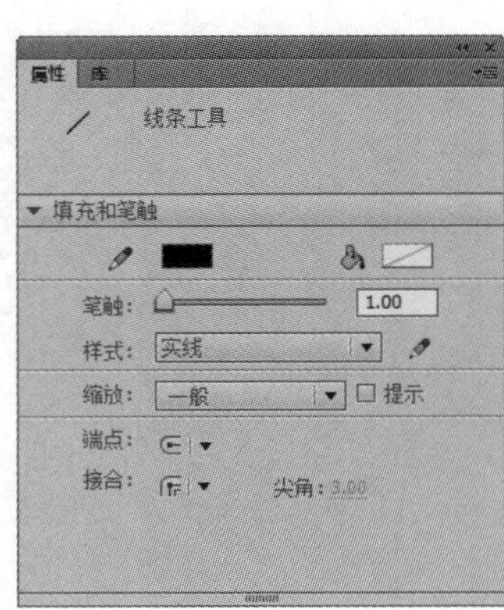

图 9-2

在使用【线条工具】按钮 绘制直线的过程中，如果按下【Shift】键的同时拖动鼠标，可以绘制出垂直或水平的直线，或者 45° 斜线，这给绘制特殊直线提供了方便。按下【Ctrl】键可以暂时切换到选择工具，对舞台中的对象进行选取，当释放【Ctrl】键时，又会自动换回到线条工具。

9.1.2　椭圆工具和矩形工具

使用椭圆工具和矩形工具可以绘制椭圆和矩形，而且绘制出来的形状既有笔触又有填充。

单击【椭圆工具】按钮 可用来绘制椭圆和正圆，不仅可以任意选择轮廓线的颜色、线宽和线型，还可以任意选择轮廓线的颜色和圆的填充色。边界线只能使用单色，而填充区域则可以使用单色或渐变色。在工具箱中选择【椭圆工具】按钮 ，在【属性】面板中进行相应的设置，如图 9-3 所示，在要开始绘制椭圆的左上角单击，按住鼠标向右下角拖动，绘制的椭圆如图 9-4 所示。

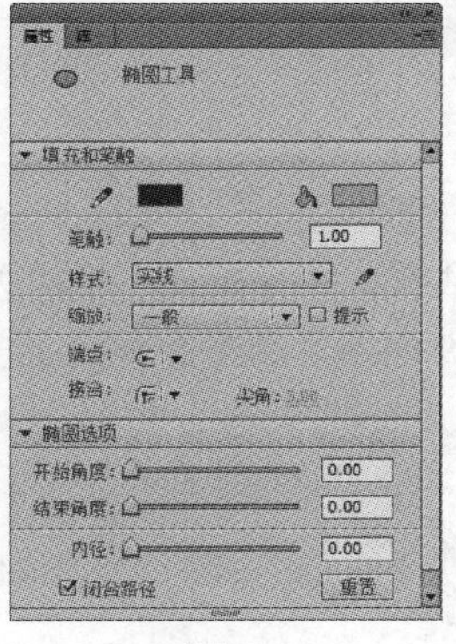

图 9-3

图 9-4

【矩形工具】按钮 的使用方法与椭圆工具基本相同，都可以在使用时设置其内部填充颜色。单击工具箱中的【矩形工具】按钮 ，在【属性】面板中进行相应的设置，如图 9-5 所示，在要绘制矩形的位置单击并拖动鼠标即可绘制矩形，如图 9-6 所示。

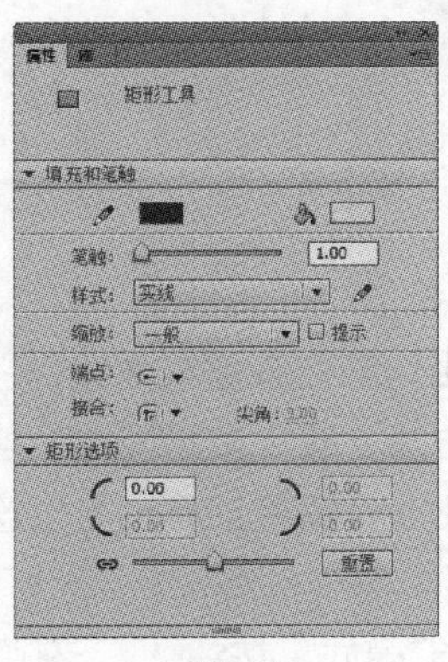

图 9-5

图 9-6

提示： 在使用矩形工具绘制形状时，在拖动鼠标的过程中按键盘的上、下方向键可以调整圆角的半径。

9.1.3 多角星形工具

单击工具箱中的【多角星形工具】按钮，在【属性】面板中可进行相应的设置，如图 9-7 所示，单击并拖动鼠标即可绘制多边形，如图 9-8 所示。

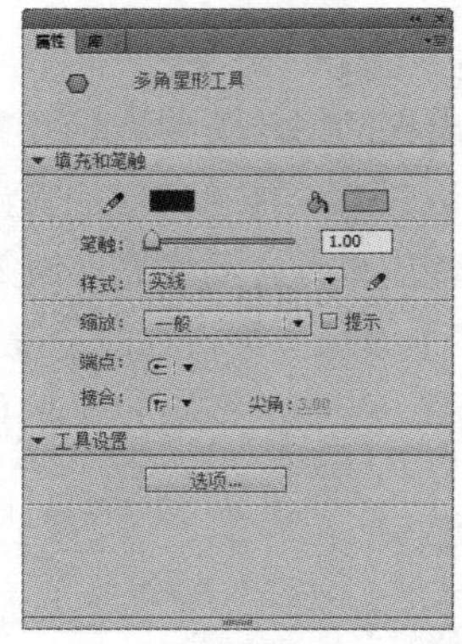

图 9-7

图 9-8

在【属性】面板中单击【选项】按钮，弹出【工具设置】对话框，在【样式】下拉列表中选择【星形】选项，还可以设置其边数及星形顶点角度的大小，如图 9-9 所示。单击【确定】按钮，在舞台中单击并拖动鼠标即可绘制星形，如图 9-10 所示。

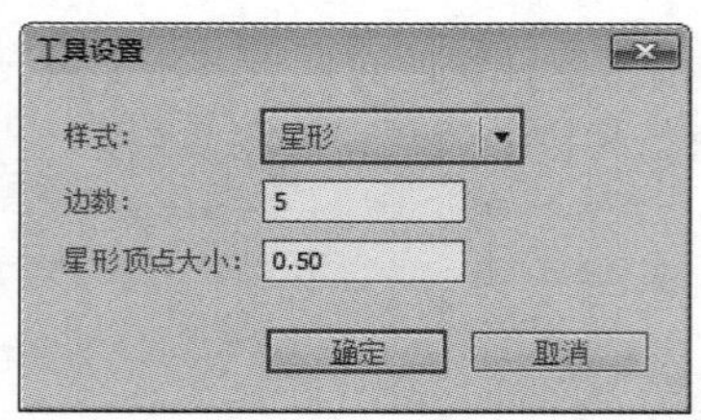

图 9-9

图 9-10

9.1.4 铅笔工具

单击【铅笔工具】按钮可用来绘制线条和形状，它可以自由地绘制直线与曲线，它的使用方法和真实铅笔的使用方法大致相同。铅笔工具和线条工具在使用方法上有许多相同点，但是也存在一定的区别，最明显的区别就是铅笔工具可以绘制出比较柔和的曲线，铅笔工具也可以绘制各种矢量线条，并且在绘制时更加灵活。

在工具箱中选择【铅笔工具】按钮，单击工具箱中的【铅笔模式】按钮，在弹出的菜单中可以设置铅笔的模式，包括【伸直】、【平滑】和【墨水】3 个选项，如图 9-11 所示。

- 伸直：使用此模式，在绘图过程中会将线条转换成接近形状的直线，绘制的图形趋向平直、规整，如图 9-12 所示。

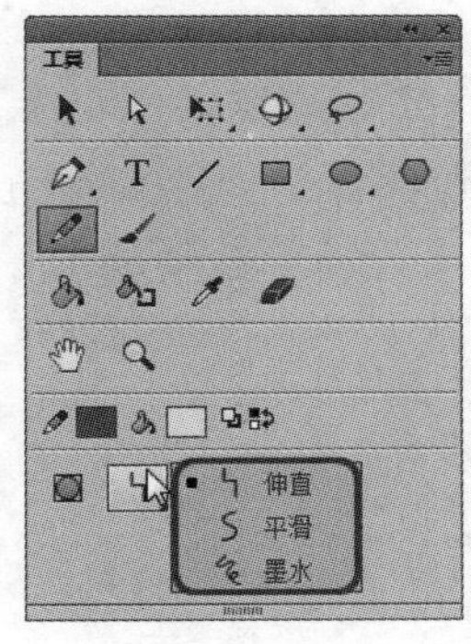

图 9-11

图 9-12

- 平滑：使用此模式绘制线条，可以自动平滑曲线，减少抖动造成的误差，从而明显地减少线条中的“碎片”，达到一种平滑线条的效果，如图 9-13 所示。
- 墨水：使用此模式绘制的线条就是绘制过程中鼠标所经过的实际轨迹，此模式可以在最大程度上保持实际绘出的线条形状，而只做轻微的平滑处理即可，如图 9-14 所示。

图 9-13

图 9-14

9.1.5　刷子工具

单击【刷子工具】按钮可以绘制出像毛笔作画的效果，也常用于给对象着色。需要注意的是，刷子工具绘制出的是填充区域，它不具有边线，其封闭的线条可以使用颜料桶工具着色，可以通过工具箱中的填充颜色来改变刷子的颜色。

选择工具箱中的刷子工具，单击工具箱中的【刷子模式】按钮，在弹出的菜单中可以设置刷子的模式，包括【标准绘画】、【颜料填充】、【后面绘画】、【颜料选择】和【内部绘画】5 个选项，如图 9-15 所示。

- 标准绘画：这是默认的绘制模式，可对同一层的线条和填充涂色。选择此模式后，绘制后的颜色会覆盖在原有的图形上，如图 9-16 所示。
- 颜料填充：只对填充区域和空白区域涂色，而笔触则不受任何影响。选择此模式后，所绘制的图形只将已有图形的填充区域覆盖掉，而笔触部分仍保留不被覆盖，如图 9-17 所示。
- 后面绘画：对舞台同一层的区域进行涂色，绘制出来的图形始终位于已有图形的下方，不影响当前图形的线条和填充，如图 9-18 所示。

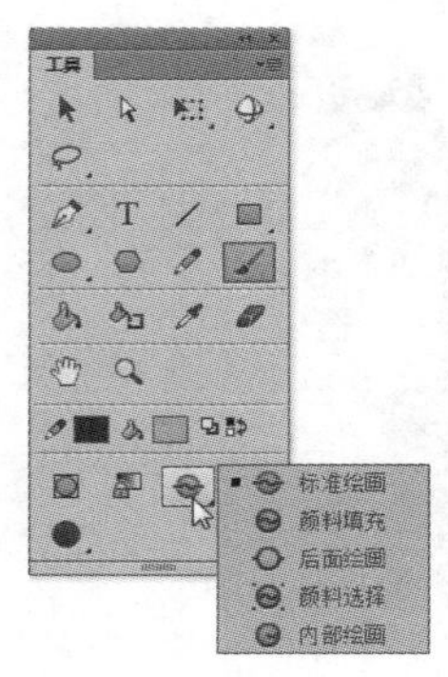

图 9-15

图 9-16

图 9-17

图 9-18

- 颜料选择：只对选区内的图形产生作用，而选区之外的图形不会受影响，选择着色的位置，按住鼠标不放拖动，只有鼠标拖过的选择区域才会被填色，如图 9-19 所示。
- 内部绘画：绘制的区域限制在落笔时所在位置的填充区域中，但不对线条涂色。如果在空白区域中开始涂色，则该填充不会影响任何现有填充区域，如图 9-20 所示。

图 9-19

图 9-20

9.1.6 钢笔工具

单击【钢笔工具】按钮可绘制路径，它可以创建直线或曲线段，然后调整直线段的角度和长度及曲线段的斜率，是比较灵活的形状创建工具。

单击工具箱中的【钢笔工具】按钮，在舞台上单击确定一个锚记点。在确定点的左右方向单击可以绘制一条直线，单击并按住鼠标左键拖动可以绘制一条曲线，直线路径上或曲线路径结合处的锚记点称为转角点，转角点以小方形显示，如图 9-21 所示。

将光标再向右移，在第 3 个点处按下鼠标并向右上方拖动绘出一条曲线，可以用这种方法继续增加路径点，如图 9-22 所示。

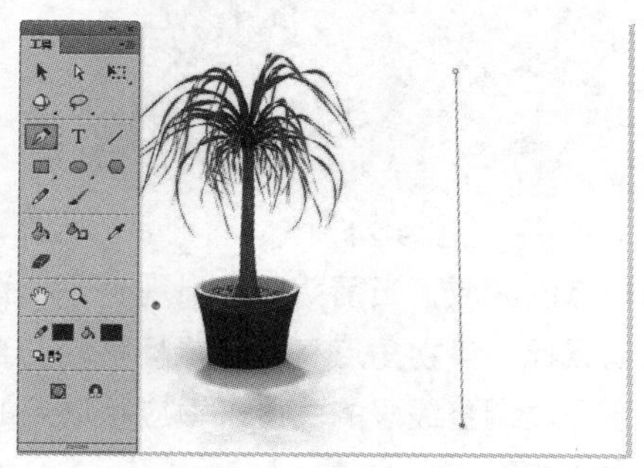

图 9-21

图 9-22

9.2 选择对象工具

选择对象工具主要包括选择工具和部分选取工具，下面就来详细介绍它们的使用方法。

9.2.1 选择工具

作为一项重要的绘图工具，选择工具是工具箱中使用频率最高的工具之一。它的主要用途是对舞台中的对象进行选择和对一些线条进行修改。当选中某一图形对象后，图像的边框由实变虚，表示图形被选中。

在工具箱中单击【选择工具】按钮，此时在工具箱的最下面有一些附加选项，如图 9-23 所示。

- 贴紧至对象：自动将两个元素定位，其中一个元素是定位的基准，另一个元素是被定位元素。
- 平滑：能够柔化曲线并减少曲线整体方向上的凸起或不规则变化，还可以减少曲线中的线段数目，生成更易整形的轻微弯曲。
- 伸直：对绘制的线条和曲线进行一定的拉直调整。

在舞台中使用选择工具选择或编辑对象时，基本上有 7 种主要用法。

- 如果只想选择某一个对象，如线段、图形、对象组和文字，只需使用选择工具指向该对象并单击即可。如果是图形，单击轮廓的某一条边并不能选中整个轮廓线，只有通过在某一轮廓线上双击才能将图形的整个轮廓线一起选中。如图 9-24 所示为单击轮廓的一条边后的效果，图 9-25 为在一条边上双击后的效果。
- 如果要选取多个对象，则可以按住【Shift】键分别单击不同的对象。如果是图形，选中轮廓线时必须双击。
- 如果要选取整个对象，只需将箭头指向该对象的任何部位双击即可。
- 如果要选取某一区域内的对象，将箭头移到该区域，按住鼠标左键并向该区域右下方拖动，这时将出现一个矩形框。一旦放开左键，这个矩形框内的对象都将被选中。如果被选区域包括某一互相连接的实体的一部分，被选中的实体将与原实体断开连接而成为独立的对象。

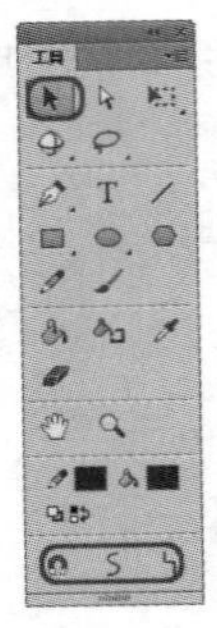

图 9-23

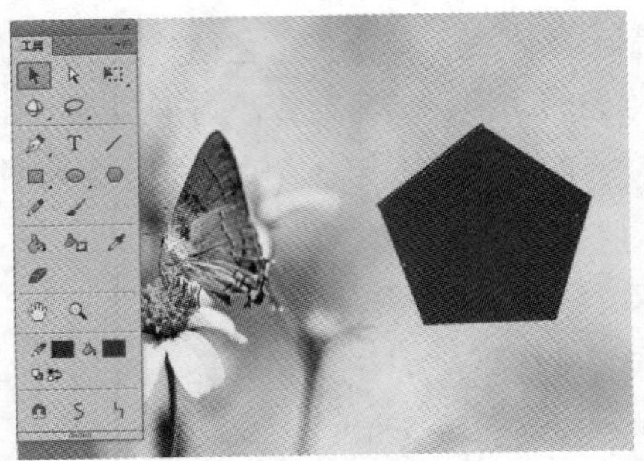

图 9-24

- 如果要移动图中的某一拐角点，将箭头移到该拐角点的区域，当箭头下方出现一个小直角样的拐角标志，说明拐角已被选中。按住左键并拖动鼠标，该拐角点将跟随鼠标移动。当拐角点移动到指定位置后，释放鼠标左键即可。Flash 会通过调整线段的曲度来适应移动点的新位置，如图 9-26 和图 9-27 所示分别为移动拐角前后的效果。

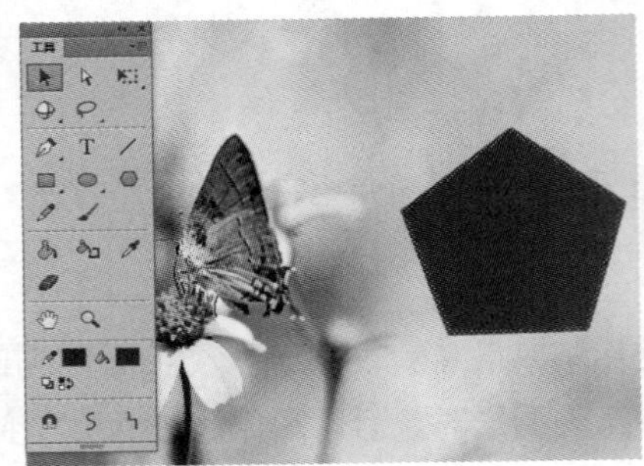

图 9-25

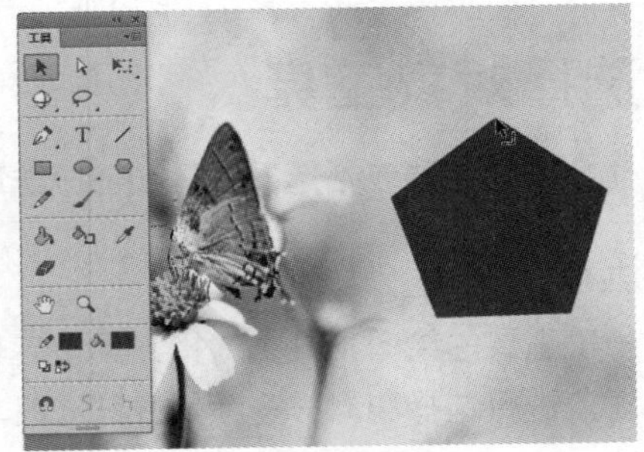

图 9-26

- 如果要改变某一线段的曲线形状，可将箭头移向该线段，当箭头下方出现一个小弧样的曲线标志时，表示该线段已被选中，按住鼠标左键并拖动，该线段将随着鼠标的移动而改变形状，当形状达到要求时，释放左键完成相应的操作。如果在改变复杂线条的形状时遇到困难，可以把它处理得平滑，去除一些细节，这样就会使形状改变相对容易一些。提高缩放比率也可以使形状改变更方便且更准确，如图 9-28 和图 9-29 所示分别为移动线条前后的效果。

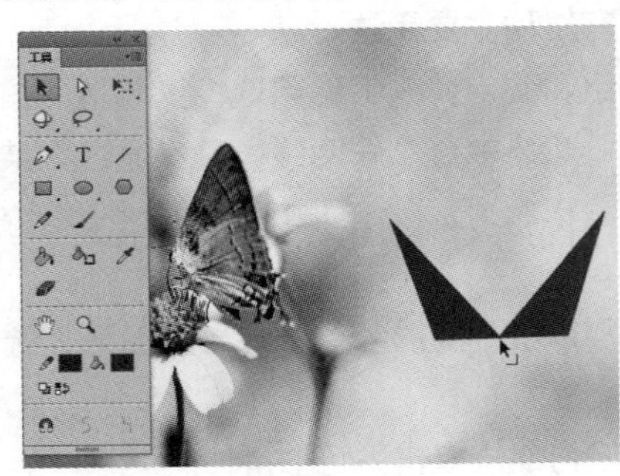

图 9-27

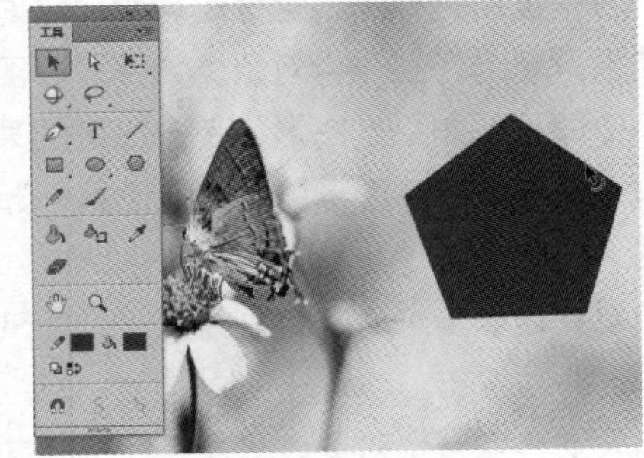

图 9-28

- 如果要增加一个拐角，可以将箭头移到任一线段上，当箭头下方出现一个小弧样的曲线标志时，按住 Ctrl 键拖动鼠标，到适当位置后释放鼠标，即可增加一个拐角，如图 9-30 所示。

图 9-29

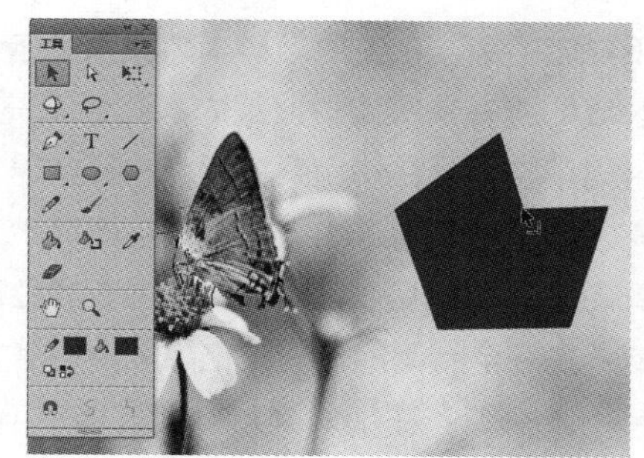

图 9-30

9.2.2　部分选取工具

部分选取工具 可以选取并移动对象，除此之外，它还可以对图形进行变形等处理。当某一对象被部分选取工具选中后，它的图像轮廓线上将出现很多控制点，表示该对象已被选中，如图 9-31 所示。

图 9-31

选择其中一个控制点，此时光标右下角会出现一个空白的正方形，拖动该点，轮廓会随之改变，如图 9-32 所示。

部分选取工具靠近对象时，当光标右下角出现黑色实心方块时，按下鼠标左键即可以拖动对象，如图 9-33 所示。

图 9-32

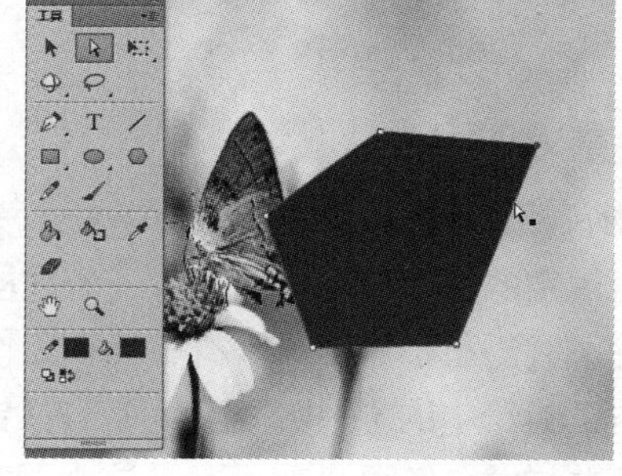

图 9-33

9.3　编辑工具

编辑工具主要包括颜料桶工具、墨水瓶工具、滴管工具和橡皮擦工具，下面就来详细介绍它们的使用方法。

9.3.1　颜料桶工具

【颜料桶工具】 用来填充封闭区域，它既能填充一个空白区域，又能改变已着色区域的颜色；可以使用纯色、渐变和位图填充，甚至可以用颜料桶工具对一个未完全封闭的区域进行填充。

在工具箱中选择颜料桶工具，单击工具箱中的【间隔大小】按钮 ，在弹出的菜单中设置填充的属性，包括【不封闭空隙】、【封闭小空隙】、【封闭中等空隙】和【封闭大空隙】4 个选项，如图 9-34 所示。

- 不封闭空隙：在使用颜料桶填充颜色前，Flash 将不会自行封闭所选区域的任何空隙，即所选区域的所有未封闭的曲线内将不会填充颜色。
- 封闭小空隙：在使用颜料桶填充颜色前，会自行封闭所选区域的小空隙。也就是说，如果所填充区域不是完全封闭的，但是空隙很小，则 Flash 会近似地将其判断为完全封闭而进行填充。
- 封闭中等空隙：在使用颜料桶填充颜色前，会自行封闭所选区域的中等空隙，即如果所填充区域不是完全封闭的，但是空隙大小中等，则 Flash 会近似地将其判断为完全封闭而进行填充。
- 封闭大空隙：在使用颜料桶填充颜色前，自行封闭所选区域的大空隙，即如果所填充区域不是完全封闭的，而且空隙尺寸比较大，则 Flash 会近似地将其判断为完全封闭而进行填充。

选择工具箱中的颜料桶工具，将鼠标光标移到舞台中，此时光标变成了一个颜料桶形状，在填充区域内部单击，或者在轮廓内单击，即可填充颜色，如图 9-35 所示。

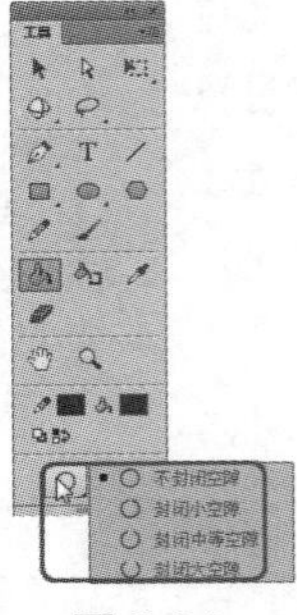

图 9-34

图 9-35

9.3.2 墨水瓶工具

【墨水瓶工具】用来在绘图中更改线条和轮廓线的颜色和样式，不仅能够在选定图形的轮廓线上加上规定的线条，还可以改变一条线段的粗细、颜色、线型等，并且可以给打散后的文字和图形加上轮廓线。墨水瓶工具本身不能在工作区中绘制线条，只能对已有线条进行修改。

单击工具箱中的【墨水瓶工具】按钮。一旦墨水瓶工具被选中，光标在工作区中将变成一个小墨水瓶的样式，如图 9-36 所示，这表明此时已经选中了墨水瓶工具，可以对线条进行修改或者给无轮廓图形添加轮廓了。选中需要使用墨水瓶工具来添加轮廓的图形对象，单击，图形会慢慢显示出轮廓或更改轮廓的颜色，如图 9-37 所示为添加轮廓颜色的效果。

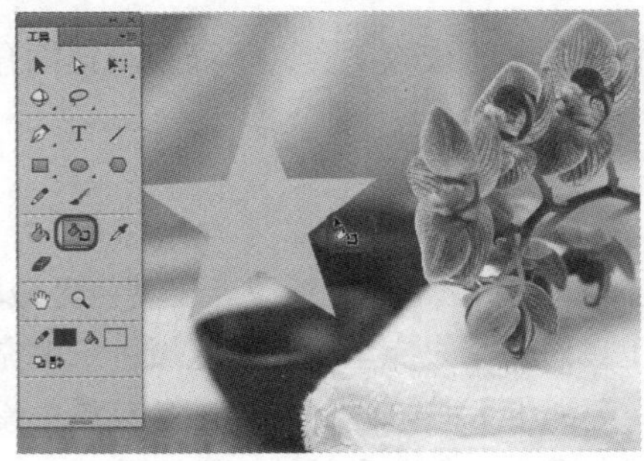
图 9-36

图 9-37

> **提示：**如果墨水瓶工具的作用对象是矢量图形，则可以直接给其加轮廓。如果将要作用的对象是文本或者位图，则需要先将其分离，然后才可以使用墨水瓶工具添加轮廓。

选中墨水瓶工具时，Flash 界面中的【属性】面板中将出现与墨水瓶工具有关的属性，如图 9-38 所示。

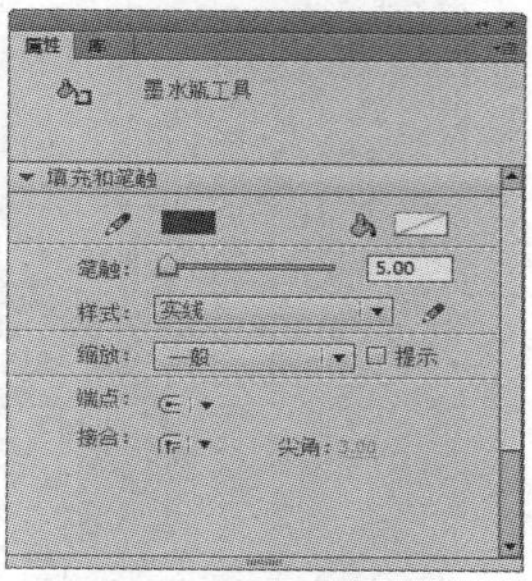

图 9-38

9.3.3 滴管工具

滴管工具是吸取某种对象颜色的管状工具，应用滴管工具可以获取需要的颜色，另外还可以对位图进行属性采样。

单击工具箱中的【滴管工具】按钮，然后将鼠标光标移动到舞台，在不同位置会出现不同的鼠标指针。当处于舞台空白位置时，鼠标指针为一个滴管形状，如图 9-39 所示。当处于图形轮廓和填充区域时，鼠标指针的滴管右侧分别带有一个实心的正方形和空心的正方形，分别如图 9-40 和图 9-41 所示。

图 9-39

图 9-40

图 9-41

当使用滴管工具时，将滴管的光标先移动到需要采集色彩特征的区域，然后在需要某种色彩的区域单击，即可将滴管所在的那一点具有的颜色采集出来，将鼠标光标放置到需要填充颜色的图形上时滴管会变为填充工具，如图 9-42 所示，若将鼠标光标放置到轮廓上鼠标指针则变为墨水瓶工具，接着移动到目标对象上单击，刚才所采集的颜色就填充到目标区域了，如图 9-43 所示。

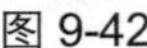

图 9-42

图 9-43

9.3.4 橡皮擦工具

单击【橡皮擦工具】按钮可用来擦除图形的外轮廓和内部颜色。橡皮擦工具有多种擦除模式，例如可以设定为只擦除图形的外轮廓和侧部颜色，也可以定义只擦除图形对象的某一部分的内容。用户可以在实际操作时根据具体情况设置不同的擦除模式。

在使用橡皮擦工具时，在工具箱的选项设置区中，有一些相应的附加选项，如图 9-44 所示，在舞台中单击并拖动鼠标，擦除完毕释放鼠标，如图 9-45 所示。

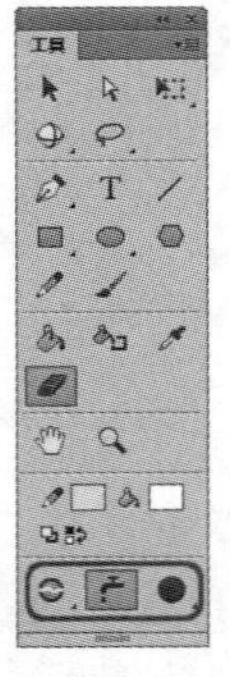

图 9-44

图 9-45

- 橡皮擦模式：用于擦除区域，包括【标准擦除】、【擦除填色】、【擦除线条】、【擦除所选填充】和【内部擦除】5 个选项。
  - 标准擦除：擦除同一层上的笔触和填充区域。
  - 擦除填色：只擦除填充区域，不影响笔触。
  - 擦除线条：只擦除笔触，不影响填充区域。
  - 擦除所选填充：只擦除当前选定的填充区域，而不影响笔触。
  - 内部擦除：只擦除橡皮擦笔触开始处的填充。如果从空白点开始擦除，则不会擦除任何内容。在这种模式下使用橡皮擦并不影响笔触。
- 水龙头：可以直接清除所选取的区域，使用时只需单击笔触或填充区域，就可以擦除笔触或填充区域。
- 橡皮擦形状：设置橡皮擦的形状，以进行精确的擦除。

9.4　修饰图形

使用基本绘图工具创建图形对象后。Flash 还提供了几种对图形的修饰功能。其中包括优化曲线、将线条转换成填充、扩展填充及柔化填充边缘等。

9.4.1　优化曲线

优化曲线通过减少用于定义这些元素的曲线数量来改进曲线和填充轮廓，这能够减小 Flash 文件的尺寸。与使用【平滑】和【伸直】命令一样，它可以对同一元素进行多次优化。

选中要优化的对象，选择【修改】|【形状】|【优化】命令，弹出【优化曲线】对话框，如图 9-46 所示，在对话框中进行相应的设置，单击【确定】按钮即可，如果选中【显示总计消息】复选框，将显示提示窗口，指示平滑完成时优化的程度，如图 9-47 所示。

图 9-46

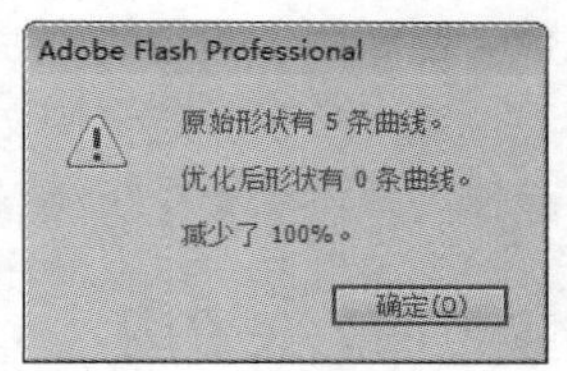

图 9-47

【优化曲线】对话框中的各个参数说明如下。

- 优化强度：可以设置其平滑程度。
- 显示总计消息：选中此复选框可以在平滑操作完成时显示一个指示优化程度的提示框。

9.4.2　将线条转换为填充

在工作区中选中一条线段，然后选择【修改】|【形状】|【将线条转换为填充】命令，就可以将该线段转化为填充区域。使用该命令可以产生一些特殊的效果，例如，使用渐变色填充这个直线区域，那么就可以得到一条五彩缤纷的线段，如图 9-48 所示。将线段转化为填充区域会增大文件尺寸，但是它可以提高计算机的绘图速度。

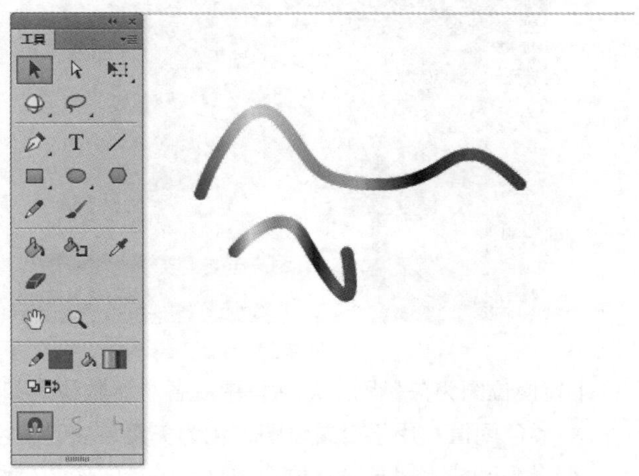

图 9-48

9.4.3　扩展填充

通过扩展填充，可以扩展填充形状。具体的操作步骤：使用选择工具选择一个形状，然后选择【修改】|【形状】|【扩展填充】命令，弹出如图 9-49 所示的对话框。

【扩展填充】对话框中的各个参数说明如下。

- 距离：用于指定扩展、插入的尺寸。
- 方向：如果要扩充一个形状，则需选择【扩展】单选按钮；如果要缩小形状，则需选择【插入】单选按钮。

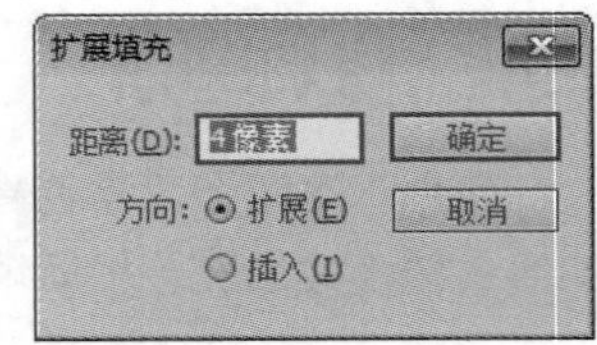

图 9-49

9.4.4 柔化填充边缘

柔化填充边缘可使选中的填充对象产生模糊的边缘效果，即使填充边缘产生自然过渡的效果。选中要设置的对象，选择【修改】|【形状】|【柔化填充边缘】命令，弹出【柔化填充边缘】对话框，如图 9-50 所示，在对话框中进行相应的设置，单击【确定】按钮即可。

【柔化填充边缘】对话框中的各个参数说明如下。

- 距离：以像素为单位设置柔边的宽度。
- 步长数：控制用于柔边的曲线数。使用的步长数越多，效果就越平滑，增大步长数还会使文件变大，并降低绘画速度。
- 扩展或插入：控制柔化边缘时形状是放大还是缩小。

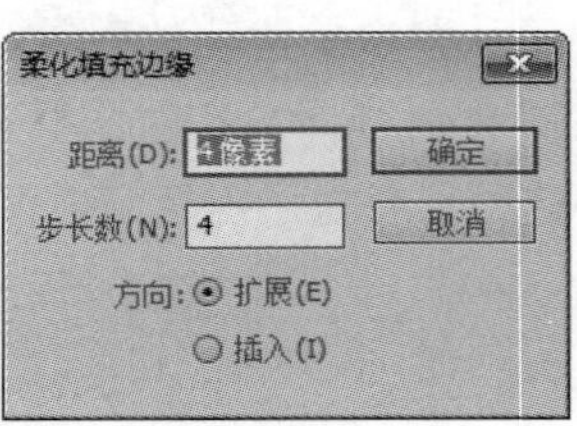

图 9-50

9.4.5 转换位图为矢量图

将位图转换为矢量图是为了对引入的位图进行进一步的编辑和修改，例如对图形作进一步的调整，改变图形的颜色等操作。转换位图为矢量图的具体操作步骤如下。

01 在舞台中选中要转换位图为矢量图的对象，如图 9-51 所示。

02 选择【修改】|【位图】|【转换位图为矢量图】命令，弹出【转换位图为矢量图】对话框，在对话框中进行相应的设置，如图 9-52 所示。

图 9-51

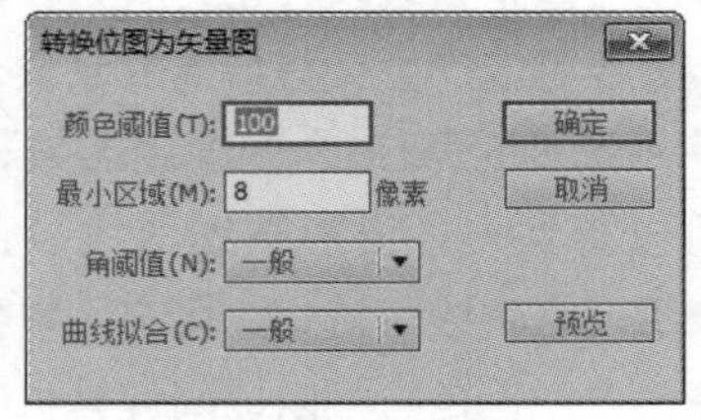

图 9-52

【转换位图为矢量图】对话框中的各个参数说明如下。

- 颜色阈值：用于设置位图转化为矢量色块时的色彩细节。参数设置得越大，位图越细致。
- 最小区域：用于设置位图转化为矢量图形的色块大小，取值越大，色块越大。
- 角阈值：包含 3 个选项，【较多转角】为边缘细节较多；【较少转角】为缺少细节；【正常】为正常状态。
- 曲线拟合：用于设置转换过程中对色块的敏感程度。

03 单击【确定】按钮，将位图转换为矢量图，如图 9-53 所示。

04 选择工具箱中的颜料桶工具，选择不同的色彩，改变图形的颜色，如图 9-54 所示。

图 9-53

图 9-54

9.5 上机练习——绘制树叶

本例将使用前面学的工具绘制树叶，并配合【颜料桶工具】对绘制的形状进行填充。绘制完成后的向日葵效果如图 9-55 所示。

图 9-55

01 启动 Flash CC 软件，在【欢迎】面板中选择【新建】|【ActionScript3.0】命令，新建一个文档。在【属性】面板中设置文档的【宽度】为 500 像素，【高度】为 400 像素，如图 9-56 所示。

02 在工具箱中选择【钢笔工具】，将【笔触】颜色设置为【绿色】，然后在舞台中绘制图形，如图 9-57 所示。

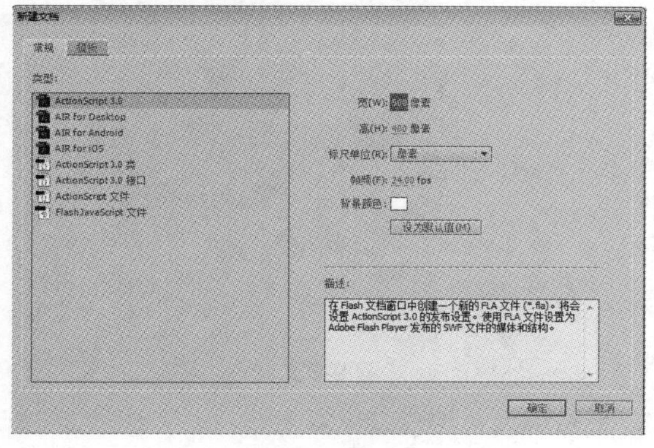

图 9-56

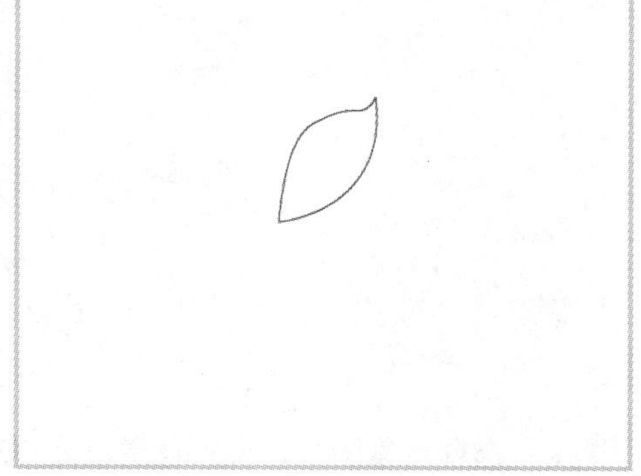

图 9-57

03 选择【直线工具】在绘制的图形中绘制直线，选择【部分选取工具】路径进行拖动调整，按住 Alt 键拖动路径的控制点，可以使路径弯曲，调整后的效果，如图 9-58 所示。

04 选择【颜色】面板设置为径向渐变，颜色设置为由绿色设置为黄色，如图 9-59 所示。

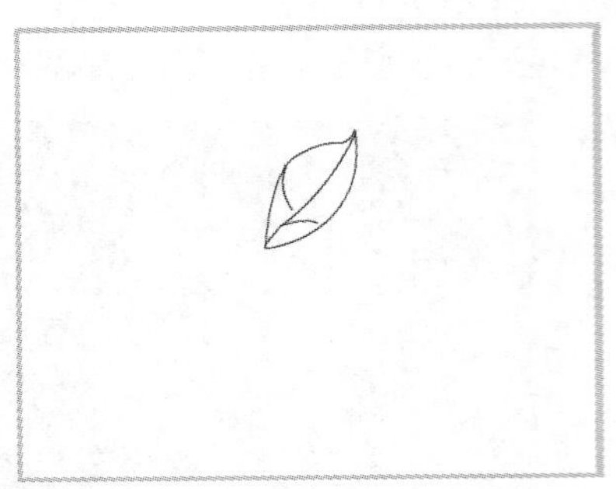

图 9-58

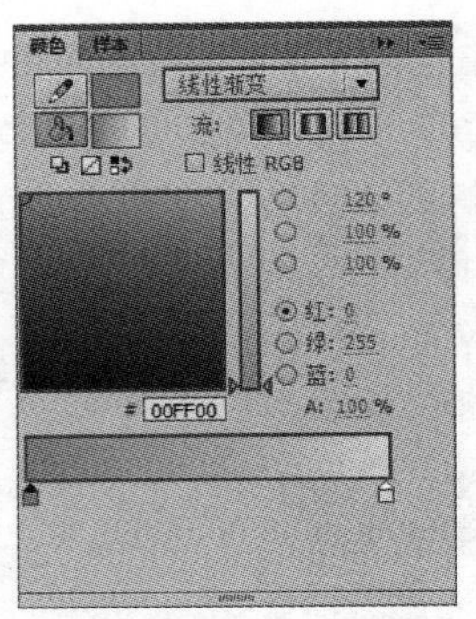

图 9-59

05 选择工具箱中的【钢笔工具】绘制选区，如图 9-60 所示。

06 打开【颜色】面板，设置和树叶一样的颜色，进行填充，如图 9-61 所示。

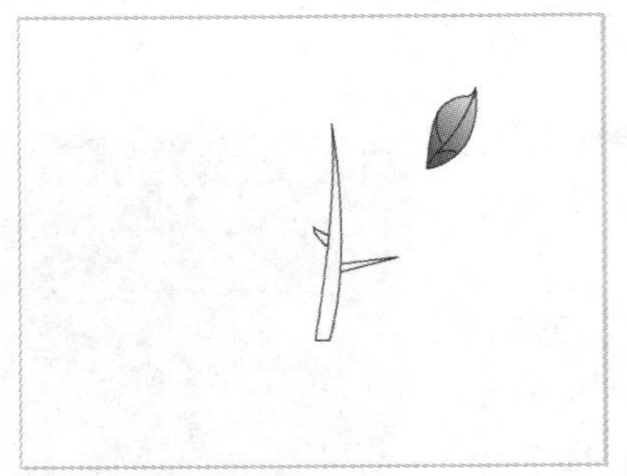
图 9-60

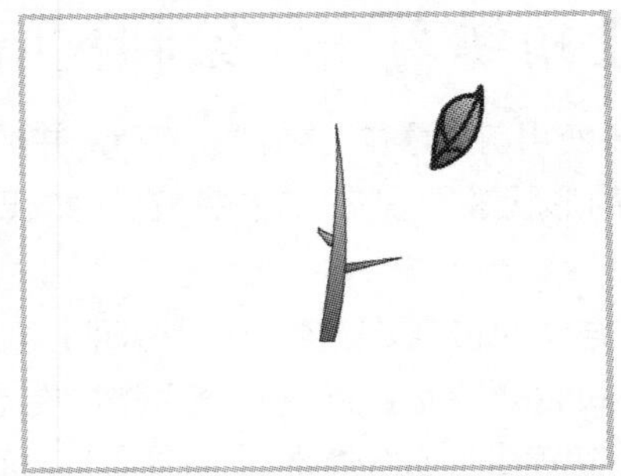
图 9-61

07 选择绘制的树叶进行复制，复制 6 个树叶，调整大小和位置，如图 9-62 所示。

08 选择所有绘制的图形复制出 4 个图形，调整大小和位置，如图 9-63 所示。

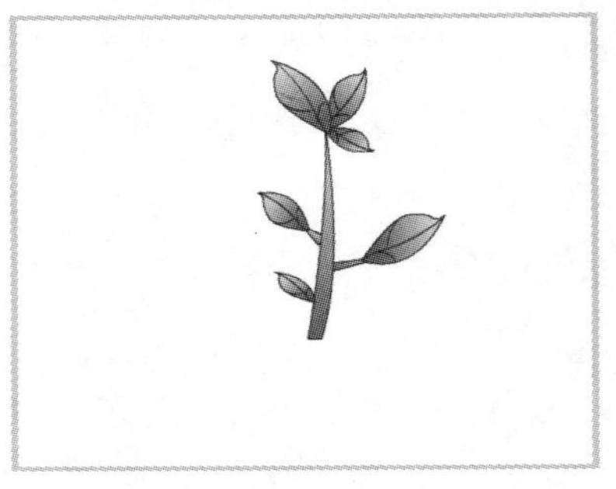
图 9-62

图 9-63

09 选择背景图层，设置背景色为#333300，进行填充，即可完成效果。

9.6 习题

1．选择题

（1）______是用来填充封闭区域的，它既能填充一个空白区域，又能改变已着色区域的颜色；可以使用纯色、渐变和位图填充，甚至可以对一个未完全封闭的区域进行填充。

A. 颜料桶

B. 墨水瓶

C. 填充颜色

（2）作为一项重要的绘图工具，________是工具箱中使用频率最高的工具之一。

A. 部分选区工具

B. 选择工具

C. 部分选区工具和选择工具

2．填空题

（1）__________工具可以绘制出像毛笔作画的效果，也常用于给对象着色，它包括________、________、________、________和________5 种模式。

（2）墨水瓶工具用来在绘图中更改________和________的________和________。

（3）优化曲线通过减少用于定义这些元素的曲线数量来改进曲线和填充轮廓，这能够减小 Flash 文件的尺寸。与使用________和________命令一样，它可以对同一________进行多次优化。

3．上机操作

使用椭圆工具、矩形工具来绘制叶，如图 9-64 所示。

图 9-64

第 10 章　元件、实例和素材文件的使用

本章重点

- 元件
- 实例
- 导入素材
- 导入声音
- 库的基本应用

元件是Flash中最重要也是最基本的元素，它在Flash中对文件的大小和交互能力起着重要的作用。

制作一个复杂的动画仅使用 Flash 软件自带的绘图工具是远远不够的，这时需要从外部导入创作时所需要的素材。Flash 还提供了自建库和公用库，通过两个库的管理和使用，可以有效地利用已有的和自建的各种资源，这样既可以节省资源空间，又可以简化作品的创作流程。

10.1　元件

使用 Flash 制作动画影片的一般流程是先制作动画中所需的各种元件，然后在场景中引用元件实例，并对实例化的元件进行适当的组织和编排，最终完成影片的制作。合理地使用元件和库可以提高影片的制作和工作效率。

元件是 Flash 中一个比较重要而且使用非常频繁的元素，狭义的元件是指用户在 Flash 中所创建的图形、按钮或影片剪辑这 3 种元件。元件可以包含从其他应用程序中导入的插图。元件一旦创建，就会被自动添加到当前影片的库中，然后可以自始至终地在当前影片或其他影片中重复使用。用户创建的所有元件都会自动变为当前文件的库的一部分。

元件在 Flash 影片中是一种比较特殊的对象，它在 Flash 中只需创建一次，然后可以在整部电影中反复使用而不会显著增加文件的大小。元件可以是任何静态的图形，也可以是连续动画，甚至还能将动作脚本添加到元件中，以便对元件进行更复杂的控制。当用户创建元件后，元件都会自动成为影片库中的一部分。通常应将元件当做主控对象存于库中，将元件放入影片中时使用的是主控对象的实例，而不是主控对象本身，所以修改元件的实例并不会影响元件本身。

1．使用元件的优点

在动画中使用元件的最显著优点如下。

- 使用元件时，由于一个元件在浏览中仅需要下载一次，这样就可以加快影片的播放速度，避免了同一对象的重复下载。
- 使用元件可以简化影片的编辑。在影片编辑过程中，可以把需要多次使用的元素做成元件，修改元件后，由同一元件生成的所有实例都会随之更新，而不必逐一对所有实例进行更改，这样就大大节省了创作时间，提高了工作效率。
- 制作运动类型的过渡动画效果时，必须将图形转换成元件，否则将失去透明度等属性，而且不能制作补间动画。
- 使用元件时，在影片中只会保存元件，而不管该影片中有多少个该元件的实例，它都是以附加信息保存的，即用文字性的信息说明实例的位置和其他属性，所以保存一个元件的几个实例比保存该元件内容的多个副本占用的存储空间小。

2．元件的类型

在 Flash 中创建元件的类型有三种：图形元件、按钮元件及影片剪辑元件。每种元件都有其在影片中所特有的作用和特性，如图 10-1 所示。

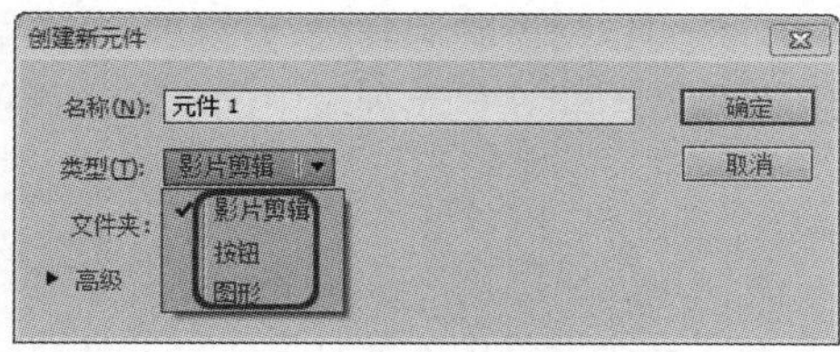

图 10-1

- 图形元件

图形元件可用来重复应用静态的图片，并且图形元件也可以用到其他类型的元件当中，是 3 种 Flash 元件类型中最基本的类型。

- 按钮元件

按钮元件一般用来对影片中的鼠标事件做出响应，如鼠标的单击、移开等。按钮元件是用来控制相应的鼠标事件的交互性特殊元件。它与平常在网页中出现的按钮一样，可以通过对它的设置来触发某些特殊效果，如控制影片的播放、停止等。

按钮元件是具有 4 个帧的影片剪辑。按钮元件的时间轴无法播放，只是根据鼠标事件的不同而做出简单的响应，并转到所指向的帧，如图 10-2 所示。

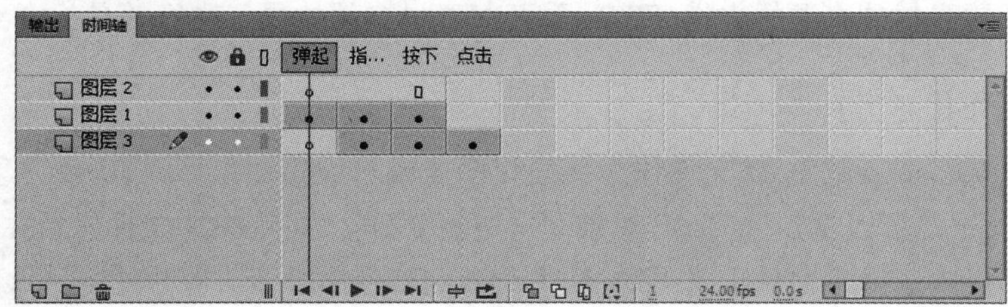

图 10-2

➢ 弹起帧：鼠标不在按钮上时的状态，即按钮的原始状态。

➢ 指针经过帧：鼠标移动到按钮上时的按钮状态。

➢ 按下帧：鼠标单击按钮时的按钮状态。

➢ 点击帧：用于设置对鼠标动作做出反应的区域，这个区域在 Flash 影片播放时是不会显示的。

● 影片剪辑元件

影片剪辑是 Flash 中最具交互性、用途最多及功能最强的部分。它基本上是一个小的独立电影，可以包含交互式控件、声音，甚至其他影片剪辑实例。可以将影片剪辑实例放在按钮元件的时间轴内，以创建动画按钮。不过，由于影片剪辑具有独立的时间轴，所以它们在 Flash 中是相互独立的。如果主场景中存在影片剪辑，即使主电影的时间轴已经停止，影片剪辑的时间轴仍可以继续播放，这里可以将影片剪辑设想为主电影中嵌套的小电影。

每个影片剪辑在时间轴的层次结构树中都有相应的位置。使用 loadMovie 动作加载到 Flash Player 中的影片也有独立的时间轴，并且它在显示列表中也有相应的位置。使用动作脚本可以在影片剪辑之间发送消息，以使它们彼此控制。例如，一段影片剪辑的时间轴中最后一帧上的动作可以指示开始播放另一段影片剪辑。

使用电影剪辑对象的动作和方法可以对影片剪辑进行拖动、加载等控制。要控制影片剪辑，必须通过使用目标路径（该路径指示影片剪辑在显示列表中的唯一位置）来指明它的位置。

10.2 实例

实例是指位于舞台上或嵌套在另一个元件内的元件副本。实例可以与元件在颜色、大小和功能上存在很大的差别。

在库中存在元件的情况下，选中元件并将其拖动到舞台中完成实例的创建。由于实例的创建源于元件，因此只要元件被修改编辑，那么所关联的实例也将会更新。应用各实例时需要注意，影片剪辑实例的创建和包含动画的图形实例的创建是不同的，电影片段只需要一个帧就可以播放动画，而且编辑环境中不能演示动画效果；而包含动画的图形实例，则必须在与其元件同样长的帧中放置，才能显示完整的动画。

10.3 导入素材

Flash 提供了强大的导入功能，几乎胜任各种文件类型的导入，特别是对 Photoshop 图像格式的支持，使得 Flash 的素材的来源极大地拓宽。下面对素材文件的导入进行简单的介绍。

10.3.1 导入 PSD 文件

用户可以将 Photoshop 的 PSD 文件作为平面化图像或可编辑对象导入 Flash 中。将 PSD 文件作为平面化图像导入时，可以像其他 Flash 对象一样进行处理。导入 PSD 文件的具体操作步骤如下。

01 在菜单栏中选择【文件】|【导入】|【导入到舞台】命令，弹出【导入】对话框。

02 在该对话框中选择随书附带光盘中的【CDROM】|【素材】|【Cha10】|【楼房.psd】文件，如图 10-3 所示。

03 单击【打开】按钮，即可弹出如图 10-4 所示的对话框，可以进行相关设置。

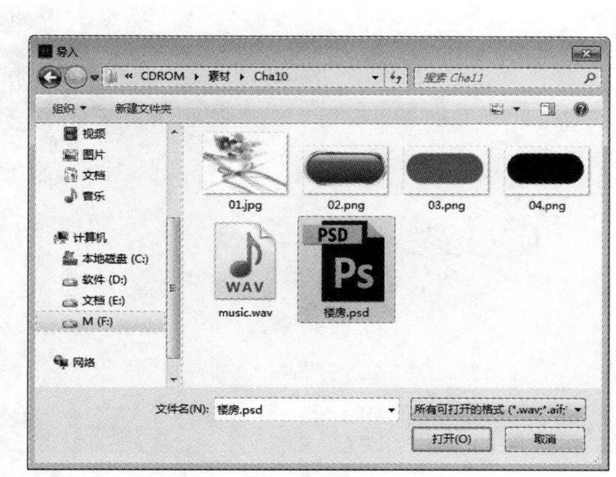

图 10-3

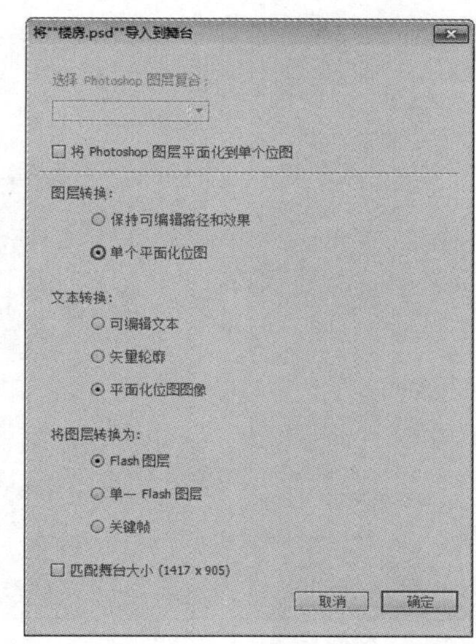

图 10-4

04 设置完成后，单击【确定】按钮，即可将 PSD 文件导入 Flash 中。

10.3.2 设置导入的位图属性

Flash 可以很方便地导入其他程序制作的图像文件，一般是导入位图图像，位图图像会增加 Flash 文件的大小，但可在【图像属性】对话框中对图像进行压缩。设置导入的位图属性的具体操作步骤如下。

01 新建一个 Flash 文档，在菜单栏中选择【文件】|【导入】|【导入到舞台】命令，弹出【导入】对话框，在对话框中选择要导入的图像，如图 10-5 所示。

02 单击【打开】按钮，将其导入舞台中，调整舞台大小与图像相吻合，如图 10-6 所示。

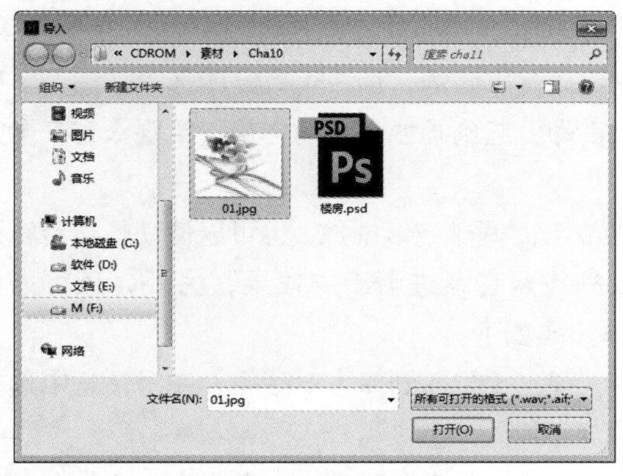

图 10-5

图 10-6

03 在菜单栏中选择【窗口】|【库】命令，打开【库】面板，在面板中选中位图，右击，在弹出的菜单中选择【属性】命令，如图 10-7 所示。

04 弹出【位图属性】对话框，在对话框中进行相应的设置，如图 10-8 所示。

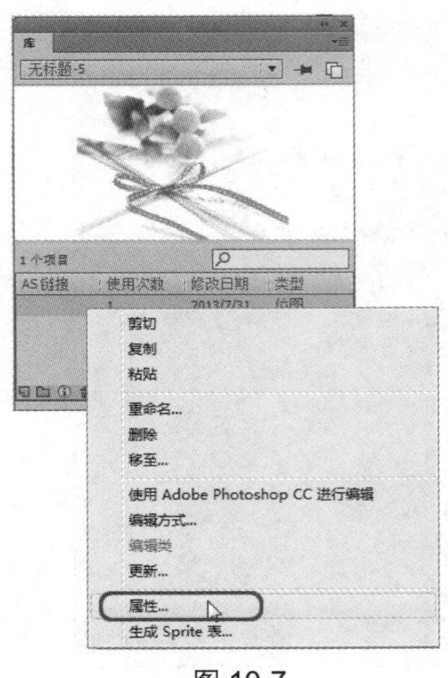

图 10-7

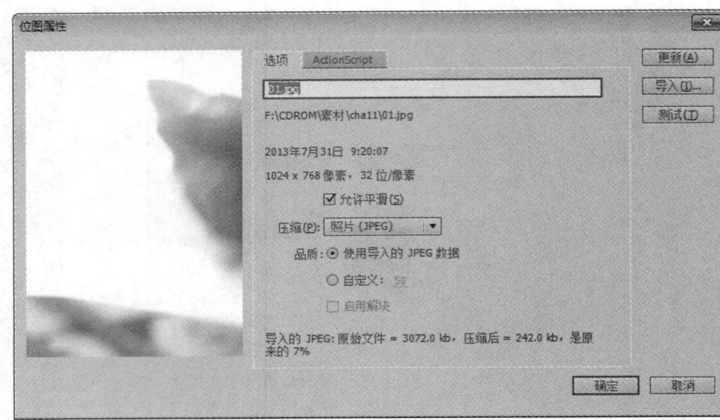

图 10-8

【位图属性】对话框中的各个参数说明如下。

- 允许平滑：平滑位图图像的边缘。
- 压缩：在下拉列表中包括“照片”和“无损”两个选项。
  - ➢ 照片：表示用 JPEG 格式输出图像。
  - ➢ 无损：表示以压缩的格式输出文件，但无损任何图像的数据。
- 使用导入的 JPEG 数据：选中该单选按钮，使用文件默认的质量。也可以选中【自定义】单选按钮，然后在后面的文本框中输入数值。

05 单击【确定】按钮，返回到主场景。

10.4 在动画中加入声音

一个精彩的 Flash 动画作品仅仅有一些图形动画效果是不够的，用户可以给图形、按钮乃至整个动画配上合适的背景声音，这样能使整个作品更加精彩，起到画龙点睛的作用，给观众带来全方位的艺术享受。

Flash 中有多种使用声音的方法：既可以让声音独立与时间轴连续播放，也可以使动画与音轨同步，可以为按钮添加声音以增加其交互性，还可以制作声音渐进渐出的效果，另外，还可以用 ActionScript 来控制声音的播放。导入声音的具体操作步骤如下：

01 选择【文件】|【导入】|【导入到库】命令，弹出【导入到库】对话框，在对话框中选择要导入的声音文件 music.wav，如图 10-9 所示。

02 单击【打开】按钮，声音文件就会被导入库中，如果选中库中的一个声音，在预览窗口中就会看到声音的波形。如果导入的声音为单声道，只会有一条波形，如果导入的声音为双声道，则会出现两条波形，如图 10-10 所示为双声道音频。

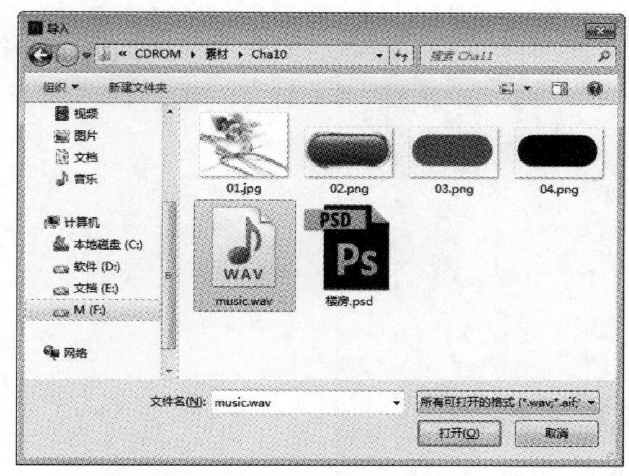

图 10-9

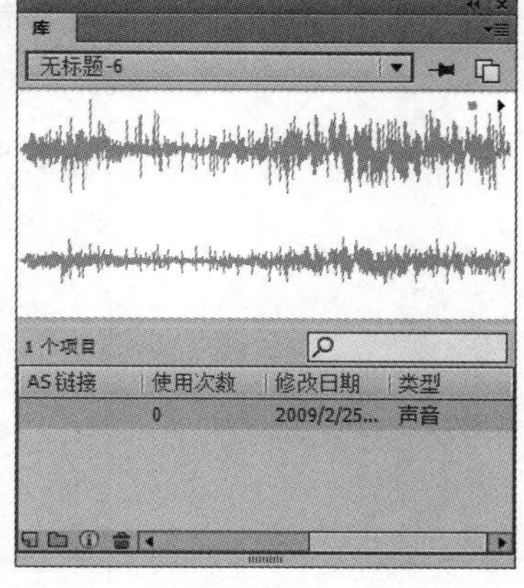

图 10-10

10.5　库

在前面的章节中曾经多次提到和用到 Flash CC 的库，读者可能已经体会到，它是使用 Flash CS5 进行动画制作时的一种非常有力的工具，使用库可以省去很多重复操作和其他一些不必要的麻烦。另外，使用库可以最大程度减小动画文件的体积，充分利用库中包含的元素可以有效控制文件的大小，便于文件的传输和下载。

10.5.1　元件库的基本操作

Flash 的【库】面板中包括了当前文件的标题栏、预览窗口、库文件列表及一些相关的库文件管理工具等，如图 10-11 所示。

【库】面板的最下方分别有 4 个按钮，可以通过这 4 个按钮对库中的文件进行管理。

- 【新建元件】：单击此按钮，会弹出【创建新元件】对话框，可以设置新建元件的名称及新建元件的类型。
- 【新建文件夹】：在一些复杂的 Flash 文件中，库文件通常会非常繁多，管理起来非常不方便。因此需要使用创建新文件夹的功能，在库中创建一些文件夹，将同类的文件放入相应的文件夹中，使今后元件的调用更灵活方便。
- 【属性】：用于查看和修改库元件的属性，在弹出的对话框中显示了元件的名称、类型等一系列的信息，如图 10-12 所示。

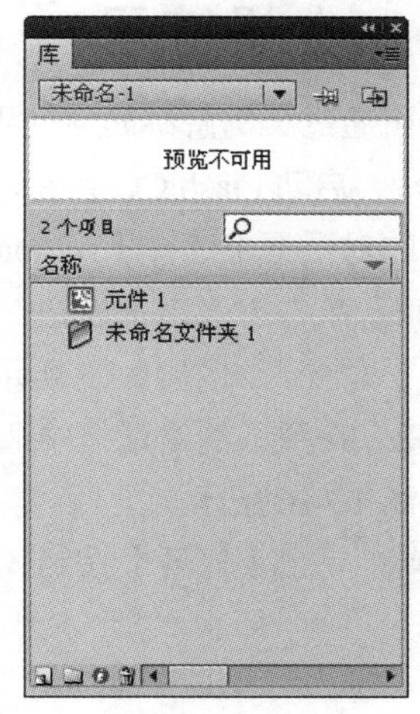

图 10-11

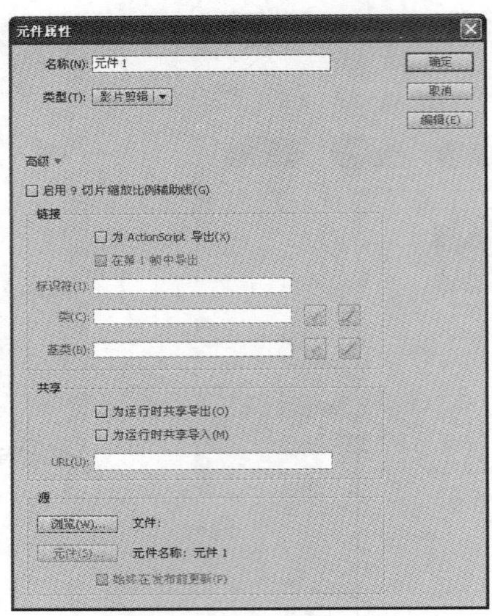

图 10-12

- 【删除】：用来删除库中多余的文件和文件夹。

10.5.2 专用库和公用库

1．专用库

通过在菜单栏中选择【窗口】|【库】命令或按 Ctrl+L 组合键可以打开专用库的面板。在这个库中包含了当前编辑文件下的所有元件，如导入的位图、视频等，并且某个实例不论在舞台中出现了多少次，它都只作为一个元件出现在库中。

2．公用库

在 Flash Professional CC 中【公用库】命令已弃用。可以使用 Flash 中附带的范例公用库向文档添加声音或按钮。还可以创建自定义公用库，和创建的任何文档一起使用。

10.6 上机练习——制作按钮动画

下面通过实例解讲如何使用元件制作按钮，如图 10-13 所示。

图 10-13

01 启动 Flash CC 软件，在菜单栏中选择【文件】|【新建】命令，在弹出的对话框中选择【ActionScript3.0】选项，如图 10-14 所示。

02 单击【确定】按钮，在菜单栏中选择【文件】|【导入】|【导入到舞台】命令，如图 10-15 所示。

03 在弹出的对话框中选择随书附带光盘中的【CDROM】|【素材】|【Cha10】|【02.png】文件，如图 10-16 所示。

04 单击【打开】按钮，将其调整至合适位置，如图 10-17 所示。

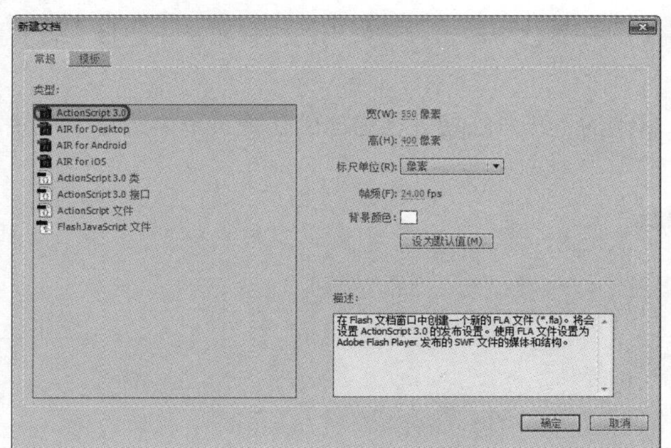

图 10-14

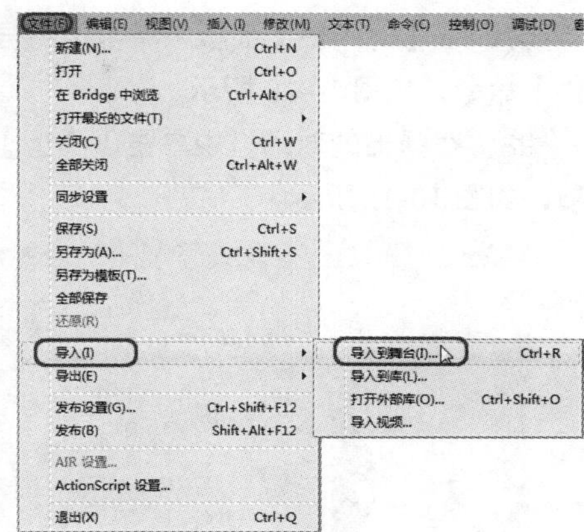

图 10-15

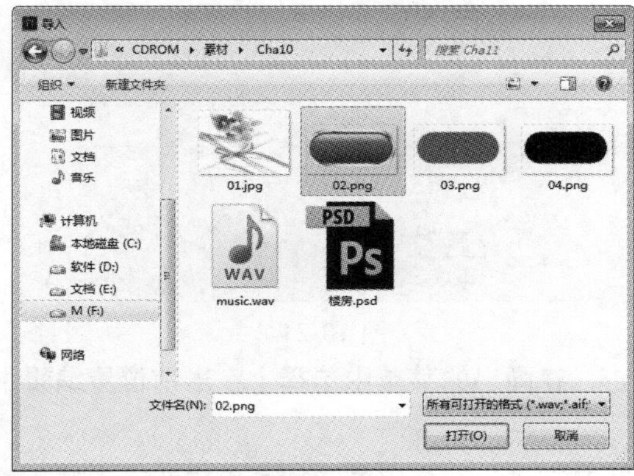

图 10-16

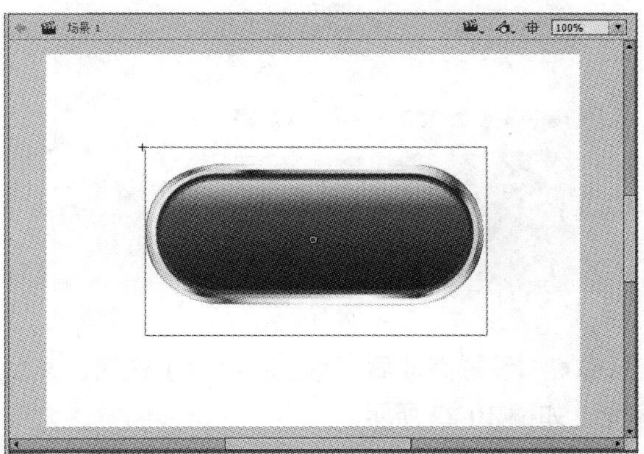

图 10-17

05　在菜单栏中选择【插入】|【时间轴】|【图层】命令，如图 10-18 所示。

06　使用上述相同方法将其他素材导入舞台，并调整舞台大小及位置，如图 10-19 所示。

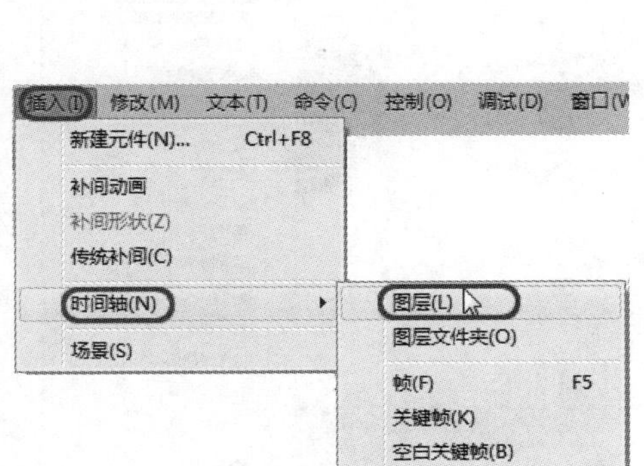

图 10-18

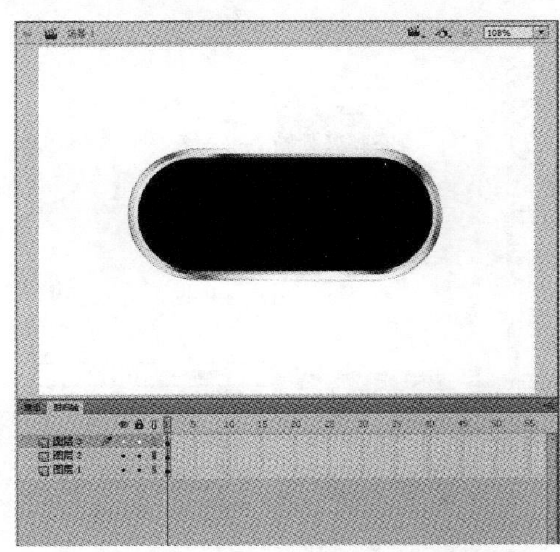

图 10-19

07 在【时间轴】面板中单击【图层 3】，在舞台中右击，在弹出的快捷菜单中选择【转换为元件】命令，如图 10-20 所示。

08 在弹出的对话框中单击【类型】右侧的下三角按钮，在弹出的快捷菜单中选择【按钮】选项，如图 10-21 所示。

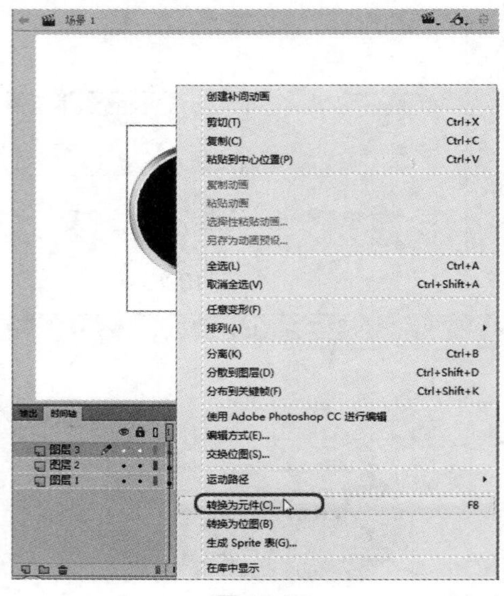

图 10-20

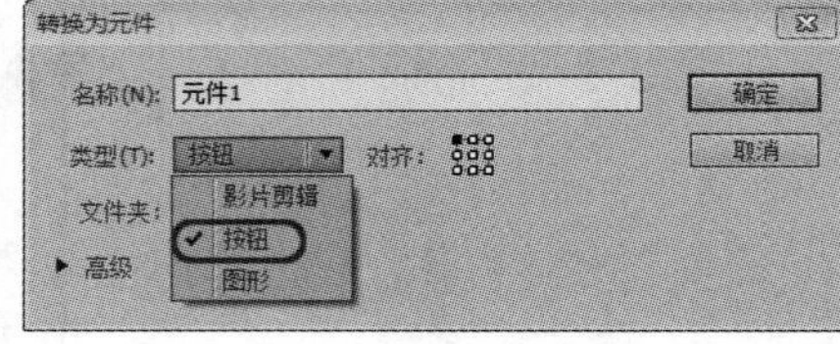

图 10-21

09 设置完成后，单击【确定】按钮，然后右击，在弹出的菜单中选择【在当前位置编辑】命令，如图 10-22 所示。

10 在【时间轴】面板中选择【指针】下方的帧并右击，在弹出的快捷菜单中选择【插入关键帧】命令，如图 10-23 所示。

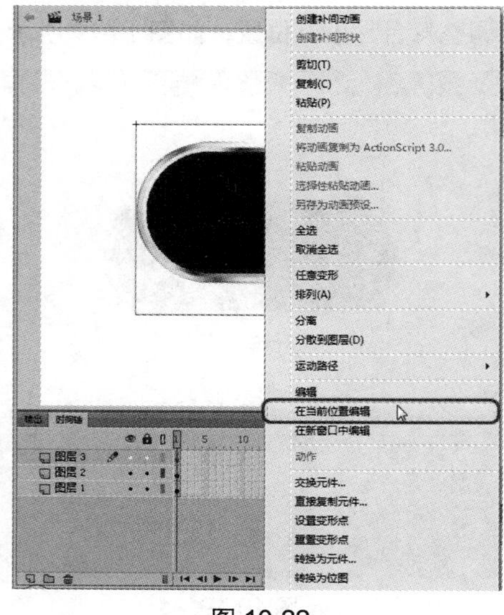

图 10-22

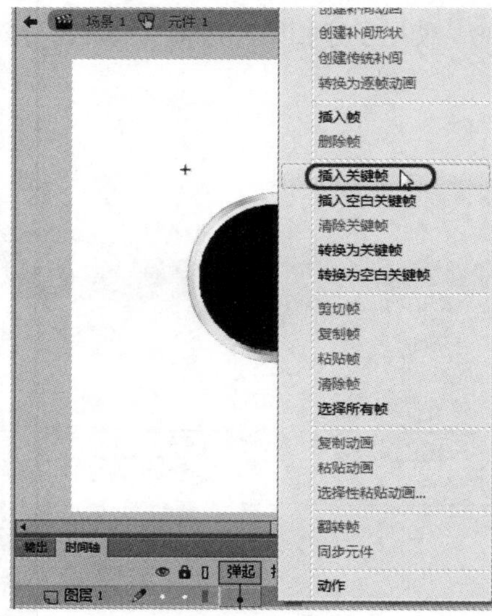

图 10-23

11 在舞台中选择该元件中的图像并右击，在弹出的快捷菜单中选择【变换位图】命令，如图 10-24 所示。

12 选择该命令后，即可弹出【交换位图】对话框，在该对话框中选择【03.png】选项，如图 10-25 所示。

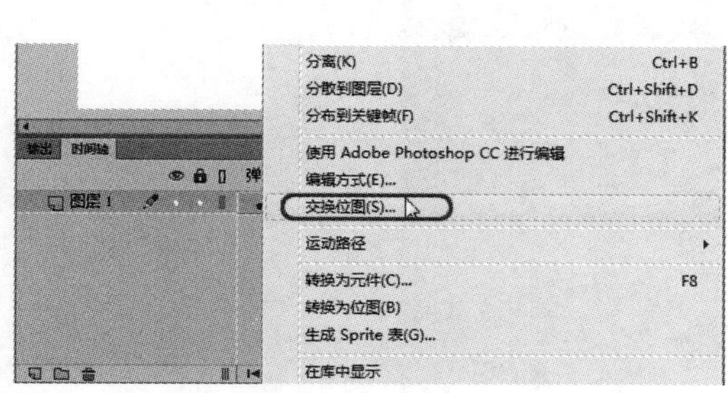

图 10-24

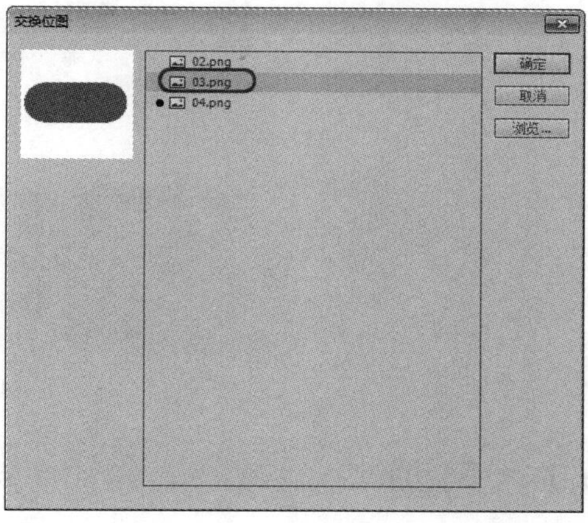

图 10-25

13 单击【确定】按钮，然后在【时间轴】面板中选择【按下】下方的帧，并使用相同方法创建关键帧，如图 10-26 所示。

14 在【时间轴】面板中选择【弹起】下方的关键帧，使用相同方法在【交换位图】对话框中选择【04.png】选项，并在工具栏中选择【文本工具】T，设置字体大小及颜色，进行输入，如图 10-27 所示。

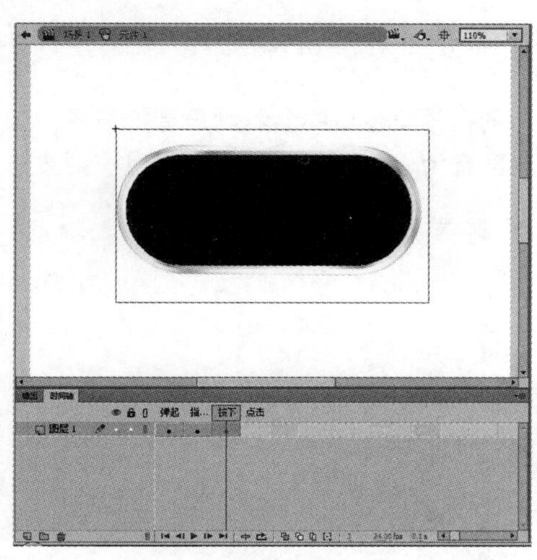

图 10-26

图 10-27

15 使用【选择工具】在【时间轴】面板中，选择【弹起】中的文字，右击，在弹出的菜单中选择【复制】命令，在【指针】中进行粘贴，调整至相应的位置，图 10-28 所示。

16 设置完成后，按【Ctrl+Enter】组合键进行预览，对完成后的场景进行保存即可。

图 10-28

10.7 习题

1．**选择题**

（1）【库】面板的最下方有________个按钮，可以通过这些按钮对库中的文件进行管理。

A.3　　B.4　　C.5

（2）按________组合键可以打开专用库的面板。

A.Ctrl+K　　B.Ctrl+V　　C.Ctrl+L

2．**填空题**

（1）元件是 Flash 中最重要也是最基本的元素，它在 Flash 中对________和________起着重要的作用。

（2）将声音文件导入库中，选中库中的一个声音，则在预览窗口中会看到声音的波形，如果导入的声音文件为________，则有两条波形；如果导入的声音为________，则只会出现一条波形。

（3）在 Flash 中创建元件的类型有三种：________、________及________。

3．**上机操作**

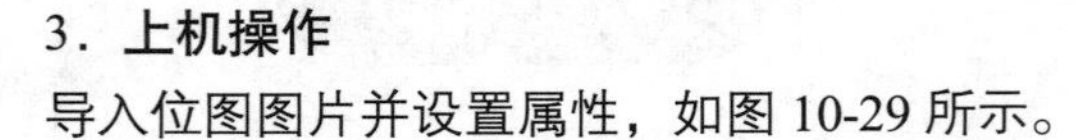

导入位图图片并设置属性，如图 10-29 所示。

图 10-29

第 11 章　制作网页动画

本章重点

- 创建逐帧动画
- 创建补间动画
- 形状补间动画
- 图层的应用

Flash 作为一款著名的动画制作软件，其制作动画的功能非常强大。利用 Flash CC 可以轻松地创建丰富多彩的动画效果，并且只需通过更改时间轴每一帧中的内容，就可以在舞台中创作出移动对象、增加或减小对象大小、旋转、更改颜色、淡入淡出或更改对象形状的效果。本章主要讲解使用时间轴特效、创建逐帧动画、创建补间动画、形状补间动画和图层的应用等。

11.1　创建逐帧动画

Flash 作为一款著名的二维动画制作软件，其制作动画的功能非常强大。在 Flash 中，用户可以轻松地创建丰富多彩的动画效果，并且只需通过更改时间轴每一帧中的内容，就可以在舞台中创作出移动对象、增加或减小对象大小、旋转、更改颜色、淡入淡出或者更改对象形状的效果。上述的更改既可以独立于其他的更改方式进行，也可以与其他的更改方式互相协调，结合使用。

Flash 创建动画序列的基本方法有两种：逐帧动画和补间动画。逐帧动画也叫“帧帧动画”，顾名思义，它需要具体定义每一帧的内容，以完成动画的创建。补间动画包含了运动渐变动画和形状渐变动画两大类动画效果，也包含了引导动画和遮罩动画这两种特殊的动画效果。在补间动画中，用户只需要创建起始帧和结束帧的内容，而让 Flash 自动创建中间帧的内容。Flash 甚至可以通过更改起始帧和结束帧之间的对象大小、旋转方式、颜色和其他属性来创建运动的效果。

逐帧动画需要用户更改影片每一帧中的舞台内容。简单的逐帧动画并不需要用户定义过多的参数，只需要设置好每一帧，动画即可播放。

逐帧动画最适合于每一帧中的图像都在更改，而不仅仅是简单地在舞台中移动的复杂动画。逐帧动画增加文件大小的速度比补间动画快得多，所以逐帧动画的体积一般会比普通动画的体积大。在逐帧动画中，Flash 会保存每个完整帧的值，如图 11-1 所示为逐帧动画制作的原理。

图 11-1

11.2　创建补间动画

由于逐帧动画需要详细制作每一帧的内容，因此既费时又费力，而且在逐帧动画中，Flash 需要保存每一帧的数据，而在补间动画中，Flash 只需保存帧之间不同的数据，使用补间动画还能尽量减少文件的大小。因此在制作动画时，应用最多的是补间动画。补间动画是一种比较有效的产生动画效果的方式。

Flash 能生成两种类型的补间动画，一种是动作补间，另一种是形状补间。动作补间需要在一个点定义实例的位置、大小及旋转角度等属性，然后才可以在其他的位置改变这些属性，从而由这些变化产生动画。

11.2.1　传统补间动画原理

利用传统补间方式可以制作出多种类型的动画效果，如位置移动、大小变化、旋转移动、逐渐消失等。熟练掌握并运用这些简单的补间效果，才能通过使它们相互组合而制作出样式更加丰富、效果更加吸引人的复杂动画。

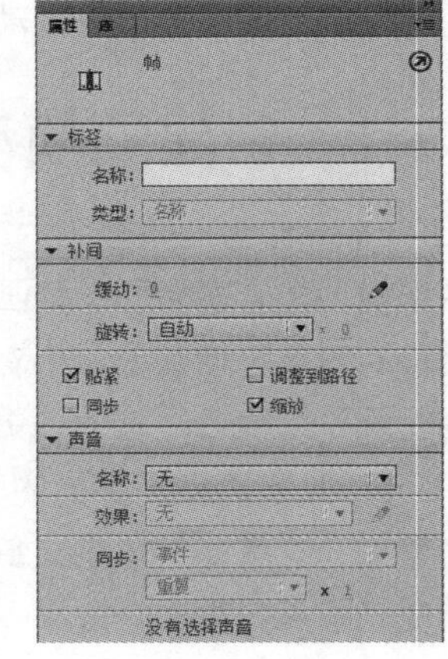

图 11-2

使用传统补间，需要具备以下两个前提条件：

起始关键帧与结束关键帧缺一不可。

应用于传统补间的对象必须具有元件或者群组的属性。

为时间轴设置了补间效果后，【属性】面板将有所变化，如图 11-2 所示。

- 【标签】项目。
  - 【名称】：设置补间的名称。
  - 【类型】：设置名称以什么类型出现，这里可以选择【名称】、【锚记】和【注释】。
- 【补间】项目。
  - 【缓动】：应用于有速度变化的动画效果。当移动滑块在 0 值以上时，实现的是由快到慢的效果；当移动滑块在 0 值以下时，实现的是由慢到快的效果。
  - 【旋转】：设置对象的旋转效果。
  - 【贴紧】：使物体可以附着在引导线上。
  - 【调整到路径】：在路径动画效果中，使对象能够沿着引导线的路径移动。
  - 【同步】：设置元件动画的同步性。

- 【缩放】：应用于有大小变化的动画效果。
- 【声音】项目。
  - 【名称】：如果该补间中添加了声音，这里显示声音的名称。
  - 【效果】：从中可以选择声音的效果，如【左声道】、【右声道】、【向左淡出】、【向右淡出】、【淡入】、【淡出】等。

11.2.2　创建传统补间动画

下面通过一个实例来介绍传统补间动画的制作，如图 11-3 所示，具体操作如下：

图 11-3

01 运行 Flash CC 软件，新建一个空白文档，在【属性】面板中调整舞台的尺寸为 758 像素×338 像素，然后单击【确定】按钮，如图 11-4 所示。

02 在舞台中绘制一个矩形，在【颜色】面板中将渐变颜色设置为由浅蓝（03FFF5）到浅白色（00FFF5）的线性渐变，在工具箱中单击【颜料桶工具】按钮进行填充，完成后的效果如图 11-5 所示。

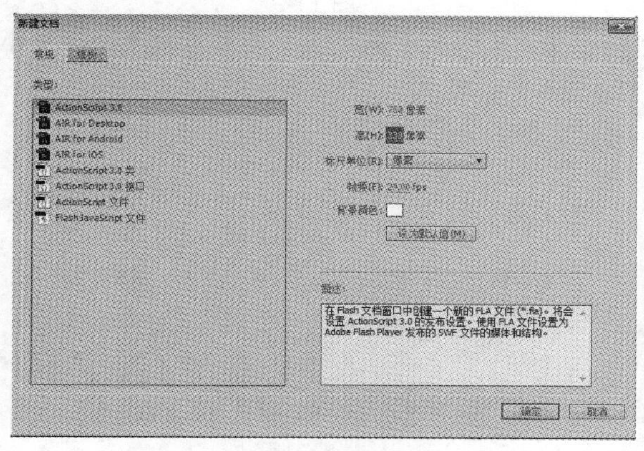

图 11-4

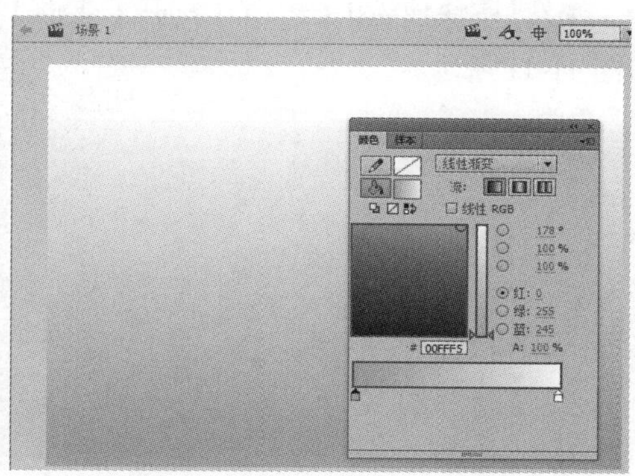

图 11-5

03 将【图层 1】的名称改为【背景】，在【时间轴】面板中单击【新建图层】，新建【图层 2】，将其命名为【太阳】，并激活该图层，如图 11-6 所示。

04 在工具箱中选择【椭圆工具】，在【属性】面板中取消笔触，将填充类型设置为【纯色】，将填充颜色设置为黄色（FFFF33），如图 11-7 所示。

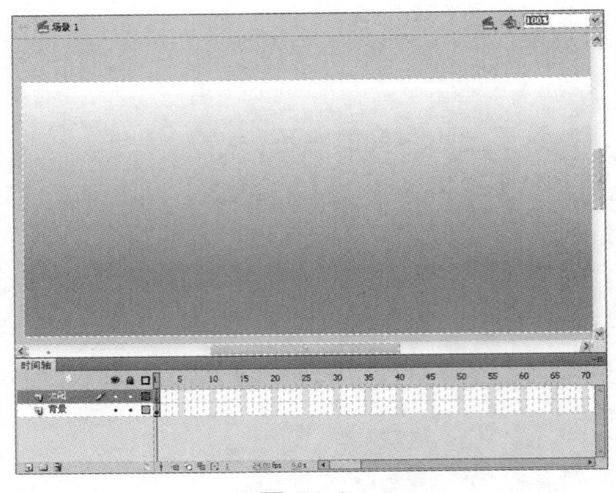
图 11-6

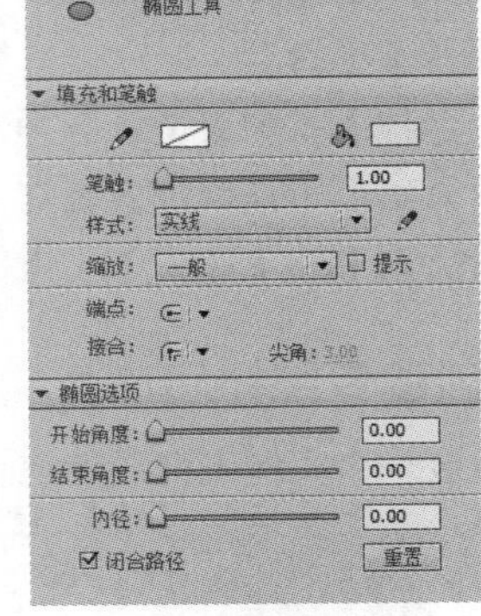
图 11-7

05 在舞台中按住【Shift】键绘制圆形，如图 11-8 所示。

06 选中绘制的圆形，在菜单栏中选择【修改】|【形状】|【柔化填充边缘】命令，弹出【柔化填充边缘】对话框，在该对话框中设置【距离】为【30 像素】，【步长数】为【15】，方向为【扩展】，如图 11-9 所示。单击【确定】按钮，完成后的效果如图 11-10 所示。

图 11-8

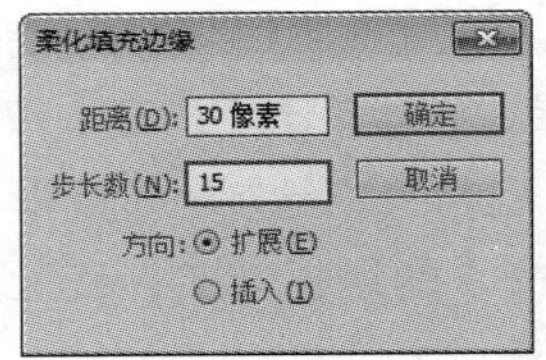

图 11-9

07 按快捷键【Crtl+T】打开【变形】面板，单击【约束】按钮，将其缩放至合适大小，如图 11-11 所示。

图 11-10

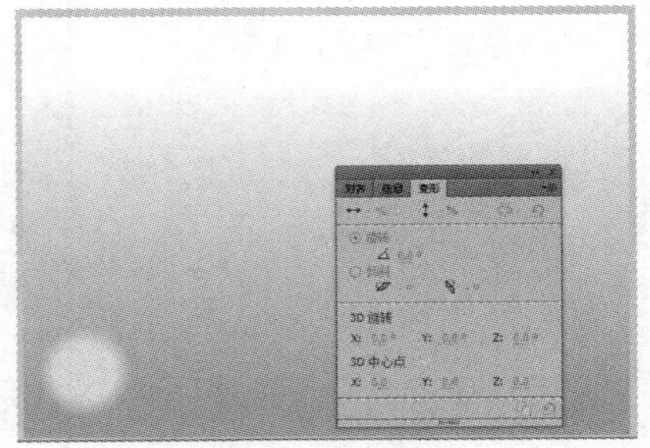
图 11-11

08 至此，完成了【太阳】的绘制。在【时间轴】面板中单击【新建图层】按钮，新建【图层 3】，将其移动到顶层，如图 11-12 所示。

09 按【Crtl+R】组合键，在弹出的【导入】对话框中选择随书附带光盘中的【CDROM】|【素材】|【Cha11】|【001.psd】文件，如图 11-13 所示。

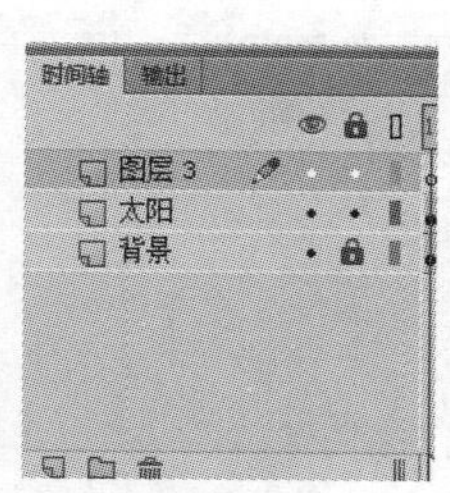

图 11-12

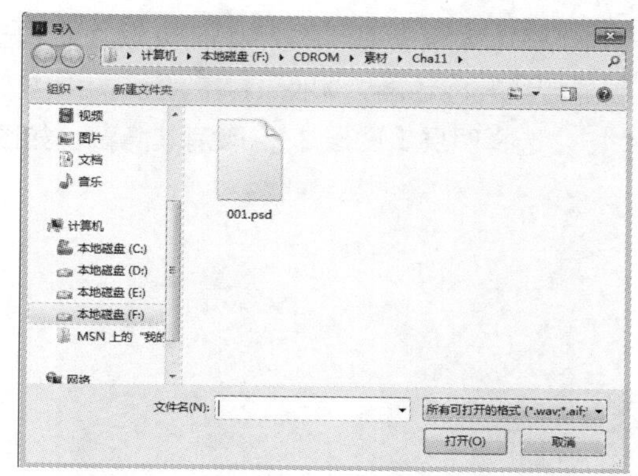

图 11-13

10　单击【导入】按钮，并将其调整至合适的位置，如图 11-14 所示。

11　在【时间轴】面板中，在第 50 帧处，分别为 3 个图层插入关键帧，如图 11-15 所示。

图 11-14

图 11-15

12　选择图层【图层 3】，将其隐藏，如图 11-16 所示。

13　选择图层【太阳】，选中第 50 帧，将【太阳】移动至合适的位置，如图 11-17 所示。

图 11-16

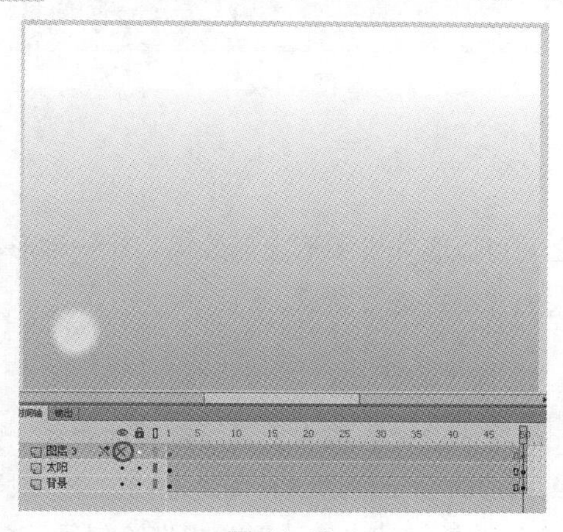

图 11-17

14 在【太阳】图层的 1 帧与 50 帧之间右击，在弹出的快捷菜单中选择【创建传统补间】命令，创建传统补间动画，如图 11-18 所示。

15 选择图层【图层 3】，取消其隐藏，如图 11-19 所示。

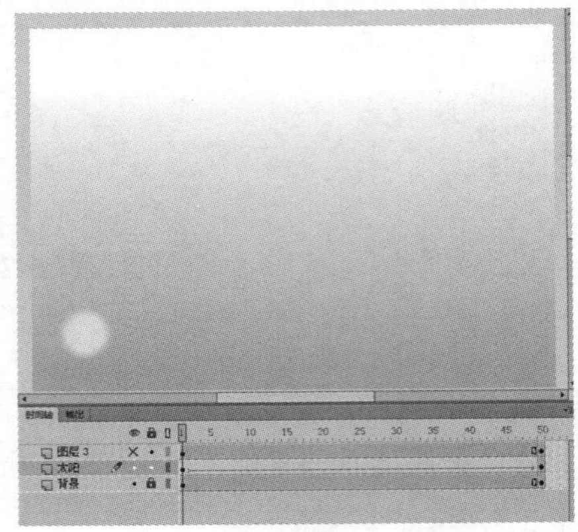

图 11-18

图 11-19

16 至此，一个传统补间动画就制作完成了，按【Ctrl+Enter】组合键测试影片，会看见太阳慢慢升起，如图 11-20 所示。

17 完成后选择菜单栏的【文件】|【导出】|【导出图像】命令，打开【导出图像】对话框，在该对话框中为其设置相应的名称，如图 11-21 所示。单击【保存】按钮，导出效果。

图 11-20

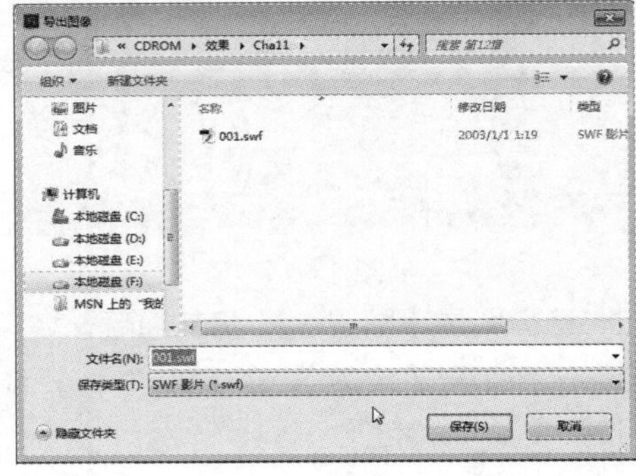

图 11-21

11.3 形状补间动画

形状补间动画适用于图形对象。在两个关键帧之间可以制作出图形变形效果，让一种形状可以随时间变化成另一个形状；还可以使形状的位置、大小和颜色进行渐变。

11.3.1 创建形状补间动画原理

形状补间动画是在某一帧中绘制对象，再在另一帧中修改对象或者重新绘制其他对象，然后由 Flash 计算两个帧之间的差异插入变形帧，这样当连续播放时会出现形状补间的动画效果。对于补间形状动画，要为一个关键帧中的形状指定属性，然后在后续关键帧中修改形状或者绘制另一个形状。

11.3.2　创建形状补间动画

创建形状补间动画，效果如图 11-22 所示，具体操作步骤如下：

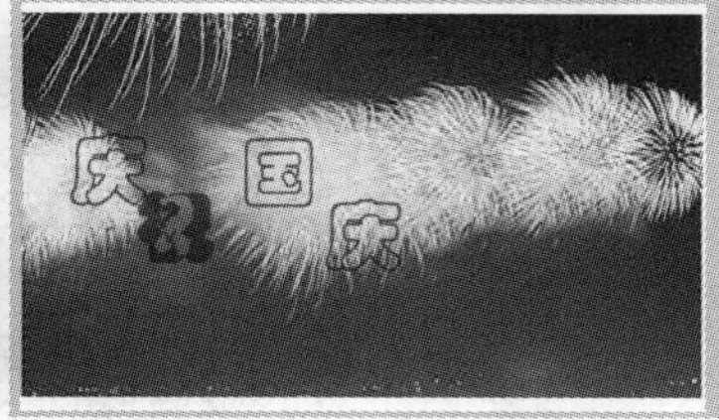
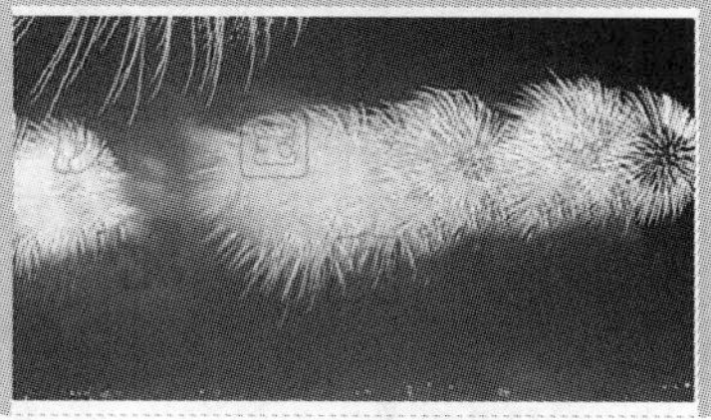

图 11-22

01 运行 Flash CC 软件，在弹出如图 11-23 所示的面板中，选择 AIR for Desktop，新建文档。

02 按【Ctrl+R】组合键，在弹出的对话框中，选择随书附带光盘中的【CDROM】|【素材】|【Cha11】|【002.jpg】，如图 11-24 所示，单击【打开】按钮。

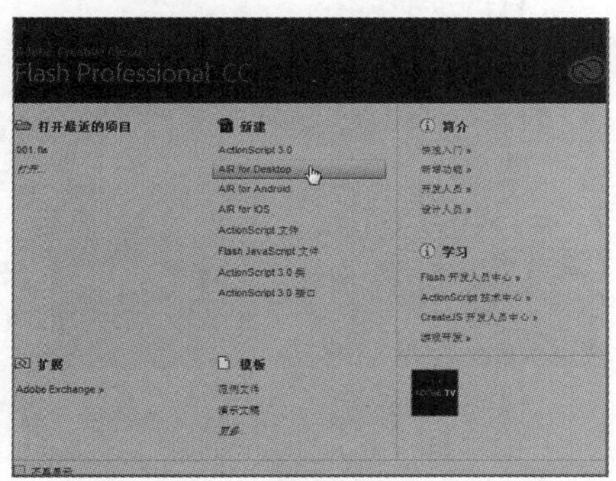

图 11-23

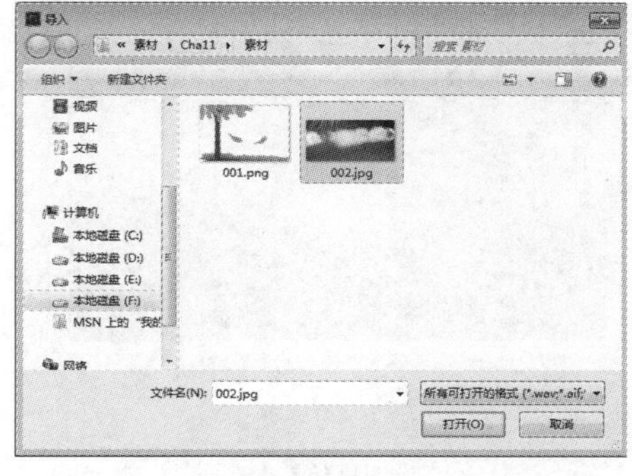

图 11-24

03 在空白位置单击，在【属性】面板中，单击【大小】右侧的【编辑】按钮，在弹出的【文档设置】对话框中，设置【舞台大小】为 520 像素 × 320 像素，如图 11-25 所示。

04 单击【确定】按钮，选中素材文件，将素材文件的大小与舞台的大小设置相同，然后居中对齐于舞台，如图 11-26 所示。

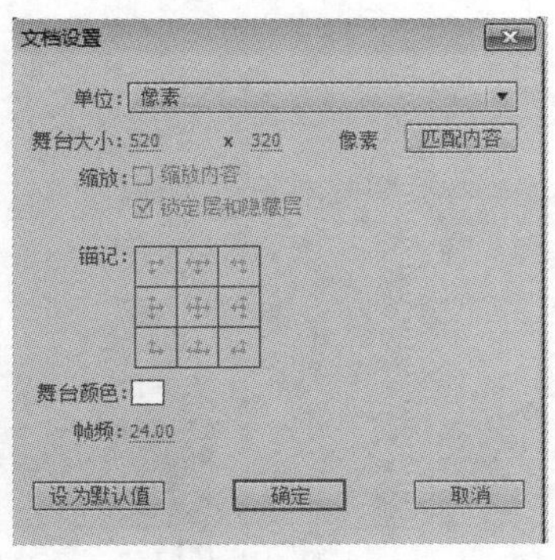

图 11-25

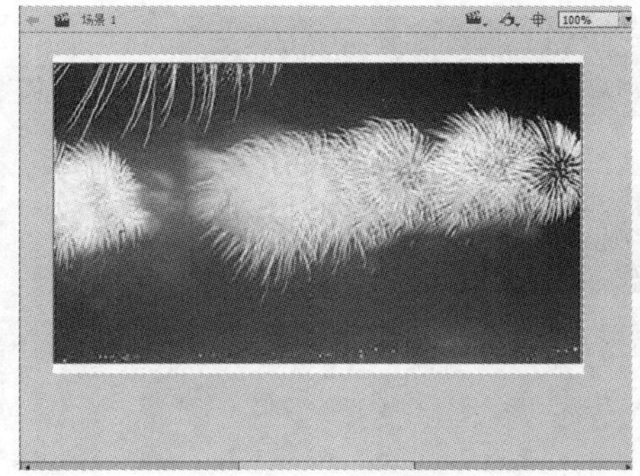

图 11-26

05 新建图层【图层 2】，在工具箱中单击【文本工具】按钮T，输入文字【庆祝国庆】。在【属性】面板中将字体设置为【华文彩云】，将【大小】设置为 60 磅。将字体颜色设置为黑色，如图 11-27 所示。

06 按两次快捷键【Ctrl+B】将其打散，如图 11-28 所示。

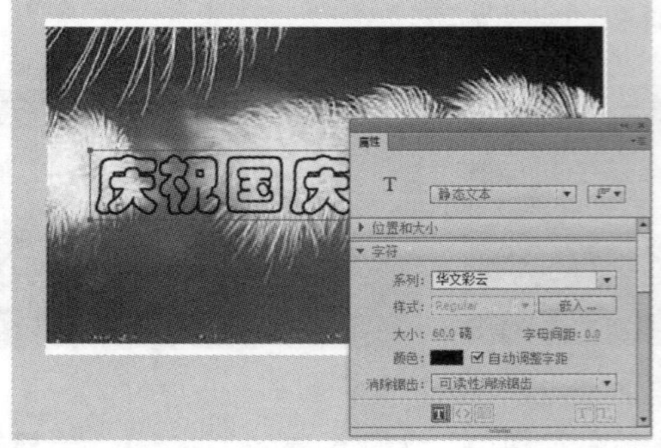

图 11-27

图 11-28

07 选择【图层 1】，在第 50 帧处插入关键帧，如图 11-29 所示。

08 选择【图层 2】，在第 50 帧处插入关键帧，如图 11-30 所示。

图 11-29

图 11-30

09 将文字随意排序，如图 11-31 所示。

10 选择文字，在【属性】面板中，将填充颜色设置为透明，如图 11-32 所示。

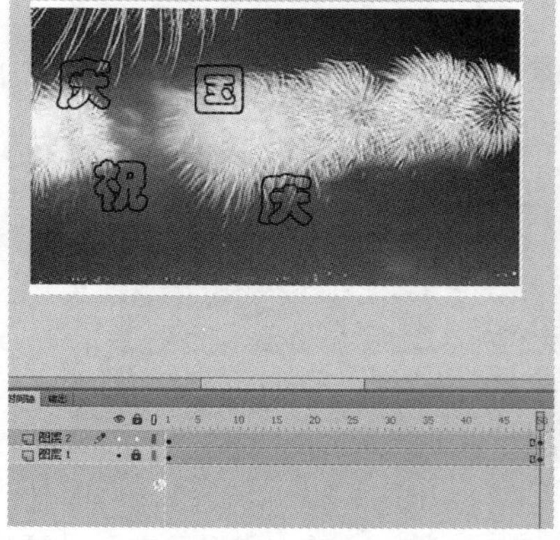

图 11-31

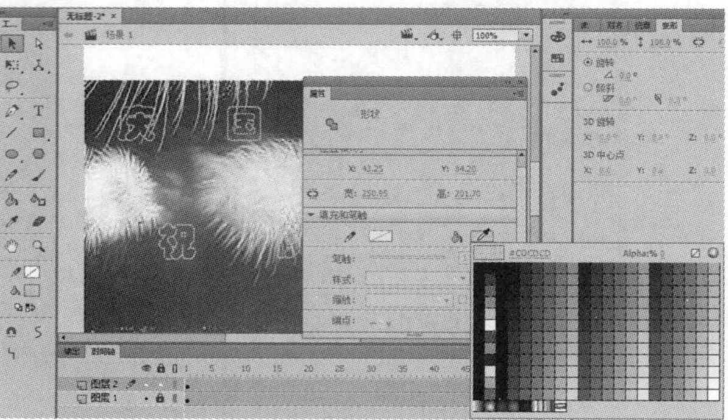

图 11-32

11　在【图层 2】的第一帧到第 50 帧之间创建补间形状动画，如图 11-33 所示。

12　按【Ctrl+Enter】组合键测试影片，效果如图 11-34 所示。

图 11-33

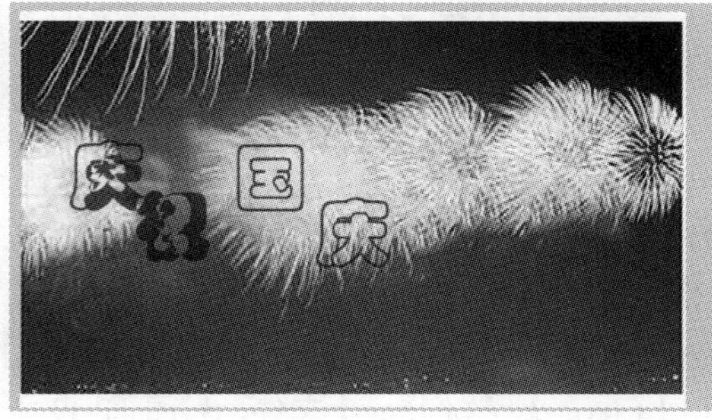

图 11-34

13　按【Ctrl+S】组合键，在弹出的对话框中，选择一个存储路径，为文件命名，使用默认保存类型，单击【保存】按钮，如图 11-35 所示。

14　在菜单栏中选择【文件】|【导出】|【导出影片】命令，在弹出的对话框中，选择一个存储路径，为文件命名，使用默认类型，单击【保存】按钮，如图 11-36 所示。

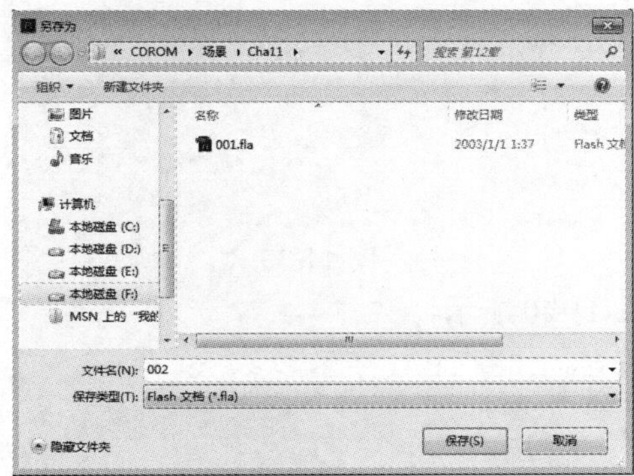

图 11-35

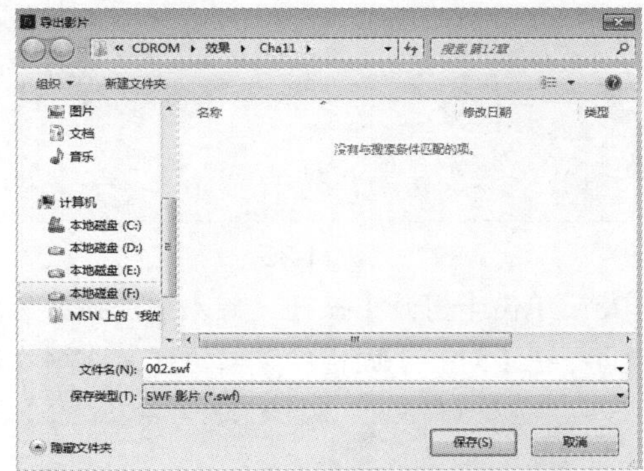

图 11-36

11.4　图层的应用

Flash 动画的每个场景都是由许多图层及帧所组成的。图层是 Flash 中的重点，每一个场景中可以包括多个图层，每个图层中又可以包括多个对象，众多的对象一层层地叠在一起就形成了动画。

11.4.1　创建引导层动画

为了在绘图时使对象对齐，可以创建引导层。引导层是 Flash 中一种特殊的图层，在影片中起到辅助作用，它可以将其他图层上的对象与在引导层上创建的对象对齐，如图 11-37 所示。

图 11-37

01 运行 Flash CC 软件，新建一个空白文档，在打开的面板中调整舞台的尺寸为 690 像素 × 320 像素，如图 11-38 所示，单击【确定】按钮。

02 按【Crtl+R】组合键，在弹出的【导入】对话框中选择随书附带光盘中的【CDROM】|【素材】|【Cha11】|【003.jpg】文件，如图 11-39 所示。

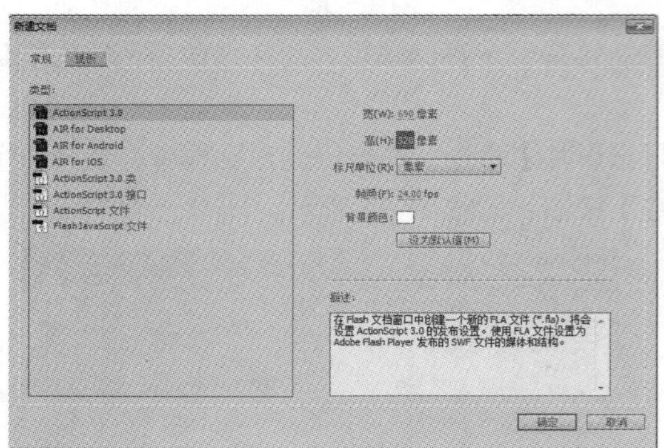

图 11-38

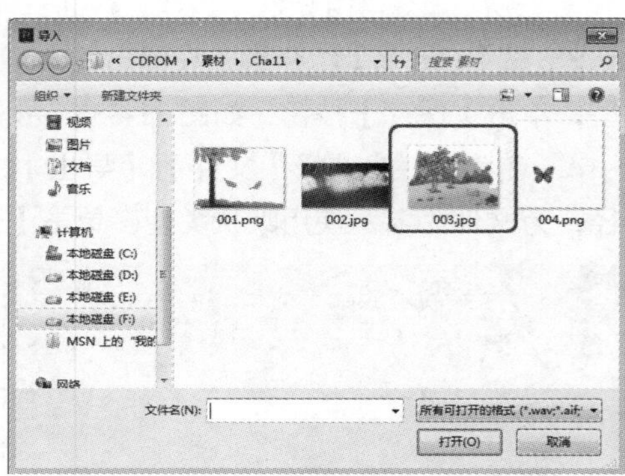

图 11-39

03 单击【打开】按钮，导入图片到舞台，如图 11-40 所示。

04 在【对齐】面板中调整位置，让图片对齐舞台，如图 11-41 所示。

图 11-40

图 11-41

05 新建【图层 2】，按【Crtl+R】组合键导入随书附带光盘中的【CDROM】|【素材】|【Cha11】|【004.png】文件，如图 11-42 所示。

06 导入后的效果如图 11-43 所示。

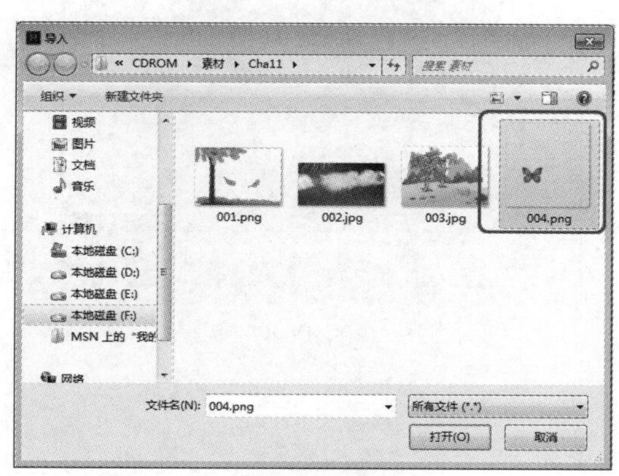

图 11-42

图 11-43

07 按【Crtl+T】组合键打开【变形】面板，选中【变形】面板，将其缩放至 37%，如图 11-44 所示。

08 变形后的效果如图 11-45 所示。

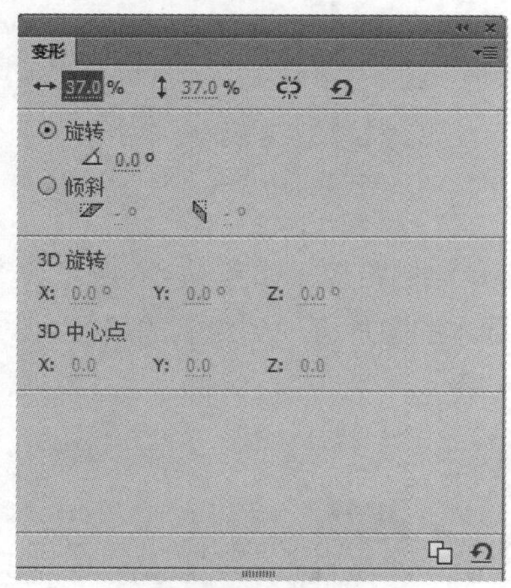

图 11-44

图 11-45

09 选择【图层 1】，在第 45 帧处插入关键帧，如图 11-46 所示。

10 使用同样的方法在【图层 2】的第 45 帧处插入关键帧，如图 11-47 所示。

11 在【图层 2】的第 1 帧与第 45 帧之间右击，在弹出的快捷菜单中选择【创建传统补间】命令，创建传统补间动画，如图 11-48 所示。

12 在【时间轴】面板中，右击【图层 2】，在弹出的快捷菜单中选择【添加传统运动引导层】命令，如图 11-49 所示。

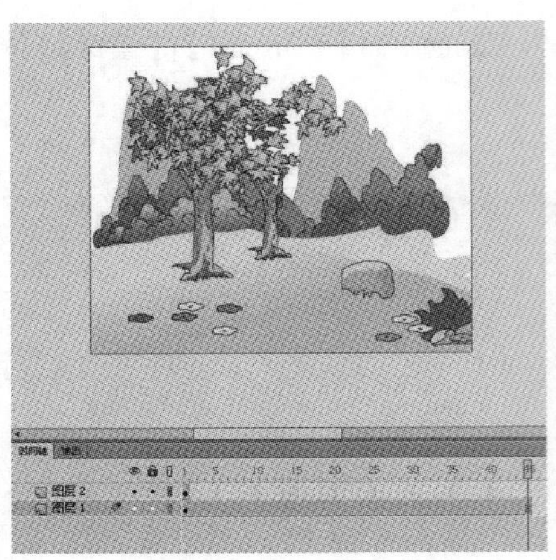
图 11-46

图 11-47

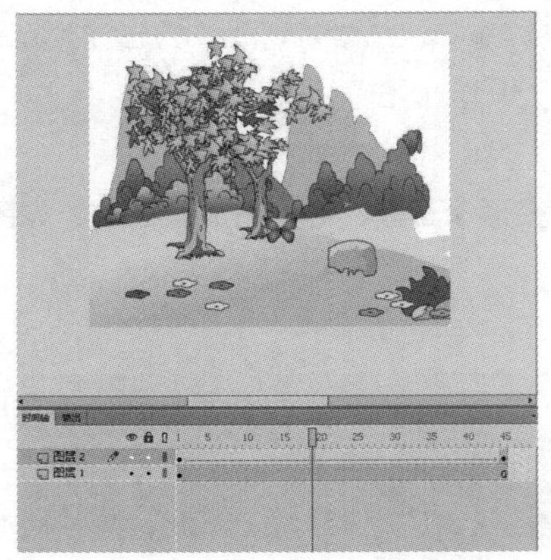
图 11-48

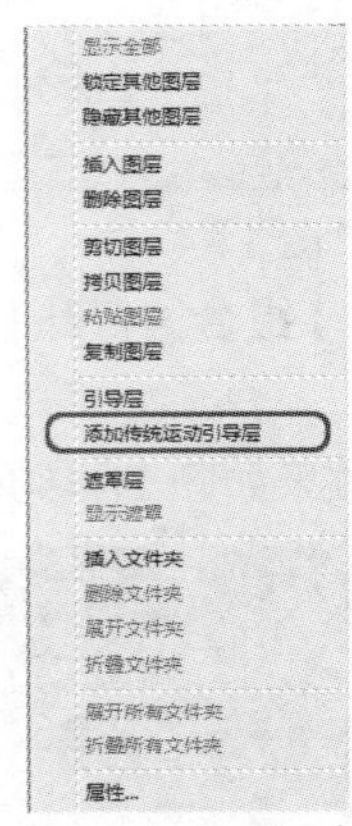

图 11-49

13 选择【引导层】的第 1 帧，在场景中使用铅笔工具绘制路径，如图 11-50 所示。

14 选择【图层 2】，然后选择【任意变形工具】将导入的图片移动到绘制的路径上，将舞台中的关键帧与导入的素材对其中心并旋转图片，如图 11-51 所示。

图 11-50

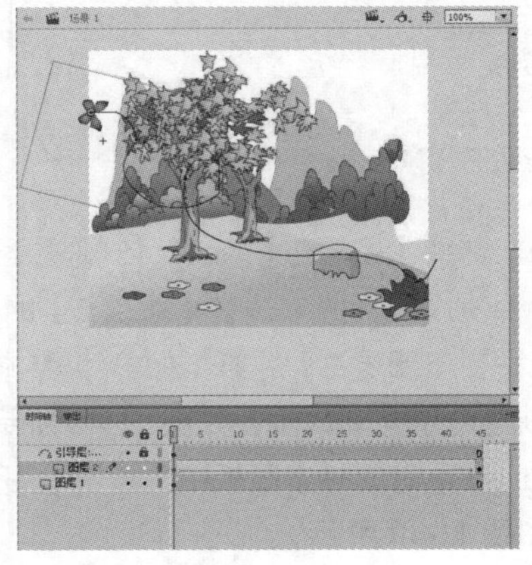
图 11-51

15 选择【引导层】的第 45 帧，右击，在弹出的快捷菜单中选择【插入关键帧】命令，如图 11-52 所示。

16 选择【图层 2】，在第 45 帧处将图片移动到路径的终点，对齐中心并旋转图片如图 11-53 所示。

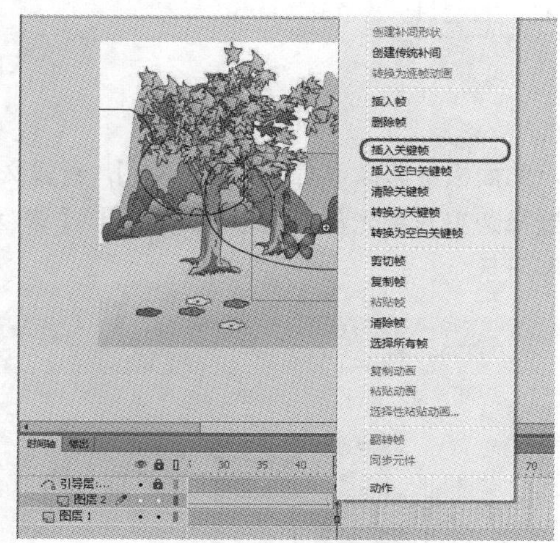

图 11-52

图 11-53

17 选择【图层 2】，然后选择需要添加旋转的关键帧，通过【属性】面板设置旋转效果，如图 11-54 所示。

18 至此，一个传统补间动画就制作完成了，按【Ctrl+Enter】组合键测试影片，如图 11-55 所示。

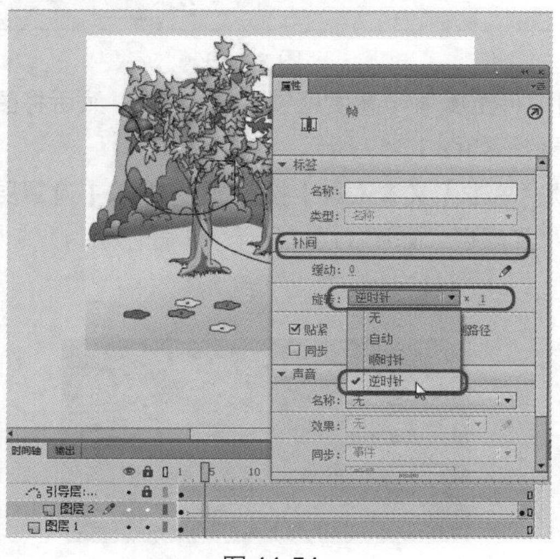

图 11-54

图 11-55

11.4.2　创建遮罩层动画

遮罩层动画就是将某层作为遮罩，遮罩层下的一层是被遮罩层，而只有遮罩层上的填充色块下面的内容可以看见，色块本身是看不见的。遮罩层动画是 Flash 动画中很重要的动画类型，很多效果丰富的动画都是通过遮罩层实现的。

创建遮罩层动画，如图 11-56 所示，具体操作步骤如下：

图 11-56

01 运行 Flash CC 软件，在弹出如图 11-57 所示的面板中选择【ActionScript3.0】，新建文档。

02 按【Ctrl+R】组合键，在弹出的对话框中选择随书附带光盘中的【CDROM】|【素材】|【Cha11】|【005.jpg】，单击【打开】按钮，如图 11-58 所示。

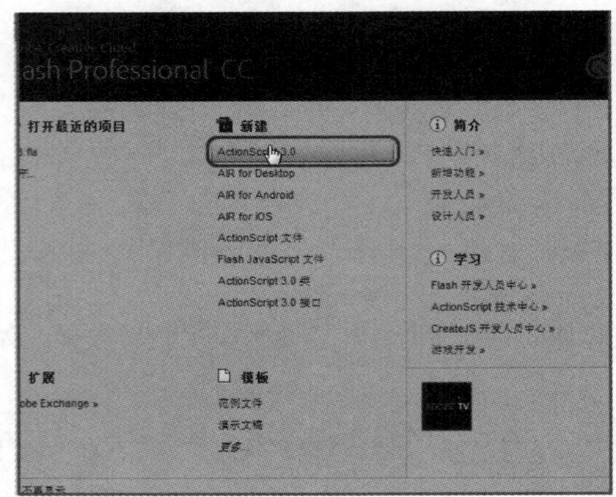

图 11-57

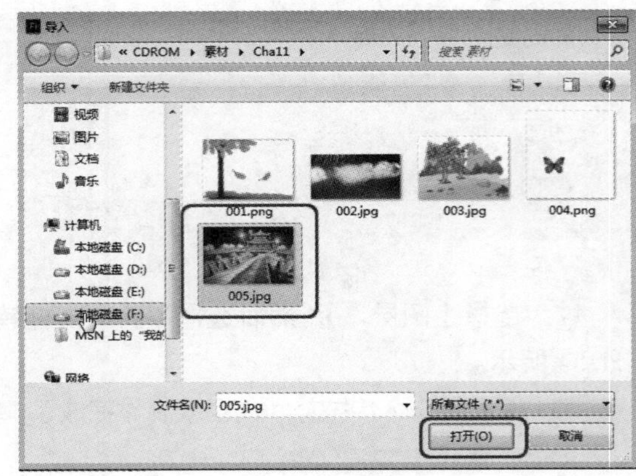

图 11-58

03 确认选中导入的图片，在属性面板中取消【将宽度值与高度值锁定在一起】，然后将图像大小调整为 550×250 像素的大小，将图片居中于舞台，如图 11-59 所示。

04 新建【图层 2】，选中【图层 2】的第 1 帧，单击【文本工具】按钮 T，输入【遮罩层动画】，将【字体】设置为【华文彩云】，并调整其大小和颜色，如图 11-60 所示。

图 11-59

图 11-60

05 选中【图层 1】的第 45 帧，按【F6】键插入关键帧，选中【图层 2】的第 45 帧，插入帧，选中【图层 1】的第 1 帧，将图像拖动到文字的左边，如图 11-61 所示，选中【图层 1】的第 45 帧，将图像拖动到文字的右边，在【图层 1】的第 1～45 帧之间的任意位置右击，在弹出的快捷菜单中选择【创建传统补间】命令，创建补间动画，如图 11-62 所示。

图 11-61

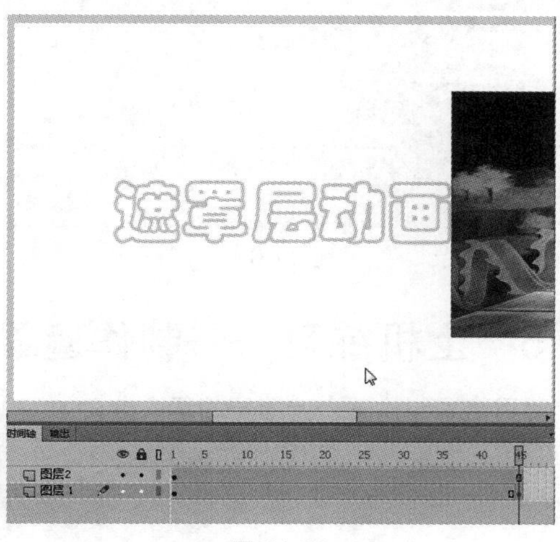

图 11-62

06 选择【时间轴】面板的【图层 2】，按【Ctrl+B】组合键两次后，并在【图层 2】右击，在弹出的菜单中选择【遮罩层】命令，如图 11-63 所示，创建遮罩层动画。

07 按【Ctrl + Enter】组合键测试影片，效果如图 11-64 所示。

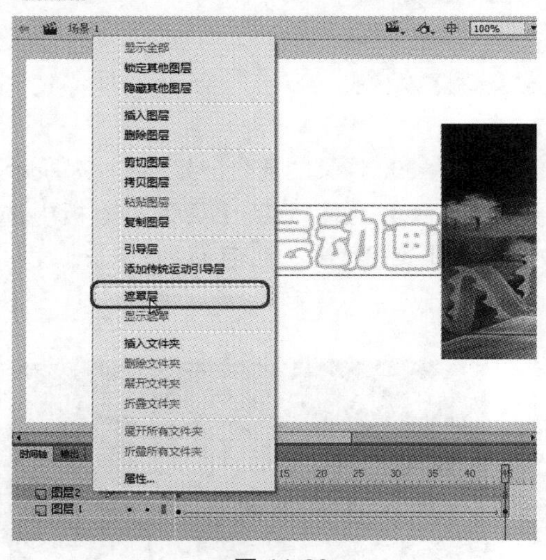

图 11-63

图 11-64

08 按【Ctrl+S】组合键，在弹出的对话框中选择一个存储路径，为文件命名，使用默认保存类型，单击【保存】按钮，如图 11-65 所示。

09 在菜单栏中选择【文件】|【导出】|【导出影片】命令，在弹出的对话框中选择一个存储路径，为文件命名，使用默认类型，单击【保存】按钮，如图 11-66 所示。

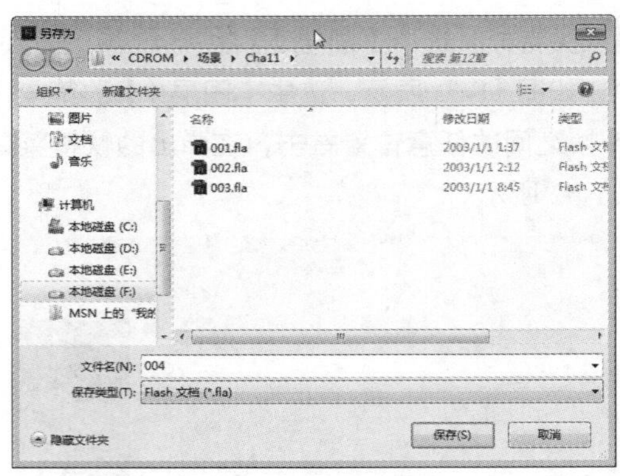

图 11-65

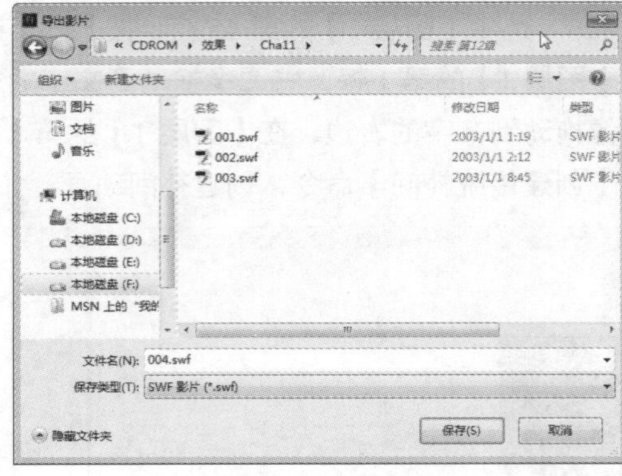

图 11-66

11.5 上机练习——制作遮罩层动画

使用遮罩制作一个遮罩层动画，效果如图 11-67 所示。

图 11-67

01 运行 Flash CC 软件，新建一个宽为 400 像素、高为 300 像素的舞台，如图 11-68 所示。

02 选择菜单栏中的【文件】|【导入】|【导入到舞台】，在打开的【导入】面板中选择【CDROM】|【素材】|【Cha11】|【006.jpg】。设置文件的大小调整位置，如图 11-69 所示。

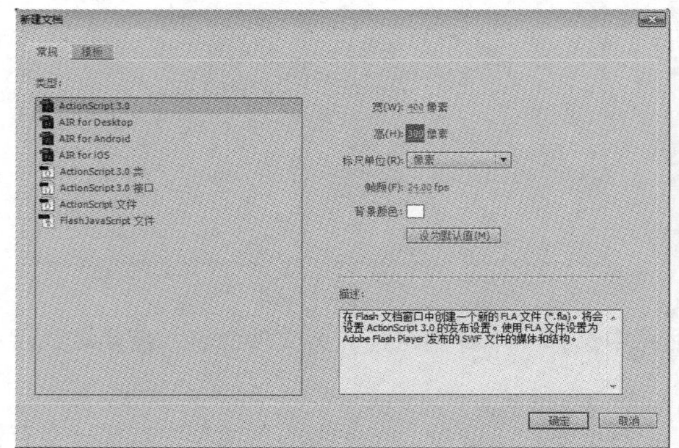

图 11-68

图 11-69

03 选择【图层 1】，在【图层 1】的第 50 帧处插入帧，如图 11-70 所示。

04 选择【时间轴】面板下的【新建图层】按钮，新建【图层 2】，在新建【图层 2】的第 5 帧处插入关键帧，如图 11-71 所示。

图 11-70

图 11-71

05 选择【图层 2】的第 5 帧，选择菜单栏中的【文件】|【导入】|【导入到舞台】命令，在打开的【导入】面板中选择【CDROM】|【素材】|【Cha11|007.jpg】。设置文件的大小，调整位置，如图 11-72 所示。

06 在新建【图层 3】的第 5 帧处插入关键帧，选择工具箱中的【矩形工具】，在舞台中绘制一个矩形，如图 11-73 所示。

图 11-72

图 11-73

07 选择【图层 3】的第 15 帧处插入关键帧，调整矩形的大小，然后在图层 3 的第 5 帧与第 15 帧之间任意位置右击，在弹出的快捷菜单中选择【创建补间形状】命令，如图 11-74 所示。

08 选择【图层 3】，右击，在弹出的菜单中选择【遮罩层】命令，将其转换为遮罩层，如图 11-75 所示。

图 11-74

图 11-75

09 新建【图层 4】，在【图层 4】的第 15 帧处插入关键帧，在菜单栏中选择【文件】|【导入】|【导入到舞台】命令，在打开的【导入】对话框中选择【CDROM】|【素材】|【Cha11|008.jpg】。设置文件的大小，调整位置，如图 11-76 所示。

10 新建【图层 5】，在【图层 5】的第 15 帧处插入关键帧，选择工具箱中的【椭圆工具】，绘制一个椭圆，如图 11-77 所示。

图 11-76

图 11-77

11 选择【图层 5】绘制的椭圆形，在【图层 5】的第 25 帧处插入关键帧，将绘制的椭圆形进行放大，使其覆盖图层 4 中的图形，并在图层 5 的第 15 帧与第 25 帧之间任意位置创建补间形状动画，如图 11-78 所示。

12　选择【图层 5】，右击，在弹出的快捷菜单中选择遮罩层，如图 11-79 所示。

图 11-78

图 11-79

13　新建【图层 6】，在图层的第 25 帧处插入关键帧，选择菜单栏中的【文件】|【导入】|【导入到舞台】命令，导入随书附带光盘中的【CDROM】|【素材】|【Cha11】|【009.jpg】。设置文件的大小，调整位置，如图 11-80 所示。

14　新建【图层 7】，在【图层 7】的第 25 帧处插入关键帧，绘制第一个矩形，如图 11-81 所示。

图 11-80

图 11-81

15　在【图层 7】的第 33 帧处插入关键帧，调整矩形的位置，如图 11-82 所示。

16　在【图层 7】的第 43 帧处插入关键帧，调整矩形的位置，如图 11-83 所示。

图 11-82

图 11-83

17 在【图层 7】的第 50 帧处插入关键帧，调整矩形的大小，如图 11-84 所示。

18 分别在图层 7 的第 25 帧至第 33 帧与第 33 帧至第 43 帧和第 43 帧至第 50 帧的任意位置右击选择创键补间形状，如图 11-85 所示。

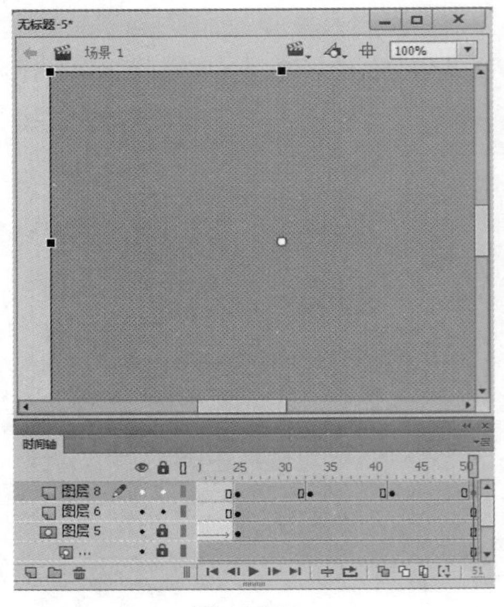
图 11-84

图 11-85

19 选择【图层 7】，右击，选择遮罩层，即可完成遮罩层效果。

11.6　习题

1. **选择题**

（1）对文本进行分离可以按________快捷键。

A. Ctrl + G　　B. Ctrl + Shift+F　　C. Ctrl + B

（2）________更改每一帧中的舞台内容，它最适合于复杂的动画，但会增加文件的大小。

A. 逐帧动画　　B. 补间动画　　C. 遮罩层动画

（3）在创建逐帧动画时，需要将每个帧都定义为________。

A. 关键帧　　B. 空白关键帧　　C. 翻转帧

2. **填空题**

（1）Flash 能生成两种类型的补间动画，一种是________，另一种是________。________需要在一个点定义实例的位置、大小及旋转角度等属性，然后才可以在其他的位置改变这些属性，从而由这些变化产生动画。

（2）利用________可以制作出多种类型的动画效果，如位置移动、大小变化、旋转移动、逐渐消失等。

3. **上机操作**

使用制作网页动画内容制作动画，如图 11-86 所示。

图 11-86

第 12 章 认识 Photoshop CC

本章重点

- 认识 Photoshop CC
- 学会 Photoshop CC 的基本操作
- 图像色彩调整

本章将主要介绍 Photoshop CC 的基本概念、Photoshop 的基本操作及网页图片的处理等内容。通过本章的学习，读者对 Photoshop CC 有一个初步的认识及了解，为后面章节的学习奠定坚实的基础。

12.1 初识 Photoshop CC

Photoshop 是 Adobe 公司推出的图像处理软件，也称为图像处理大师。经历近 20 年的发展，它已经成为目前应用最广泛的图形图像软件之一，集图像扫描、编辑修改、图像制作、广告创意，图像输入与输出于一体的图形图像处理软件，深受广大平面设计人员和电脑美术爱好者的喜爱。Photoshop CC 是 Photoshop 的最新版本，它新增的许多创造性的功能，在很大程度上提高了工作效率。

Photoshop CC 中的新增功能包括：相机防抖动功能、Camera RAW 修复功能改进、Camera Raw 径向滤镜、Camera Raw 自动垂直功能、保留细节重采样模式、改进的智能锐化、为形状图层改进的属性面板、隔离层、同步设置及在 Behance 上分享等功能，使用户能够方便快捷地对图片进行处理。

12.2 Photoshop CC 的基本操作

Photoshop CC 的基本操作包括新建空白文档、打开及保存文档等，下面介绍 Photoshop CC 的基本操作。

12.2.1 新建 Photoshop 空白文档

新建 Photoshop 空白文档的具体操作步骤如下：

01 在菜单栏中选择【文件】|【新建】命令，打开【新建】对话框，在弹出的对话框中设置新建空白文档的宽度、高度及分辨率，如图 12-1 所示。

02 设置完成后，单击【确定】按钮，即可新建【未标题-1】空白文档，如图 12-2 所示。

提示：除此之外用户还可以按【Ctrl+N】组合键打开【新建】对话框。

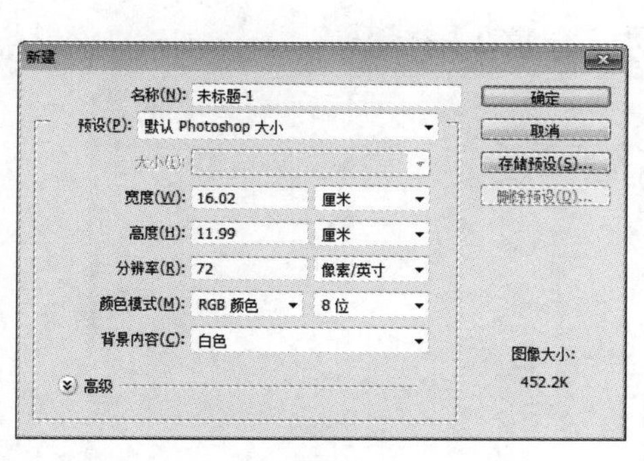

图 12-1

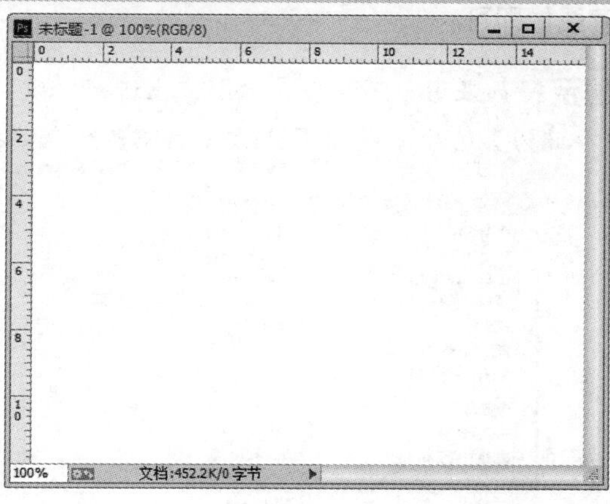

图 12-2

12.2.2　打开文档

下面介绍打开文档的具体操作步骤。

01　按【Ctrl+O】组合键，在弹出的对话框中选择所要打开的图像，可以在对话框的下部进行预览所要打开的图片，如图 12-3 所示。

02　单击【打开】按钮，或按【Enter】键，或双击，打开选定的图像，如图 12-4 所示。

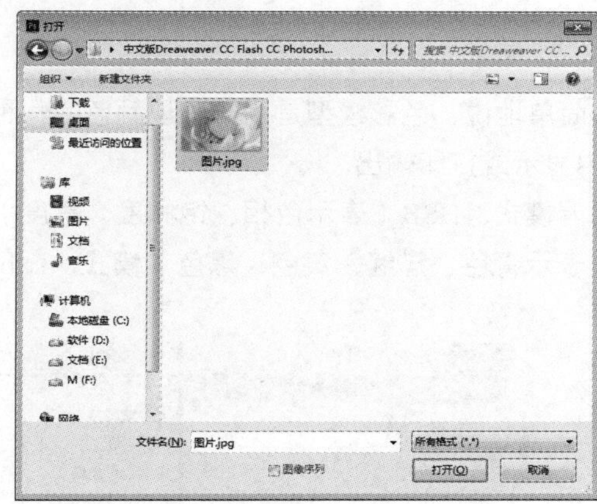

图 12-3

图 12-4

提示：在菜单栏中选择【文件】|【打开】命令，在工作区域内双击也可以打开【打开】对话框。按住【Ctrl】键单击需要打开的文件，可以打开多个不相邻的文件，按住【Shift】键单击需要打开的文件，可以打开多个相邻的文件。

12.2.3　保存文档

保存文档的具体操作步骤如下：

01　如果需要保存编辑后的图像，可以在菜单栏中选择【文件】|【存储】命令，如图 12-5 所示。

02 在弹出的对话框中设置保存路径、文件名及文件类型，如图 12-6 所示，单击【保存】按钮保存图像即可。

▶**提示：** 如果用户不希望在原图像上进行修改，可单击【文件】按钮，在弹出的下拉菜单中选择【存储为】选项，或按【Shift+Ctrl+S】组合键打开【存储为】对话框。

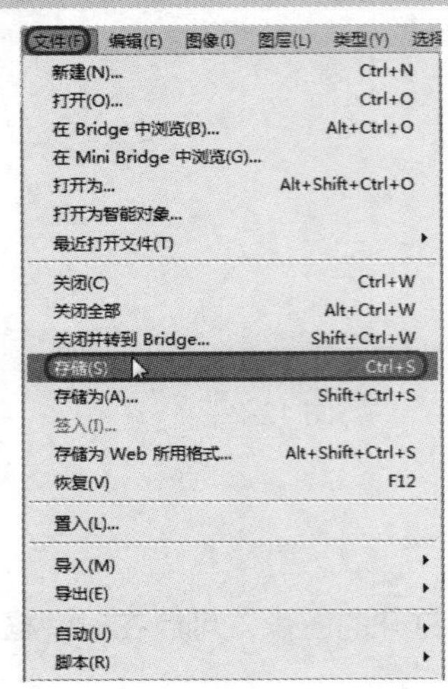

图 12-5

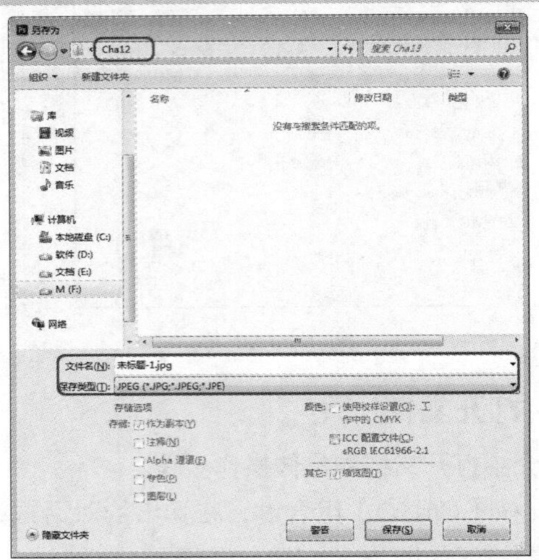

图 12-6

12.3 认识色彩模式

颜色模式决定显示和打印电子图像的色彩模型（简单地说，色彩模型是用于表现颜色的一种数学算法），即一幅电子图像用什么样的方式在计算机中显示或打印输出。

常见的颜色模式包括位图模式、灰度模式、双色调模式、HSB（表示色相、饱和度、亮度）模式、RGB（表示红色、绿色、蓝色）模式、CMYK（表示青色、洋红、黄色、黑色）模式、Lab 模式、索引色模式、多通道模式及 8 位/16 位模式。每种模式的图像描述、重现色彩的原理及所能显示的颜色数量是不同的。Photoshop 的颜色模式基于色彩模型，而色彩模型对于印刷中使用的图像非常有用，可以从以下模式中选取：RGB（红色、绿色、蓝色）、CMYK（青色、洋红、黄色、黑色）、Lab（基于 CIE L*a*b）和灰度。

在菜单栏中选择【图像】|【模式】命令，打开其子菜单，如图 12-7 所示。其中包含了各种颜色模式命令，如常见的灰度模式、RGB 模式、CMYK 模式及 Lab 模式等，Photoshop 也包含了用于特殊颜色输出的索引色模式和双色调模式。

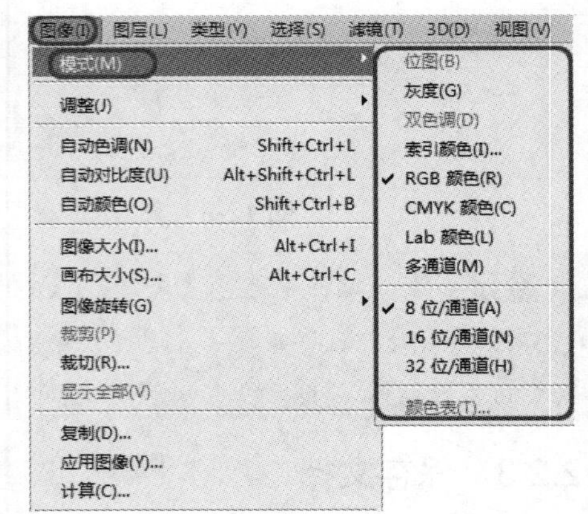

图 12-7

12.3.1 RGB 模式

RGB 模式就是常说的三原色，R 代表 Red（红色），G 代表 Green（绿色），B 代表 Blue（蓝色）。之所以称为三原色，是因为在自然界中肉眼所能看到的任何色彩都可以由这三种色彩混合叠加而成，RGB 模式又称 RGB 色空间。它是一种色光表色模式，广泛用于人们的生活中，如电视机、计算机显示屏、幻灯片等都是利用光来呈色的。印刷出版中常需扫描图像，扫描仪在扫描时首先提取的就是原稿图像中的 RGB 色光信息。RGB 模式是一种加色法模式，通过 R、G、B 的辐射量，可描述出任一颜色。Photoshop 定义颜色时 R、G、 B 三种成分的取值范围是 0～255，0 表示没有刺激量，255 表示刺激量达最大值。R、G、B 均为 0 时就形成了黑色，如图 12-8 所示，R、G、B 均为 255 时就合成了白光，如图 12-9 所示，当两色分别叠加时将得到不同的“C、M、Y”颜色。在显示屏上显示颜色定义时，往往采用这种模式。用于图像、电视、幻灯片、网络、多媒体等。

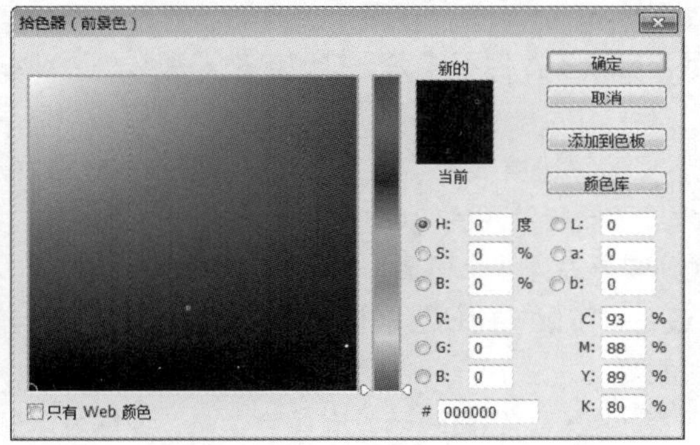

图 12-8

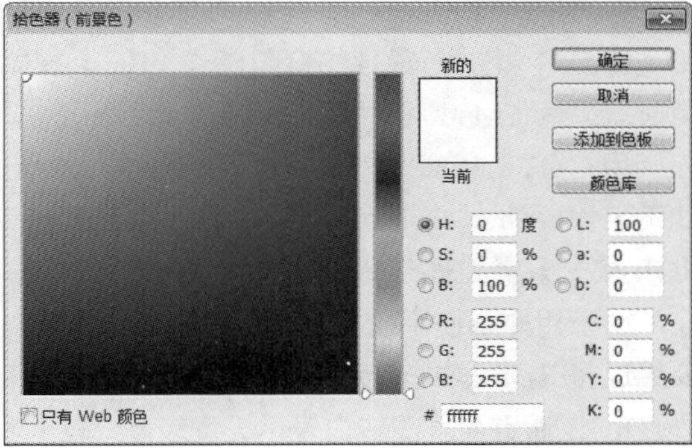

图 12-9

注 意

虽然数字最高是 255，但 0 也是数值之一，因此共有 256 级。当这 3 种颜色分量的值相等时，结果是中性灰色。

当图像通道不一样时，颜色模式也会不同，在 Photoshop 中将 RGB 模式图像中的 R、G、B 颜色拆分，分别在相应的通道中存储。

RGB 图像使用 3 种颜色或 3 个通道在屏幕上重现颜色，如图 12-10 所示。

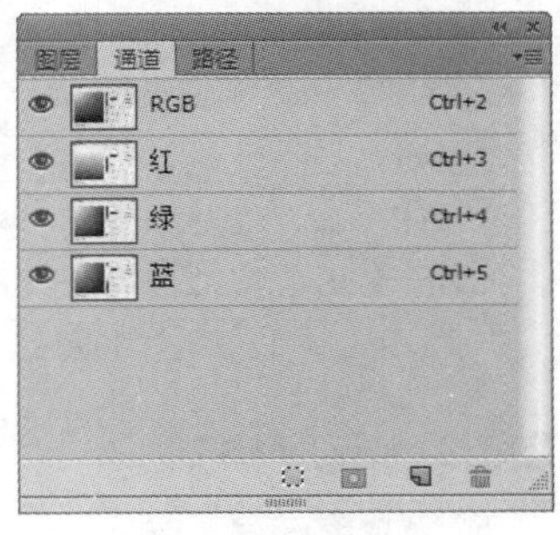

图 12-10

这 3 个通道将每个像素转换为 24 位（8 位 × 3 通道）色信息。对于 24 位图像，可重现多达 1670 万种颜色；对于 48 位图像（每个通道 16 位），可重现更多的颜色。新建的 Photoshop 图像的默认模式为 RGB，这意味着在使用非 RGB 颜色模式（如 CMYK）时，Photoshop 会将 CMYK 图像插值处理为 RGB，以便在屏幕上显示。

12.3.2 CMYK 模式

当阳光照射到一个物体上时，这个物体将吸收一部分光线，并将剩下的光线进行反射，反射的光线就是人们所看见的物体的颜色。这是一种减色色彩模式，同时也是与 RGB 模式的根本不同之处。不但人们看物体的颜色时用到了这种减色模式，而且在纸上印刷时应用的也是这种减色模式。按照这种减色模式，就衍变出了适合印刷的 CMYK 色彩模式。Photoshop 中的 CMYK 通道如图 12-11 所示。

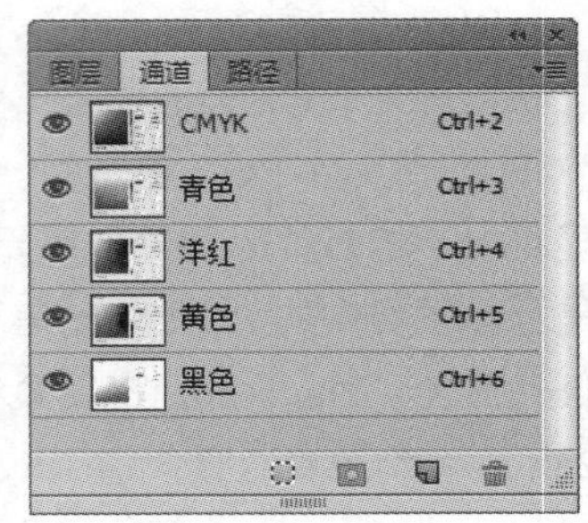

图 12-11

CMYK 代表印刷上用的 4 种颜色，C 代表青色，M 代表洋红色，Y 代表黄色，K 代表黑色。在实际应用中，青色、洋红色和黄色很难叠加形成真正的黑色，最多形成褐色而已，因此才引入了 K——黑色。黑色的作用是强化暗调，加深暗部色彩。

CMYK 模式是最佳的打印模式，RGB 模式尽管色彩多，但不能完全打印出来。那么是否在编辑时就采用 CMYK 模式呢？不是，原因如下：

用 CMYK 模式编辑虽然能够避免色彩的损失，但运算速度很慢。主要因为：即使在 CMYK 模式下工作，Photoshop 也必须将 CMYK 模式转变为显示器所使用的 RGB 模式。对于同样的图像，RGB 模式只需处理三个通道即可，而 CMYK 模式则需要处理 4 个通道。

由于用户所使用的扫描仪和显示器都是 RGB 设备，所以无论什么时候使用 CMYK 模式工作都要经过将 RGB 模式转换为 CMYK 模式这样一个过程。

RGB 通道灰度图较白表示亮度较高，较黑表示亮度较低，纯白表示没有颜色信息，纯黑表示颜色信息多。RGB 模式下通道明暗的含义如图 12-12 所示。

CMYK 通道灰度图较白表示油墨含量较低，较黑表示油墨含量较高，纯白表示完全没有油墨，纯黑表示油墨浓度最高。CMYK 模式下通道明暗的含义如图 12-13 所示。

图 12-12

图 12-13

12.3.3 灰度模式

所谓灰度图像，就是指纯白、纯黑及两者中的一系列从黑到白的过渡色，平常所说的黑白照片、黑白电视中的“黑白”实际上都应该称为灰度色才确切。灰度色中不包含任何色相，即不存在红色、黄色这样的颜色。灰度的通常表示方法是百分比，范围为 0%～100%。在 Photoshop 中只能输入整数，百分比越高颜色越偏黑，百分比越低颜色越偏白。灰度最高相当于最高的黑，就是纯黑，灰度为 100%时如图 12-14 所示。

灰度最低相当于最低的黑，也就是没有黑色，就是纯白，灰度为 0%时如图 12-15 所示。

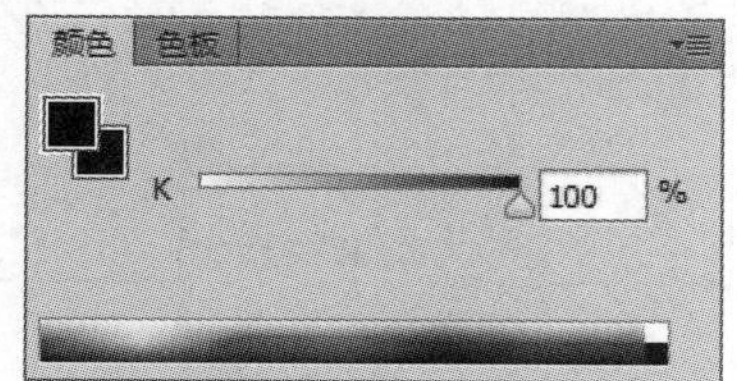

图 12-14

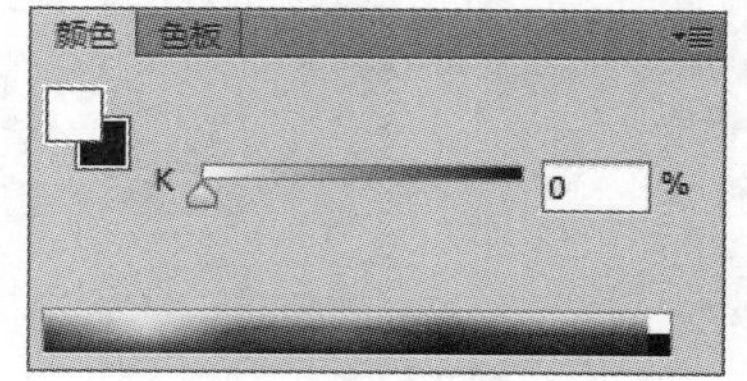

图 12-15

当灰度图像是从彩色图像模式转换而来时，灰度图像反映的是原彩色图像的亮度关系，即每个像素的灰阶对应着原像素的亮度，如图 12-16 所示。

图 12-16

在灰度图像模式下，只有一个描述亮度信息的通道，如图 12-17 所示。

图 12-17

12.3.4　位图模式

在位图模式下，图像的颜色容量是 1 位，即每个像素的颜色只能在两种深度的颜色中选择，不是黑就是白，其相应的图像是由许多个小黑块和小白块组成的。

在菜单栏中选择【图像】|【模式】|【位图】命令，如图 12-18 所示。在弹出的如图 12-19 所示的对话框中可以设定转换过程中的减色处理方法。

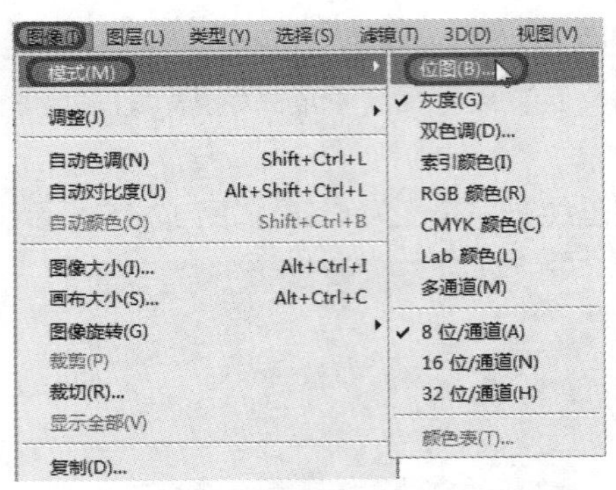

图 12-18

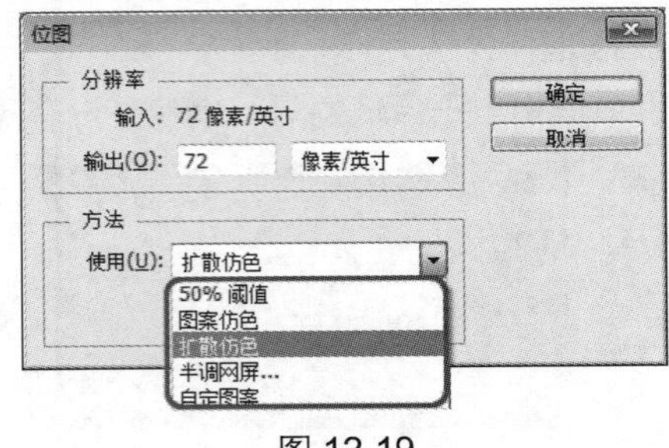

图 12-19

注 意

只有在灰度模式下图像才能转换为位图模式，其他颜色模式的图像必须先转换为灰度图像，然后才能转换为位图模式。

- 【分辨率】设置区：用于在输出中设定转换后图像的分辨率。
- 【方法】设置区：在转换的过程中，可以使用 5 种减色处理方法。【50%阈值】会将灰度级别大于 50%的像素全部转换为黑色，将灰度级别小于 50%的像素转换为白色；【扩散仿色】会产生一种颗粒效果；【半调网屏】是商业中经常使用的一种输出模式；【自定图案】可以根据定义的图案来减色，使得转换更为灵活、自由。

在位图图像模式下，图像只有一个图层和一个通道，滤镜全部禁用。

12.3.5 索引颜色模式

索引颜色模式可用最多 256 种颜色生成 8 位图像文件。当图像转换为索引颜色模式时，Photoshop 将构建一个 256 种颜色查找表，用以存放索引图像中的颜色。如果原图像中的某种颜色没有出现在该表中，程序将选取最接近的一种或使用仿色来模拟该颜色。

索引颜色模式的优点是它的文件可以做得非常小，同时保持视觉品质不单一，非常适于用来做多媒体动画和 Web 页面。在索引颜色模式下只能进行有限的编辑，若要进一步进行编辑，则应临时转换为 RGB 模式。索引色文件可以存储为 Photoshop、BMP、GIF、Photoshop EPS、大型文档格式（PSB）、PCX、Photoshop PDF、Photoshop Raw、Photoshop 2.0、PICT、PNG、Targa 或 TIFF 等格式。

在菜单栏中选择【图像】|【模式】|【索引颜色】命令，即可弹出【索引颜色】对话框，如图 12-20 所示。

- 【调板】下拉列表框：用于选择在转换为索引色时使用的调色板，例如需要制作 Web 网页，则可选择 Web 调色板。还可以设置强制选项，将某些颜色强制加入颜色列表中，例如选择黑白，就可以将纯黑和纯白强制添加到颜色列表中。

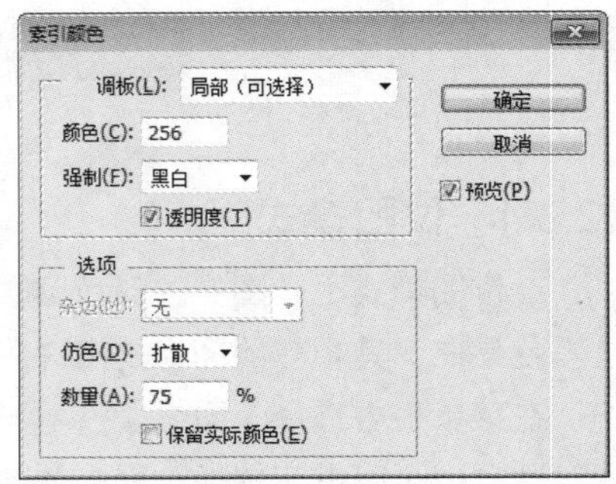

图 12-20

- 【选项】设置区：在【杂边】下拉列表框中，可指定用于消除图像锯齿边缘的背景色。

在索引颜色模式下，图像只有一个图层和个通道，滤镜全部禁用。

12.3.6 Lab 模式

Lab 模式是在 1931 年国际照明委员会（CIE）制定的颜色度量国际标准模型的基础上建立的，1976 年，该模型经过重新修订后被命名为 CIE L*a*b。

Lab 模式是一种与设备无关的颜色模式，无论使用何种设备（如显示器、打印机、计算机或扫描仪等）创建或输出图像，这种模式都能生成一致的颜色。

Lab 模式是 Photoshop 在不同颜色模式之间转换时使用的中间颜色模式。

Lab 模式将亮度通道从彩色通道中分离出来，成为一个独立的通道。将图像转换为 Lab 模式，然后去掉色彩通道中的 a、b 通道而保留亮度通道，就能获得 100%逼真的图像亮度信息，得到 100%准确的黑白效果。

12.3.7 双色调模式

双色调模式是使用双色调、三色调和四色调的灰度图像，可以弥补灰度图像的不足，灰度图像虽然拥有 256 种灰度级别，但是在印刷输出时，印刷机的每滴油墨最多只能表现出 50 种左右的灰度，这意味着如果只用一种黑色油墨打印灰度图像，图像将非常粗糙。

如果混合另一种、两种或三种彩色油墨，因为每种油墨都能产生 50 种左右的灰度级别，所以理论上至少可以表现出 5050 种灰度级别，这样打印出来的双色调、三色调或四色调图像就能表现得非常流畅了。这种靠几盒油墨混合打印的方法称为【套印】。

一般情况下，双色调套印应用较深的黑色油墨和较浅的灰色油墨进行印刷。黑色油墨用于表现阴影，灰色油墨用于表现中间色调和高光，但更多的情况是将一种黑色油墨与一种彩色油墨配合，用彩色油墨来表现高光区。利用这一技术能给灰度图像轻微上色。

由于双色调使用不同的彩色油墨重新生成不同的灰阶，因此在 Photoshop 中将双色调视为单通道、8 位的灰度图像。在双色调模式中，不能像在 RGB、CMYK 和 Lab 模式中那样直接访问单个的图像通道，而是通过【双色调选项】对话框中的曲线来控制通道，如图 12-21 所示。

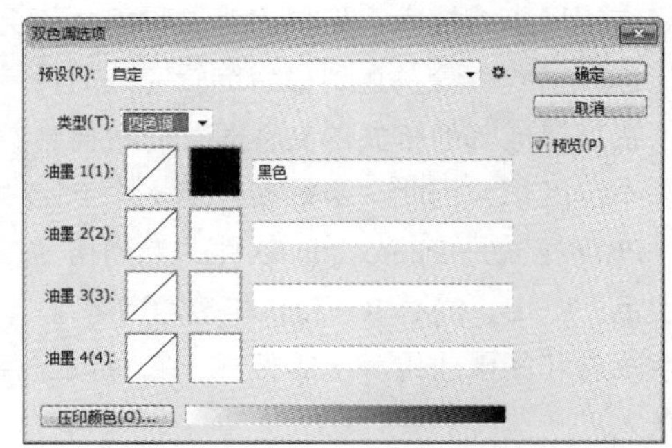

图 12-21

- 【预设】：在下拉列表框中包含许多预设的色调颜色，可以选择其中一种色调模式。
- 【类型】：在下拉列表框中选择色调模式，用于从单色调、双色调、三色调和四色调中选择一种套印类型。
- 【油墨】：选择了套印类型后，即可在各色通道中用曲线工具调节套印效果。
- 【压印颜色】：在对方之上相互打印的两种无网屏油墨，若要设置压印颜色，在屏幕上的外观可以选择该按钮。

12.4 图像格式

要确定理想的图像格式，必须首先考虑图像的使用方式，例如，用于网页的图像一般使用 JPEG 和 GIF 格式，用于印刷的图像一般要保存为 TIFF 格式。其次要考虑图像的类型，最好将具有大面积平淡颜色的图像存储为 GIF 或 PNG-8 图像，而将那些具有颜色渐变或其他连续色调的图像存储为 JPEG 或 PNG-24 文件。

在此首先讲一下有关计算机图形图像格式的相关知识，因为它在某种程度上将决定用户所设计创作的作品输出质量的优劣。另外在制作影视广告片头时，用户会用到大量的图像以用于素材、材质贴图或背景。将一个作品完成后，输出的文件格式也将决定用户所制作作品的播放品质。

在日常的工作和学习中，用户还需要收集和发现并积累各种文件格式的素材。需要注意的是，所收集的图片或图像文件有多种格式，这就涉及一个图像格式转换的问题，而如果用户已经了解了图像格式的转换，则在制作中就不会受到限制，并且还可以轻松地将所收集的和所需的图像文件进行转换。

在作品的输出过程中，用户同样也可以从容地将它们存储为所需要的文件格式，而不必再因为播放质量或输出品质的问题而感到困扰。

下面对日常中所涉及的图像格式进行简单介绍。

12.4.1 PSD 格式

PSD 是 Photoshop 软件专用的文件格式，它是 Adobe 公司优化格式后的文件，能够保存图像数据的每一个细小部分，包括图层、蒙版、通道及其他的少数内容，但这些内容在转存成其他格式时将会丢失。另外，因为这种格式是 Photoshop 支持的自身格式文件，所以 Photoshop 能比其他格式更快地打开和存储这种格式的文件。

PSD 格式唯一的缺点是使用这种格式存储的图像文件特别大，尽管 Photoshop 在计算的过程中已经应用了压缩技术，但是因为这种格式不会造成任何的数据流失，所以在编辑的过程中最好还是选择这种格式存盘，直到最后编辑完成后再转换成其他占用磁盘空间较小、存储质量较好的文件格式。在存储成其他格式的文件时，有时会合并图像中的各图层及附加的蒙版通道，这会给再次编辑带来不少麻烦，因此，最好在存储一个 PSD 的文件备份后再进行转换。

PSD 格式是 Photoshop 软件的专用格式，它支持所有的可用图像模式（位图、灰度、双色调、索引色、RGB、CMYK、Lab 和多通道等）、参考线、Alpha 通道、专色通道和图层（包括调整图层、文字图层和图层效果等）等格式，它可以保存图像的图层和通道等信息，但使用这种格式存储的文件较大。

12.4.2 TIFF 格式

TIFF 格式直译为“标签图像文件格式”，由 Aldus 为 Macintosh 机开发的文件格式。

TIFF 用于在应用程序之间和计算机平台之间交换文件，称为标签图像格式，是 Macintosh 和 PC 机上使用最广泛的文件格式。它采用无损压缩方式，与图像像素无关。TIFF 常用于彩色图片色扫描，它以 RGB 的全彩色格式存储。

TIFF 格式支持带 Alpha 通道的 CMYK、RGB 和灰度文件，支持不带 Alpha 通道的 Lab、索引色和位图文件，也支持 LZW 压缩。

存储 Adobe Photoshop 图像为 TIFF 格式，可以选择存储文件为 IBM-PC 兼容计算机可读的格式或 Macintosh 可读的格式。要自动压缩文件，可单击【LZM 压缩】注记框。对 TIFF 文件进行压缩可减小文件大小，但会增加打开和存储文件的时间。

TIFF 是一种灵活的位图图像格式，实际上为所有的绘画、图像编辑和页面排版应用程序所支持，而且几乎所有的桌面扫描仪都可以生成 TIFF 图像。TIFF 格式支持 Alpha 通道的 CMYK、RGB 和灰度文件，支持不带 Alpha 通道的 Lab、索引色和位图文件。Photoshop 可以在 TIFF 文件中存储图层，但是如果在另一个应用程序中打开该文件，则只有拼合图像是可见的。Photoshop 也能够以 TIFF 格式存储注释、透明度和分辨率金字塔数据，TIFF 文件格式在实际工作中主要用于印刷。

12.4.3 JPEG 格式

JPEG 是 Macintosh 机上常用的存储类型，但是，无论用户是从 Photoshop、Painter、FreeHand、Illustrator 等平面软件还是在 3DS 或 3DS MAX 中都能够开启此类格式的文件。

JPEG 格式是所有压缩格式中最卓越的。在压缩前，用户可以从对话框中选择所需图像的最终质量，这样，就有效地控制了 JPEG 在压缩时的损失数据量，并且可以在保持图像质量不变的前提下，产生惊人的压缩比率，在没有明显质量损失的情况下，它的体积能降到原 BMP 图片的 1/10。这样，可使用户不必再为图像文件的质量及硬盘的大小而头疼苦恼了。

另外，用 JPEG 格式，可以将当前所渲染的图像输入 Macintosh 机上做进一步处理。或将 Macintosh 制作的文件以 JPEG 格式再现于 PC 上。总之 JPEG 是一种极具价值的文件格式。

12.4.4 GIF 格式

GIF 是一种压缩的 8 位图像文件。正因为它是经过压缩的，而且又是 8 位的，所以这种格式的文件大多用在网络传输上，速度要比传输其他格式的图像文件快得多。

此格式的文件最大缺点是最多只能处理 256 种色彩。它绝不能用于存储真彩的图像文件。也正因为其体积小而曾经一度被应用在计算机教学、娱乐等软件中，也是人们较为喜爱的 8 位图像格式。

12.4.5 BMP 格式

BMP（Windows Bitmap）支持 RGB、索引颜色、灰度和位图样式。它是微软公司 Paint 的自身格式，可以为多种 Windows 和 OS/2 应用程序所支持。在 Photoshop 中，最多可以使用 16MB 的色彩渲染 BMP 图像。因此，BMP 格式的图像可以具有极其丰富的色彩。BMP 格式不支持 CMYK 模式的图像。

12.4.6 EPS 格式

EPS（Encapsulated PostScript）格式是专门为存储矢量图形而设计的，用于 PostScript 输出设备打印，是处理图像工作中的最重要的格式。

Adobe 公司的 Illustrator 是绘图领域中一个极为优秀的程序。它既可用来创建流动曲线、简单图形，也可以用来创建专业级的精美图像。它的作品一般存储为 EPS 格式。通常它也是 CorelDraw 等软件支持的一种格式。

12.4.7　PDF 格式

PDF 格式用于 AdobeAcrobat 中，AdobeAcrobat 是 Adobe 公司用于 Windows、MacOS、UNIX 和 DOS 操作系统中的一种电子出版软件。使用在应用程序 CD-ROM 上的 AcorbatReader 软件可以查看 PDF 文件。与 PostScript 页面一样，PDF 文件可以包含矢量图形和位图图形，还可以包含电子文档的查找和导航功能，如电子链接等。

PDF 格式支持 RGB、索引色、CMYK、灰度、位图和 Lab 等颜色模式，但不支持 Alpha 通道。PDF 格式支持 JPEG 和 ZIP 压缩，但位图模式文件除外。位图模式文件在存储为 PDF 格式时采用 CCITT Group4 压缩。在 Photoshop 中打开其他应用程序创建的 PDF 文件时，Photoshop 会对文件进行栅格化。

12.4.8　PCX 格式

PCX 格式普遍用于 IBM PC 兼容计算机上。大多数 PC 软件支持 PCX 格式版本 5，版本 3 文件采用标准 VGA 调色板，该版本不支持自定调色板。

PCX 格式可以支持 DOS 和 Windows 下绘图的图像格式。PCX 格式支持 RGB、索引色、灰度和位图颜色模式，不支持 Alpha 通道。PCX 格式支持 RLE 压缩方式，支持位深为 1、4、8 或 24bit 的图像。

12.4.9　PNG 格式

现在有越来越多的程序设计人员建立以 PNG 格式替代 GIF 格式的倾向。像 GIF 一样，PNG 也使用无损压缩方式来减小文件的尺寸。越来越多的软件开始支持这一格式，有可能不久的将来它将会在整个 Web 上流行。

PNG 图像可以是灰阶的（位深可达 16bit）或彩色的（位深可达 48bit），为缩小文件尺寸，它还可以是 8bit 的索引色。PNG 使用的新的高速的交替显示方案，可以迅速地显示，只要下载 1/64 的图像信息就可以显示出低分辨率的预览图像。与 GIF 不同，PNG 格式不支持动画。

PNG 用于存储的 Alpha 通道定义文件中的透明区域，以确保将文件存储为 PNG 格式之前，删除那些除想要的 Alpha 通道外的所有的 Alpha 通道。

12.5　使用形状工具

使用形状工具可以方便地绘制出许多特定的形状，还可以通过形状的运算及自定义形状让形状更加丰富。形状工具是创意的基础和源泉，绘制形状的工具有矩形工具、圆角矩形工具、椭圆工具、多边形工具、直线工具及自定形状工具。

12.5.1　绘制规则形状

在选择基本形状的绘制工具时，有 3 种模式可供选择，分别是形状、路径和像素，如图 12-22 所示。

形状图层是一种特殊的图层，它与分辨率无关，创建时会自动生成新的图层，效果如图 12-23 所示。形状图层模式的选项栏如图 12-24 所示。

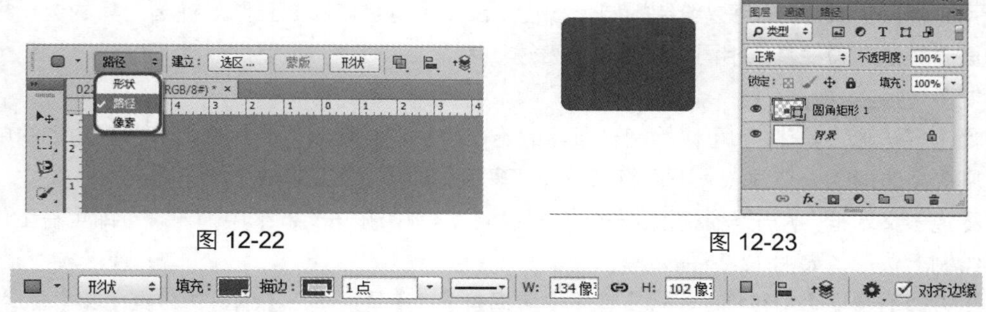

图 12-22　　　　图 12-23

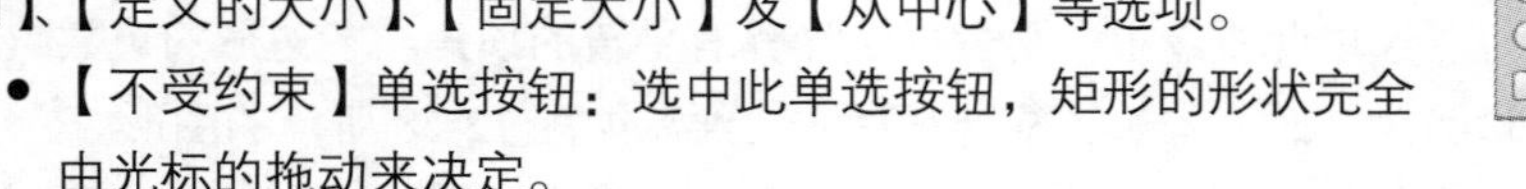

图 12-24　形状工具选项栏

【填充】设置项：单击选项中的色块，可以弹出【拾色器】对话框，从中可以实现颜色的调整。也可以通过【前景色填充】命令（Alt+Delete 快捷键）直接使其更改颜色。

形状图层的形状可以通过修改路径的工具修改，例如钢笔工具等。选择【图层】|【栅格化】|【填充内容】命令，可以将形状图层转换为一般图层。一旦将形状图层栅格化，将无法再使其转换为形状图层，它也不再具有形状图层的特性。

下面以形状图层模式为例介绍形状图形的绘制方法。

绘制矩形：

选择【矩形工具】，然后在画布上单击并拖动光标，即可绘制出所需要的矩形，若在拖动时按住【Shift】键，则可绘制出正方形。

在工具选项栏中单击【自定形状工具】右侧的下三角按钮，弹出如图 12-25 所示的下拉菜单，其中包括【不受约束】、【定义的比例】、【定义的大小】、【固定大小】及【从中心】等选项。

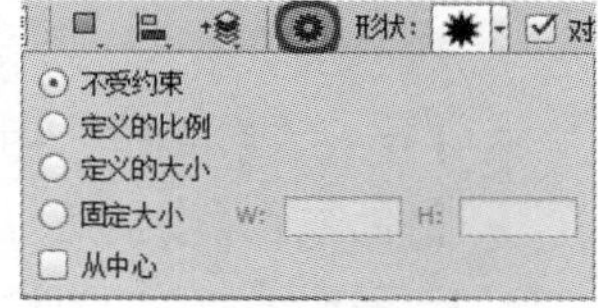

图 12-25

- 【不受约束】单选按钮：选中此单选按钮，矩形的形状完全由光标的拖动来决定。
- 【定义的比例】单选按钮：选中此单选按钮，在绘制图形时，图形的比例会根据设置进行绘制。
- 【定义的大小】单选按钮：选中此单选按钮后，只能绘制所设置的大小的图形。
- 【固定大小】单选按钮：选中此单选按钮，可以在【W】和【H】参数框中输入所需的宽度和高度的值，默认的单位为像素。
- 【从中心】复选框：勾选该复选框，可在绘制图形时以鼠标光标的起点为中心进行绘制。

绘制圆角矩形：

使用【圆角矩形工具】可以绘制具有平滑边缘的矩形，其使用方法与矩形工具相同，只需用光标在画布上拖动即可。

圆角矩形工具的选项栏大体上与矩形工具的选项栏相同，只是多了【半径】参数框。

【半径】参数框：用于控制圆角矩形的平滑程度，输入的数值越大越平滑。输入 0 时为矩形，有一定数值时则为圆角矩形。

绘制椭圆：

使用【椭圆工具】可以绘制椭圆，按住【Shift】键可以绘制正圆。椭圆工具的选项栏的用法和前面介绍的选项栏基本相同，这里不再赘述。

绘制多边形：

使用【多边形工具】可以绘制出所需的正多边形。绘制时，光标的起点为多边形的中心，而终点则为多边形的一个顶点。下面将简单介绍多边形选项栏各工具的功能。

- 【边】文本框：用于设置所绘制多边形的边数。例如在该文本框中输入 7，即可在工作区中绘制七边形，如图 12-26 所示。
- 【多边形选项】中包括【半径】、【平滑拐角】、【星形】、【缩进边依据】和【平滑缩进】等选项，如图 12-27 所示。

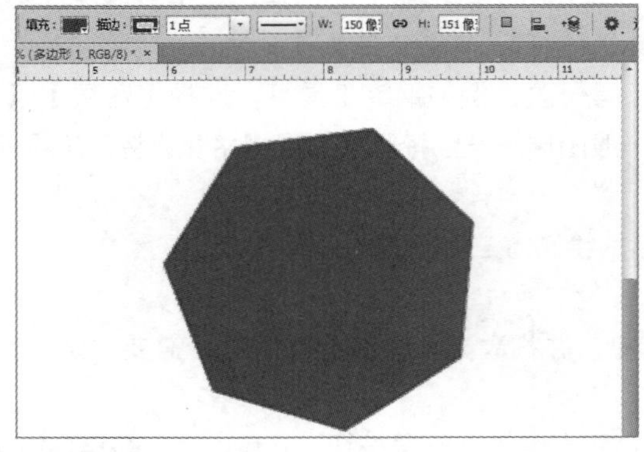

图 12-26

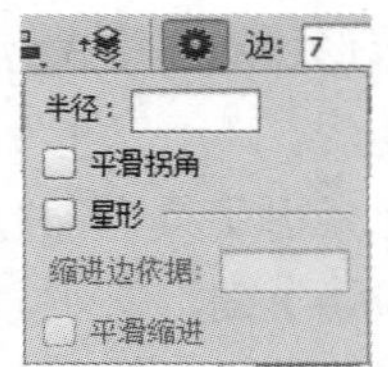

图 12-27

- ➢【半径】参数框：用于输入多边形的半径长度，单位为像素。
- ➢【平滑拐角】复选框：选中此复选框，可使多边形具有平滑的顶角。多边形的边数越多越接近圆形，例如当边数为 7 时，勾选该复选框后将会绘制如图 12-28 所示的图形。
- ➢【星形】复选框：选中此复选框，可使多边形的边向中心缩进呈星状。
- ➢【缩进边依据】文本框：该文本框只有在勾选【星形】复选框时才可用，用于设定边缩进的程度。25%缩进和 95%缩进的效果对比如图 12-29 所示。

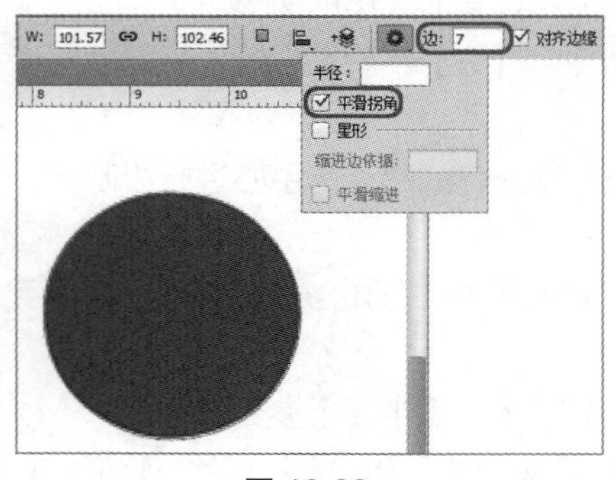

图 12-28

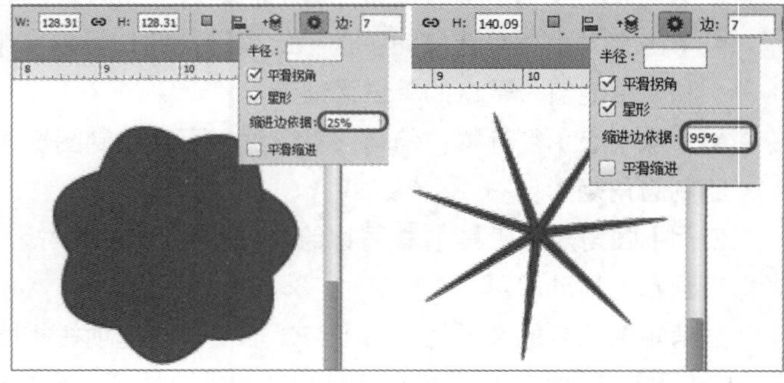

图 12-29

- ➢【平滑缩进】复选框：只有选中【星形】复选框时此复选框才可选。选中【平滑缩进】复选框，可使多边形的边平滑地向中心缩进。平滑缩进效果如图 12-30 所示。

绘制直线：

使用线性工具 可以绘制直线或带箭头的线段。

使用方法是以光标拖动的起始点为线段起点，以拖动的终点为线段的终点。按住 Shift 键可以将直线的方向控制在 0° 、45° 或 90° 方向。

线性工具 的选项栏与其他选项栏基本相同，其中【粗细】参数框用于设定直线的宽度。

单击选项栏中的黑色下三角按钮，可弹出如图 12-31 所示的【箭头】设置区，包括【起点】、【终点】、【宽度】、【长度】和【凹度】等选项。

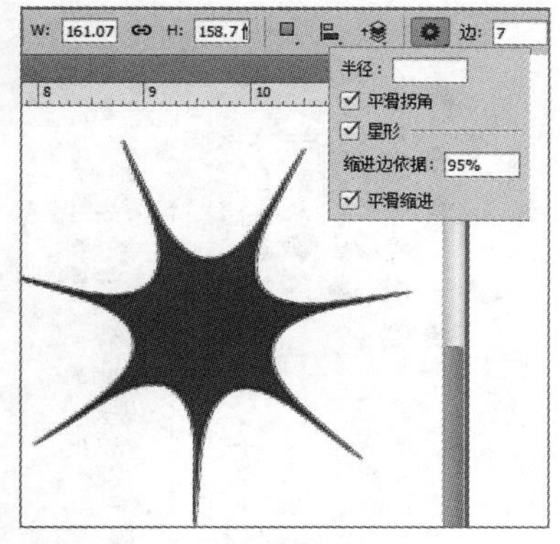

图 12-30

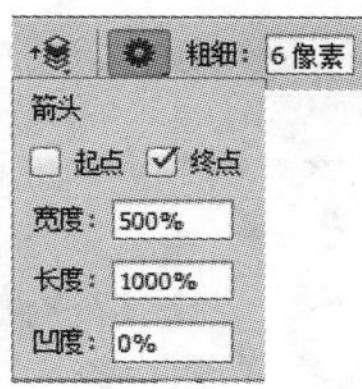

图 12-31

- 【起点】和【终点】复选框：二者可选择一个，也可以都选，用以决定箭头在线段的哪一方，例如选中【起点】复选框，即可在工作区中绘制如图 12-32 所示的箭头。
- 【宽度】文本框：用于设置箭头宽度和线段宽度的比值，可输入 10%~1000%的数值，在该文本框中输入 350%时的效果和输入 1000%时的效果如图 12-33 所示。

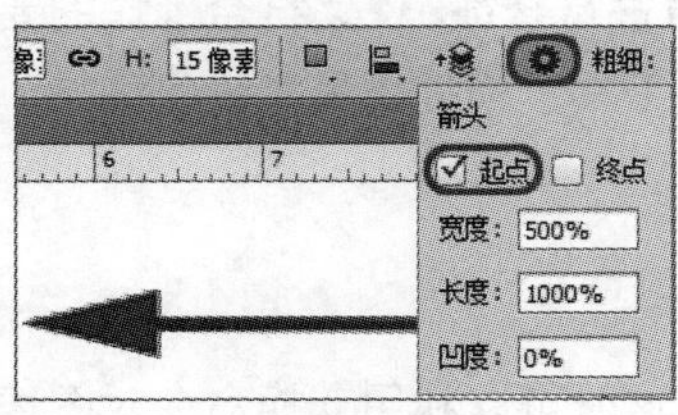

图 12-32

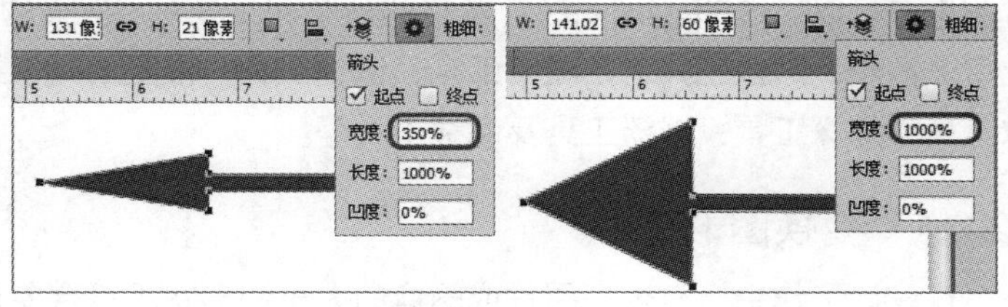

图 12-33

- 【长度】文本框：用于设置箭头长度和线段宽度的比值，可输入 10%~5000%之间的数值。
- 【凹度】文本框：用于设置箭头中央凹陷的程度，可输入–50%~50%之间的数值。输入 50%时的效果和输入–50%时的效果对比如图 12-34 所示。

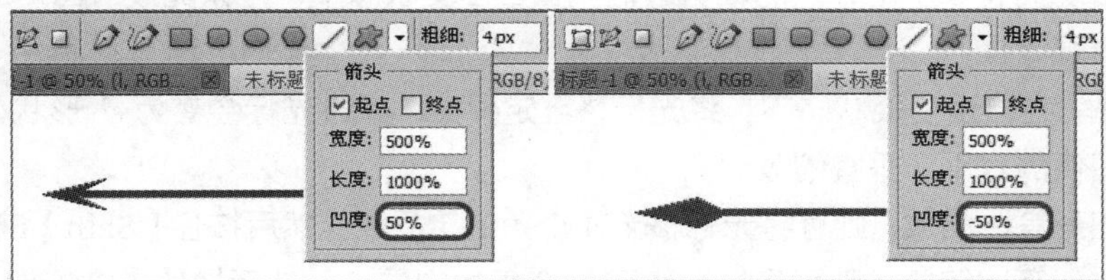

图 12-34

12.5.2 绘制不规则形状

使用【自定形状工具】可以绘制一些不规则的图形或是自定义的图形。

【自定形状工具】的选项栏与其他选项栏基本相同。

- 【形状】设置项：用于选择所需绘制的形状。单击形状右侧的下三角，会出现如图 12-35 所示的自定形状拾色器，这里存储着可供选择的形状。

单击该面板右上侧的按钮，在弹出的下拉列表中选择【全部】选项，如图 12-36 所示。再在弹出的对话框中单击【追加】按钮，即可将其他形状添加到拾色器中。然后选择所需要的图形进行绘制即可。

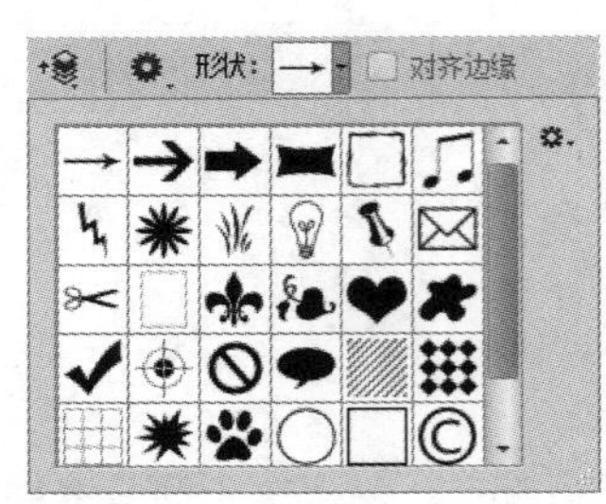

图 12-35

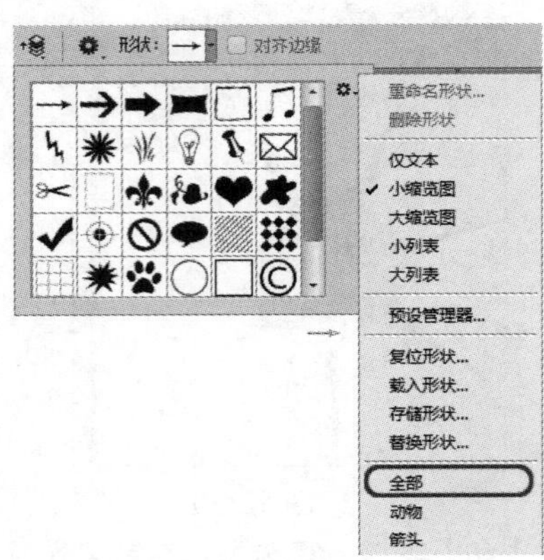

图 12-36

12.6 对图像进行修饰处理

用户可以通过 Photoshop CC 提供的命令和工具对不完美的图像进行修饰，使之符合工作的要求或审美情趣，这些工具包括图章工具、修补工具、修复工具、红眼工具、模糊工具、锐化工具、涂抹工具、加深工具、减淡工具及海绵工具等。

12.6.1 变换图形

在设计工作中，有很多图片或图像的大小和形状不符合要求，这时可以利用变换命令对图像进行调整。

1. 利用【自由变换】命令对图形进行变换

进入自由变换状态：选择要变换的图层，选择【编辑】|【自由变换】命令或按快捷键 Ctrl+T，图形的周围会出现具有 8 个定界点的裁切选框。在自由变状态下，可以完成对图形的缩放、旋转、扭曲、斜切和透视等操作。

- 【缩放】：在自由变换状态下，将光标移至定界点，此时光标会变为⤢形状，拖动鼠标可以实现对图像的水平、垂直缩放。

如果要对图形等比缩放，则可将光标移至 4 个角的定界点，然后按住【Shift】键拖动鼠标即可。

如果要以中心等比缩放，则可将光标移至 4 个角的定界点，然后按住【Shift+Alt】组合键拖动鼠标即可。变换完毕，在图像上双击、按回车键或者在选项栏中单击【进行变换】按钮✓，即可应用变换效果。

注 意

在设计工作中，对人物、动物和产品等对象只能使用等比缩放。

- 【旋转】：在自由变换状态下，将光标移至定界点附近，此时光标会变为↷形状，拖动鼠标即可对图像进行旋转。

旋转时按住【Shift】键，每次可按 15° 进行旋转。

注 意

在 Photoshop 中，【Shift】键是一个锁键，它可以锁定为水平、垂直、等比例和 15° 等。

- 【扭曲】：在自由变换状态下，按住【Ctrl】键将光标移至 4 个角的定界点，按住鼠标左键在任意方向拖动可以扭曲图形，如图 12-37 所示。
- 【斜切】：在自由变换状态下，按住【Ctrl+Shift】组合键将光标移至 4 个角的定界点，按住鼠标左键在水平或垂直方向拖动，图形将出现斜切效果。
- 【透视】：在自由变换状态下，按住【Ctrl+Shift+Alt】组合键将光标移至 4 个角的定界点，按住鼠标左键在水平或垂直方向拖动，图形将出现透视效果。

注 意

【自由变换】命令配合快捷键使用和单独使用某一种变换命令的区别在于【自由变换】命令可用于在一个连续的操作中应用变换（旋转、缩放、斜切、扭曲和透视等），不必选取其他命令，只需在键盘上按住一个键即可在变换类型之间进行切换，而关联菜单中的变换则需要不断地用右键进行切换。

也可以利用关联菜单实现变换效果。在自由变换状态下在图像中右击，弹出如图 12-38 所示的快捷菜单。

图 12-37

图 12-38

在该菜单中，可以完成自由变换、缩放、旋转、扭曲、斜切、透视、旋转 180° 、顺时针旋转 90° 、逆时针旋转 90° 、水平翻转和垂直翻转等操作。

2. **利用选项栏做精确变换**

自由变换状态下的选项栏如图 12-39 所示。

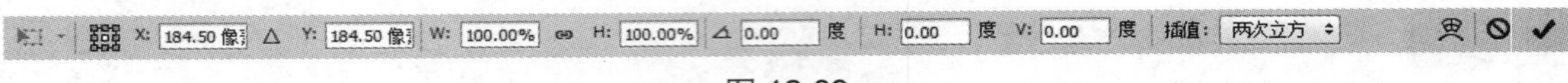

图 12-39

上的方块可更改参考点，在选项栏的【X】和【Y】参数框中，输入参考点的新位置的值。在 Photoshop 中，单击【使用参考点相关定位】按钮，可以相对于当前位置指定新位置；【W】和【H】分别表示水平和垂直缩放比例，在参数框中可以输入 0%~100%的数值进行精确的缩放；单击【保持长宽比】按钮，可以保持长宽比不变；在参数框中，可以指定旋转角度；【H】和【V】分别表示水平斜切和垂直斜切的角度；表示在自由变换和变形模式之间进行切换；表示应用变换；表示取消变换，按 Esc 键也可以取消变换。

3. **利用菜单中的【变换】命令对图形进行变换**

选择要变换的图形或图层，然后选择【编辑】|【变换】命令，弹出如图 12-40 所示的子菜单，从中同样可以完成所有的变换操作，但是每次只能完成一种变换，例如，选择【斜切】选项，然后对图形进行操作，如图 12-41 所示。

若要再次执行上次的变换命令，可以使用快捷键【Ctrl+Shift+T】实现。若要再次使用上次的变换效果并同时复制图层，可以使用快捷键【Ctrl+Shift+Alt+T】实现，效果如图 12-42 所示。

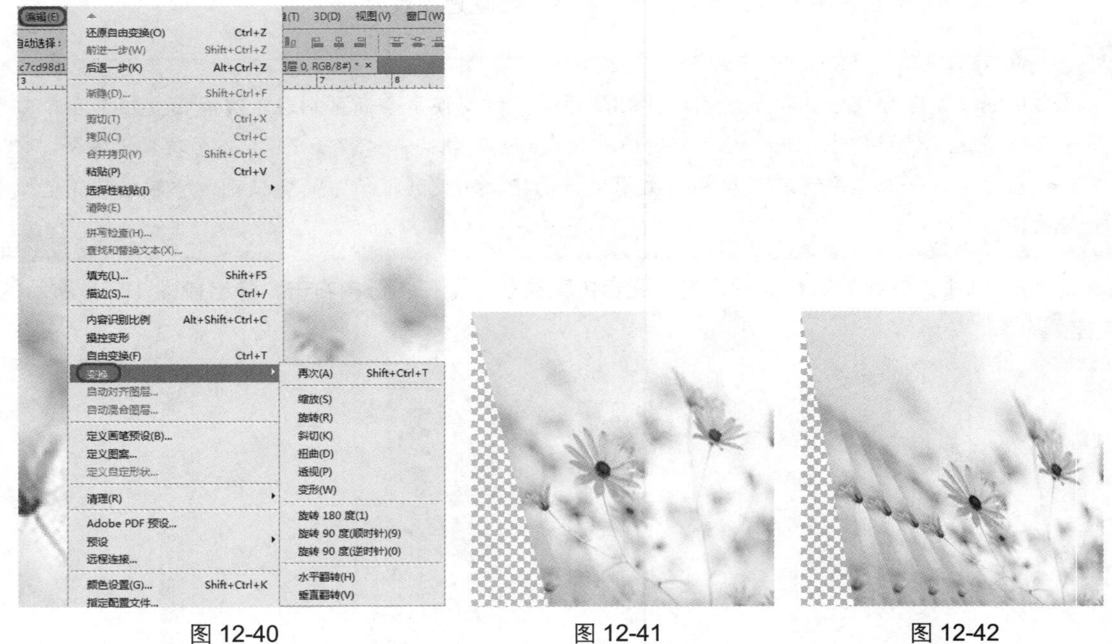

图 12-40　　图 12-41　　图 12-42

12.6.2　变形效果应用

01　在菜单栏中选择【文件】|【打开】命令，打开随书附带光盘中的【CDROM】|【素材】|【Cha12】|【炫彩图片.jpg】素材文件，如图 12-43 所示。

图 12-43

02　在【图层】面板中双击背景，在弹出的对话框中单击【确定】按钮，如图 12-44 所示。

03　按【Ctrl+T】组合键对图像进行自由变换，在该图形上右击，在弹出的快捷菜单中选择【变形】命令，如图 12-45 所示。

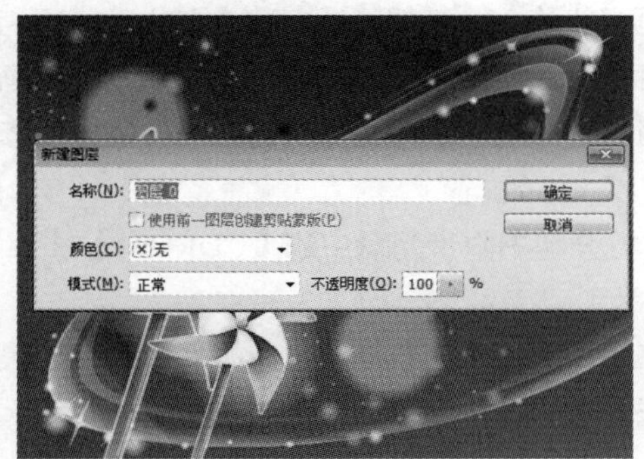

图 12-44

图 12-45

04　在选项栏中单击【变形】右侧的下三角按钮，在弹出的下拉菜单中选择【波浪】命令，如图 12-46 所示。

05　执行操作后，即可对图形进行编辑，如图 12-47 所示。

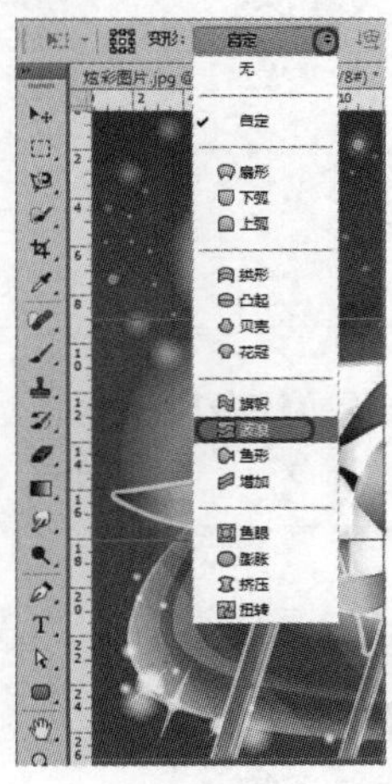

图 12-46

图 12-47

本例是通过应用 Photoshop 中自带的变形样式来制作的，也可以根据自已的需要调整对象。

12.6.3 图章工具

图章工具包括仿制图章和图案图章两个工具，它们的基本功能都是复制图像，但复制的方式不同。

1）仿制图章工具

仿制图章工具是一种复制图像的工具，利用它可以做一些图像的修复工作。

仿制图章工具的选项栏如图 12-48 所示，其中包括：【画笔】设置项、【模式】下拉列表、【不透明度】设置框、【流量】设置框、【对齐】复选框和【样本】下拉列表等。

图 12-48

【画笔】设置项、【模式】下拉列表、【不透明度】设置框和【流量】设置框等的使用方法已在前面介绍过了，这里不再赘述。

【对齐】复选框：选中此复选框，不管停笔后再画多少次，最终都可以将整个取样图像复制完毕并且有完整的边缘。使用这种功能可以在修复图像时随时调整仿制图章参数，它常用于多种画笔复制同一个图像。如果撤销此复选框，则每次停笔再画时，都将使用取样点的像素对图像进行修复。

使用仿制图章工具的具体操作步骤如下：

01 在菜单栏中选择【文件】|【打开】命令，打开随书附带光盘中的【CDROM】|【素材】|【Cha12】|【夏日清凉.jpg】素材文件，如图 12-49 所示。

02 在工具箱中单击【仿制图章工具】，在工作区中按住【Alt】键选取图片，在工具箱中选中【裁剪工具】拖动出空白区域，然后在空白区域进行涂抹，涂抹后的效果如图 12-50 所示。

图 12-49

图 12-50

注 意

对修复图像取样时，最好是在放大的视图中进行，应尽量在要修复的区域附近取样，并且要考虑图像的整体性。

2）图案图章工具

使用图案图章工具可以利用图案进行绘画，可以从图案库中选择图案或者用户自己创建图案。

图案图章工具的选项栏如图 12-51 所示，其中包括：【画笔】设置项、【模式】下拉列表、【不透明度】设置框、【流量】设置框、【图案】设置框和【印象派效果】复选项等。

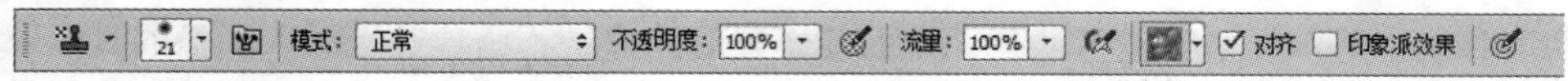

图 12-51

【画笔】设置项、【模式】下拉列表、【不透明度】设置框、【流量】设置框的用途及使用方法同仿制图章工具，这里不再赘述。

【图案】设置框：在这里可以选择所要复制的图案。单击 右侧的下三角按钮，会出现【图案】列表框，里面存储着所有的预设图案。单击【图案】列表框右上角的 按钮，会出现一个如图 12-52 所示的下拉菜单，其用法同【画笔】面板下拉菜单，在这里可以选择不同种类的图案。

【印象派效果】复选项：选中此复选项，复制出来的图像会有一种印象派绘画的效果。

图案图章工具的使用方法：在图案中选择所需的图案，在选项栏中设置各属性，然后在图像中单击或拖动鼠标。

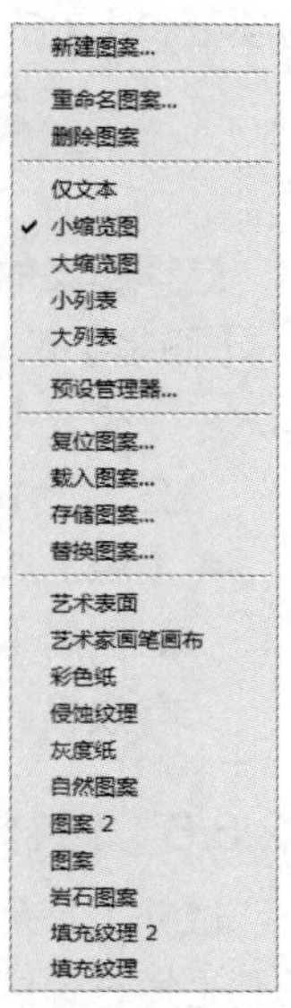

图 12-52

12.6.4 污点修复画笔工具

污点修复画笔工具可以快速移去照片中的污点和其他不理想的部分。污点修复画笔的工作方式与修复画笔类似：使用图像或图案中的样本像素进行绘画，并将样本像素的纹理、光照、透明度和阴影与所修复的像素相匹配。

与修复画笔不同，污点修复画笔不要求用户指定样本点，它将自动从所修饰区域的周围取样。

选择【污点修复画笔工具】后，其工具选项栏如图 12-53 所示。

图 12-53

- 【画笔】：在选项栏中单击该按钮，可以在打开的如图 12-54 所示的下拉列表中对画笔进行设置。
- 【模式】：用来设置修复图像时使用的混合模式，包括【正常】、【替换】和【正片叠底】等选项。选择【替换】选项，可保留画笔描边的边缘处的杂色、胶片颗粒和纹理。
- 【类型】：用来设置修复的方法。选择【近似匹配】单选按钮可使用选区边缘周围的像素来查找要用作选定区域修补的图像区域；选择【创建纹理】单选按钮，可使用选区中的所有像素创建一个用于修复该区域的纹理。
- 【对所有图层取样】：选择该选项，可从所有可见图层中对数据进行取样；取消该项的选择，则只从当前图层中进行取样。

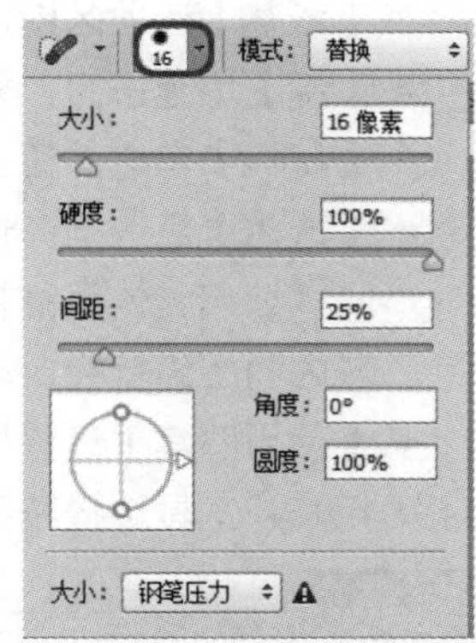

图 12-54

12.6.5 修复画笔工具

修复画笔工具可用于校正瑕疵，使其消失在周围的图像环境中。与仿制图章工具一样，使用修复画笔工具可以利用图像或图案中的样本像素来绘画，但是修复画笔工具可将样本像素的纹理、光照、透明度和阴影等与源像素进行匹配，从而使修复后的像素不留痕迹地融入图像的其余部分。

【修复画笔工具】的选项栏如图 12-55 所示，其中包括：【画笔】设置项、【模式】下拉列表、【源】选项区和【对齐】复选框等。

图 12-55

选择图案的目的是为了使用图案的纹理来修复图像。

【画笔】设置项和【对齐】复选框的使用方法与图章工具相同，这里不再赘述。

- 【模式】下拉列表：其中包括【替换】、【正常】、【复合】、【滤色】、【变暗】、【变亮】、【颜色】和【亮度】等选项，在后面将对这些模式的作用做详细的讲解。
- 【源】选项区：可以选择【取样】或者【图案】单选按钮。按住 Alt 键定义取样点，然后才能使用【源】选项区。选择【图案】单选按钮后，要先选择一个具体的图案，然后使用才会有效果。

12.6.6 修补工具

修补工具是对修复画笔工具的一个补充。修复画笔工具使用画笔来进行图像的修复，而修补工具则是通过选区来进行图像修复的。像修复画笔工具一样，修补工具会将样本像素的纹理、光照和阴影等与源像素进行匹配，还可以使用修补工具来仿制图像的隔离区域。

【修补工具】的选项栏如图 12-56 所示，其中包括：【修补】选项区、【透明】复选框和【使用图案】设置框等。

图 12-56

在【修补】选项区中，可以选择【源】或者【目标】单选按钮，打开需要修补的图像。

- 【源】单选按钮：先用修补工具选择需要修饰的图像区域。
- 【目标】单选按钮：先用修补工具选择用来修饰的图像选区。
- 【透明】复选框：选择此复选框，可对选区内的图像进行模糊处理，可以除去选区内细小的噪声划痕。先用修补工具选择所要处理的区域，然后在其选项栏中选中【透明】复选框，区域内的图像就会自动消除细小的划痕等。
- 【使用图案】设置框：用来指定图案的修饰选区。

先用修补工具选择所要处理的区域。

注 意

利用修补工具修复图像时，创建的选区与方法和工具无关，只要有选区即可。然后在其选项栏中选择用来修饰的图案。

单击使用图案，系统就会自动用选择的图案进行修饰。

使用【修补工具】的具体操作步骤如下：

01 在菜单栏中选择【文件】|【打开】命令，打开随书附带光盘中的【CDROM】|【素材】|

【Cha12】|【气球.jpg】素材文件，如图 12-57 所示。

02 在工具箱中的【污点修复画笔工具】上右击，在弹出的面板中选择【修补工具】，如图 12-58 所示。

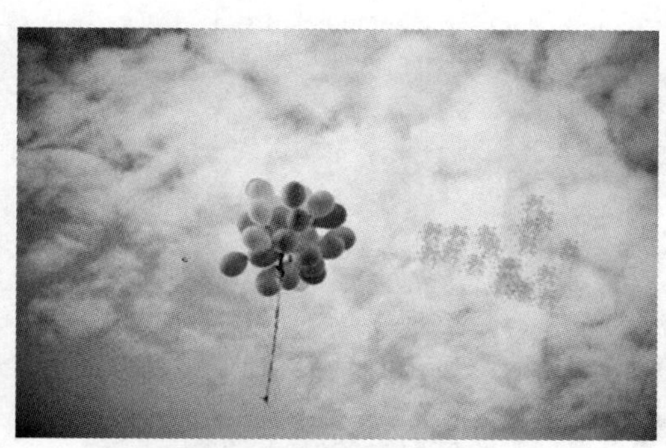

图 12-57

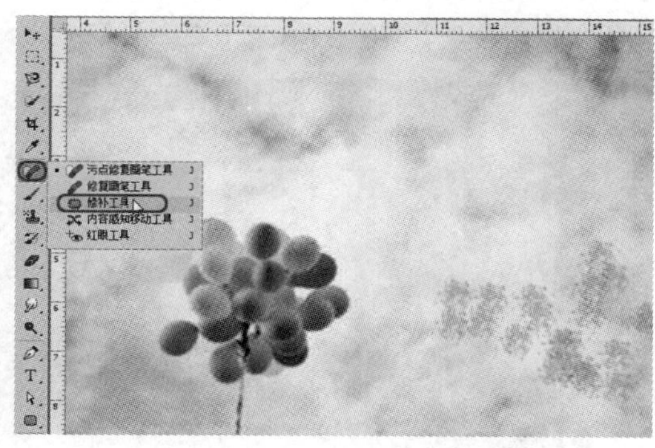

图 12-58

03 在工作区中粉红色区域，并向上进行拖动，完成照片的修补，效果如图 12-59 所示。

图 12-59

注 意

无论是用仿制图章工具、修复画笔工具还是修补工具修复图像的边缘，都应该结合选区完成。

12.6.7 红眼工具

红眼工具可移去用闪光灯拍摄的人物照片中的红眼，也可以移去用闪光灯拍摄的动物照片中的白色或绿色反光。

【红眼工具】的选项栏如图 12-60 所示。

- 【瞳孔大小】：设置瞳孔（眼睛暗色的中心）的大小。
- 【变暗量】：设置瞳孔的暗度。

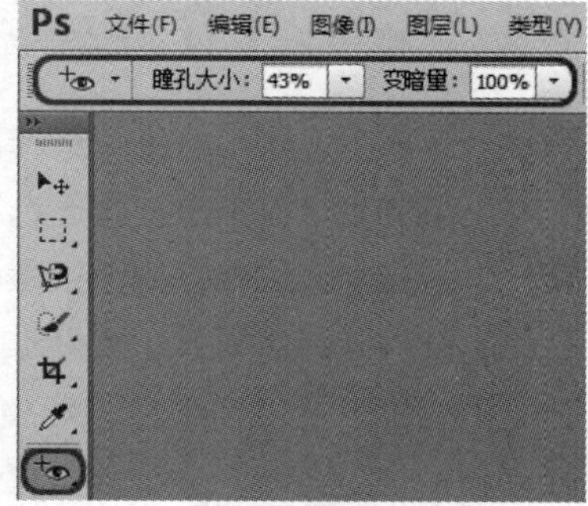

图 12-60

红眼是由于相机闪光灯在主体视网膜上反光引起的。在光线暗淡的房间里照相时，由于主体的虹膜张开得很宽，因此照片中将会更加频繁地看到红眼。为了避免红跟，应使用相机的红眼消除功能，或者最好使用可安装在相机上远离相机镜头位置的独立闪光装置。

12.6.8 模糊工具

使用【模糊工具】可以柔化图像中的硬边缘或区域，从而减少细节。模糊工具的主要作用是进行像素之间的对比，比如在做立体包装时，可以用它来实现“近实后虚”的效果。不使用和使用模糊工具的对比效果如图 12-61 所示。

图 12-61

【模糊工具】的选项栏如图 12-62 所示，其中包括：【画笔】设置项、【模式】下拉列表、【强度】设置框及【对所有图层取样】复选框等。

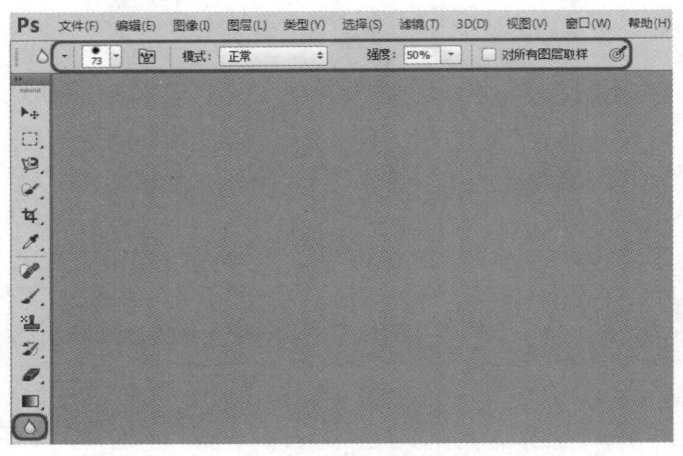

图 12-62

- 【面笔】设置项：用于选择画笔的形状。
- 【模式】下拉列表：用于选择色彩的混合方式。
- 【强度】设置框：用于设置画笔的强度。
- 【对所有图层取样】复选框：选中此复选框，可以使模糊工具作用于所有图层的可见部分。

12.6.9 锐化工具

使用锐化工具可以聚焦软边缘，以提高清晰度或聚焦的程度，也就是增大像素之间的对比度。未使用锐化工具和使用锐化工具的对比效果如图 12-63 所示。

图 12-63

锐化工具的选项栏与模糊工具完全相同，这里不再赘述。

12.6.10　涂抹工具

使用涂抹工具产生的效果好像是用干画笔在未干的油墨上擦过一样，也就是说，笔角周围的像素将随着笔触一起移动。

【涂抹工具】的选项栏如图 12-64 所示，其中包括：【画笔】设置项、【模式】下拉列表、【强度】设置框、【用于所有图层】复选框和【手指绘画】复选框等。

【画笔】设置项、【模式】设置框、【强度】设置框和【对所有图层取样】复选框等的使用方法在前面已有介绍，这里不再赘述。

【手指绘画】复选框：选中此复选框，可以设定涂痕的色彩，就好像用蘸上色彩的手指在未干的油墨上绘画一样。

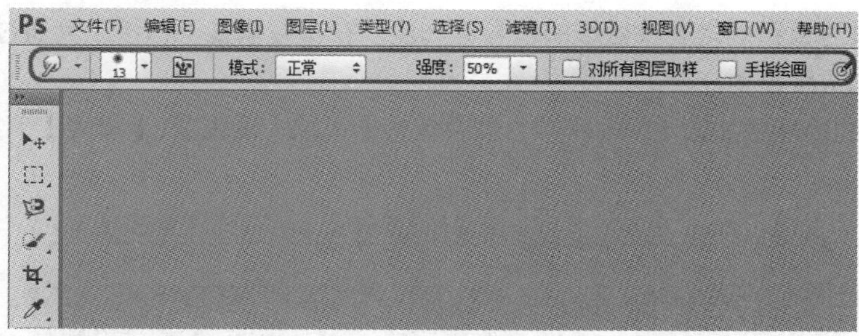

图 12-64

12.6.11　减淡工具和加深工具

【减淡工具】和【加深工具】的选项栏相同，包括【画笔】设置项、【范围】下拉列表及【曝光度】设置框等。

有关画笔设置项的内容在前面已有介绍，这里不再赘述。

【范围】下拉列表有以下选项。

- 【暗调】：选中后只作用于图像的暗调区域。
- 【中间调】：选中后只作用于图像的中间调区域。
- 【高光】：选中后只作用于图像的高光区域。

使用减淡工具和加深工具进行特殊色调区域选择是手工处理所望尘莫及的。

使用减淡工具处理后的效果如图 12-65（左）所示。

使用加深工具处理后的效果如图 12-65（右）所示。

图 12-65

注 意

在使用减淡工具时，如果同时按住 Alt 键，可暂时切换为加深工具。同样，在使用加深工具时，如果同时按住【Alt】键，则可暂时切换为减淡工具。

- 【曝光度】设置框：用于设置图像的曝光强度。使用时应先将【曝光度】的值设置得小一些，一般来说设置为 15%比较合适。

12.6.12 海绵工具

使用海绵工具可以精确地更改区域的色彩饱和度。在灰度模式下，该工具通过使灰阶远离或靠近中间灰色来增加或降低对比度。

【海绵工具】的选项栏如图 12-66 所示，其中包括【画笔】设置项、【模式】下拉列表和【流量】设置框等。

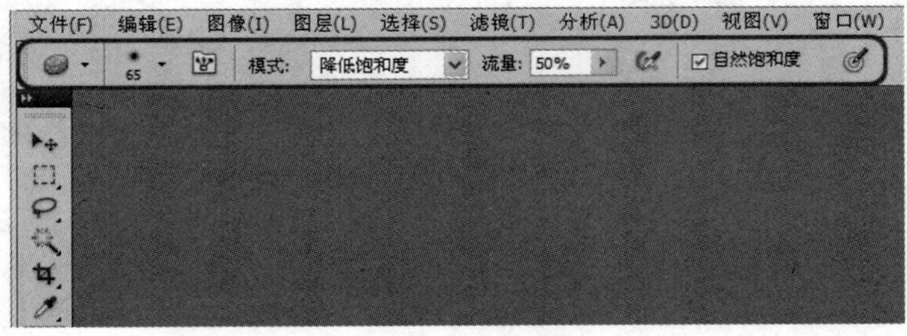

图 12-66

【画笔】设置项和【流量】设置框在前面已有介绍，这里不再赘述。

在【模式】下拉列表中，选择【去色】选项可以降低色彩饱和度，选择【加色】选项可以提高色彩饱和度。

如果图像为灰度模式，选择【去色】选项可使图像趋于 50%的灰度，选择【加色】选项可使图像趋于黑白两色。

12.7　图像色彩调整

Photoshop 中对图像色彩和色调的控制是图像编辑的关键，它直接关系到图像最后的效果，只有有效控制图像的色彩和色调，才能制作出高品质的图像，Photoshop CC 中提供了更为完善的色彩和色调的调整功能，这些功能主要存放在【图像】|【调整】的子菜单中，使用它们可以快捷方便地控制图像的颜色和色调，帮助用户创造出绚丽多彩的图像世界。

12.7.1　【亮度/对比度】调整

【亮度/对比度】命令可以对图像的色调范围进行简单的调整。下面通过实例学习【亮度/对比度】命令的使用。

01　在菜单栏中选择【文件】|【打开】命令，打开随书附带光盘中的【CDROM】|【素材】|【Cha12】|【花.jpg】素材文件，如图 12-67 所示。

02　在菜单栏中选择【图像】|【调整】|【亮度/对比度】命令，如图 12-68 所示。

图 12-67

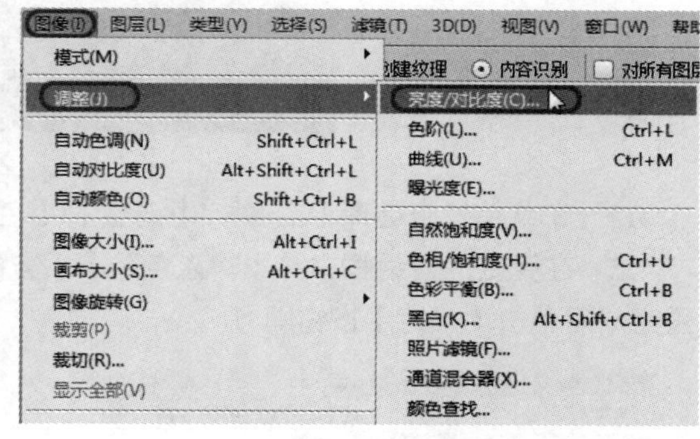

图 12-68

03　在弹出的对话框中将【亮度】和【对比度】分别设置为 38、57，效果如图 12-69 所示。单击【确定】按钮即可。

图 12-69

【亮度/对比度】可以对图像中的每个像素进行相同的调整，对于单个通道不起作用，不应要用于高端输出，以免引起图像中细节的丢失。

12.7.2 【色阶】调整

在 Photoshop 中最重要的色彩调节功能之一是色阶，【色阶】对话框通过调整图像的阴影、中间调和高光的强度级别，从而校正图像的色调范围和色彩平衡，具体操作步骤如下：

01 在菜单栏中选择【文件】|【打开】命令，打开随书附带光盘中的【CDROM】|【素材】|【Cha12】|【001.jpg】素材文件，如图 12-70 所示。

图 12-70

02 在菜单栏中选择【图像】|【调整】|【色阶】命令，如图 12-71 所示。

03 在弹出的对话框中将【输入色阶】下方的各参数设置为 0、1.57、255，如图 12-72 所示。设置完成后单击【确定】按钮即可。

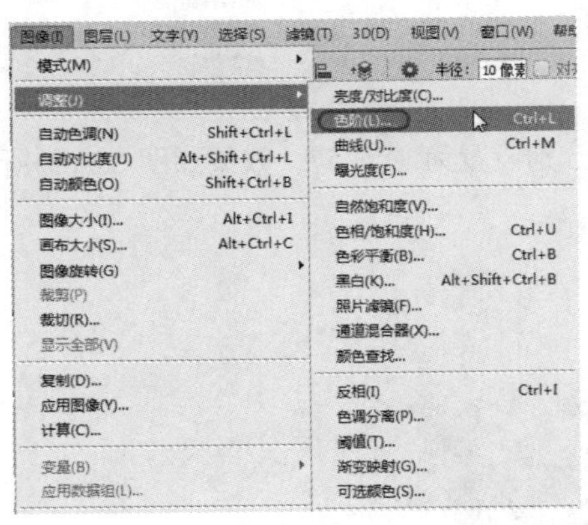

图 12-71

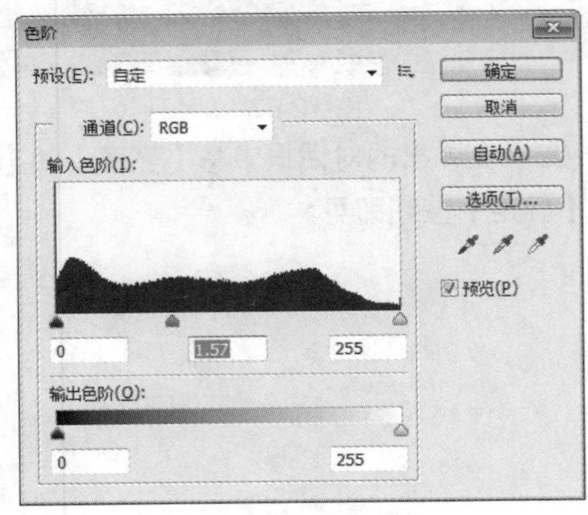

图 12-72

用户还可以按【Ctrl+L】组合键打开【色阶】对话框。

- 【通道】下拉列表框

利用此下拉列表框，可以在整个颜色范围内对图像进行色调调整，也可以单独编辑特定颜色的色调。若要同时编辑一组颜色通道，选择【色阶】命令之前应按住【Shift】键在【通道】面板中选择这些通道。之后，通道菜单会显示目标通道的缩写，例如 CM 代表青色和洋红色。此下拉列表框还包含所选组合的个别通道。可以只分别编辑专色通道和 Alpha 通道。

- 【输入色阶】参数框

在【输入色阶】参数框中，可以分别调整暗调、中间调和高光的亮度级别来修改图像的色调范围，以提高或降低图像的对比度。

> ➢ 可以在【输入色阶】参数框中输入目标值，这种方法比较精确，但直观性不好。
> ➢ 以输入色阶直方图为参考，拖动 3 个【输入色阶】滑块可使色调的调整更为直观。
> ➢ 最左边的黑色滑块（阴影滑块）：向右拖动可以增大图像的暗调范围，使图像更暗。同时拖动的程度会在【输入色阶】最左边的方框中得到量化。
> ➢ 最右边的白色滑块（高光滑块）：向左拖动可以增大图像的高光范围，使图像变亮。高光的范围会在【输入色阶】最右边的方框中显示。
> ➢ 中间的灰色滑块（中间调滑块）：左右拖动可以增大或减小中间色调范围，从而改变图像的对比度。其作用与在【输入色阶】中间方框输入数值相同。

- 【输出色阶】参数框

【输出色阶】参数框中只有暗调滑块和高光滑块，通过拖动滑块或在方框中输入目标值，可以降低图像的对比度。具体来说，向右拖动暗调滑块，【输出色阶】左边方框中的值会相应增加，但此时图像却会变亮；向左拖动高光滑块，【输出色阶】右边方框中的值会相应减小，但图像却会变暗。这是因为在输出时 Photoshop 的处理过程是这样的：比如将第一个方框的值调为 10，则表示输出图像会以在输入图像中色调值为 10 的像素的暗度为最低暗度，所以图像会变亮；将第二个方框的值调为 245，则表示输出图像会以在输入图像中色调值 245 的像素的亮度为最高亮度，所以图像会变暗。总之，【输入色阶】的调整是用来增加对比度的，而【输出色阶】的调整则是用来减少对比度的。

- 吸管工具

吸管工具用于完成图像中的黑场、灰场和白场的设定。使用设置黑场吸管在图像中的某点颜色上单击，则该点成为图像中的黑色，该点与原来黑色的颜色色调范围内的颜色都将变为黑色，该点与原来白色的颜色色调范围内的颜色整体都进行亮度的降低。使用设置白场吸管，完成的效果则正好与设置黑场吸管的作用相反。使用设置灰场吸管可以完成图像中的灰度设置。

- 【自动】按钮

单击【自动】按钮可以将高光和暗调滑块自动移动到最亮点和最暗点。利用【色阶】命令可以解决图像的偏亮、偏暗、偏灰及偏色等问题。

12.7.3 【曲线】调整

曲线是使用频率最高和最重要的色彩调整工具，用户可以使用【曲线】命令调整图像整个色调范围，下面通过实例对【曲线】命令进行讲解。

01 在菜单栏中选择【文件】|【打开】命令，打开随书附带光盘中的【CDROM】|【素材】|【Cha12】|【假日海滩.jpg】素材文件，如图 12-73 所示。

02 在菜单栏中选择【图像】|【调整】|【曲线】命令，如图 12-74 所示。

图 12-73

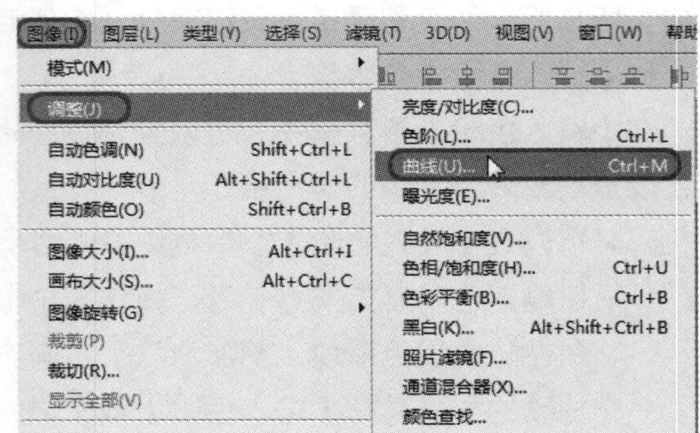

图 12-74

03 在弹出的对话框中单击曲线，分别将【输出】和【输入】设置为 125、94，如图 12-75 所示。

04 设置完成后，单击【确定】按钮即可，完成后的效果如图 12-76 所示。

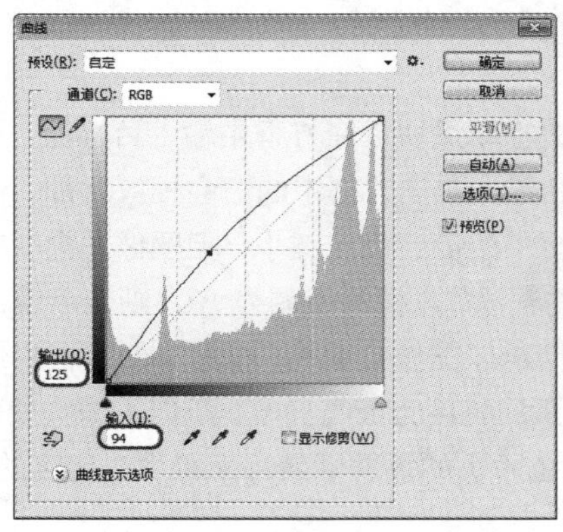

图 12-75

图 12-76

- 【预设】下拉列表：该选项的下拉列表中包含了 Photoshop 提供的预设调整文件，选择【默认值】时，可通过拖动曲线来调整图像，选择其他选项时，则可使用预设文件调整图像。
- 【预设选项】：单击该按钮，可以打开一个下拉列表，选择【存储预设】命令，可以将当前的调整状态保存为一个预设文件，在对其他图像应用相同的调整时. 可以选择【载入预设】命令，用载入的预设文件自动调整；选择【删除当前预设】命令，则删除存储的预设文件。
- 【通道】：在该选项的下拉列表中可以选择一个需要调整的通道。
- 【编辑点以修改曲线】：按下该按钮后，在曲线中单击可添加新的控制点，拖动控制点改变曲线形状即可对图像做出调整。
- 【通过绘制来修改曲线】：按下该按钮后，可在对话框内绘制手绘效果的自由形状曲线，绘制自由曲线后，单击对话框中的按钮，可在曲线上显示控制点。
- 【平滑】：用工具绘制曲线后，单击该按钮，可对曲线进行平滑处理。
- 【输入】/【输出】：【输入】显示了调整前的像素值，【输出】显示了调整后的像素值。
- 【高光】/【中间调】/【阴影】：移动曲线顶部的点可以调整图像的高光区域；拖动曲线中间的点可以调整图像的中间调；拖动曲线底部的点可以调整图像的阴影区域。

- 【黑场】/【灰点】/【白场】：这几个工具和选项与【色阶】对话框中相应工具的作用相同。
- 【选项】：单击该按钮，会弹出【自动颜色校正选项】对话框，自动颜色校正选项用来控制由【色阶】和【曲线】中的【自动颜色】、【自动色阶】、【自动对比度】和【自动】选项应用的色调和颜色校正，它允许指定阴影和高光剪切百分比，并为阴影、中间调和高光指定颜色值。

12.7.4　【曝光度】调整

【曝光度】命令主要用来调整高动态范围（HDR）图像的色调，曝光度是通过在线性颜色空间执行计算而得出来的，调整曝光度的具体操作步骤如下：

01　在菜单栏中选择【文件】|【打开】命令，打开随书附带光盘中的【CDROM】|【素材】|【Cha12】|【风景.jpg】素材文件，如图 12-77 所示。

02　在菜单栏中选择【图像】|【调整】|【曝光度】命令，如图 12-78 所示。

图 12-77

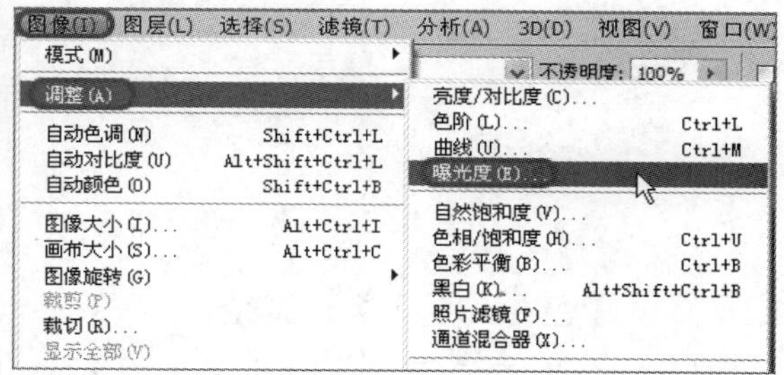

图 12-78

03　在弹出的对话框中将【曝光度】和【灰度系数校正】分别设置为+1.11、1.22，效果如图 12-79 所示，设置完成后单击【确定】按钮即可。

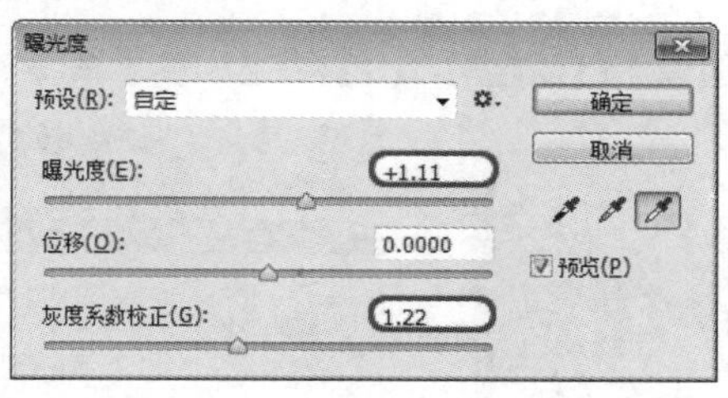

图 12-79

12.7.5　【自然饱和度】调整

使用【自然饱和度】命令调整饱和度以便在图像颜色接近最大饱和度时，最大限度地减少修剪。具体操作步骤如下：

01　在菜单栏中选择【文件】|【打开】命令，打开随书附带光盘中的【CDROM】|【Cha12】|【素材】|【002.jpg】素材文件，如图 12-80 所示。

图 12-80

02 在菜单栏中选择【图像】|【调整】|【自然饱和度】命令，如图 12-81 所示。

03 在弹出的对话框中将【自然饱和度】和【饱和度】分别设置为+100、30，如图 12-82 所示。设置完成后单击【确定】按钮即可查看效果。

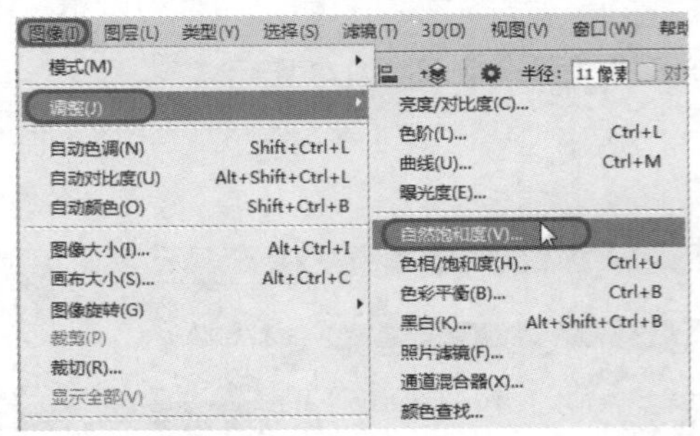

图 12-81

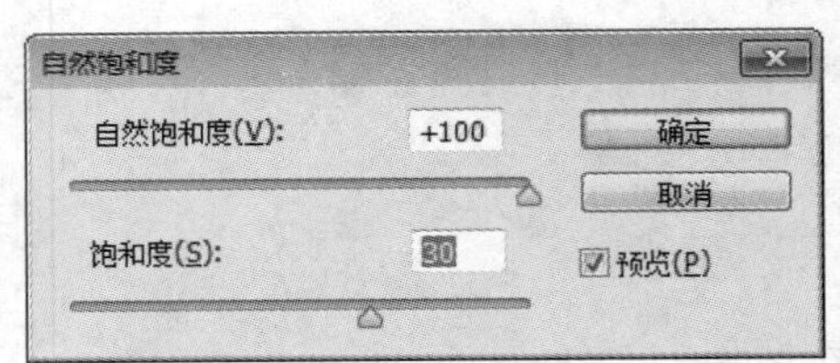

图 12-82

12.7.6 【色相/饱和度】调整

使用【色相/饱和度】命令可以调整图像颜色的色相、饱和度和亮度，使用【色相/饱和度】命令的具体操作步骤如下：

01 在菜单栏中选择【文件】|【打开】命令，打开随书附带光盘中的【CDROM】|【素材】|【Cha12】|【003.jpg】素材文件，如图 12-83 所示。

02 在菜单栏中选择【图像】|【调整】|【色相/饱和度】命令，如图 12-84 所示。

图 12-83

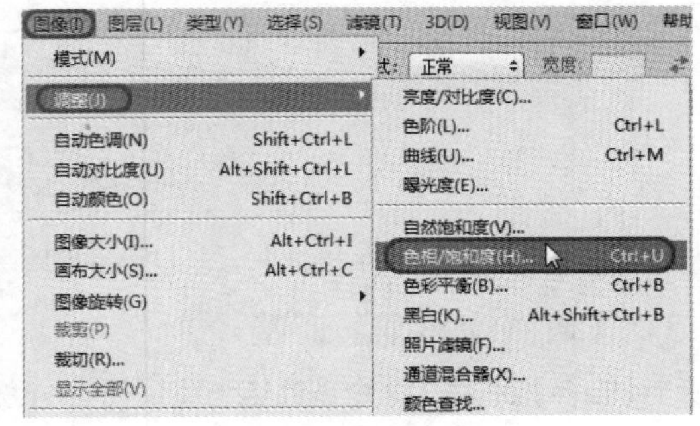

图 12-84

03 在弹出的对话框中将【色相】、【饱和度】和【明度】分别设置为-26、-8 和+4，如图 12-85 所示。

04 设置完成后，单击【确定】按钮即可，完成后的效果如图 12-86 所示。

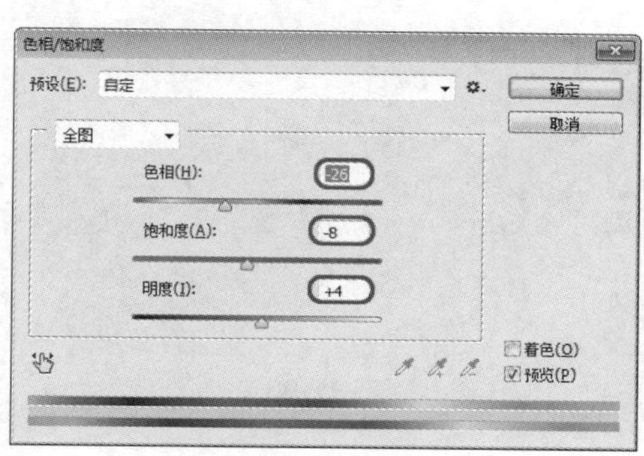

图 12-85

图 12-86

▶提示：勾选【着色】复选项时，图像将转换为只有一种颜色的单色调图像，变为单色调图像后，可拖动色相滑块和其他滑块来调整图像的颜色。

12.7.7 【色彩平衡】调整

【色彩平衡】命令主要用于调整整体图像的色彩平衡，以及对普通色彩的校正，调整色彩平衡的具体操作步骤如下：

01 在菜单栏中选择【文件】|【打开】命令，打开随书附带光盘中的【CDROM】|【素材】|【Cha12】|【004.jpg】素材文件，如图 12-87 所示。

02 在菜单栏中选择【图像】|【调整】|【色彩平衡】命令，如图 12-88 所示。

图 12-87

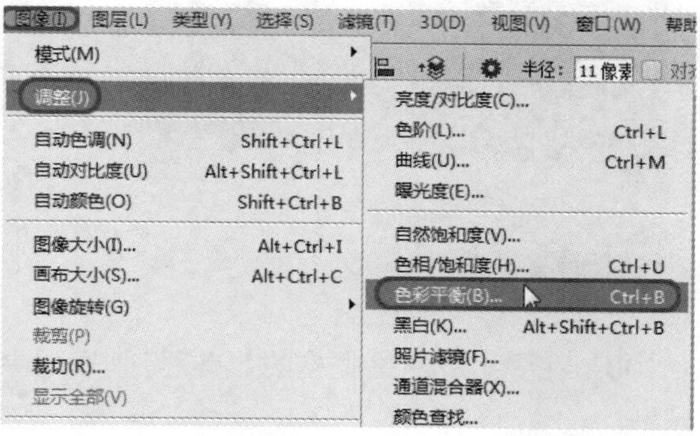

图 12-88

03 在弹出的对话框中将【色阶】的参数分别设置为-21、-25、+75，如图 12-89 所示。

04 设置完成后，单击【确定】按钮，完成后的效果如图 12-90 所示。

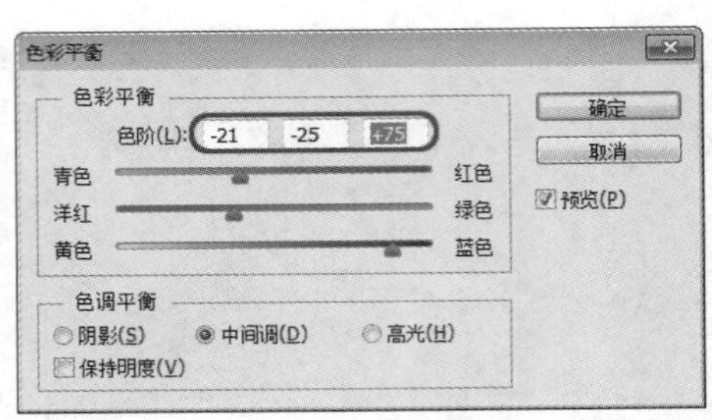

图 12-89

图 12-90

12.7.8 【照片滤镜】调整

【照片滤镜】命令通过模拟在相机镜头前面加装彩色滤镜来调整通过镜头传输的光的色彩平衡和色温，或者使胶片曝光，该命令还允许用户选择预设的颜色或者自定义的颜色调整图像的色相。下面通过实例来学习【照片滤镜】命令的使用。

01 在菜单栏中选择【文件】|【打开】命令，打开随书附带光盘中的【CDROM】|【素材】|【Cha12】|【005.jpg】素材文件，如图 12-91 所示。

02 在菜单栏中选择【图像】|【调整】|【照片滤镜】命令，如图 12-92 所示。

图 12-91

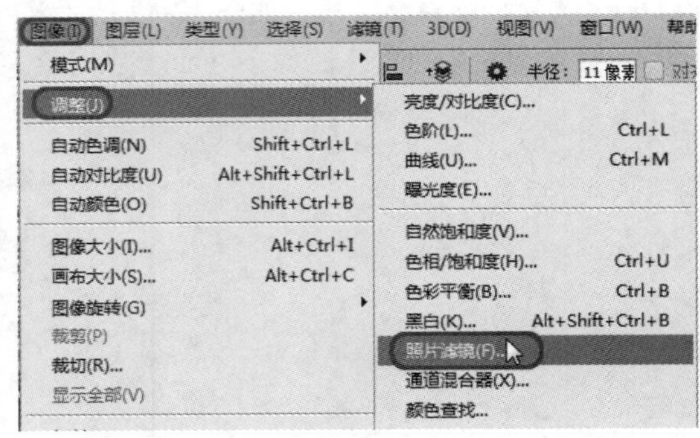

图 12-92

03 在弹出的对话框中的【滤镜】列表框中选择【紫】选项，将【浓度】设置为 57，如图 12-93 所示。

04 设置完成后，单击【确定】按钮，完成后的效果如图 12-94 所示。

- 【滤镜】下拉列表：在该选项下拉列表中可以选择要使用的滤镜。加温滤镜（85 和 LBA）及冷却滤镜（80 和 LBB）用于调整图像中的白平衡的颜色转换；加温滤镜（81）和冷却滤镜（82）使用光平衡滤镜来对图像的颜色品质进行细微调整；加温滤镜（81）可以使图像变暖（变黄），冷却滤镜（82）可以使图像变冷（变蓝）；其他个别颜色的滤镜则根据所选颜色给图像应用色相调整。

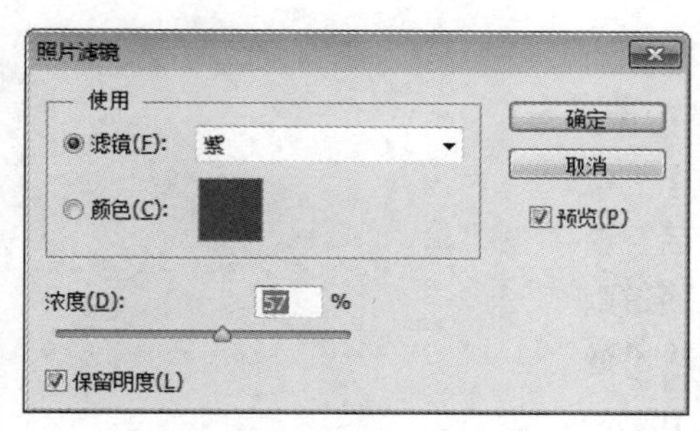

图 12-93

图 12-94

- 【颜色】：单击该选项右侧的颜色块，可以在打开的【拾色器】中设置自定义的滤镜颜色。
- 【浓度】：可调整应用到图像中的颜色数量，该值越高，颜色的调整幅度就越大。
- 【保留明度】：勾选该项，可以保持图像的亮度不变，未勾选该项时，会由于增加滤镜的浓度而使图像变暗。

12.7.9 【通道混合器】调整

【通道混合器】命令可以使图像中现有（源）颜色通道的混合来修改目标（输出）颜色通道，从而控制单个通道的颜色量。利用该命令可以创建高品质的灰度图像、棕褐色色调图像或其他色调图像，也可以对图像进行创造性的颜色调整。下面讲解【通道混合器】命令的使用。

01 在菜单栏中选择【文件】|【打开】命令，打开随书附带光盘中的【CDROM】|【Cha12】|【素材】|【006.jpg】素材文件，在菜单栏中选择【图像】|【调整】|【通道混合器】命令，如图 12-95 所示。

02 在弹出的对话框中将【红色】、【绿色】、【蓝色】分别设置为+128、+29、+137，将【常数】设置为 37，如图 12-96 所示。

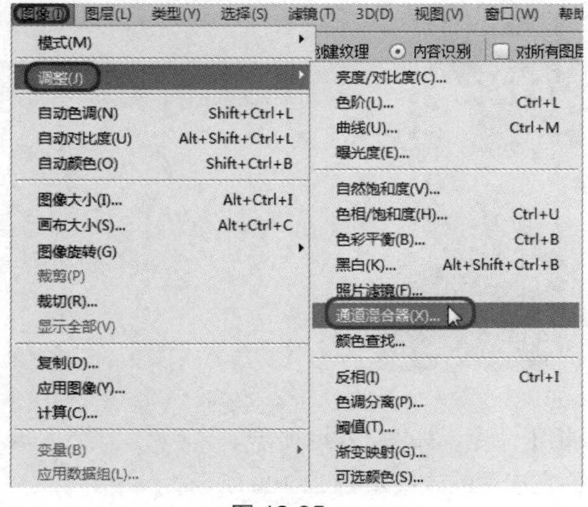

图 12-95

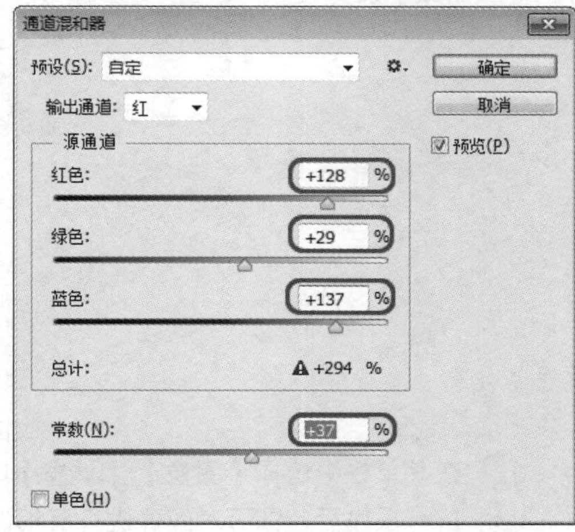

图 12-96

03 设置完成后单击【确定】按钮，完成后的效果如图 12-97 所示。

图 12-97

- 【预设】：在该选项的下拉列表中包含了预设的调整文件，可以选择一个文件来自动调整图像。
- 【输出通道】/【源通道】：在【输出通道】下拉列表中选择要调整的通道，选择一个通道后，该通道的源滑块会自动设置为 100%，其他通道则设置为 0%。例如，如果选择【绿】作为输出通道，则会将【源通道】中的绿色滑块调整为 100%，红色和蓝色滑块为 0%。选择一个通道后，拖动【源通道】选项组中的滑块，即可调整此输出通道中源通道所占的百分比。将一个源通道的滑块向左拖动时，可减小该通道在输出通道中所占的百分比；向右拖动则增加百分比，负值可以使源通道在被添加到输出通道之前反相。
- 【总计】：如果源通道的总计值高于 100%，则该选项旁边会显示一个警告图标⚠。
- 【常数】：用来调整输出通道的灰度值。负值会增加更多的黑色，正值会增加更多的白色，-200%会使输出通道成为全黑，+200%会使输出通道成为全白。
- 【单色】：勾选该复选框，彩色图像将转换为黑白图像。

12.7.10 【反相】调整

【反相】命令是指反转图像中的颜色，在对图像进行反相时，可以反转图像中的颜色，通道中每个像素的亮度值都会转换为 256 级颜色值刻度上相反的值。例如，值为 255 的正片图像中的像素会转换为 0，值为 5 的像素会转换为 250。下面通过实例来讲解【反相】命令的使用。

01 在菜单栏中选择【文件】|【打开】命令，打开随书附带光盘中的【CDROM】|【Cha12】|【素材】|【007.jpg】素材文件，如图 12-98 所示。

图 12-98

02 在菜单栏中选择【图像】|【调整】|【反相】命令，如图 12-99 所示。

03 执行操作后，即可对图像进行反相调整，完成后的效果如图 12-100 所示。

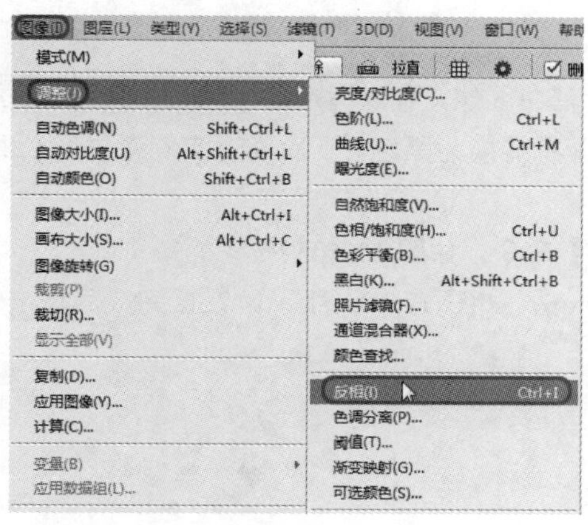

图 12-99

图 12-100

提示：用户还可以按【Ctrl+I】组合键执行【反相】命令。

12.7.11　【色调分离】调整

选择【色调分离】命令可以指定图像中每个通道的色调级（或亮度值）的数目，然后将像素映射为最接近的匹配级别。例如在 RGB 图像中选取两个色调级可以产生 6 种颜色：两种红色、两种绿色和两种蓝色。

在照片中创建特殊效果，如创建大的单调区域时此命令非常有用。在减少灰度图像中的灰色色阶数时，它的效果最为明显。但它也可以在彩色图像中产生特殊的效果。下面通过实例来讲解【色调分离】命令的使用。

01　在菜单栏中选择【文件】|【打开】命令，打开随书附带光盘中的【CDROM】|【Cha12】|【素材】|【008.jpg】素材文件，在菜单栏中单击【图像】按钮，在弹出的下拉菜单中选择【调整】命令，然后在弹出的子菜单中选择【色调分离】命令，如图 12-101 所示。

02　在弹出的对话框中将【色阶】设置为 6，如图 12-102 所示，设置完成后单击【确定】按钮即可。

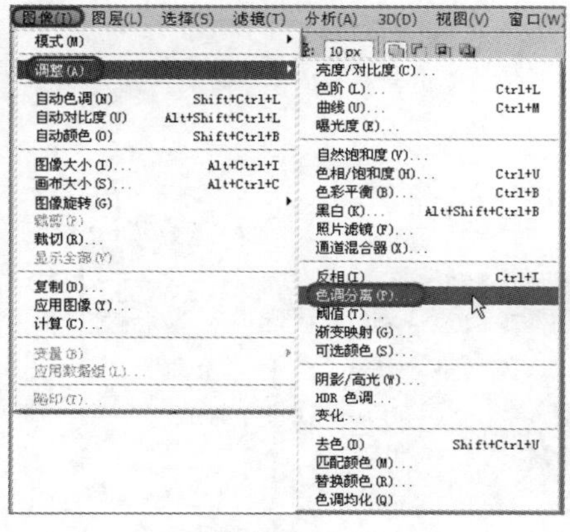

图 12-101

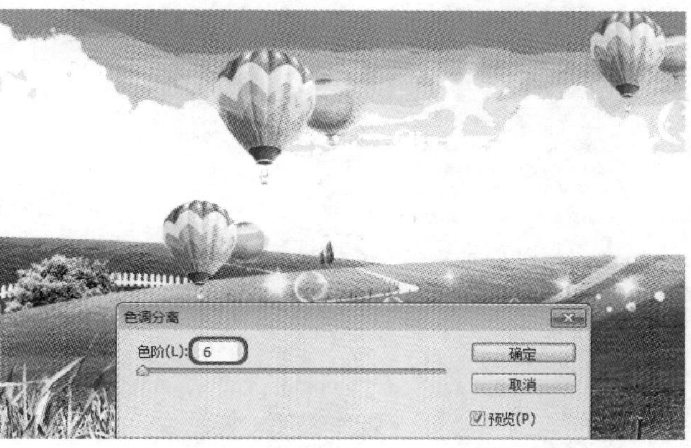

图 12-102

12.7.12 【阈值】调整

【阈值】命令将灰度或彩色图像转换为高对比度的黑白图像，可以指定某个色阶作为阈值，所有比阈值亮的像素将转换为白色，而所有比阈值暗的像素将转换为黑色。下面通过实例来讲解【阈值】命令的使用。

01 在菜单栏中选择【图像】|【调整】|【阈值】命令，如图 12-103 所示。

02 在弹出的对话框中将【阈值色阶】设置为 146，如图 12-104 所示，设置完成后单击【确定】按钮即可。

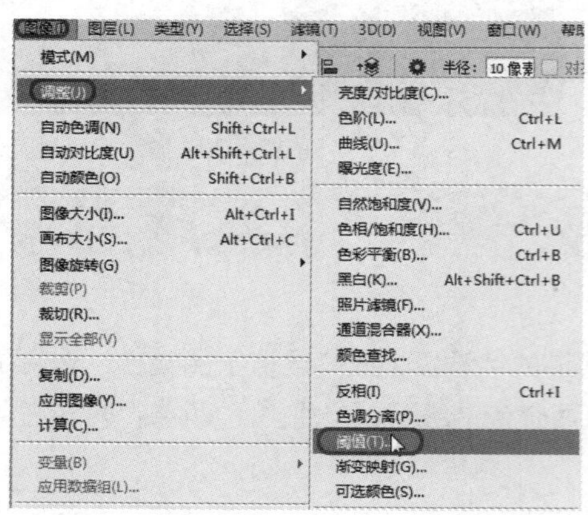

图 12-103

图 12-104

12.7.13 【渐变映射】调整

选择【渐变映射】命令可以将图像的色阶映射为一组渐变色的色阶，如指定双色渐变填充时，图像中的暗调映射到渐变填充的一个端点颜色，高光映射到另一个端点颜色，中间调映射到两个端点之间的层次。下面通过实例来讲解【渐变映射】命令的使用。

01 在菜单栏中选择【图像】|【调整】|【渐变映射】命令，如图 12-105 所示。

02 在弹出的对话框的【灰度映射所用的渐变】下拉列表框中选择【蓝，红，黄渐变】，如图 12-106 所示。

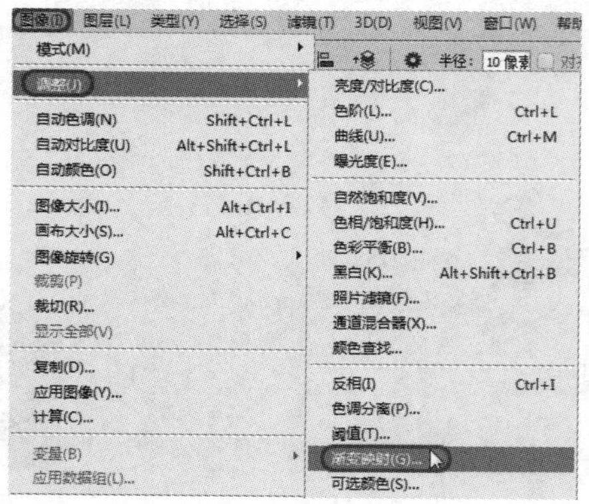

图 12-105

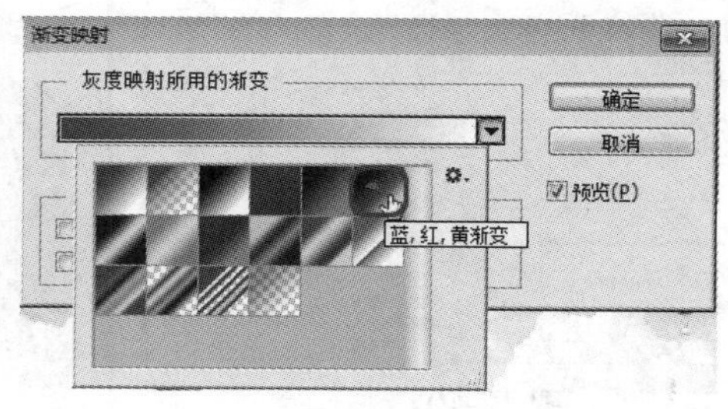

图 12-106

- 【灰度映射所用的渐变】下拉列表框：从列表框中选择一种渐变类型，默认情况下，图像的暗调、中间调和高光分别映射到渐变填充的起始（左端）颜色、中间点和结束（右端）颜色。
- 【仿色】复选项：通过添加随机杂色，可使渐变映射效果的过渡显得更为平滑。
- 【反向】复选项：颠倒渐变填充方向，以形成反向映射的效果。

图 12-107

（3）设置完成后单击【确定】按钮，完成后的效果如图 12-107 所示。

12.7.14　【可选颜色】调整

【可选颜色】校正是高端扫描仪和分色程序使用的一种技术，用于在图像中的每个主要原色成分中更改印刷色的数量。使用【可选颜色】命令可以有选择性地修改主要颜色中的印刷色的数量，但不会影响其他主要颜色。例如，可以减少图像绿色图素中的青色，同时保留蓝色图素中的青色不变。下面来讲解【可选颜色】命令的使用。

01　在菜单栏中选择【文件】|【打开】命令，打开随书附带光盘中的【CDROM】|【素材】|【Cha12】|【009.jpg】素材文件，如图 12-108 所示。

02　在菜单栏中选择【图像】|【调整】|【可选颜色】命令，如图 12-109 所示。

图 12-108

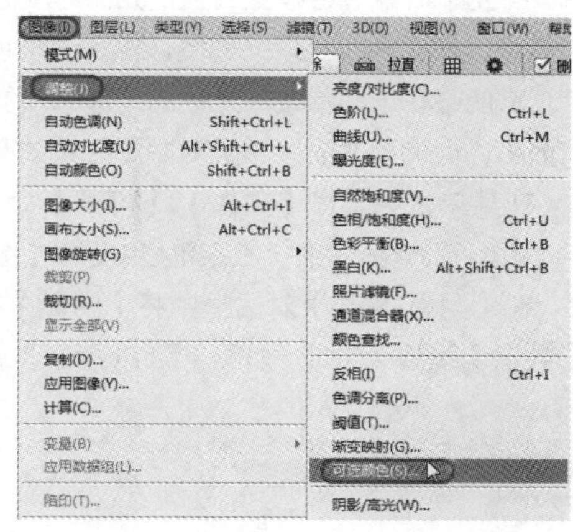

图 12-109

03　在弹出的对话框中将【颜色】设置为【红色】，将【青色】、【洋红】、【黄色】、【黑色】分别设置为−32、+40、−51、−21，如图 12-110 所示。

04　单击【确定】按钮，即可完成调整，效果如图 12-111 所示。

- 【颜色】：在该选项下拉列表中可以选择要调整的颜色，这些颜色由加色原色、减色原色、白色、中性色和黑色组成。选择一种颜色后，可拖动【青色】、【洋红】、【黄色】和【黑色】滑块来调整这 4 种印刷色的数量。向右拖动【青色】滑块时，颜色向青色转换，向左拖动时，颜色向红色转换；向右拖动【洋红】滑块时，颜色向洋红色转换，向左拖动时，颜色向绿色转换；向右拖动【黄色】滑块时，颜色向黄色转换，向左拖动时，颜色向蓝色转换；拖动【黑色】滑块可以增加或减少黑色。

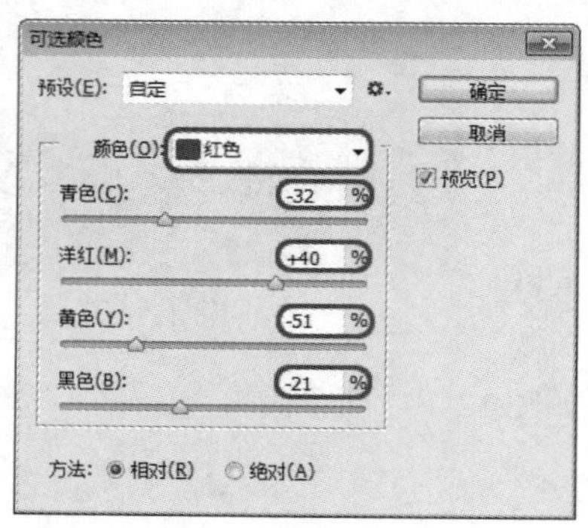

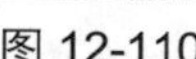

图 12-110

图 12-111

- 【方法】：用来设置色值的调整方式。选择【相对】单选按钮时，可按照总量的百分比修改现有的青色、洋红、黄色或黑色的含量。例如，从 50%的洋红像素开始添加 10%，则结果为 55%的洋红（50%+50%×10%=55%）。选择【绝对】单选按钮时，则采用绝对值调整颜色。例如，从 50%的洋红像素开始添加 10%，则结果为 60%洋红。

12.7.15 【阴影/高光】调整

【阴影/高光】命令适合校正由强逆光而形成剪影的照片，也可以校正由于太接近相机闪光灯而有些发白的焦点，在其他方式采光的图像中，这种调整也可以使阴影区域变亮。【阴影/高光】是非常有用的命令，它能够基于阴影或高光中的局部相邻像素来校正每个像素，在调整阴影区域时，对高光区域的影响很小，而调整高光区域又对阴影区域的影响很小。下面来讲解【阴影/高光】命令的使用。

01 在菜单栏中选择【文件】|【打开】命令，打开随书附带光盘中的【CDROM】|【素材】|【Cha12】|【010.jpg】素材文件，在菜单栏中选择【图像】|【调整】|【阴影/高光】命令，如图 12-112 所示。

02 在【阴影/高光】对话框中将【阴影】选项组中的【数量】设置为 90%，将【高光】选项组中的【数量】设置为 0%，如图 12-113 所示。设置完成后单击【确定】按钮即可。

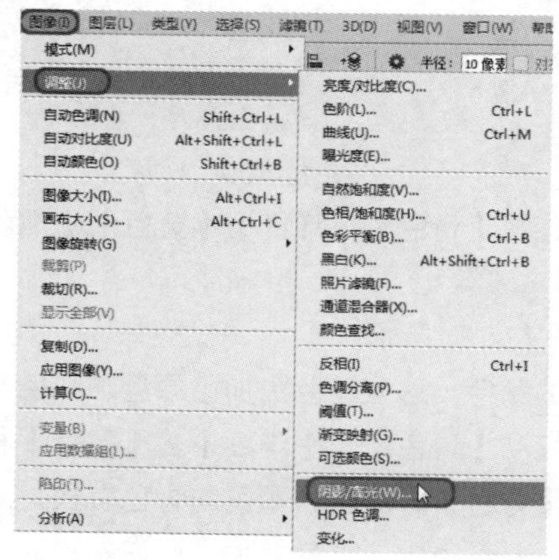

图 12-112

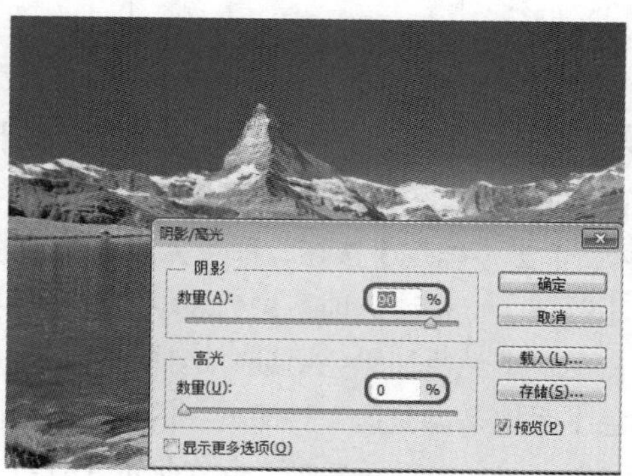

图 12-113

12.7.16　【HDR 色调】调整

HDR 的全称是 High Dynamic Range，即高动态范围，比如所谓的高动态范围图像（HDRI）或者高动态范围渲染（HDRR）。动态范围是指信号最高值和最低值的相对比值。目前的 16 位整型格式使用从 0（黑）到 1（白）的颜色值，但是不允许所谓的【过范围】值，比如金属表面比白色还要白的高光处的颜色值。下面来讲解【HDR 色调】命令的使用。

01　在菜单栏中选择【文件】|【打开】命令，打开随书附带光盘中的【CDROM】|【素材】|【Cha12】|【011.jpg】素材文件，如图 12-114 所示。

02　在菜单栏中选择【图像】|【调整】|【HDR 色调】命令，如图 12-115 所示。

图 12-114

图 12-115

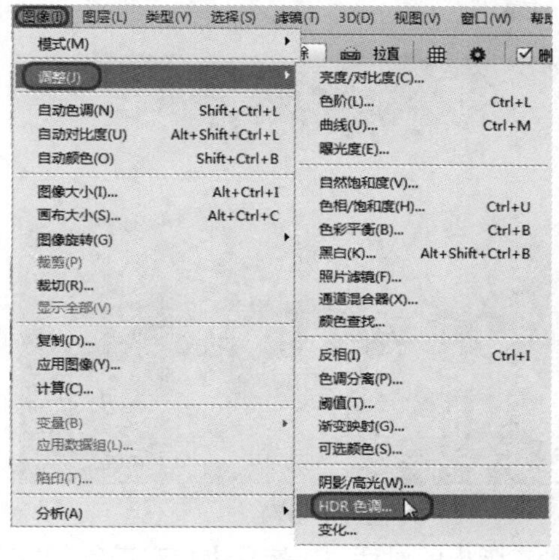

03　在弹出的对话框中使用默认的参数即可，单击【确定】按钮即可完成，如图 12-116 所示。

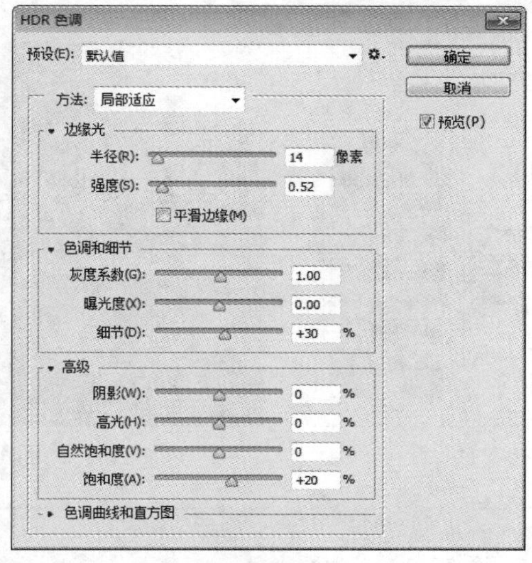

图 12-116

12.7.17 【变化】调整

【变化】命令是一个非常简单和直观的图像调整命令，它不像其他命令那样有复杂的选项，在使用该命令时，只需单击图像的缩览图便可以调整色彩平衡、对比度和饱和度，并且还可以观察到原图像与调整结果的对比效果。下面来讲解【变化】命令的使用。

01 在菜单栏中选择【文件】|【打开】命令，打开随书附带光盘中的【CDROM】|【素材】|【Cha12】|【012.jpg】素材文件，如图 12-117 所示。

02 在菜单栏中选择【图像】|【调整】|【变化】命令，如图 12-118 所示。

图 12-117

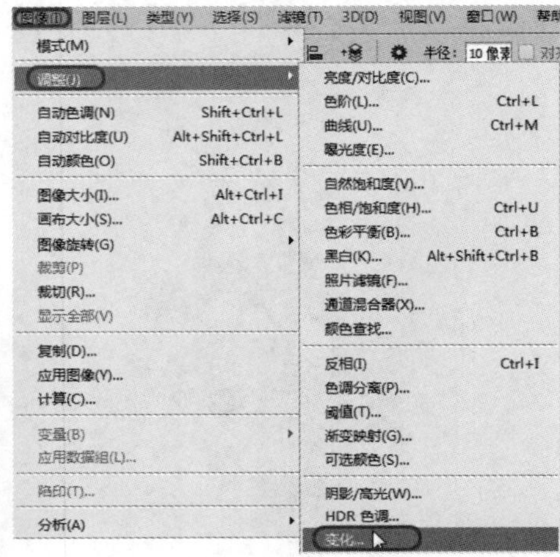

图 12-118

03 在弹出的对话框中选择【加深青色】缩略图，然后单击【确定】按钮，如图 12-119 所示。

04 操作完成后的效果如图 12-120 所示。

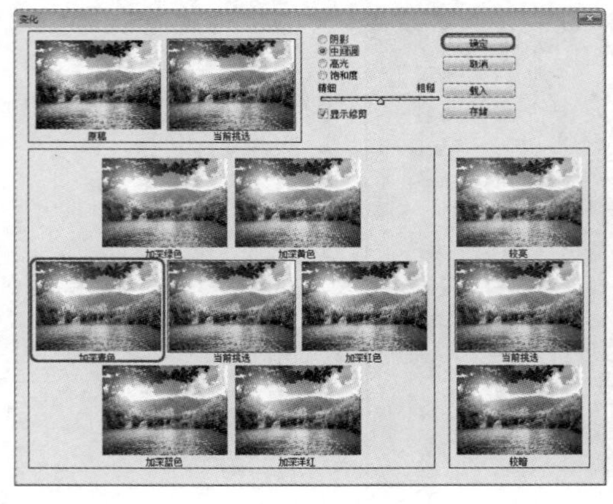

图 12-119

图 12-120

注 意

在增加饱和度时，为防止丢失细节，可以选择【显示修剪】选项。选择该选项后，如果缩览图中出现了异常颜色，就表示颜色被修剪了，这样的区域将丢失细节。

12.7.18　【匹配颜色】调整

【匹配颜色】命令可以将一个图像（源图像）的颜色与另一个图像（目标图像）的颜色相匹配，该命令比较适合处理多个图片，以使它们的颜色保持一致。下面来讲解【匹配颜色】命令的使用。

01　在菜单栏中选择【文件】|【打开】命令，打开随书附带光盘中的【CDROM】|【素材】|【Cha12】|【013.jpg】、【014.jpg】素材文件，如图 12-121 和图 12-122 所示。

图 12-121

图 12-122

02　选择素材文件【013.jpg】，在菜单栏中选择【图像】|【调整】|【匹配颜色】命令，如图 12-123 所示。

03　在弹出的对话框的【源】下拉列表中选择【014.jpg】，如图 12-124 所示。

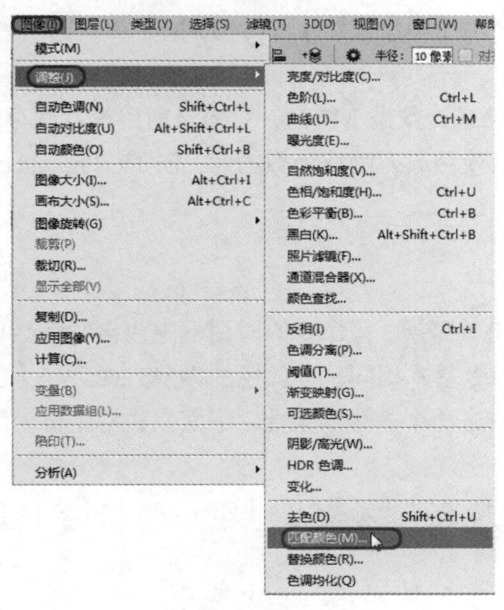

图 12-123

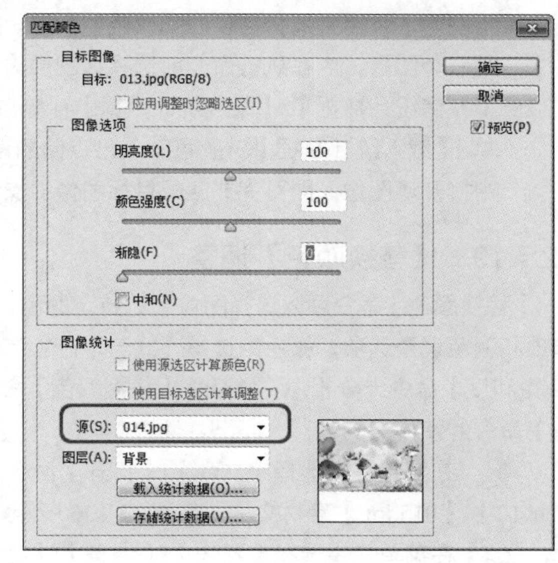

图 12-124

04　单击【确定】按钮，即可完成匹配颜色，效果如图 12-125 所示。

- 【目标】：显示了被修改的图像的名称和颜色模式等信息。
- 【应用调整时忽略选区】：如果当前的图像中包含选区，勾选该复选框，可忽略选区，调整将应用于整个图像，如果取消勾选，则仅影响选区内的图像。

图 12-125

- 【明亮度】：拖动滑块或输入数值，可以增加或减小图像的亮度。
- 【颜色强度】：用来调整色彩的饱和度。该值为1时，可生成灰度图像。
- 【渐隐】：用来控制应用于图像的调整量，该值越高，调整的强度越弱。
- 【中和】：勾选该复选框，可消除图像中出现的色偏。
- 【使用源选区计算颜色】：如果在源图像中创建了选区，勾选该复选框，可使用选区中的图像匹配颜色，如果取消勾选，则使用整幅图像进行匹配。
- 【使用目标选区计算调整】：如果在目标图像中创建了选区，勾选该复选框，可使用选区内的图像来计算调整，如果取消勾选，则会使用整个图像中的颜色来计算调整。
- 【源】：用来选择与目标图像中的颜色进行匹配的源图像。
- 【图层】：用来选择需要匹配颜色的图层。如果要将【匹配颜色】命令应用于目标图像中的某一个图层，应在执行命令前选择该图层。
- 【存储统计数据】/【载入统计数据】：单击【存储统计数据】按钮，可将当前的设置保存；单击【载入统计数据】按钮，可载入已存储的设置。当使用载入的统计数据时，无须在 Photoshop 中打开源图像，即可完成匹配目标图像的操作。

12.7.19 【替换颜色】调整

【替换颜色】命令可以选择图像中的特定颜色，然后将其替换。该命令的对话框中包含颜色选择选项和颜色调整选项，颜色的选择方式与【色彩范围】命令基本相同，而颜色的调整方式又与【色相/饱和度】命令十分相似，姑且将【替换颜色】命令看成这两个命令的集合。下面来讲解【替换颜色】命令的使用。

01 在菜单栏中选择【文件】|【打开】命令，打开随书附带光盘中的【CDROM】|【素材】|【Cha12】|【015.jpg】素材文件，如图 12-126 所示。

02 在菜单栏中选择【图像】|【调整】|【替换颜色】命令，如图 12-127 所示。

03 在弹出的对话框中将【选区】选项组中【颜色】的 RGB 值设置为 202、225、243，将【替换】选项组中【结果】的 RGB 值设置为 178、198、249，如图 12-128 所示。

04 单击【确定】按钮，完成后的效果如图 12-129 所示。

图 12-126

图 12-127

图 12-128

图 12-129

提示：在【替换颜色】对话框的预览图像中，白色代表了被选择的区域，黑色代表了未被选择的区域，灰色代表了部分选择的区域。拖动【颜色容差】滑块，可调整选择范围，该值越高，包括的颜色范围越广。如果要添加选择其他颜色. 可以用工具在相应的颜色上单击，如果要取消选择某些颜色，则可以用工具单击这样的颜色。拖动【色相】滑块，即可对所选的颜色进行调整，此时，对话框中的【颜色】选项内显示了所选颜色，【结果】选项内显示了调整结果。

12.7.20　【色调均化】调整

【色调均化】命令可以重新分布像素的亮度值，Photoshop 会将最亮的值调整为白色，最暗的值调整为黑色，中间的值则分布在整个灰度范围中，它们更均匀地呈现所有范围的亮度级别。下面来讲解【色调均化】命令的使用。

01　在菜单栏中选择【文件】|【打开】命令，打开随书附带光盘中的【CDROM】|【素材】|【Cha12】|【016.jpg】素材文件，如图 12-130 所示。

02 在菜单栏中选择【图像】|【调整】|【色调均化】命令，如图 12-131 所示。

图 12-130

图 12-131

03 执行操作后，即可完成色调均化调整，完成后的效果如图 12-132 所示。

提示： 如果在图像中创建了选区，则执行该命令时，会打开【色调均化】对话框，如图 12-133 所示，选择【仅色调均化所选区域】单选按钮时，仅均匀分布选区内像素；选择【基于所选区域色调均化整个图像】单选按钮时，则根据选区内的像索均匀分布所有图像像素。

图 12-132

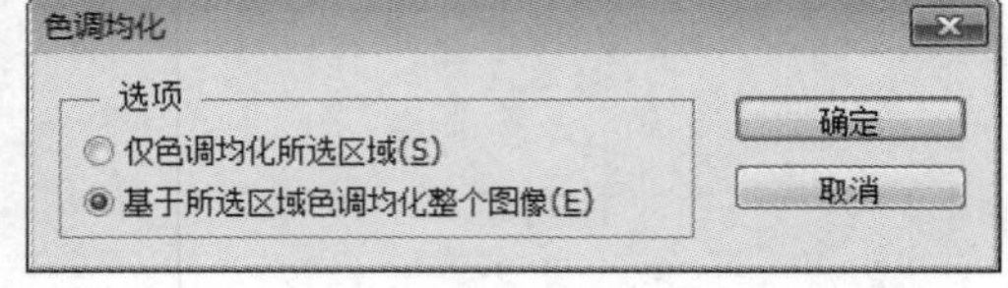

图 12-133

12.8 上机练习——制作导航栏

随着互联网的快速发展，用户的生活、工作、学习都离不开互联网，本节将介绍如何制作网页中的导航栏，效果如图 12-134 所示。

图 12-134

01 启动 Photoshop CC 软件，按 Ctrl+N 组合键打开【新建】对话框，将【宽度】和【高度】分别设置为 40 厘米、10 厘米，设置【分辨率】为 300 像素/英寸，设置完成后单击【确定】按钮，如图 12-135 所示。

02 按【Shift+Ctrl +N】组合键打开【新建图层】对话框，然后单击【确定】按钮，如图 12-136 所示。

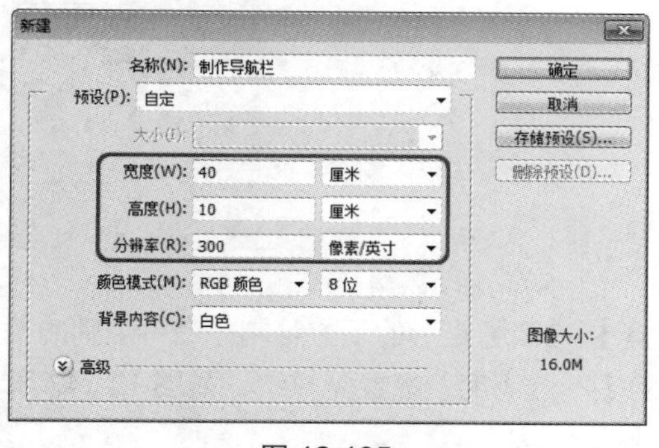

图 12-135

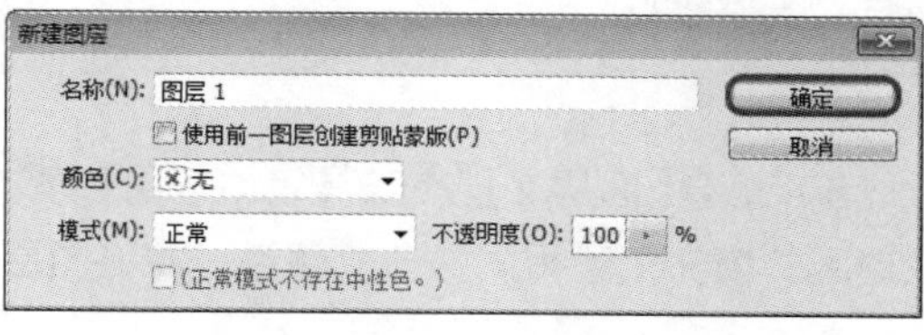

图 12-136

03 在新建的【图层 1】图层中，选择工具箱中的【圆角矩形工具】，然后在工具选项栏的下拉列表框中选择【路径】，将【半径】设置为 100 像素，在场景中绘制路径后按【Ctrl+Enter】组合键创建选区，如图 12-137 所示。

04 在工具箱中选择前景色，打开【拾色器（前景色）】对话框，将 R、G、B 值分别设置为 23、151、221，如图 12-138 所示。

图 12-137

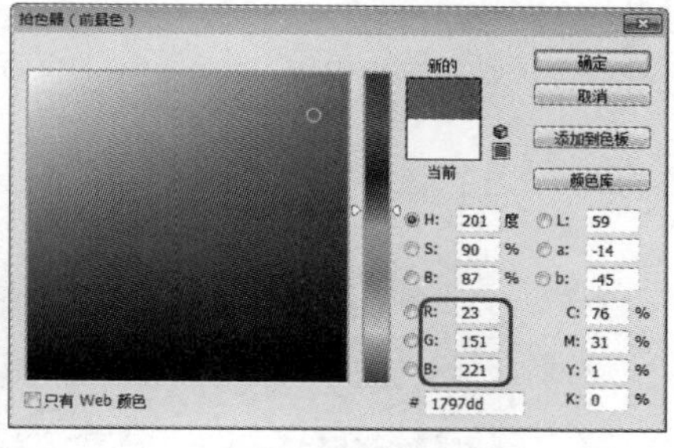

图 12-138

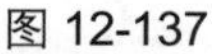

05 运用前景色将选区按【Alt+Delete】组合键进行填充，并且将【图层 1】按【Ctrl+J】组合键进行复制为【图层 1 拷贝】，将复制的图层按 Ctrl+图层缩略图载入选区，如图 12-139 所示。

图 12-139

06 在工具箱中选中【渐变工具】，选择【线性渐变】，在弹出的【渐变编辑器】对话框中设置由白色到透明的渐变，如图 12-140 所示。

07 保持选区在选定状态，将选区进行渐变填充，按【Ctrl+D】组合键取消选区，并将图层中的【不透明度】设置为 60%，如图 12-141 所示。

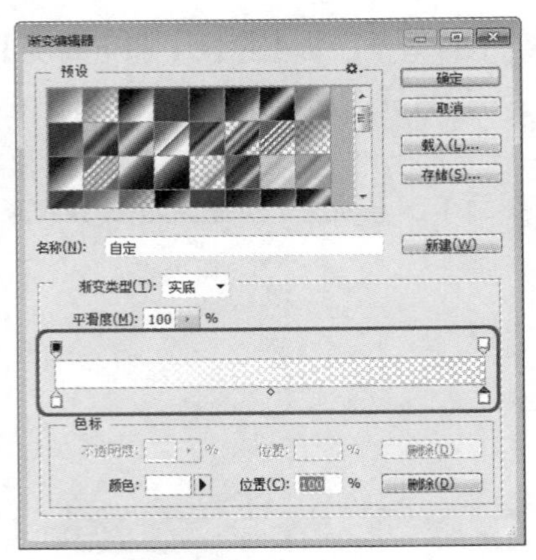

图 12-140

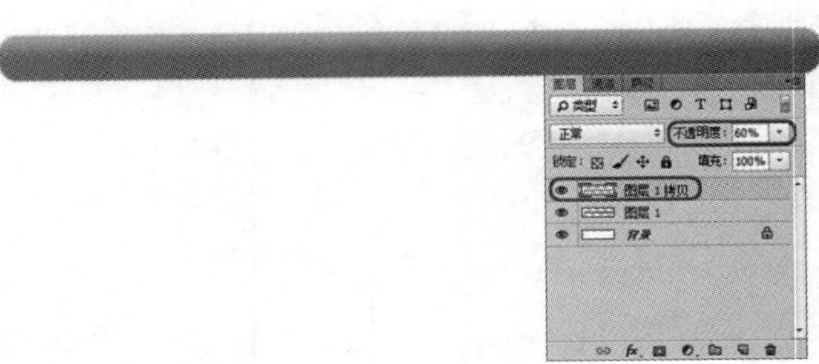

图 12-141

08 新建【图层 2】，在工具箱中运用【钢笔工具】，在椭圆矩形的下方绘制一个不规则的图形，建立选区并填充上述相同的渐变颜色，并将图层中的【不透明度】设置为 60%，如图 12-142 所示。

图 12-142

09 新建【图层 3】，在工具箱中选中【矩形选框工具】，在场景中适当位置绘制矩形选框，如图 12-143 所示。

10 单击工具箱中的【渐变工具】，选择【线性渐变】，在【渐变编辑器】中设置由透明至白色再至透明的渐变，如图 12-144 所示。

图 12-143

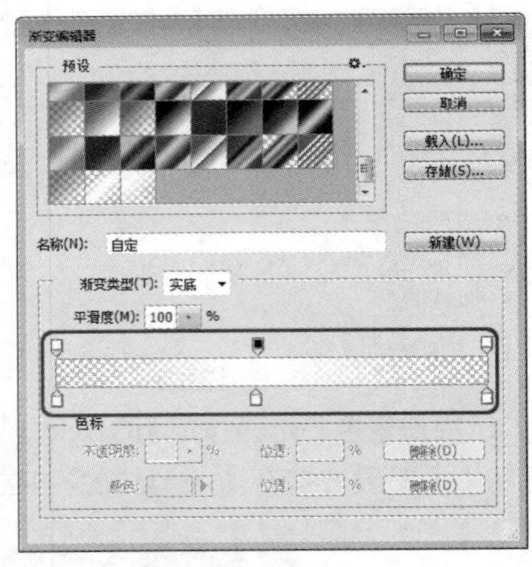

图 12-144

11 操作完成后，在矩形选区中进行绘制，将其复制多个图层，分别将矩形调整至合适的位置，如图 12-145 所示。

图 12-145

12 在图中所示的位置，运用【矩形选框】工具，在上方和下方各绘制矩形选区，并填充由白色至透明的线性渐变，并将图层中的【不透明度】设置为 60%，如图 12-146 所示。

13 新建图层，在如图所示位置创建矩形区域，在菜单栏选择【编辑】下的【描边】命令打开【描边】对话框，将描边设置为 3 像素，颜色设置为白色，效果如图 12-147 所示。

图 12-146　　　　图 12-147

14 在工具箱中选中【自定形状工具】，在工具选项栏【形状】右侧的下三角按钮中选中【三角形】，如图 12-148 所示。

15 在如图所示位置，绘制三角形，并填充白色，将图层中的【不透明度】设置为 60%，如图 12-149 所示。

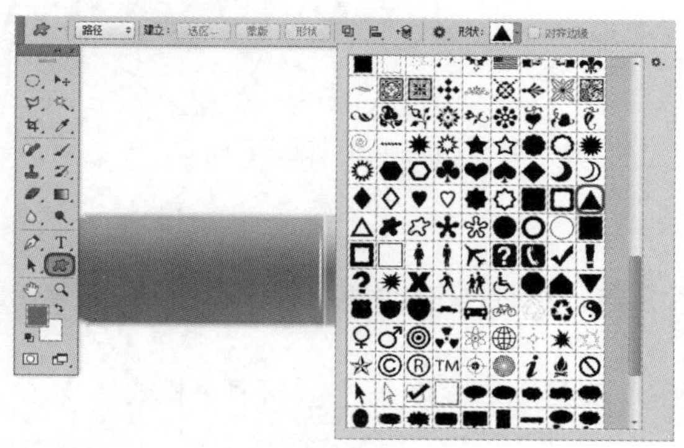

图 12-148

图 12-149

16 在工具箱中选中【横排文字工具】，将【字体】设置为【宋体】，【字号】设置为【17 点】，字体【颜色】设置为【白色】，在场景中相应位置输入文字，如图 12-150 所示。

图 12-150

17 将其他文字在场景中输入，效果如图 12-151 所示。

图 12-151

18 将全部图层选中进行复制并粘贴，按【Ctrl+E】组合键合并图层，选中该图层，将位置向右移动，如图 12-152 所示。

图 12-152

19 操作完成后，导航栏就制作完成了，将制作完成后的文件进行保存。

12.9 习题

1. **选择题**

（1）将文件可以做得非常小，同时保持视觉品质不单一，非常适于用来做多媒体动画和 Web 页面的模式为________。

A.索引颜色　　B. 位图　　C. 灰度

（2）________模式是最佳的打印模式。

A.Lab　　B. CMYK　　C. RGB

（3）在使用减淡工具时，如果同时按住________键，可暂时切换为加深工具。

A. Ctrl　　B. Enter　　C. Alt

2. **填空题**

（1）图章工具包括________和________两个工具，它们的基本功能都是复制图像，但复制的方式不同。

（2）PDF 格式支持 RGB、索引色、________、灰度、位图和________等颜色模式。

3. **上机操作**

运用本章所讲到的图像色彩调整，将下面的图片进行色彩调整，对比效果如图 12-153 所示。

图 12-153

第 13 章　选区的创建及通道的使用

本章重点

- 使用工具创建选区
- 使用命令创建选区
- 使用通道

本章将主要介绍在 Photoshop CC 中创建选区的方法及通道的使用方法，通过本章的学习，可以提高读者选择图像的能力，从而制作出具有特殊效果的图片。

13.1　使用工具创建选区

如果要在图像上创建选择区域，可以使用工具箱中的选框工具、套索工具、魔棒工具等。

13.1.1　选框工具组

Photoshop CC 的选框工具包括【矩形选框工具】、【椭圆选框工具】、【单行选框工具】和【单列选框工具】，如图 13-1 所示。

1. 矩形选框工具

使用【矩形选框工具】可以创建矩形选区和正方形选区，创建选区的操作步骤如下：

01 打开随书附带光盘的【CDROM】|【素材】|【Cha13】|【001.jpg】文件，如图 13-2 所示。

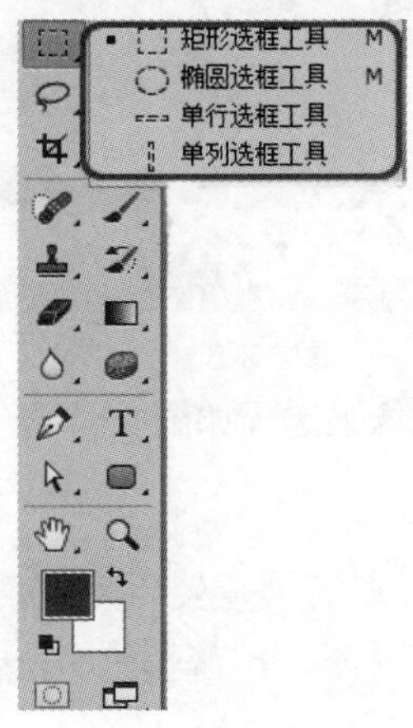

图 13-1

图 13-2

02 在工具箱中选择【矩形选框工具】，将光标放在图像上，按住鼠标左键并拖动，拖动到适当的位置释放鼠标即可创建矩形选区，如图 13-3 所示。

03 按【Ctrl+D】组合键取消选区，使用【矩形选框工具】，按住【Shift】键，同时在图像上按住鼠标左键并拖动，拖动到适当的位置释放鼠标即可创建正方形选区，如图 13-4 所示。

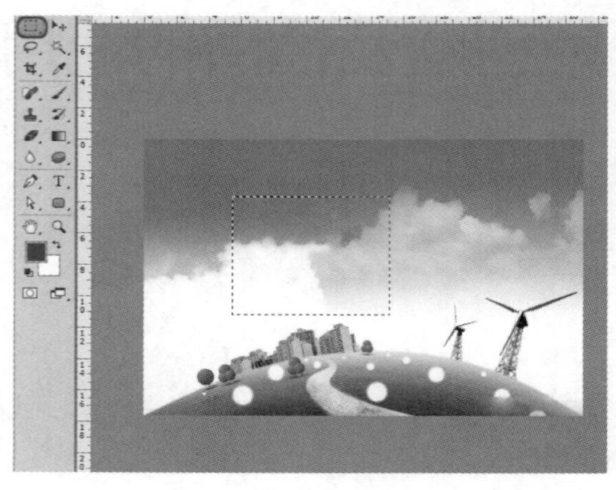
图 13-3

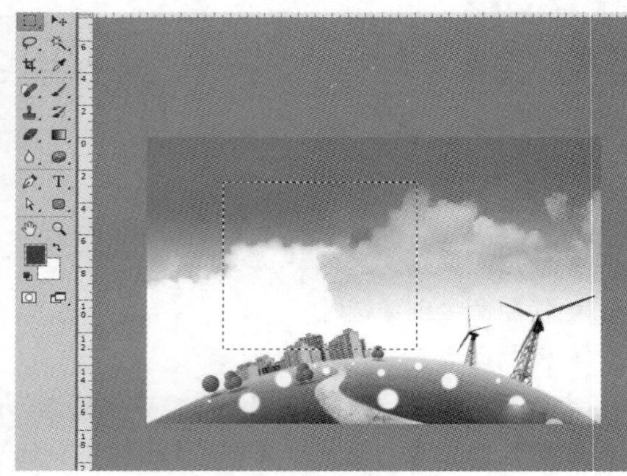
图 13-4

提示：在创建选区时按住【Alt】键可以绘制以光标所在位置为中心的矩形选区，按住【Alt+Shift】组合键可以绘制以光标所在位置为中心的正方形选区。

04 在工具选项栏中单击【添加到选区】按钮，然后在图像上选择其他区域，即可将选择的区域添加到选区，如图 13-5 所示。

05 在工具选项栏中单击【从选区减去】按钮，然后在图像上选择选区内的区域，即可将选择的区域从选区中减去，如图 13-6 所示。

图 13-5

图 13-6

06 在工具选项栏中单击【与选区交叉】按钮，然后在图像上选择如图 13-7 所示的区域，松开鼠标后即可选择与选区交叉的区域，如图 13-8 所示。

提示：在选取范围之后，按住【Shift】键并选择其他区域，可以将选择的区域添加到选区；在选取范围之后，按住【Alt】键并选择选区内的区域，可以将选择的区域从选区中减去。

图 13-7

图 13-8

2. **椭圆选框工具**

【椭圆选框工具】用于创建椭圆形选区和圆形选区，该工具的使用方法与矩形选框工具完全相同，创建选区的操作步骤如下：

01 打开随书附带光盘中的【CDROM】|【素材】|【Cha13】|【002.jpg】文件，如图 13-9 所示。

02 选择工具箱中的【椭圆选框工具】，在图像上按住鼠标左键并拖动，拖动到适当的位置释放鼠标即可创建椭圆形选区，如图 13-10 所示。

图 13-9

图 13-10

提示： 在绘制椭圆选区时，按住【Shift】键的同时拖动鼠标可以创建圆形选区；按住 Alt 键的同时拖动鼠标会以光标所在位置为中心创建选区，按住【Alt+Shift】组合键的同时拖动鼠标，会以光标所在位置为中心绘制圆形选区。

椭圆选框工具选项栏与矩形选框工具选项栏的选项相同，但是该工具增加了【消除锯齿】功能，由于像素为正方形并且是构成图像的最小元素，所以当创建圆形或者多边形等不规则图形选区时很容易出现锯齿效果，此时勾选该复选框，会自动在选区边缘 1 个像素的范围内添加与周围相近的颜色，这样就可以使产生锯齿的选区变得平滑。

3. **单行选框工具**

单行选框工具可以在图像中选择单行像素，具体操作步骤如下：

01 打开随书附带光盘中的【CDROM】|【素材】|【Cha13】|【003.jpg】文件，如图 13-11 所示。

02 选择工具箱中的【单行选框工具】，在图像中单击，即可创建选区，如图 13-12 所示。

图 13-11

图 13-12

4. **单列选框工具**

单列选框工具使用方法与矩形选框工具相同，具体的操作步骤如下：

01 继续上述操作，按 Ctrl+D 键取消选区，如图 13-13 所示。

02 选择工具箱中的【单列选框工具】，在图像中单击，即可创建选区，如图 13-14 所示。

图 13-13

图 13-14

13.1.2 套索工具组

利用套索工具可以选取不规则图形，在 Photoshop 中套索工具包含 3 种，分别是【套索工具】、【多边形套索工具】和【磁性套索工具】，如图 13-15 所示。

1. **套索工具**

【套索工具】用来徒手绘制选区，因此，创建的选区具有很强的随意性，无法使用它来准确地选择对象，但它可以用来处理蒙版，或者选择大面积区域内的漏选对象。使用【套索工具】创建选区的操作方法如下：

01 打开随书附带光盘中的【CDROM】|【素材】|【Cha13】|【004.jpg】文件，如图 13-16 所示。

02 选择工具箱中的【套索工具】，然后在图片中单击并进行绘制，绘制完成后松开鼠标即可创建选区，如图 13-17 所示。

> **提示：** 如果没有移动到起点处就松开鼠标，则 Photoshop 会在起点与终点处连接一条直线来封闭选区。

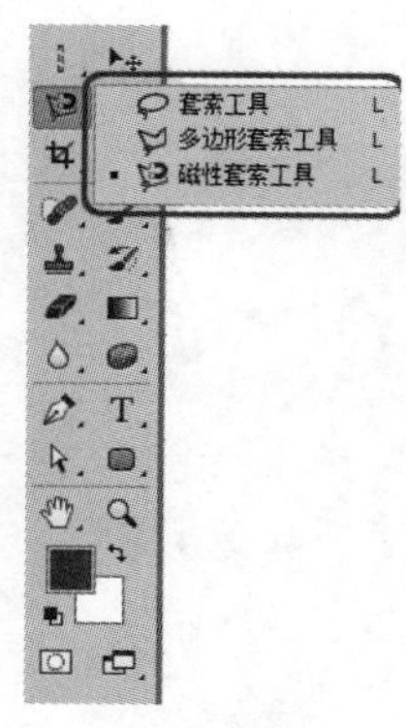

图 13-15

图 13-16

图 13-17

2. 多边形套索工具

使用多边形套索工具可以在图像中选取不规则的多边形选取区域，使用【多边形套索工具】的具体操作步骤如下：

01 打开随书附带光盘中的【CDROM】|【素材】|【Cha13】|【005.jpg】文件，如图 13-18 所示。

02 选择工具箱中的【多边形套索工具】，在图像上单击并拖动，拖动过程中可以单击更改路径方向，当光标移动到起点处，并在指针旁出现小圆圈后单击，即可创建选区，如图 13-19 所示。

图 13-18

图 13-19

提示： 如果在操作时绘制的直线不够准确，连续按下【Delete】键可依次向前删除，如果要删除所有直线段，可以按住【Delete】键不放或者按下【Esc】键。

3. 磁性套索工具

【磁性套索工具】是 Photoshop 提供的具有选取复杂功能的套索工具。此工具常用于选取图像与背景反差较大、形状较复杂的图片。使用磁性套索工具的具体操作步骤如下：

01 打开随书附带光盘中的【CDROM】|【素材】|【Cha13】|【006.jpg】文件，如图 13-20 所示。

图 13-20

02 选择工具箱中的【磁性套索工具】后，会显示出如图 13-21 所示的工具选项栏。

图 13-21

- 【宽度】：宽度值决定了以光标为基准，周围有多少个像素能够被工具检测到，如果对象的边界清晰，可以选择较大的宽度值，如果边界不清晰，则选择较小的宽度值。
- 【对比度】：用来检测设置工具的灵敏度，较高的数值只检测与它们的环境对比鲜明的边缘；较低的数值则检测低对比度边缘。
- 【频率】：在使用磁性套索工具创建选区时，会跟随产生很多锚点，频率值就决定了锚点的数量，该值越大设置的锚点数越多。
- （使用绘图板压力以更改钢笔宽度）按钮：如果电脑配置有手绘板和压感笔，可以激活该按钮，增大压力将会导致边缘宽度减小。

03 在工具选项栏中使用默认设置，在图像上单击作为起点，顺着需要选取的图形边缘移动鼠标，如果想要在某一位置放置一个锚点，可以在该处单击，回到起点，并在指针右下角出现一个小圆圈时单击，即可创建选区，如图 13-22 所示。

图 13-22

提示： 在使用【磁性套索工具】选取图像时，双击可以自动封闭选区；按住【Alt】键在其他区域单击，可切换为多边形套索工具创建直线选区；按住【Alt】键单击并拖动鼠标，则可以切换为套索工具，绘制自由形状的选区。

13.1.3 魔棒工具

【魔棒工具】主要用于对颜色相同或相近区域的选择，无须跟踪图形的轮廓。使用魔棒工具的方法如下：

01 打开随书附带光盘中的【CDROM】|【素材】|【Cha13】|【007.jpg】文件，如图 13-23 所示。

02 在工具箱中选择【魔棒工具】，然后将鼠标光标移至如图 13-24 所示的位置。

03 然后在图片上单击即可创建选区，如图 13-25 所示。

图 13-23

图 13-24

图 13-25

提示：在使用【魔棒工具】时，按住【Shift】键的同时单击可以添加选区，按住 Alt 键的同时单击可以从当前选区中减去，按住【Shift+Alt】组合键的同时单击可以得到与当前选区相交的选区。

13.1.4 快速选择工具

【快速选择工具】是一种非常直观、灵活和快捷的选择工具，适合选择图像中较大的单色区域。

01 打开随书附带光盘中的【CDROM】|【素材】|【Cha13】|【008.jpg】文件，如图 13-26 所示。

02 选择工具箱中的【快速选择工具】，在图像上单击并拖动鼠标，鼠标经过的区域即可变为选区，如图 13-27 所示。

图 13-26

图 13-27

提示：使用【快速选择工具】时，除了拖动鼠标来选取图像外，还可以单击选取图像。如果有漏选的地方，可以按住【Shift】键的同时单击将其添加到选区中，如果有多选的地方可以按住【Alt】键的同时单击选区，将其从选区中减去。

13.2 使用命令创建选区

在 Photoshop CC 中也可以使用菜单栏中的命令来创建选区。下面就对使用命令创建选区进行详细的介绍。

13.2.1 全部选择

【全部选择】命令主要用来对图像进行全选。下面来介绍【全部选择】命令的使用。

01 打开随书附带光盘中的【CDROM】|【素材】|【Cha13】|【009.jpg】文件，如图 13-28 所示。

02 选择菜单栏中的【选择】|【全部】命令（或按 Ctrl+A 快捷键），如图 13-29 所示。

03 即可选择文档边界内的全部图像，如图 13-30 所示。

图 13-28

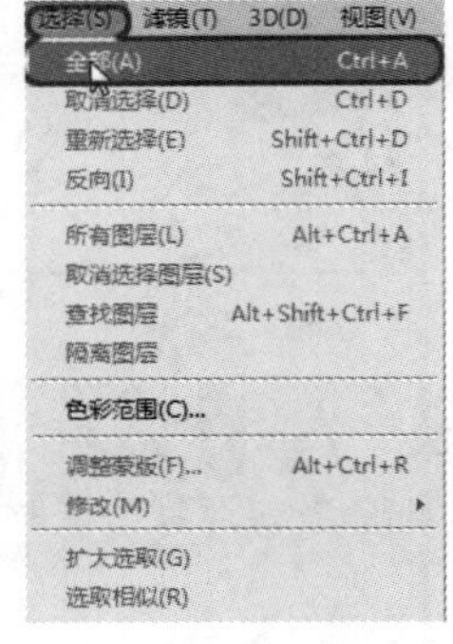

图 13-29

图 13-30

13.2.2 反向选择

【反向选择】命令主要用来对创建的选区进行反向选择。下面介绍【反向选择】命令的使用。

01 打开随书附带光盘中的【CDROM】|【素材】|【Cha13】|【010.jpg】文件，如图 13-31 所示。

02 在工具箱中选择【魔棒工具】，然后在黄色区域中单击创建选区，如图 13-32 所示。

图 13-31

图 13-32

03 在菜单栏中选择【选择】|【反向】命令（或按 Shift+Ctrl+I 快捷键），如图 13-33 所示，即可将选区反选，如图 13-34 所示。

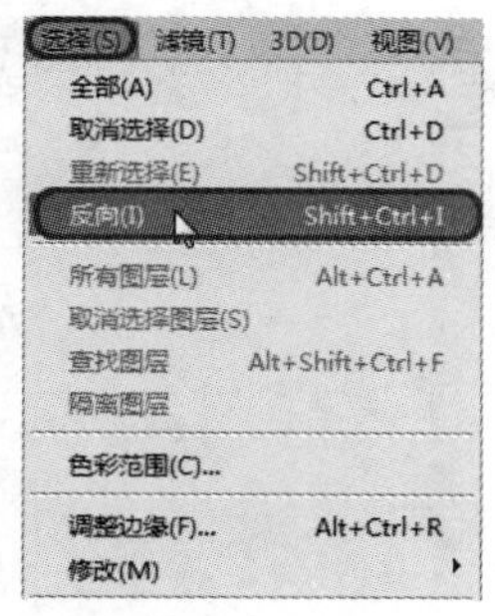

图 13-33

图 13-34

13.2.3　使用【色彩范围】命令创建选区

下面介绍使用【色彩范围】命令创建选区的方法。

01　打开随书附带光盘中的【CDROM】|【素材】|【Cha13】|【011.jpg】文件，如图 13-35 所示。

02　在菜单栏中选择【选择】|【色彩范围】命令，如图 13-36 所示。

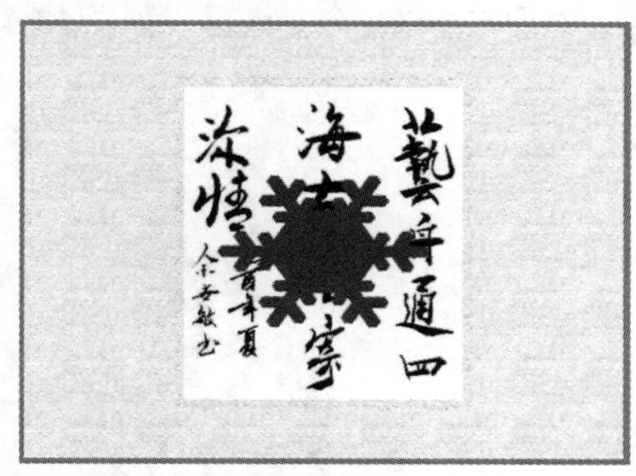

图 13-35

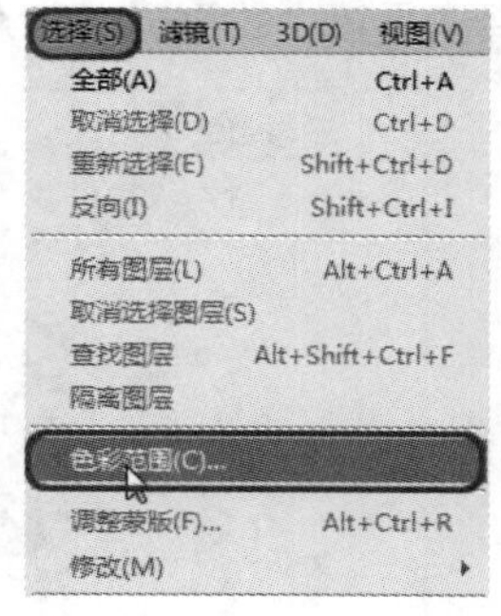

图 13-36

03　弹出【色彩范围】对话框，在该对话框中选中【选择范围】单选按钮，如图 13-37 所示。

04　单击【色彩范围】对话框中的【添加到取样】按钮，并将【颜色容差】值设置为 130，然后将鼠标光标拖至图像中的红色区域中多次单击，即可选中红色的全部图像，如图 13-38 所示。

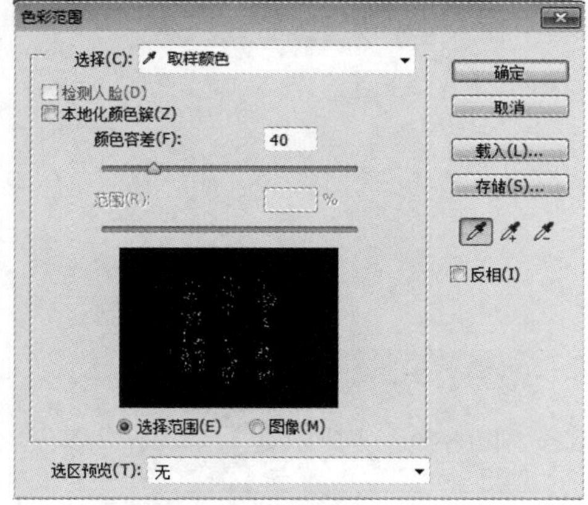

图 13-37

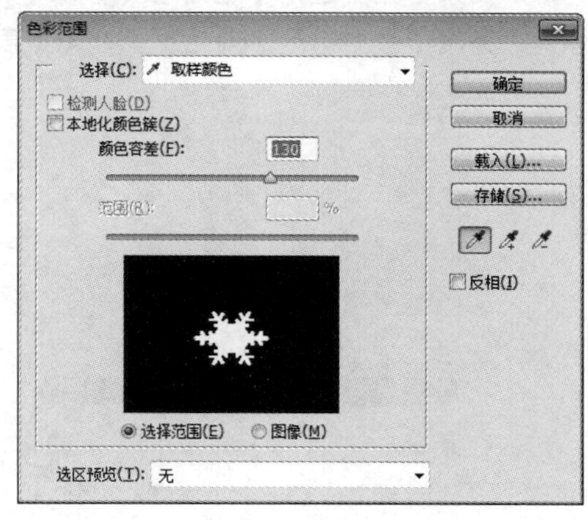

图 13-38

05 选择完成后单击【确定】按钮，即可将选择的红色部分转换为选区，如图 13-39 所示。

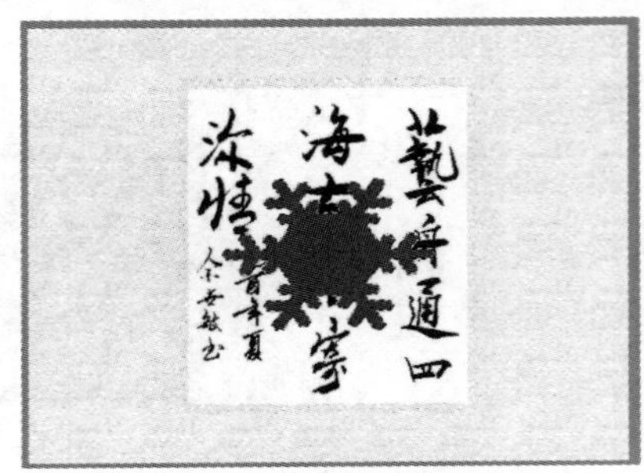

图 13-39

13.2.4 在选区边界的周围创建选区

下面介绍在选区边界的周围创建选区。

01 打开随书附带光盘中的【CDROM】|【素材】|【Cha13】|【012.jpg】文件，如图 13-40 所示。

02 选择工具箱中的【磁性套索工具】，然后在图像中创建选区，如图 13-41 所示。

图 13-40

图 13-41

03 在菜单栏中选择【选择】|【修改】|【边界】命令，如图 13-42 所示。

04 弹出【边界选区】对话框，在【宽度】文本框中输入 40，如图 13-43 所示。

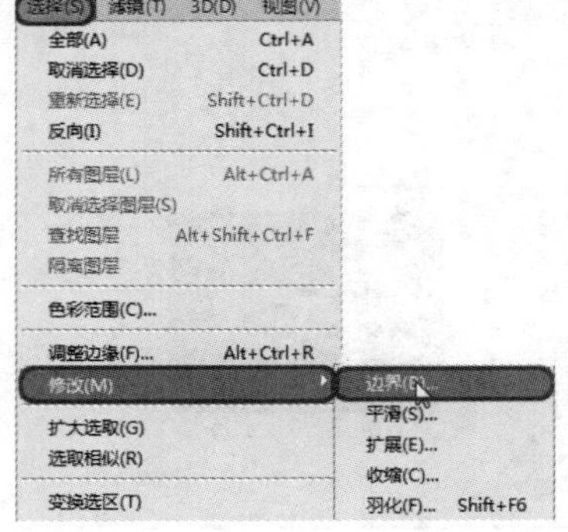

图 13-42

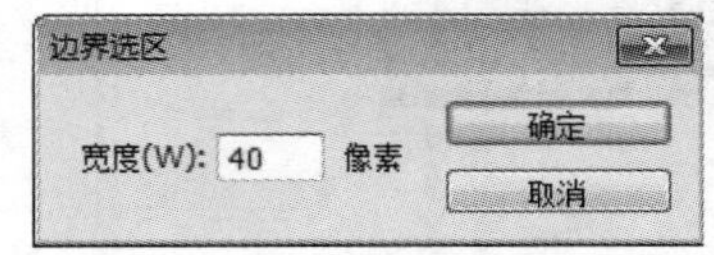

图 13-43

05　输入完成后单击【确定】按钮，即可在选区边界的周围创建选区，如图 13-44 所示。

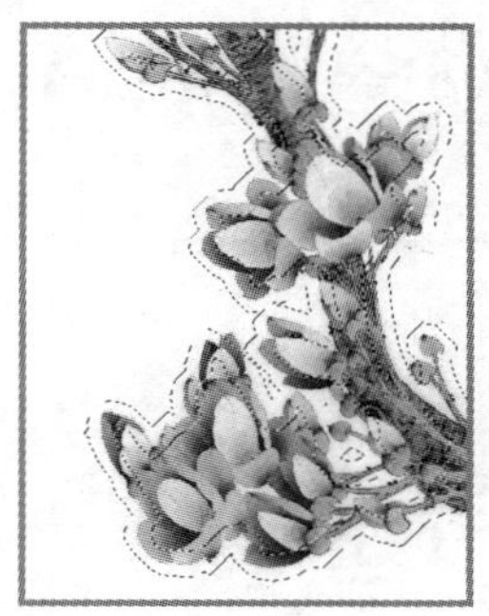

图 13-44

提示：对于【边界选区】对话框中的【宽度】值，要求输入一个 1 ~ 200 之间的整数。

13.2.5　按特定数量的像素扩展或收缩选区

创建完选区后，可以使用菜单栏中的【扩展】或【收缩】命令对选区进行扩大和缩小，下面介绍【扩展】命令的使用方法。

01　打开随书附带光盘中的【CDROM】|【素材】|【Cha13】|【013.jpg】文件，如图 13-45 所示。

02　选择工具箱中的【椭圆选框工具】，然后在图像上创建圆形选区，如图 13-46 所示。

图 13-45

图 13-46

03　在菜单栏中选择【选择】|【修改】|【扩展】命令，如图 13-47 所示。

04　弹出【扩展选区】对话框，在【扩展量】文本框中输入 20，如图 13-48 所示。

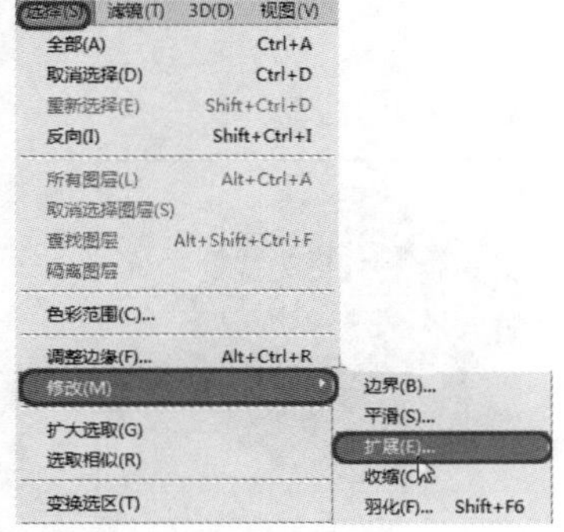

图 13-47

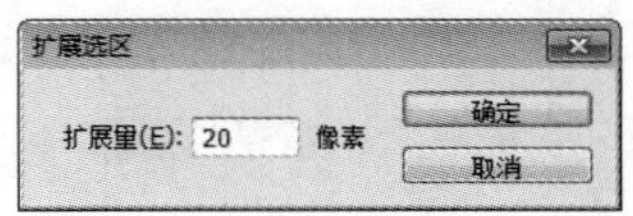

图 13-48

05 输入完成后单击【确定】按钮，即可扩展选区，效果如图 13-49 所示。

提示： 如果要缩小选区，可以在菜单栏中选择【选择】|【修改】|【收缩】命令，在弹出的【收缩选区】对话框中进行参数设置。

图 13-49

13.2.6 使用【扩大选取】命令扩大选区

【扩大选取】命令可以将原选区进行扩大，但是该选项只扩大与原选区相连接的区域，并且会自动寻找与选区中的像素相近的像素进行扩大，下面介绍该命令的使用。

01 打开随书附带光盘中的【CDROM】|【素材】|【Cha13】|【013.jpg】文件，如图 13-50 所示。

02 在工具箱中选择【魔棒工具】，然后在图像中创建选区，如图 13-51 所示。

图 13-50

图 13-51

03 在菜单栏中选择【选择】|【扩大选取】命令，如图 13-52 所示，或者在选区中右击，在弹出的快捷菜单中选择【扩大选取】命令。

04 执行操作后，即可扩大选区，效果如图 13-53 所示。

图 13-52

图 13-53

13.2.7　使用【选取相似】命令创建相似选区

【选取相似】命令也可以扩大选区，它与【扩大选取】命令相似但是该选项可以从整个文件中寻找相似的像素进行扩大选取。下面介绍该命令的使用方法。

01　打开随书附带光盘中的【CDROM】|【素材】|【Cha13】|【015.jpg】文件，如图 13-54 所示。

02　在工具箱中选择【魔棒工具】，然后在图像中创建选区，如图 13-55 所示。

图 13-54

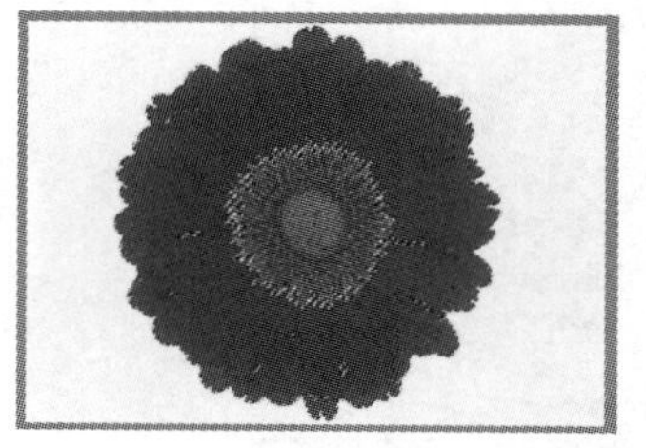

图 13-55

03　在菜单栏中选择【选择】|【选取相似】命令，如图 13-56 所示，或者在选区中右击，在弹出的快捷菜单中选择【选取相似】命令。

04　执行操作后，即可选取相似选区，效果如图 13-57 所示。

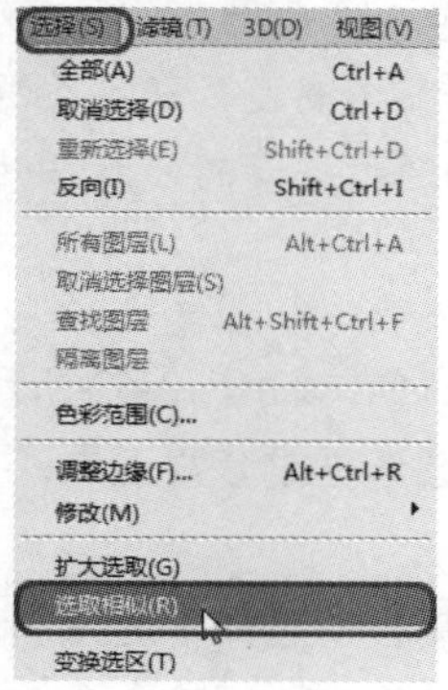

图 13-56

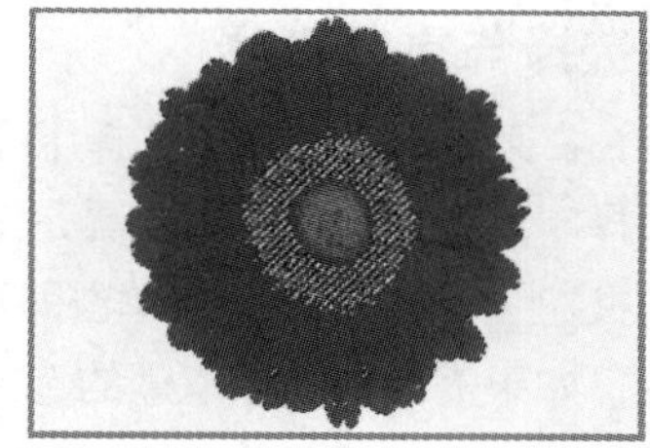

图 13-57

13.2.8　变换选区

下面介绍【变换选区】命令的使用方法。

01　打开随书附带光盘中的【CDROM】|【素材】|【Cha13】|【016.jpg】文件，如图 13-58 所示。

02　在工具箱中选择【矩形选框工具】，然后在图像中创建选区，如图 13-59 所示。

图 13-58

图 13-59

03 在菜单栏中选择【选择】|【变换选区】命令，如图 13-60 所示，或者在选区中右击，在弹出的快捷菜单中选择【变换选区】命令。

04 此时会出现变换选区框，在定界框中移动定界点，即可变换选区，效果如图 13-61 所示。

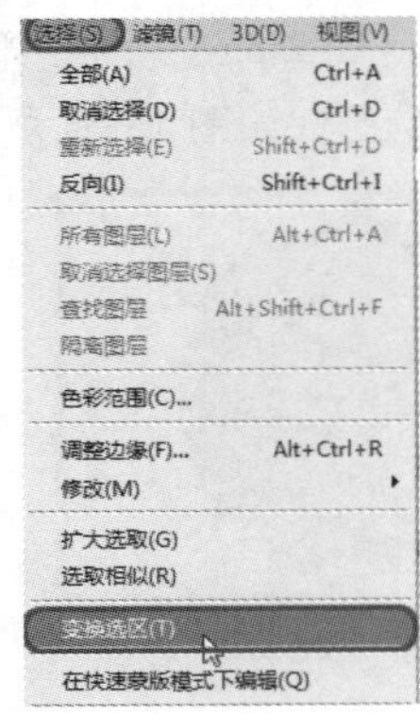

图 13-60

图 13-61

▶**提示**：定界框中心有一个图标状的参考点，所有的变换都以该点为基准来进行。默认情况下，该点位于变换项目的中心(变换项目可以是选区、图像或者路径)，用户可以在工具选项栏中的【参考点位置】图标上单击，修改参考点的位置，例如，要将参考点定位在定界框的左上角，可以单击【参考点位置】图标上的左上角的方块。此外，也可以通过拖动的方式移动它。

13.2.9 取消选择与重新选择

创建选区后，在菜单栏中选择【选择】|【取消选择】命令，如图 13-62 所示，或按下 Ctrl+D 快捷键可以取消选择。如果当前使用的工具是矩形选框、椭圆选框或套索工具，并且在工具选项栏中单击【新选区】按钮，则在选区外单击即可取消选择。

取消选择后，如果需要恢复被取消的选区，可以在菜单栏中选择【选择】|【重新选择】命令，如图 13-63 所示，或按下快捷键【Shift+Ctrl+D】。但是，如果在执行该命令前修改了图像或是画布的大小，则选区记录将从 Photoshop 中删除，因此，也就无法恢复选区。

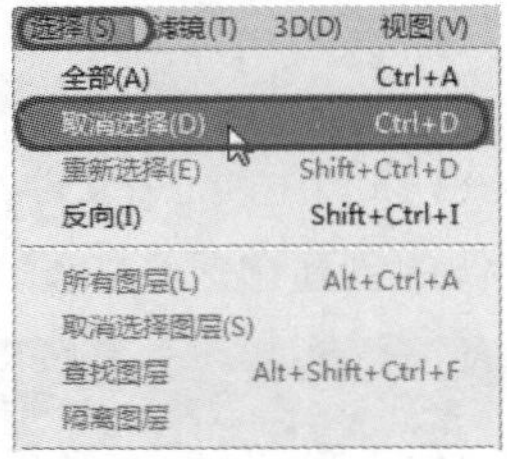

图 13-62

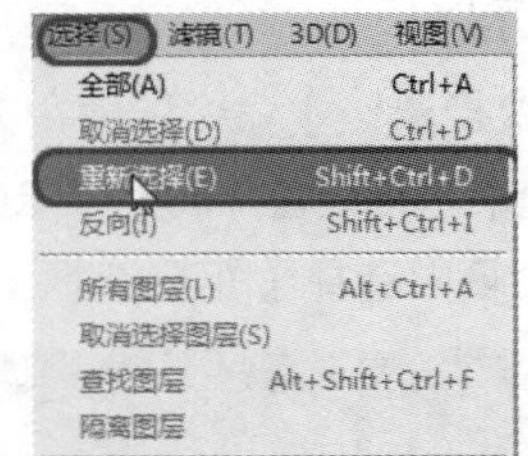

图 13-63

13.3 使用通道

简单地说，通道就是选区，是 Photoshop 中最重要、最为核心的功能之一，它用来保存选区和图像的颜色信息。

13.3.1　通道的原理与工作方法

打开一个图像时，如图 13-64 所示，【通道】面板中会自动创建该图像的颜色信息通道，如图 13-65 所示。在图像窗口中看到的彩色图像是复合通道的图像，它是由所有颜色通道组合的结果，观察图 13-65 所示的【通道】面板可以看到，此时所有的颜色通道都处于激活状态。

图 13-64

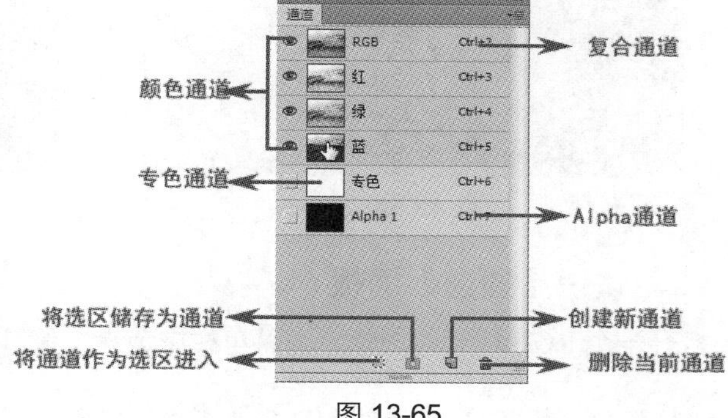

图 13-65

单击一个颜色通道即可选择该通道，图像窗口中会显示所选通道的灰度图像，如图 13-66 所示。按住【Shift】键单击其他通道，可以选择多个通道，此时窗口中将显示所选颜色通道的复合信息，如图 13-67 所示。

图 13-66

图 13-67

通道是灰度图像，可以像处理图像那样使用绘画工具和滤镜对它们进行编辑。编辑复合通道时将影响所有的颜色通道，如图 13-68 所示，编辑一个颜色通道时，会影响该通道及复合通道，但不会影响其他颜色通道，如图 13-69 所示。

颜色通道用来保存图像的颜色信息，因此，编辑颜色通道时将影响图像的颜色和外观效果。A1pba 通道用来保存选区，因此，编辑 Alpha 通道时只影响选区，不会影响图像。编辑完颜色通道或者 A1pha 通道后，如果要返回到彩色图像状态，可单击复合通道，此时，所有的颜色通道将重新被激活。

提示： 按 Ctrl+数字键可以快速选择通道，以 RGB 模式图像为例，按【Ctrl+3】组合键可以选择红色通道、按【Ctrl+4】组合键可以选择绿色通道、按【Ctrl+5】组合键可以选择蓝色通道，如果图像包含多个 Alpha 通道，则增加相应的数字便可以将它们选择。如果要回到 RGB 复合通道查看彩色图像，可以按【Ctrl+2】组合键。在面板中按住【Shift】键并且单击某个通道，可以选择或者取消多个通道。

图 13-68

图 13-69

13.3.2 认识【通道】面板

打开一个 RGB 模式的图像，在菜单栏中选择【窗口】|【通道】命令，打开【通道】面板。

▶**提示：**由于复合通道（即 RGB 通道）是由各原色通道组成的，因此在选中【通道】面板中的某个原色通道时，复合通道将会自动隐藏。如果选择显示复合通道，那么组成它的原色通道将自动显示。

- 查看与隐藏通道：单击👁图标可以使通道在显示和隐藏之间切换，用于查看某一颜色在图像中的分布情况。例如在 RGB 模式下的图像，如果选择显示 RGB 通道，则 R 通道、G 通道和 B 通道都自动显示，如图 13-70 所示。但选择其中任意原色通道，其他通道则会自动隐藏，如图 13-71 所示。

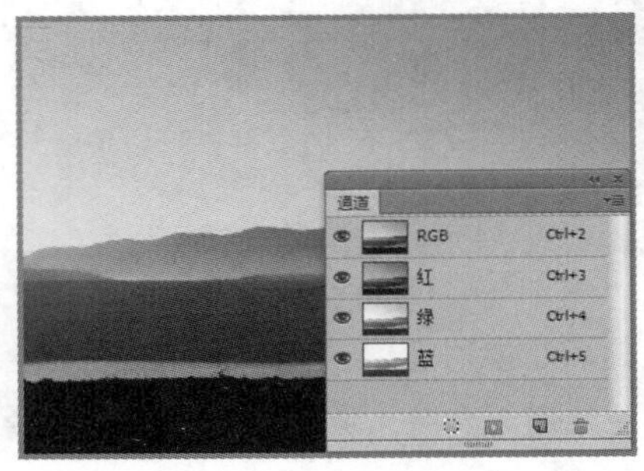

图 13-70

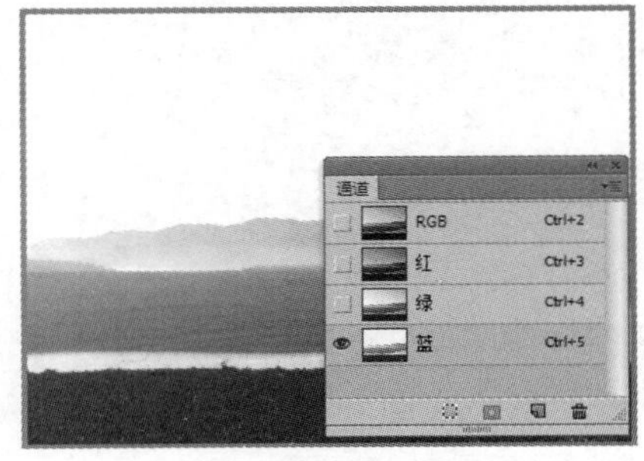

图 13-71

- 通道缩略图调整：单击【通道】面板右上角的按钮，在弹出的下拉菜单中选择【面板选项】命令，打开【通道面板选项】对话框，从中可以设定通道缩略图的大小，以便对缩览图进行观察，如图 13-72 所示。
- 通道的名称：它能帮助用户很快识别各种通道的颜色信息。各原色通道和复合通道的名称是不能改变的，Alpha 通道的名称可以通过双击通道名称来任意修改。
- 创建新通道：单击【创建新通道】按钮可以创建新的 Alpha 通道，按住【Alt】键并单击该按钮可以设置新建 Alpha 通道的参数，如图 13-73 所示。如果按住【Ctrl】键并单击该按钮，则可以创建新的专色通道，如图 13-74 所示。

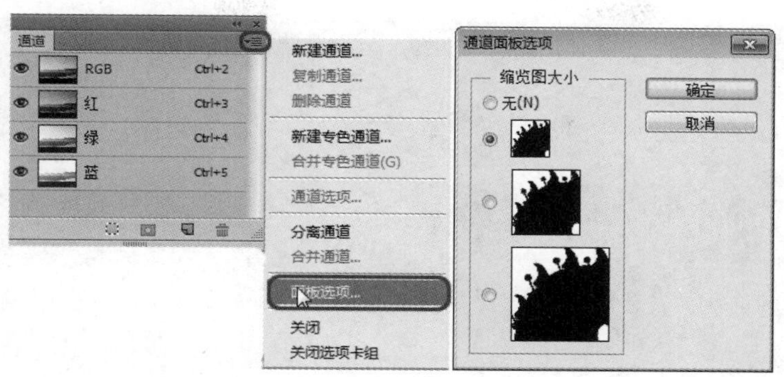

图 13-72

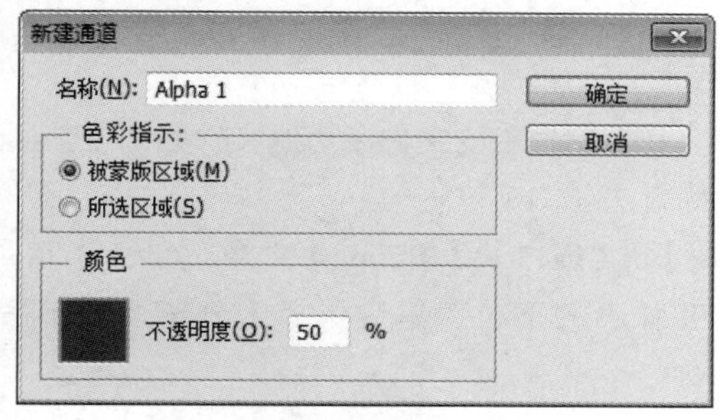

图 13-73

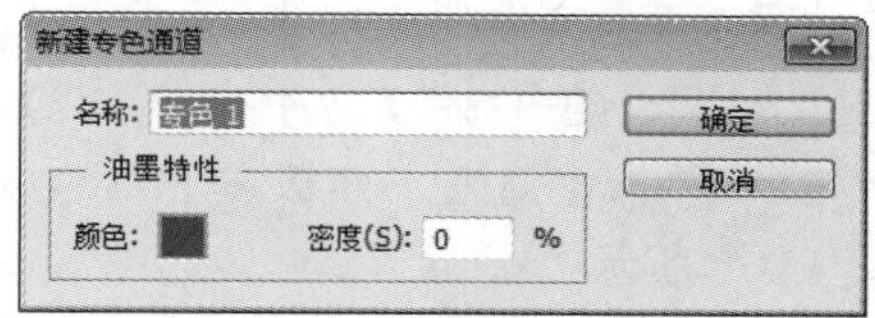

图 13-74

提示：将颜色通道删除后会改变图像的色彩模式。例如原色彩为 RGB 模式时，删除其中的 R 通道，剩余的通道为洋红和黄色通道，那么色彩模式将变化为多通道模式。

- 通过单击【创建新通道】按钮所创建的通道均为 Alpha 通道，无法创建颜色通道。
- 将通道作为选区载入：选择某一通道后，在面板中单击【将通道作为选区载入】按钮，则可将通道中的颜色比较淡的部分当作选区加载到图像中。

提示：这个功能也可以通过按住【Ctrl】键并在面板中单击该通道来实现。

- 将选区存储为通道：如果当前图像中存在选区，那么可以通过单击【将选区存储为通道】按钮把当前的选区存储为新的通道，以便修改和以后使用。在按住【Alt】键的同时单击该按钮，可以新建一个通道并且为该通道设置参数。
- 删除当前通道：单击【删除当前通道】按钮可以将当前的编辑通道删除。

13.3.3　重命名和删除通道

如果要重命名 Alpha 通道或专色通道，可以双击该通道的名称，在显示的文本框中输入新名称，如图 13-75 所示。复合通道和颜色通道不能重命名。

如果要删除通道，可将其拖动到【删除当前通道】按钮上，如图 13-76 所示。如果删除的是一个颜色通道，则 Photoshop 会将图像转换为多通道模式，如图 13-77 所示。

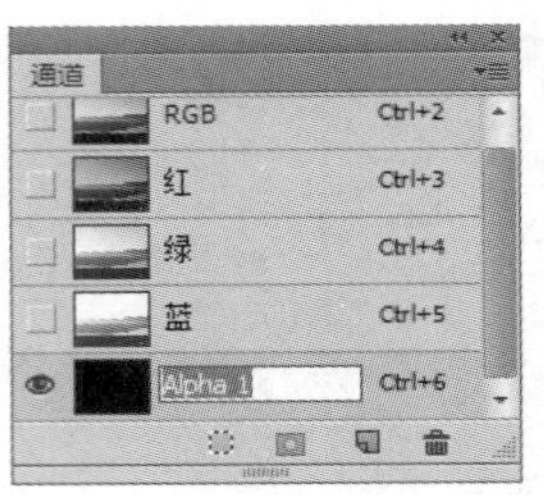

图 13-75

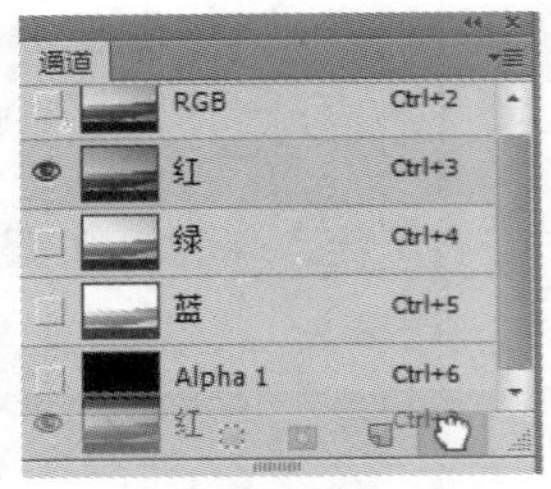

图 13-76

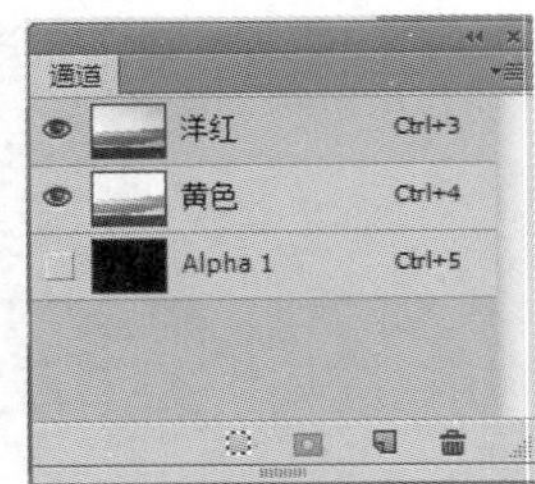

图 13-77

▶**提示：**多通道模式不支持图层，因此，图像中所有的可见图层都会拼合为一个图层。删除 Alpha 通道、专色通道或快速蒙版时，不会拼合图层。

13.3.4 分离和合并通道

分离通道后会得到 3 个通道，它们都是灰色的。其标题栏中的文件名为源文件名加上该通道名称的缩写，而原文件则被关闭。下面介绍分离通道的方法。

01 打开随书附带光盘中的【CDROM】|【素材】|【Cha13】|【017.jpg】文件，如图 13-78 所示。

02 单击【通道】面板右上角的按钮，在弹出的下拉菜单中选择【分离通道】命令，如图 13-79 所示。

图 13-78

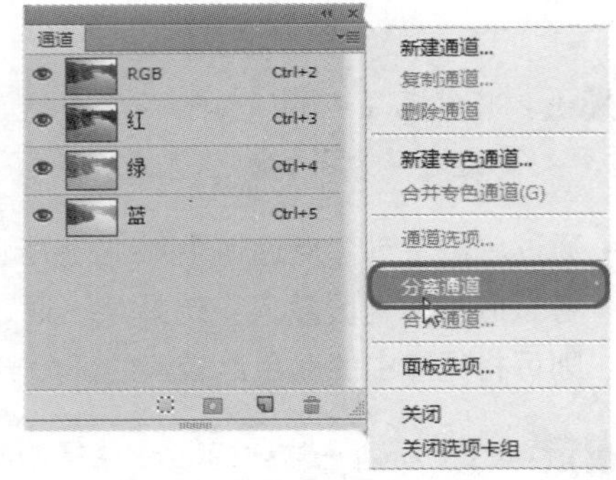

图 13-79

▶**提示：**【分离通道】命令只能用来分离拼合后的图像，分层的图像不能进行分离通道的操作。

03 这样就可以将该图像分离为 3 个灰度模式的文件，效果如图 13-80 所示。

图 13-80

在 Photoshop 中，可以将多个灰度图像合并为一个图像的通道，进而创建彩色的图像。用来合并的图像必须是灰度模式、具有相同的像素尺寸，而且还要处于打开的状态。

01 在【通道】面板中单击右上角的按钮，再弹出的下拉菜单中选择【合并通道】命令，如图 13-81 所示。

02 弹出【合并通道】对话框，在【模式】下拉列表中选择【RGB 颜色】，如图 13-82 所示。

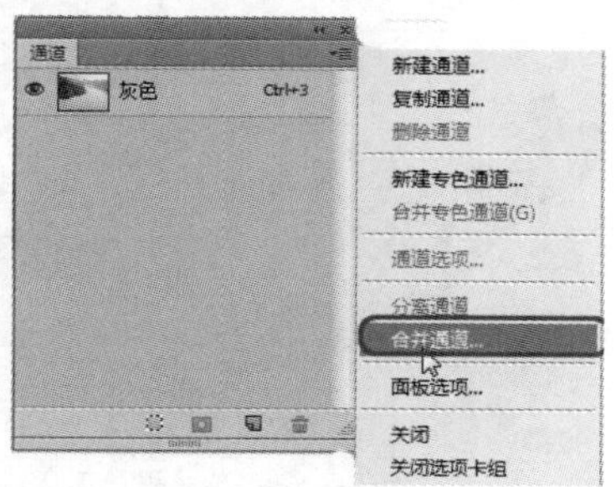

图 13-81

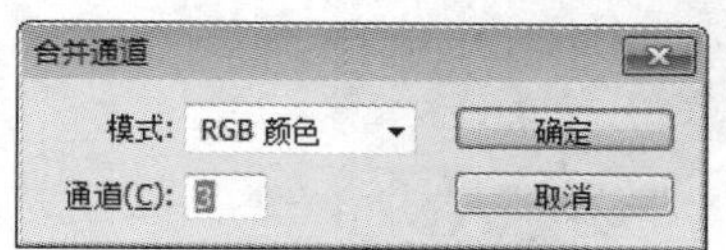

图 13-82

03 单击【确定】按钮，弹出【合并 RGB 通道】对话框，指定红色、绿色和蓝色通道使用的图像文件，如图 13-83 所示。

04 单击【确定】按钮，即可将它们合并为一个 RGB 图像，如图 13-84 所示。

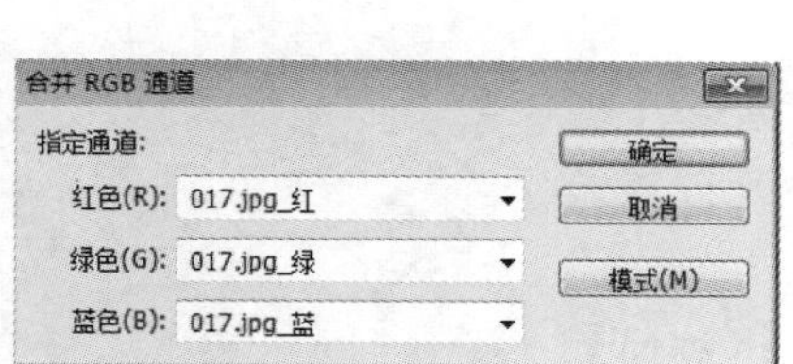

图 13-83

图 13-84

提示： 如果打开了 4 个灰度图像，则可以在【合并通道】对话框中的【模式】下拉列表中选择【CMYK 颜色】选项，将它们合并为一个 CMYK 图像。

在【合并 RGB 通道】对话框中，为各个通道指定不同的文件，合成后的图像效果也不相同，如图 13-85 所示。

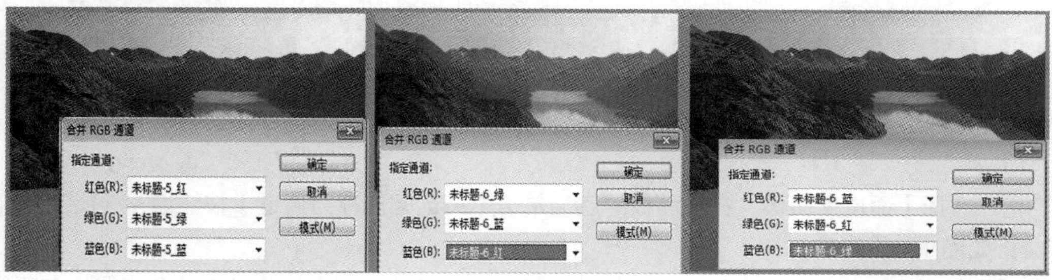

图 13-85

13.3.5 载入通道中的选区

Alpha 通道、颜色通道和专色通道都包含选区，在【通道】面板中选择要载入选区的通道，然后单击【将通道作为选区载入】按钮，即可载入通道中的选区，如图 13-86 所示。按住【Ctrl】键单击通道的缩览图可以直接载入通道中的选区，这种方法的好处在于不必选择通道就可以载入选区，因此，也就不必为了载入选区而在通道间切换，如图 13-87 所示。

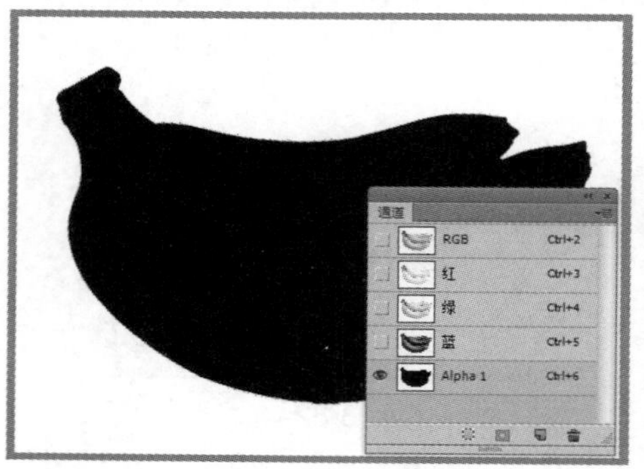

图 13-86

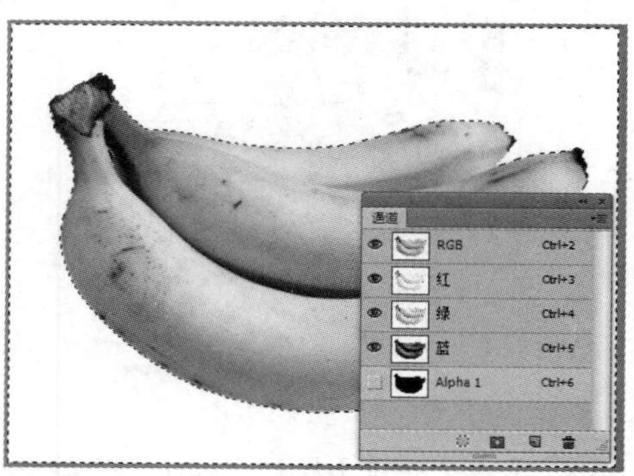

图 13-87

13.4 上机练习

13.4.1 分离背景

本例将介绍个性照片的制作，主要是通过新建通道、【磁性套索】命令及图层样式来表现的，制作前后的对比效果如图 13-88 所示。

图 13-88

01 打开随书附带光盘【CDROM】|【素材】|【Cha13】|【021.jpg】、【022.jpg】文件，如图 13-89 所示。

02 在工具箱中选择【磁性套索工具】，沿人物边缘勾勒选区，如图 13-90 所示。

图 13-89

图 13-90

03 选择【通道】面板，在该面板的底端单击【将选区储存为通道】按钮，将选区储存为 Alpha1，如图 13-91 所示。

04 在工具箱中选择【多边形工具】，在选项栏中单击【与选区交叉】按钮，在图像中选择人物的发梢部分，然后再按下【Shift】键，选取另一部分，如图 13-92 所示。

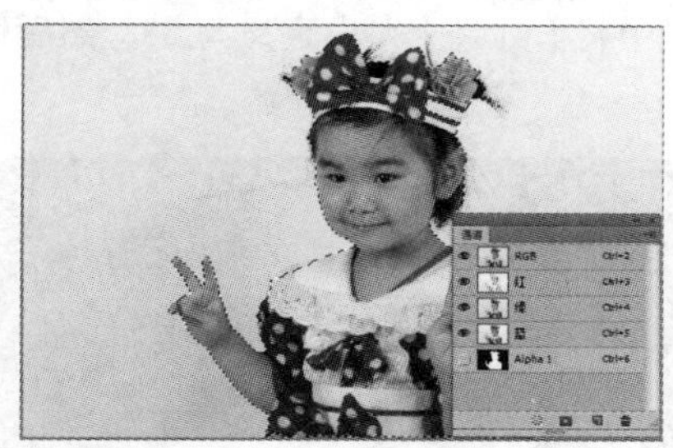

图 13-91

图 13-92

05 在【通道】面板中选择【红】通道，按下【Ctrl+C】组合键复制选区，再选择 Alpha1，按【Ctrl+V】组合键粘贴选区，如图 13-93 所示。

06 确定 Alpha1 仍处于选择状态，然后选择菜单栏中的【图像】|【调整】|【反相】命令，如图 13-94 所示。

图 13-93

图 13-94

07 按【Ctrl+L】组合键，打开【色阶】对话框，在该对话框中将【通道】设置为 Alpha1，然后调整【输入色阶】区域下的滑块，使头发部分变得更白，背景变得更黑一些，如 13-95 所示。

08 选择【图像】|【调整】|【亮度/对比度】命令，在打开的【亮度/对比度】对话框中将【对比度】设置为 25，然后单击【确定】按钮，如图 13-96 所示。

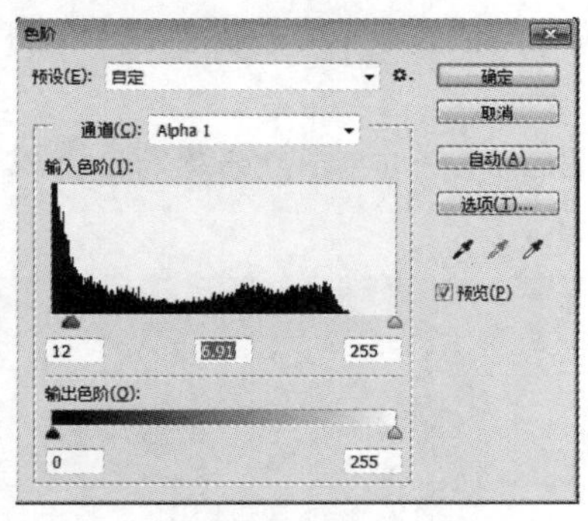

图 13-95

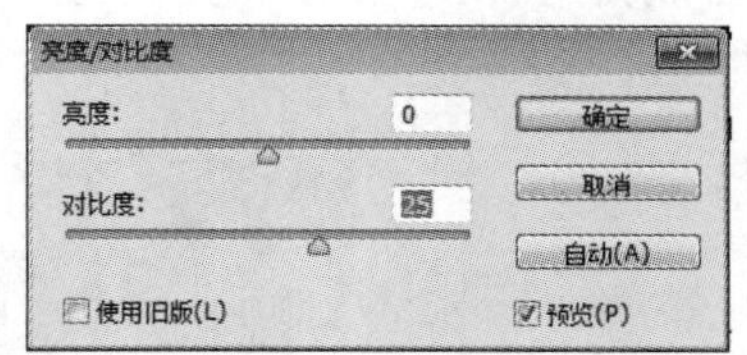

图 13-96

09 按【Ctrl+D】组合键取消选择，可发现部分选区线呈灰白色，在工具箱中选择【橡皮擦工具】按钮，确定当前的背景色为黑色，在橡皮擦工具的选项栏中将【画笔】大小定义为 38，然后使用橡皮擦工具将背景的灰白色区域填黑，如图 13-97 所示。

10 定义当前的输入法为英文状态，按下 D 键，将前景色和背景色设置为默认值，在工具箱中单击【橡皮擦工具】按钮，在橡皮擦工具的选项栏中将【画笔】大小定义为 38，然后使用橡皮擦工具将少女脸部内的黑线擦掉，如图 13-98 所示。

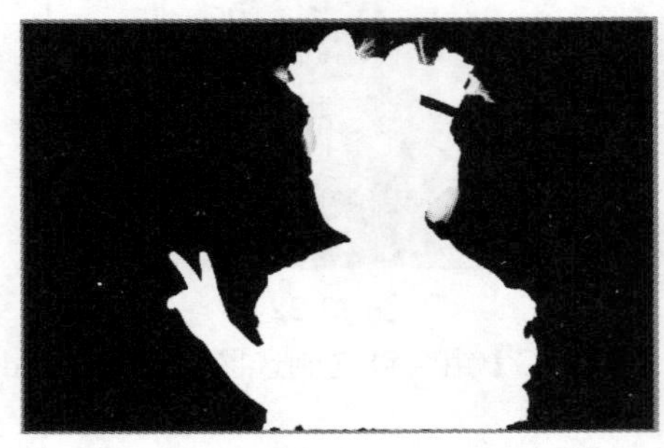
图 13-97

图 13-98

11 打开【通道】面板，单击该面板下面的【将通道作为选区载入】按钮，将通道转化为选区，如图 13-99 所示。

12 返回到【图层】面板，选择【背景】图层进行复制，并将复制后的图层命名为【图层 1】如图 13-100 所示。

图 13-99

图 13-100

13 选择【图层】面板中的【背景】图层，将其拖动至该面板下方的按钮中，将【背景】图层删除，将人物从背景图层中选取出来，如图 13-101 所示。

14 选择工具箱中的【移动工具】按钮，将【图层 1】拖动至【分离背景.jpg】文件中，系统会自动生成新的图层，然后将其调整至如图 13-102 所示。

图 13-101

图 13-102

15　在菜单栏中选择【图像】|【调整】|【色阶】命令，在打开的【色阶】对话框中将【输入色阶】的值设置为 55、2.02、255，然后单击【确定】按钮，如图 13-103 所示。

16　在工具箱中选择【模糊工具】按钮，将选项栏中的【画笔】大小定义为 53，然后在图像中涂抹人物图像的边缘，使人物与背景相融合，如图 13-104 所示。

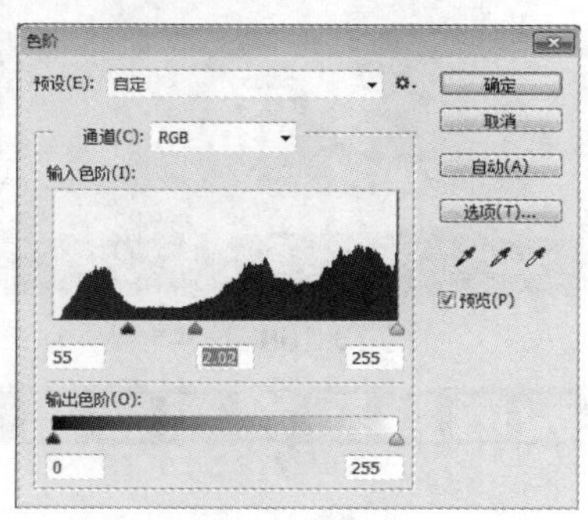

图 13-103

图 13-104

17　按【Ctrl+T】组合键进入变换选区，右击，在弹出的快捷菜单中选择水平翻转，即可完成效果图。

13.4.2　制作胶片艺术照

本例将通过介绍相册效果的制作来介绍其他常用工具。

01　打开随书附带光盘中的【CDROM】|【素材】|【Cha13】|【023.jpg】文件。如图 13-105 所示。

02　在菜单栏中选择【图层】|【新建】|【通过拷贝的图层】命令，或按【Ctrl+J】组合键，再将图像复制到图层 1 上，如图 13-106 所示。

图 13-105

图 13-106

03　在工具箱中选择【裁剪工具】，在场景中载切照片的大小，如图 13-107 所示。

04　按住【Ctrl】键单击图层 1 的缩略图，将图层载入选区，按【Ctrl+Shift+I】组合键，将选区反选，在【图层】调板中单击【新建图层】按钮，新建图层 2，确定【前景色】为黑色，按【Alt+Delete】组合键，将选区填充为黑色，如图 13-108 所示。

05　按【Ctrl+D】组合键，将选区取消选择，在工具箱中单击【矩形选框工具】按钮，在填充黑色区域中创建矩形，并按选区中的图像删除，如图 13-109 所示。

06　在场景中移动矩形删除选区中的图像，完成胶片孔的效果，如图 13-110 所示。

图 13-107

图 13-108

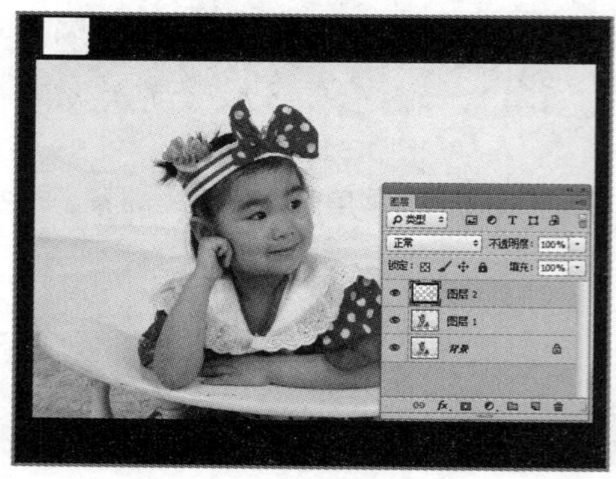

图 13-109

图 13-110

07 选择图层 1，使用【矩形选框工具】按钮，在场景中人物的面部创建选区，按 Ctrl+J 组合键，将选区复制到新的图层 3 上，如图 13-111 所示。

08 确定图层 3 处于选择状态，按【Ctrl+T】组合键，打开【自由变换】命令，在场景中调整图像的大小，适合胶片孔大小即可，如图 13-112 所示。

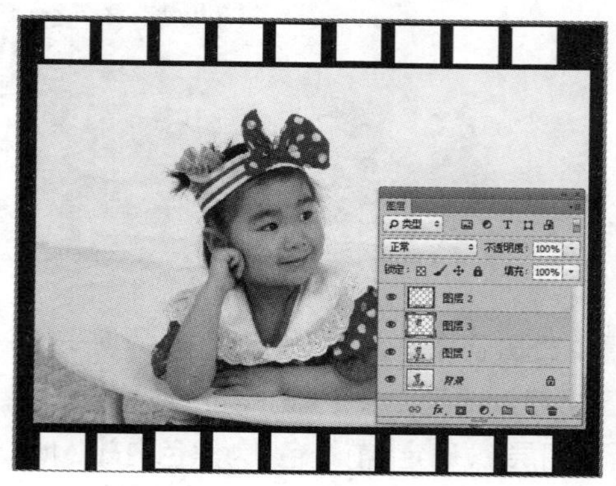

图 13-111

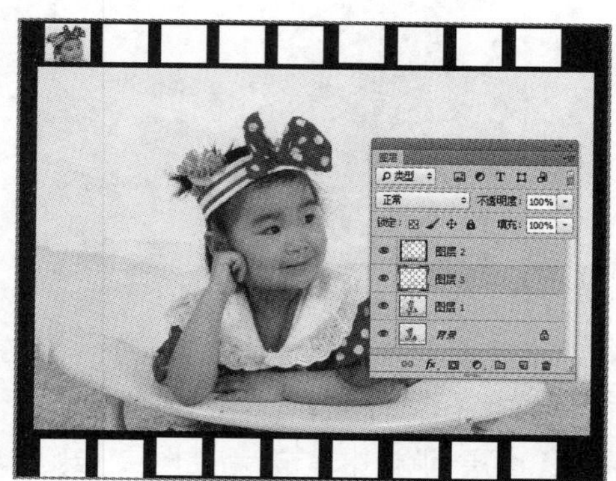

图 13-112

09 在场景中按住【Alt】键，使用工具移动复制图像到胶片孔中，如图 13-113 所示。

10 在【图层】面板中选择出【背景】图层外的其他图层，选择图层面板下的【创建图层组】按钮，创建图层组，并将选择的图层移动到【组 1 中】，如图 13-114 所示。

图 13-113

图 13-114

11 选择图层组，复制一个图层组如图 13-115 所示。

12 选中复制的图层组，按【Ctrl+T】组合键，在场景中调整其图像的大小和角度，在工具属性栏中查看信息与场景协调即可，如图 13-116 所示。

图 13-115

图 13-116

13 在【自由变换】区域中右击，在弹出的快捷菜单中选择【水平翻转】命令，在场景中翻转图像的角度，如图 13-117 所示。

14 调整图像到合适的角度，调整完成后按回车键确定其操作，效果如图 13-118 所示。

图 13-117

图 13-118

15 把图层组拷贝组里面的图层进行合并，在选择工具箱中选择【多变形套索工具】按钮，在工具属性栏中将【羽化】参数设置为 50px，在场景中胶片的左侧创建选区，按【Delete】键将选区中的图像删除，如图 13-119 所示。

16 选择合并的图层【混合模式】设置为【线性加深】，即可完成后的效果如图 13-120 所示。

图 13-119

图 13-120

13.5　习题

1. 填空题

（1）Photoshop CC 的选框工具包括________工具、________工具、________工具和________工具。

（2）在使用矩形选框工具选取范围之后，按住________键并选择其他区域，可以将选择的区域添加到选区。

（3）在绘制椭圆选区时，按住________键的同时拖动鼠标可以创建圆形选区；按住________键的同时拖动鼠标会以光标所在位置为中心创建选区，按住________键的同时拖动鼠标，会以光标所在位置为中心绘制圆形选区。

2. 选择题

（1）________是 Photoshop 提供的具有选取复杂功能的套索工具。此工具常用于选取图像与背景反差较大 、形状较复杂的图片。

A. 套索工具　　B. 多边形套索工具　　C. 磁性套索工具

（2）________是一种非常直观、灵活和快捷的选择工具，适合选择图像中较大的单色区域。

A. 磁性套索工具　　B. 魔棒工具　　C. 快速选择工具

（3）按________快捷键可以对创建的选区进行反向选择。

A. Shift+Alt+I　　B. Alt+Ctrl+I　　C. Shift+Ctrl+I

3. 上机操作

使用选区工具替换背景，效果如图 13-121 所示。

图 13-121

第 14 章　使用文字、路径和切片

本章重点

- 文字
- 使用路径
- 网页切片输出

本章将主要介绍 Photoshop CC 的工具对图像进行选区，并对通道进行了相应的介绍。通过本章的学习，使读者进一步认识 Photoshop CC。

14.1　文字

文字是人们传达信息的主要方式，在设计工作中显得尤为重要。文字的不同大小、颜色及不同的字体传达给人们的信息也不相同，所以，读者应熟练掌握关于文字的输入与设定的方法。

14.1.1　文字工具选项栏

在输入文字以前，需要在工具选项栏或者【字符】调板中设置字符的属性，包括字体、字体大小、文字颜色等，如图 14-1 所示为文字工具选项栏。

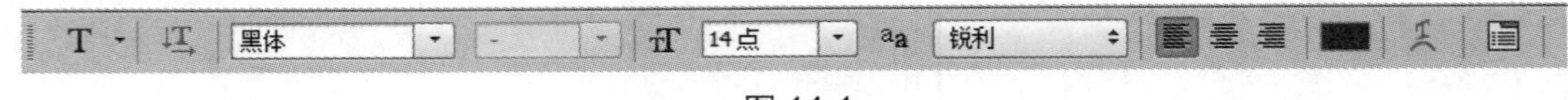

图 14-1

- 【更改文本方向】：如果当前选择的文字是横排文字，单击该按钮，可将其转换为直排文字；如果是直排文字，则可将其转换为横排文字。
- 设置字体：在该选项下拉列表中可以为文字选择一种字体，如图 14-2 所示。如果在计算机上安装了同种字体的一个以上的副本，则字体名称后面会显示一个缩写标志，例如，T1 表示 Typel 字体，TT 表示 TrueType 字体，OT 表示 OpetIType 字体。
- 设置字体样式：该选项用来为字符设置样式，包括规则的、斜体、粗体和粗斜体等，如图 14-3 所示。该选项只对部分英文字体有效，如图 14-4 所示为各种字体样式的效果。
- 设置字体大小：在该选项下拉列表中可以选择字体的字号，如图 14-5 所示，也可以直接输入数值来进行设置。

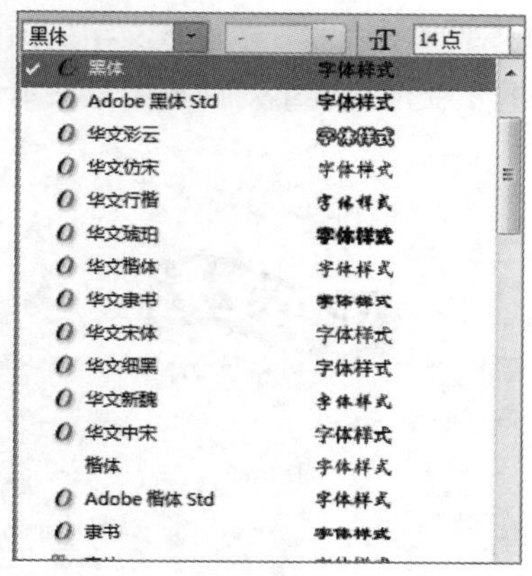

图 14-2

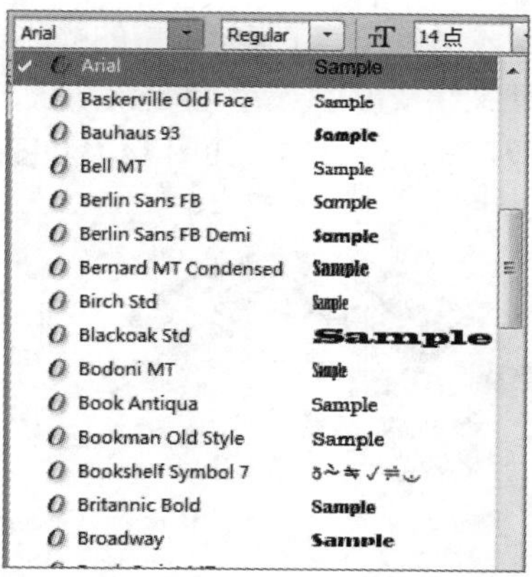

图 14-3

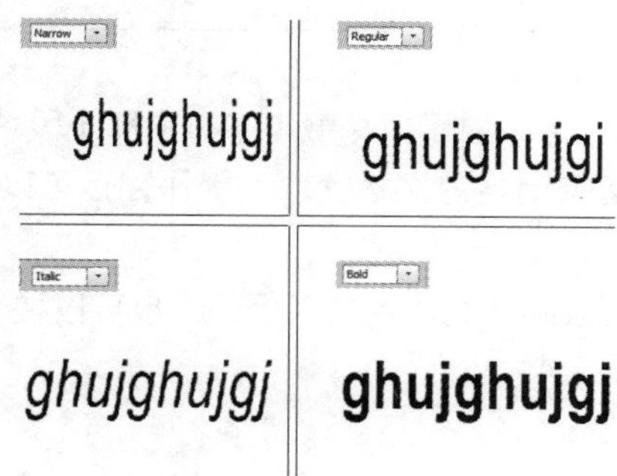

图 14-4

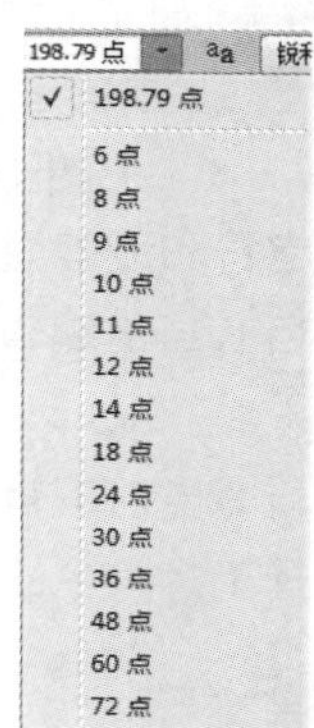

图 14-5

- 设置清除锯齿的方法：Photoshop 中的文字是使用 PostScript 信息从数学上定义的直线或曲线来表示的，如果没有设置消除锯齿，文字的边缘便会产生硬边和锯齿。在该选项中可以为文字消除锯齿选择一种方法，如图 14-6 所示。Photoshop 可以通过部分填充边缘像素来产生边缘平滑的文字，这样，文字边缘就会混合到背景中，效果如图 14-7 所示。

图 14-6　图 14-7

- 设置文本对齐：可根据输入文字时光标的位置来设置文本的对齐方式，包括【左对齐文本】、【居中对齐文本】和【右对齐文本】。

- 设置文本颜色：单击该选项中的颜色块，可在打开的“拾色器”中设置文字的颜色。
- 【创建文字变形】：单击该按钮，可在打开的【变形文字】对话框中为文本设置变形样式，以创建变形文字，如图 14-8 和图 14-9 所示。

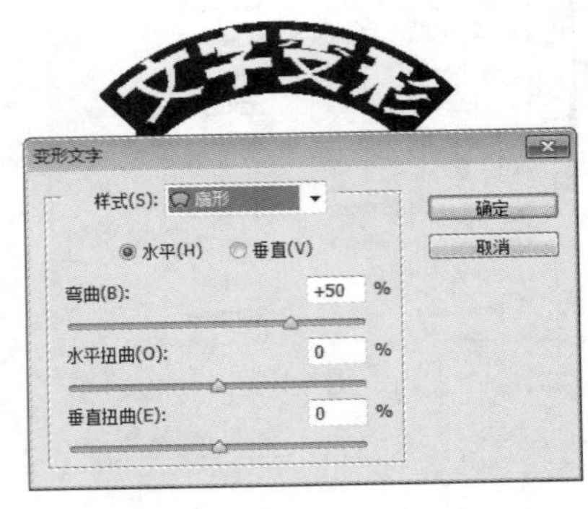

图 14-8

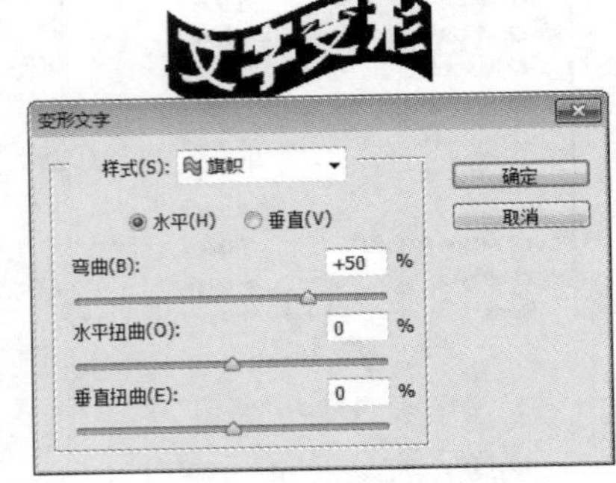

图 14-9

- 【切换字符和段落面板】：单击该按钮，可以显示或隐藏【字符】和【段落】调板。
- 【取消所有当前编辑】：单击该按钮，可取消当前文本的输入操作，也可以按【Esc】键取消输入。
- 【提交所有当前编辑】：单击该按钮，可以确认文本的输入操作，也可以按 Ctrl+回车键，或者选择工具箱中的其他工具确认输入操作。

14.1.2 创建文字

输入文字的工具有【横排文字】工具、【直排文字】工具、【横排文字蒙版】工具和【直排文字蒙版】工具等 4 种，后两种工具主要用来创建文字形状的选区。

利用文字输入工具可以输入两种类型的文字：点文本和段落文本。

点文本用于较少文字的场合，例如标题、产品及书籍的名称等。输入时，选择文字工具，在画布中单击输入即可，它不会自动换行，如图 14-10 所示。

段落文本主要用于报纸杂志、产品说明及企业宣传册等。输入时，选择文字工具在画布中单击并拖动鼠标，生成文本框，然后在其中输入文字即可，它会自动换行形成一段文字，如图 14-11 所示。

图 14-10

图 14-11

注 意

创建文字时，在【图层】面板中会添加一个新的文字图层，如图 14-12 所示。在 Photoshop 中，还可以创建文字形状的选框，但因为【多通道】、【位图】或【索引颜色】模式不支持图层，所以不会为这些模式中的图像创建文字图层，在这些图像模式中，文字显示在背景上。

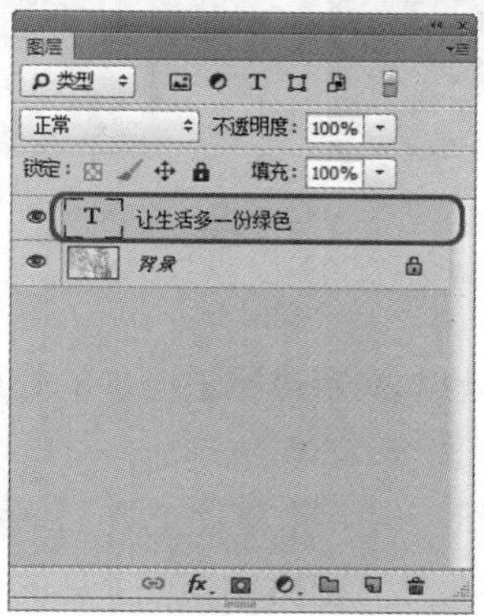

图 14-12

14.1.3　将文字转换为形状

Photoshop CC 还可以将文字转换为形状后进行处理。选择【图层】|【文字】|【转换为形状】命令，或者在相应的图层上右击，在弹出的快捷菜单中选择【转换为形状】，如图 14-13 所示。

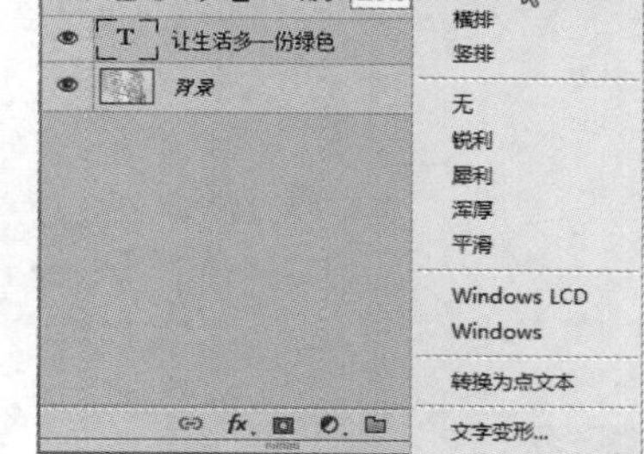

图 14-13

注 意

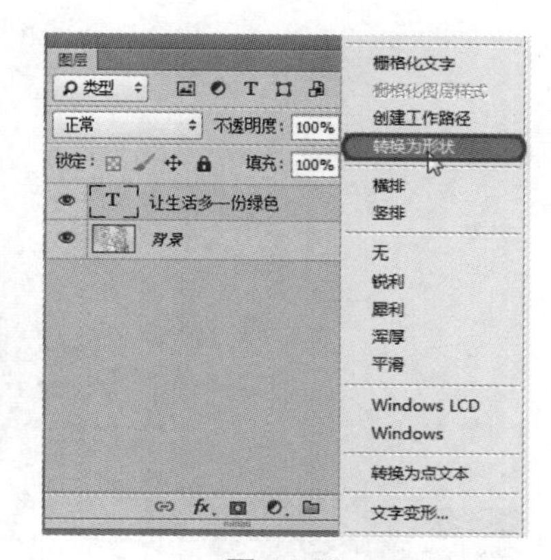

文字转换为形状后，就成为形状图层，不再具有文字的属性，但是可以使用调整形状的方法对其进行处理（关于对形状的调整方法，后面将做详细的讲解）。

14.1.4　将文字转换为工作路径

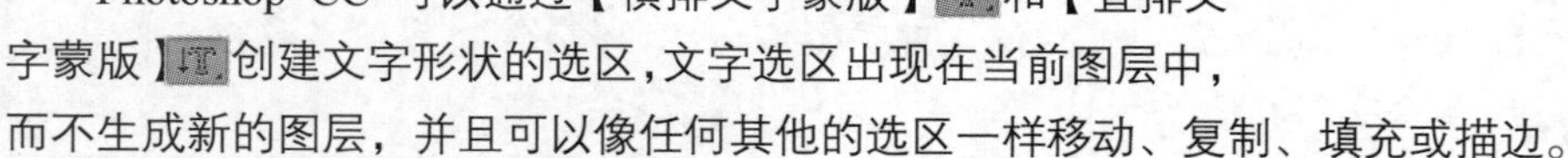

Photoshop CC 可以通过【横排文字蒙版】和【直排文字蒙版】创建文字形状的选区，文字选区出现在当前图层中，而不生成新的图层，并且可以像任何其他的选区一样移动、复制、填充或描边。

创建文字形状的选区的方法如下：

选择【横排文字蒙版】或【直排文字蒙版】，在图层上单击或拖动，输入文字时，当前图层上会出现一个红色的蒙版，如图 14-14 所示。

文字提交后，当前图层上的图像中就会出现文字选框，如图 14-15 所示。

注 意

在输入状态未提交之前，可以更改文字的所有属性，但提交成为选区后，就不再具有文字的任何属性，只能用修改选区的方法对其进行修改。

图 14-14

图 14-15

14.1.5 栅格化文字

文字图层是一种特殊的图层。要想对文字进行进一步的处理，可以对文字进行栅格化处理，即先将文字转换成一般的图像再进行处理。

对文字进行栅格化处理的方法如下，使用【移动工具】选择文字图层，然后右击，在弹出的快捷菜单中选择【栅格化文字】命令即可。栅格化处理前后的效果对比如图 14-16 所示。

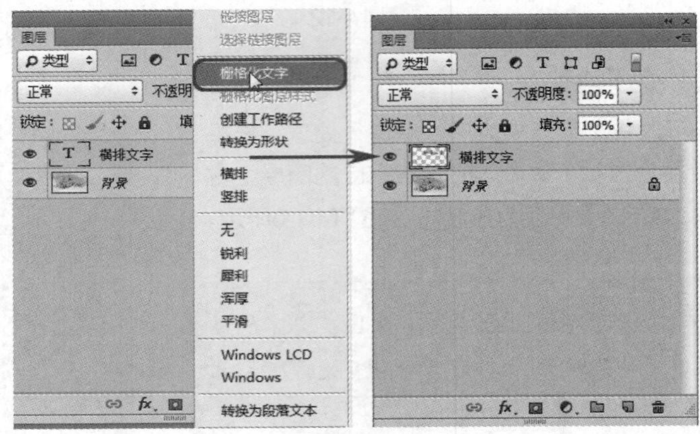

图 14-16

注 意

文字图层栅格化处理以后，就成为了一般图形，不再具有文字的属性。文字图层成为普通图层后，可以对其直接应用【滤镜】效果。

14.2 使用路径

路径是由线条及其包围的区域组成的矢量轮廓，它包括有起点和终点的开放式路径，如图 14-17 所示，以及没有起点和终点的闭合式路径两种，如图 14-18 所示，此外它还是选择图像和精确绘制图像的重要媒介。利用路径选择图像和精确绘制图像的效果如图 14-19 和图 14-20 所示。

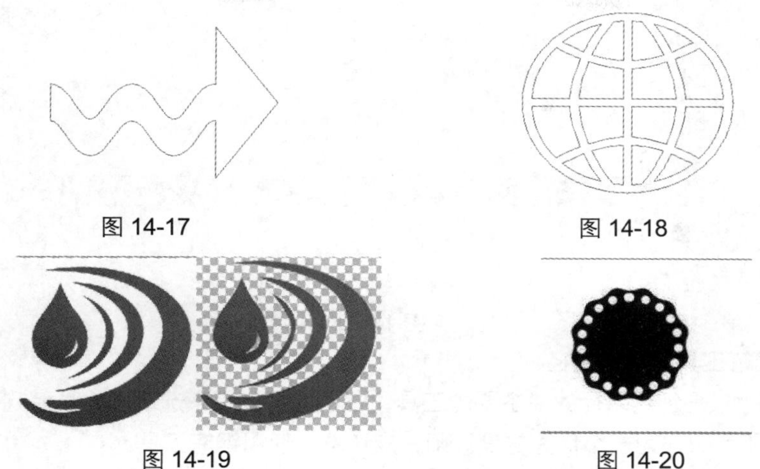

图 14-17　　图 14-18

图 14-19　　图 14-20

14.2.1　认识【路径】面板

使用【路径】面板可以对路径快速、方便地进行管理。【路径】面板集编辑路径和渲染路径于一身，在这个面板中，可以完成从路径到选区和从自由选区到路径的转换，还可以对路径施加一些效果，使得路径看起来不那么单调。从【窗口】菜单中打开的【路径】面板如图 14-21 所示。

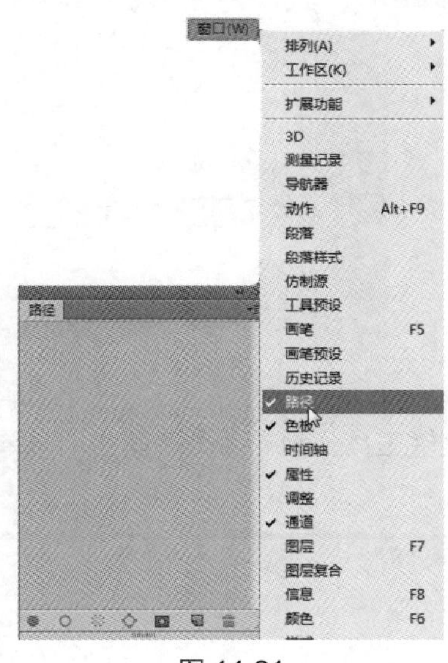

图 14-21

14.2.2　创建路径

使用【钢笔工具】、【自由钢笔工具】、【矩形工具】、【圆角矩形工具】、【椭圆工具】、【多边形工具】、【直线工具】和【自定形状工具】等都可以创建路径，不过前提是在工具选项栏中单击【路径】，如图 14-22 所示。在 Photoshop 中，【钢笔工具】是具有最高精度的绘画工具。

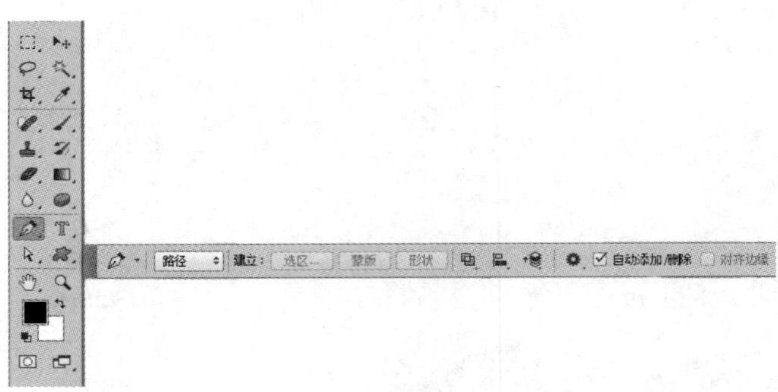

图 14-22

1. **使用【钢笔工具】创建路径**

【钢笔工具】是创建路径的最主要的工具，它不仅可以用来选取图像，而且可以绘制卡通漫画，如图 14-23 所示。作为一个优秀的设计师，应该熟练使用钢笔工具。

选择【钢笔工具】，开始绘制之前光标会呈形状显示，若按下大小写锁定键则光标呈形状。下面来讲解用钢笔工具创建路径的方法。

- 绘制直线路径

01 新建一个空白文件，然后在工具箱中单击【钢笔工具】，在工具选项栏中进行选项设置，如图 14-24 所示。

图 14-23

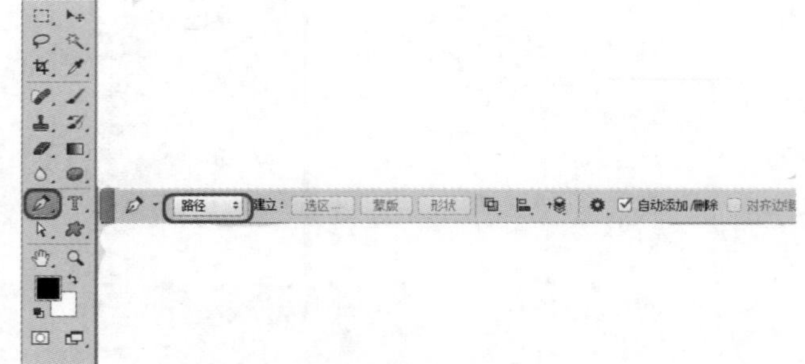

图 14-24

02 在空白文件中，使用钢笔工具分别在两个不同的地方单击就可以绘制直线，如图 14-25 所示。

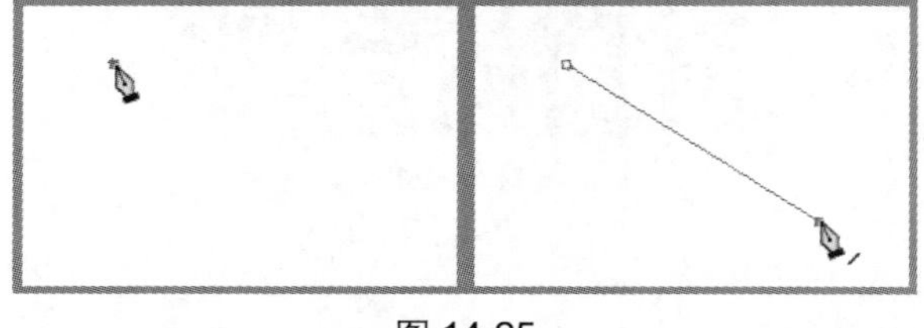

图 14-25

- 绘制曲线路径

单击绘制第一点，然后单击并拖动鼠标绘制第二点，如图 14-26 所示，这样就可以绘制曲线并使锚点两端出现方向线。方向点的位置及方向线的长短会影响曲线的方向和弧度。

绘制曲线后，若要在之后接着绘制直线，则需要按住【Alt】键在最后一个锚点上单击，使控制线只保留一段，再松开【Alt】键，在新的地方单击另一点即可，如图 14-27 所示。

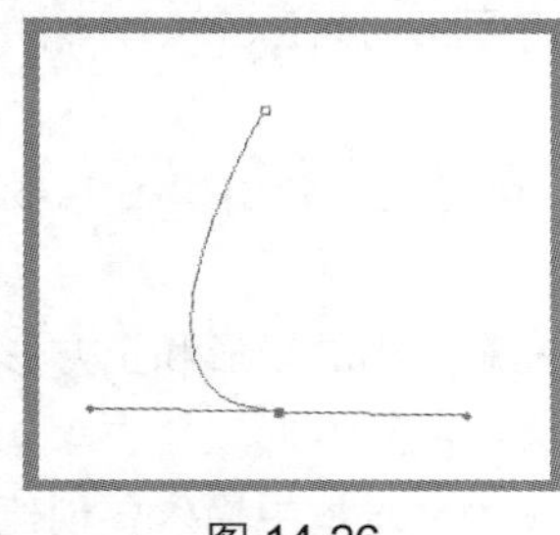
图 14-26

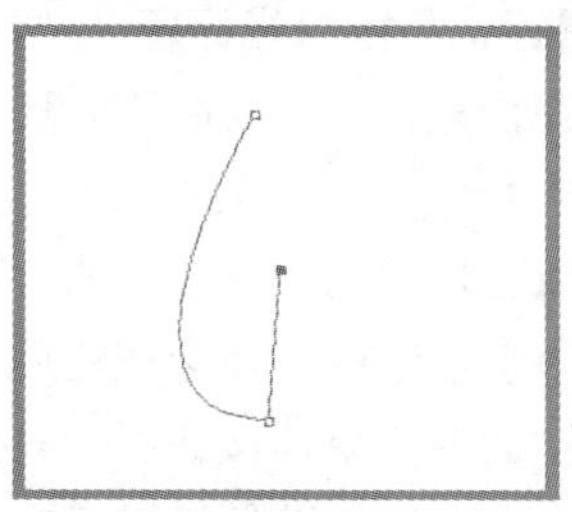
图 14-27

提示： 直线的绘制方法比较简单，在操作时需要记住单击但不要拖动鼠标，否则将创建曲线路径。如果绘制水平、垂直或以 45° 为增量的直线，可以按住【Shift】键的同时进行单击。

2. 使用【自由钢笔工具】创建路径

【自由钢笔工具】用来绘制比较随意的图形，它的使用方法与套索工具非常相似，选择该工具后，在画面中单击并拖动鼠标即可绘制路径，路径的形状为光标运行的轨迹，Photoshop 会自动为路径添加锚点。用自由钢笔工具创建路径的方法如下：

01 新建一个空白文件，在工具箱中单击【自由钢笔工具】，在工具选项栏中进行选项设置，然后在该空白文件中绘制图形，如图 14-28 所示。

02 绘制完成后，可以在工具箱中选择【直接选择工具】或【转换点工具】，对其绘制的路径进行进一步的修改，如图 14-29 所示.。

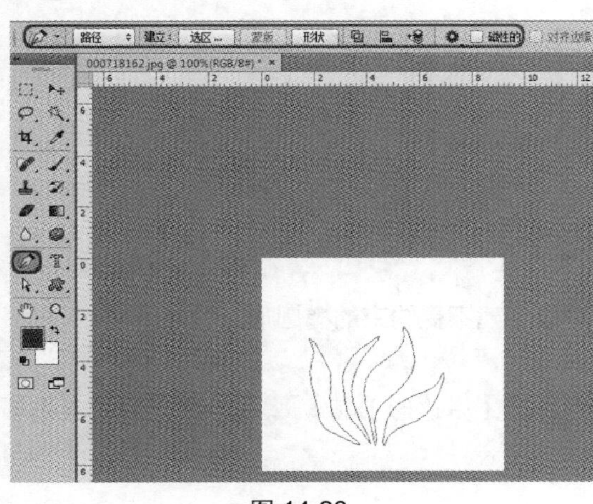

图 14-28

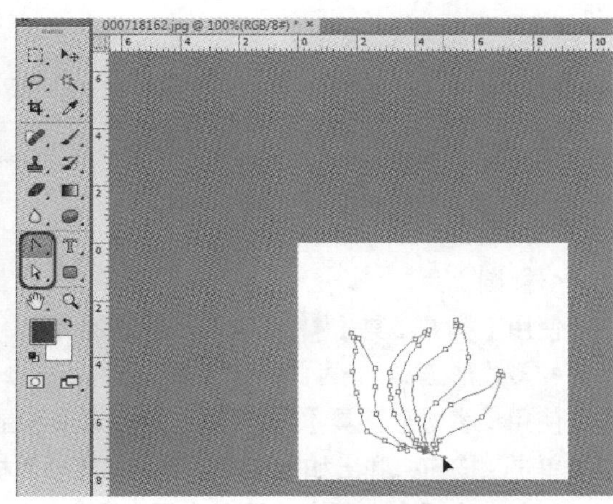

图 14-29

3. 使用形状工具创建路径

形状工具包括：【矩形工具】、【圆角矩形工具】、【椭圆工具】、【多边形工具】、【直线工具】和【自定形状工具】。这些工具包含了一些常用的基本形状和自定义图形，通过这些图形可以方便地绘制所需要的基本形状和图形。

- 矩形工具

【矩形工具】用来绘制矩形和正方形，按住 Shift 键的同时拖动鼠标可以绘制正方形，按住 Alt 键的同时拖动鼠标，可以以光标所在位置为中心绘制矩形，按住 Shift+Alt 组合键的同时拖动鼠标，可以以光标所在位置为中心绘制正方形。

选择【矩形工具】后，然后在工具选项栏中单击按钮，弹出如图 14-30 所示的选项面板，在该选项面板中可以选择绘制矩形的方法。

> 【不受约束】：选中该单选按钮后，可以绘制任意大小的矩形和正方形。
> 【方形】：选中该单选按钮后，只能绘制任意大小的正方形。
> 【固定大小】：选中该单选按钮后，然后在右侧的文本框中输入要创建的矩形的固定宽度和固定高度，输入完成后，则会按照输入的宽度和高度来创建矩形。
> 【比例】：选中该单选按钮后，然后在右侧的文本框中输入相对宽度和相对高度的值，此后无论绘制多大的矩形，都会按照此比例进行绘制。
> 【从中心】：勾选该复选框后，无论以任何方式绘制矩形，都将以光标所在位置为矩形的中心向外扩展绘制矩形。
> 【对齐边缘】：勾选该复选框后，矩形的边缘将与像素重合，图形的边缘不会出现锯齿，取消勾选时会出现模糊的现象。

- 圆角矩形工具

【圆角矩形工具】用来创建圆角矩形，它的创建方法与矩形工具相同，只是比矩形工具多了一个【半径】选项，用来设置圆角的半径，该值越高，圆角就越大，如图 14-31 所示为半径为 10px 和半径为 60px 的对比效果。

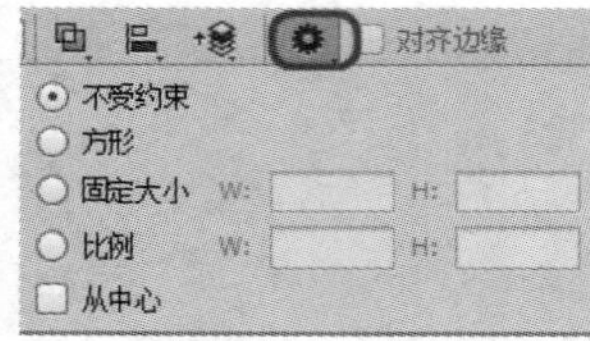

图 14-30

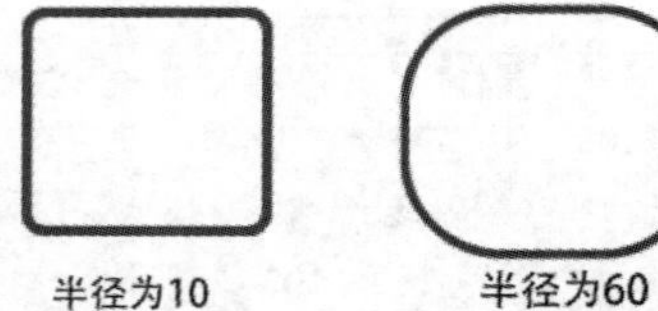

图 14-31

- 椭圆工具

使用【椭圆工具】可以创建规则的圆形，也可以创建不受约束的椭圆形。

- 多边形工具

使用【多边形工具】可以创建多边形和星形，选择【多边形工具】后，然后在工具选项栏中单击按钮，弹出如图 14-32 所示的选项面板。

> 【半径】：用来设置多边形或星形的半径。
> 【平滑拐角】：用来创建具有平滑拐角的多边形或星形，如图 14-33 所示为未勾选与勾选该复选框的对比效果。

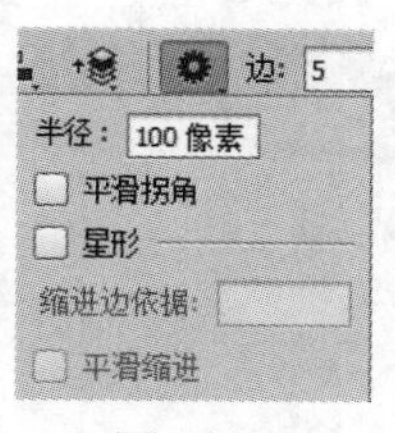

图 14-32

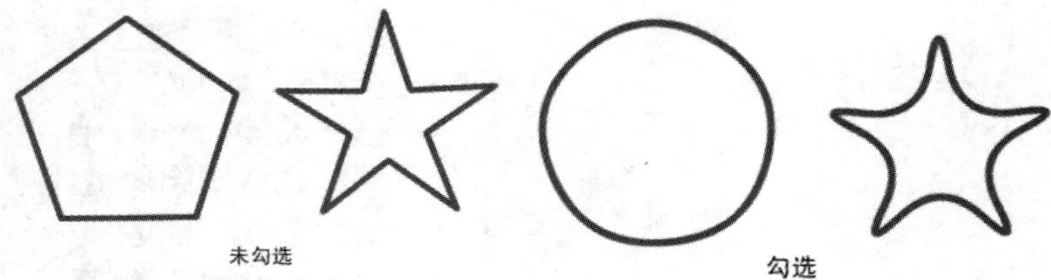

图 14-33

- 【星形】：勾选该复选框可以创建星形。
- 【缩进边依据】：勾选【星形】复选框后该选项才会被激活，用于设置星形的边缘向中心缩进的数量，该值越高，缩进量就越大，如图 14-34 所示为【缩进边依据】为 50%和【缩进边依据】为 70%的对比效果。
- 【平滑缩进】：勾选【星形】复选框后该选项才会被激活，勾选该复选框可以使星形的边平滑缩进，如图 14-35 所示为勾选前与勾选后的对比效果。

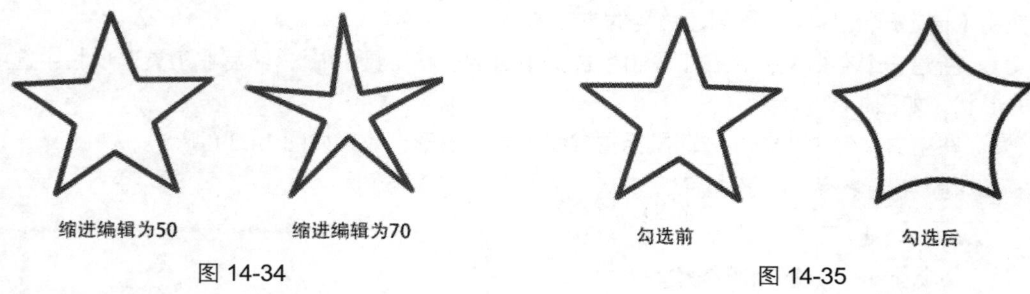

图 14-34　　图 14-35

- 直线工具

【直线工具】用来创建直线和带箭头的线段。选择【直线工具】后，然后在工具选项栏中单击按钮，弹出如图 14-36 所示的选项面板。

【起点】/【终点】：勾选【起点】复选框后会在直线的起点处添加箭头，勾选【终点】复选框后会在直线的终点处添加箭头，如果同时勾选这两个复选框，则会绘制双向箭头。

【宽度】：该选项用来设置箭头宽度与直线宽度的百分比。

【长度】：该选项用来设置箭头长度与直线宽度的百分比。

【凹度】：该选项用来设置箭头的凹陷程度。

- 自定形状工具

在【自定形状工具】中有许多 Photoshop 自带的形状，选择该工具后，单击工具选项栏中的【形状】后的按钮，即可打开形状库。单击形状库右上角的按钮，在弹出的下拉菜单中选择【全部】命令，在弹出的提示框中单击【确定】按钮，即可显示系统中存储的全部图形，如图 14-37 所示。

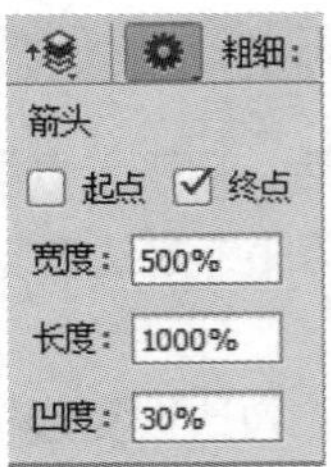

图 14-36

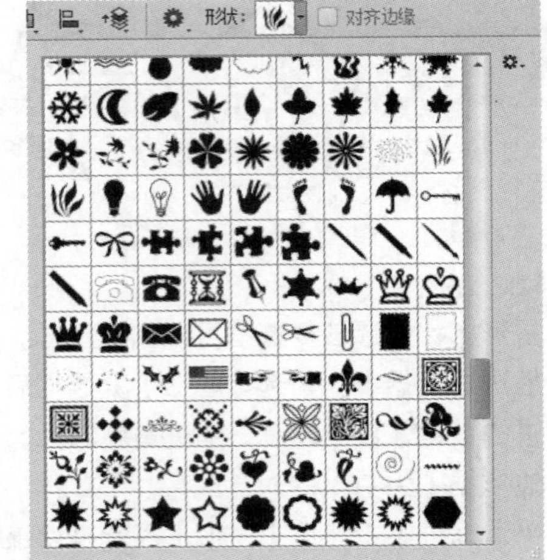

图 14-37

使用【自定形状工具】创建路径的方法如下：

01 新建一个空白文件，在工具箱中选择【自定形状工具】，然后在工具选项栏中选中所需要的形状，如图 14-38 所示。

02 在空白文件中单击并拖动鼠标左键即可创建图形，效果如图 14-39 所示。

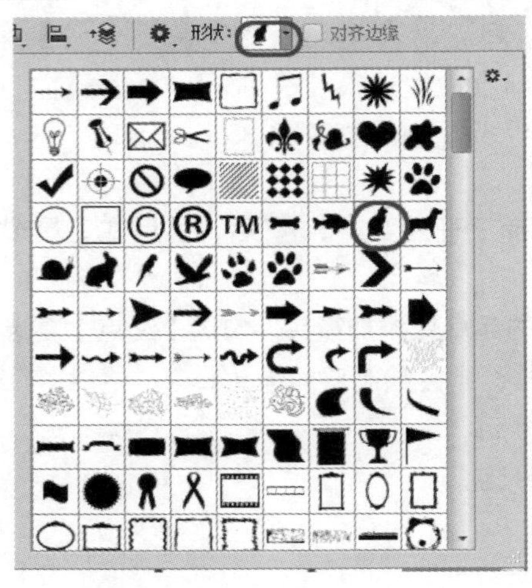

图 14-38

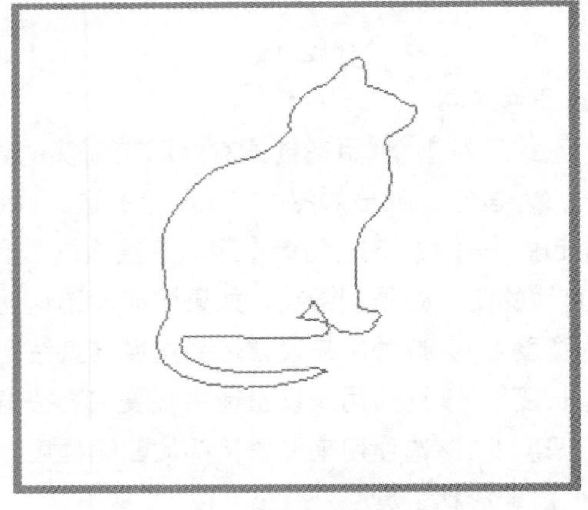

图 14-39

4. **将选区转换为路径**

将选区转换为路径的方法如下：

01 新建一个空白文件，在工具箱中选择【矩形选框工具】，在空白文件中创建矩形选区，如图 14-40 所示。

02 打开【路径】面板，在【路径】面板中单击【从选区生成工作路径】按钮，即可将绘制的选区生成一个工作路径，如图 14-41 所示。

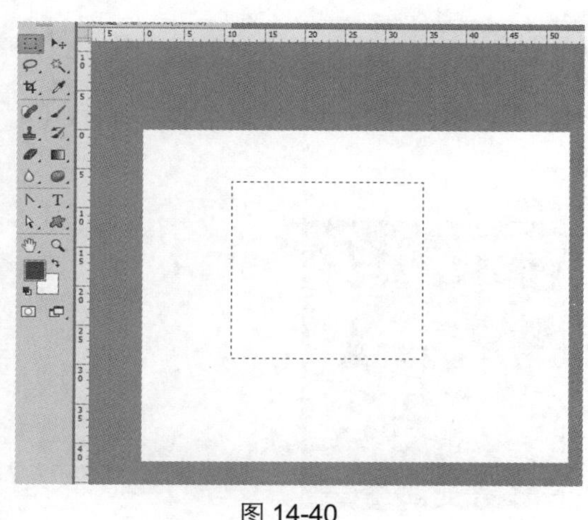
图 14-40

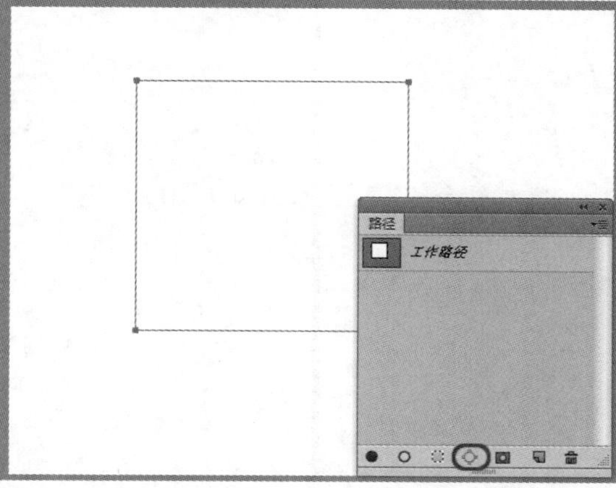

图 14-41

14.2.3　修改路径

路径的修改工具主要有：【路径选择工具】、【直接选择工具】、【添加锚点工具】、【删除锚点工具】和【转换点工具】等，使用它们可以对路径进行任意修改，如改变锚点性质、选择、复制、删除及移动路径等操作。

1. 选择路径

使用【路径选择工具】可以选择整个路径，也可以移动路径。路径选择工具的使用方法如下：

01　使用【自定形状工具】创建一个工作路径，然后打开【路径】面板，选择【工作路径】，如图 14-42 所示。

02　在工具箱中选择【路径选择工具】，单击创建的路径，看到路径上的锚点都以实心显示时，即可移动路径，如图 14-43 所示。

图 14-42

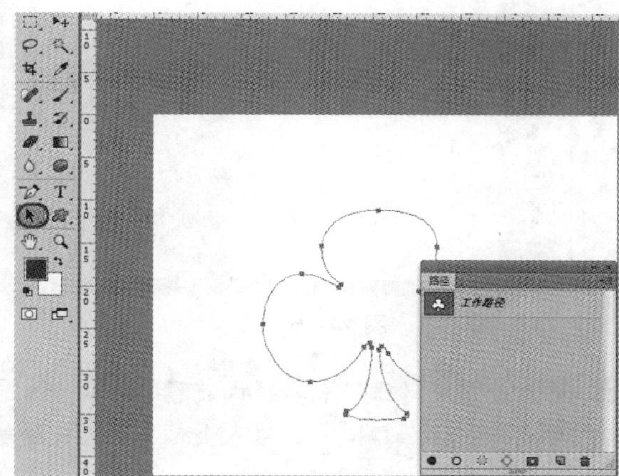

图 14-43

03　按住【Ctrl】键可以使其转换为【直接选择工具】，这样就可以对锚点进行修改，如图 14-44 所示。

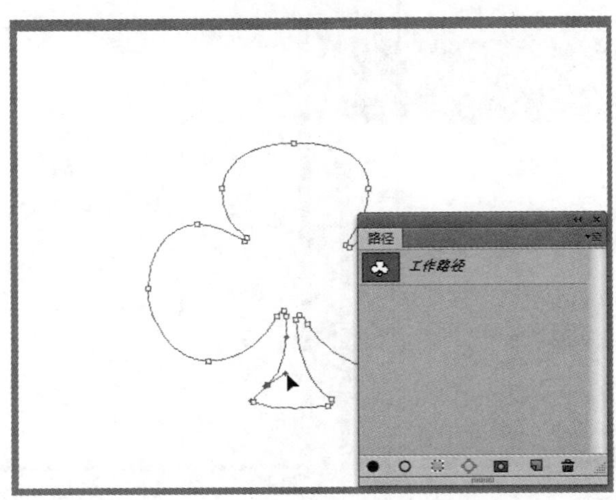

图 14-44

2. **添加/删除锚点**

使用【添加锚点工具】在路径上单击可以添加锚点，使用【删除锚点工具】在锚点上单击可以删除锚点。这两个工具的使用方法如下：

01 继续上述的操作，在工具箱中选择【添加锚点工具】，然后在如图 14-45 所示的位置处单击即可添加锚点。

02 在工具箱中选择【删除锚点工具】，然后在如图 14-46 所示的位置单击即可删除锚点。

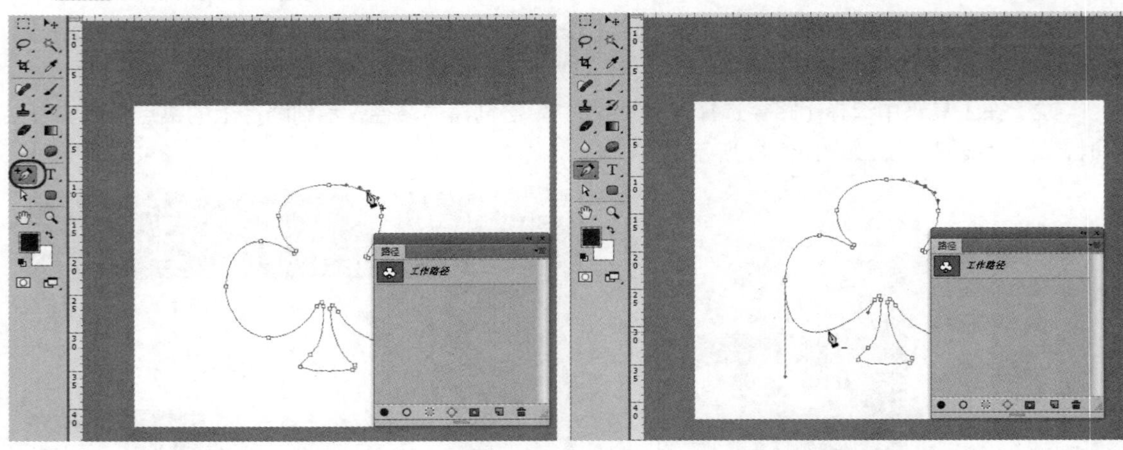

图 14-45　　图 14-46

提示：也可以在钢笔工具状态下，在工具选项栏中勾选【自动添加/删除】复选框，此时在路径上单击即可添加锚点，在锚点上单击即可删除锚点，如图 14-47 所示。

图 14-47

3. **转换点工具**

使用【转换点工具】可使锚点在角点、平滑点和转角之间进行转换。

- 将角点转换成平滑点：使用【转换点工具】在锚点上单击并拖动鼠标，即可将角点转换成平滑点，如图 14-48 所示。

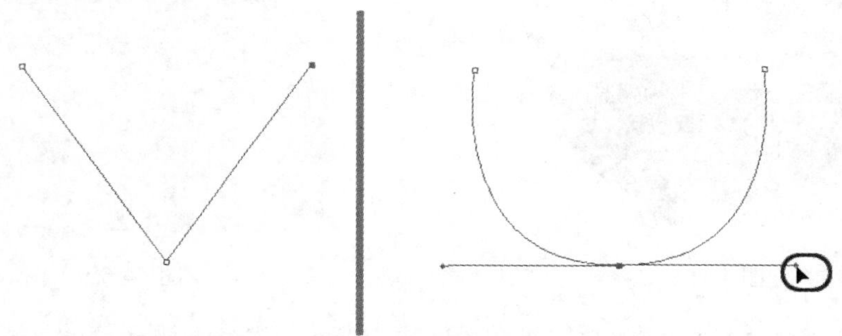

图 14-48

- 将平滑点转换成角点：使用【转换点工具】直接在锚点上单击即可，如图 14-49 所示。

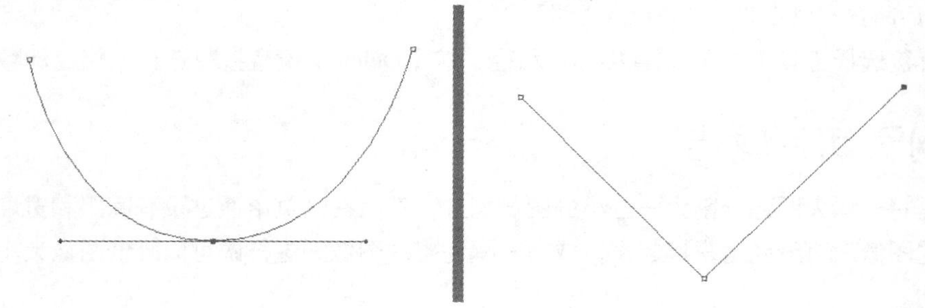

图 14-49

- 将平滑点转换成转角：使用【转换点工具】单击方向点并拖动，更改控制点的位置或方向线的长短即可，如图 14-50 所示。

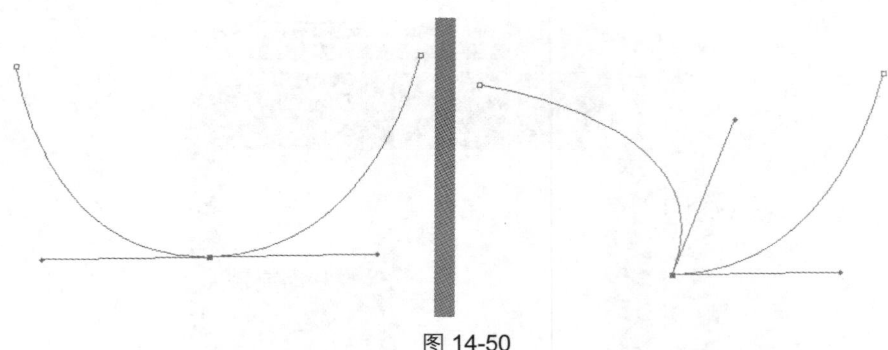

图 14-50

14.2.4 复制和删除路径

剪切路径的主要作用是将路径包围的图像作为其他程序的信息来使用。

01 选择一张图片，在工具箱中选择【钢笔工具】，单击工具选项栏中的【路径】按钮，然后在场景中对图像创建路径，如图 14-51 所示。

02 单击【路径】面板右上角的下三角按钮，选择【存储路径】后再选择【复制路径】命令，如图 14-52 所示。

图 14-51

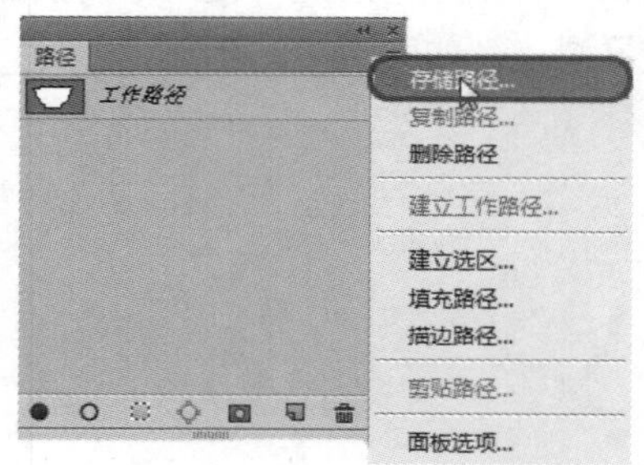

图 14-52

提示：单击【路径】面板右上角的下三角按钮，弹出调板菜单，从中可以实现【存储路径】、【复制路径】、【删除路径】、【建立选区】、【填充路径】、【描边路径】及【面板选项】等操作。

03 最后将该文件存储为 TIFF 格式即可。

使用【直接选择工具】可以直接选择路径，按【Delete】键直接将选择的路径删除。

14.3 网页切片输出

切片就是将一幅大图像分割为一些小的图像切片，然后在网页中通过没有间距和宽度的表格重新将这些小的图像没有缝隙地拼接起来，成为一幅完整的图像。这样做可以降低图像大小，减少网页的下载时间。

14.3.1 创建切片

创建切片使用的是切片工具，而且切片只能是矩形，不能是其他形状。当然，也可以创建多边

形的切片，但是这种切片实际上是由矩形拼凑而成的。创建切片的操作方法如下:

01 打开随书附带光盘中的【CDROM】|【素材】|【第 15 章】|【001】文件，如图 14-53 所示。

02 选择工具箱中的【切片工具】，设置好选项栏中的参数，然后将该工具移到图像窗口上，对图像进行切片，形成的切片会被分成数块，并且切片将会依据切割的位置自动的将其编号如图 14-54 所示。

图 14-53

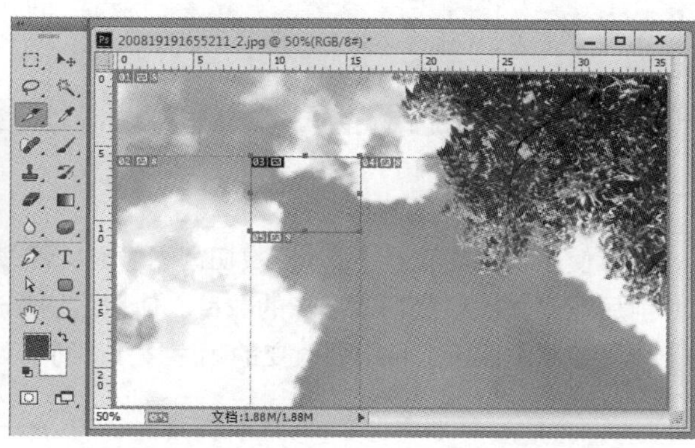

图 14-54

03 也可以将这张切片分为 9 部分。首先在切片部位右击会出现一个下拉菜单，在下拉菜单中选择【切片划分】命令则会出现该项的对话框，然后设置【水平划分为】为 3、【垂直划分为】设置为 3，单击确定按钮，如图 14-55 所示。效果如图 14-56 所示。

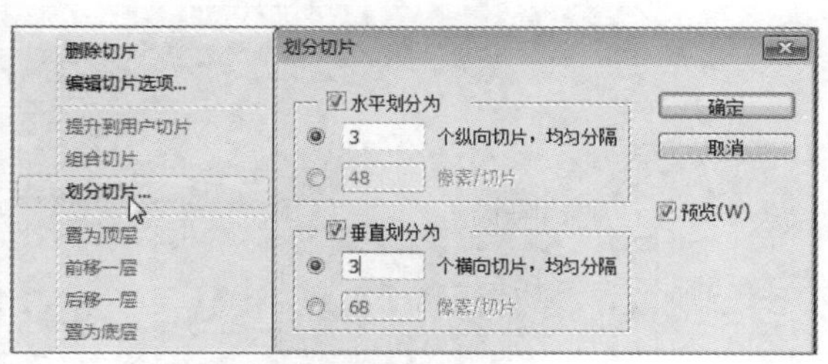

图 14-55

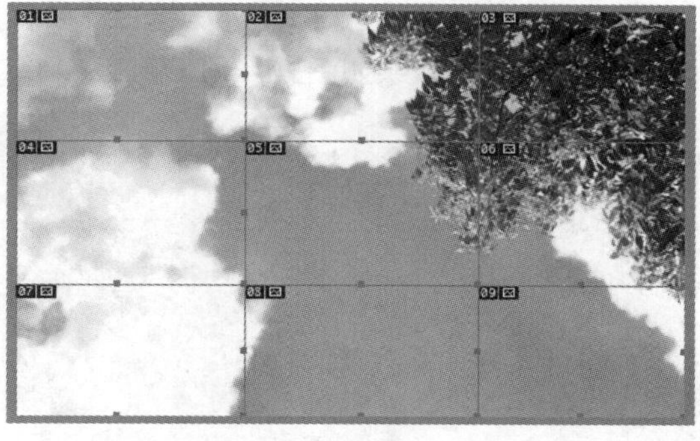

图 14-56

14.3.2　编辑切片

制作完切片之后，可以更进一步编辑切割图像。

1. **改变切割位置与切割大小**

图像被切割之后仍然可以改变其位置与大小，选择【切片选择工具】，在切片部位进行拖拉可以改变切割位置，或是拖拉切片边缘的变形控制点可以改变切割的大小，如图 14-57 和图 14-58 所示。

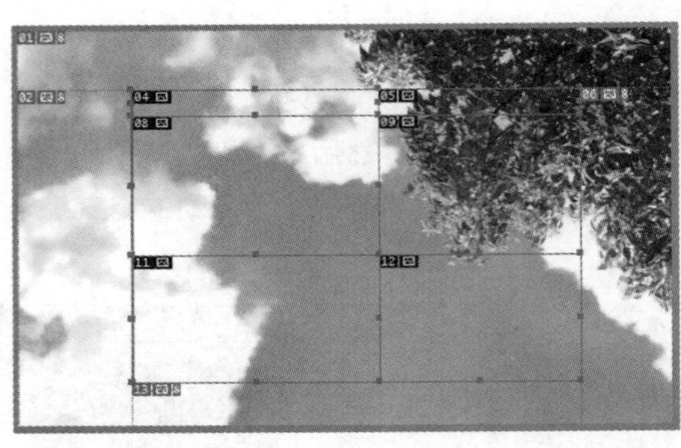

图 14-57

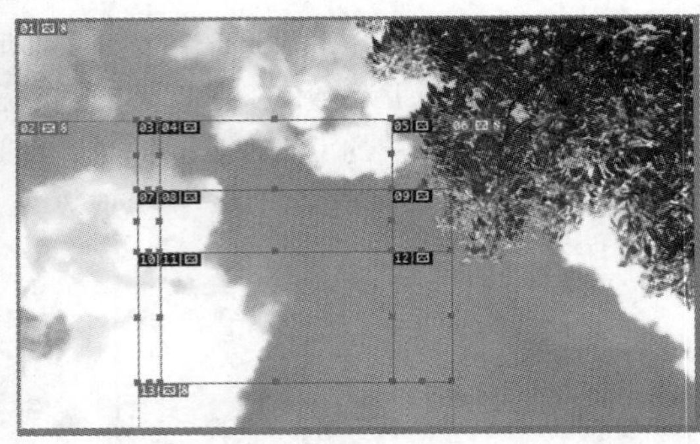

图 14-58

2. **改变切割图像的前后顺序**

连续使用【切片工具】多次切割图像时，图像上会出现多个可编辑的切片，此时可以改变切片前后顺序，以改变切割图像的数目。使用【切片选择工具】选取要改变顺序的切片，接着在【选项控制】面板上单击要改变的顺序按扭即可，如图 14-59 所示。

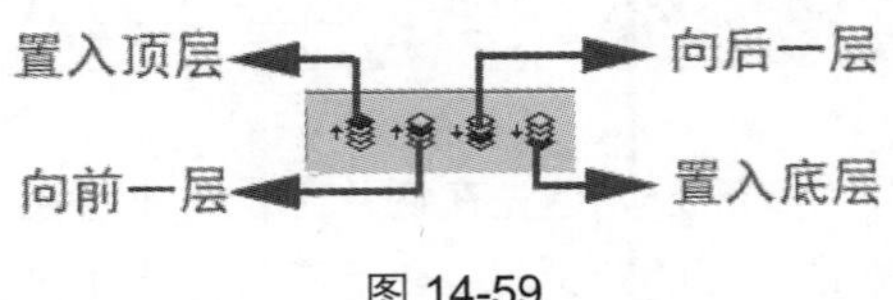

图 14-59

3. **将未被切割的部分转换为切割**

使用【切片选择工具】，先选取需要转换的图片 ，然后单击选项栏中的 提升 按钮即可，如图 14-60 所示，效果如图 14-61 所示。

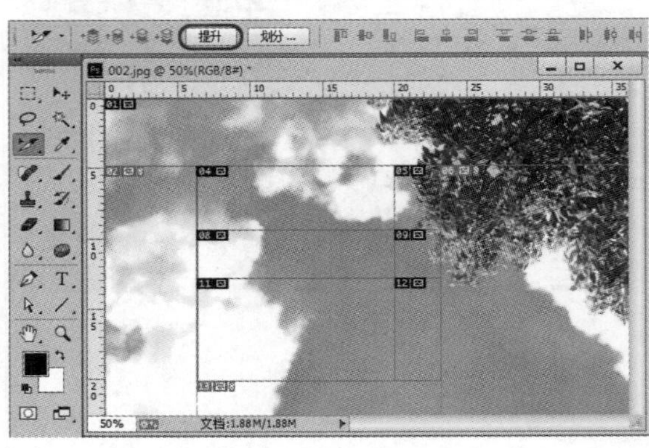

图 14-60

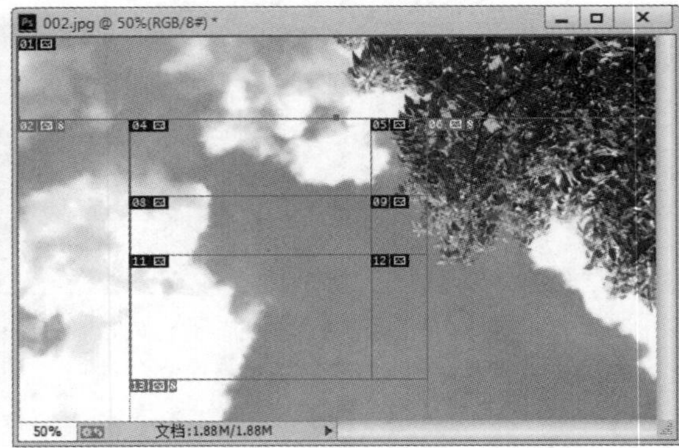

图 14-61

4. **删除图像切片**

使用【切片选择工具】选取切片，接着按 Delete 键即可将其移除，而原本自动产生的未被切割的部分随着移除，或者选择【视图】|【清楚切片】命令，即可将图像的切片完全移除。

5. **锁定图像切片**

如果不希望切片位置变动，选择【视图】|【锁定图片】命令，即可将图像的切片完全锁住。

14.3.3 优化和输出切片

最后输出切片，选择【文件】|【存储为 Web 所用格式】命令，如图 14-62 所示。在弹出的对话框中可以分别对各切片进行最佳化设定，设定完成后单击【完成 】按钮即可输出所有的切片，如图 14-63 所示。

图 14-62

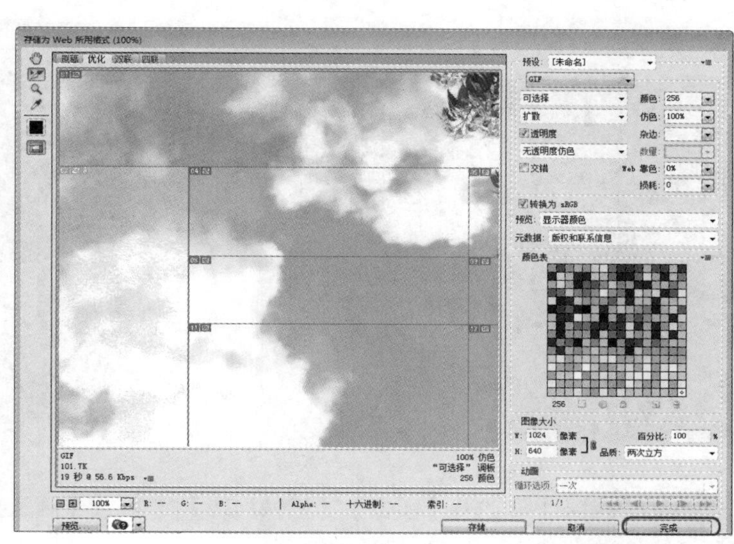

图 14-63

14.4 上机练习

14.4.1 制作火焰字效果

本例将介绍火焰字的制作方法，主要通过旋转画布、为对象添加【风】效果，然后模糊对象并添加【波纹】效果，最后更改其模式，并调整曲线，制作完成后的效果如图 14-64 所示。

01 启动 Photoshop CC 软件，按【Ctrl+N】组合键打开【新建】对话框，将【宽度】和【高度】参数分别设置为 500 像素、400 像素，设置【分辨率】为 72 像素/英寸，设置完成后单击【确定】按钮，如图 14-65 所示。

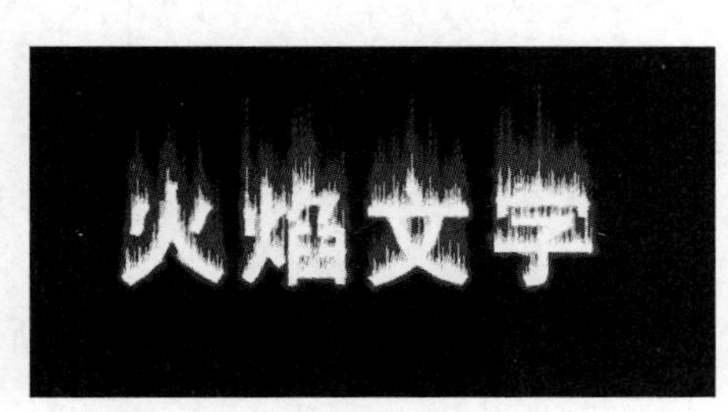

图 14-64

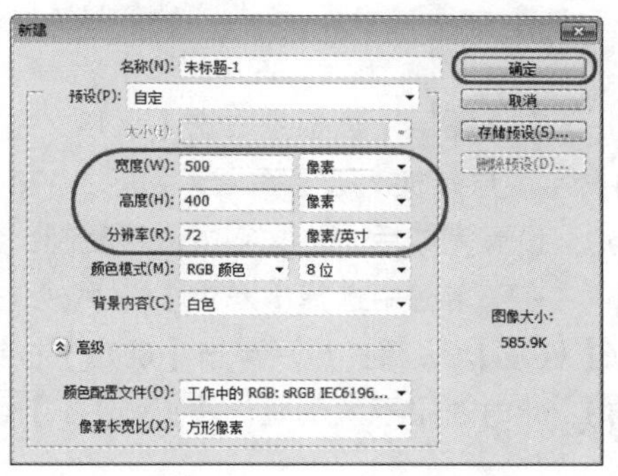

图 14-65

02 为【背景】图层填充黑色，效果如图 14-66 所示。

03 在工具箱中选择【横排文字工具】T，在工具选项栏中设置【字体】为【黑体】，设置【字体大小】参数为 80 点，然后在场景中输入【火焰文字】，将字体颜色设置为【白色】，效果如图 14-67 所示。

图 14-66

图 14-67

04 在菜单栏中选择【图像】|【图像旋转】|【90 度（顺时针）】命令，如图 14-68 所示，将图像顺时针旋转 90 度，效果如图 14-69 所示。

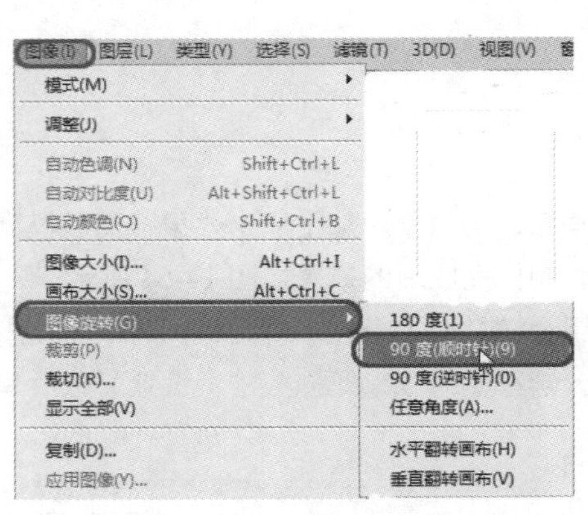

图 14-68

图 14-69

05 在【图层】面板中右击【火焰文字】图层，在弹出的快捷菜单中选择【栅格化文字】命令，将文字图层转换为普通图层，如图 14-70 所示。

06 设置完成后，将文字层进行复制，然后隐藏原始文字图层，如图 14-71 所示。

07 在菜单栏中选择【滤镜】|【风格化】|【风】命令，在弹出的【风】对话框中将【方向】设置为【从左】，设置完成后单击【确定】按钮，如图 14-72 所示。

08 此时效果不太明显，按【Ctrl+F】组合键再次执行【风】操作，效果如图 14-73 所示。

图 14-70

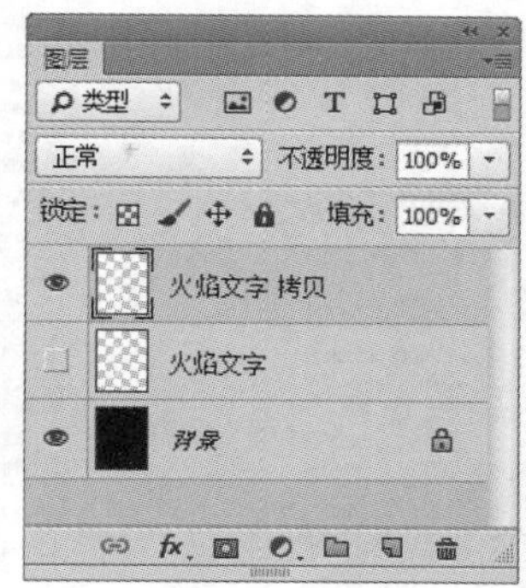

图 14-71

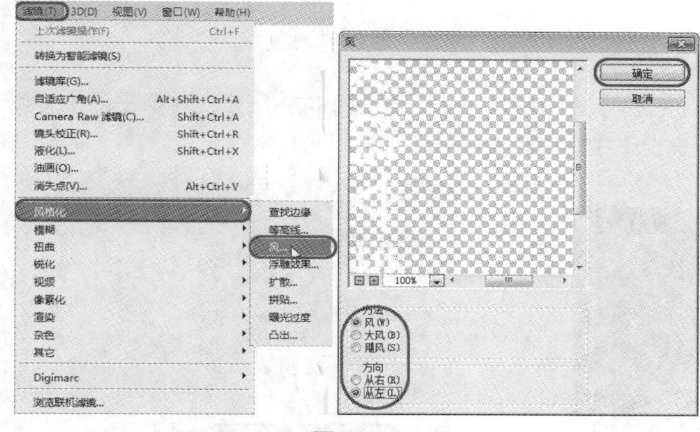

图 14-72

图 14-73

09 再在菜单栏中选择【图像】|【图像旋转】|【90 度（逆时针）】命令，如图 14-74 所示，将其逆时针旋转 90 度，效果如图 14-75 所示。

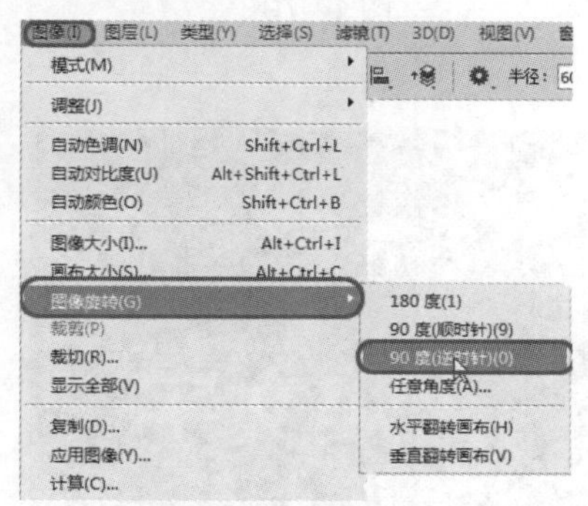

图 14-74

图 14-75

10 再次将【火焰文字 拷贝】图层进行复制，如图 14-76 所示。

11 选择新复制的图层，在菜单栏中选择【滤镜】|【模糊】|【高斯模糊】命令，在弹出的【高斯模糊】对话框中将【半径】参数设置为 2，设置完成后单击【确定】按钮，如图 14-77 所示。

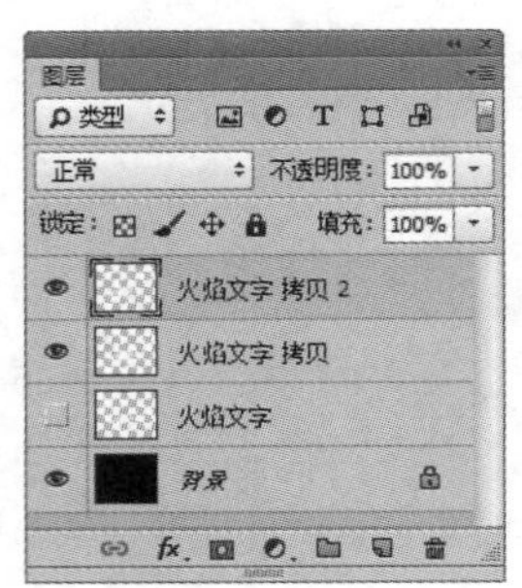

图 14-76

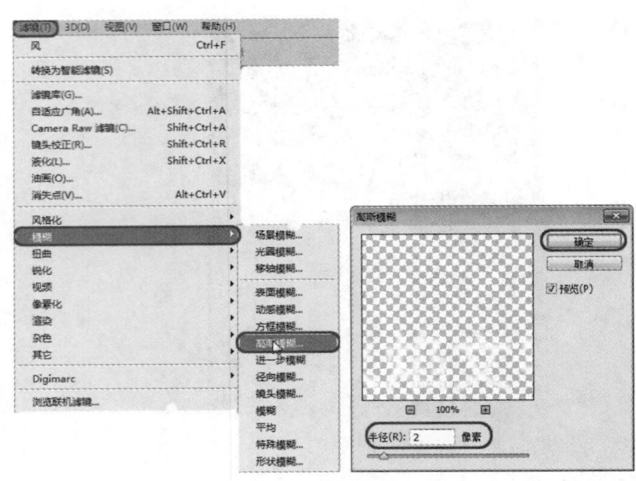

图 14-77

12 设置完成后的效果如图 14-78 所示。

13 在菜单栏中选择【滤镜】|【扭曲】|【波纹】命令，如图 14-79 所示，在弹出的【波纹】对话框中使用默认参数即可，单击【确定】按钮，如图 14-80 所示。

图 14-78

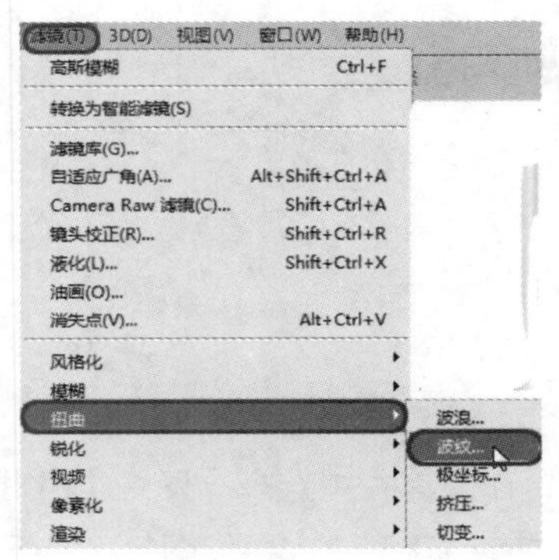

图 14-79

14 添加完【波纹】滤镜的效果如图 14-81 所示。

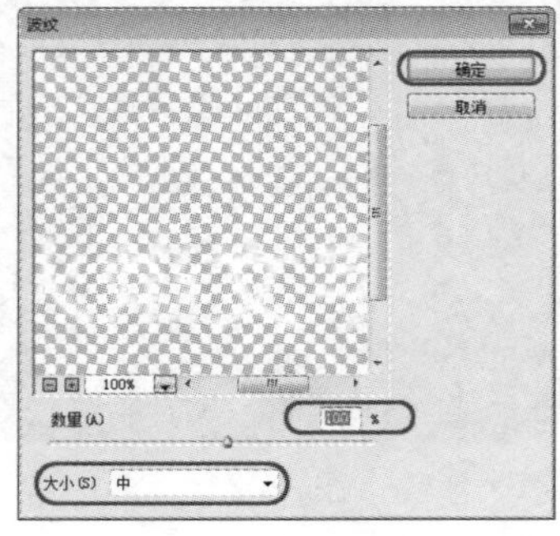

图 14-80

图 14-81

15 在菜单栏中选择【图像】|【模式】|【灰度】命令，在弹出的对话框中单击【拼合】按钮，系统会弹出【信息】对话框，单击【扔掉】按钮，如图 14-82 所示，在【通道】面板中可以看到转

换到灰度模式的信息。

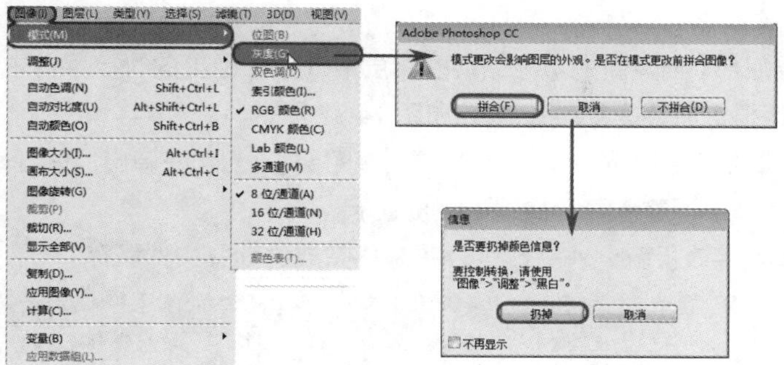

图 14-82

16 在菜单栏中选择【图像】|【模式】|【索引颜色】命令，在【图层】面板中可以看到转换到索引模式的信息，效果如图 14-83 所示。

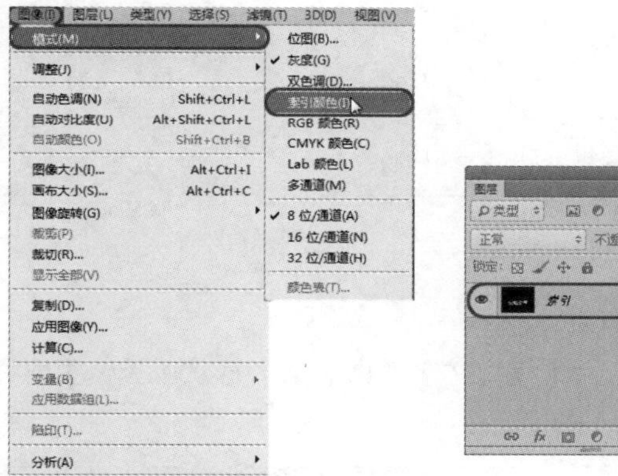

图 14-83

17 在菜单栏中选择【图像】|【模式】|【颜色表】命令，在弹出的【颜色表】对话框中将【颜色表】定义为【黑体】，单击【确定】按钮，如图 14-84 所示。

18 然后在菜单栏中选择【图像】|【模式】|【RGB 颜色】命令，如图 14-85 所示。

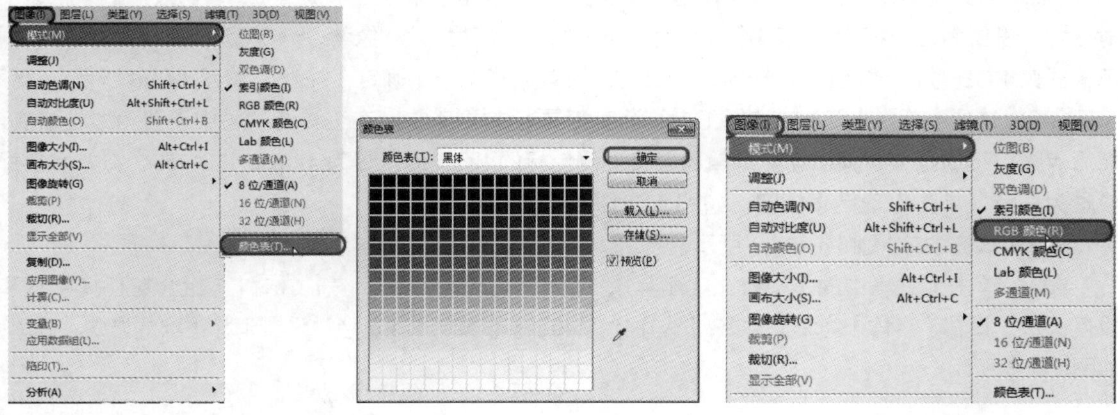

图 14-84　　　　图 14-85

19 按【Ctrl+M】组合键打开【曲线】对话框，在该对话框中调整曲线的形状，如图 14-86 所示。

20 单击图层底部【创建新的填充或调整图层】，在弹出的快捷菜单中选择【亮度/对比度】命令，在弹出的对话框中调整亮度/对比度，如图 14-87 所示。

21 继续单击图层底部【创建新的填充或调整图层】，在弹出的快捷菜单中选择【色阶】命令，在弹出的对话框中调整色阶，如图 14-88 所示。

22 至此，火焰字效果就制作完成了，将制作完成的场景文件保存。

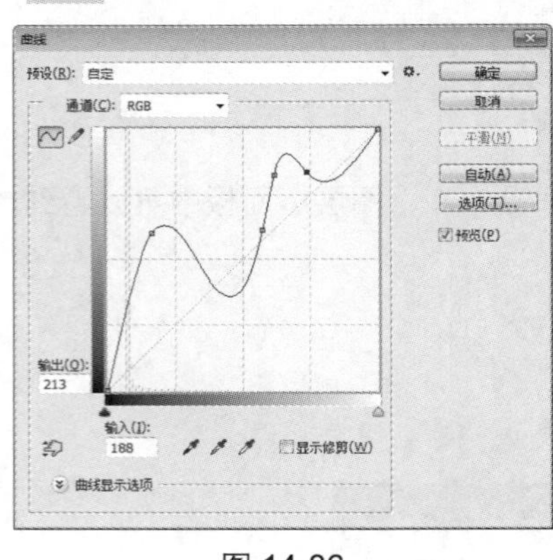

图 14-86

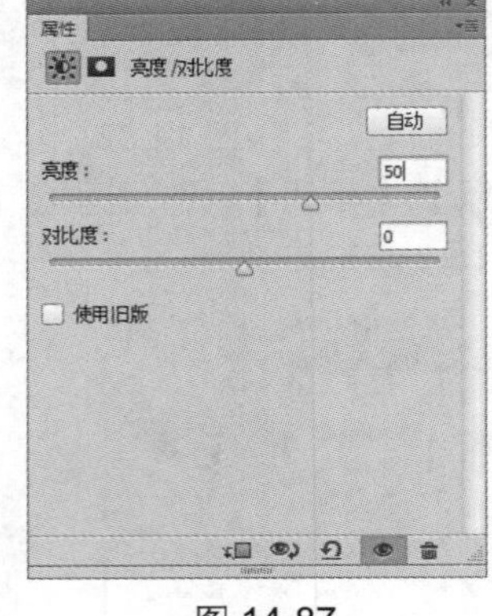

图 14-87

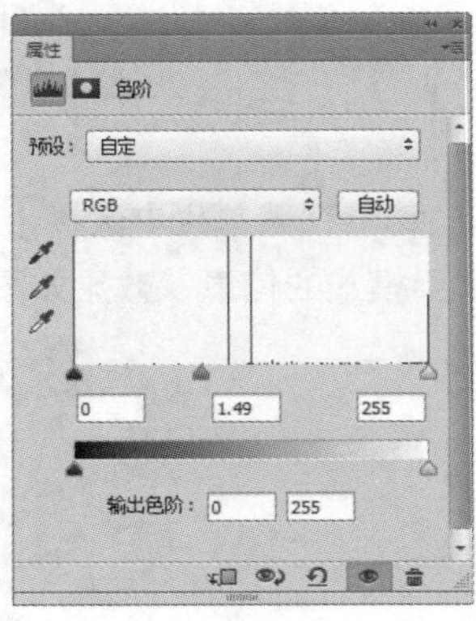

图 14-88

14.4.2 制作网页横条广告

网页广告的制作方法主要运用【横排文字工具】T、形状工具、图层样式面板和滤镜效果来制作网页广告，其最终效果如图 14-89 所示。

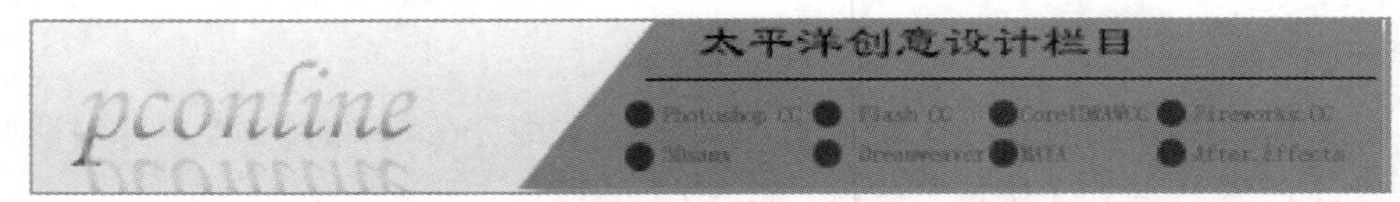

图 14-89

01 打开 Photoshop CC 软件，选择【文件】|【新建】命令（快捷键 Ctrl+N），弹出【新建】对话框，设置名称为横幅广告制作，宽度为 468 像素，高度为 60 像素，分辨率为 72 像素/英寸，颜色模式为 RGB 颜色、8 位，背景内容为白色，设置完毕单击【确定】按钮，如图 14-90 所示。

02 选择【背景】图层，选择工具箱渐变工具【快捷键 G】，在工具选项栏中设置为线性渐变，然后点按可编辑渐变，弹出渐变编辑器。将左侧色标的 RGB 值设置为 190、243、255，将右侧色标设置为白色，单击【确定】按钮，如图 14-91 所示。

03 填充的效果如图 14-92 所示。

04 单击工具箱中的【横排文字工具】，输入 pconline，然后按【Ctrl+T】组合键切换字符和段落面板，设置【字体】为华文隶书，【大小】为 40 点，【颜色】为蓝色，设置消除锯齿的方法：浑厚，如图 14-93 所示。

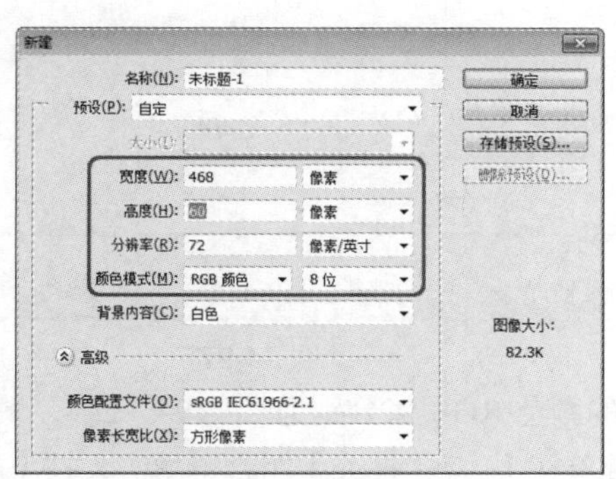

图 14-90

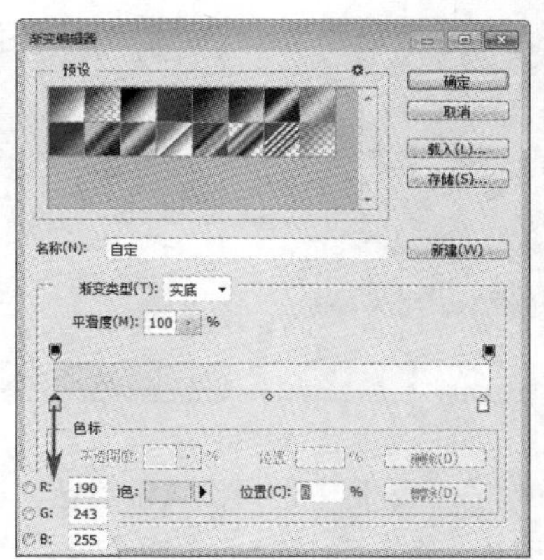

图 14-91

图 14-92

图 14-93

05　选择【pconline】图层，右击，在弹出的快捷菜单中选择【混合选项】命令，进入【图层样式】对话框，勾选【渐变叠加】复选框，双击渐变弹出渐变编辑器，设置色彩 RGB 分别为 11、66、179，设置色彩 RGB 分别为 35、100、231，设置色彩 RGB 分别为 70、192、255，设置色彩 RGB 分别为 138、237、255，设置色彩 RGB 分别为 103、220、253，单击【确定】按钮，在【图层样式】对话框中单击【确定】按钮，如图 14-94 所示。

06　设置完成后的效果如图 14-95 所示。

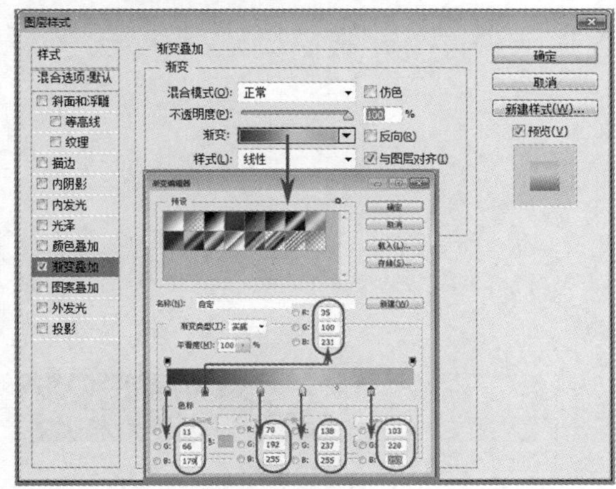

图 14-94

图 14-95

07　在【图层控制】面板中选择 pconline 图层，按住【Alt】键不放，按住鼠标左键拖动出 pconline 副本图层，按【Ctrl+T】组合键，将副本图层进行倒立，接着给 pconline 副本图层添加一个蒙版，点击渐变工具，给 pconline 副本图层添加渐变，如图 14-96 所示。

08　在【图层】面板上单击【创建新图层】按钮，新建一个图层，再用钢笔工具画出一个不规则的形状，如图 14-97 所示。

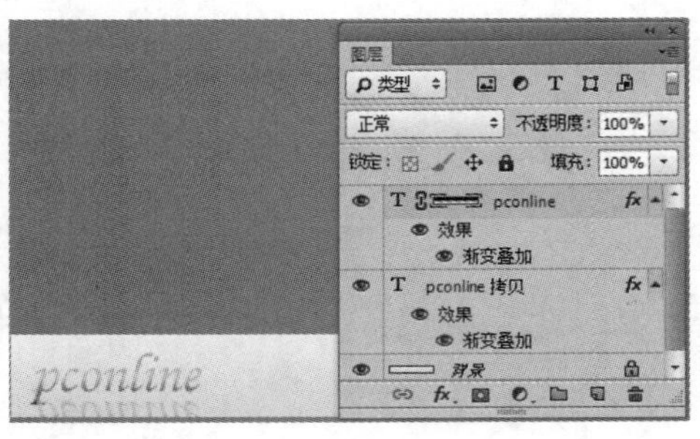

图 14-96

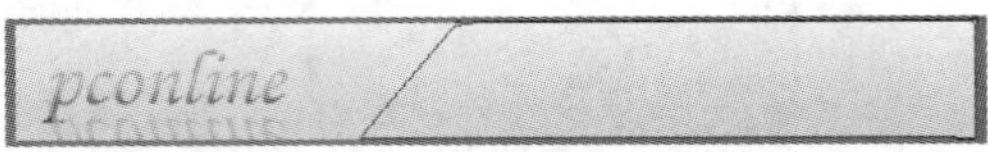

图 14-97

09 在工具箱中选择设置前景色，设置前景色的颜色 RGB 值分别为 2、194、247，填充给不规则的形状，按【Ctrl+Enter】组合键转换为选区，接着按【Alt+Delete】组合键填充，按【Ctrl+D】组合键取消选区，选择【图层 1】右击，在弹出的快捷菜单中选择【混合选项】命令，进入到【图层样式】对话框，勾选【投影】复选项，设置混合模式：【正片叠底】，单击色块，弹出【拾色器】窗口，设置为蓝色（R：107，G：151，B：170，），不透明度：23%，距离：5 像素，扩展：0%，大小：5 像素，然后单击【确定】按钮，如图 14-98 所示。

10 在工具箱中选择横排文字工具，在工作区中单击后，输入"太平洋创意设计栏目"，在工具选项栏中设置字体为【隶书】，设置【字体大小】为 17 点，设置消除锯齿为"浑厚"，设置【字体颜色】为黑色，如图 14-99 所示。

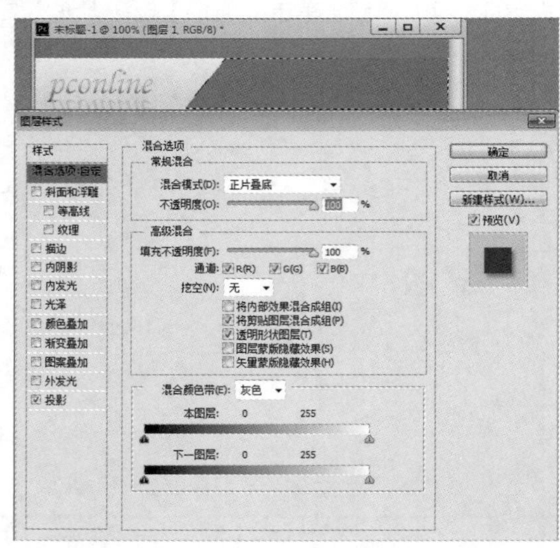

图 14-98

图 14-99

11 在工具箱中选择【横排文字工具】，在工作区中单击后，输入 Photoshop CC、Flash CC、CorelDRAWCC、Fireworks.CC 3Dsamx、Dreamweaver、MAYA、After.Effects 字，在工具选项栏中设置字体为【隶书】，设置字体大小为 8 点，设置消除锯齿为"浑厚"，设置字体颜色为（RGB7,50,104），并调整之间的距离，如图 14-100 所示。

12 在图层控制面板单击【新建图层】按钮，新建一个图层，在工具箱中选择【直线工具】，在工作区中拖出一个直线形状，如图 14-101 所示。

图 14-100

图 14-101

13 选择工具箱中的【椭圆形工具】，新建一个图层，绘制一个圆，颜色设置为蓝色，如图 14-102 所示。

14 绘制完成后复制出 7 个图形并调整其位置，即可完成网站横条广告，如图 14-103 所示。

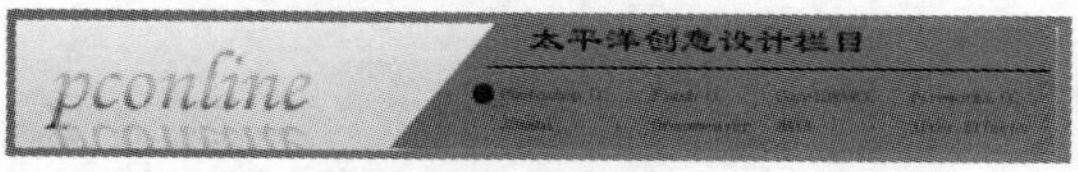

图 14-102

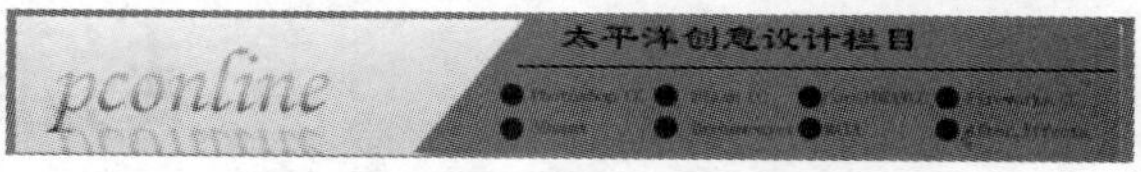

图 14-103

14.5　习题

1. 选择题

（1）________是一种特殊的图层。要想对文字进行进一步的处理，可以对文字进行栅格化处理，即先将文字转换成一般的图像再进行处理。

A. 文字图层　　B. 图像图层　　C. 图形图层

（2）使用【路径】面板可以对路径快速、方便地进行________。

A. 管理　　B. 使用　　C. 编辑

（3）使用添加锚点工具在路径上单击可以添加________，使用删除锚点工具在锚点上单击可以删除锚点。

A. 方向点　　B. 锚点　　C. 锚点与方向点

2. 填空题

（1）________的工具有横排文字工具、直排文字工具、横排文字蒙版工具和直排文字蒙版工具等 4 种，后两种工具主要用来建立________。

（2）【路径】面板集________路径和________路径于一身，在这个面板中，可以完成从路径到选区和从自由选区到路径的转换，还可以对路径施加一些效果，使得路径看起来不那么单调。

3. 上机操作

运用本章所学的工具绘制一个图形，如图 14-104 所示。

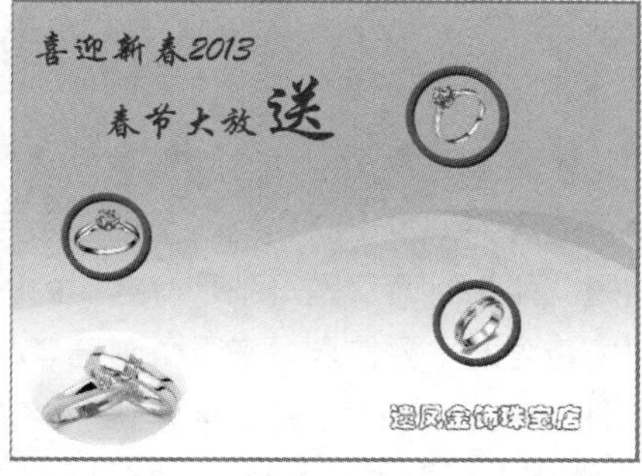

图 14-104

第 15 章　使用 Photoshop 设置网站封面页

本章重点

- 封面页的设计
- 切割封面页
- 为封面页添加链接

利用一个简洁美观的网站封面能够准确表达网站的主旨，并给访客留下深刻的印象。本章将介绍如何使用 Photoshop 进行设置网站封面页。制作完成后的网站封面页效果如图 15-1 所示。

图 15-1

15.1　封面的设计

某些网站由于内容较多、图片较大等问题，打开时间相对缓慢，因此可能导致大量浏览者在等待的过程中便放弃了继续打开网页的念头，对于商业网站来说，必定会造成一定的损失，而一个简单的网站封面便可以解决这个问题。网站封面仅是一张带有链接的图片，占据极少的资源，而精美的网站封面可以完美地表达网站所包含的主要信息，来吸引浏览者浏览网站内容。

01　启动 Photoshop CC 软件，按【Ctrl+N】组合键新建一个文件，在弹出的【新建】对话框中输入【名称】为【封面】，将【宽度】和【高度】分别设置为 929 像素和 828 像素，将【分辨率】设置为 300 像素/英寸，如图 15-2 所示。

02 在工具箱中选择【渐变工具】，在工具选项栏中设置渐变为【线性渐变】，如图 15-3 所示。

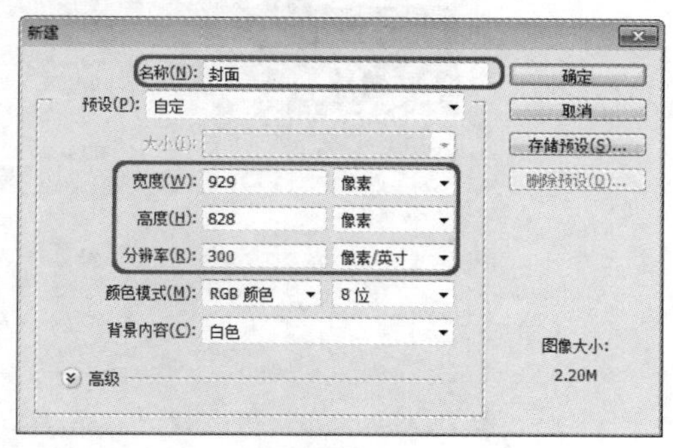

图 15-2

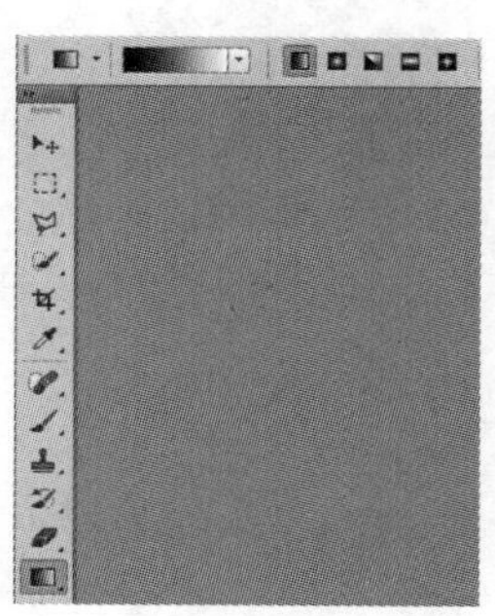

图 15-3

03 在打开的【渐变编辑器】对话框中设置第一处与第三处色标的 RGB 值为 255、123、20，第二处色标 RGB 值为 255、246、138，设置完成后单击【确定】按钮，返回至【渐变编辑器】对话框，如图 15-4 所示。

04 单击【确定】按钮，在场景中从上到下绘制线性渐变色，如图 15-5 所示。

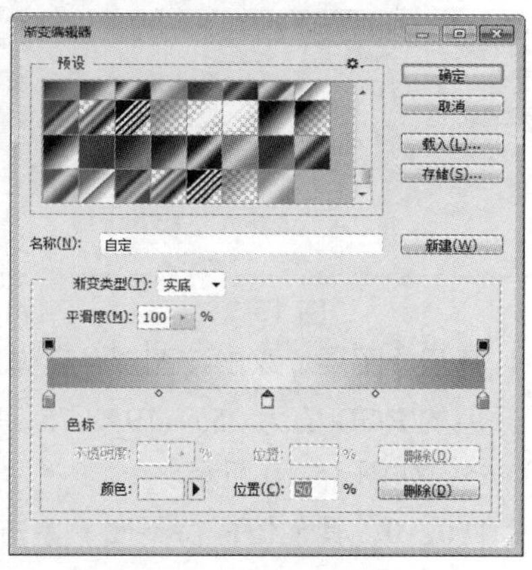

图 15-4

图 15-5

05 新建【图层 1】，在工具箱中选中【钢笔工具】，绘制如图所示的形状，并按【Ctrl+Enter】组合键转换为选区，如图 15-6 所示。

06 在工具箱中选择【渐变工具】，在工具箱中设置渐变为【线性渐变】，在打开的【渐变编辑器】对话框中设置第一处与第三处色标的 RGB 值为 255、202、71，第二处色标的 RGB 值为 255、248、173，连续单击【确定】按钮即可，如图 15-7 所示。

07 保持选区处于选中状态，在选区内绘制渐变色，按【Ctrl+D】组合键取消选区，如图 15-8 所示。

08 在【图层】面板中双击【图层 1】，在弹出的【图层样式】对话框中勾选【投影】选项，设置投影的 RGB 值设置为 225、225、225，【角度】为 0，【距离】为 5 像素、【扩展】为 30%、【大小】为 35 像素，单击【确定】按钮，如图 15-9 所示。

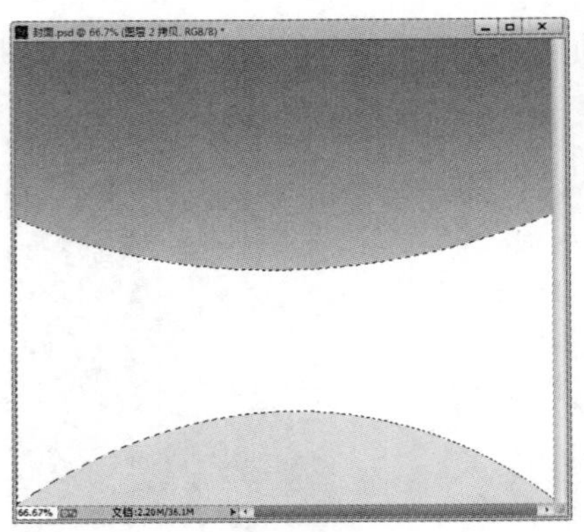

图 15-6

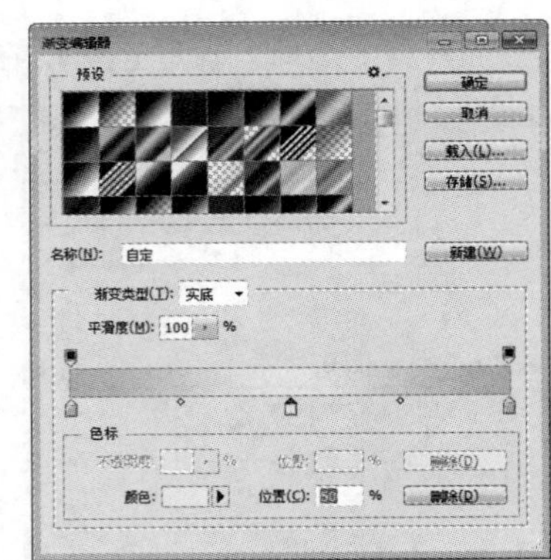

图 15-7

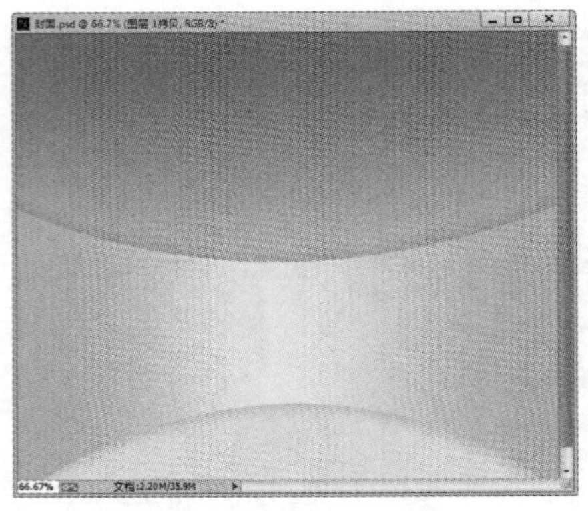

图 15-8

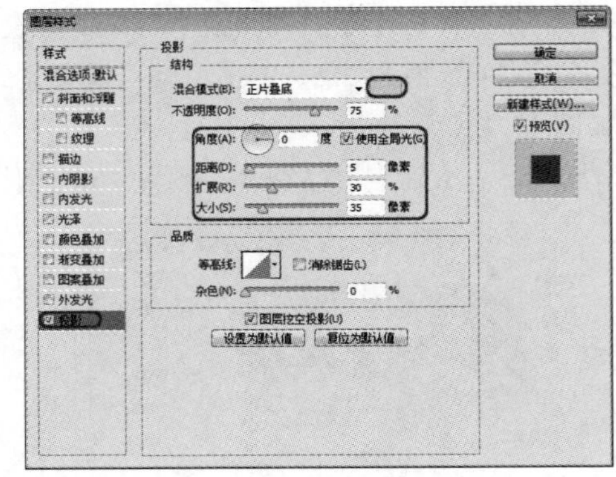

图 15-9

09 按【Ctrl+J】组合键复制【图层 1】生成【图层 1 拷贝】图层，双击该图层，在弹出的【图层样式】对话框中勾选【内发光】选项，设置【内发光】颜色的 RGB 值为 255、197、75，单击【确定】按钮，返回到图层样式对话框中，将【大小】设置为 55，如图 15-10 所示。

10 勾选【投影】选项，设置【投影】颜色为 255、150、0，其他值保持不变，单击【确定】按钮，如图 15-11 所示。

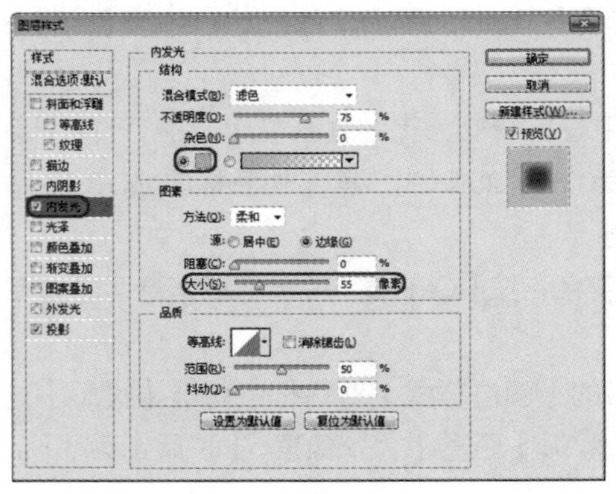

图 15-10

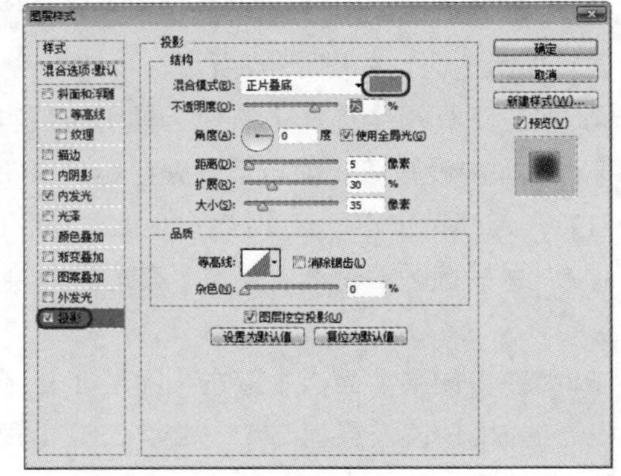

图 15-11

11 新建【图层 2】，在工具箱中选择【椭圆选框工具】，在如图所示位置绘制椭圆选框，如图 15-12 所示。

12 按【Shift+F6】组合键，在打开的【羽化选区】对话框中设置【羽化半径】为 15 像素，单击【确定】按钮，如图 15-13 所示。

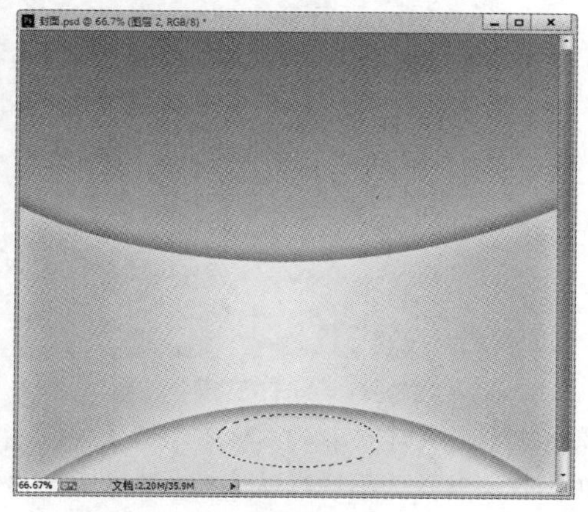

图 15-12

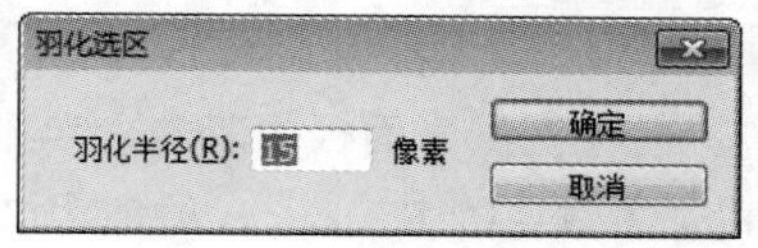

图 15-13

13 在椭圆选区内按【Ctrl+Delete】组合键填充，在【图层】面板中调整【不透明度】为 55%，按【Ctrl+D】组合键取消选区，如图 15-14 所示。

14 新建图层 3，在工具箱中选中【椭圆选框工具】，按住 Shift 键进行绘制圆形选区，按 Alt+Delete 组合键进行填充，在【图层】面板中设置【图层混合模式】为【划分】，【不透明度】为 50%，如图 15-15 所示。

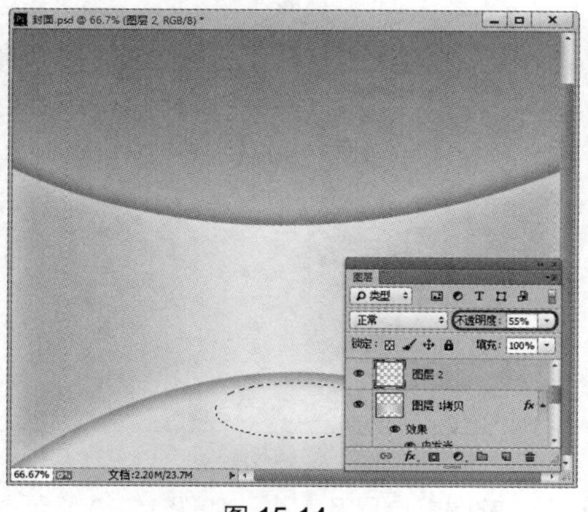

图 15-14

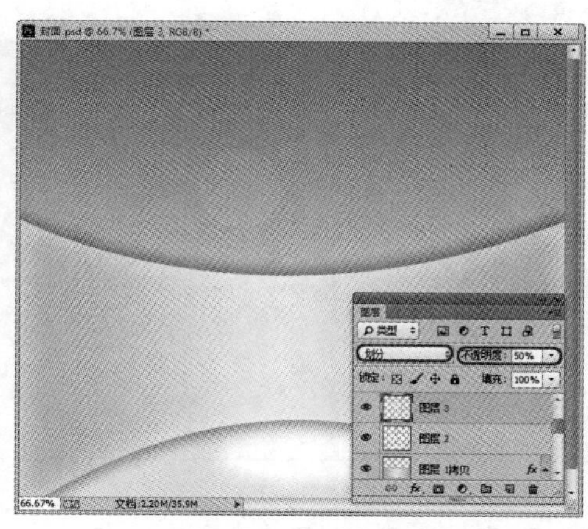

图 15-15

15 在【图层】面板中新建【组 1】，按【Ctrl+J】组合键将【图层 3】复制若干个图层，调整不透明度、大小及合适位置，如图 15-16 所示。

16 在工具箱中选中【横排文字工具】，在场景中适当的位置输入【詠兴家电购物送豪礼】，在文本选项栏中设置【字体】为【黑体】，【字体大小】为 20 点，字体颜色设置为红色，如图 15-17 所示。

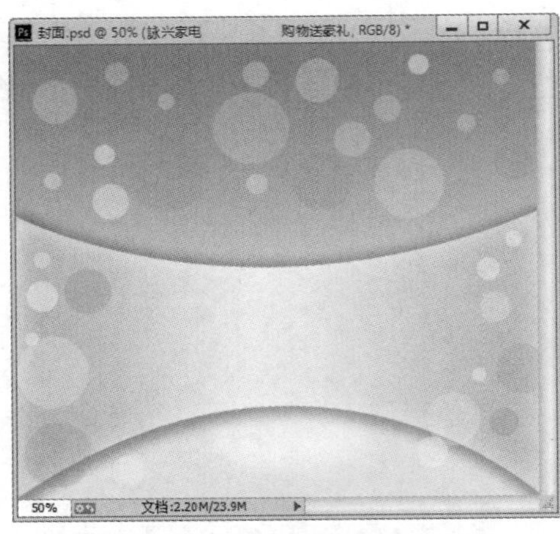
图 15-16

图 15-17

17 在【图层】面板中双击文字图层，在弹出的【图层样式】对话框中勾选【投影】选项，设置【投影】颜色的 R、G、B 的值为 79、79、79，其他参数为系统默认值，单击【确定】按钮，如图 15-18 所示。

18 打开【CDROM】|【素材】|【Cha15】|【礼品 001.jpg】文件，双击背景图层，弹出【新建图层】对话框，单击【确定】按钮，在工具箱中选择【魔棒工具】，选择图片的背景，按【Delete】键，将其背景颜色删除，如图 15-19 所示。

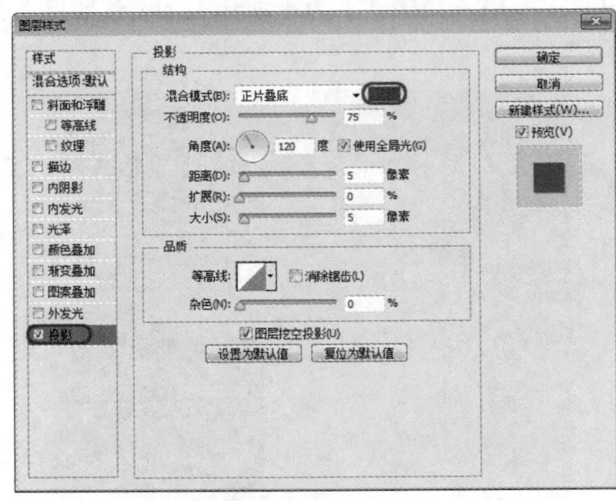

图 15-18

图 15-19

19 将其拖至【封面】文件中，按【Ctrl+T】组合键调整位置及大小，如图 15-20 所示。

20 使用上述相同方法，打开素材文件礼品 02.jpg、礼品 03.jpg 并将其中图像分离，如图 15-21 所示。

21 在工具箱中选择【移动工具】，将被分离的素材文件移动到【封面】文件中，并调整其大小及位置，如图 15-22 所示。

22 新建图层，在工具箱中选择【圆角矩形工具】，绘制一个圆角矩形，将其填充为红色，并调整其位置，如图 15-23 所示。

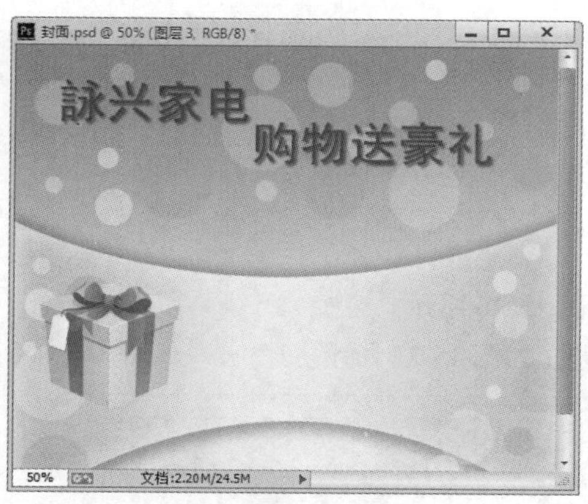

图 15-20

图 15-21

图 15-22

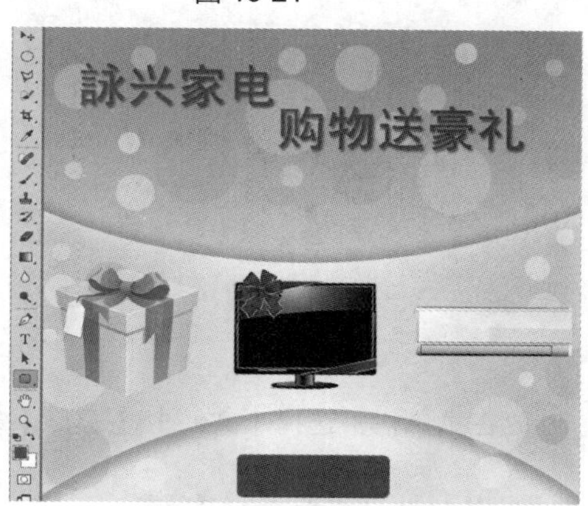

图 15-23

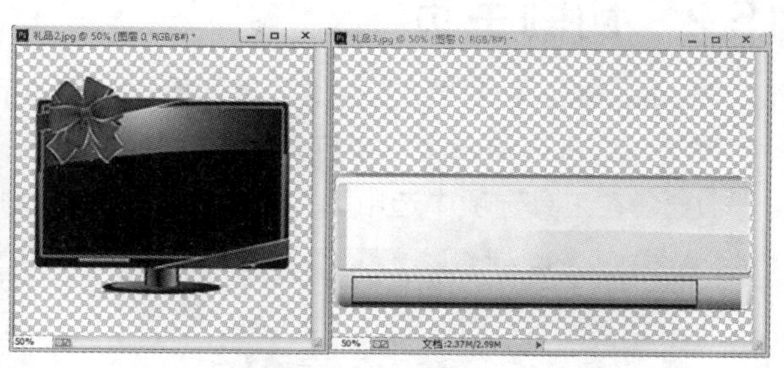

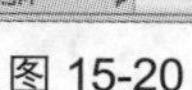

23　在工具箱中选择【横排文字工具】，在绘制的椭圆矩形上输入文本，并调整其大小及位置与圆角矩形相匹配，如图 15-24 所示。

24　使用上述相同方法，将导入的所有素材所在图像的【图层】样式均设置为【投影】，设置【投影】颜色的 R、G、B 的值为 79、79、79，其他参数为系统默认值，如图 15-25 所示。

图 15-24

图 15-25

25 操作完成后，在菜单栏中选择【文件】|【存储】命令，在弹出的对话框中设置所需要保存的文件名，单击【保存】按钮。

15.2 切割主页

在 Photoshop CC 中切割封面，具体操作步骤如下：

01 在 Photoshop CC 中打开制作完成的封面，如图 15-26 所示。

02 在工具选项中选中切片工具，对图片进行切割，如图 15-27 所示。

图 15-26

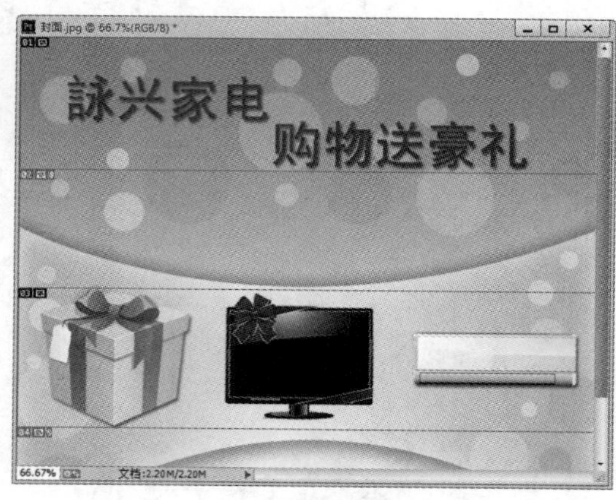

图 15-27

03 在菜单栏中选择【文件】|【存储】命令，将图片进行保存。

15.3 为主页添加链接

在 Photoshop CC 中添加链接，具体操作步骤如下：

01 打开切割完成后的封面，如图 15-28 所示。

02 在工具选项中选中切片工具，在切片 02 上右击，在弹出的快捷菜单中选择【编辑切片选项】命令，如图 15-29 所示。

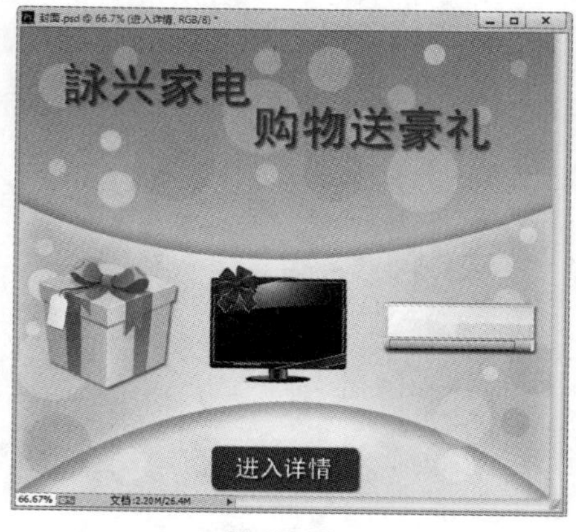

图 15-28

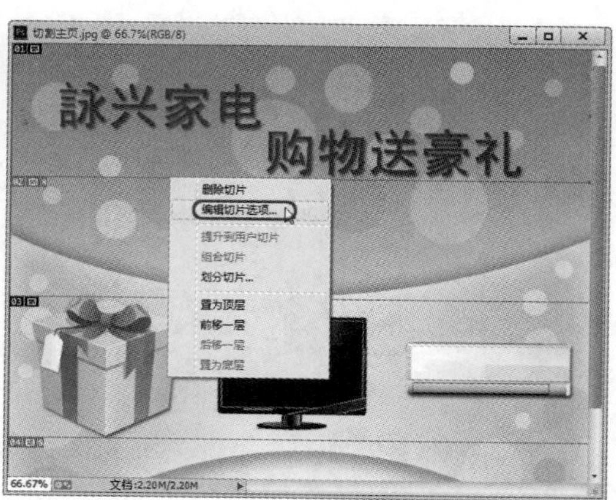

图 15-29

03 在弹出的【切片选项】对话框中，在 URL 文本框中输入要进行链接的网址，在此输入 http://www.sohu.com，并单击【确定】按钮，如图 15-30 所示。

04 在菜单栏中选择【文件】|【存储为 Web 和所用格式】命令，打开【存储为 Web 所用格式】对话框，如图 15-31 所示。

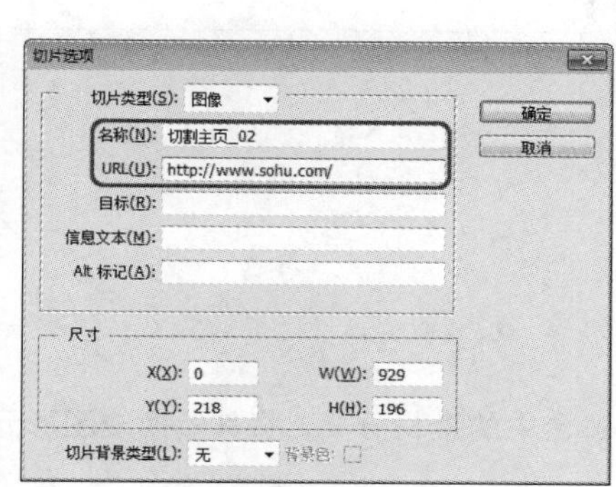

图 15-30

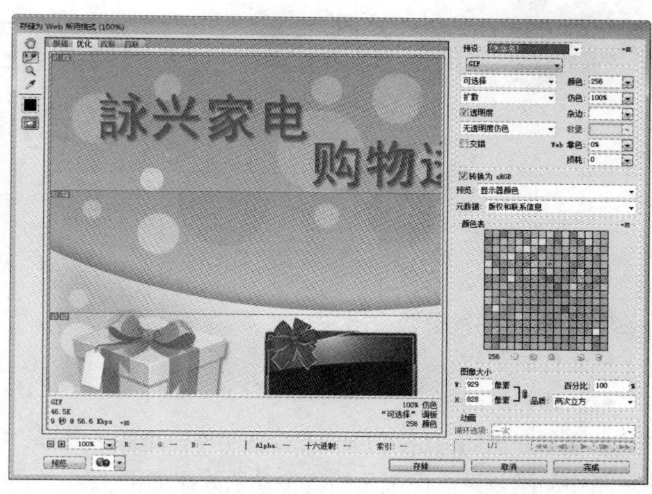

图 15-31

05 单击【存储】按钮，在弹出的对话框中选择存储路径，设置【格式】为【HTML 和图像(*.html)】，其他选项按默认设置即可，单击【确定】按钮。

第 16 章　项目练习——制作 Flash 贺卡动画

本章重点

- Flash 在广告中的应用
- 元件的制作
- 创建补间动画

本章将介绍如何使用 Flash CC 来制作一个图片动画，将舞台中的素材分离，将其转换成图形元件来制作动画效果。完成后的宣传动画效果如图 16-1 所示。

图 16-1

16.1　制作贺卡

01　运行 Flash CC 软件，在菜单栏中选择【文件】|【新建】命令，如图 16-2 所示。

02　在弹出的【新建文档】对话框中，在【常规】选项卡中单击【ActionScript 3.0】，如图 16-3 所示，然后单击【确定】按钮。

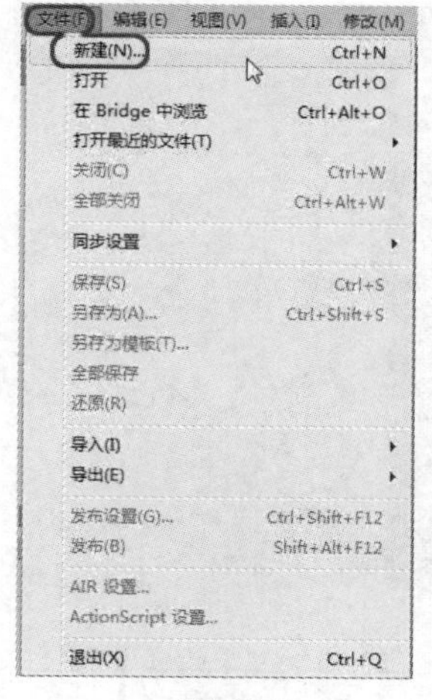

图 16-2

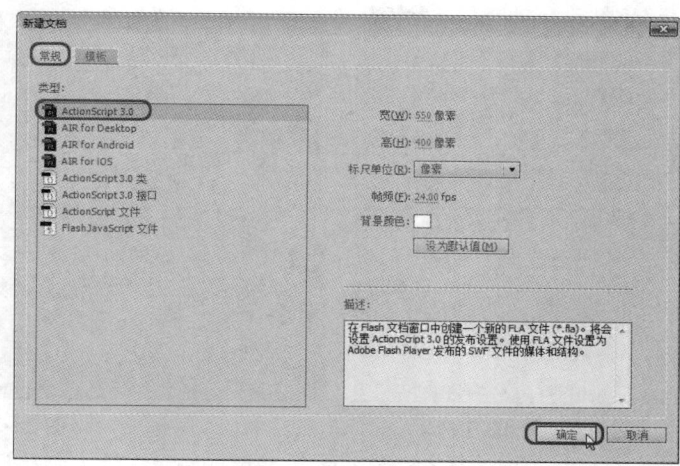

图 16-3

03　新建空白文档，打开【属性】面板，在【属性】选项组中将大小设置为【620×465】像素，如图 16-4 所示。

04　在菜单栏中选择【文件】|【导入】|【导入到库】命令，打开【导入到库】对话框，打开随书附带光盘中的【CDROM】|【素材】|【Cha16】|【1.jpg】、【2.jpg】、【3.jpg】、【4.jpg】素材图片，单击【确定】按钮，将其导入到库，如图 16-5 所示。

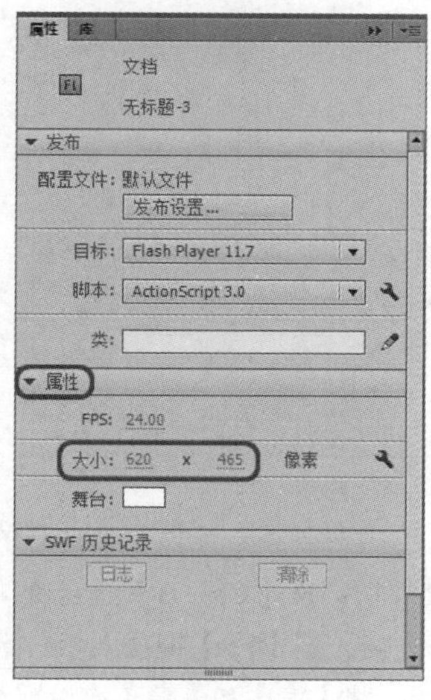

图 16-4

图 16-5

05　打开【库】面板，将【1.jpg】拖动至舞台中，选中图片，打开【属性】面板，在【位置和大小】选项组中将【宽】和【高】分别设置为 620、465，如图 16-6 所示。

06　打开【对齐】面板，勾选【与舞台对齐】复选框，在【对齐】选项组中单击【水平中齐】和【垂直中齐】按钮，将图片与舞台对齐，如图 16-7 所示。

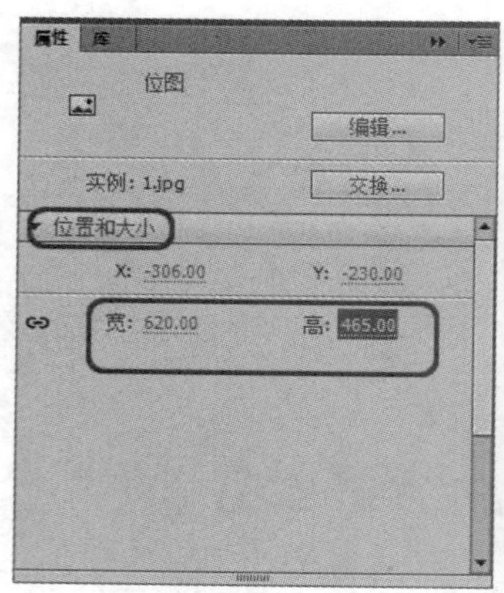

图 16-6

图 16-7

07 在工具箱中选择【矩形工具】，将笔触颜色设置为【无】，将填充颜色设置为【任意颜色】，在【时间轴】面板中单击【新建图层】按钮，新建【图层 2】，设置完成后按【Shift】键在舞台中绘制矩形，选中矩形，在【属性】面板中设置矩形大小，宽为 27，高为 27，如图 16-8 所示。

08 继续选中矩形，按【F8】键打开【转换为元件】对话框，将【名称】设置为【矩形动画】，将【类型】设置为【影片剪辑】，设置完成后单击【确定】按钮，如图 16-9 所示。

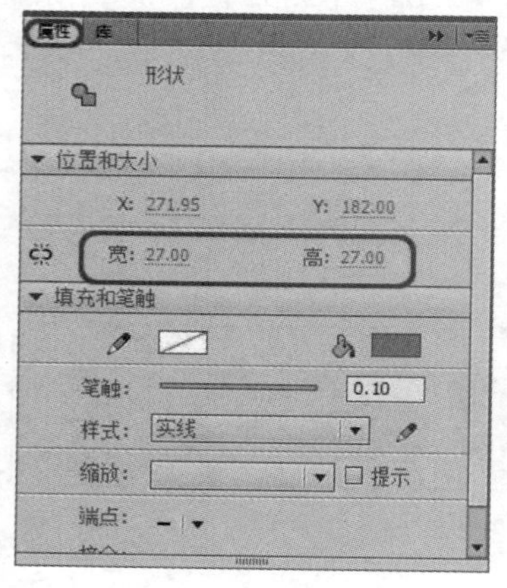

图 16-8

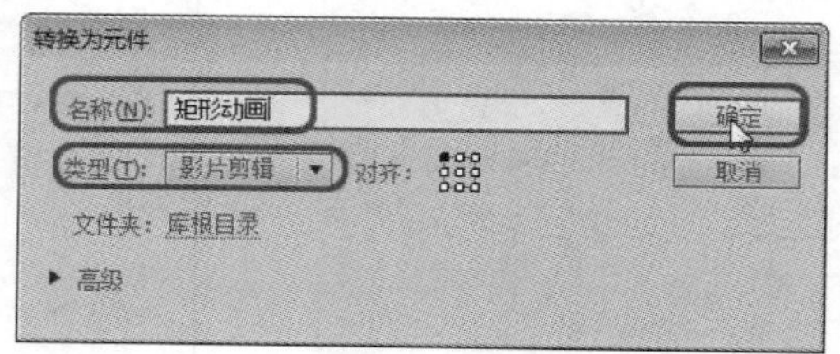

图 16-9

09 选择【图层 1】的第 65 帧，按【F5】键插入帧。双击【矩形动画】元件，在打开的【矩形动画】影片剪辑元件中，选择矩形，按【Ctrl+X】组合键将其剪切，按【Ctrl+B】组合键，然后再按【Ctrl+V】组合键将其粘贴。选择【时间轴】面板中的第 65 帧，按【F5】键插入帧，选择第 55 帧，按【F6】键插入关键帧，选择【矩形】，打开【属性】面板，将【宽】和【高】均设置为 80，如图 16-10 所示。

10 选择矩形，按【Ctrl+X】组合键将其剪切，按【Ctrl+B】组合键，然后再按【Ctrl+V】组合键将其粘贴。在第 1 帧至第 55 帧任意一帧处右击，在弹出的快捷菜单中选择【创建补间形状】命令，如图 16-11 所示。

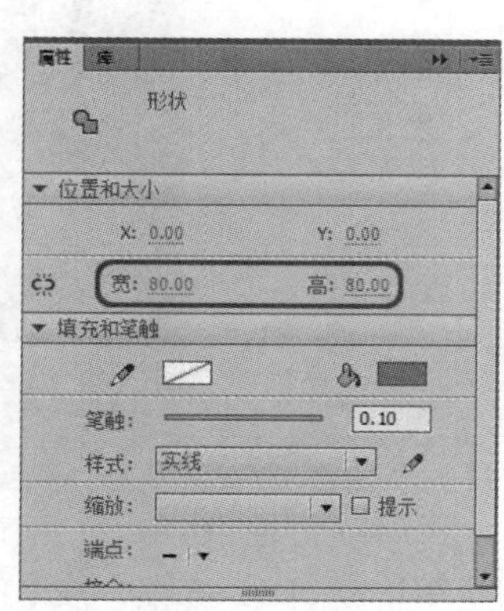

图 16-10

图 16-11

11 按【Ctrl+F8】组合键打开【创建新元件】对话框，将名称设置为【多个矩形动画】，将【类型】设置为【影片剪辑】，设置完成单击【确定】按钮，如图 16-12 所示。

12 打开【库】面板，将【矩形动画】元件拖动至舞台中并调整至合适的位置，如图 16-13 所示。

13 在舞台中复制多个【矩形动画】元件，并调整其位置，如图 16-14 所示。

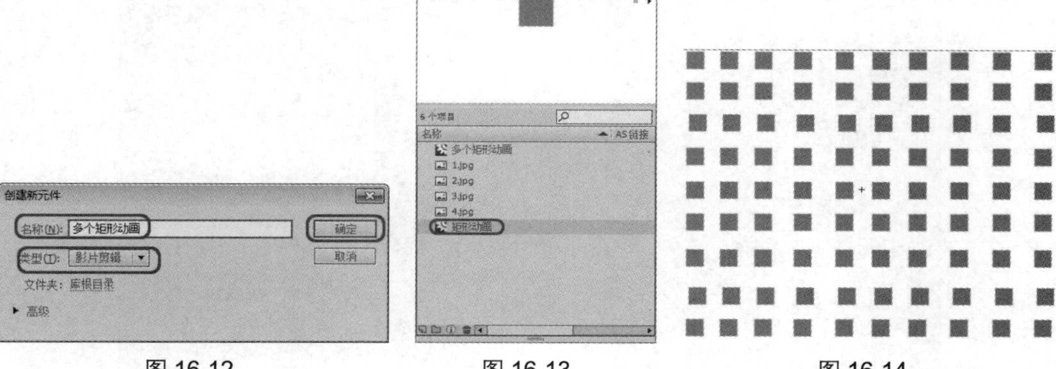

图 16-12　　图 16-13　　图 16-14

14 返回到场景 1 中，将【矩形动画】元件删除，选择【图层 2】的第 1 帧，打开【库】面板，选择【多个矩形动画】，将其拖动至舞台中，调整至合适的位置，选择【图层 2】的第 65 帧，按 F5 键插入帧，如图 16-15 所示。

15 选择【图层 2】，右击，在弹出的快捷菜单中选择【遮罩层】命令，添加遮罩层，如图 16-16 所示。

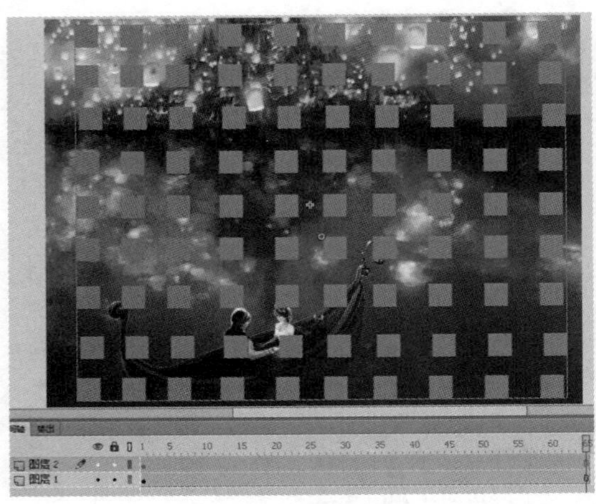

图 16-15

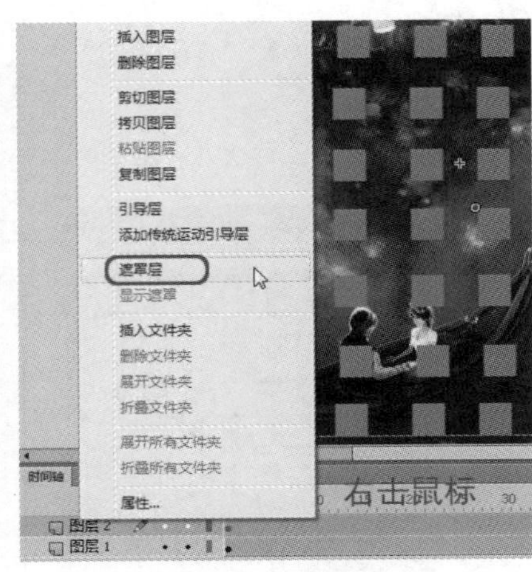

图 16-16

16　在时间轴面板中单击【新建图层】按钮，新建【图层 3】，选择第 66 帧，按【F6】键插入关键帧，打开【库】面板，选择【1.jpg】，将其拖动至舞台中，选择图片，调整其大小，打开【对齐】面板，单击【水平中齐】与【垂直中齐】按钮，如图 16-17 所示。

17　选择第 185 帧，按【F5】键插入帧，在工具箱中选择【文本工具】，在舞台中单击并输入文字，选中文字，打开【属性】面板，展开【字符】选项组，将【系列】设置为【华文新魏】，将【大小】设置为【50 磅】，将【颜色】设置为【白色】，如图 16-18 所示。

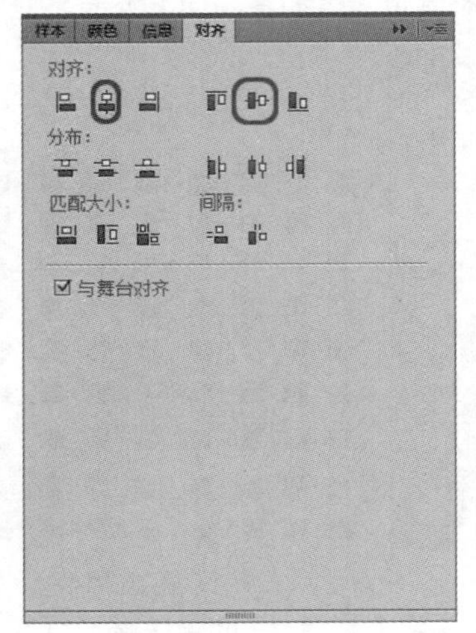

图 16-17

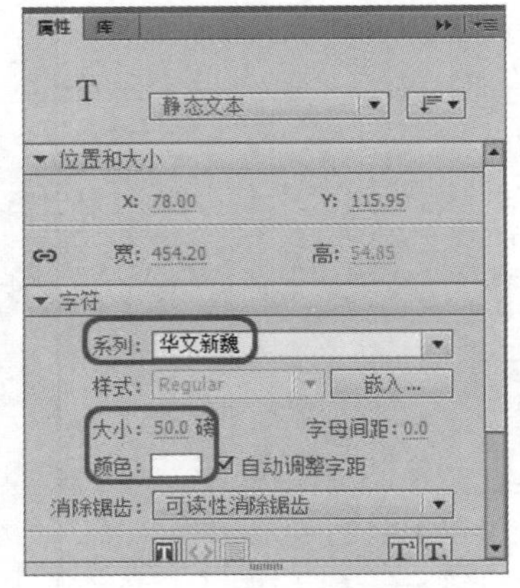

图 16-18

18　选中【静谧迷人】，将其【大小】设置为【38 磅】，选中【秋水】，将其【大小】设置为【69 磅】，设置完成后效果如图 16-19 所示。

19　选中文字，按【Ctrl+B】组合键将其打散，选中【你是】文字，按【F8】键打开【转换为元件】对话框，将【名称】设置为【文字 1】，将【类型】设置为【图形】，设置完成后单击【确定】按钮，如图 16-20 所示。

图 16-19

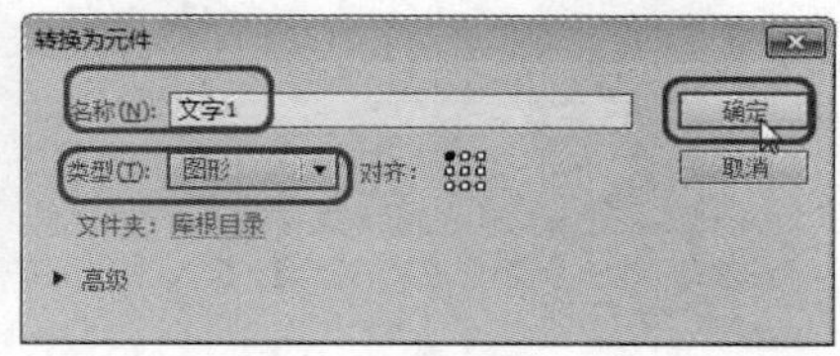

图 16-20

20 使用同样的方法将【静谧迷人的】转换为【文字 2】图形元件，将【秋水】转换为【文字 3】图形元件，设置完成后的效果如图 16-21 所示。

21 使用同样的方法将【你不安我就会破碎】、【你宁静我才能安眠】分别转换为【文字 4】、【文字 5】图形元件，如图 16-22 所示。

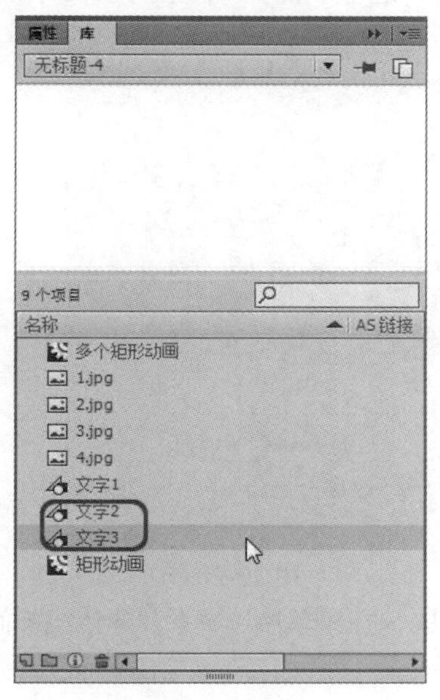

图 16-21

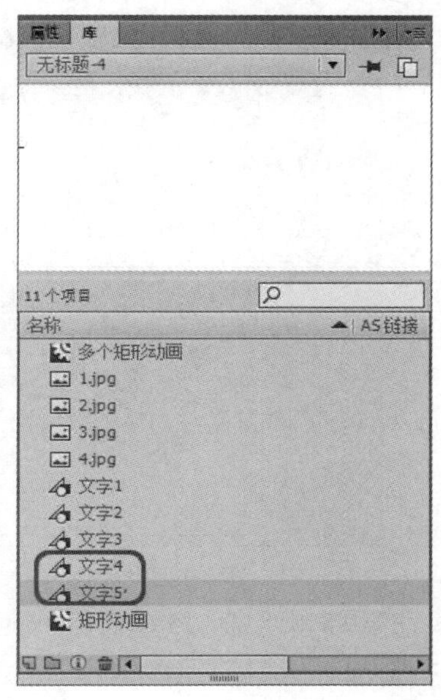

图 16-22

22 在舞台中将文字删除，在【时间轴】面板中单击【新建图层】按钮，新建【图层 4】，选择第 69 帧，按【F6】键插入关键帧，打开【库】面板，将【文字 1】添加至舞台中并调整其位置。选择第 74 帧，按【F6】键插入关键帧，将【文字 2】拖动至舞台中并调整其位置。选择第 79 帧，按【F6】键插入关键帧，将【文字 3】拖动至舞台中并调整其位置，设置完成后的效果如图 16-23 所示。

23 在【时间轴】面板中单击【新建图层】按钮，新建【图层 5】，在第 85 帧处插入关键帧，在【库】面板中选择【文字 4】，将其拖动至舞台中，并调整至合适的位置，如图 16-24 所示。

图 16-23

图 16-24

24 选中【文字 4】，打开【属性】面板，在【色彩效果】选项组中将【样式】设置为 Alpha，并将其值设置为 0，如图 16-25 所示。

25 选择第 115 帧，按【F6】键插入关键帧，在舞台中选中【文字 4】图形元件，打开【属性】面板，将 Alpha 值设置为 100，如图 16-26 所示。

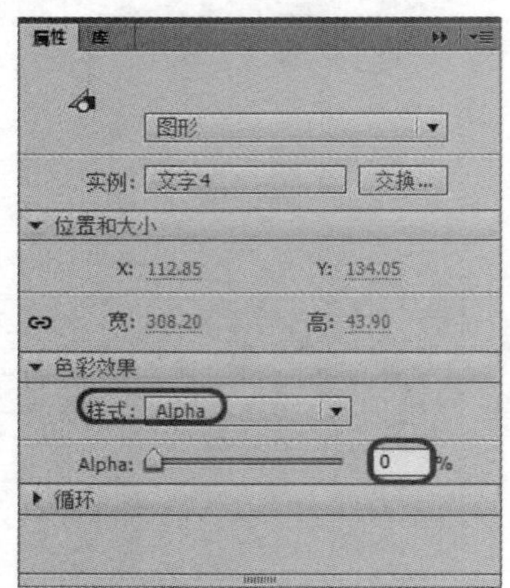

图 16-25

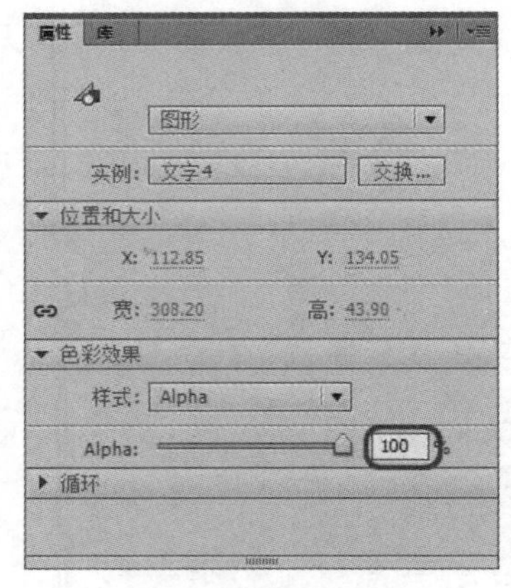

图 16-26

26 在第 85 帧至第 115 帧任意一帧处右击，在弹出的快捷菜单中选择【创建传统补间】命令，如图 16-27 所示。

27 在【时间轴】面板中单击【新建图层】按钮，新建【图层 6】，选择第 115 帧，插入关键帧，打开【库】面板，选择【文字 5】，将其添加至舞台中，选择【文字 5】，打开【属性】面板，将【样式】设置为 Alpha，并将其值设置为 0，如图 16-28 所示。

28 选择第 150 帧，插入关键帧，将【文字 5】移动至合适的位置，打开【属性】面板，将 Alpha 值设置为 100，如图 16-29 所示。

29 在第 115 帧至第 150 帧任意一帧处右击，在弹出的快捷菜单中选择【创建传统补间】命令，如图 16-30 所示。

图 16-27

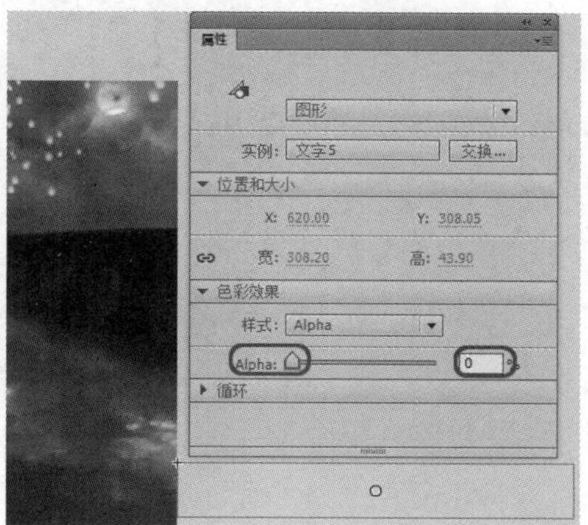

图 16-28

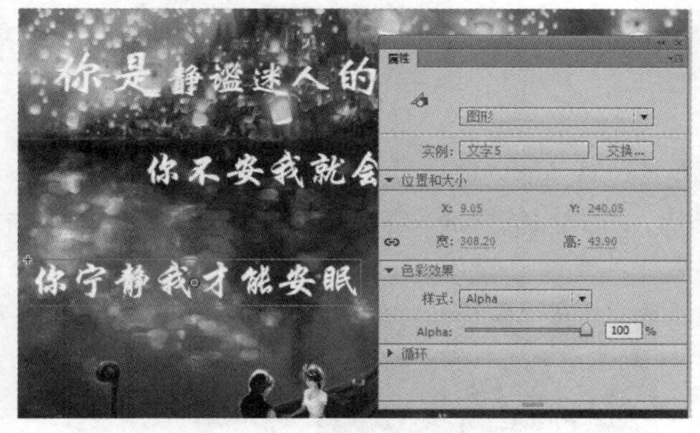

图 16-29

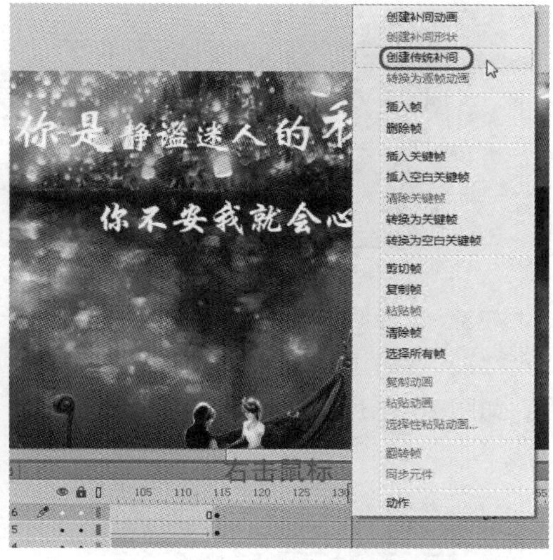

图 16-30

30 新建【图层 7】，选择第 170 帧，按 F6 键插入关键帧，打开【库】面板，选择【2.jpg】图片，将其拖动至舞台中，并将其宽和高分别设置为 620、465，将其与舞台对齐，如图 16-31 所示。

31 选择图片，按【F8】键打开【转换为元件】对话框，将名称设置为【图 2】，将【类型】设置为【图形】，设置完成后单击【确定】按钮，如图 16-32 所示。

32 选择图形元件，打开【属性】面板，将【样式】设置为 Alpha，将 Alpha 的值设置为 0，如图 16-33 所示。

图 16-31

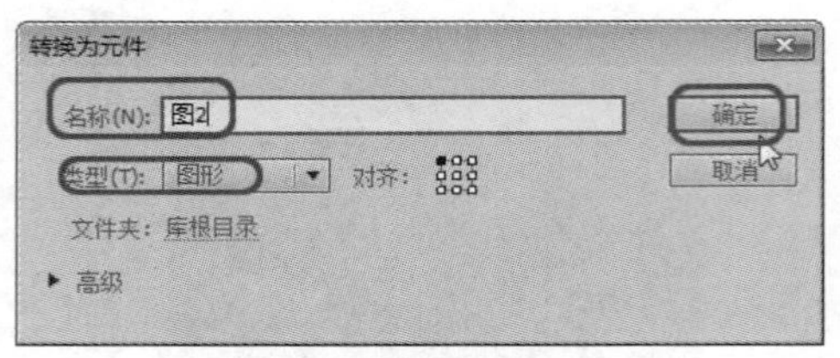

图 16-32

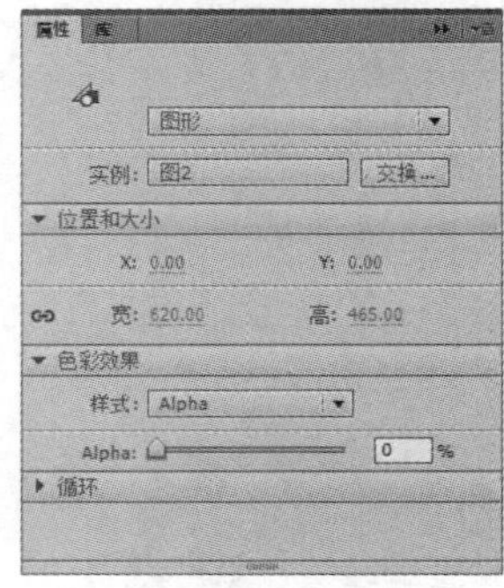

图 16-33

33 选择第 195 帧并插入关键帧，选择图形，将其 Alpha 值设置为 100，如图 16-34 所示。

34 在第 170 帧至第 195 帧任意一帧处右击，在弹出的快捷菜单中选择【创建传统补间】命令，如图 16-35 所示。

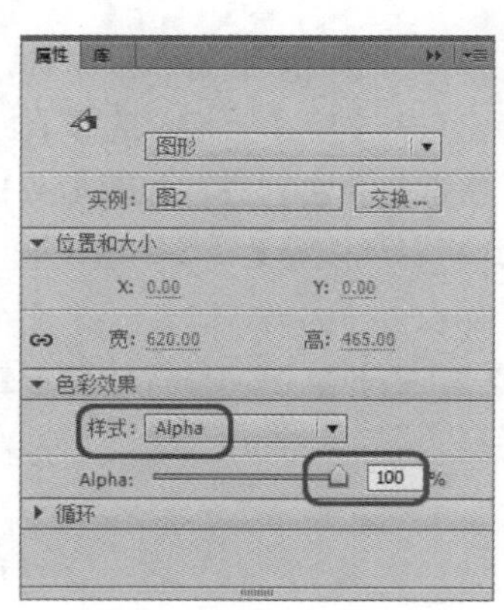

图 16-34

图 16-35

35 在第 280 帧处插入帧，新建【图层 8】，在第 200 帧处插入关键帧，在工具箱中选择【文本工具】，在舞台中输入文本【在没有月亮也没有星光的夜晚不要害怕】，选中文本，打开【属性】面板，将【系列】设置为【华文行楷】，将【大小】设置为【38 磅】，将【颜色】设置为【白色】，如图 16-36 所示。

36 选中文本，按【Ctrl+B】组合键将其打散，选择文本【在没有月亮】，按 F8 键打开【转换为元件】对话框，将【名称】设置为【文字 6】，将【类型】设置为【图形】，设置完成后单击【确定】按钮，如图 16-37 所示。

图 16-36

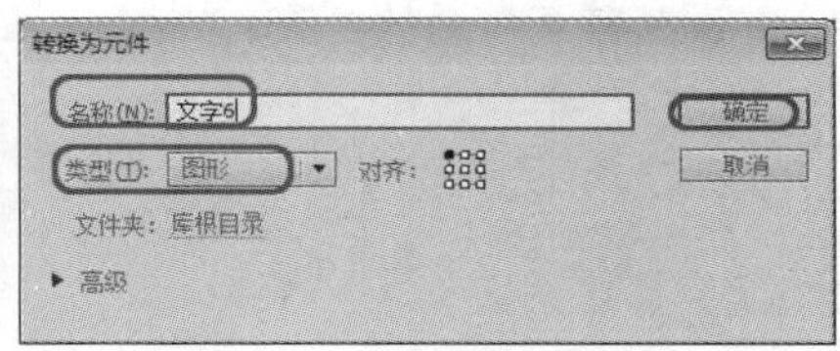

图 16-37

37 使用同样的方法将【也没有星光的夜晚】、【不要害怕】转换为【文字 7】、【文字 8】，如图 16-38 所示。

38 设置完成后在舞台中将文字删除，打开【库】面板，选择【文字 6】，将其拖动至【舞台】中，调整至合适的位置，如图 16-39 所示。

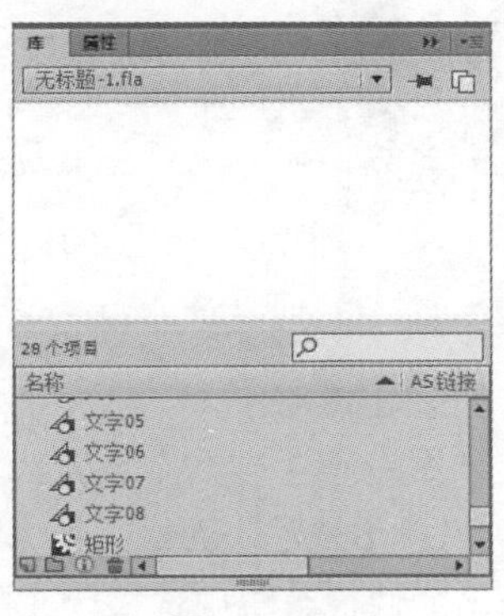

图 16-38

图 16-39

39 继续选择文字，打开【属性】面板，将【样式】设置为 Alpha，将其值设置为 0，如图 16-40 所示。

40 选择第 220 帧，按【F6】键插入关键帧，将【文字 6】拖动至适当的位置，打开【属性】面板，将 Alpha 设置为 100，如图 16-41 所示。

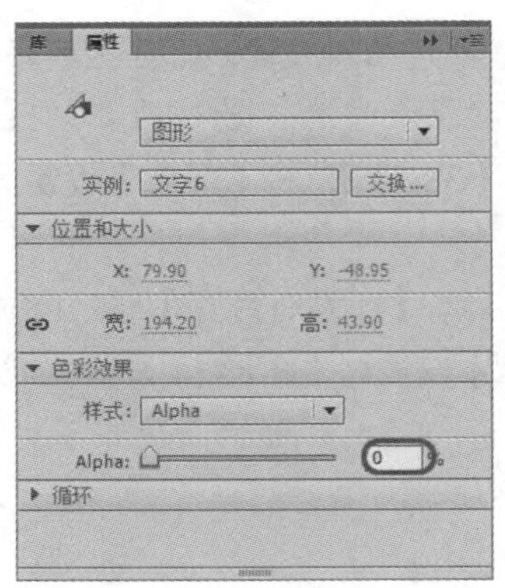

图 16-40

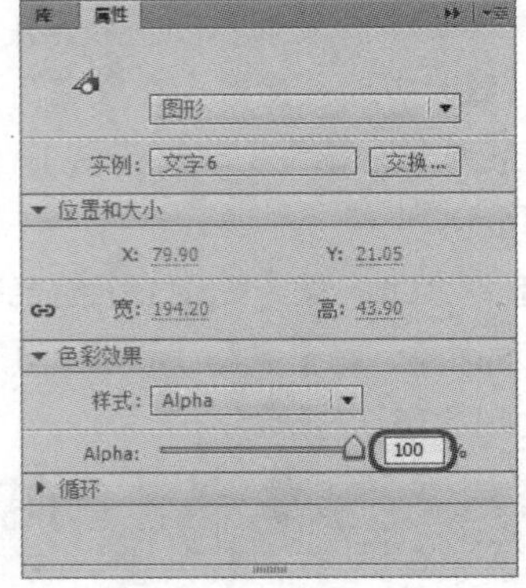

图 16-41

41 在第 200 帧与第 220 帧任意一帧处右击，在弹出的快捷菜单中选择【创建传统补间】命令，创建传统补间动画，如图 16-42 所示。

42 新建【图层 9】，在第 220 帧处插入关键帧，打开【库】面板，将【文字 7】添加至舞台中，并调整其至合适的位置，如图 16-43 所示。

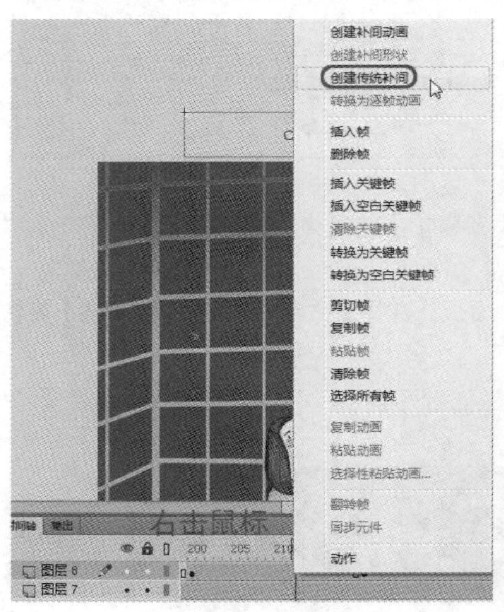

图 16-42

图 16-43

43 选中文字，打开【属性】面板，在【色彩效果】选项组中将【样式】设置为 Alpha，将 Alpha 值设置为 0，选择第 235 帧并插入关键帧，调整其位置，打开【属性】面板，将 Alpha 设置为 100，设置完成后在第 220 帧与第 235 帧任意一帧处右击，在弹出的快捷菜单中选择【创建传统补间】命令，如图 16-44 所示。

44 选择【图层 9】，右击，在弹出的快捷菜单中选择【添加传统运动引导层】命令，新建引导层，选择第 220 帧，插入关键帧，在工具箱中选择【铅笔工具】，在舞台中绘制一条路径，如图 16-45 所示。

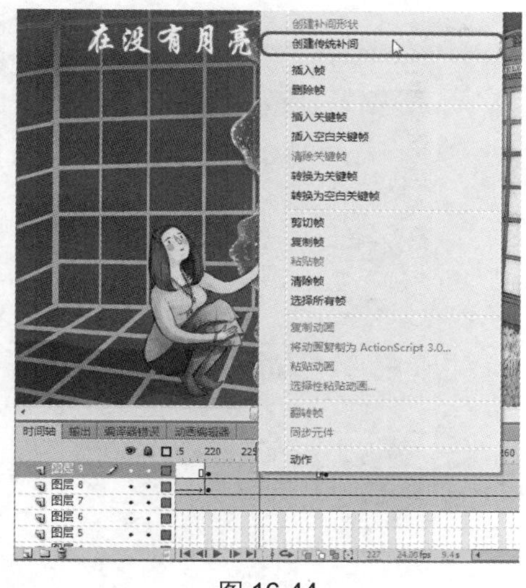

图 16-44

图 16-45

45 选择【图层 9】的第 220 帧，选择【文字 7】，将其中心点移动到路径的起始点，选择第 235 帧，将其中心点移动到结束点，如图 16-46 所示。

46 新建【图层 10】，在第 235 帧处插入关键帧，打开【库】面板，将【文字 8】拖动至舞台中，将其调整至合适的位置。在工具箱中选择【任意变形工具】，按【Shift】键调整【文字 8】的大小，调整后的效果如图 16-47 所示。

图 16-46

图 16-47

47 选择第 250 帧，按 F6 键插入关键帧，调整【不要害怕】文字的大小，选择第 235 帧至第 250 帧的任意一帧，右击，在弹出的快捷菜单中选择【创建传统补间】命令，如图 16-48 所示。

48 选择【图层 7】的第 265 帧，按【F6】键插入关键帧，选择【图 2】元件，打开【属性】面板，将【色彩效果】选项组中的【样式】设置为 Alpha，将其值设置为 100，选择第 280 帧，插入关键帧，并将 Alpha 设置为 0，如图 16-49 所示。

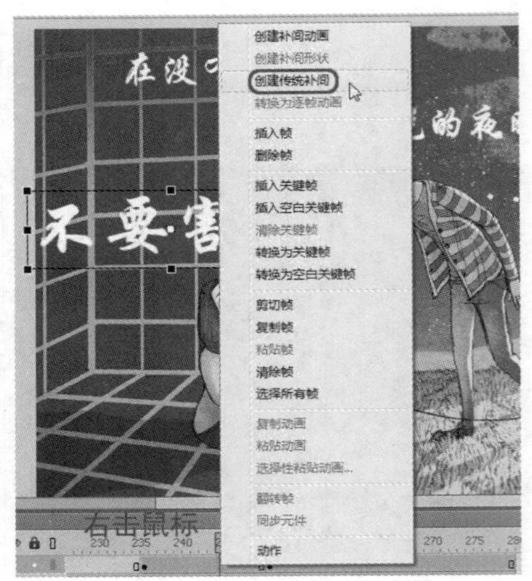

图 16-48

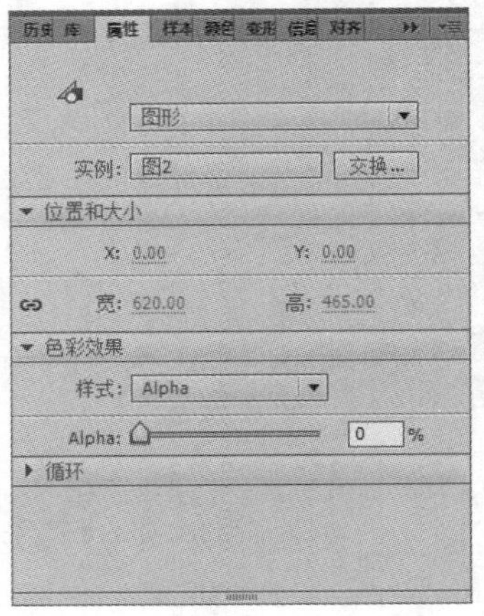

图 16-49

49 在第 265 帧至第 280 帧的任意一帧处右击，在弹出的快捷菜单中选择【创建传统补间】命令。选择【图层 10】，单击【新建图层】按钮，新建【图层 11】，在第 280 帧处插入关键帧，打开【库】面板，选择【3.jpg】，将其拖动至舞台中，并将其【宽】和【高】分别设置为 620、465，打开【对齐】面板，勾选【与舞台对齐】复选框，单击【水平中齐】和【垂直中齐】按钮，如图 16-50 所示。

50 选择图片，按 F8 键，打开【转换为元件】对话框，将【名称】设置为【图 3】，将【类型】设置为【图形】，设置完成后单击【确定】按钮，即可创建图形元件，如图 16-51 所示。

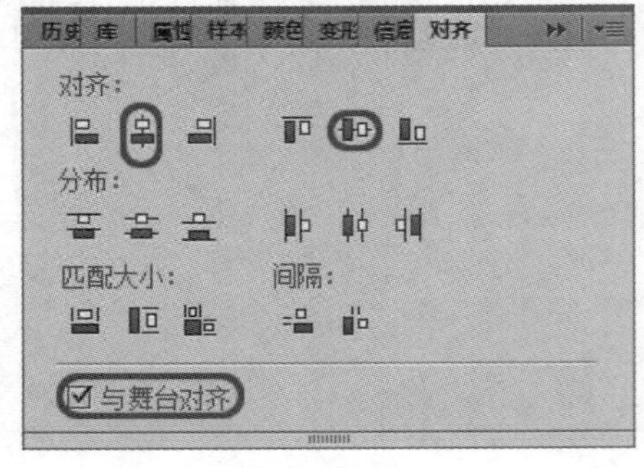

图 16-50

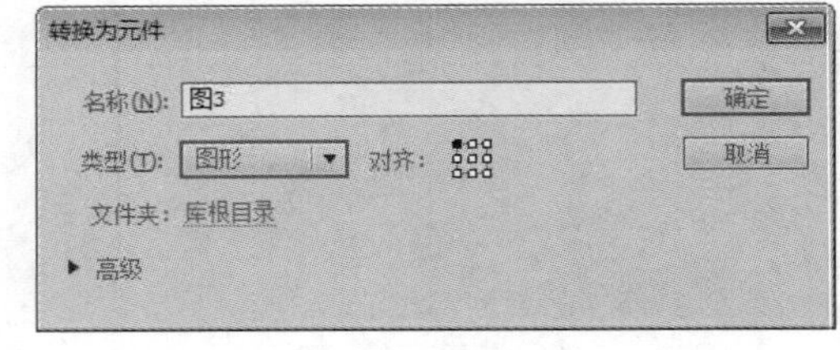

图 16-51

51 选择图形元件，打开【属性】面板，将【样式】设置为 Alpha 并将其值设置为 0，选择第 300 帧，插入关键帧，选择图形元件，打开【属性】面板，将 Alpha 设置为 100，如图 16-52 所示。

52 在第 280 帧与第 300 帧之间创建传统补间动画，选择第 385 帧，按【F5】键插入帧，新建【图层 12】，选择第 300 帧，按【F6】键插入关键帧，在工具箱中选择【文字工具】，在舞台中输入文本【我虔诚的祝福正默默的把你守望】，选中输入的文字，打开【属性】面板，将【系列】设置为【华文行楷】，将【大小】设置为【38 磅】，将【颜色】设置为【红色】，如图 16-53 所示。选中文字【守望】，将【大小】设置为【68 磅】。

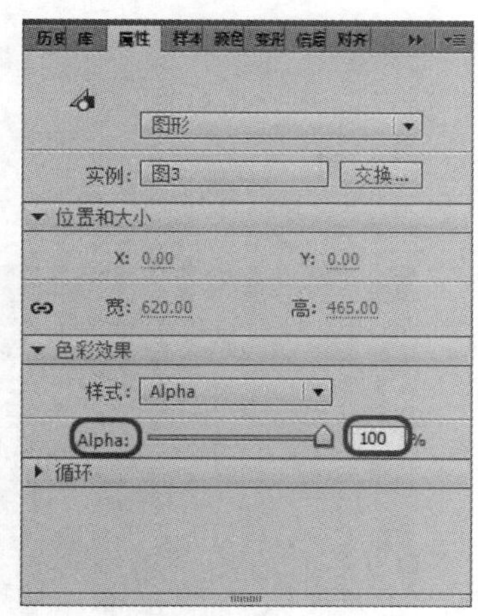

图 16-52

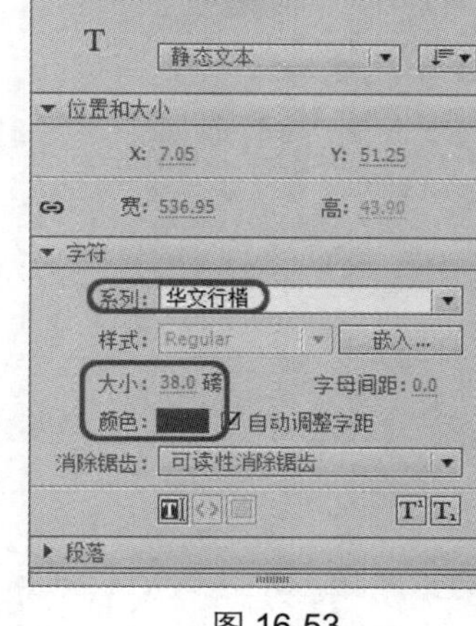

图 16-53

53 选中文字，按【Ctrl+B】组合键，将文字打散，选择【我虔诚的祝福】文字，按【F8】键打开【转换为元件】对话框，将【名称】设置为【文字 9】，将【类型】设置为【图形】，设置完成后单击【确定】按钮，即可将文字转换为元件，如图 16-54 所示。

54 使用同样的方法将【正默默的】、【把】、【你】、【守】、【望】转换为【文字 10】、【文字 11】、【文字 12】、【文字 13】、【文字 14】图形元件。设置完成后，将文字删除。打开【库】面板，将【文字 9】拖动至舞台中，将其调整至合适的位置，在工具箱中选择【任意变形工具】，调整【文字 9】的大小，如图 16-55 所示。

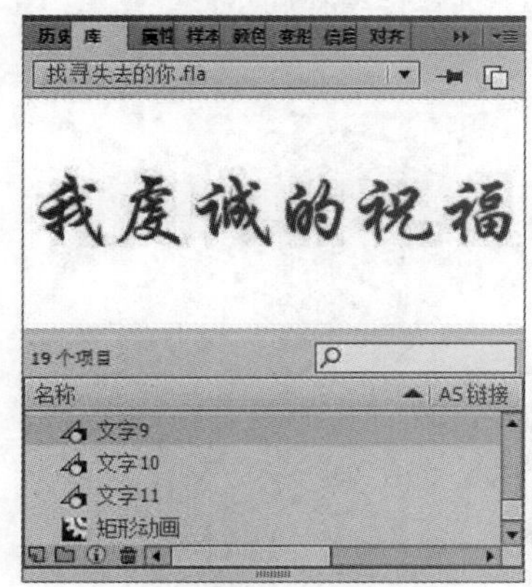

图 16-54

图 16-55

55 选择第 315 帧，插入关键帧，调整【文字 9】的大小，调整完成后在第 300 帧至 315 帧的任意一帧处右击，在弹出的快捷菜单中选择【创建传统补间】命令，如图 16-56 所示。

56 新建【图层 13】，选择第 316 帧插入关键帧，打开【库】面板，将【文字 10】拖动至舞台中，调整其位置，选择【任意变形工具】，调整其大小，打开【变形】面板，将【旋转】设置为【180° 】，如图 16-57 所示。

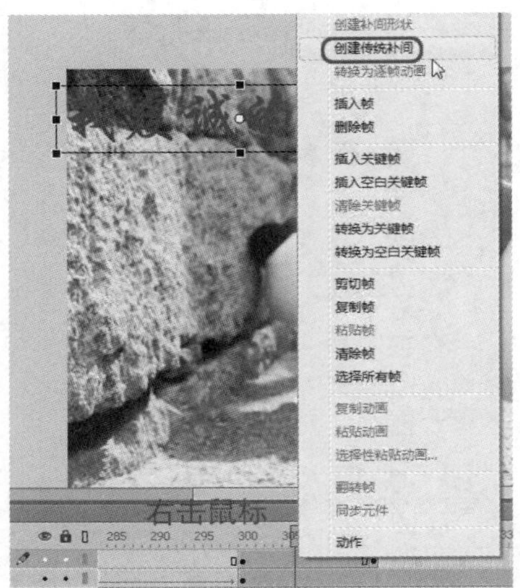

图 16-56

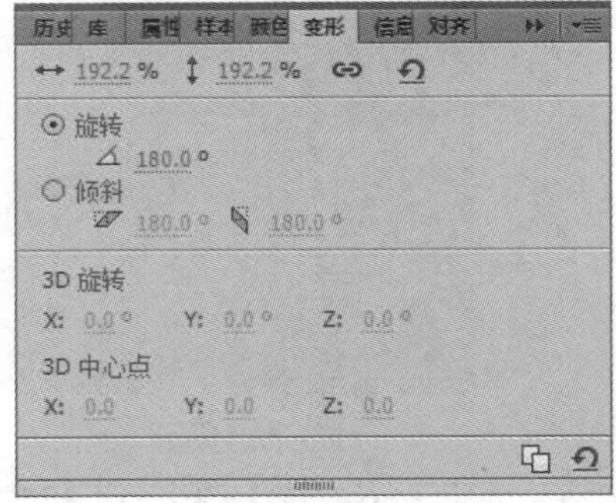

图 16-57

57 选择第 325 帧，插入关键帧，使用任意变形工具调整其大小及位置，打开【变形】面板，将【旋转】设置为【0° 】，如图 16-58 所示。

58 新建【图层 14】，选择第 325 帧，按【F6】键插入关键帧，打开【库】面板，将【文字 11】拖动至舞台中，使用【任意变形工具】调整其位置及大小，如图 16-59 所示。

59 选择第 333 帧，按【F6】键插入关键帧，继续使用【任意变形工具】调整其位置及大小，在第 325 帧至第 333 帧任意一帧处右击，在弹出的快捷菜单中选择【创建传统补间】命令，如图 16-60 所示。

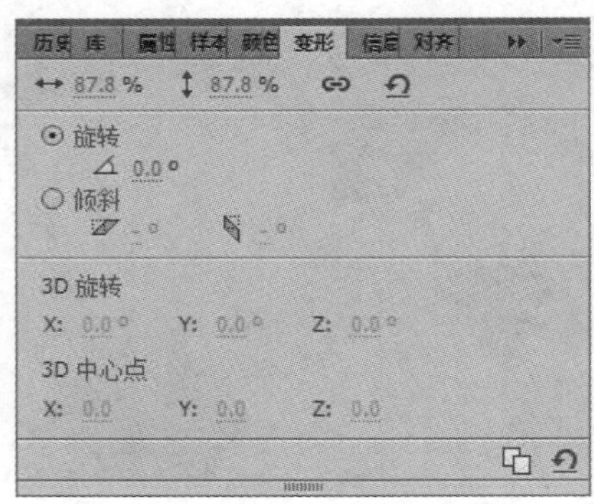

图 16-58

图 16-59

60 新建【图层 15】，在第 333 帧处插入关键帧，打开【库】面板，将【文字 12】拖动至舞台中，使用任意变形工具调整【文字 12】大小及位置，如图 16-61 所示。

61 在第 341 帧处插入关键帧，继续使用【任意变形工具】调整其位置及大小，在第 333 帧至第 341 帧任意一帧处右击，在弹出的快捷菜单中选择【创建传统补间】命令，如图 16-62 所示。

62 新建【图层 16】，在第 341 帧处插入关键帧，将【文字 13】拖动至舞台中，调整其位置，打开【属性】面板，将【样式】设置为 Alpha，将 Alpha 设置为 0，如图 16-63 所示。

图 16-60

图 16-61

63 选择第 349 帧，按 F6 键插入关键帧，调整文字的位置，打开【属性】面板，将 Alpha 设置为 100，设置完成后在第 341 帧至 349 帧任意一帧处右击，在弹出的快捷菜单中选择【创建传统补间】命令，如图 16-64 所示。

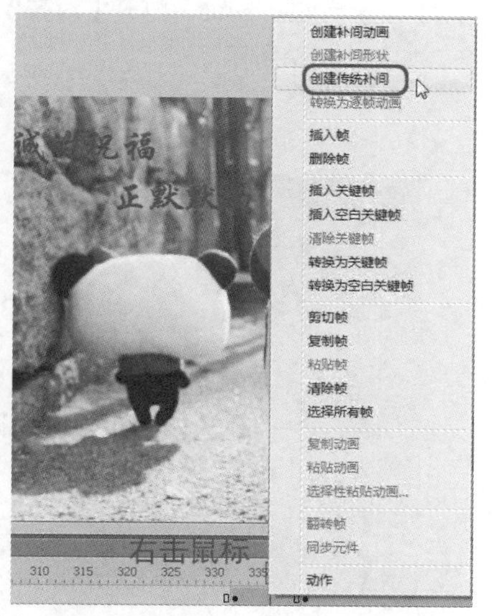

图 16-62

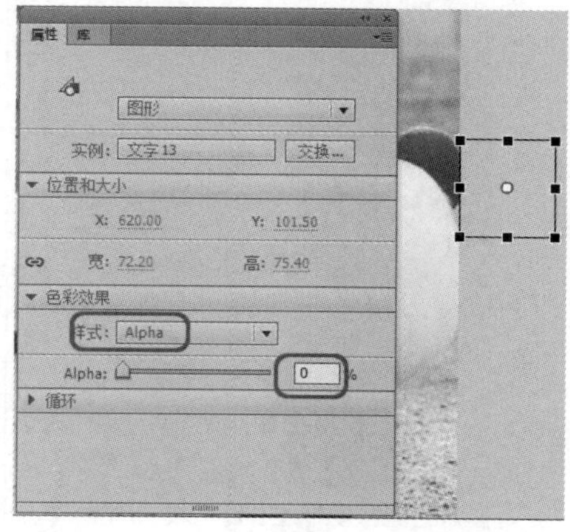

图 16-63

64 新建【图层 17】，在第 349 帧处插入关键帧，将【文字 14】拖动至舞台中，调整其位置，打开【属性】面板，将【样式】设置为 Alpha，将 Alpha 设置为 0，如图 16-65 所示。

图 16-64

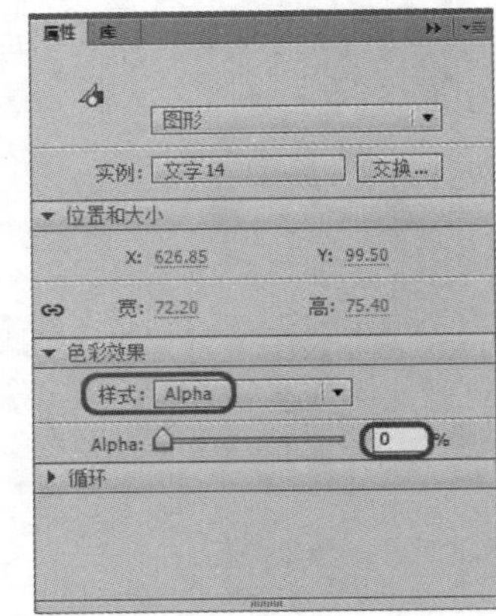

图 16-65

65 选择第 357 帧，按【F6】键插入关键帧，调整文字的位置，打开【属性】面板，将 Alpha 设置为 100，设置完成后在第 349 帧至 357 帧任意一帧处右击，在弹出的快捷菜单中选择【创建传统补间】命令，如图 16-66 所示。

66 新建【图层 18】，在第 370 帧处按【F6】键插入关键帧，打开【库】面板，将【4.jpg】图片拖动至舞台中，打开【属性】面板，将其【宽】和【高】设置为 620、465，打开【对齐】面板，单击【水平中齐】和【垂直中齐】按钮，将其与舞台对齐，如图 16-67 所示。

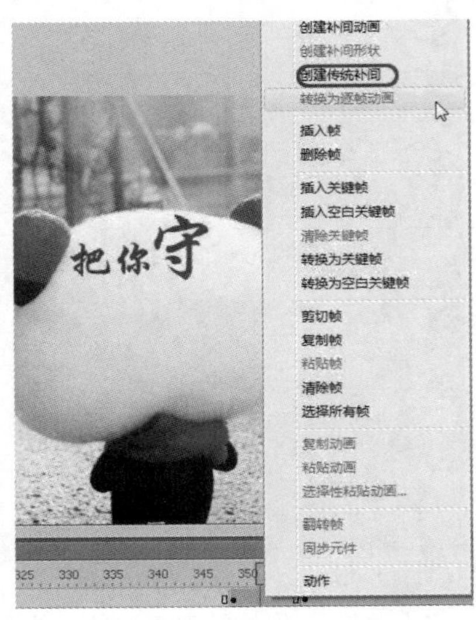

图 16-66

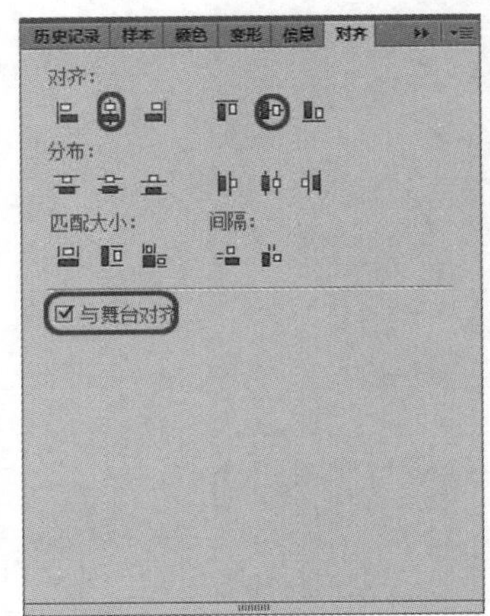

图 16-67

67 选择图形，按【F8】键打开【转换为元件】对话框，将【名称】设置为【图 4】，将【类型】设置为【图形】，单击【确定】按钮，如图 16-68 所示。

68 选择第 450 帧，按【F5】键插入帧。新建【图层 19】，选择第 370 帧，按【F6】键插入关键帧，在工具箱中选择【椭圆工具】，将【笔触颜色】设置为【无】，将【填充颜色】设置为【任意色】，按【Shift】组合键在舞台中绘制正圆，选择绘制的正圆，按【Ctrl+X】组合键将正圆剪切，然后按【Ctrl+B】组合键，按【Ctrl+V】键将其粘贴，这样就可将正圆调整至舞台中央，如图 16-69 所示。

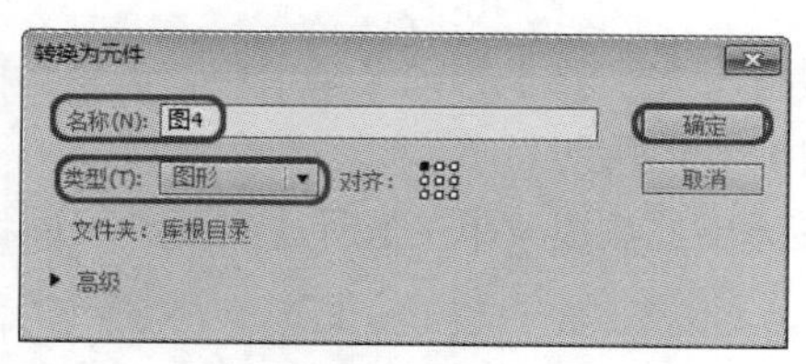

图 16-68

图 16-69

69 选择第 385 帧，按【F6】键插入关键帧，在工具箱中选择【任意变形工具】，按【Shift】键拖动正圆，将舞台覆盖，如图 16-70 所示。

70 在第 370 帧至第 385 帧任意一帧处右击，在弹出的快捷菜单中选择【创建补间形状】命令。设置完成后选择【图层 19】，右击，在弹出的快捷菜单中选择【遮罩层】命令，将【图层 19】设置为遮罩层，如图 16-71 所示。

图 16-70

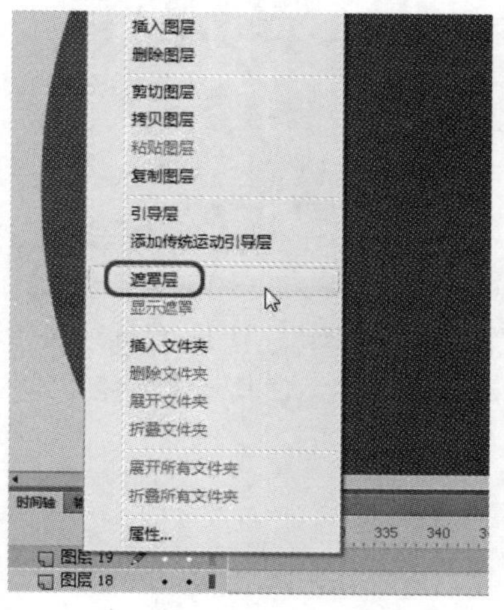

图 16-71

71 新建【图层 20】，在第 390 帧插入关键帧，选择【多角星形工具】，打开【属性】面板，在【工具设置】选项组中单击【选项】按钮，弹出【工具设置】对话框，将【样式】设置为【多边形】，将【边数】设置为【5】，如图 16-72 所示。

72 设置完成后单击【确定】按钮，将填充颜色设置为【#00FF00】，在舞台的上方绘制多变形，选择第 410 帧，按 F6 键插入关键帧，将多边形删除。选择【文本工具】，在舞台中输入文本，选择输入的文本，将【大小】设置为【38 磅】。按【Ctrl+B】组合键将文字打散，选择【愿能寻得你的踪迹】，按【F8】键打开【转换为元件】对话框，将【名称】设置为【文字 15】，将【类型】设置为【图形】，设置完成后单击【确定】按钮，如图 16-73 所示。

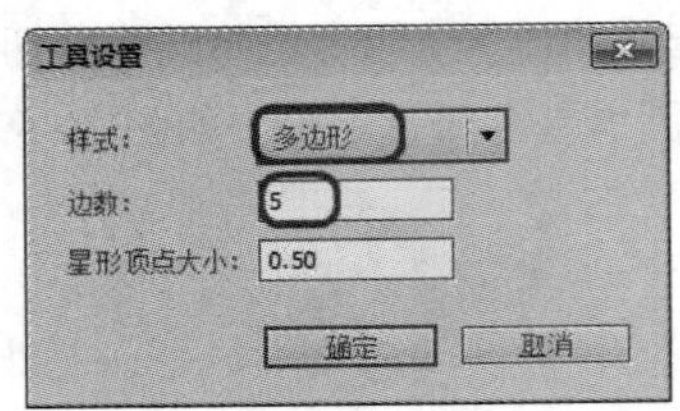

图 16-72

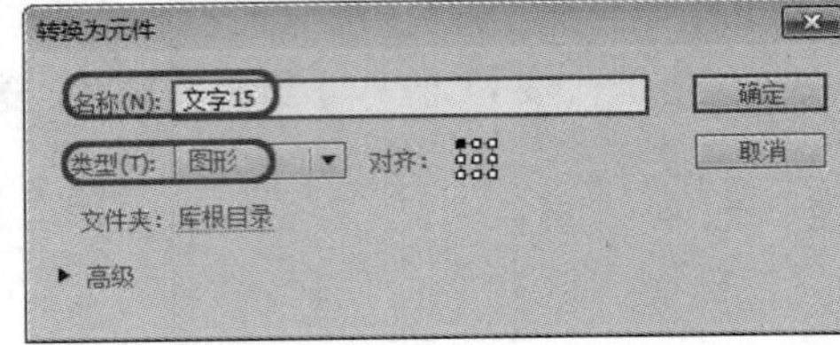

图 16-73

73 使用同样的方法创建【文字 16】图形元件，将【文字 15】拖动至舞台中，调整其位置，选中元件，按两次【Ctrl+B】组合键将文字打散，如图 16-74 所示。

74 在第 390 帧至第 410 帧任意一帧处右击，在弹出的快捷菜单中选择【创建补间形状】命令，如图 16-75 所示。

图 16-74

图 16-75

75 新建【图层 21】，选择第 415 帧，按【F6】键插入关键帧，打开【库】面板，将【文字 15】拖动至舞台中，使其与【愿能寻得你的踪迹】文本重叠，如图 16-76 所示。

图 16-76

76 按两次【Ctrl+B】组合键，将文字打散，打开【库】面板，选择第 435 帧，按【F6】键插入关键帧，将【文字 16】拖动至舞台中，调整其位置，按两次【Ctrl+B】组合键，将文字打散，如图 16-77 所示。

77 在第 415 帧至第 435 帧任意一帧处右击，在弹出的快捷菜单中选择【创建补间形状】命令，创建补间形状动画，如图 16-78 所示。

图 16-77

图 16-78

16.2　添加背景音乐

01 新建【图层 22】，选择【文件】|【导入】|【导入到库】命令，弹出【导入到库】对话框，选择随书附带光盘中的【CDROM】|【素材】|【Cha16】|【音乐素材.mp3】，单击【打开】按钮，将素材文件导入到库中，如图 16-79 所示。

02 打开【库】面板，将【音乐素材】拖动至舞台中，即可添加背景音乐。

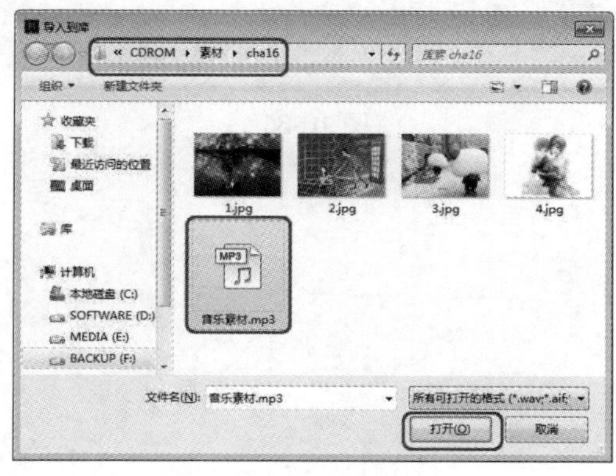

图 16-79

03 至此，Flash 动画就制作完成了。选择【文件】|【保存】命令，弹出【另存为】对话框，设置保存路径，将【文件名】设置为【找寻失去的你】，设置完成后单击【保存】按钮，即可将场景保存，如图 16-80 所示。

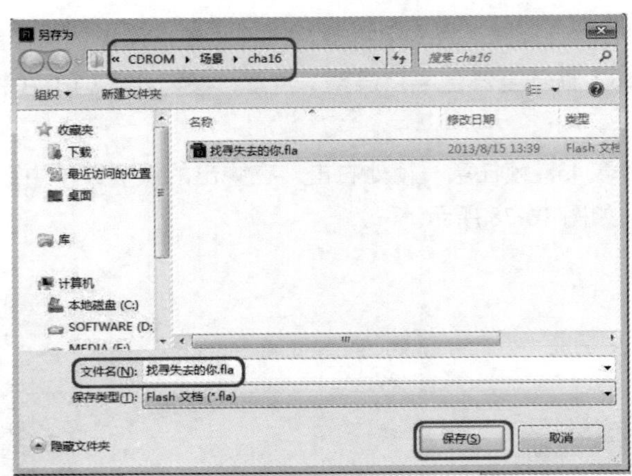

图 16-80

04 选择【文件】|【导出】|【导出影片】命令，弹出【导出影片】对话框，设置存储路径，并将文件名设置为【找寻失去的你.swf】，将保存类型设置为【SWF 影片（*.swf）】，设置完成后单击【保存】按钮，将影片导出，如图 16-81 所示。

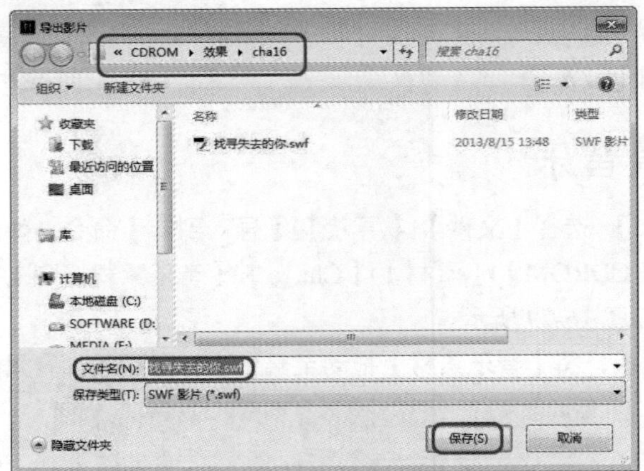

图 16-81

第 17 章　制作婚庆公司网站主页

本章重点

- 使用 Photoshop 设计背景及 LOGO
- 利用 Flash 制作动画
- 利用 Dreamweaver 制作页面

通过本章节的学习读者可以对 Photoshop、Flash、Dreamweaver 进行全面的了解。完成后的婚庆公司网站主页效果如图 17-1 所示。

图 17-1

17.1　使用 Photoshop 设计背景及 LOGO

主界面的设计风格直接影响用户的感受，因此应首先在 Photoshop 中对网站背景及 LOGO 进行制作，最后导入网页制作软件中。

17.1.1　制作背景

01　启动 Photoshop 软件后选择【文件】|【新建】命令，弹出【新建】对话框，将【名称】设置为【背景】，将【宽度】设置为 893 像素，将【高度】设置为 670 像素，设置完成后单击【确定】按钮，如图 17-2 所示。

02　新建一图层，在工具栏选择【渐变工具】，在【工具选项栏】将渐变类型设置为【对称渐变】，然后单击【点按可编辑渐变】按钮，如图 17-3 所示。

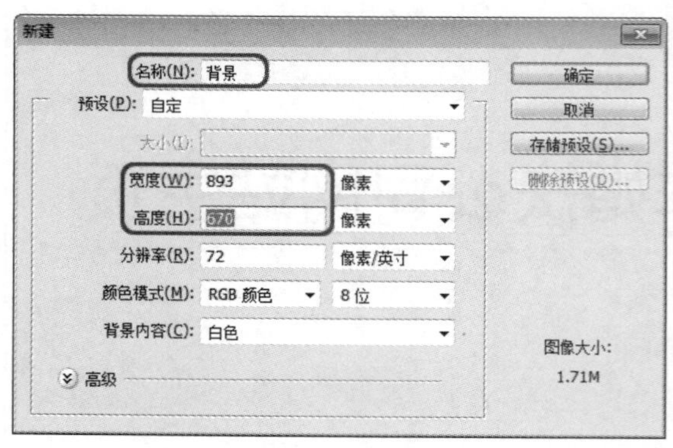

图 17-2

图 17-3

03 弹出【渐变编辑器】窗口，如图 17-4 所示。

04 在【渐变编辑器】窗口中单击第一个色标，然后单击【颜色】按钮，弹出【拾色器】对话框，将 R、G、B 设置为 0，0，0，如图 17-5 所示。

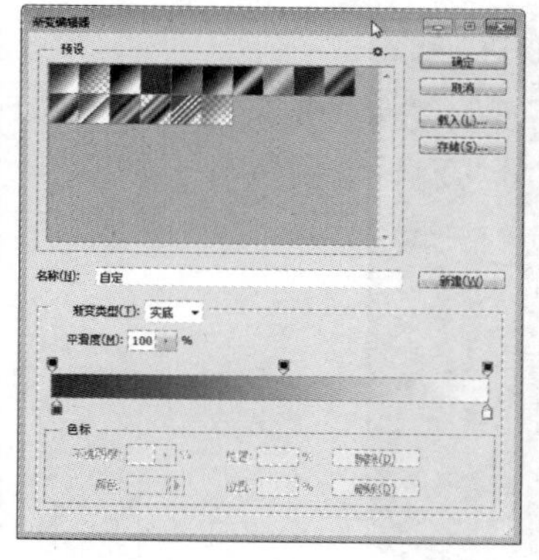

图 17-4

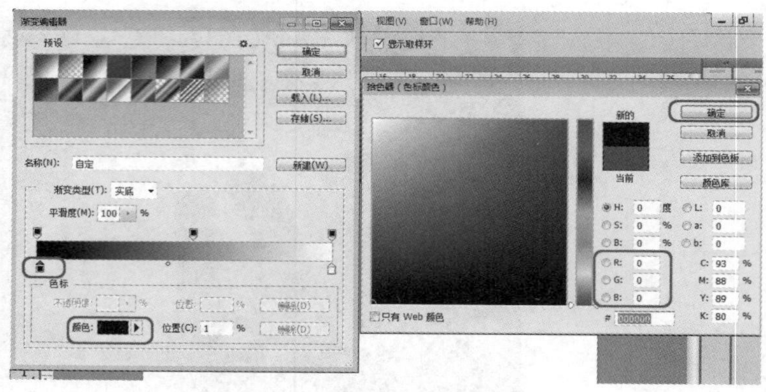

图 17-5

05 选择第二个色标，单击【颜色】按钮，随即弹出【拾色器】对话框，将 R、G、B 设置为 244，0，235，单击【确定】按钮，如图 17-6 所示。

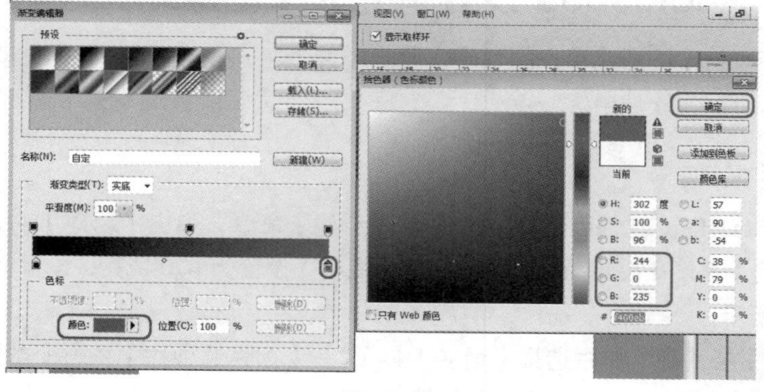

图 17-6

06 返回文档中，按住【Shift】键由上往下拖动鼠标，完成后的效果如图 17-7 所示。

07 按【Ctrl+O】组合键，弹出【打开】对话框，选择【CDROM】|【素材】|【Cha17】|【01.jpg】，如图 17-8 所示。

图 17-7

图 17-8

08 打开素材后，在工具箱中选择【魔棒工具】，选择文档中白色部分，如图 17-9 所示。

09 按【Shift+Ctrl+I】组合键，进行反选，然后在工具箱中选择【移动工具】，按住鼠标左键将其移动到【背景】文档中，如图 17-10 所示。

图 17-9

图 17-10

10 对图片进行适当调整，打开【图层】面板，选择【图层 2】并将【不透明度】设置为 12%，如图 17-11 所示。

11 按【Ctrl+O】组合键，弹出【打开】对话框，选择【CDROM】|【素材】|【Cha17】|【02.jpg】，然后单击【打开】按钮，如图 17-12 所示。

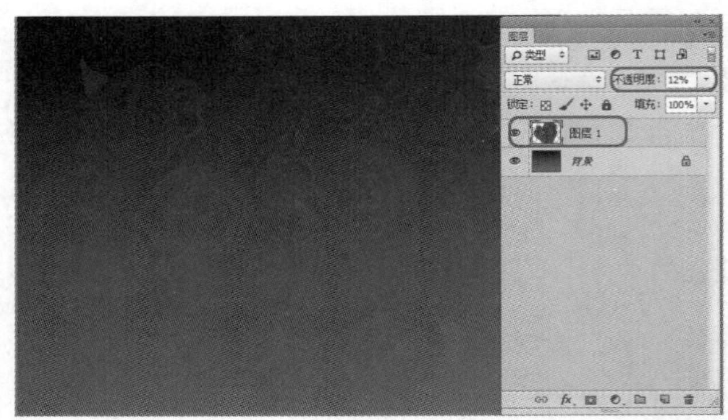

图 17-11

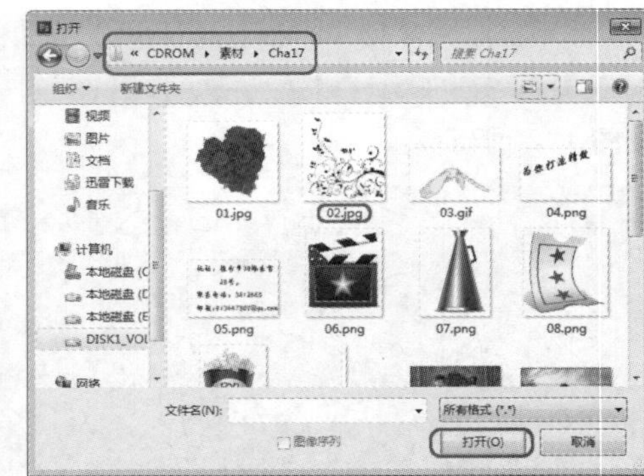

图 17-12

12 在工具箱中选择【移动工具】，按住鼠标左键，将其拖动到【背景】文档中，如图 17-13 所示。

13 按【Ctrl+T】组合键打开自由变换，然后按 Shift 键对图片适当调整，如图 17-14 所示。

图 17-13

图 17-14

14 打开【图层】面板选择【图层 3】，将【类型】设置为【正片叠底】，将【不透明度】设置为 50%，如图 17-15 所示。

15 选择【图层】|【合并可见图层】命令，将图层进行合并，如图 17-16 所示。

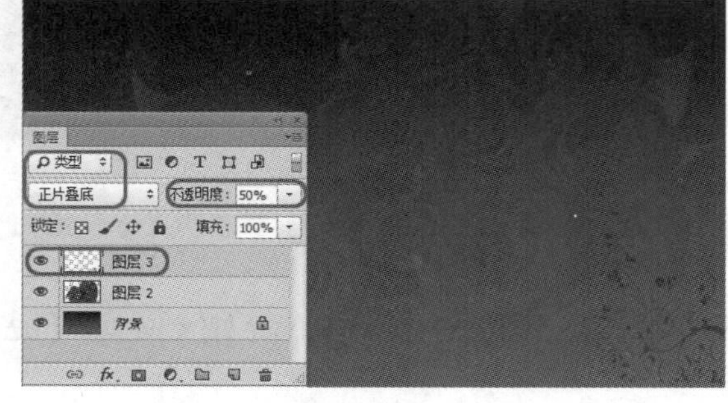

图 17-15

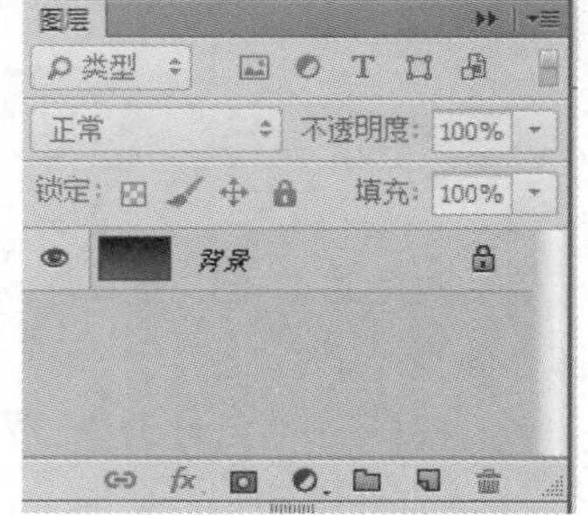

图 17-16

16 按【Ctrl+S】组合键进行保存，弹出【另存为】对话框，保存到【CDROM】|【素材】|

【Cha17】，并设置保存类型，单击【保存】按钮，如图 17-17 所示。

17　弹出【JPEG 选项】对话框，保存默认值，单击【确定】按钮，如图 17-18 所示。

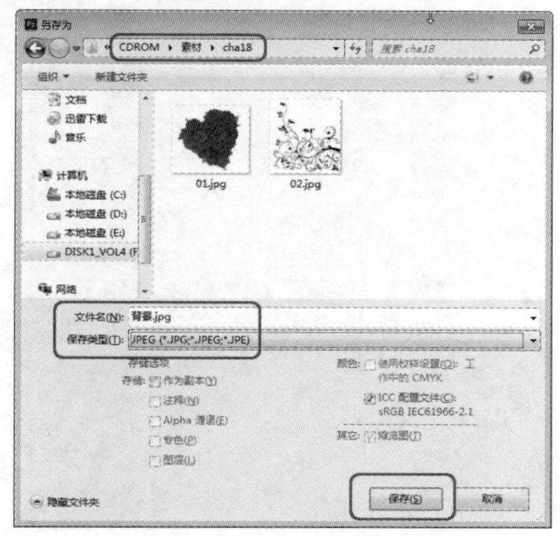

图 17-17

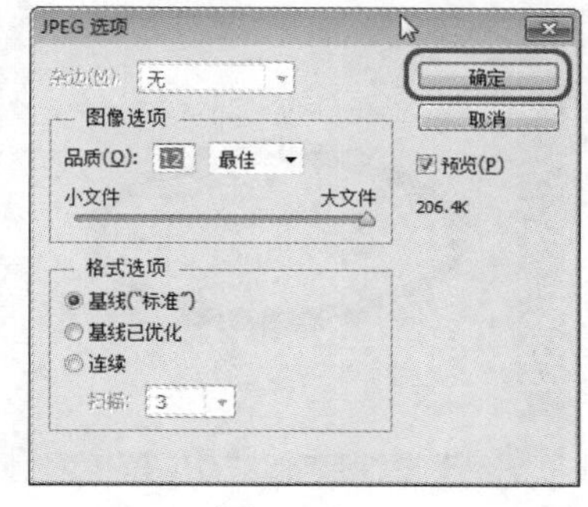

图 17-18

17.1.2　制作 LOGO

01　启动 Photoshop 软件后选择【文件】|【新建】命令，弹出【新建】对话框，将【名称】设置为 LOGO，将【宽度】设置为 500 像素，将【高度】设置为 500 像素，设置完成后单击【确定】按钮，如图 17-19 所示。

02　在工具箱中选择【自定形状工具】，在工具选项栏中将样式设置为【形状】，将【填充】的 R、G、B 值设置为 252，5，46，将【描边】设置为【无】，单击【形状】右侧的下三角按钮，在弹出的下拉列表中选择【边框 4】，如图 17-20 所示。

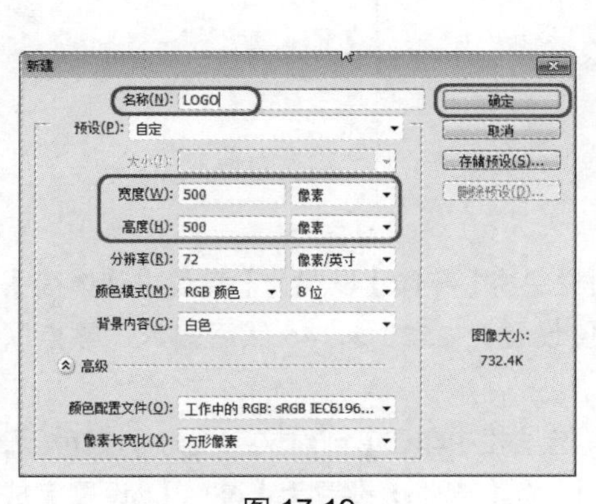

图 17-19

图 17-20

03　按住鼠标左键在文档中进行拖动，绘制形状，如图 17-21 所示。

04　打开【图层】面板选择【形状 1】图层，右击，在弹出的快捷菜单中选择【混合选项】命令，如图 17-22 所示。

图 17-21

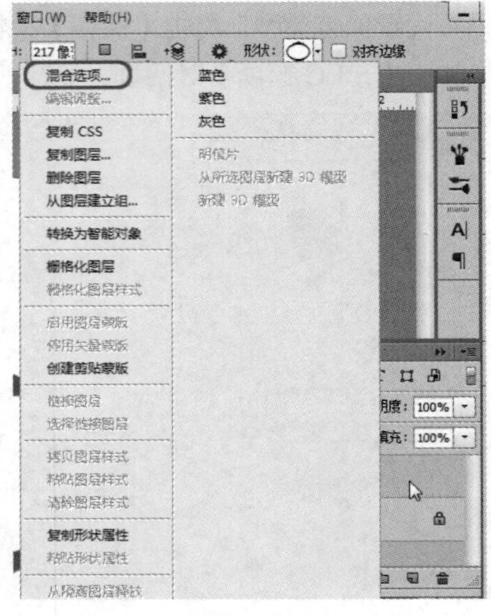

图 17-22

05 弹出【图层样式】对话框，勾选【斜面和浮雕】复选框，在右侧编辑栏中将【样式】设置为【内斜面】，将【方法】设置为【雕刻清晰】，将【深度】设置为【164%】，单击【确定】按钮，如图 17-23 所示。

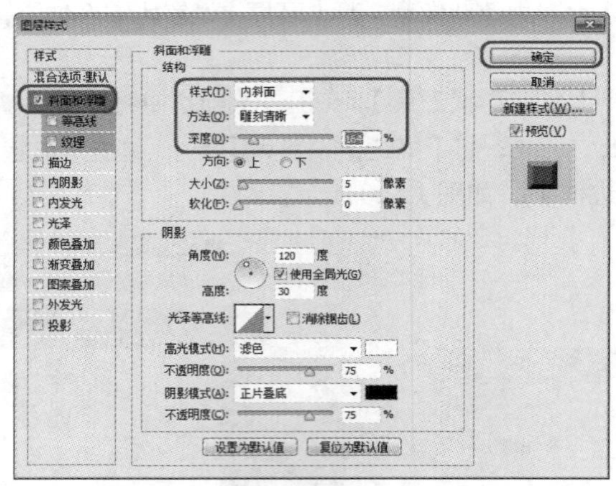

图 17-23

06 在工具箱中选择【横排文字】工具，在工具选项栏中将【字体】设置为【汉仪书魂体简】，将大小设置为【80 点】，将【字体颜色】的 R、G、B 的值设置为 252，5，46 然后输入“零点”，如图 17-24 所示。

07 使用【横排文字】工具，选择输入的文字，在工具选项栏中单击【创建文字变形】按钮 ，随即弹出【变形文字】对话框，将【样式】设置为【扇形】，将【弯曲】设置为【68%】，设置完成后单击【确定】按钮，如图 17-25 所示。

08 打开【图层】面板，选择【零点】图层，右击，在弹出的快捷菜单中选择【混合选项】，如图 17-26 所示。

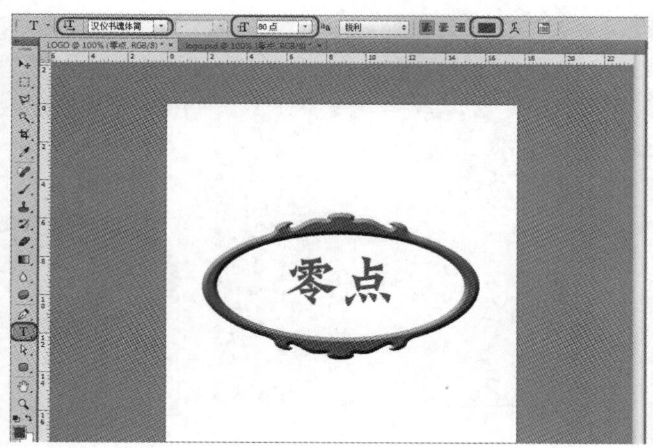

图 17-24

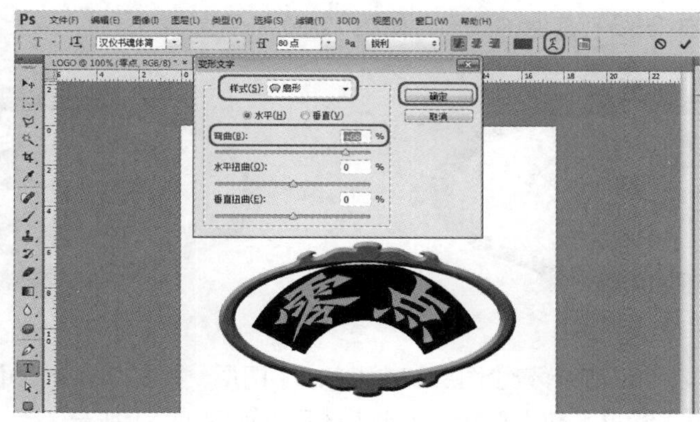

图 17-25

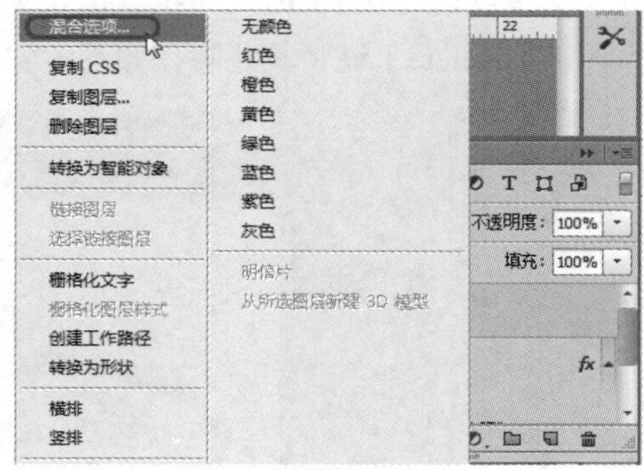

图 17-26

09 弹出【图层样式】对话框，勾选【纹理】复选框，单击图案右侧的下三角按钮，在下拉列表中选择【花岗岩】纹理，然后单击【确定】按钮，如图 17-27 所示。

10 在工具箱中选择【自定形状工具】，在工具选项栏中将样式设置为【形状】，将【填充】的 R、G、B 的值设置为 252，5，46，将【描边】设置为【无】，单击【形状】右侧的下三角按钮，在弹出的下拉列表中选择【左脚】，并在文档中进行绘制，如图 17-28 所示。

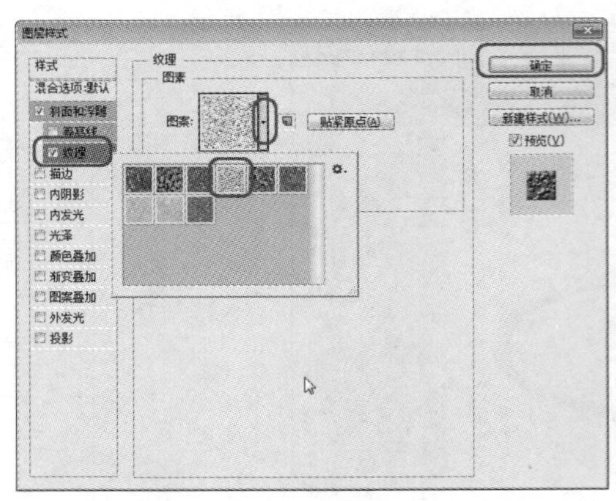

图 17-27

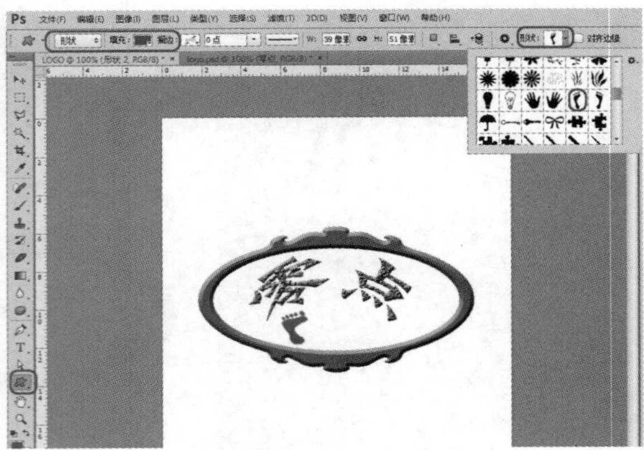

图 17-28

11 绘制完成后，使用上述方法，对其添加【斜面和浮雕】效果，如图 17-29 所示。

12 使用同样的方法绘制其他的图形，如图 17-30 所示。

图 17-29

图 17-30

13 按【Ctrl】键，选择【背景】图层和【形状 1】图层，并将其拖动到【新建图层】按钮上，这样就可以复制出【背景拷贝】和【形状 1 拷贝】图层，如图 17-31 所示。

14 确定新复制的图层处于选择状态，按【Ctrl+E】组合键将其合并，在工具箱中选择【魔棒工具】，在文档中选择白色部分，按【Delete】键将其删除，如图 17-32 所示。

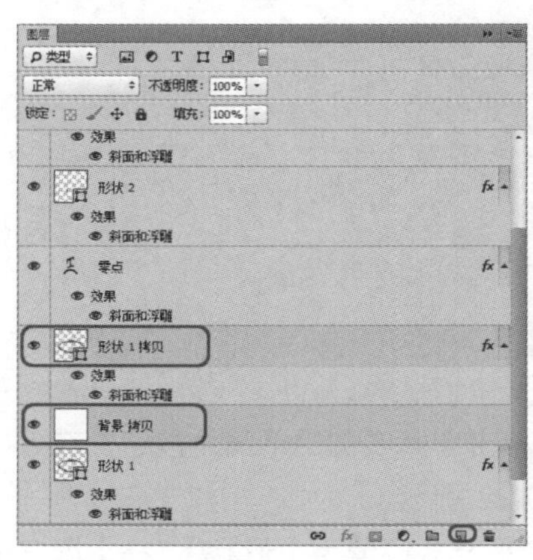

图 17-31

图 17-32

15 按【Ctrl+D】组合键取消选择，并在【图层】面板中单击【背景】图层前面的眼睛图标，取消其显示，如图 17-33 所示。

16　选择【文件】|【存储为】命令，弹出【另存为】对话框，将其保存在【CDROM】|【素材】|【Cha17】，设置保存名称及类型，单击【保存】按钮，如图 17-34 所示。

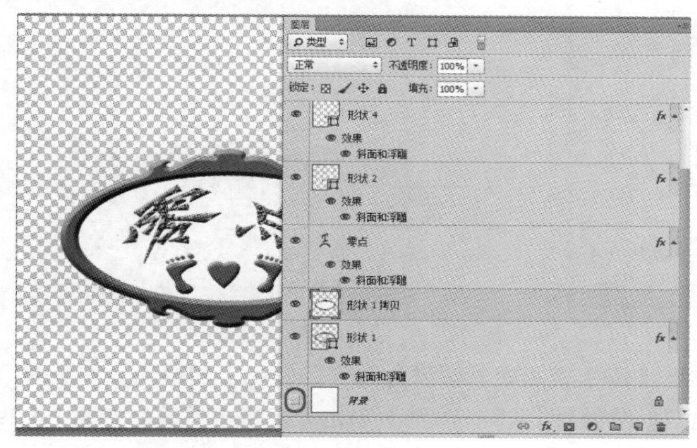

图 17-33

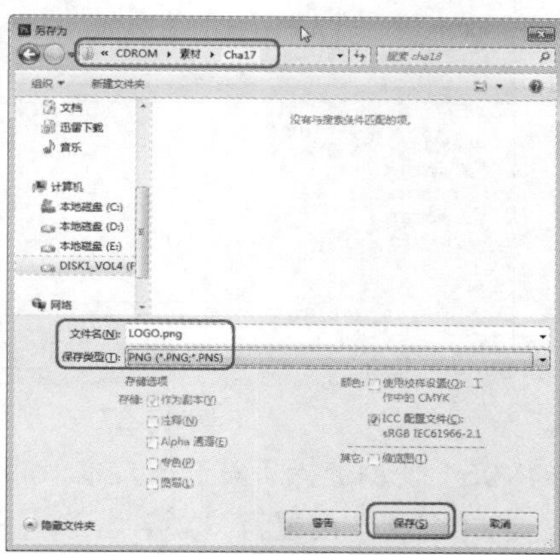

图 17-34

17　弹出【提示】对话框，保存默认值，单击【确定】按钮。

17.2　利用 Flash 制作宣传动画

利用 Flash 制作宣传动画。其具体的操作步骤如下：

01　运行软件 Flash CC 后选择菜单栏中的【文件】|【新建】命令，打开【新建文档】对话框，将宽、高分别设置为 510 像素和 385 像素，将【帧频】设置为 12.00fps，然后单击【确定】按钮，如图 17-35 所示。

02　选择【文件】|【导入】|【导入到库】命令，如图 17-36 所示。

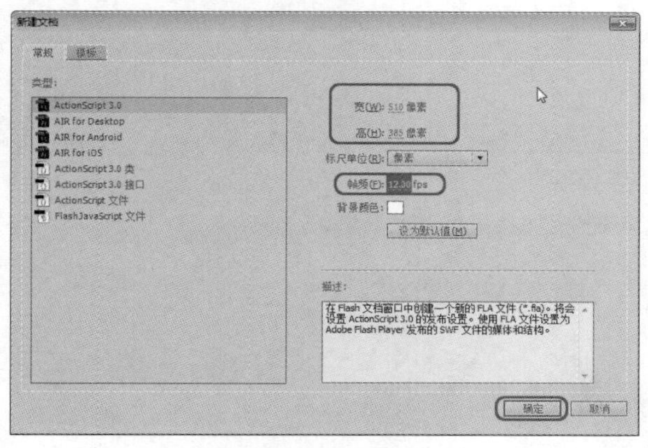

图 17-35

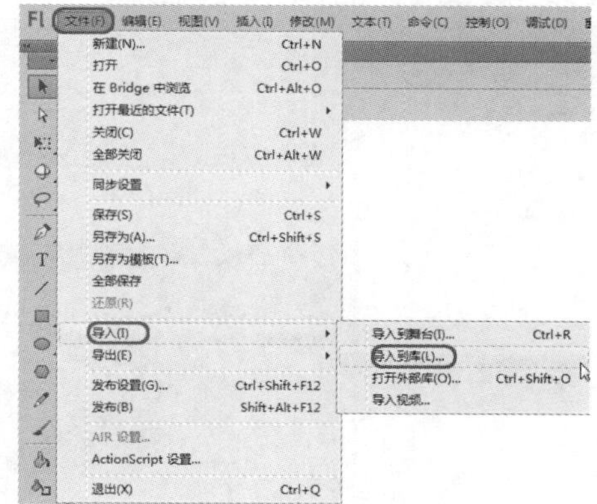

图 17-36

03　弹出【导入到库】对话框，选择【CDROM】|【素材】|【Cha17】|【03.gif】和【013.jpg】文件，然后单击【打开】按钮，如图 17-37 所示。

04　在工具箱中选择【文本工具】，在舞台中输入“我爱你”，打开【属性】面板将【系列】设置为【汉仪行楷简】，将【大小】设置为 36 磅，将【颜色】设置为#FF00FF，如图 17-38 所示。

图 17-37

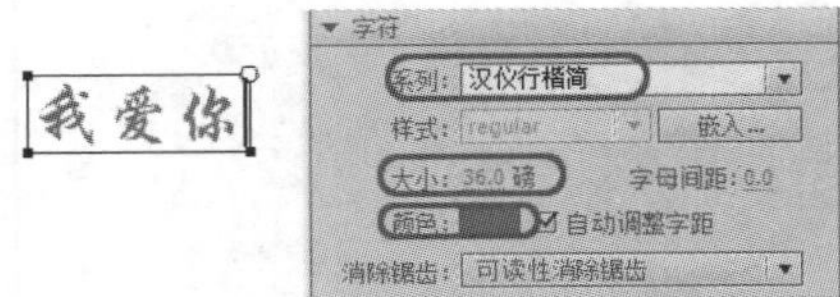

图 17-38

05 使用选择工具选择文本，然后按【F8】键，将其转换为元件，弹出【转换为元件】对话框，将【名称】设置为“文字”，将【类型】设置为【图形】，然后单击【确定】按钮，如图 17-39 所示。

06 转换为元件后，在舞台中将元件删除，打开【库】面板，将【013.jpg】拖至舞台中，如图 17-40 所示。

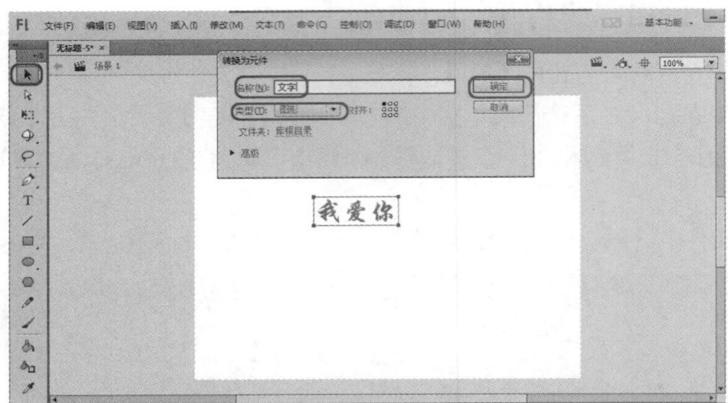

图 17-39

图 17-40

07 确认该图片处于选择状态，打开【属性】面板，将 X 和 Y 都设置为 0，在【位置和大小】组中取消宽和高的锁定，并将【宽】设置为 510，将【高】设置为 385，如图 17-41 所示。

08 选择【图层 1】在第 100 帧处，右击，在弹出的快捷菜单中选择【插入帧】命令，如图 17-42 所示。

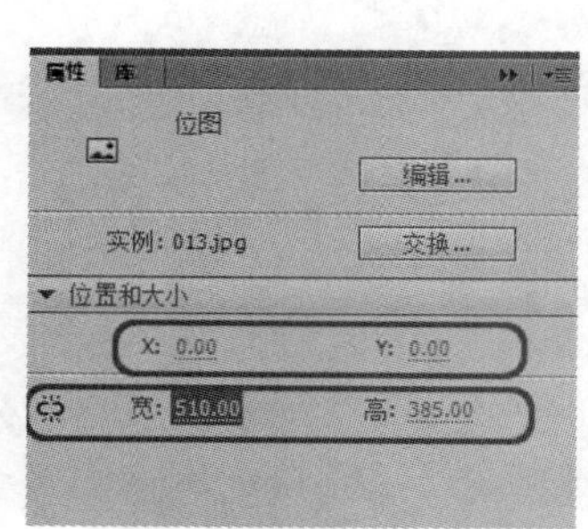

图 17-41

图 17-42

09 新建【图层 2】，选择【第 1 帧】，打开【库】面板并将【元件 1】和【文字】元件拖至舞台中，如图 17-43 所示。

图 17-43

10 确认【图层 2】中的【元件 1】素材处于被选择的状态下，单击【属性】面板中【位置和大小】选项组下的【将宽度值和高度值锁定在一起】按钮，将【宽】、【高】分别设置为 130，78，并在舞台中将素材调整至合适的位置，如图 17-44 所示。

11 选择【图层 2】，右击，在弹出的快捷菜单中选择【添加传统运动引导层】命令，如图 17-45 所示。

12 选择添加的传统运动引导层，在工具箱中选择【钢笔工具】，在舞台中绘制一条圆滑的路径，来作为指引小鸟运动的线，如图 17-46 所示。

图 17-44

图 17-45

图 17-46

13 选择【图层 2】，在第 1 帧处将元件调整至路径的开始位置，如图 17-47 所示。

图 17-47

14 在第 100 帧处右击，在弹出的快捷菜单中选择【插入关键帧】命令，如图 17-48 所示。

15 在该帧处插入关键帧，将鸟的位置处调整至路径结尾处，然后在第 1 帧至第 100 帧处右击，在弹出的快捷菜单中选择【创建传统补间】命令，如图 17-49 所示。

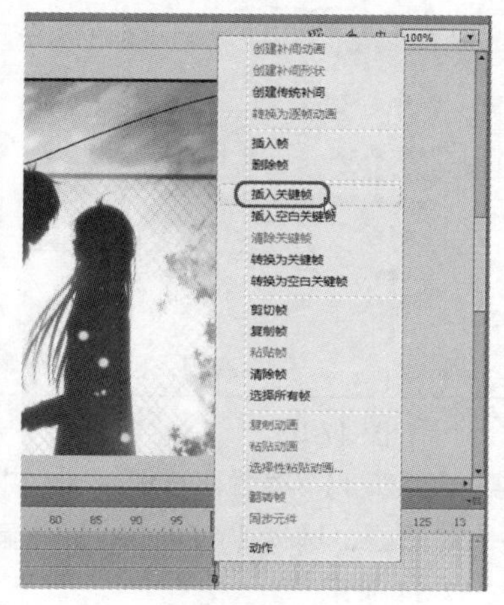

图 17-48

图 17-49

16 选择【文件】|【另存为】，弹出【另存为】对话框，将其保存至【CDROM】|【素材】|【Cha17】，然后单击【保存】按钮，如图 17-50 所示。

17 输出场景文件，选择【文件】|【导出】|【导出影片】命令，在弹出的【导出影片】对话框中设置保存位置及类型，然后单击【保存】按钮，如图 17-51 所示。

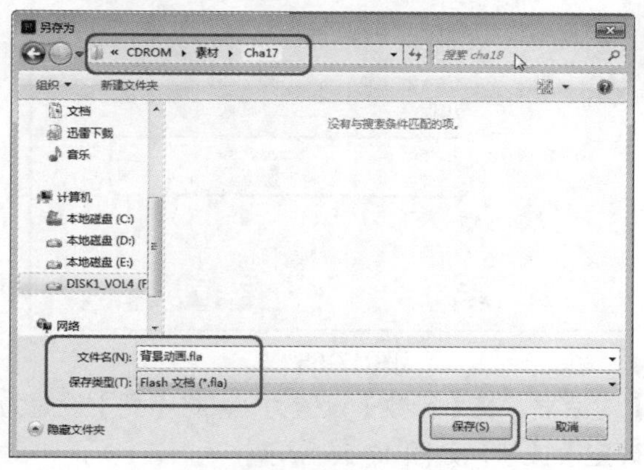

图 17-50

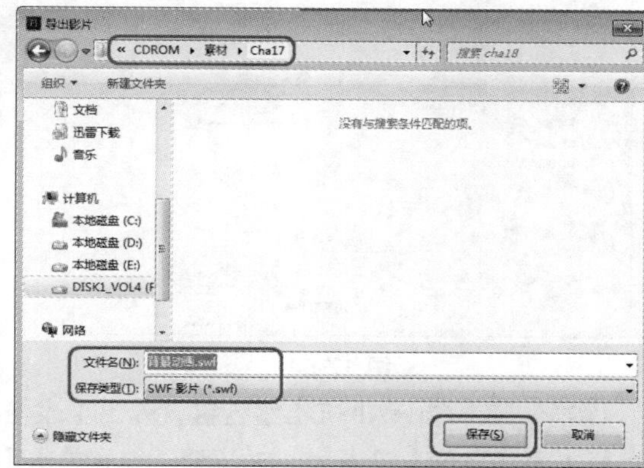

图 17-51

17.3　使用 Dreamweaver 制作页面

使用 Dreamweaver 制作页面的具体操作步骤如下：

01 打开软件后，按【Ctrl+N】组合键，弹出【新建文档】对话框，选择【空白页】|【HTML】|【无】，并单击【创建】按钮，如图 17-52 所示。

02 在【属性】面板中单击【页面属性】按钮，弹出【页面属性】对话框，如图 17-53 所示。

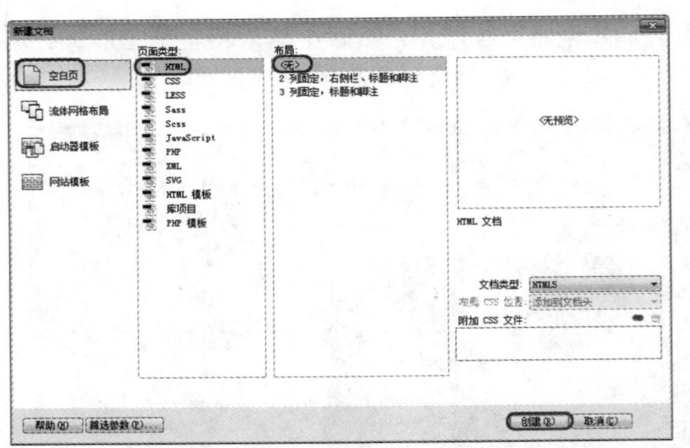
图 17-52

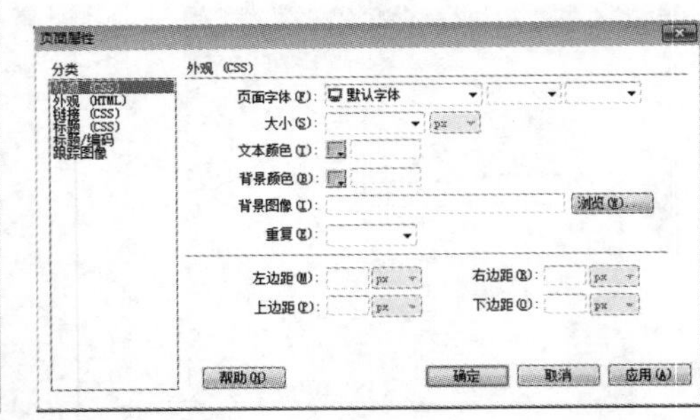
图 17-53

03 在【页面属性】对话框中，在【分类】组中选择【外观（HTML）】，然后在右侧编辑栏中单击【背景图像】右侧的【浏览】按钮，弹出【选择图像源文件】对话框，选择【CDROM】|【素材】|【Cha17】|【背景.jpg】文件，然后单击【确定】按钮，如图 17-54 所示。

04 返回【页面属性】对话框，将【左边距】、【上边距】、【边距宽度】、【边距高度】都设置为 0，如图 17-55 所示。

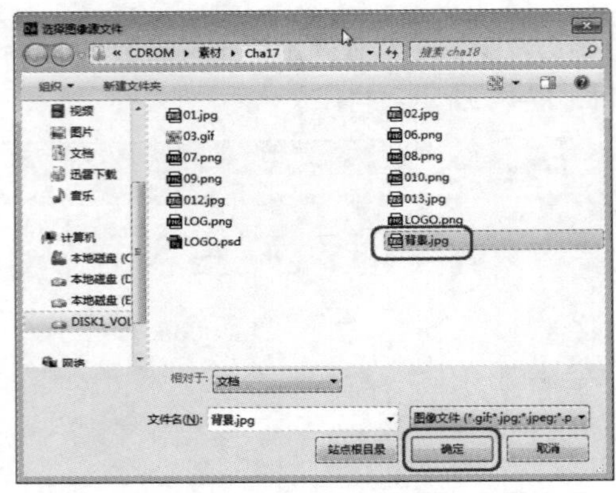
图 17-54

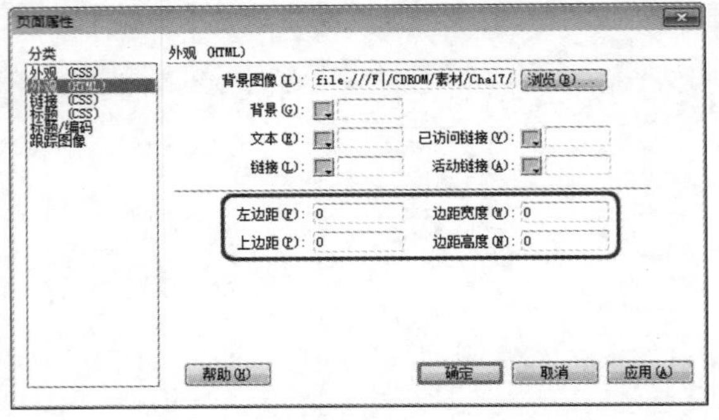
图 17-55

05 按【Ctrl+Alt+T】组合键，弹出【表格】对话框，将【行数】设置为 1，将【列】设置为 3，将【表格宽度】设置为 893 像素，然后单击【确定】按钮，如图 17-56 所示。

06 选择第 1 列单元格，在【属性】面板中选择【CSS】选项，将【垂直】设置为【顶端】，如图 17-57 所示。

07 将光标置于第 1 列单元格中，按【Ctrl+Alt+I】组合键，弹出【选择图像源文件】对话框，在该对话框中选择随书附带光盘中的【CDROM】|【素材】|【Cha17】|【LOGO.png】文件，单击【确定】按钮，如图 17-58 所示。

08 确认图片处于选择状态，在【属性】面板中单击【裁剪】按钮，对图片适当裁剪，并将【宽】设置为 150，将【高】设置为 91，如图 17-59 所示。

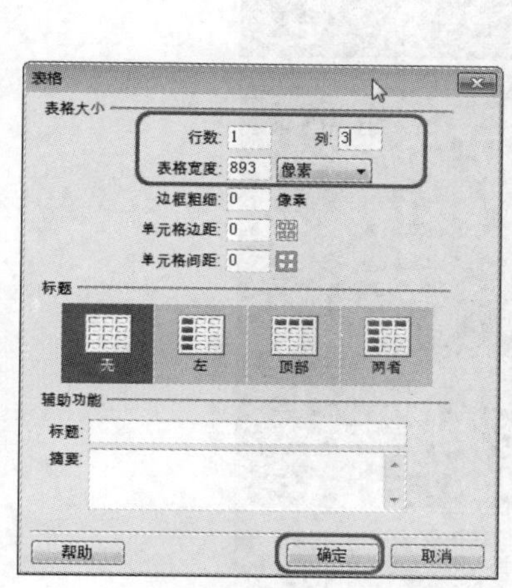

图 17-56

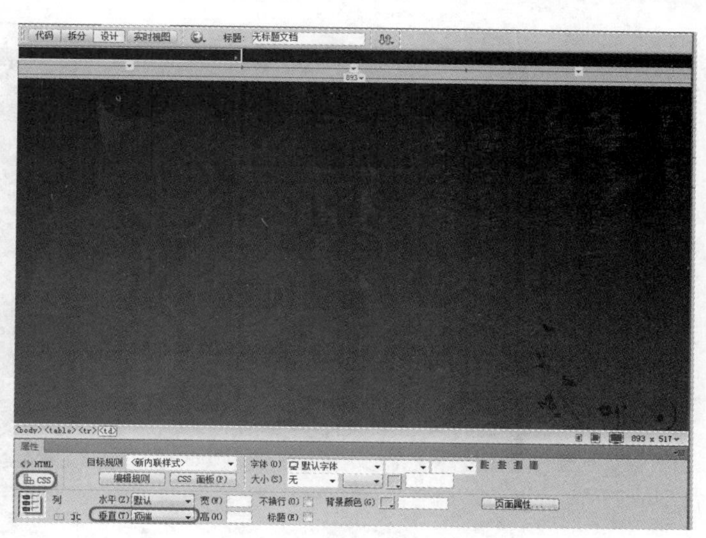

图 17-57

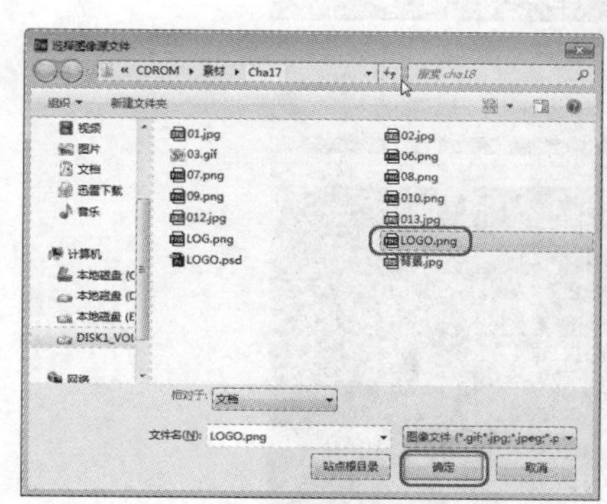

图 17-58

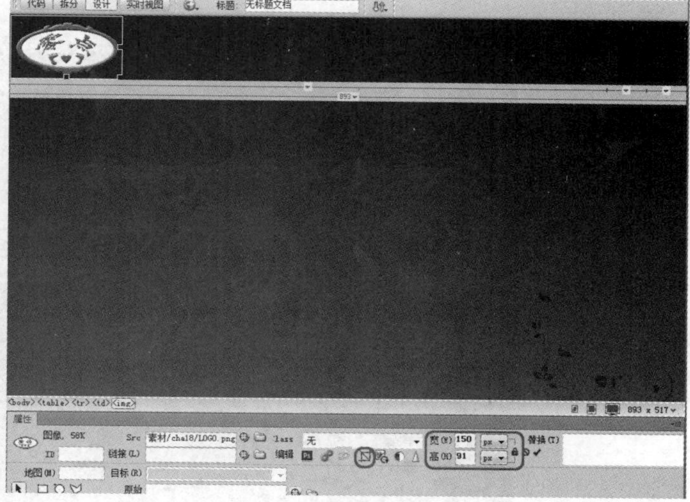

图 17-59

09 选择第 2 列单元格，输入文本，选择输入的文本，在【属性】面板中将【字体】设置为【汉仪清韵体简】，将【大小】设置为 36px，将【字体颜色】设置为#FFF，如图 17-60 所示。

10 将光标置于第 3 行单元格，在【属性】面板中将【垂直】设置为【顶端】，将【水平】设置为【右对齐】，并使用前面的方法插入一个 1 行 3 列的单元格，并将【表格宽度】设置为 400，如图 17-61 所示。

11 选择插入的 3 列单元格，在【属性】面板中将【水平】设置为【居中对齐】，将【垂直】设置为【顶端】，如图 17-62 所示。

12 将光标置于第 1 列单元格中，并输入文本，选择输入的文本，在【属性】面板中将【字体】设置为【方正大黑简体】，将【大小】设置为 16px，将【字体颜色】设置为#FFF，如图 17-63 所示。

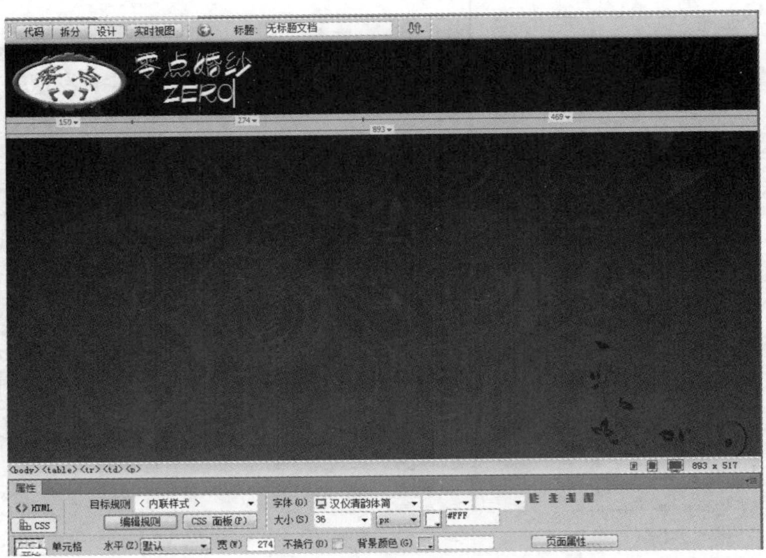

图 17-60

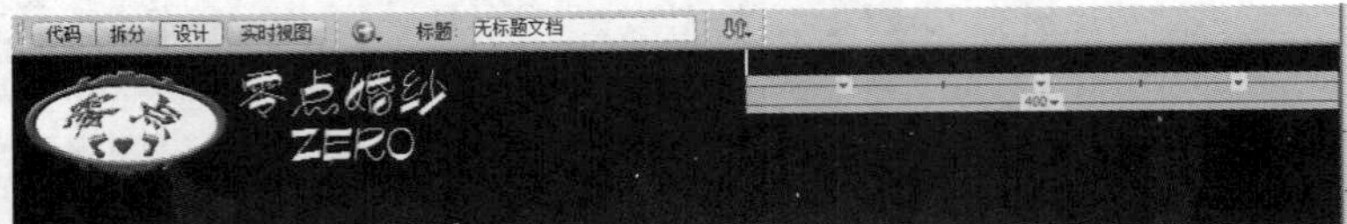

图 17-61

图 17-62

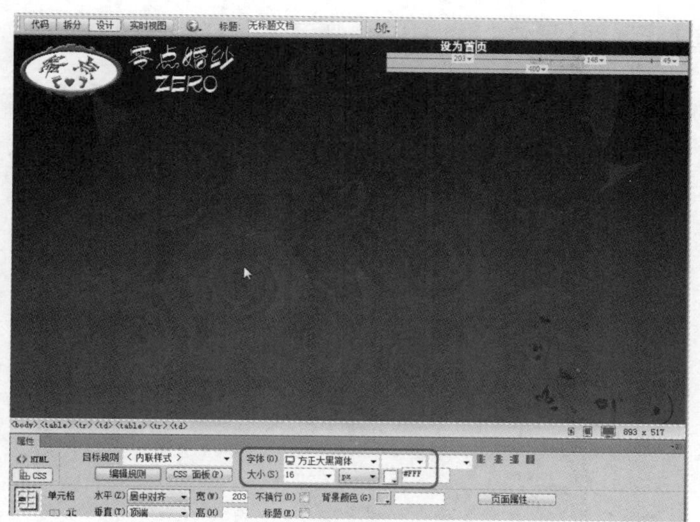

图 17-63

13 使用同样的方法在其他单元格中输入文本，并对单元格进行适当调整，如图 17-64 所示。

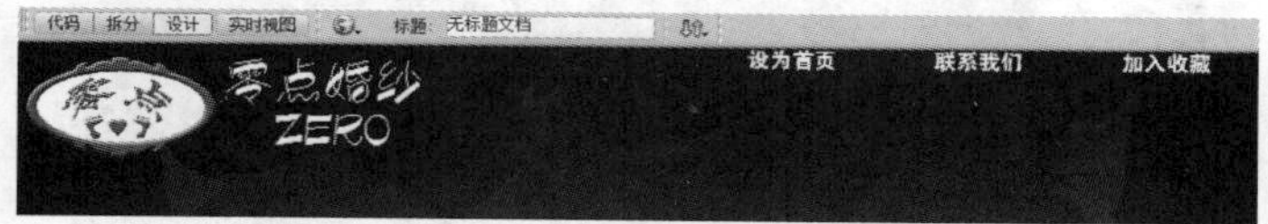

图 17-64

14 使用前面的方法插入 1 行 3 列的单元格，并将单元格宽度设置为 893 像素，如图 17-65 所示。

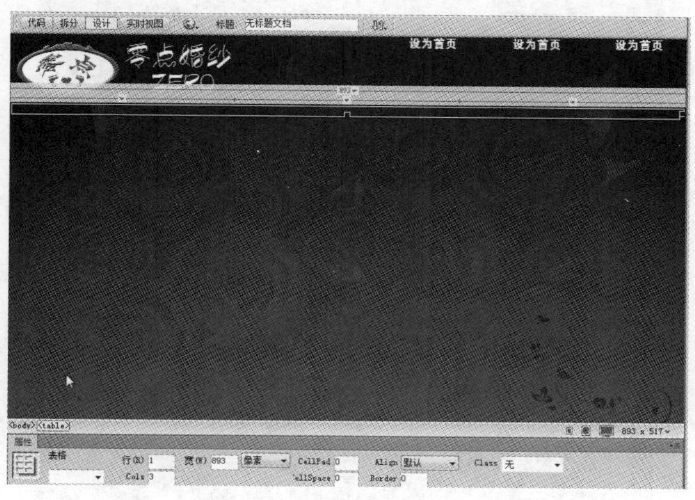

图 17-65

15 选择第 1 列单元格，在【属性】面板中将【高】设置为 385 像素，如图 17-66 所示。

16 将光标置于第 1 列单元格中，插入 7 行 1 列的单元格，并将表格宽度设置为 170 像素，如图 17-67 所示。

17 选择插入的单元格，在【属性】面板中将【高】设置为 55 像素，将【水平】设置为【居中对齐】，将【垂直】设置为【居中】，如图 17-68 所示。

图 17-66

图 17-67

图 17-68

18　将光标置于第 1 行单元格中，输入文本“首页”，选择输入的文本，在【属性】面板中将【字体】设置为【华文琥珀】，将【大小】设置为 30px，将【字体颜色】设置为#FFF，如图 17-69 所示。

图 17-69

19　确认文本处于选择状态，在【属性】面板中单击【编辑规则】按钮，弹出【CSS 设计器】面板，在【选择器】选项组中选择【<内联样式>：td】，在【属性】选项组中，选择【文本】，将 v-shadow 设置为 10px，将 blur 设置为 10px，将 color 设置为#FFFFFF，如图 17-70 所示。

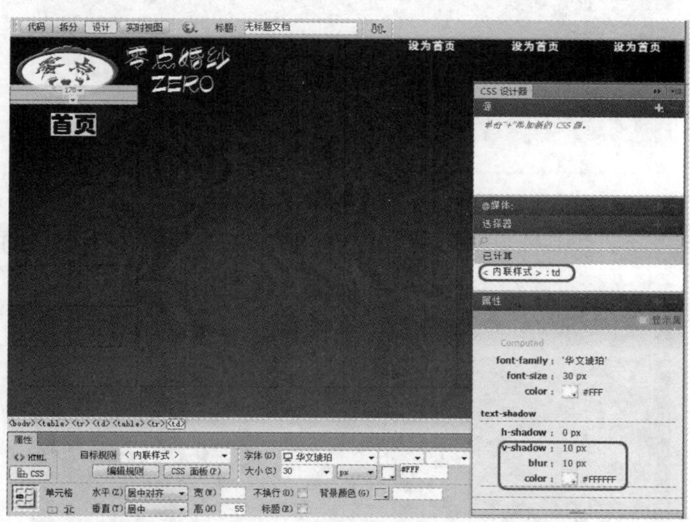

图 17-70

20　继续输入文本，在【属性】面板中将【字体】设置为【华文琥珀】，将【大小】设置为 16px，将【字体颜色】设置为#FFF，如图 17-71 所示。

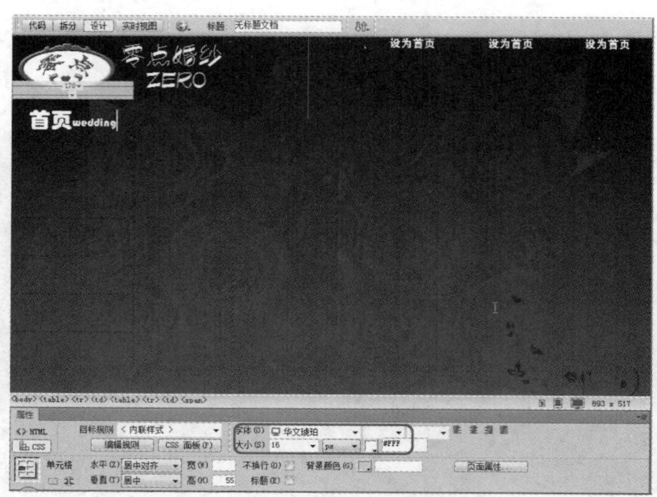

图 17-71

21 使用前面的方法，为输入的文本设置阴影效果，效果如图 17-72 所示。

图 17-72

22 使用同样的方法，在其他单元格中输入相同属性的文本，如图 17-73 所示。

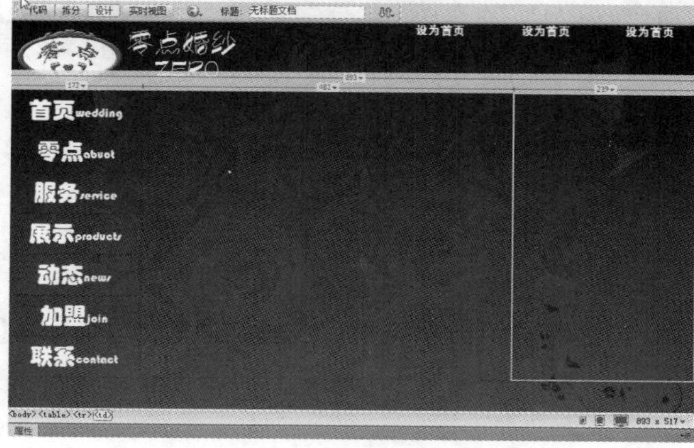

图 17-73

23　选择第 3 列单元格，在属性面板中将【垂直】设置为【顶端】，并插入 4 行 2 列的单元格，并将插入单元格的宽度设置为 210 像素，如图 17-74 所示。

图 17-74

24　选择第 1 行单元格，在【属性】面板中将【垂直】设置为【顶端】，并使用前面的方法插入【CDROM】|【素材】|【Cha17】|【06.png】文件，在【属性】面板中打开宽高比约束，将【宽】设置为 105px，如图 17-75 所示。

图 17-75

25　使用同样的方法，在其他表格中插入素材图片，如图 17-76 所示。

26　选择其他单元格，在【属性】面板中将【水平】设置为【居中对齐】，将【垂直】设置为【居中】，如图 17-77 所示。

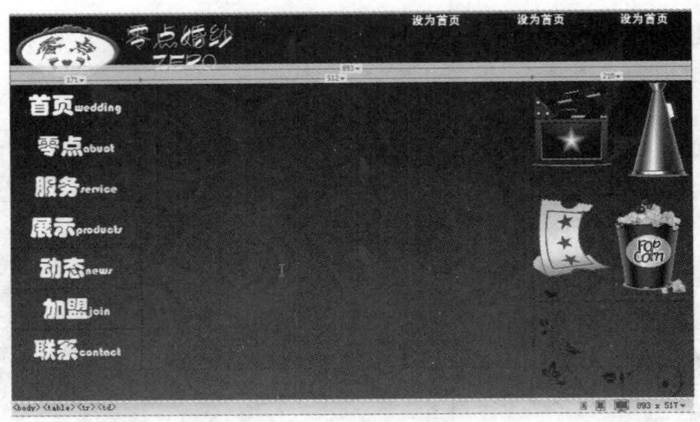

图 17-76

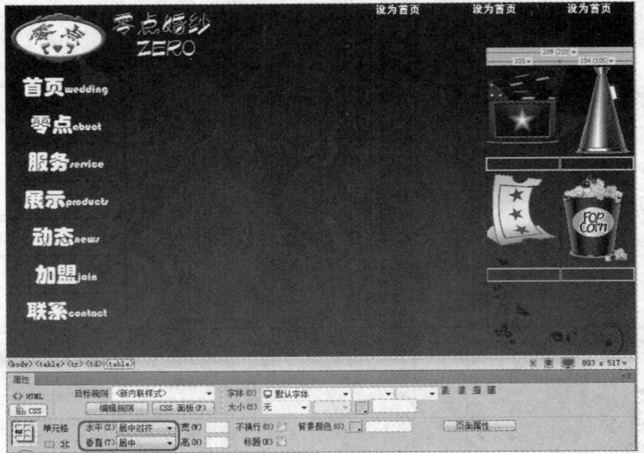

图 17-77

27 选择第 2 行第 1 列单元格，输入文本“婚礼 MV”，选择输入的文本内容，在【属性】面板中将【字体】设置为【华文琥珀】，将【大小】设置为 16px，将【字体颜色】设置为#FFF，如图 17-78 所示。

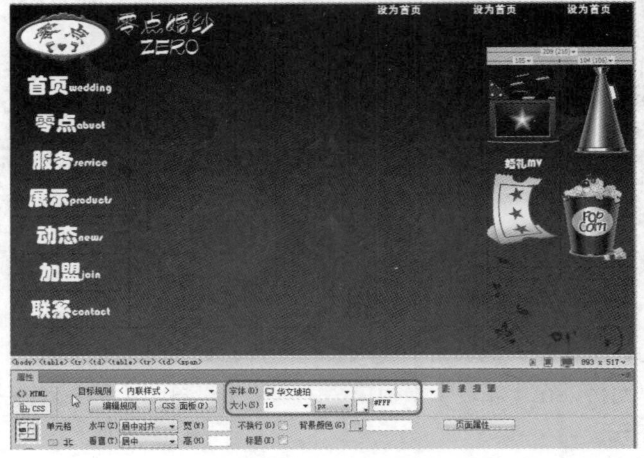

图 17-78

28 使用前面的方法，为其添加阴影效果。如图 17-79 所示。

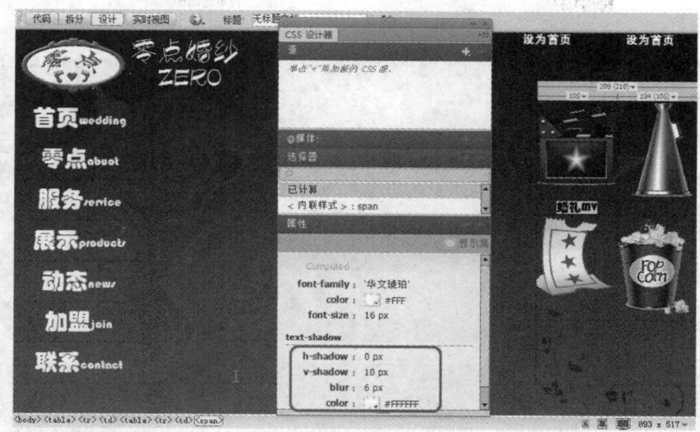

图 17-79

29 使用的同样的方法，在其他单元格中输入文本，如图 17-80 所示。

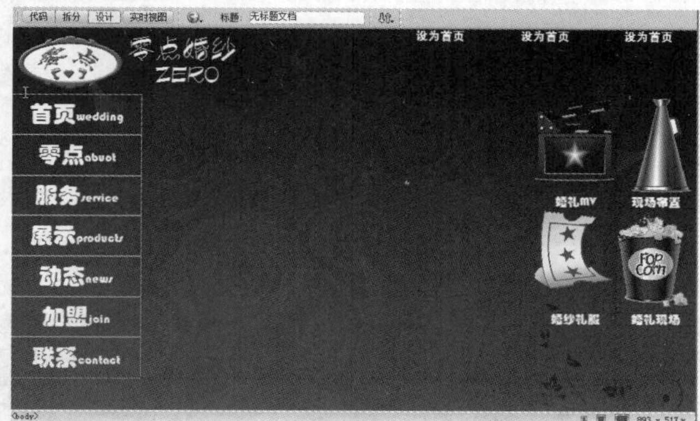

图 17-80

30 将光标置于文档底部，插入 1 行 3 列的单元格，并将表格宽度设置为 893 像素，如图 17-81 所示。

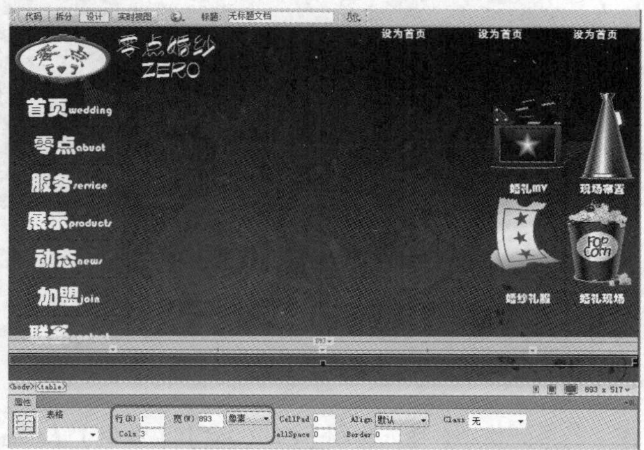

图 17-81

31 选择第 1 列单元格，在【属性】面板中将【垂直】设置为【居中】，将【高】设置为 135，如图 17-82 所示。

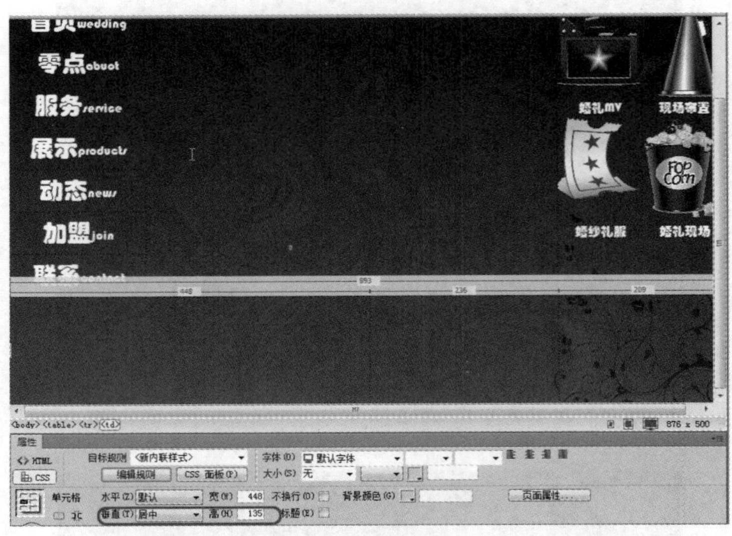

图 17-82

32 将光标置于第 1 列单元格中，插入 1 行 8 列的单元格，将单元格【宽度】设置为 448 像素。选择插入的单元格，在【属性】面板中将【水平】设置为【居中对齐】，并输入文本，文本属性为【字体】为【方正黑体简体】，【大小】设置为 18px，【粗细】设置为 900，【字体颜色】设置为#000，如图 17-83 所示。

图 17-83

33 将光标置于第 2 行单元格中，插入素材【CDROM】|【素材】|【Cha17】|【04.png】文件，并将【高】设置为 135px，如图 17-84 所示。

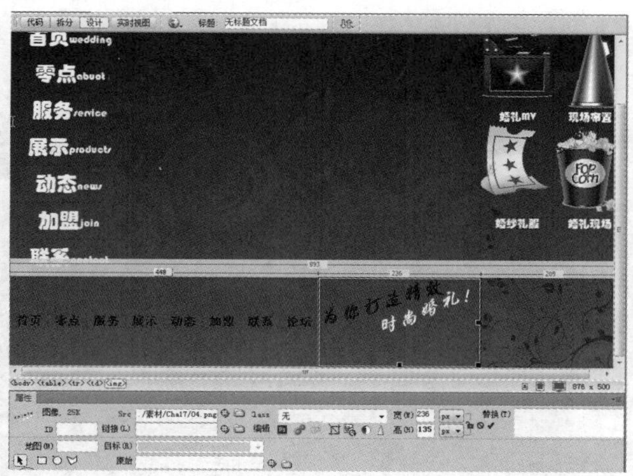

图 17-84

34　使用同样的方法，在另一个单元格中插入素材图片，如图 17-85 所示。

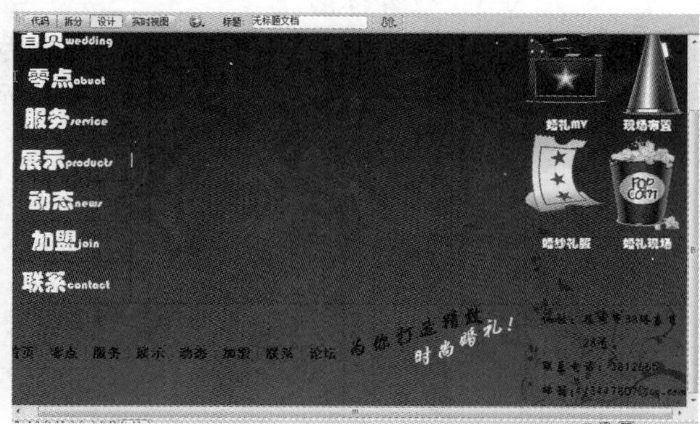

图 17-85

35　将光标置于中间单元格内并插入 1 行 3 列的单元格，将表格宽度设置为 513 像素，如图 17-86 所示。

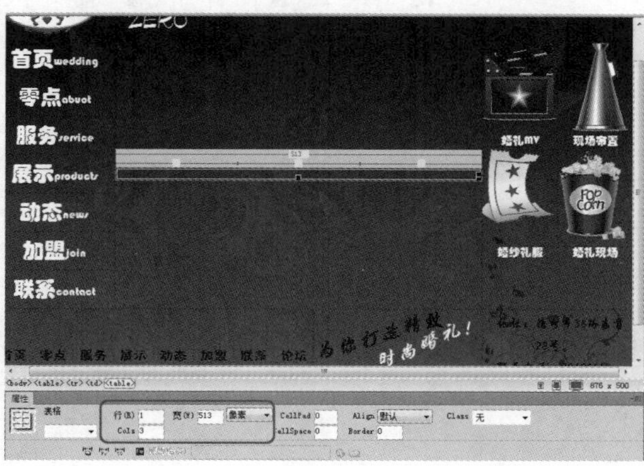

图 17-86

36 选择新插入的表格，在【属性】面板中将【高】设置为 385 像素，使用前面的方法分别在第 1 列和第 2 列单元格中插入素材图片，如图 17-87 所示。

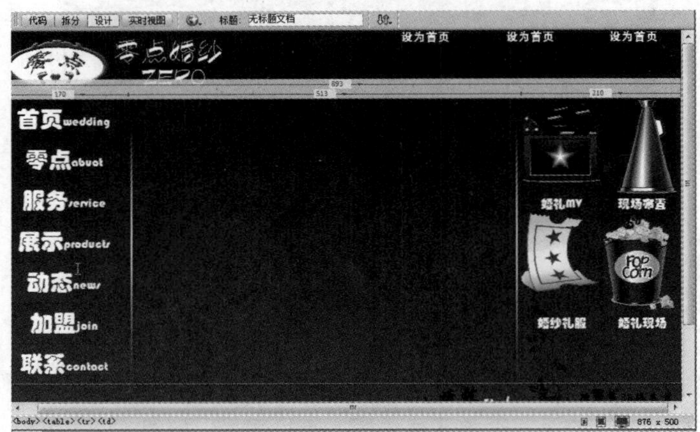

图 17-87

37 在菜单栏中选择【插入】|【媒体】|【Flash SWF】，弹出【选择 SWF】对话框，选择【CDROM】|【素材】|【Cha17】|【背景动画.swf】，然后单击【确定】按钮，如图 17-88 所示。

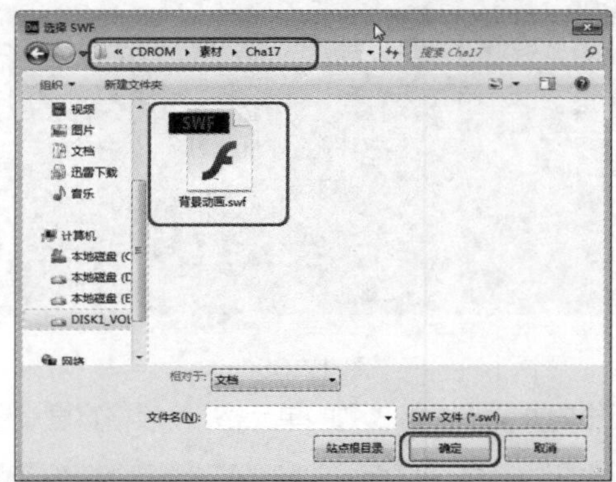

图 17-88

CC

参考答案

第 1 章

1.选择题

（1）B　　（2）B

2.填空题

（1）网页　主页

（2）100 ~ 600MB

第 2 章

1.选择题

（1）A　　（2）C

2.填空题

（1）文件、编辑、查看、插入、修改、格式、命令、站点、窗口、帮助

（2）常用、结构、表单

（3）站点　管理站点

第 3 章

1.选择题

（1）C　　（2）B

2.填空题

（1）行内定义 在标题中定义　外部样式文件

（2）区块

第 4 章

1.选择题

（1）B　　（2）C

2.填空题

（1）Dreamweaver 模板 库

（2）模板　库

第 5 章

1.选择题

（1）C　　（2）C

2.填空题

（1）建立含有表单元素的原始文件具备服务器端的表单处理应用程序或客户端的脚本程序

（2）表单对象

第 6 章

1.选择题

（1）C　　（2）A　　（3）B

2.填空题

（1）调用 JavaScript　（2）行为　（3）检查插件

第 7 章

1.选择题

（1）A　　（2）C

2.填空题

（1）断开的链接　未被引用的文件

（2）ASP、PHP、ASP.NET、

第 8 章

1.选择题

（1）A　　（2）B

2.填空题

（1）时间轴

（2）属性面板

第 9 章

1.选择题

（1）A　　（2）B

2.填空题

（1）刷子　标准绘画　颜料填充　后面绘画　颜料选择　内部绘画

（2）线条　轮廓线　颜色　样式

（3）平滑　伸直　元素

第 10 章

1.选择题

（1）B　　（2）C

2.填空题

（1）文件的大小和交互能力

（2）单声道 双声道

（3）图形元件 按钮元件 影片剪辑元件

第 11 章

1.选择题

（1）C （2）A （3）A

2.填空题

（1）动作补间 形状补间 动作补间

（2）传统补间方式

第 12 章

1.选择题

（1）A （2）C （3）C

2.填空题

（1）仿制图章 图案图章

（2）CMYK Lab

第 13 章

1.填空题

（1）矩形选框、椭圆形选框、单行选框、单列选框

（2）Shift Alt

（3）Shift

2.选择题

（1）C （2）B （3）B

第 14 章

1.选择题

（1）A （2）A （3）B

2.填空题

（1）输入文字 文字形选区

（2）编辑 渲染

根据中老年人学习电脑的特殊需求，我社特组织具有丰富教学经验的电脑培训专家，以Windows 7和主流应用软件的较新版本为平台，精心打造了《中老年人从零开始学电脑（全新版）》、《中老年人学电脑从入门到精通（多媒体版）》、《中老年人从零开始学电脑操作与上网》和《中老年人从零开始学电脑打字与文字处理》4本图书。

每本书都以实用、够用为原则组织内容。同时，考虑到中老年人的特殊需求，书中均使用大字进行编排，实例和应用的操作步骤也都是一步一图，并在图中进行标注，直观高效，简单易学。

附赠光盘中都提供多媒体视频教学，不仅对书中的实例和应用通过语音视频教学的方式进行全方位演示，同时，还有针对性地赠送了知识拓展的视频教学，以满足想更深入学习电脑知识和相关专业技术的中老年人的需求。

书名：中老年人从零开始学电脑打字与文字处理

书名：中老年人从零开始学电脑操作与上网

书名：中老年人从零开始学电脑（全新版）

书名：中老年人学电脑从入门到精通（多媒体版）